工学结合·基于工作过程导向的项目化创新系列教材
国家示范性高等职业教育土建类“十二五”规划教材

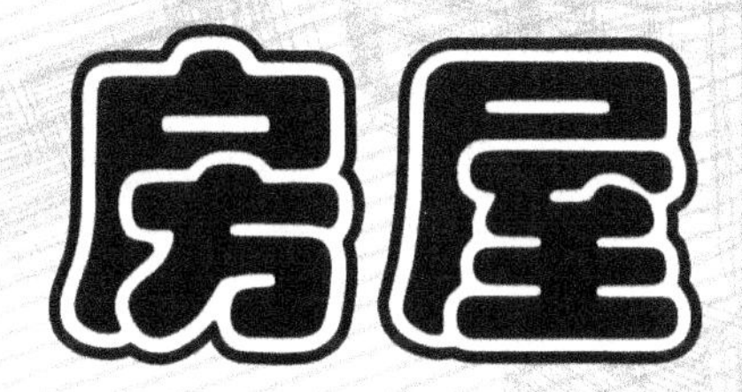

建筑学

（第2版）

FANGWU
JIANZHUXUE

主　编　张根凤　于立宝
副主编　田　野　文益民
　　　　黄世宽　刘　勇
参　编　雷颖占　贺子龙

華中科技大學出版社
http://www.hustp.com
中国·武汉

内容简介

本书是根据目前高等职业教育建筑工程技术及相关专业的教学基本要求，结合社会对高等职业技术人才的需求而编写的。

全书共分两篇，上篇为民用建筑部分，下篇为工业建筑部分。本书以民用建筑为重点，主要讲述了民用建筑与工业建筑的构造组成、构造原理、构造方法、建筑及建筑设计的基本知识，具体内容包括绪论、民用建筑的基础、墙体、楼地层、楼梯、屋顶、门窗、变形缝、民用建筑设计原理及工业建筑单层工业厂房的结构组成、外墙、门窗、屋面、地面、其他设施等。

本书既可作为各类职业技术学院、高等专科学校、高等院校等的房屋建筑工程专业的教材，也适用于相关的专业，并可作为工程施工技术人员的参考资料。

图书在版编目(CIP)数据

房屋建筑学(第2版)/张根凤，于立宝主编. -2版. —武汉：华中科技大学出版社，2012.9(2023.1重印)
ISBN 978-7-5609-8360-8

Ⅰ. 房…　Ⅱ. ①张…　②于…　Ⅲ. 房屋建筑学-高等职业教育-教材　Ⅳ. TU22

中国版本图书馆 CIP 数据核字(2012)第 209446 号

房屋建筑学(第2版)　　　　张根凤　于立宝　主编

策划编辑：张　毅
责任编辑：张　毅
封面设计：潘　群
责任校对：朱　霞
责任监印：张正林
出版发行：华中科技大学出版社(中国·武汉)　　电话：(027)81321913
　　　　　武汉市东湖新技术开发区华工科技园　　邮编：430223
录　　排：禾木图文工作室
印　　刷：广东虎彩云印刷有限公司
开　　本：787mm×1092mm　1/16
印　　张：23.5
字　　数：600千字
版　　次：2023年1月第2版第5次印刷
定　　价：48.00元

前言

“房屋建筑学”是研究建筑设计和建筑构造的基本原理及其应用知识的一门课程，是建筑工程专业的一门主要专业课，在土建类专业课程体系中占有重要地位，并与以后的建筑设计、施工、造价、管理等专业联系紧密。

本书作为高等职业院校教材，在编写上力求突出实用的特点，所编内容以“理论知识够用为度，重在培养实践、动手能力”为标准，同时也兼顾教材“统一性、创新性、普适性及持久性”的特点，为面向从事设计、施工、造价、管理等第一线应用型人才而设计。与同类教材相比，本教材适当加强了民用建筑构造及设计方面的内容，对工业建筑的常用构造也作了介绍，兼顾了不同院校在选材内容上的需要，力求使教材内容与本专业的岗位需要紧密联系起来，并尽量做到体系完整、内容新颖、重点突出、图文并茂[1]、通俗易懂等。

在编写过程中，本书参考了有关高等院校土建类专业教学的相关文件及国家现行的规范、规程及技术标准。为了便于学生学习，每章提出了学习目的与要求，并附有小结和复习思考题。

本书共分 18 章，其中第 0 章～第 4 章、第 8 章由张根凤编写；第 9 章由于立宝编写；第 5 章～第 7 章由雷颖占编写；第 10 章由文益民编写；第 11 章～第 13 章由苏小梅编写；第 14 章由贺子龙编写；第 15 章由刘勇编写；第 16 章由何涛编写；第 17 章由黄世宽编写。全书由张根凤统稿。

由于编者的水平有限，书中难免存在一些错误和缺陷，希望使用本书的广大师生及读者批评指正，以便日后再版时改正。

编　者

2012 年 7 月

---

[1] 如无特别说明，本书图中数值单位为 mm。

目录

下篇　工业建筑部分

第0章 绪论

建筑广义上是建筑物与构筑物的总称，是人们为了满足社会生活需要，利用所掌握的物质技术手段，并运用一定的科学规律和美学法则创造的人工环境。通常将直接供人们居住、工作、学习、娱乐的建筑称为建筑物，我们常称为建筑，如住宅、旅馆、办公楼、体育馆等；而其他如烟囱、水塔、水池等，人们不直接在其中生产、生活的建筑称为构筑物。无论是建筑物还是构筑物，都是以一定的空间形式而存在的。

0.1 房屋建筑学的内容与任务

房屋建筑学是研究建筑设计和建筑构造的基本原理及其应用的一门课程。它的主要内容为综合研究建筑功能、物质技术、建筑艺术以及三者的相互关系，研究建筑设计方法以及如何综合地运用建筑结构、施工、材料、设备等方面的科学技术成就，建造适应生产与生活需要的建筑物。

房屋建筑学课程的内容包括建筑构造和建筑设计原理两部分。

建筑构造部分研究一般房屋的构造组成、各组成部分的构造原理和构造方法。构造原理研究各组成部分的要求，以及满足这些要求的理论；构造方法研究在构造原理指导下，用建筑材料和制品构成构件和配件，以及构配件之间连接的方法。建筑设计原理部分研究一般房屋的设计原则、设计程序和设计方法，包括平面设计、剖面设计、立面处理、室内外装修及总平面布置等方面的问题。

房屋建筑学课程的要求有以下几个方面：掌握房屋构造的基本理论，了解房屋各组成部分的要求，弄清不同构造的理论基础；根据房屋的使用要求、材料供应情况及施工技术条件，选择合理的构造方案，进行构造设计；了解一般建筑设计原理，具备建筑设计的基本知识，正确地理解设计意图；熟练地识读施工图，有效地处理建筑中的构造问题，合理地组织和指导施工，满足构造要求。

房屋建筑学是一门综合性很强的研究应用技术型课程，是土建施工类、工程管理类专业的一门主要专业课。它不同于系统性较强的数学、力学等课程，初学者往往会感到内容缺乏连续性。实际上房屋建筑学有其内在的联系，只要肯下工夫，摸清规律并不难学。我们已经学过的一些基础课程是学习房屋建筑学的基础，同时，掌握好建筑构造和建筑设计原理，也将为以后的专业课学习打下基础。例如，构成房屋的构件和配件是由建筑材料及制品组成的，所以建筑材料课程是学习本课程的重要基础；在学习构造原理和构造方法时，要运用热学、声学、光学等物理学以及酸碱腐蚀等化学知识；房屋的设计要用工程图表示出来，所以学好本课程必须先学好工程制图，只有熟练掌握制图原理和制图方法，才能把设计意图准确地表达出来；后续的专业课如建筑结构、地基与基础、建筑施工技术、建筑施工组织、建筑工程定额与预算等课程，都必须在掌握房屋建筑学的基础上才能学好。

学习中应注意以下几点。

(1) 从具体构造和设计方案入手，掌握房屋各组成部分的常用构造方法和大量性建筑的设计方案。

(2) 了解建筑构造和设计方案的产生和发展，掌握一般原理，以加深对具体构造和设计方案的理解。

(3) 经常参观已经建成或正在施工的房屋，在实践中验证学过的内容，对还没学过的内容也能建立感性认识，加深理解。

(4) 多想、多绘，以训练提高绘图技能，可通过作业和课程设计的形式来提高绘图和识读施工图的能力。

(5) 经常阅读有关报刊、资料，注意搜集与整理有关科技文献和资料，了解房屋建筑学发展的动态和趋势。

0.2 建筑的基本构成要素与我国的建筑方针

0.2.1 建筑的构成要素

建筑学作为一门内容广泛的综合性学科，涉及建筑功能、建筑技术、建筑形象、建筑经济、建筑艺术以及环境规划等方面的问题，建筑功能、建筑技术和建筑形象成为建筑的基本构成要素。

建筑功能是指建筑的使用要求，不同的建筑有各自不同的使用要求。例如，住宅要符合居住的要求，教学楼要符合教学的要求，影剧院要符合观演的要求，工业厂房要符合生产工艺的要求等。随着社会的发展和人类物质文化生活水平的不断提高，建筑的功能要求也在日益复杂化。

建筑技术是指建造房屋的物质条件，包括建筑材料、结构形式、施工技术和建筑设备，建筑不可能脱离这些物质技术条件而存在。科学技术的进步导致新材料、新技术的出现，为建筑满足新的使用要求提供了必要的物质技术保证。

建筑形象是建筑形体、建筑色彩、材料质感、内外装修等的综合反映。不同的时代、不同的地域、不同的文化、不同的功能要求，对建筑形象都会产生不同的影响，从而形成丰富多彩的建筑形象。

上述三个要素之间的关系是辩证统一的，既不能分割又有主次之分。其中建筑功能是建筑的目的，是起主导作用的，是第一位的；第二位的是建筑技术，是物质技术条件，它是达到目的所必需的手段，同时技术对功能又具有制约或促进的作用；第三位的是建筑形象，它在很大程度上可以说是功能和技术的综合反映，但也是变化和发展的，在一定的功能和技术条件下，可以创造出不同的建筑形象。总之，建筑既是物质产品，又是艺术产品，好的建筑既能很好地满足使用要求，又能给人以美的享受。

0.2.2　建筑方针

1986年原建设部在制定的“中国建筑技术政策”中明确提出“建筑的主要任务是全面贯彻适用、安全、经济、美观的方针”。

适用是指恰当地确定建筑物的面积和体积大小，进行合理地布局，拥有必需的各项设施，具有良好的卫生条件和保暖、隔热、隔声的环境。

安全是指结构和防灾的可靠度、疏散及报警能力、建筑的耐久性、使用寿命等。

经济是指建筑的经济效益、社会效益和环境效益。

(1) 建筑的经济效益是指建筑造价、材料能源消耗、建设周期、投入使用后的经常性运行和维修管理费用等综合经济效益。要防止片面强调降低造价、节约材料，使建筑处于质量低、性能差、能耗高、污染严重的状态。

(2) 建筑的社会效益是指建筑在投入使用前后，对人口素质、国民收入、文化、福利、社会安全等方面所产生的影响。

(3) 建筑的环境效益是指建筑投入使用前后，环境质量发生的变化，如日照、噪声、生态平衡、景观等方面的变化。

美观是在适用、安全、经济的前提下，把建筑美与环境美列为设计的重要内容。美观是建筑造型、室内装修、室外景观等综合艺术处理的结果。对城市及环境起重要影响的建筑物，要特别强调美观因素，使其能为整个城市及环境增色。对住宅建筑要注意群体艺术效果，实现多样化，发扬地方风格。在风景区和古建筑保护区，要特别注意保护原有风景特色和古建筑环境。建筑艺术形式和风格应多样化，为繁荣建筑创作，应提倡“古今中外一切精华皆为我用”的创作思路。

“适用、安全、经济、美观”这一建筑方针既是建筑工作者工作的指导方针，又是评价建筑优劣的基本准则，它是建筑三要素的全面体现。读者应深入理解建筑方针的精神，把它贯彻到学习和工作中去。

0.3　建筑的分类与分级

0.3.1　建筑的分类

为了便于掌握各类建筑的规律和特征，常从不同角度对建筑进行分类。

1. 按建筑的使用性质分类

按建筑的使用性质，建筑可分为生产性建筑和非生产性建筑两类。生产性建筑是指工业建筑和农业建筑，非生产性建筑即民用建筑。

工业建筑是指供人们从事各类生产的房屋，包括生产用房屋及辅助用房屋。农业建筑是指供人们从事农牧业的种植、养殖、畜牧、储存等用途的房屋，如塑料薄膜大棚、畜舍、温室、种子库房等。

民用建筑是指供人们居住、生活、工作和从事文化、商业、医疗、交通等公共活动的房屋。民用建筑的分类方法有以下几种。

1）按使用功能分类

民用建筑可分为居住建筑和公共建筑两类。

(1) 居住建筑，如住宅、公寓、宿舍等。

(2) 公共建筑，按照其功能特点又可以分为多种类型，如生活服务性建筑、文教建筑、托幼建筑、科研建筑、医疗建筑、商业建筑、行政办公建筑、交通建筑、通信建筑、观演建筑、体育建筑、展览建筑、旅馆建筑、园林建筑、纪念性建筑等。

2）按规模和数量分类

民用建筑可分为大量性建筑和大型性建筑两类。

(1) 大量性建筑是指量大面广、与人们生活密切相关的建筑，如住宅、中小学校、商店等。

(2) 大型性建筑是指规模宏大但修建量少的建筑，如大型体育馆（场）、影剧院、航空港、火车站、展览馆等。

3）按建筑高度或层数进行分类

(1) 住宅按层数或建筑高度（建筑高度是指自室外设计地面至建筑主体檐口顶部的垂直高度）分类：低层住宅为一至三层的住宅建筑；多层住宅为四至六层的住宅建筑；中高层住宅为七至九层的住宅建筑；高层住宅为十层及以上的住宅建筑；超高层住宅为建筑高度超过 100 m 的住宅建筑。

按《住宅设计规范》(GB 50096—1999)规定，七层及七层以上或最高住户入口层楼面距室外设计地面的高度超过 16 m 以上的住宅必须设置电梯。

(2) 其他民用建筑按建筑高度分类：普通建筑是建筑高度不超过 24 m 的民用建筑和建筑高度超过 24 m 的单层民用建筑；高层建筑是建筑高度超过 24 m 的民用建筑（不包括单层主体建筑）；超高层建筑是建筑高度超过 100 m 的民用建筑。

2. 按建筑主要承重结构的材料分类

1）生土-木结构建筑

生土-木结构建筑是指以土坯、板筑（干打垒）等生土墙和木屋架作为主要承重结构的建筑。这种建筑的墙用生土构成，不经焙烧，可节约能源。

2）砖木结构建筑

砖木结构建筑是指用砖墙（或柱）、木屋架作为主要承重结构的建筑。

3）砖混结构建筑

砖混结构建筑是指用砖墙（或柱）、钢筋混凝土楼板和屋顶承重构件作为主要承重结构的建筑，称为砖-钢筋混凝土混合结构建筑，简称砖混结构建筑。

4）钢筋混凝土结构建筑

钢筋混凝土结构建筑是指主要承重构件全部采用钢筋混凝土结构的建筑。

5）钢结构建筑

钢结构建筑是指主要承重构件全部用钢材制作的建筑。它与钢筋混凝土结构建筑相比，具有自重轻的优点。

3. 按建筑结构的承重方式分类

1）墙承重结构建筑

用墙承受楼板及屋顶传来的全部荷载的建筑称为墙承重结构建筑。生土-木结构建筑、砖木结构建筑、砖混结构建筑都属于这一类建筑。

2）骨架承重结构建筑

用柱与梁组成骨架承受全部荷载的建筑称为骨架承重结构建筑。这类结构一般采用钢筋混凝土结构或钢结构组成骨架，用于大跨度的建筑、荷载大的建筑及高层建筑。在这类建筑中，墙不承受荷载，只起围护作用。

我国传统的木构架承重系统和有些地区采用的木柱和木屋架组成的承重系统，也属于骨架承重结构的系统。

3）内骨架承重结构

建筑物的内部用梁、柱组成骨架承重，四周用外墙承重的建筑称为内骨架承重结构建筑。这种结构常用于首层需要较大通透空间的多层建筑，如首层为商店的多层住宅等。

4）空间结构

用空间构架或结构承受荷载的建筑称为空间结构建筑。这种结构常用于需要大空间而内部又不能设柱的建筑，如体育馆等。

0.3.2 建筑的分级

为了控制设计质量标准，常从不同角度出发，将建筑划分为不同等级，主要有耐久性等级和耐火等级两类。

1. 耐久性等级

依据主体结构确定的建筑耐久年限分以下四级。

一级：100年以上，适用于重要的建筑和高层建筑。

二级：50～100年，适用于一般性建筑。

三级：25～50年，适用于次要的建筑。

四级：15年以下，适用于临时性建筑。

耐久性等级不同，在设计与建造房屋时，要选择与耐久年限相应的材料与结构。

2. 耐火等级

建筑的耐火等级由组成建筑物构件的燃烧性能和耐火极限来确定，按《建筑设计防火规范》（GB 50016—2006），建筑划分为四个耐火等级（见表0.1）。

表0.1 建筑物构件的燃烧性能和耐火极限 单位：h

构件名称		耐火等级、燃烧性能和耐火极限			
		一级	二级	三级	四级
墙	防火墙	非燃烧体 4.00	非燃烧体 4.00	非燃烧体 4.00	非燃烧体 4.00
	承重墙、楼梯间、电梯井的墙	非燃烧体 3.00	非燃烧体 2.50	非燃烧体 2.50	难燃烧体 0.50
	非承重外墙、疏散走道两侧的隔墙	非燃烧体 1.00	非燃烧体 1.00	非燃烧体 0.50	难燃烧体 0.25
	房间隔墙	非燃烧体 0.75	非燃烧体 0.50	难燃烧体 0.50	难燃烧体 0.25

续表

构件名称		耐火等级、燃烧性能和耐火极限			
		一级	二级	三级	四级
柱	支撑多层的柱	非燃烧体 3.00	非燃烧体 2.50	非燃烧体 2.50	难燃烧体 0.50
	支撑单层的柱	非燃烧体 2.50	非燃烧体 2.00	非燃烧体 2.00	燃烧体
梁		非燃烧体 2.00	非燃烧体 1.50	非燃烧体 1.00	难燃烧体 0.50
楼板		非燃烧体 1.50	非燃烧体 1.00	非燃烧体 0.50	难燃烧体 0.25
屋顶承重构件		非燃烧体 1.50	非燃烧体 0.50	燃烧体	燃烧体
疏散楼梯		非燃烧体 1.50	非燃烧体 1.00	非燃烧体 1.00	燃烧体
吊顶(包括吊顶搁栅)		非燃烧体 0.25	难燃烧体 0.25	难燃烧体 0.15	燃烧体

注:以木柱承重且以非燃烧材料作为墙体的建筑物,耐火等级应按四级确定。

现就构件耐火极限和燃烧性能作如下说明。

1）构件的耐火极限

构件的耐火极限是指对任一建筑构件按时间温度标准曲线进行耐火试验,从受到火的作用时起,到失去支持能力或完整性被破坏或失去隔火作用时为止的这段时间,用小时表示。

各种构件的耐火极限的数值在《建筑设计防火规范》中有详细规定,设计时可查阅该规范。

2）构件的燃烧性能

构件的燃烧性能分为以下三类。

(1) 非燃烧体:用非燃烧材料做成的构件,如天然石材、人工石材、金属材料等。

(2) 难燃烧体:用不易燃烧的材料做成的构件,或者用燃烧材料做成但用非燃烧材料作为保护层的构件,如沥青混凝土构件、木板条抹灰的构件等。

(3) 燃烧体:用容易燃烧的材料做的构件,如木材等。

各种建筑构件的燃烧性能在《建筑设计防火规范》中有详细规定,设计时可查阅该规范。

小结

1. 建筑是人工创造的室内外空间环境,直接供人使用的建筑称为建筑物,不直接供人使用的建筑称为构筑物。

2. 房屋建筑学是研究建筑设计与建筑构造组成、构造原理及构造方法的一门课程。它的主要内容为综合研究建筑功能、物质技术、建筑艺术以及三者的相互关系,研究建筑设计方法以及如何综合地运用建筑结构、施工、材料、设备等方面的科学技术成就,建造适应生产与生活需要的建筑物。

3. 建筑功能、建筑技术和建筑形象是建筑的三要素，三者之间是辩证统一的关系。我国的建筑方针是适用、安全、经济、美观。

4. 建筑按功能分为民用建筑、工业建筑和农业建筑，按规模分为大量性建筑和大型性建筑；按层数或建筑高度分为低层、多层、高层和超高层建筑；按主要承重结构的材料分为生土-木结构建筑、砖木结构建筑、砖混结构建筑、钢筋混凝土结构建筑、钢结构建筑等；按建筑结构的承重方式分为墙承重结构建筑、骨架承重结构建筑、内骨架承重结构建筑、空间结构建筑。建筑按耐久性分为四级，使用年限分别为100年以上、50～100年、25～50年、15年以下。建筑的耐火等级分为四级，分级的依据是构件的耐火极限和燃烧性能。

1. 建筑的含义是什么？什么是建筑物和构筑物？
2. 房屋建筑学课程的学习内容和任务是什么？
3. 构成建筑的三要素是什么？如何正确认识三者的关系？
4. 适用、安全、经济、美观的建筑方针所包含的具体内容是什么？
5. 民用建筑按功能、规模划分成哪些类型？
6. 建筑按主要承重结构的材料分为哪几类？
7. 住宅建筑与公共建筑按层数划分的界限是什么？
8. 什么是构件的耐火极限与燃烧性能？建筑物的耐火等级如何划分？耐久性等级又如何划分？

上篇

民用建筑部分

第1章　建筑构造概述

学习目标与要求

1. 熟悉建筑构造研究的对象、目的。
2. 掌握民用建筑的构造组成及各自的作用。
3. 熟悉影响建筑构造的因素和建筑构造设计原则。
4. 掌握建筑模数协调标准的意义及划分原则。
5. 掌握定位轴线的划分方式，了解定位轴线编号的原则和意义。

1.1　建筑构造研究的对象及研究的目的

建筑构造是一门研究建筑物各组成部分的构造原理和构造方法的学科，是建筑设计不可分割的一部分，它的主要任务是根据建筑物的功能要求，提供合理的、经济的构造方案，以作为建筑设计中综合解决技术问题及进行施工图设计、绘制大样图等的依据。

一座建筑物由许多部分构成，这些组成部分称为构件或配件，而这些构件和配件依所处部位不同又有着不同的作用和要求。

建筑构造原理是研究如何使组成建筑物的构件、配件能最大限度地满足使用要求，并根据使用要求去进行构造方案设计的理论。

构造方法则是在理论指导下，进一步研究如何运用各种建筑材料去有机地组成各种构件、配件，并提出各种有效的防范措施和解决构、配件之间牢固结合的具体方法。

学习建筑构造的目的是在掌握构造原理的基础上，根据建筑物的使用要求、空间尺度和客观条件，综合各种因素，正确选用建筑材料，然后提出符合适用、安全、经济、合理的最佳构造方案。

构造方案设计从技术上为建筑设计的合理性和可行性提供了可靠保证，以利于设计意图的贯彻。它的涉及面很广，除需满足建筑使用功能要求外，还涉及材料性能、结构选型、构件制作以及建筑物理、建筑设备、建筑施工等方面的知识。因此，建筑构造是一门实践性和综合性都很强的学科，需要全面地、综合地运用有关知识。

1.2　民用建筑的构造组成

民用建筑通常由基础、墙体和柱、楼板层、楼梯、屋顶、地坪、门和窗等几大主要部分组成(见图 1.1)。

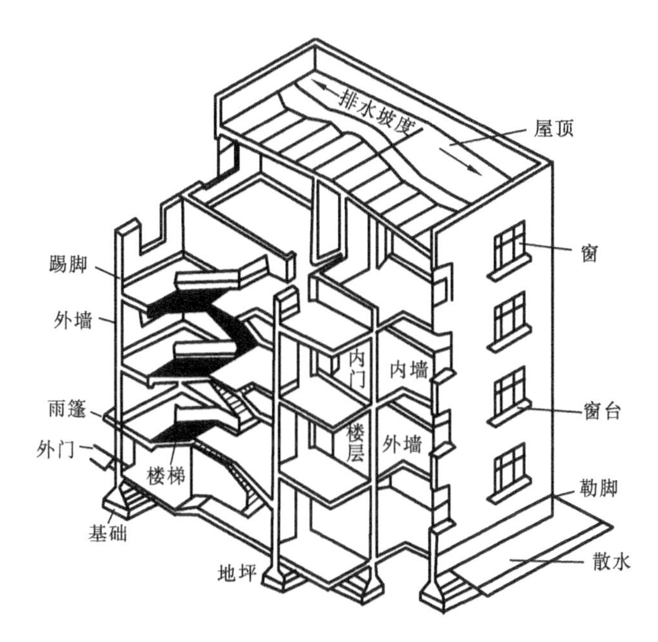

图 1.1　民用建筑的构造组成

1. 基础

基础是建筑物最下部的承重构件,承担建筑的全部荷载,并把这些荷载有效地传给地基。基础作为建筑的重要组成部分,是建筑物得以立足的根基,必须具有足够的强度、耐久性和稳定性。

2. 墙体和柱

墙体是建筑物的承重、围护和分隔空间的构件。墙体作为承重构件时,它承担屋顶和楼板层传来的荷载,并把它们传递给基础。外墙作为围护构件时,起着抵御自然界各种因素对室内侵袭的作用。内墙具有分隔空间、组成空间、隔声、遮挡视线以及保证舒适的室内环境的作用。

墙体通常是建筑中自重最重、材料和资金消耗最多、施工量最大的组成部分,其作用非常重要,因此,墙体应具有足够的强度、稳定性,良好的热工性能及防火、隔声、防水、耐久性能。同时,方便施工和良好的经济性也是衡量墙体性能的重要指标。

柱也是建筑物的承重构件,与承重墙一样,承受着屋顶和楼板传来的荷载。柱所占空间小,受力比较集中,所以必须具有足够的强度和刚度。

3. 屋顶

屋顶是建筑顶部的承重、围护和分隔空间的构件,一般由屋面、保温(隔热)层和承重结构三部分组成。其中承重结构要满足承担屋面和自重的要求,并将这些荷载传给墙或柱;屋面和保温(隔热)层则应具有能够抵御自然界不利因素侵袭的能力。因此,屋顶必须具有足够的强度、刚度及具备防火、保温、隔热等能力。同时,屋顶还是建筑体型和立面的重要组成部分,在对其进行外观形象设计时也应给予足够的重视。

4. 楼板层

楼板层将建筑物沿竖向分为若干空间,它是楼房建筑中的水平承重构件。楼板层承担着建筑的楼面荷载(含家用设备、人体荷载以及本身自重)并把这些荷载传给墙或梁,同时对墙体起水平支撑的作用。因此，楼板层应具有足够的强度、刚度，具备相当的防火、防水、隔声的能力。

5. 楼梯

楼梯是楼房建筑中的垂直交通设施，供人们上下楼层和紧急疏散之用，故要求楼梯具有足够的通行能力以及防水、防滑、防火的功能。

6. 地坪

地坪是建筑底层房间与下部土层相接触的部分，它承担着底层房间的地面荷载。由于地坪面还直接与人体及家具设备接触，因此，地坪应具有一定的强度、良好的耐磨、防潮及防水、保温的性能。

7. 门和窗

门和窗均属于非承重构件。

门主要供人们内外交通及搬运家具设备之用，同时还兼有分隔房间、采光通风和围护的作用，因此，门应有足够的宽度和高度，其数量、位置和开启方式也应符合有关规范的要求。

窗的作用主要是采光、通风以及分隔、围护，同时，窗在建筑的立面形象中也占有相当重要的地位。某些有特殊要求的房间，还要求其门窗具有保温、隔热、隔声的能力。

一座建筑物除上述基本构件外，对于不同使用功能的建筑，还应有不同的构件和配件，如阳台、雨篷、台阶、散水、垃圾井等。有关构件的具体构造将在后续章节详述。

1.3 影响建筑构造的因素

建筑物投入使用后，要经受自然界各种因素的考验。为了提高建筑物对外界各种影响的抵御能力，延长建筑物的使用寿命，更好地满足建筑的使用功能，在进行建筑构造设计时，必须充分考虑各种因素对它的影响，以便根据影响程度，提出合理的构造方案。影响的因素很多，大致可分为以下几方面。

1. 外界环境因素的影响

环境因素包括外界各种自然条件以及各种人为的因素，大致有以下三个方面。

1）外力作用的影响

作用在建筑物上的各种外力统称为荷载，荷载可分为恒荷载（如结构自重）和活荷载（如人群、家具、吊车、雪荷载、风荷载以及地震荷载等）两大类。荷载的大小是建筑结构设计的主要依据，也是结构造型的重要基础，它决定着构件尺度和用料的多少。而构件的选材、尺度、形状等又与构造方式密切相关。

在荷载中，风力的影响不可忽视，特别是在沿海地区，风力影响更大。风力往往是高层建筑水平荷载的主要因素。地震力对建筑物的破坏是目前自然界各种影响因素中最为严重的，必须引起重视。

2）自然气候的影响

太阳的热辐射、自然界的风霜雨雪等，构成了影响建筑物的多种因素。我国幅员辽阔，南北纬度相差较大，从炎热的南方到寒冷的北方，气候差别悬殊，大自然的条件有很大差异。有的构、配件因材料热胀冷缩而开裂，有的出现渗漏水现象，还有的因室内过冷或过热而妨碍工作等。在构造设计时,需针对建筑物所受影响的性质与程度,对各有关部位采取相应的防范措施,如防潮、防水、保温、隔热,以及设变形缝和隔气层等,以防患于未然。

3) 各种人为因素的影响

人们所从事的生产和生活活动,如机械振动、化学腐蚀、爆炸、火灾、噪声等,均会对建筑物造成影响。在进行建筑构造设计时,必须针对各种有关的影响因素,从构造上采取防震、防腐、防爆、防火、隔声等相应的措施,以避免建筑物遭受不应有的损失。

2. 物质技术条件的影响

材料是建筑物的物质基础,结构则是建筑物的骨架。建筑材料、结构和施工等物质技术条件是构成建筑的基本要素,这些都与建筑构造密切相关。

随着建筑业的不断发展,各种新型建筑材料、配套产品、新结构、新设备以至施工技术都在不断改进和更新,建筑构造要解决的问题越来越多,构造方式也越来越多样化。这些都会给构造设计带来很大影响。

3. 经济条件的影响

随着建筑技术的不断发展和人们生活水平的提高,人们对建筑的使用要求,包括居住条件及标准也随之改变。标准的变化势必带来建筑的质量标准、建筑造价等出现较大差别。对建筑构造的要求也将随着经济条件的改变而相应发生变化。

1.4 建筑构造的设计原则

建筑构造是建筑设计不可分割的一部分。建筑作为一种产品,在设计过程中,应妥善处理各种影响因素,使建筑满足适用、安全、经济、美观等要求。

1. 满足建筑使用功能要求

建筑物所处环境和使用性质的不同,对建筑设计会提出不同的技术设计要求。如北方地区要求建筑物冬季能保温;南方地区则要求建筑物通风、隔热;影剧院、会堂、音乐厅要求具有良好的音响;住宅区应控制噪声干扰,要求隔声;对于有水侵蚀的构件则要求防水;等等。总之,为了满足使用功能要求,在构造设计时,应综合运用有关技术知识,提出合理的构造方案。

2. 必须有利于结构安全

建筑物除了要根据荷载大小,对主要承重构件进行结构设计外,对于一些构、配件的设计,如阳台、楼梯栏杆、顶棚、墙面等装修,门、窗与墙体的结合以及抗震加固等,都必须在构造上采取相应的措施,以确保这些构、配件在使用时的安全。

3. 适应建筑工业化需要

为了提高建设速度,改善劳动条件,保证施工质量,在构造设计时应广泛采用标准设计的构、配件及其制品,使构、配件生产工厂化,节点构造定型化,为现场施工机械化创造条件,以适应建筑工业化的需要。与此同时,在开发新材料、新结构、新设备的基础上,注意促进对传统材料、结构、设备和施工方式的更新和改进。

4. 考虑建筑的经济、社会和环境的综合效益

在构造设计时,除了要关注整体建筑物的经济效益外,还应贯彻可持续发展思想,注重它的

社会效益和环境效益。在经济效益中，既要注意节约建筑投资，又要有利于降低经常运行、维修和管理的费用。在追求效益时，必须保证工程质量，不可偷工减料、粗制滥造。

5. 注意美观

虽然建筑物的美观主要取决于建筑设计中的体型组合和立面处理，但一些细部构造对整体美观也有很大影响。例如，栏杆的形式，室内和室外的细部装修，各种转角、收头、交接的处理等，都直接影响房屋的整体美观效果，因此应合理处置、相互协调。

总之，在构造设计中，对坚固适用、技术先进、经济合理、美观大方等进行全面考虑是最基本的原则。

1.5 建筑模数

为了使建筑制品、建筑构配件和组合件实现工业化大规模生产，不同材料、不同形式和不同制造方法的建筑构配件、组合件必须符合标准模数并具有较大的通用性和互换性，以加快设计速度，提高施工质量和效率，降低建筑造价。建筑物及其各部分的尺寸必须统一协调。我国制定了《建筑模数协调统一标准》(GBJ 2—1986)，用于约束和协调建筑的尺寸关系，作为设计、施工、构件制作、科研的尺寸依据。

1.5.1 建筑模数的概念

建筑模数是选定的尺寸单位，作为建筑空间、构配件、建筑制品以及有关设备尺度协调中的增值单位。

1. 基本模数和导出模数

基本模数是模数协调中选用的基本尺寸单位，其数值为 100 mm，符号为 M，即 1M＝100 mm。整个建筑物和建筑物的一部分以及建筑组合件的模数化尺寸，应是基本模数的倍数。

导出模数分为扩大模数和分模数两种，扩大模数是基本模数的整数倍，分模数是整数除基本模数的数值。

2. 模数基数

模数基数是建筑中普遍需要而又符合建筑工业发展的有限的又互相协调的几个基本尺寸的数值，它是组成各模数数列的基础。

水平扩大模数基数为 3M、6M、12M、15M、30M、60M，其相应尺寸分别为300 mm、600 mm、1 200 mm、1 500 mm、3 000 mm、6 000 mm。

竖向扩大模数基数为 3M 和 6M，其相应的尺寸为 300 mm、600 mm。

分模数基数为 1/10M、1/5M、1/2M，其相应的尺寸为 10 mm、20 mm、50 mm。

1.5.2 模数数列及适用范围

1. 模数数列

模数数列是以选定的模数基数为基础而展开的数值系统，它可以确保不同类型的建筑物及其各组成部分间的尺寸统一与协调，减少尺寸的范围以及使尺寸的叠加和分割有较大的灵活性。建筑物中的所有尺寸,除特殊情况外,均应满足模数数列的要求。表 1.1 所示的是我国现行的模数数列。

表 1.1　模数数列

基本模数	扩大模数						分模数		
1M	3M	6M	12M	15M	30M	60M	1/10M	1/5M	1/2M
100	300	600	1 200	1 500	3 000	6 000	10	20	50
100	300						10		
200	600	600					20	20	
300	900						30		
400	1 200	1 200	1 200				40	40	
500	1 500			1 500			50		50
600	1 800	1 800					60	60	
700	2 100						70		
800	2 400	2 400	2 400				80	80	
900	2 700						90		
1 000	3 000	3 000		3 000	3 000		100	100	100
1 100	3 300						110		
1 200	3 600	3 600	3 600				120	120	
1 300	3 900						130		
1 400	4 200	4 200					140	140	
1 500	4 500			4 500			150		150
1 600	4 800	4 800	4 800				160	160	
1 700	5 100						170		
1 800	5 400	5 400					180	180	
1 900	5 700						190		
2 000	6 000	6 000	6 000	6 000	6 000	6 000	200	200	200
2 100	6 300							220	
2 200	6 600	6 600						240	
2 300	6 900								250
2 400	7 200	7 200	7 200					260	
2 500	7 500			7 500				280	
2 600		7 800						300	300
2 700		8 400	8 400					320	
2 800		9 000		9 000	9 000			340	
2 900		9 600	9 600						350
3 000				10 500				360	
3 100			10 800					380	
3 200			12 000	12 000	12 000	12 000		400	400
3 300					15 000				450
3 400					18 000	18 000			500
3 500					21 000				550
3 600					24 000	24 000			600
					27 000				650
					30 000	30 000			700
					33 000				750
					36 000	36 000			800
									850
									900
									950
									1 000

2. 适用范围

在基本模数数列中，水平基本模数幅度为1M～20M的数列，主要用于门窗洞口和构配件截面等处尺寸。竖向基本模数幅度为1M～36M的数列，主要用于建筑物的层高、门窗洞口和构配件截面等处尺寸。

在扩大模数数列中，水平扩大模数主要用于建筑物的开间或柱距、进深或跨度、构配件尺寸和门窗洞口等处尺寸，其数列幅度：3M时为3M～75M；6M时为6M～96M；12M时为12M～120M；15M时为15M～120M；30M时为30M～360M；60M时为60M～360M，必要时幅度不限。

竖向扩大模数的数列幅度不限，主要用于建筑物的高度、层高和门窗洞口等处尺寸。

分模数1/10M、1/5M、1/2M的数列，主要用于缝隙、构造节点、构配件截面等尺寸。其数列幅度：1/10M时为1/10M～2M；1/5M时为1/5M～4M；1/2M时为1/2M～10M。

1.5.3 三种尺寸

为了保证建筑制品、构配件等有关尺寸间的统一与协调，在建筑模数协调中尺寸分为标志尺寸、构造尺寸和实际尺寸3种。

(1) 标志尺寸：应符合模数数列的规定，用于标注建筑物定位轴线之间的垂直距离（如跨度、柱距、层高等），以及建筑制品、构配件、建筑组合件、有关设备位置界限之间的尺寸。

(2) 构造尺寸：是建筑制品、构配件、建筑组合件等的设计尺寸。一般情况下，构造尺寸为标志尺寸减去缝隙或加上支撑尺寸。缝隙尺寸的大小宜符合模数数列的规定。

(3) 实际尺寸：是建筑制品、建筑构配件、建筑组合件等的实有尺寸。实际尺寸与构造尺寸之间的差数，应符合建筑公差的规定。

标志尺寸、构造尺寸和缝隙尺寸之间的关系如图1.2所示。当有分隔构件时，尺寸间的关系如图1.3所示。

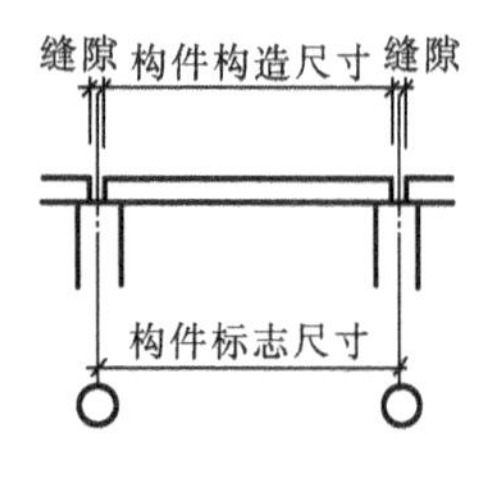

(a) 标志尺寸大于构造尺寸

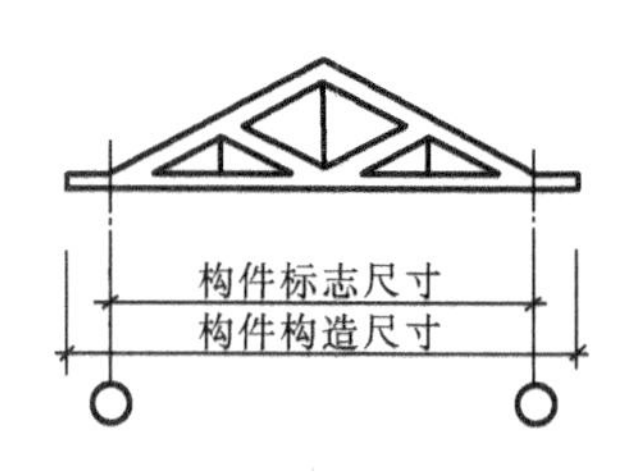

(b) 构造尺寸大于标志尺寸

图1.2 几种尺寸间的关系

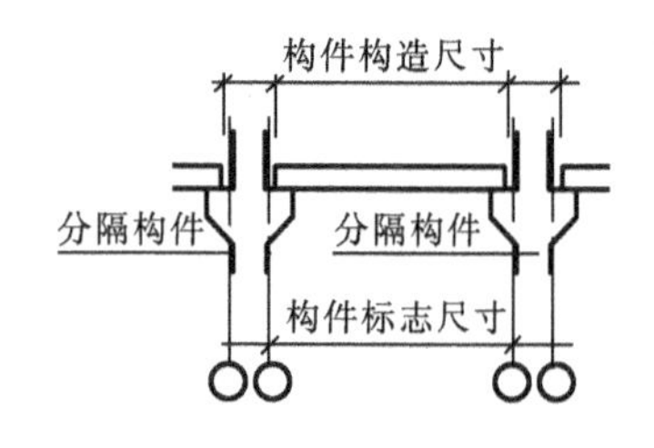

图1.3 有分隔构件时尺寸间的关系

1.6 定位轴线

定位轴线是确定建筑物构配件位置及相互关系的基准线。为了减少预制构件类型，达到构件标准化、系列化、通用化和商品化，实现建筑工业化，充分发挥投资效益，必须选定合理的定位轴线。我国也制定了相应的标准，下面以砖混结构的定位轴线为例进行介绍。

1. 砖墙的平面定位轴线

(1) 承重内墙的平面定位轴线应与顶层墙身中线相重合，如果墙体是对称内缩，则平面定位轴线中分底层墙身；如果墙体是非对称内缩，则平面定位轴线偏分底层墙身，如图 1.4 所示，图中 t 为顶层墙的厚度。

(2) 承重外墙的顶层墙身内缘与平面定位轴线的距离应为 120 mm(见图 1.5)。

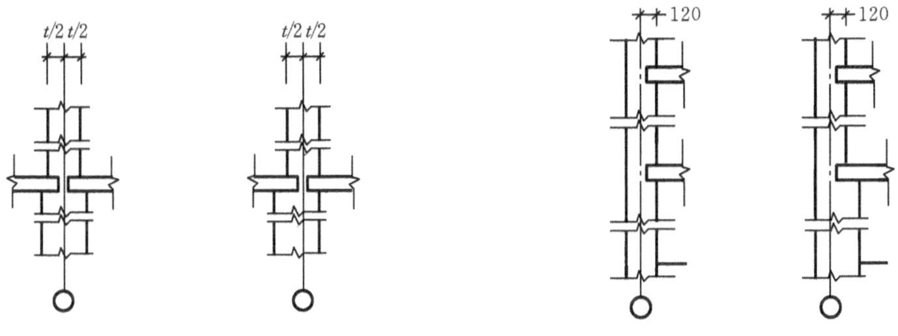

(a) 定位轴线中分底层墙身　(b) 定位轴线偏分底层墙身

图 1.4　承重内墙定位轴线

(a) 底层与顶层墙厚相同　(b) 底层与顶层墙厚不相同

图 1.5　承重外墙定位轴线

(3) 非承重墙除可按承重内墙或外墙的规定定位外，其墙身内缘还可与平面定位轴线相重合。

(4) 带壁柱外墙的墙身内缘与平面定位轴线相重合，或距墙身内缘的 120 mm 处与平面定位轴线相重合(见图 1.6 和图 1.7)。

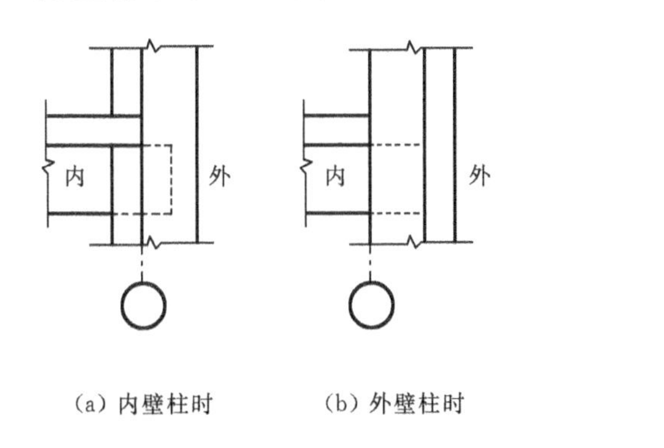

(a) 内壁柱时　(b) 外壁柱时

图 1.6　定位轴线与墙身内缘相重合

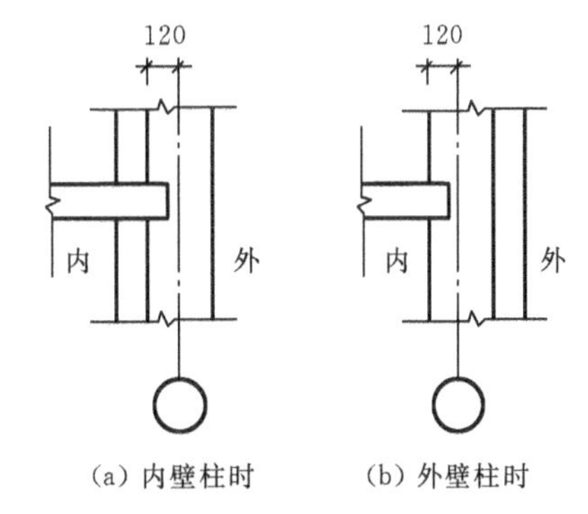

(a) 内壁柱时　(b) 外壁柱时

图 1.7　定位轴线距墙身内缘 120 mm

2. 变形缝处的砖墙平面定位轴线

(1) 当变形缝处一侧为墙、一侧为墙垛时，墙垛的外缘应与定位轴线相重合。当一侧墙按外承重墙处理时，定位轴线距顶层墙内缘 120 mm(见图 1.8(a))；当墙按非承重墙处理时，定位轴线应与顶层墙内缘重合(见图 1.8(b))。

(2) 当变形缝处两侧为墙时，如两侧墙按外承重墙处理，则定位轴线均应距顶层墙内缘120 mm(见图 1.9(a))；当两侧墙按非承重墙处理时，定位轴线均应与顶层墙内缘重合(见图 1.9(b))。

(3) 当变形缝处双墙带连系尺寸时，如两侧墙按外承重墙处理，则定位轴线均应距顶层墙内缘120 mm(见图 1.10(a))；当两侧墙按非承重墙处理时，定位轴线均应与顶层墙内缘重合(见图 1.10(b))。

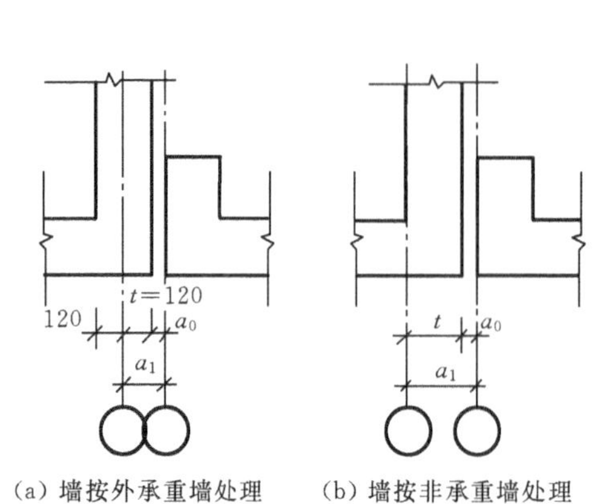

图1.8　变形缝处一侧为墙身、一侧为墙垛时的定位轴线

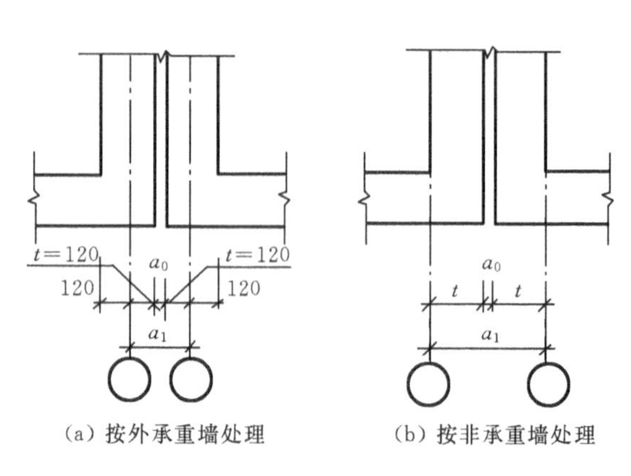

图1.9　变形缝处两侧为墙的定位轴线

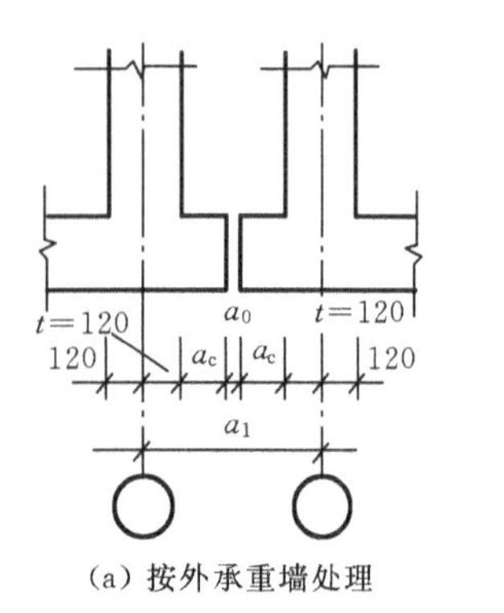

(b) 按非承重墙处理

图1.10　变形缝处双墙带连系尺寸的定位轴线

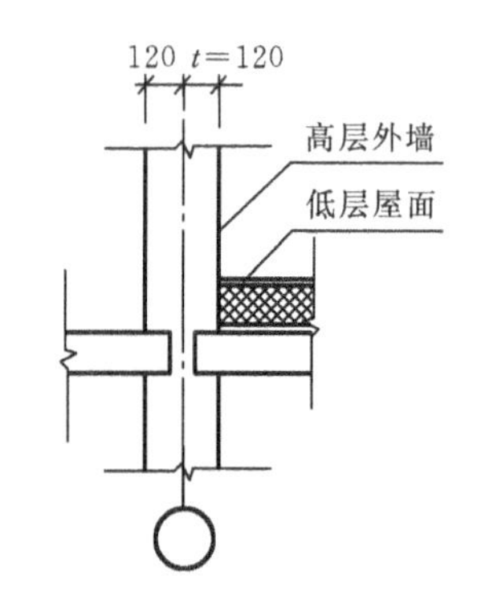

图1.11　高低层分界处不设变形缝时的定位轴线

3. 高低层分界处的砖墙定位轴线

(1) 高低层分界处不设变形缝时，应按高层部分承重外墙定位轴线处理(见图1.11)，定位轴线应距墙内缘120 mm。

(2) 高低层分界处设变形缝时，应按变形缝处砖墙平面定位轴线处理。

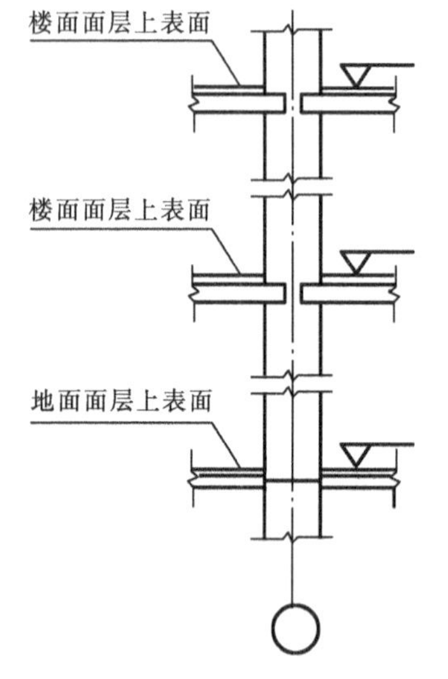

图1.12　砖墙的竖向定位

4. 底层框架的定位轴线

底层为框架结构时，框架结构的定位轴线应与上部砖混结构平面定位轴线一致。

5. 砖墙的竖向定位

(1) 楼(地)面竖向定位应与楼(地)面面层上表面重合(见图1.12)。

(2) 屋面竖向定位应设置在屋面结构层上表面与距墙内缘120 mm处或与墙内缘重合处的外墙定位轴线的相交处(见图1.13)。

6. 定位轴线的编号

定位轴线用点画线表示，一般应编号，编号应注写在轴线端部的圆内。圆应用细实线绘制、直径为 8～10 mm。定位轴线的圆心，应在定位轴线的延长线上或延长线的折线上。

平面图上定位轴线的编号，宜标注在图样的下方与左侧。横向编号应用阿拉伯数字，从左至右顺序注写。竖向编号应用大写拉丁字母，从下至上顺序注写(见图 1.14)。拉丁字母中的 I、O、Z 不得用为轴线编号。如字母数量不够使用，可增用双字母或单字母加数字注脚，如 A_A、B_B、…、Y_Y或 A_1、B_1、…、Y_1 等。

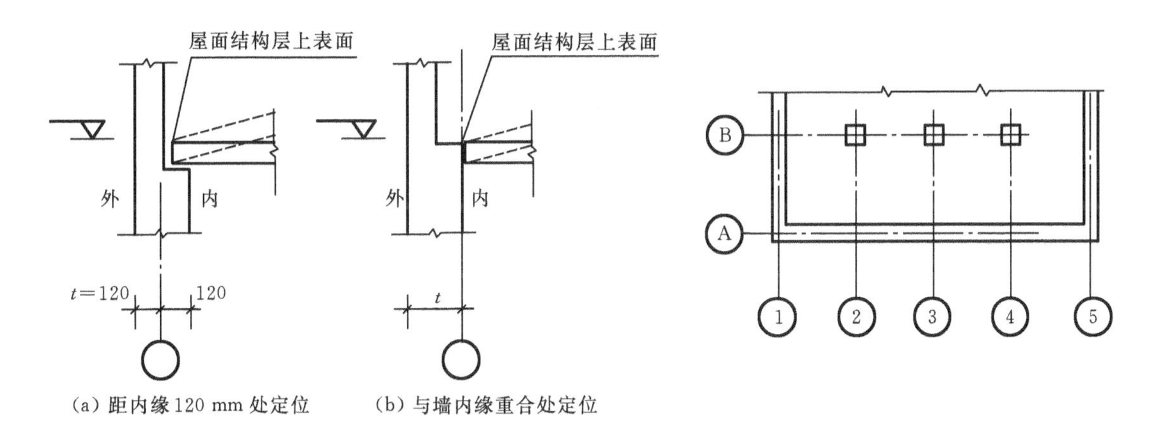

图 1.13　屋面竖向定位　　　　图 1.14　定位轴线的编号顺序

组合较复杂的平面图中，定位轴线也可采用分区编号(见图 1.15)。编号的注写形式应为分区号-该区轴线号，分区号采用阿拉伯数字表示。

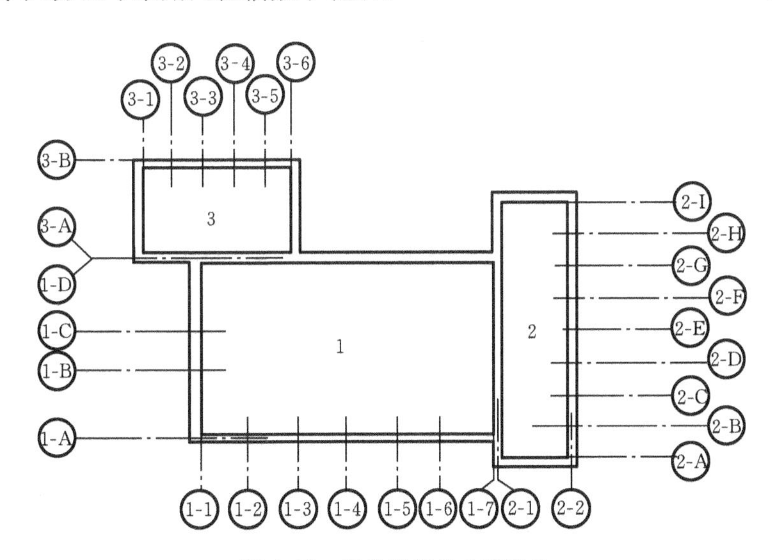

图 1.15　定位轴线的分区编号

当有附加轴线时，附加轴线的编号应以分数表示，并按下列规定编写。

(1) 两根轴线之间的附加轴线，应以分母表示前一轴线的编号，分子表示附加轴线的编号，附加轴线的编号宜用阿拉伯数字顺序注写。

(2) 1 号轴线或 A 号轴线之前的附加轴线应以 01、0A 分别表示(见图 1.16)。

当一个详图适用于几根定位轴线时，应同时注明各有关轴线的编号(见图 1.17)。

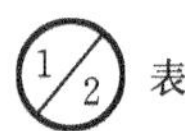

表示2号轴线之后附加的第一根轴线；

表示C号轴线之后附加的第三根轴线。

表示1号轴线之前附加的第一根轴线；

表示A号轴线之前附加的第三根轴线。

图1.16　附加轴线的表示方法

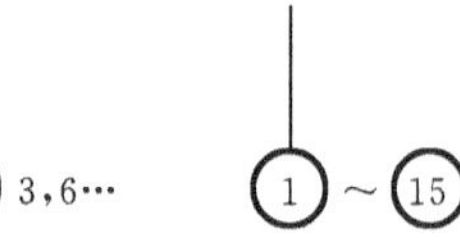

用于2根轴线时　　用于3根或3根以上轴线时　　用于3根以上连续编号的轴线时

图1.17　详图的轴线编号

通用详图的定位轴线，应只画圆，不注写轴线编号。

小结

1. 建筑构造是研究组成建筑各种构、配件的构造原理和构造方法的学科，是建筑设计不可分割的一部分。学习建筑构造的目的在于进行建筑设计时能综合各种因素，正确选用建筑材料，提出符合坚固、经济、合理的最佳构造方案，从而提高建筑抵御自然界各种影响的能力，保证建筑物的使用质量，延长建筑物的使用年限。

2. 一座建筑物主要是由基础、墙或柱、楼板层、地坪、楼梯、屋顶及门窗等部分所组成。它们处在不同的部位，发挥着各自的作用。一座建筑物建成后，其使用质量和耐久性能经受着各种因素的检验。影响建筑构造的因素包括外界环境因素、物质技术条件以及经济条件等。

3. 为使建筑物满足适用、经济、安全、美观的要求，在进行建筑构造设计时，必须注意满足使用功能要求，确保结构坚固、安全，适应建筑工业化需要，考虑建筑的经济、社会和环境的综合效益以及美观要求等构造设计的原则。

4. 实行建筑模数协调统一标准的目的是推进建筑工业化，其主要内容包括建筑模数、基本模数、扩大模数、分模数等。

5. 定位轴线是确定建筑物构、配件位置及相互关系的基准线，其划分及编号原则是从事专业活动的必备知识。

1. 学习建筑构造的目的是什么？
2. 建筑物的基本组成有哪些？它们的主要作用是什么？
3. 影响建筑构造的主要因素有哪些？
4. 建筑构造设计应遵循哪些原则？
5. 什么是基本模数？什么是扩大模数和分模数？
6. 标志尺寸、构造尺寸和实际尺寸的相互关系是什么？
7. 定位轴线为什么必须编号？标注的原则是什么？
8. 承重外墙的定位轴线是如何划分的？

第2章　基础与地下室构造

学习目标与要求

1. 掌握地基、基础、基础埋置深度的基本概念。
2. 掌握常见基础的分类，了解基础的一般构造。
3. 熟悉基础构造中特殊问题的处理方法。
4. 了解地下室的一般知识，熟悉地下室防潮、防水的常见构造。

2.1　地基与基础

1. 地基与基础的概念

基础是建筑物与土层直接接触的部分，是建筑物的重要组成部分，它承受建筑物上部结构传下来的全部荷载，并将这些荷载及本身的重量一并传给地基(见图2.1)。

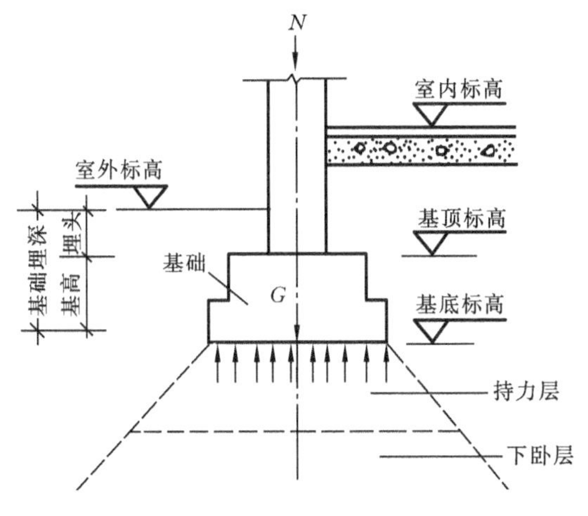

图2.1　基础的组成

在建筑工程中，把支撑建筑物重量的土层称为地基，它不是建筑物的组成部分，其中直接承受建筑物荷载的土层称为持力层，持力层以下的土层称为下卧层。《建筑地基基础设计规范》(GB 50007—2011)规定，作为建筑地基的土层分为岩石层、碎石土层、砂土层、粉土层、黏性土层和人工填土层。

根据土层的结构组成和承载能力，地基可分为人工地基和天然地基两类。凡自身具有足够的强度并能直接承受建筑物整体荷载的土壤层称为天然地基；凡土层自身承载能力弱，或建筑物整体荷载较大，需对该土壤层进行人工加工或加固后才能承受建筑物整体荷载的地基称为人工地基。其加固处理方法有以下几种。

（1）压实法　用打夯机、重锤、碾压机等对土层进行夯打碾压和振动方法将土层压（夯）实，此法简单易行，且提高地基承载能力效果较好。

（2）换土法　地基土为杂填土、淤泥、充填土及其他高压缩性土，不能做地基则需采用换土法，换上承载能力强的土壤、分层压实。换土所用材料宜选用中砂、粗砂、碎石或级配石等空隙大、压缩性低、无侵蚀性的材料。

（3）打桩法　当建筑物层多且高、荷载大，而地基土比较松软时，一般采用打桩法，做成桩基。常见的桩基有支撑桩、钻孔桩、振动桩、爆破桩等（见图2.2）。采用打桩法做桩基时，应在桩顶加做承台梁或承台板，以合理传递荷载。

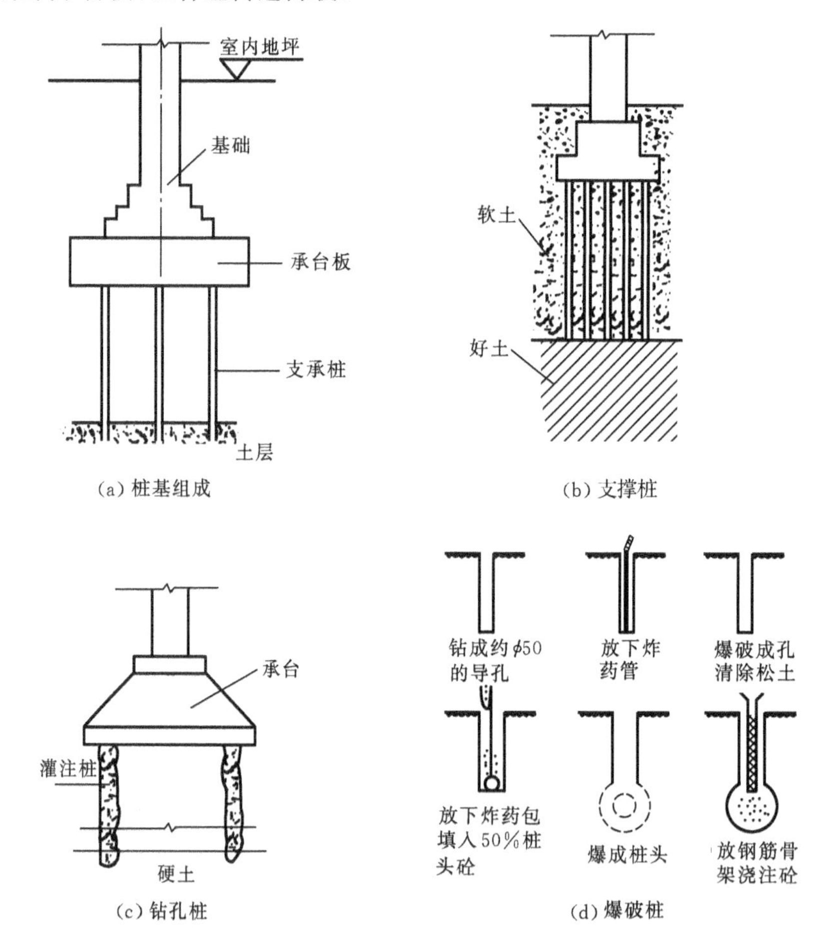

图2.2　打桩法

2. 地基应满足的要求

（1）强度　地基要有足够的承载能力，基本要求是建筑物作用在基底的压力小于地基的承载力。当建筑荷载与地基承载力一定时，要满足上述要求只有调节基础底面积，这一要求是选择基础类型的依据。

（2）变形　地基要有均匀的压缩量，保证建筑物在许可的范围内均匀下沉，避免不均匀沉降，导致建筑物产生开裂变形。

(3) 稳定　这一点对那些经常受水平荷载或位于斜坡上的建筑尤为重要。要求地基具有抵抗产生滑坡、倾斜的能力,当地基高差较大时,应加设挡土墙,防止滑坡变形的出现。

3. 基础应满足的要求

(1) 强度　基础应具有足够的强度,能承受建筑物的全部荷载,并把它均匀地传到地基上去。

(2) 耐久　基础应满足耐久性要求,具有较高的防潮、防冻和耐腐蚀的能力。如果基础先于上部结构破坏,检查和加固都十分困难,将严重影响建筑物寿命。

2.2　影响基础埋置深度的因素

基础的埋置深度(简称埋深)是指室外设计标高至基础底面的垂直高度(见图 2.1)。基础埋深不大于 5 m 的为浅基础,大于 5 m 的为深基础。基础的埋深受到多种因素的制约,如基础没有足够的土层包围,基础底面持力层受到的压力会把基础四周的土挤出,致使基础产生滑移而失去稳定。同时基础过浅,易受外界的影响而损坏,故除岩石基础外其埋深一般应不小于0.5 m。

1. 地基土质条件的影响

地基土质的好坏直接影响基础的埋深,土质好、承载力高的土层,基础可以浅埋,相反则应深埋。当土层为两种土质结构时,如上层土质好且有足够厚度,基础埋在上层土范围内为宜;反之,则以埋置下层好土范围内为宜。

2. 地下水位的影响

地下水对某些土层的承载能力有很大影响,如黏性土在地下水上升时,将因含水量增加而膨胀,使土的强度降低;地下水下降时,基础将产生下沉。一般基础争取埋在最高水位以上(见图 2.3(a))。地下水位较高时,宜将基础底面埋置在最低地下水位以下 200 mm。这种情况基础应采用耐水材料,如混凝土、钢筋混凝土等(见图 2.3(b))。

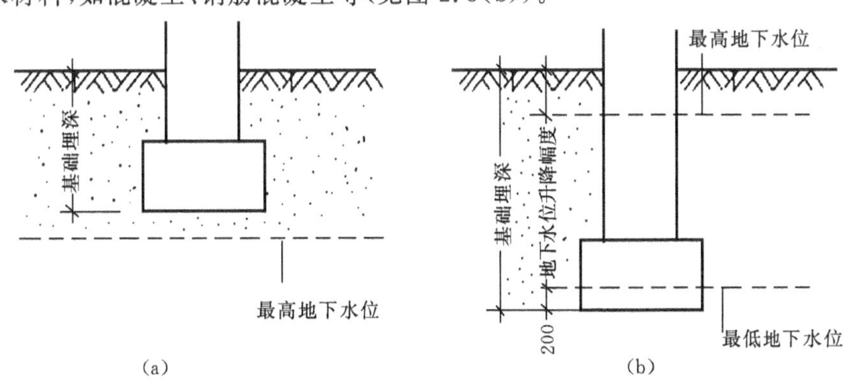

图 2.3　地下水位对基础埋深的影响

3. 冻结深度的影响

冻结土和非冻结土的分界线称为冻土线。土层解冻,基础不同,冻土深度亦不相同。地基土冻结后,若产生冻胀,冻胀向上的力会超过地基承载力,则房屋会下沉。这种冻融交替,使房

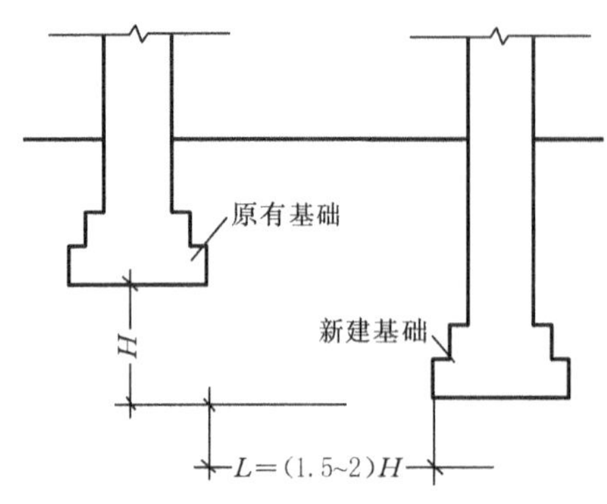

图 2.4　基础埋深与相邻基础的关系

屋处于不稳定状态，产生变形，会造成墙身开裂，甚至会使建筑物结构遭到破坏。故基础底面应埋置在冻土线以下 200 mm。

4. 相邻基础的影响

当基础附近有设备基础时，为避免设备基础对建筑物基础产生影响，需将建筑物基础深埋；当新建建筑与原有建筑基础相邻时，如基础埋深小于或等于原有建筑基础埋深，可不考虑相互影响；当基础埋深大于原有建筑基础埋深时，必须考虑相互影响，其应满足下列条件：$H/L \leqslant 0.5 \sim 1$ 或 $L=(1.5 \sim 2)H$（见图 2.4）。

5. 其他因素

除以上影响因素外，建筑物使用性质、有无地下室（设备基础）和地下设施、基础的形式和构造、作用在地基上的荷载大小和性质等影响因素还取决于建筑设计和结构设计。其中，对建筑物的使用性质而言，基础埋深应根据建筑物的大小、特点、刚度与地基的特性区别对待。当为高层建筑时，基础埋深不小于建筑物高度的 1/10 左右；当建筑物荷载大时，则要求地基承载力大，当地基承载力一定时，必然加大基础的埋深，因为地基承受建筑物荷载而产生的应力和应变随着土层深度的增加而减小，或加大基础底面积以减小地基单位面积内所承受的力。

2.3　基础的类型与构造

基础的类型很多，按基础所用材料及其受力特点分为刚性基础和非刚性基础，按基础构造形式分为条形基础、单独基础、片筏基础和箱形基础等。

2.3.1　按所用材料及受力特点分类

1. 刚性基础（无筋扩展基础）

由刚性材料制作的基础称为刚性基础，刚性材料一般是指抗压强度高，而抗拉、抗剪强度较低的材料。在常用材料中，砖、石、混凝土等均属刚性材料，所以砖基础、石基础、混凝土基础称刚性基础。由于刚性材料的特点，这类基础只适合抗压而不适合抗拉力和剪力，因此基础剖面尺寸必须满足刚性条件的要求。一般砌体结构房屋的基础常采用刚性基础。

由于地基承载能力的限制，在基础承受墙或柱传来的荷载后，为使其单位面积所传递的力与地基的允许承载能力相适应，可采用台阶的形式逐渐扩大其传力面积，然后将荷载传给地基，这种逐渐扩展的台阶称为大放脚。根据刚性材料受力的特点，基础在传力时只能在材料的允许范围内控制，这个控制范围的夹角称为刚性角，用 α 表示（见图 2.5(a)）。在这种情况下，基础底面拉应力极小，基础不致被破坏。如果基础底面宽度超过刚性角的控制范围，即由 B_0 增大至 B_1，则由于地基反作用力的作用，基础底面会产生拉应力而被破坏（见图 2.5(b)）。为了施工方便，常将刚性角 α 换成其正切值 $\tan\alpha$（$\tan\alpha=b/h$），即宽高比。大放脚的做法一般采用每两皮砖挑出 1/4 砖，或每两皮砖挑出 1/4 砖与一皮砖挑出 1/4 砖相间砌筑。不同材料的基础，其刚性角是不同的，通常对于混凝土基础，$\tan\alpha=1:1.5\sim1:1$，对于砖基础，$\tan\alpha=1:1.5$，对于灰土基础，$\tan\alpha=1:1.5\sim1:1.25$。表2.1中是各种材料的基础宽高比的允许值。

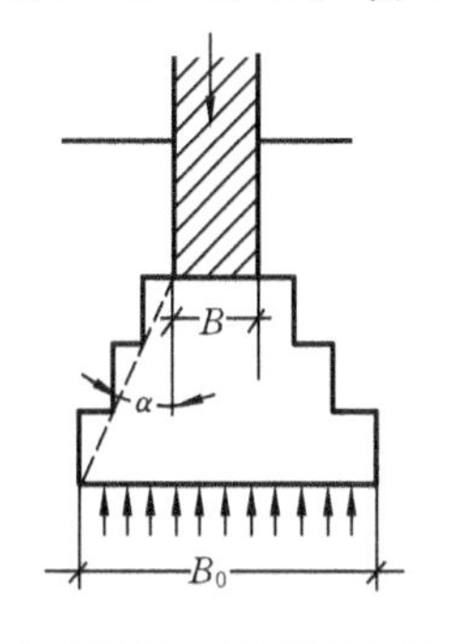

(a) 基础传力在刚性角范围内

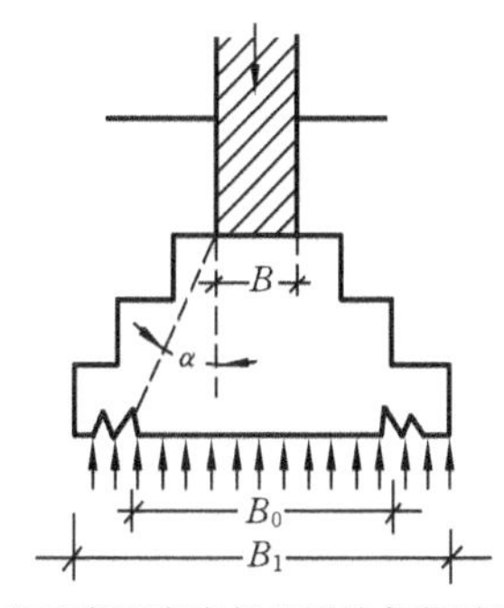

(b) 基础底面宽度超过刚性角范围而破坏

图2.5　刚性基础的受力、传力特点

表2.1　刚性基础台阶宽高比的允许值

基础材料	质量要求		基础宽高比的允许值		
			$\tan\alpha \leq 100$	$100 < \tan\alpha \leq 200$	$200 < \tan\alpha \leq 300$
混凝土基础	C10混凝土		1∶1.00	1∶1.00	1∶1.00
	C7.5混凝土		1∶1.00	1∶1.25	1∶1.50
毛石混凝土基础	C7.5—C10混凝土		1∶1.00	1∶1.25	1∶1.50
砖基础	砖不低于MU7.5	M5砂浆	1∶1.50	1∶1.50	1∶1.50
		M2.5砂浆	1∶1.50	1∶1.50	—
毛石基础	M2.5～M5砂浆		1∶1.25	1∶1.50	—
	M1砂浆		1∶1.50	—	—
灰土基础	体积比为3∶7或2∶8的灰土，其最小干密度： 粉土的为5 kN/m³ 粉质黏土的为15.0 kN/m³ 黏土的为14.5 kN/m³		1∶1.25	1∶1.50	—
三合土基础	体积比1∶2∶4～1∶3∶6(石灰∶砂∶骨料)，每层约虚铺220 mm，夯至150 mm		1∶1.50	1∶2.00	—

2. 非刚性基础(柔性基础)

当建筑物的荷载较大而地基承载能力较小时，基础底面 B 必须加宽，如果仍采用混凝土材料做基础，势必加大基础的深度，这样既增加了挖土工作量，又使材料的用量增加(见图2.6(a))。如果在混凝土基础的底部配以钢筋(见图2.6(b))，则利用钢筋来承受拉应力，可使基础底部能够承受大的弯矩，基础宽度的加大不受刚性角的限制，故称钢筋混凝土基础为非刚性基础或柔性基础。

这种基础的做法是在基础底板下均匀浇筑一层素混凝土，作为垫层，目的是保证基础钢筋和地基之间有足够的距离，以免钢筋锈蚀，而且还可以作为绑扎钢筋的工作面。垫层一般采用

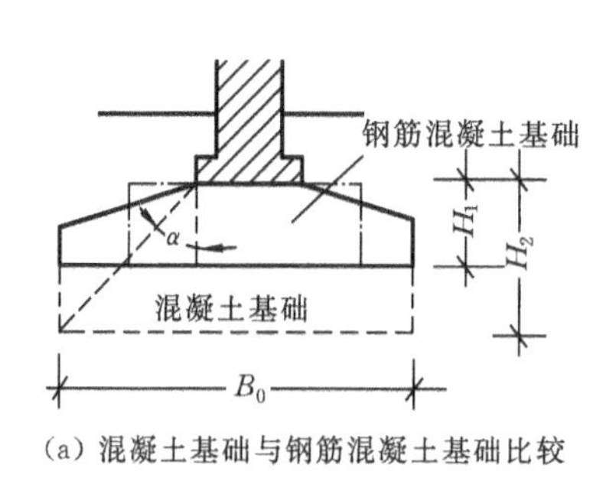

（a）混凝土基础与钢筋混凝土基础比较

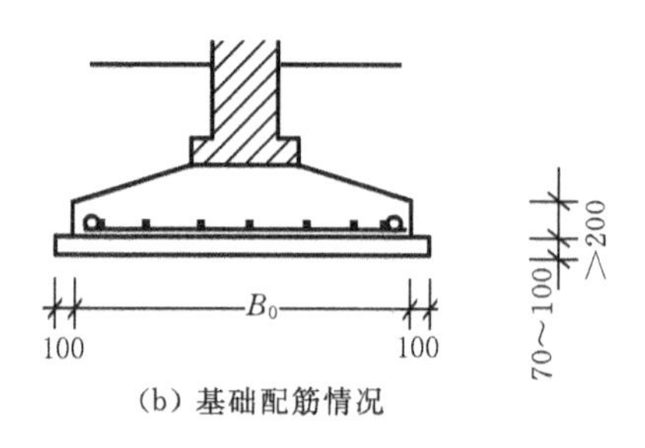

（b）基础配筋情况

图 2.6　钢筋混凝土基础

C7.5 或 C10 素混凝土，厚度 70～100 mm，垫层两边应伸出底板各 100 mm。

钢筋混凝土基础由底板及基础墙（柱）组成。现浇底板是钢筋混凝土的主要受力结构，其厚度和配筋数量均由计算确定。基础底板的外形一般有锥形和杯形两种（见图 2.7）。

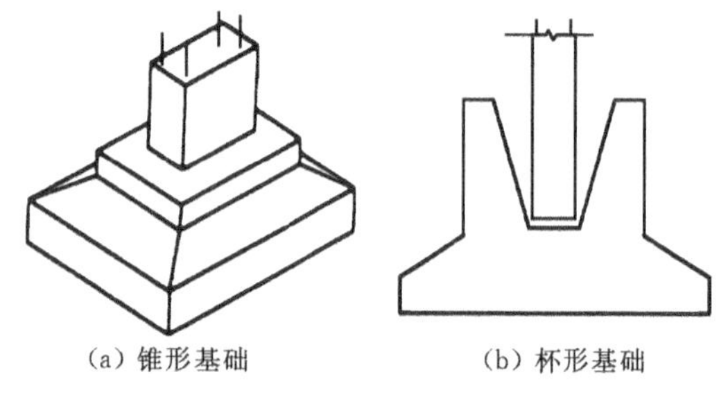
（a）锥形基础　　（b）杯形基础

图 2.7　钢筋混凝土基础的形式

锥形基础可节约混凝土，但浇筑时不如阶梯形方便。钢筋混凝土基础应有一定的高度，以增加基础承受基础墙（柱）传来上部荷载所形成的一种冲压力的能力，并节省钢筋用量。一般墙下条形基础底板边缘厚度不宜小于 150 mm。

钢筋混凝土柱下独立基础可与柱子一起浇筑，也可以做成杯形，将预制柱插入。杯形基础的杯底厚度应不小于 200 mm，杯壁厚 150～200 mm，杯口深度应不小于柱子长边长度加 50 mm，并不小于 500 mm。为了便于柱子的安装和浇筑细石混凝土，杯上口和柱边的距离为 75 mm，底部为 50 mm。杯底与杯口之间一般留 50 mm 的调整距离。施工时在杯口底及四周均用不小于 C20 的细石混凝土浇筑。

钢筋混凝土基础中的混凝土强度等级应不低于 C15，受力钢筋一般用Ⅰ级和Ⅱ级钢筋，钢筋直径一般为 $\phi8$～$\phi10$，间距为 100～200 mm。条形基础的受力钢筋仅在平行于槽宽方向放置。独立基础的受力钢筋应在两个方向垂直放置。受力钢筋的保护层，当有垫层时应不小于 40 mm，无垫层时应不小于 70 mm。

2.3.2　按基础构造形式分类

基础构造形式随建筑物上部结构形式、荷载大小及地基土壤性质的变化而不同。通常情况下，上部结构形式直接影响基础的形式，但当上部荷载增大，且地基承载能力有变化时，基础形式也随之变化。常见基础有 6 种形式。

1. 独立基础

独立基础是单独的块状形式的基础，常见断面有踏步形、锥形和杯形。

当建筑物上部结构采用框架结构或单层排架结构承重时，基础常采用方形或矩形的独立基础。独立基础是柱下基础的基本形式。当柱采用预制构件时，基础则做成杯形基础。

2. 条形基础

当建筑物上部结构采用墙承重时，基础沿墙身设置，多做成长条形，这种基础称为条形基础或带形基础（见图 2.8），是墙下基础的基本形式。

当建筑采用框架结构，但地基条件较差时，为满足地基承载力的要求，提高建筑的整体性，可把柱下单独基础在一个方向连接起来，这种基础称为柱下条形基础(见图 2.9)。

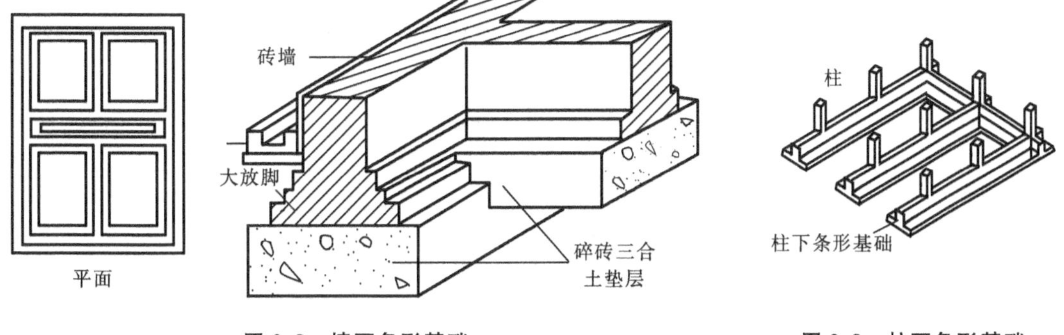

图 2.8　墙下条形基础

图 2.9　柱下条形基础

3. 井格基础

当地基条件较差而柱下条形基础不能满足要求时，为了提高建筑物的整体性，防止柱子之间产生不均匀沉降，常将柱下基础沿纵横两个方向连接起来，做成十字交叉的井格基础或称联合基础(见图 2.10)。

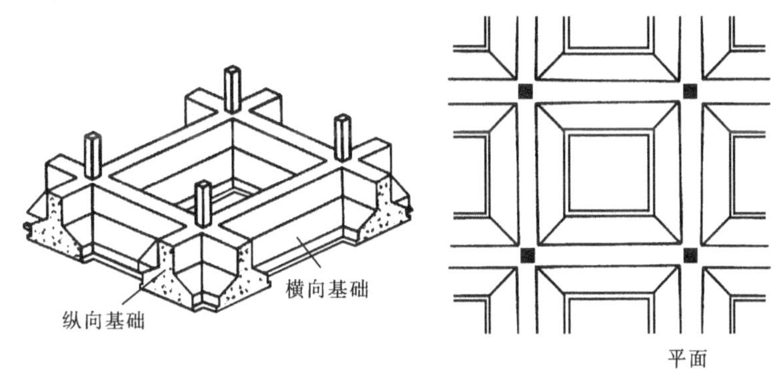

图 2.10　井格基础

4. 片筏基础

当建筑物上部荷载较大，而地基又较弱时，采用简单的条形基础或井格基础可能不能适应地基变形的需要，通常要将墙或柱下基础连成一片，使建筑物的荷载承受在一块整板上，这种基础称为片筏基础。其基础由整片混凝土板组成，板直接作用于地基上，它的整体性好，可以跨越基础下的局部软弱土。片筏基础有平板式和梁板式两种，图 2.11 所示为梁板式片筏基础。

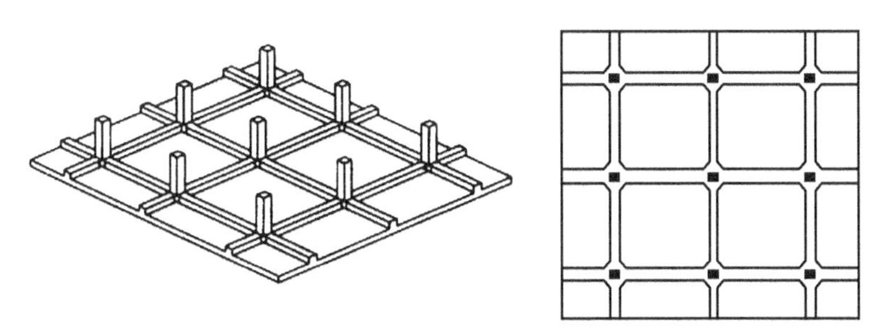

图 2.11　梁板式片筏基础

5. 箱形基础

当上部建筑物荷载大，对地基不均匀沉降要求严格，板式基础做得很深时，常将基础改做成箱形基础(见图 2.12)。箱形基础是由钢筋混凝土底板、顶板和若干纵、横隔墙组成的整体性结构，基础的中空部分可用做地下室。它的主要特点是刚度大，能调整基底压力，常用于高层建筑中。

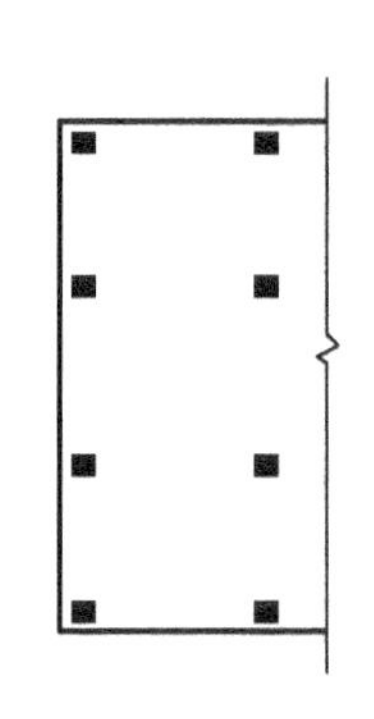

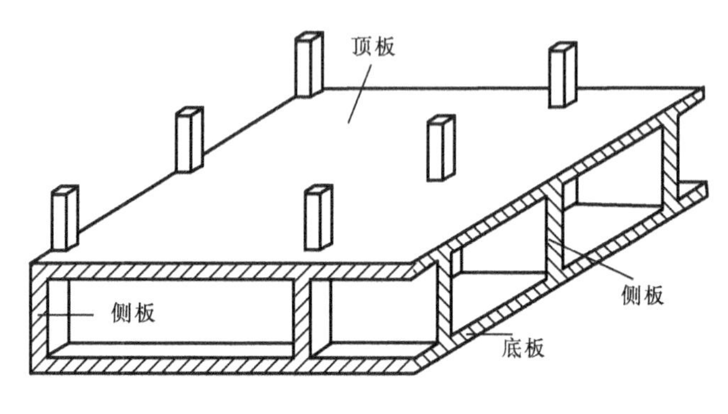

图 2.12　箱形基础

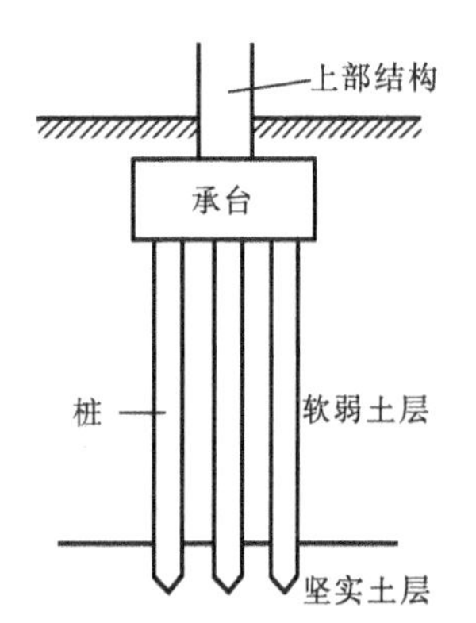

图 2.13　桩基础组成示意图

6. 桩基础

当浅层地基上不能满足建筑物对地基承载力和变形的要求，且不适宜采取地基处理措施时，通常采用将下部坚实土层或岩层作为持力层的深基础，其中桩基础应用最为广泛。

桩基础一般由设置于土中的桩身和承接上部结构的承台组成(见图 2.13)。桩基础按设计的点位将桩身置于土中，桩的上端灌注钢筋混凝土承台梁，承台梁上接柱或墙体，以便使建筑荷载均匀地传递给桩基础。

桩基础按照桩的受力方式可分为端承桩和摩擦桩；按照桩的施工特点可以分为打入桩、振入桩、压入桩和钻孔灌注桩等；按照材料可以分为钢筋混凝土桩、钢管桩。桩的断面有圆形、方形、筒形、六角形等多种形式。

2.4　基础构造中特殊问题的处理

2.4.1　不同埋深的基础

深浅基础相交时，应由浅及深逐渐形成踏步台阶形基础(见图 2.14)，通常称为基础错台。台阶高度 $h \leqslant 500$ mm，台阶宽度 $L \geqslant 2h$，且 $L \geqslant 1\ 000$ mm。

2.4.2　基础管沟

建筑内一般都有采暖设备等，这些设备的管线在进入建筑物之前埋在地下(直埋或做管沟)，进入建筑物之后一般从管沟中通过。这些管沟一般都沿内、外墙布置，也有少量从建筑物中间通过。

1. 管沟的类型

管沟一般有以下三种类型。

(1) 沿墙管沟。这种管沟的一边是建筑物的基础墙,另一边是管沟墙,沟底用灰土垫层,沟顶用钢筋混凝土板做沟盖板。管沟的宽度一般为1 000～1 600 mm,深度为1 000～1 700 mm(见图2.15)。

(2) 中间管沟。这种管沟在建筑物的中部或室外,一般由两道管沟墙支撑上部的沟盖板。这种管沟在室外时,还应特别注意沟盖板上是否过车,在有汽车通过时,应选择强度较高的沟盖板(见图 2.16)。

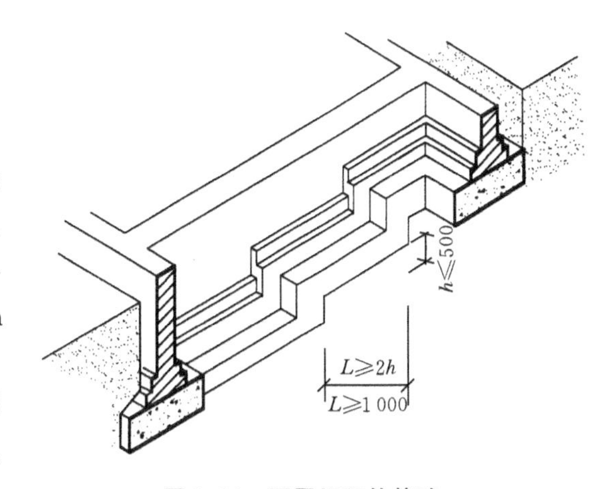

图 2.14　不同埋深的基础

(3) 过门管沟。这是一种小沟,暖气的回水管线走在地上,遇有门口时,应将管线转入地下通过,做过门管沟。这种管沟的断面尺寸为 400 mm×400 mm,上铺沟盖板(见图 2.17)。

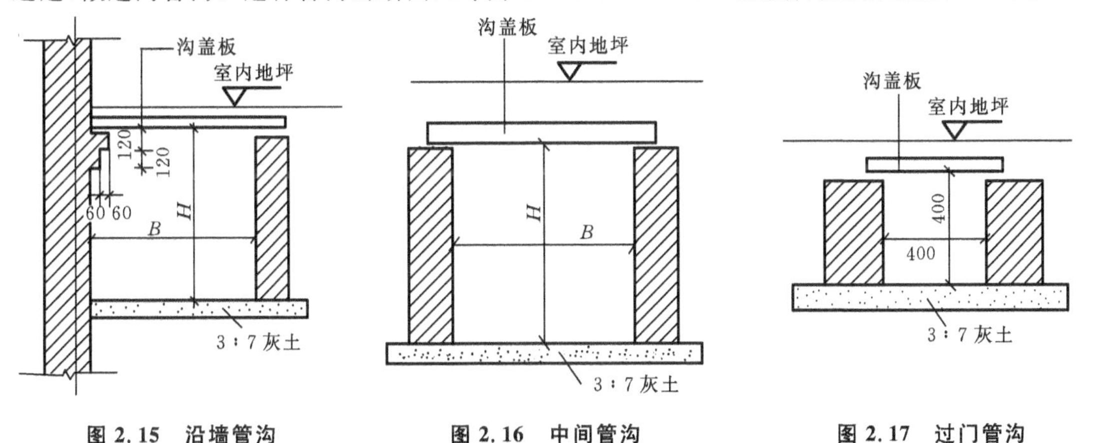

图 2.15　沿墙管沟　　图 2.16　中间管沟　　图 2.17　过门管沟

2. 设计和选用管沟的注意

(1) 管沟墙的厚度。基础管沟墙一般与沟深有关,选用时可以从表 2.2 中查找。

表 2.2　管沟墙厚度、深度、砂浆强度等级参考表

埋深 H/mm	室内管沟		室外不过车管沟		室外过车管沟		备　注
	墙厚/mm	砂浆强度	墙厚/mm	砂浆强度	墙厚/mm	砂浆强度	
≤1 000	240	M2.5	240	M2.5	240	M5	砖的强度一律不小于 MU7.5
≤1 200	240	M2.5	240	M2.5	360	M5	
≤1 400	360	M2.5	360	M2.5	360	M5	
≤1 700	—	—	360	M5	360	M5	

(2) 管沟穿墙洞口。在管沟穿墙洞口和管沟转角处应增加过梁(见图 2.18)。

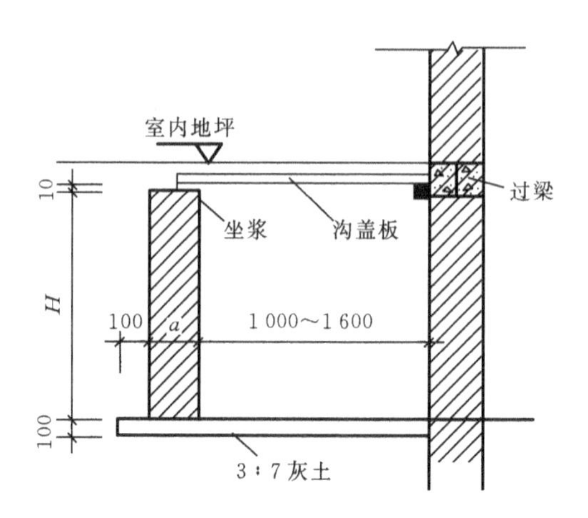

图 2.18　管沟穿墙洞口

2.5　地下室的构造

建筑物地坪以下的空间称为地下室。它是建筑物首层下面的房间，可作为设备间、储藏间、商场、车库以及战备工程等，高层建筑利用深基础还可建多层地下室，不仅可以增加使用面积，还可省去室内填土费用。

2.5.1　地下室的分类

1. 按使用性质分

（1）普通地下室。普通的地下空间一般按地下楼层进行设计。

（2）人防地下室。有人民防空要求的地下空间。人防地下室应妥善解决紧急状态下人员的隐蔽与疏散，应有保证人身安全的技术措施。

2. 按埋入地下深度分

（1）全地下室。地下室地坪面低于室外地平面的高度超过该房间净高 1/2 的地下室。

（2）半地下室。地下室地坪面低于室外地平面的高度超过该房间净高 1/3，但不超过 1/2 的地下室。

2.5.2　地下室的构造

地下室一般由墙、底板、顶板、门、窗和采光井等部分组成（见图 2.19）。

1. 墙体

地下室的墙不仅承受上部的垂直荷载，还要承受土、地下水及土壤冻胀时产生的侧压力，所以地下室的墙的厚度应经计算确定。常采用混凝土或钢筋混凝土墙，其厚度一般不小于 300 mm。如果地下水位较低则可采用砖墙，其厚度应不小于490 mm。

2. 顶板

地下室的顶板采用现浇或预制钢筋混凝土板。防空地下室的顶板一般为现浇板。在采用预制板时，往往需在板上浇筑一层钢筋混凝土整体层，以保证顶板的整体性。

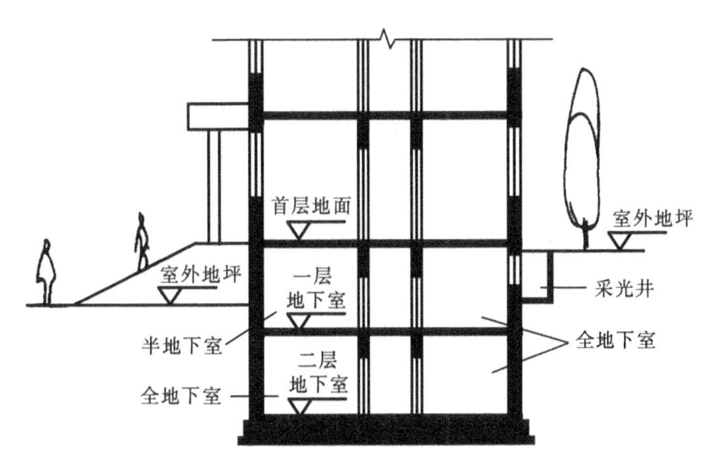

图 2.19 地下室的组成

3. 底板

地下室的底板不仅承受作用于它上面的垂直荷载，在地下水位高于地下室底板时，还必须承受底板地下水的浮力，所以要求底板应具有足够的强度、刚度和抗渗能力，否则易出现渗漏现象，因此地下室底板常采用现浇钢筋混凝土板。

4. 门和窗

地下室的门、窗与地上部分的相同。人防地下室的门应符合相应等级的防护和密闭要求，一般采用钢门或钢筋混凝土门，人防地下室一般不允许设窗。

5. 采光井

当地下室的窗在地面以下时，为达到采光和通风的目的，应设置采光井，一般每个窗设一个采光井，当窗的距离很近时，也可将采光井连在一起。

采光井由侧墙、底板、遮雨设施或铁箅子组成，侧墙一般为砖墙，井底板则由混凝土浇筑而成，如图 2.20 所示。

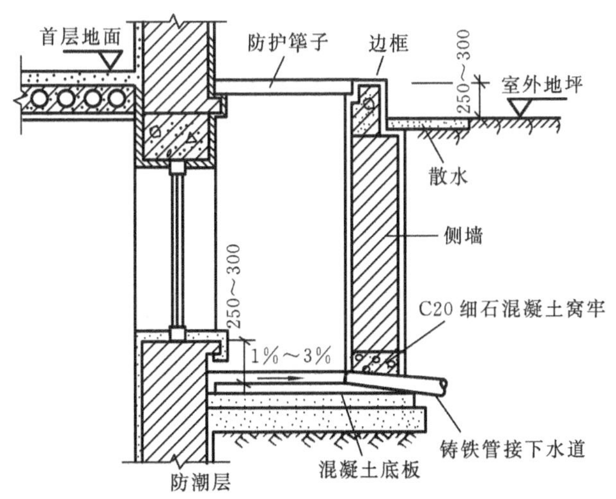

图 2.20 采光井的构造

采光井的深度视地下室窗台的高度而定，一般采光井底板顶面应较窗台低 250～300 mm。

采光井在进深方向(宽)为1 000 mm左右,在开间方向(长)应比窗宽大1 000 mm左右。采光井侧墙顶面应比室外地面标高高出250～300 mm,以防止地面水流入。

2.5.3 人防地下室

1. 人防地下室的等级

人防地下室按其重要性分为六级(其中四级又分为4A、4B两种),其区别在指挥所的性质及人防的重要程度。

(1) 一级人防是指中央一级的人防工事。

(2) 二级人防是指省、直辖市一级的人防工事。

(3) 三级人防是指县、区一级及重要的通信枢纽一级的人防工事。

(4) 四级人防是指医院、救护站及重要的工业企业的人防工事。

(5) 五级人防是指普通建筑物下部的人员掩蔽工事。

(6) 六级人防是指抗力为0.05 MPa(约5 t/m^2)的人员掩蔽和物品储存的人防工事。

人防地下室应有防护室、防毒通道(前室)、通风滤毒室、洗消间及厕所等。为保证疏散,地下室的房间出口应不设门而以空门洞为主。与外界联系的出入口应设置防护门,出入口至少应有两个。其具体做法是一个出入口与地上楼梯连接,另一个出入口与人防通道或专用出口连接。为兼顾平时利用,可在外墙侧开设采光窗并设置采光井。

2. 人防地下室的组成

人防地下室属于箱形基础的范围,其组成部分有顶板、底板、侧墙、门窗及楼梯等。掩蔽面积标准应按每人1.0 m^2计算,净空高度应不小于2.4 m,梁下净高应不小于2.0 m。

人防地下室各组成部分所用材料、强度等级及厚度详见表2.3和表2.4。

表2.3 人防地下室材料强度等级

材料种类	钢筋混凝土		混凝土	砖	砂浆		料石
	独立柱	其他			砌筑	装配填缝	
强度等级	C30	C20	C15	MU10	M5	M10	MU30

注:① 人防地下室结构不得采用硅酸盐砖和硅酸盐砌块;

② 严寒地区,很潮湿的土应采用MU15砖,饱和土应采用MU20砖。

表2.4 人防地下室结构构件最小厚度 单位:mm

结构类别	材料种类		
	钢筋混凝土	砖砌体	料石砌体
顶板、中间楼板	200	—	—
承重外墙	200	490	300
承重内墙	200	370	300
非承重隔墙	—	240	—

注:① 表中最小厚度不包括防早期核辐射对结构厚度的要求;

② 表中顶板最小厚度是指实心截面,如为密肋板,其厚度不宜小于100 mm。

2.5.4 地下室的防潮防水构造

地下室的外墙和底板都埋在地下，必然受到地下潮气和地下水的侵蚀，忽视或处理不当，必然导致墙面及地面受潮、生霉，面层脱落，严重者危及其耐久性。因此解决地下室的防潮、防水成为其构造设计的主要问题。

1. 地下室防潮构造

当设计最高地下水位低于地下室底板，且基地范围内的土壤及回填土无形成上层滞水的可能时，采用防潮做法。其防潮的具体做法如下。

(1) 外墙面。抹 20 mm 厚 1∶2.5 水泥砂浆且高出地面散水 300 mm，再刷冷底子油一道、热沥青两道至地面散水底部；地下室外墙四周 500 mm 左右回填低渗透性土壤，如黏土、灰土(1∶9 或 2∶8)等，并逐层夯实；在地下室地坪结构层和地下室顶板下高出散水 150 mm 左右处墙内设两道水平防潮层(见图 2.21)。

(2) 地坪。其防潮构造(见图 2.21)。

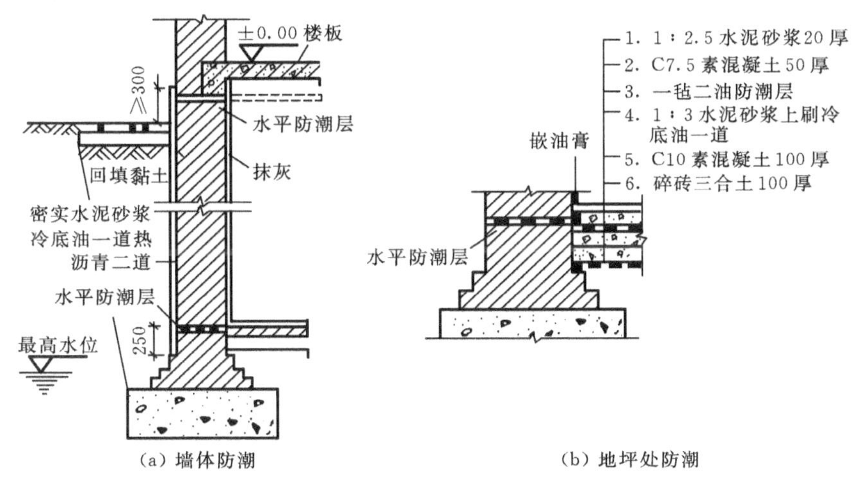

图 2.21 地下室的防潮处理

2. 地下室防水构造

当设计最高地下水位高于地下室底板标高且地面水可能下渗时，应采用防水做法。

1) 防水的具体做法

(1) 地下室防水工程设计方案应该遵循以防为主、以排为辅的基本原则，因地制宜，设计先进，防水可靠，经济合理。可按地下室防水工程设防的要求进行设计(见表 2.5、表 2.6)。

(2) 一般地下室防水工程设计，其外墙主要抗水压或自防水作用，再做卷材外防水(即迎水面处理)，卷材防水做法应遵照国家有关规定施工。

(3) 地下工程比较复杂，设计时必须了解地下土质、水质及地下水位情况，设计时采取有效设防，保证防水质量。

(4) 地下室最高水位高于地下室地面时，地下室设计应考虑整体钢筋混凝土结构，保证防水效果。

(5) 地下室设防标高的确定，根据勘测资料提供的最高水位标高，再加上 500 mm 为设防标高，上部可以做防潮处理，有地表水按全防水地下室设计。

表 2.5　地下工程防水等级标准(GB 50108—2008)

防水等级	标　　准
一 级	不允许渗水,结构表面无湿渍
二 级	不允许漏水,结构表面可有少量湿渍 工业与民用建筑:总湿渍面积不应大于总防水面积(包括顶板、墙面、地面)的 1/1 000 任意 100 m^2 防水面积上的湿渍不超过 1 处,单个湿渍的最大面积不大于 0.1 m^2 其他地下工程:总湿渍面积不应大于总防水面积的 6/1 000;任意 100 m^2 防水面积上的湿渍不超过 4 处,单个湿渍的最大面积不大于 0.2 m^2
三 级	有少量漏水点,不得有线流和漏泥砂 任意 100 m^2 防水面积上的漏水点数不超过 7 处,单个漏水点的最大漏水量不大于 2.5 L/(m^2 · d),单个湿渍的最大面积不大于 0.3 m^2
四 级	有漏水点,不得有线流和漏泥砂 整个工程平均漏水量不大于 2 L/(m^2 · d);任意 100 m^2 防水面积的平均漏水量不大于 4 L/(m^2 · d)

表 2.6　不同防水等级的适用范围

防水等级	适 用 范 围
一 级	人员长期停留的场所;因有少量湿渍会使物品变质、失效的储物场所及严重影响设备正常运转和危及工程安全运营的部位;极重要的战备工程
二 级	人员经常活动的场所;在有少量湿渍的情况下不会使物品变质、失效的储物场所及基本不影响设备正常运转和工程安全运营的部位;重要的战备工程
三 级	人员临时活动的场所;一般战备工程
四 级	对渗漏水无严格要求的工程

(6) 根据实际情况,地下室防水可采用柔性防水或刚性防水方案,必要时可以采用刚柔结合防水方案。在特殊要求下,可以采用架空、夹壁墙等多道设防方案。

(7) 地下室外防水无工作面时,可采用外防内贴法,有条件时转为外防外贴法施工。

(8) 地下室外防水层的保护,可以采取软保护层,如聚苯板等进行保护。

(9) 特殊部位,如变形缝、施工缝、穿墙管、埋件等薄弱环节要精心设计,按要求作细部处理。

2) 地下室防水构造做法

(1) 卷材防水(柔性防水)。

利用胶结材料将卷材黏结在一起,形成防水层。卷材有沥青防水油毡,但韧性低、强度低、耐久性差,目前很少采用;改性沥青油毡耐候性强,适应－20～80 ℃,延伸率较大,弹性较好,施工方便,得到广泛应用,如 SBS 改性沥青油毡。卷材防水分外防水和内防水两种。

外防水构造做法:第一步,外墙抹 1∶3 水泥砂浆 20 mm 厚,刷冷底子油一道;第二步,铺贴防水卷材,并与地坪防水卷材搭接合为一体;第三步,在防水层外砌筑 120 mm 厚护砖墙,其间用水泥砂浆填实,保护砖墙底部干铺油毡一层,沿长度方向约 8 m 及转折处设垂直断缝一道,其作用是在土侧压力或地下水侧压力作用下,保护墙能将力均匀传递给防水层,避免受力不均而破裂;第四步,距地下室外墙 500 mm 左右回填低渗透土壤并夯实(见图 2.22(b))。

内防水构造做法:此法防水较弱,仅用于维护修缮工程(见图 2.23)。

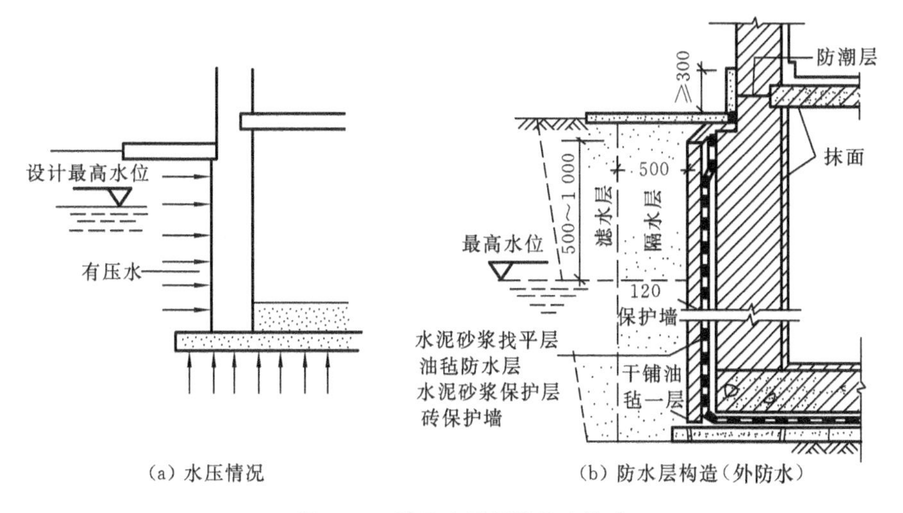

(a) 水压情况　　(b) 防水层构造(外防水)

图 2.22　地下室的柔性防水构造

(2) 防水混凝土防水(刚性防水)。

防水混凝土与普通混凝土配置是一样的,不同之处在于优化集料级配,提高混凝土的密实性,同时加入适量外加剂,提高混凝土自身的防水性能。

集料级配:选择不同粒径,合理配置骨料,提高骨料之间的密度,合理提高混凝土中水泥砂浆含量,使之将骨料间的缝隙填实,堵塞混凝土中出现的渗水通道。

外加剂:利用加入的密实剂来提高混凝土的抗渗水性能。目前多采用氯化铝、氯化铁等为主要成分的防水剂。与水泥水化过程中的氢氧化钙反应,生成氢氧化铝、氢氧化铁等胶体,与水泥中的硅酸二钙、铝酸三钙化合成复盐晶体,而这些胶体和复盐晶体均不溶于水,能填充混凝土中的孔隙,提高其密实度,达到防水的作用。

目前,地下室已很少采用砖砌外墙,多采用钢筋混凝土墙。对极少数采用砖砌外墙的地下室,其防水应采用卷材外包防水处理,采用钢筋混凝土墙者宜采用综合防水处理(见图 2.24)。

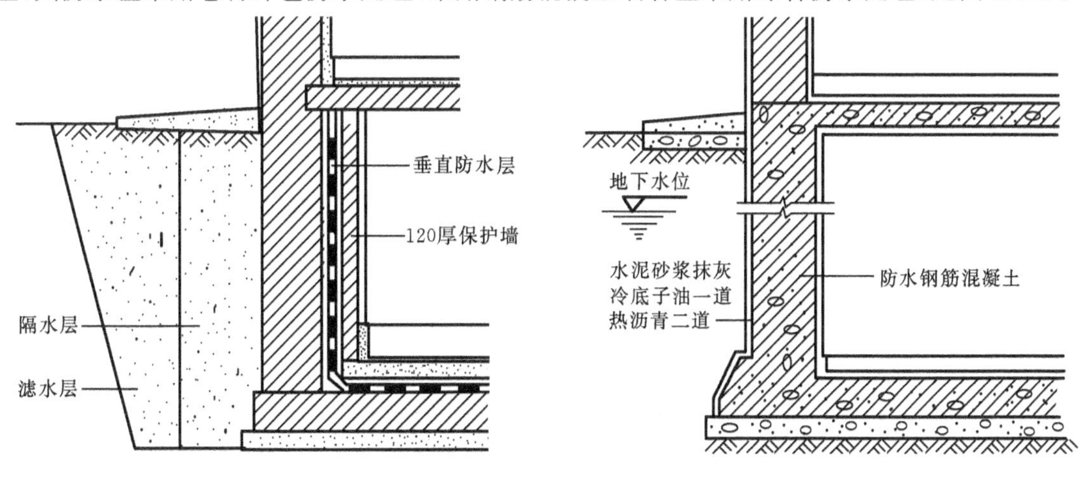

图 2.23　地下室卷材内防水做法　　**图 2.24　防水混凝土地下室的处理**

随着建筑材料业的发展,又出现了高分子合成防水材料,其耐耗性、耐化学腐蚀性、耐冲击力、伸长率等均大大提高,且施工方便,防水性能强,在防水工程中得到广泛应用。我国采用的高分子合成防水材料主要有:三元乙丙橡胶防水卷材,冷作业,耐久性能极强,其拉伸强度约为改性沥青油毡的2～3倍,能充分适应基层伸缩开裂变形;聚氨酯涂膜防水材料,有利于形成完整的防水膜层,尤其适用于穿管、转折部位及有高差部位的防水处理。

(3) 水泥砂浆防水层。

一般规定:水泥砂浆防水层包括普通水泥砂浆、聚合物水泥防水砂浆、掺外加剂或掺和料防水砂浆等,宜采用多层抹压法施工。水泥砂浆防水层可用于结构主体的迎水面或背水面。水泥砂浆防水层应在基础垫层、初期支护、围护结构及内衬结构验收合格后方可施工。

设计要点:水泥砂浆品种和配合比设计应根据防水工程要求确定。

聚合物水泥砂浆防水层厚度单层施工的宜为6～8 mm,双层施工的宜为10～12 mm,掺外加剂、掺和料等的水泥砂浆防水层厚度宜为18～20 mm。

水泥砂浆防水层基层,其混凝土强度等级应不小于C15;砌体结构砌筑用的砂浆强度等级应不低于M7.5。

(4) 涂料防水层。

一般规定:涂料防水层的涂料有无机防水涂料和有机防水涂料。无机防水涂料可选用水泥基防水涂料、水泥基渗透结晶型涂料,有机涂料可选用反应型、水乳型、聚合物水泥防水涂料。

无机防水涂料宜用于结构主体的背水面,有机防水涂料宜用于结构主体的迎水面。用于迎水面的有机防水涂料应具有较高的抗渗性,且与基层有较强的黏结性。

设计要点:防水涂料品种的选择应符合下列规定。

潮湿基层宜选用与潮湿基面黏结力大的无机涂料或有机涂料,或采用先涂水泥基类无机涂料而后涂有机涂料的复合涂层;冬季施工宜选用反应型涂料,如用水乳型涂料,温度不得低于5 ℃;埋置深度较深的重要工程、有振动或有较大变形的工程宜选用高弹性防水涂料;有腐蚀性的地下环境宜选用耐腐蚀性较好的反应型、水乳型、聚合物水泥涂料并做刚性保护层。

采用有机防水涂料时,应在阴阳角及底板增加一层胎体增强材料,并增涂2～4遍防水涂料。防水涂料可采用外防外涂、外防内涂两种做法(见图2.25和图2.26)。

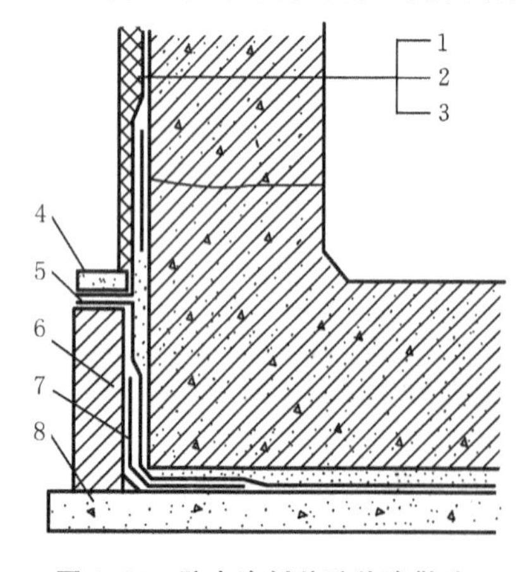

图2.25 防水涂料外防外涂做法

1—结构墙体;2—涂料防水层;3—涂料保护层;
4—涂料防水层搭接部位保护层;
5—涂料防水层搭接部位;6—永久保护墙;
7—涂料防水加强层;8—混凝土垫层

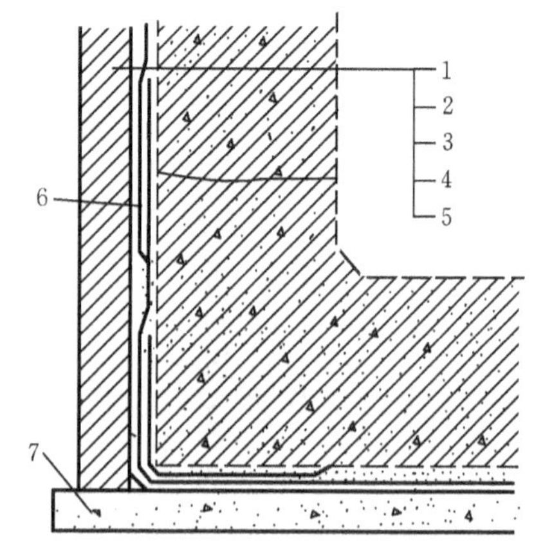

图2.26 防水涂料外防内涂做法

1—结构墙体;2—砂浆保护层;3—涂料防水层;
4—砂浆防水层;5—保护墙;
6—涂料防水加强层;7—混凝土垫层

水泥基防水涂料的厚度宜为1.5～2.0 mm；水泥基渗透结晶型防水涂料的厚度应不小于0.8 mm；有机防水涂料根据材料的性能，厚度宜为1.2～2.0 mm。

(5) 辅助防水措施。

地下建筑除可采用以上所述直接防水措施以外，还应采用间接防水措施，如人工降水、排水措施，消除或限制地下水对地下建筑物的影响程度，其排水方法可分为外降排水法和内降排水法。

外降排水法：在地下建筑物四周，在低于地下室地坪标高处设置降排水措施——盲沟排水，迫使地下水透入盲管内排至城市或区域中的排水系统(见图2.27(a))。

内降排水法：主要用于二次防水系统。在地下室室内设置自流排水沟和集水井，将渗入地下室内的水采用人工方法用抽水泵排除。为减少或限制渗水对室内的影响，往往设置架空层(见图2.27(b))。

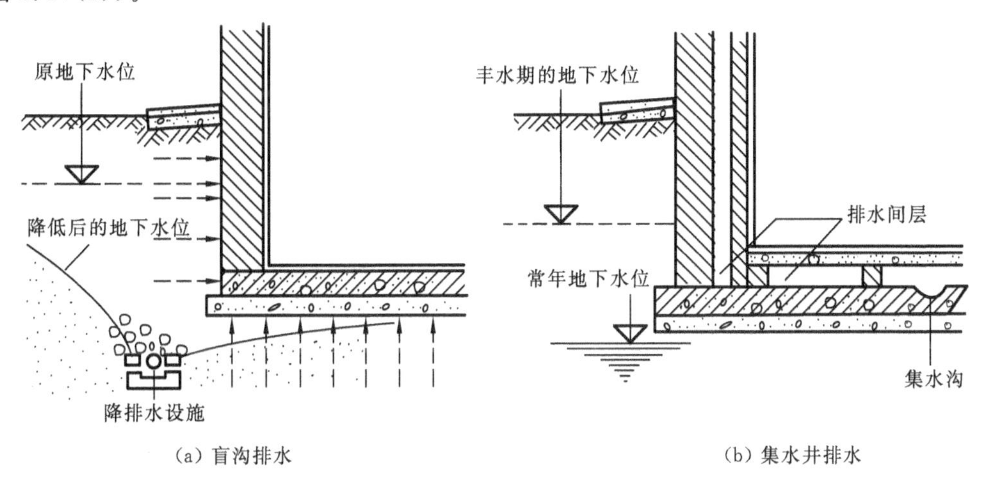

(a) 盲沟排水　　(b) 集水井排水

图2.27　人工降排水措施

小结

1. 基础是建筑物的主要承重结构，必须满足强度、刚度和稳定性的要求。

2. 基础与地基的概念、含义不同。基础属建筑物组成部分，按形式可分为独立基础、条形基础、井格基础、片筏基础、箱形基础、桩基础等；按组成材料和传力可分为刚性基础和非刚性基础。

3. 基础的形式及材料的选择与建筑物结构体系传力方式、地基土承载力等有密切关系；其埋置深度除受力外，还与地基状况、地下水位、冻土深度及相邻建筑物基础位置和设备基础等各种影响因素有关。

4. 地下室按使用性质分为普通地下室和人防地下室，按设置深度分为全地下室和半地下室。人防地下室根据其重要性分为6个等级，根据不同等级有其不同组成和设置要求，最根本的是解决好疏散及通风问题。

5. 土层潮气、地下水和地表渗水必然对地下室长期侵蚀，故应在构造上做好防潮、防水处理。当最高水位低于地下室地坪时，应做一般防潮处理，否则应做防水处理，其构造措施有卷材防水、防水混凝土防水、水泥砂浆防水、涂料防水等。

1. 基础、地基的概念是什么？什么是人工地基、天然地基？
2. 什么是基础的埋深？如何确定基础的埋深？
3. 基础如何分类？
4. 什么是刚性基础？什么是非刚性基础？如何确定刚性基础大放脚？
5. 不同埋深的基础如何处理？
6. 管沟的常用做法有哪些？
7. 地下室的种类及构造组成是什么？
8. 地下室的采光井应注意哪些构造问题？
9. 如何确定地下室是防潮还是防水？其构造各有何特点？
10. 常用的地下室防水措施有哪些？并简述其防水构造原理。

第3章 墙体构造

学习目标与要求

1. 掌握墙体的作用、分类、构造要求和承重方案。

2. 了解普通黏土砖的技术指标、尺寸和组砌方式。

3. 掌握墙体常见细部构造并能在实际工程中结合实际情况进行应用。

4. 熟悉黏土多孔砖墙、砌块墙的构造。

5. 了解墙面装修的种类、作用和常见的墙面装修构造。

墙体是建筑的重要组成构件，占建筑物总重量的30%～45%，其耗材、造价、自重和施工周期在建筑的各个组成构件中往往占据重要的位置。因而在工程设计中合理地选择墙体材料、结构方案及构造作法十分重要。

3.1 墙体的类型及设计要求

3.1.1 墙体的作用

建筑中墙体的作用一般有以下四个方面。

(1) 承重作用　墙体承受着屋顶、楼层、人、设备、墙自身荷载及风荷载等。

(2) 围护作用　墙体抵御风、雨、雪的侵袭，防止太阳辐射、噪声干扰及室内热量的散失，起保温、隔热、隔声、防水等作用。

(3) 分隔作用　墙体将房屋内部划分为若干个小空间。

(4) 装饰作用　装饰墙面，满足室内外装饰及使用功能要求，对整个建筑物的装饰效果作用很大。

3.1.2 墙体的类型

根据墙体在建筑物中的位置、受力情况、材料选用、构造施工方法的不同，可将墙体分为不同类型。

1. 按位置分类

墙体按所处的位置，分为外墙和内墙；按布置方向，可分为纵墙和横墙。沿建筑物长轴方向布置的墙称为纵墙，沿建筑物短轴方向布置的墙称为横墙，外横墙又称山墙。另外，窗与窗、窗与门之间的墙称为窗间墙，窗洞下部的墙称为窗下墙，屋顶上部的墙称为女儿墙等。

2. 按受力情况分类

墙体根据墙体的受力情况，可分为承重墙和非承重墙。

凡直接承受楼板(梁)、屋顶等传来荷载的墙称为承重墙，不承受这些外来荷载的墙称为非承重墙。

非承重墙分自承重墙和隔墙，不承受外来荷载，仅承受自身重力并将其传至基础的墙称为自承重墙；仅起分隔空间作用，自身重力由楼板或梁来承担的墙称为隔墙。在框架结构中，填充在柱子之间的墙称为填充墙，内填充墙是隔墙的一种；悬挂在建筑物外部的轻质墙称为幕墙，有金属幕墙、玻璃幕墙等。幕墙和外填充墙虽不能承受楼板和屋顶的荷载，但承受着风荷载并把风荷载传给骨架结构。

3. 按材料分类

按所用材料，墙体有砖和砂浆砌筑的砖墙、利用工业废料制作的各种砌块砌筑的砌块墙、现浇或预制的钢筋混凝土墙、石块和砂浆砌筑的石墙等。

4. 按构造形式分类

按构造形式，墙体分为实体墙、空体墙和复合墙三种。实体墙是由一种材料所构成的墙，如普通黏土砖及其他实体砌块砌筑而成的墙；空体墙也由一种材料构成，其内部的空腔可以靠组砌形成，如空斗墙，也可用本身带孔的材料组合而成，如空心砌块墙等；复合墙由两种以上材料组合而成的墙，如加气混凝土复合板材墙，其中混凝土起承重作用，加气混凝土起保温隔热作用。

5. 按施工方法分类

根据施工方法，墙体可分为块材墙、板筑墙和板材墙三种。块材墙是用各种材料制作的块材(如黏土砖、空心砖、灰砂砖、石块、小型砌块等)和砂浆等胶结材料砌筑而成的墙，也称叠砌墙。板筑墙是在施工现场立模板现浇而成的墙体，如现浇混凝土墙。板材墙是预先制成墙板，然后在施工现场安装、拼接而成的墙体，如预制混凝土大板墙。

3.1.3 墙体的设计要求

1. 结构要求

对于以墙体承重为主的低层或多层砖混结构，各层的承重墙常要求上下对齐，各层门窗洞口也以上下对齐为佳，此外还要考虑以下两方面要求。

1) 合理选择墙体结构布置方案即承重方案

墙体有四种承重方案：横墙承重、纵墙承重、纵横墙承重和内框架承重。

(1) 横墙承重　也称横向结构系统，是将楼板及屋面板等水平承重构件搁置在横墙上(见图3.1(a))，楼面及屋面荷载依次通过楼板、横墙、基础传递给地基，纵墙只起纵向稳定、拉结以及承受自重的作用。这种方案的特点是横墙间距较小、数量多，加上纵墙的拉结，建筑物的横向刚度较强，整体性好，有利于抵抗水平荷载(风荷载、地震作用等)和调整地基不均匀沉降。而且由于纵墙只承担自身重量，因此在纵墙上开门窗洞口限制较少。但是横墙间距受到限制，建筑开间尺寸不够灵活，而且墙体在建筑平面中所占的面积较大，适用于房间开间尺寸不大、墙体位置比较固定的建筑，如宿舍、旅馆、住宅等。

(2) 纵墙承重　也称纵向结构系统，是将楼板及屋面板等水平承重构件均搁置在纵墙上，楼面及屋面荷载依次通过楼板(梁)、纵墙、基础传递给地基，横墙只起分隔空间和连接纵墙的作用(见图3.1(b))。由于纵墙承重，故横墙间距可以增大，能分隔出较大的空间，以适应不同的需

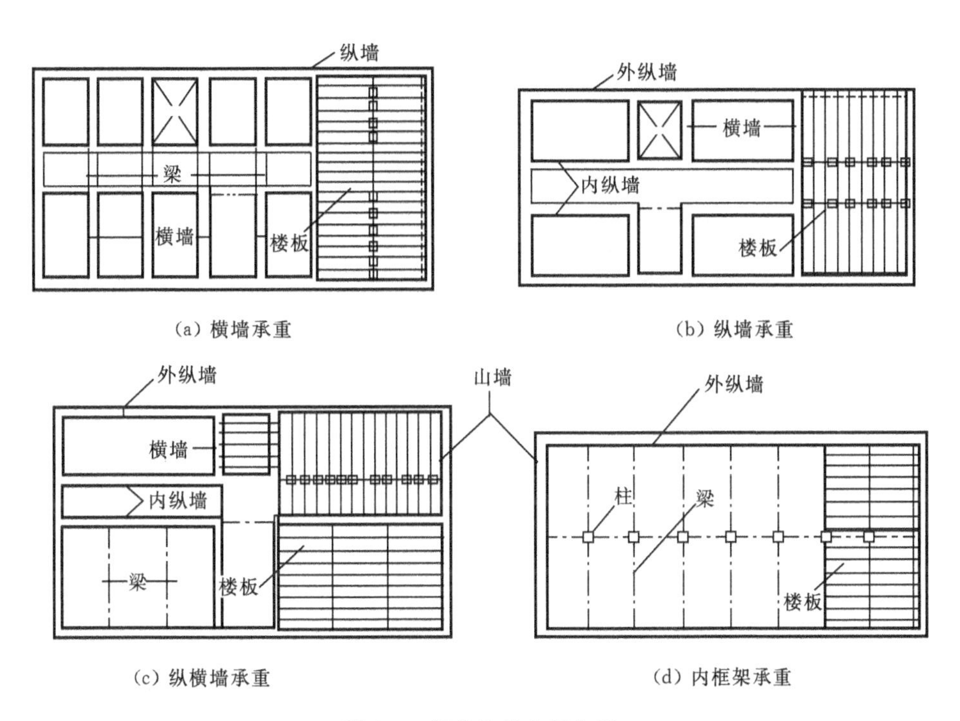

(a) 横墙承重　　(b) 纵墙承重

(c) 纵横墙承重　　(d) 内框架承重

图 3.1　墙体结构布置方案

要。但由于横墙不承重，这种方案抵抗水平荷载的能力比横墙承重的差，其纵向刚度强而横向刚度弱，而且承重纵墙上开设门窗洞口有时受到限制，适用于使用上要求有较大空间的建筑，如办公楼、商店、教学楼中的教室、阅览室等。

(3) 纵横墙承重　由纵横两个方向的墙体共同承受楼板、屋顶荷载的结构布置称为纵横墙承重，也称混合承重方案(见图 3.1(c))。纵横墙承重方式平面布置灵活，两个方向的抗侧力都较好，适用于房间开间、进深变化较多的建筑，如医院、幼儿园等。

(4) 内框架承重　房屋内部采用柱、梁组成的内框架承重，四周采用墙承重，由墙和柱共同承受水平承重构件传来的荷载，称为内框架承重，也称部分框架结构(见图 3.1(d))。房屋的刚度主要由框架保证，因此水泥及钢材用量较多，适用于室内需要大空间的建筑，如大型商店、餐厅等。

2) 具有足够的强度和稳定性

墙的强度是指墙体承受荷载的能力，它与所采用的材料、材料强度等级、墙体的截面积、构造和施工方式有关。用来承重的墙体，必须具有足够的强度，以保证结构的安全。

稳定性与墙的高度、长度和厚度及纵横向墙体间的距离有关，墙的稳定性可通过验算确定。可采用限制墙体高厚比例、增加墙厚、提高砌筑砂浆强度等级、增加墙垛、设置构造柱和圈梁、墙内加筋等办法来保证墙体的稳定性。

2. 保温、隔热等热工方面的要求

热工要求主要是考虑墙体的保温与隔热。

1) 墙体的保温要求

(1) 根据《民用建筑施工设计规范》，全国划分为 5 个建筑热工设计分区。

① 严寒地区：累年最冷月平均温度低于−10 ℃的地区，如黑龙江和内蒙古的大部分地区。

这个地区应加强建筑物的防寒措施，不考虑夏季防热。

② 寒冷地区：累年最冷月平均温度高于−10 ℃、小于或等于 0 ℃ 的地区，如东北地区的吉林、辽宁，华北地区的山西、河北、北京、天津及内蒙古的部分地区。这个地区应以满足冬季保温设计要求为主，适当兼顾夏季防热。

③ 夏热冬冷地区：最冷月平均温度为 0 ～10 ℃，最热月平均温度为 25～30 ℃。如陕西、安徽、江苏南部，以及广西、广东、福建北部地区。这个地区必须满足夏季防热要求，适当兼顾冬季保暖。

④ 夏热冬暖地区：最冷月平均温度高于 10 ℃，最热月平均温度为 25～29 ℃。如广东、广西、福建南部地区和海南省。这个地区必须充分满足夏季防热要求，一般不考虑冬季保温。

⑤ 温和地区：最冷月平均温度为 0～13 ℃，最热月平均温度为 18～23 ℃。如云南全省和四川、贵州的部分地区。这个地区的部分地区应考虑冬季保温，一般不考虑夏季防热。

（2）保温措施。在严寒的冬季，热量通过外墙由室内高温一侧向室外低温一侧传递的过程中，既产生热损失，又会遇到各种阻力，使热量不致突然消失，这种阻力称为热阻。热阻越大，通过墙体所传出的热量就越小，墙体的保温性能越好，反之则差。因此，对于有保温要求的墙体，须提高其热阻，通常采取以下措施实现。

① 增加墙体的厚度。墙体的热阻值与其厚度成正比，要提高墙身的热阻，可增加其厚度，因此，严寒地区的外墙厚度往往超过结构的需要。虽然增加墙厚能提高一定的热阻值，但却是一种很不经济的办法。

② 选择导热系数小的墙体材料。在建筑工程中，一般把导热系数 $\lambda<0.23$ W/(m·K)的材料称为保温材料。因此，要增加墙体的热阻，常选用导热系数小的保温材料，如泡沫混凝土、加气混凝土、陶粒混凝土、膨胀珍珠岩、膨胀蛭石、泡沫塑料、矿棉及玻璃棉等。

③ 墙中设置保温层。墙体中设置保温层，用导热系数小的材料与承重的墙体组合在一起形成的一种保温墙体，从而让不同性质的材料各自发挥其功能。保温层可设在墙外、墙内和墙中。保温层设在墙内侧的方式有利于保温层的耐久，因承重可起保护作用，但墙内热稳定性较差，如果构造不当还易引起内部结露。保温层设在外侧室内热稳定性好，不易出现内部结露，且承重层温度应力小，但保温层需有保护措施。保温设在中部可提高保温层耐久性和热稳定性，但构造复杂。

④ 墙中设置封闭空气间层。在墙体中设封闭空气间层是一种提高保温能力有效且经济的方法。因静止空气是热的不良导体（导热系数 $\lambda=0.023$ W/(m·K)），由实验数据知，60～100 mm厚封闭空气间层热阻值达 0.18(m^2·K)/W，比 120 mm 厚实心砖墙的热阻 0.15 (m^2·K)/W还大。因此用空心砖、空心砌块等对保温有利。

2）墙体的隔热要求

我国南方地区，特别是长江流域、东南沿海等地，夏季炎热时间长，太阳辐射强烈，气温较高。同时，这些地区的相对湿度也大，形成湿热气候。

墙体防热的能力直接影响室内气候条件，尤其在开窗的情况下，影响更大。为了使室内不致过热，除了考虑对周围环境采取防热措施，并在建筑设计中加强自然通风的组织外，在外墙的构造上，须进行隔热处理。外墙外表面受到的日晒时数和太阳辐射强度以东、西向最大，东南和西南向次之，南向较小，北向最小。所以隔热措施应以东、西向墙体为主，一般采取以下措施。

（1）墙体外表面宜采用浅色而平滑的外饰面，如白色抹灰、贴陶瓷砖或马赛克等，形成反射，以减少墙体对太阳辐射热的吸收。

(2) 在窗口的外侧设置遮阳设施，以减少太阳对室内的直射。

(3) 在外墙内部设置通风间层，利用风压和热压作用，形成间层中空气不停地交换，从而降低外墙内表面的温度。

(4) 利用植被对太阳能的转化作用而降温。所谓植被是在外表面种植各种攀缘植物等，利用植被的遮挡、蒸腾和光合作用，吸收太阳辐射热，从而起到隔热的作用。

3. 节能要求

解决我国能源短缺问题的根本途径是开源节流。在能源建设总方针中规定："能源的开发和节约并重，近期要把节能放在优先地位，大力开展以节能为中心的技术改造和结构改革。"为贯彻国家的节能政策，改善严寒和寒冷地区居住建筑采暖能耗大，热工效率差的状况，必须通过建筑设计和构造措施来节约能耗。减少日常能耗的建筑措施如下。

(1) 注意将建筑物选择在避风和向阳的地段，充分利用太阳能。南北朝向比东西朝向耗能少，主朝向面积大有利节能。

(2) 设计成节能的平面和体型。平、立面的凹凸面不宜过多，以减少热量的散失，体型设计应尽量取最小的外表面积。

(3) 改善围护构件的保温性能。这是主要的节能措施，节能效果明显。如将被动式太阳层外墙设计为一个集热/散热器，充分利用太阳能，在外墙设置空气置换层，为墙体的综合保温与防热提供了新的途径(见图 3.2)。

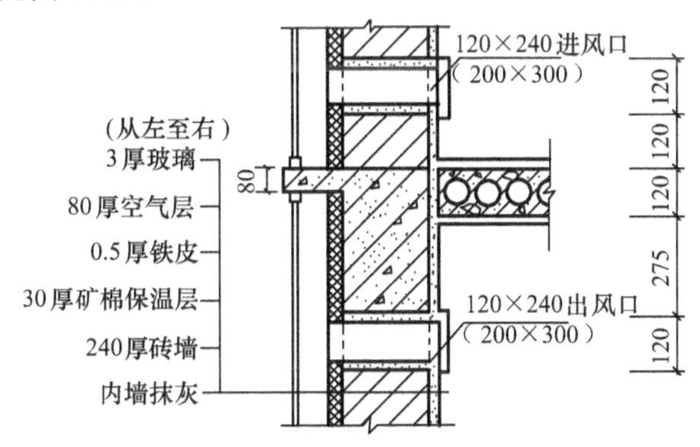

图 3.2 被动式太阳房墙体构造

(4) 改进门窗设计。外墙上窗墙比不宜过大，北向、东西向和南向的窗墙面积比应分别控制在 20%、25%(单层窗)或 30%(双层窗)和 35%以内。改进门窗构造，防止门窗缝隙的能量损失等。

(5) 重视日照调节与自然通风。应注重夏季在确保采光和通风条件下，尽量防止太阳热能进入室内，而冬季尽量让太阳热能进入室内。

4. 隔声要求

为防止室外及邻室的噪声影响，保证建筑的室内有一个良好的声学环境，墙体必须具有一定的隔声能力。

隔声量是衡量墙体隔绝空气声能力的标志。隔声量越大，墙体的隔声性能越好。噪声的度量单位为分贝(dB)。

墙体隔声量与墙的单位面积质量（即面密度）有关，质量越大，隔声量越高，这一关系通常称为“质量定律”。其次与构造形式和声音频率有关。

根据质量定律，构件材料容重越大越密实，其隔声量越高。因而设计墙体时，应尽量选择面密度（kg/m^2）高的材料。不同的墙体具有不同的隔声指标，如双面抹灰半砖墙的隔声量达45 dB，根据我国《民用建筑隔声设计规范》（GB 50118—2010）的规定，对一般无特殊隔声要求的建筑，双面抹灰的半砖墙已基本满足分户墙的隔声要求。

在不同构造的墙体中，双层墙隔声效果最佳，这主要取决于空气间层的作用。空气间层可以看成是与两层墙体相连的“弹簧”，由于空气间层的弹性变形具有减振的作用，所以大大提高了墙体总的隔声量。但必须注意，应尽量减少夹层墙之间的“声桥”（声桥是指空气间层之间的实体连接）的出现，否则会对隔声效果有较大影响。

但是现代住宅建筑和高层建筑大量采用轻质材料和轻型结构。墙体中使用较多的有纸面石膏板、圆孔石膏板、圆孔珍珠岩石膏板以及加气混凝土板等。这类板材单位面积质量小，隔声成了主要问题。为了提高轻型墙体的隔声能力，根据国内外的经验，大多采用增加空气间层或在间层中填充吸声材料的办法解决。根据实验，轻钢龙骨、两面钉双层纸面石膏板、内填充超细玻璃棉毡的轻质墙体，其隔声量与240 mm厚的砖墙相当，而其单位面积质量却只有砖墙的1/10。

5. 防火要求

构成墙体材料的燃烧性能和耐火极限应符合防火规范的规定，在较大的建筑和重要的建筑中，还应按防火规范要求设置防火墙，防止火灾蔓延。

6. 防水、防潮要求

卫生间、厨房、实验室等用水房间的墙体以及地下室的墙体应满足防水防潮要求。良好的防水材料及恰当的构造做法，可保证墙体的坚固耐久，使室内有良好的卫生环境。

7. 建筑工业化要求

在大量民用建筑中，墙体工程量占相当的比重，墙体造价占整个工程造价的20%～40%，同时其劳动力消耗大，施工工期长。随着建筑工业化的发展，要逐步改善以黏土砖为主的墙体材料，采用预制装配式墙体材料和构造方案，为生产工业化、施工机械化创造条件，以降低劳动强度和工程造价，提高劳动生产率。

3.2 砖墙构造及其细部构造

砖墙在民用建筑中用量较大，其主要优点是：取材容易，制造简便，有一定的保温、隔热、隔声、防火、防冻效果，有一定的承载能力，施工操作简单，不需大型设备。其缺点是：施工速度慢，劳动强度大，自重大，占面积大，尤其是黏土砖要与农田争地。因此，为保护农田、克服黏土砖资源不足、减轻建筑荷重、降低成本、走建筑工业化道路，应对砖墙材料进行改革。

3.2.1 砖墙材料

砖墙主要由砖和胶结料砂浆两种材料组成。砖的种类很多，按组成材料分为黏土砖、灰砂砖，页岩砖、煤矸石砖、水泥砖及各种工业废料砖，如粉煤灰砖、炉渣砖等；按生产形状分为实心砖、多孔砖、空心砖等。常用砖规格及强度等如表 3.1 所示。

表 3.1　常用砌墙砖的种类及规格

名　称	简　图	主要规格/mm	强度等级/MPa	密度/(kg/m³)
普通黏土砖		240×115×53	MU7.5～MU20	1 600～1 800
黏土多孔砖		190×190×90 240×115×90 240×180×115	MU7.5～MU20	1 200～1 300
黏土空心砖		300×300×100 300×300×150 400×300×80	MU7.5～MU20	1 100～1 450
炉渣空心砖		400×195×180 400×115×180 400×90×180	MU2.5～MU7.5	1 200
煤矸石半内燃砖		240×115×53 240×120×55	MU10～MU15	1 600～1 700
蒸养灰砂砖		240×115×53	MU7.5～MU20	1 700～1 850
炉渣砖		240×115×53 240×180×53	MU7.5～MU20	1 500～1 700
粉煤灰砖		240×115×53	MU7.5～MU15	1 370～1 700
页岩砖		240×115×53	MU20～MU30	1 300～1 600
水泥砂空心大砖		390×190×190 190×190×190	MU7.5～MU10	1 200

1. *砖*

普通黏土砖规格统一，又称为标准砖。其规格尺寸为 240 mm×115 mm×53 mm，每块标准砖重量约为 2.5 kg。以 10 mm 灰缝组合时，长宽厚之比为 4∶2∶1。砌筑时以砖宽度加灰缝的倍数为模数，即(115+10) mm=125 mm。

砖的强度是根据标准试验方法测试的抗压强度，以强度等级来表示，单位为 N/mm^2，强度等级有 6 级：MU30、MU25、MU20、MU15、MU10 和 MU7.5。

2. *砂浆*

砂浆是砌体的胶结材料，它将砖块胶结为整体，将砖之间缝隙填平、密实，便于砖块承受的荷载能逐层均匀传递至下层砖块。砂浆强度等级一般应大于砖块强度等级，这是由于砂浆本身密实性小于砖块，这样有利于满足抗震的要求。

砌筑砂浆有水泥砂浆、水泥石灰砂浆、石灰砂浆三种。水泥砂浆强度高，由水泥、砂加水拌和而成，属水硬性材料，可塑性及保水性较差，适宜砌筑潮湿环境下的砌体，如地下室、基础等。水泥石灰砂浆也称为混合砂浆，由水泥、石灰膏、砂加水拌和而成，有较高的强度，具有较好的可塑性及保水性，广泛用于地面以上砌体中；石灰砂浆由石灰膏、砂加水拌和而成，石灰膏为塑性掺和料，所以其可塑性能很好，但强度较低，属气硬性材料，遇水强度就降低，适宜地面以上次要建筑的砌体。

砂浆的强度等级是用龄期为28d的标准立方试块，以 N/mm^2 为单位的抗压强度来划分的，强度等级划分为7个级别：M15、M10、M7.5、M5、M2.5、M1、M0.4。水泥砂浆强度等级从M15到M2.5共5个级别，水泥石灰砂浆强度等级从M15到M1共6个级别，石灰砂浆强度等级仅为M0.4。

3.2.2 砖墙组砌方式

砖墙是由砖和砂浆按一定的规律和组砌方式砌筑而成的砌体，组砌是指砌块在砌体中的排列。为了保证墙体的强度及保温、隔声等要求，砌筑时砖缝砂浆应饱满，厚薄均匀；并且应保证砖缝横平竖直、上下错缝、内外搭接，避免形成竖向通缝，影响砖砌体的强度和稳定性。当外墙面做清水墙时，组砌还应考虑墙面图案美观。

砖墙组砌时的关键是错缝搭接，使上下每皮砖的垂直缝交错，保证砖墙的整体性（见图3.3）。如果垂直缝在一条线上，即形成通缝，在荷载作用下，必使墙体的稳定性和强度降低。

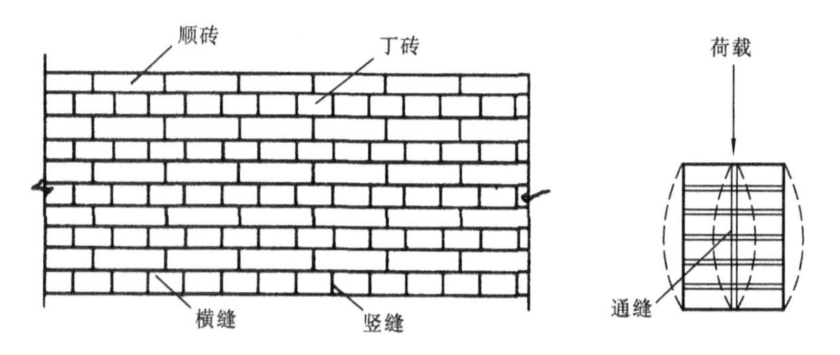

图3.3　砖墙组砌名称与错缝

在砖墙的组砌中，长边平行于墙面砌筑的砖称为顺砖，垂直于墙面砌筑的砖称为丁砖，上下皮砖之间的水平灰缝称为横缝，左右两块砖之间的垂直缝称为竖缝。要求丁砖和顺砖交替砌筑、灰浆饱满、横平竖直。实体砖墙通常采用一顺一丁、多顺一丁、十字式（也称梅花丁）等砌筑方式（见图3.4）。

3.2.3 实心砖墙的尺度

标准砖的规格为240 mm×115 mm×53 mm，包括10 mm厚灰缝，其长宽厚之比为4∶2∶1。标准砖砌筑墙体时以砖宽度的倍数125 mm为模数，与我国现行《建筑模数协调统一标准》中的基本模数M=100 mm不协调，这是由于砖尺寸的确定时间要早于模数协调的确定时间。因此，在使用中必须注意标准砖的这一特征。砖墙的尺度包括墙体厚度、墙段长度和墙体高度等。

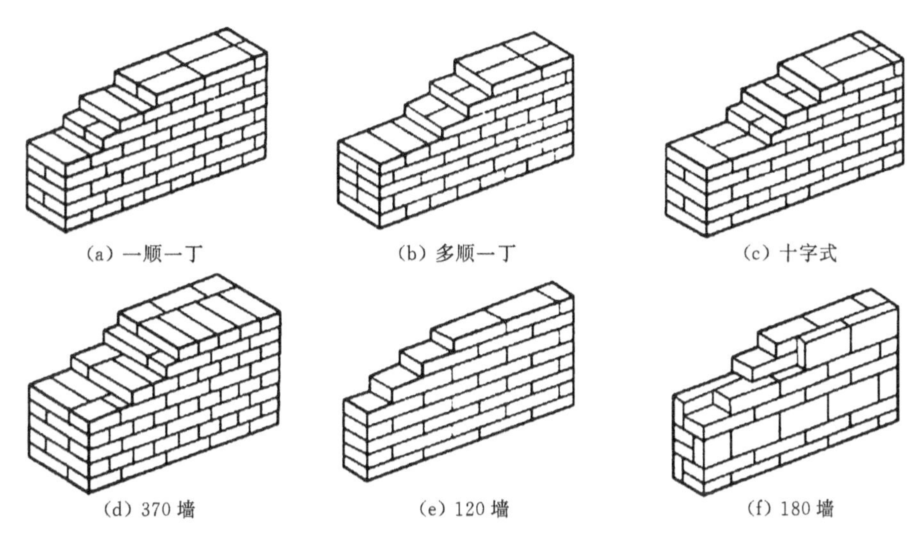

图 3.4　砖墙组砌方式

1. 砖墙的厚度

砖墙的厚度习惯上以砖长为基数来称呼，如半砖墙、一砖墙、一砖半墙、两砖墙等。工程上以它们的标志尺寸来称呼，如一二墙、二四墙、三七墙、四九墙等，而相应的构造尺寸为115 mm、240 mm、365 mm、490 mm。墙厚与砖规格的关系如图 3.5 所示。

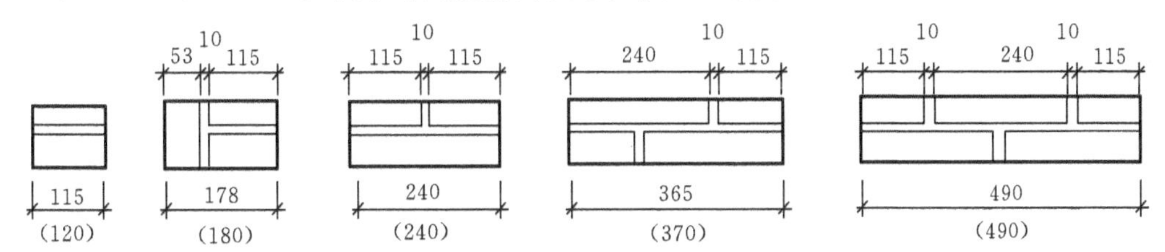

图 3.5　墙厚与砖规格的关系

括号(　)内尺寸为标准尺寸

2. 墙段长度和洞口尺寸

我国现行的《建筑模数协调统一标准》的基本模数为 100 mm。房屋的开间、进深采用扩大模数 3M 的倍数来砌筑，门窗洞口也采用 3M 的倍数来砌筑，1 m内的小洞口可采用100 mm的倍数。而普通黏土砖墙的砖模数为125 mm，其墙段长度和洞口宽度都应以此为递增基数，即墙段长度为(125n−10) mm，洞口宽度为(125n+10) mm。符合砖模数的墙段长度系列为115 mm、240 mm、365 mm、490 mm、615 mm、740 mm、865 mm、990 mm、1 115 mm、1 240 mm、1 365 mm、1 490 mm等，符合砖模数的洞口宽度系列为135 mm、260 mm、385 mm、510 mm、635 mm、760 mm、885 mm、1 010 mm等。这样，在一栋房屋中采用两种模数，在设计施工中会出现不协调现象；而砍砖过多会影响砌体强度。解决这一矛盾的另一办法是调整灰缝大小。施工规范允许竖缝宽度为8～12 mm，使墙段有少许的调整余地。但是，如果墙段短，灰缝数量少，调整范围就小。所以当墙段长度小于1.5 m时，设计时宜使其符合砖模数；墙段长度超过1.5 m时，可不再考虑砖模数。

另外，墙段长度尺寸还应满足结构需要的最小尺寸，为了避免应力集中在小墙段上而导致墙体的破坏，在转角处的墙段和承重窗间墙中尤其应注意长度尺寸。图 3.6 所示为多层房屋窗间墙宽度限值。

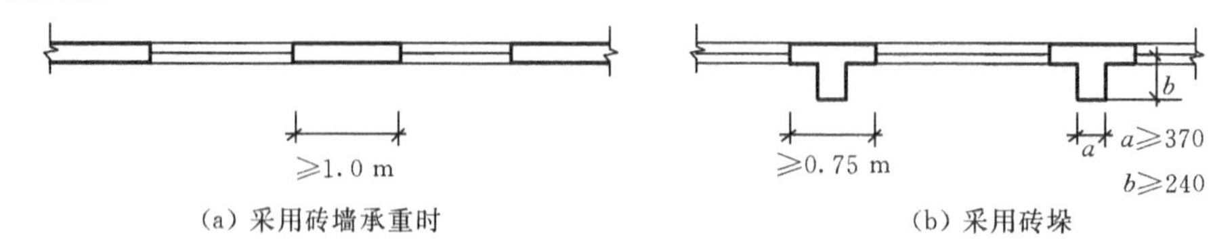

图 3.6　多层房屋窗间墙宽度限值

在抗震设防地区，墙段长度应符合现行《建筑抗震设计规范》的要求，具体尺寸如表 3.2 所示。

表 3.2　房屋的局部尺寸　　单位：m

构造类别	设计地震烈度			备注
	6、7度	8度	9度	
承重窗间墙最小宽度	1.00	1.20	1.50	在墙角设钢筋混凝土构造柱时，不受此限
承重外墙尽端至门窗洞边最小距离	1.00	2.00	3.00	
无锚固女儿墙最大高度	0.50	0.50	—	出入口上面的女儿墙应有锚固
内墙阳角至门窗洞边最小尺寸	1.00	1.50	2.00	阳角设钢筋混凝土构造柱时，不受此限

注：非承重外墙尽端至门窗洞边的宽度不得小于 1 m。

3.2.4　砖墙的细部构造

1. 勒脚

勒脚是外墙接近室外地面的部分，一般是指室内地坪以下、室外地面以上的这段墙体。勒脚的作用是防止外界碰撞、防止地表水对墙脚的侵蚀（见图 3.7）、增强建筑物立面美观，所以要求构造上采取防护措施，选用耐久性高、防水性能好的材料，做法中应结合建筑造型确定其高矮、颜色。勒脚一般采用以下几种构造做法。

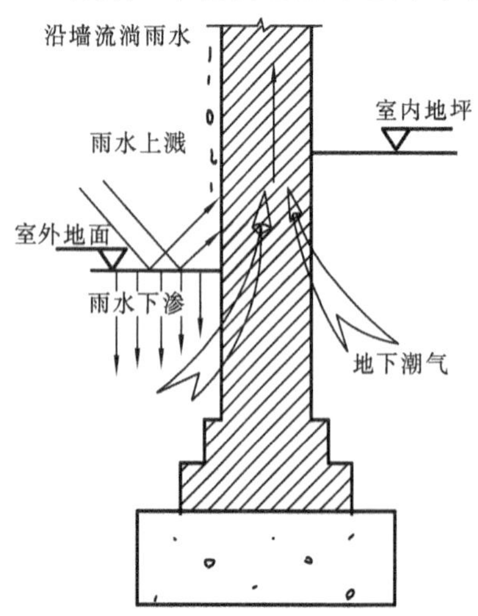

图 3.7　墙身受潮示意图

1）抹灰类勒脚

用 20 mm 厚、1∶3 水泥砂浆抹面；1∶2 水泥石子（根据立面设计确定水泥和石子种类及颜色），水刷石或斩假石等抹面。为保证抹灰层与砖墙黏结牢固，施工时应清扫墙面、洒水湿润，并可在墙上留槽使灰浆嵌入。此法多用于一般建筑（见图 3.8(a)、(b)）。

2）贴面勒脚

用人工石材或天然石材（如水磨石板、陶瓷面砖、花岗石、大理石等）贴面而形成勒脚。贴面勒脚耐久性强，装饰效果好，多用于标准较高的建筑（见图 3.8(c)）。

3）坚固材料勒脚

用天然石料（如条石、蘑菇条石、混凝土等坚固耐久的材料）代替砖砌外墙作为勒脚。高度可砌筑至室内地平，用于潮湿地区、高标准建筑或有地下室建筑的可按设计尺寸砌筑（见图 3.8(d)）。

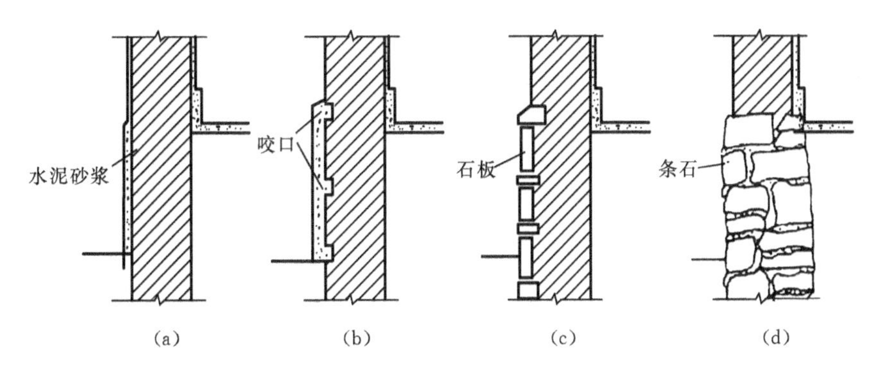

图 3.8　勒脚构造做法

2. 墙身防潮层

墙体坐落在基础之上，部分墙体与土壤接触且本身又是由多孔材料构成的，所以在墙身中设置防潮层的目的就是防止土壤中的水分沿基础墙上升，防止位于勒脚处的地面水渗入墙内，使墙身受潮。墙身受潮，会使饰面层脱落，降低其坚固性，影响室内环境卫生，因此，必须在内外墙脚部位连续设置防潮层。

防潮层按构造形式分为水平防潮层和垂直防潮层。

1) 水平防潮层

(1) 水平防潮层的位置。水平防潮层应在建筑物所有的内外墙体中连续设置，其位置与所在墙体及地面的情况有关。

当室内地面为不透水垫层(如混凝土)时，应设置在不透水垫层的范围内，通常在－0.060 m标高处设置，而且至少要高于室外地坪 150 mm，以防雨水溅湿墙身(见图 3.9(a))。

当地面垫层为透水材料(如碎石、炉渣等)时，水平防潮层的位置应平齐或高于室内地面 60 mm，即在 0.060 m 处(见图 3.9(b))。

当两相邻房间之间室内地面有高差时，应在墙身内设置高低两道水平防潮层，并在靠土壤一侧设置垂直防潮层，以避免回填土中潮气侵入墙身(见图 3.9(c))。

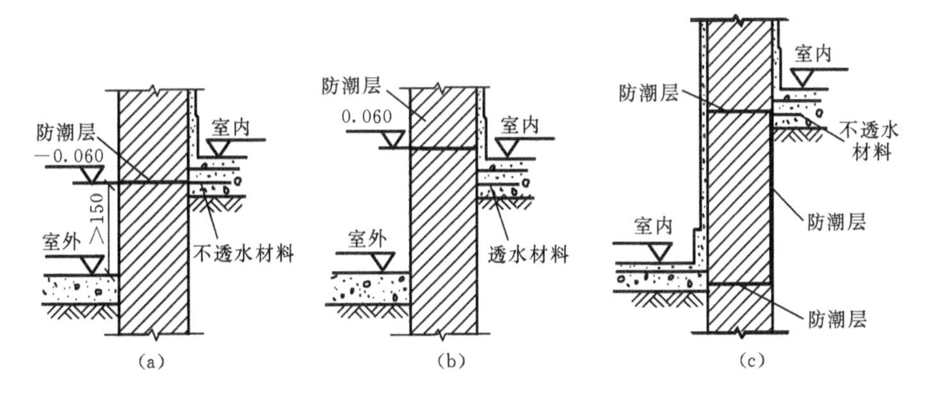

图 3.9　墙身水平防潮层的位置

(2) 防潮层的做法。按防潮层所用材料，一般有油毡防潮层、防水砂浆防潮层、细石混凝土防潮层等做法。

① 油毡防潮层。在防潮层部位先抹 20 mm 厚的水泥砂浆找平层，然后干铺油毡一层或用

沥青胶粘贴一毡二油。油毡防潮层具有一定的韧性、延伸性和良好的防潮性能，但日久易老化失效，同时油毡层使墙体隔离，削弱了砖墙的整体性和抗震能力(见图 3.10(a))。

② 防水砂浆防潮层。在防潮层位置抹一层 20 mm 或 30 mm 厚 1∶2 水泥砂浆掺 5%的防水剂配制成的防水砂浆；也可以用防水砂浆砌筑 2～4 皮砖。防水砂浆防潮层适用于抗震地区、独立砖柱和振动较大的砖砌体中，但砂浆开裂或不饱满会影响防潮效果(见图 3.10(b))。

③ 细石混凝土防潮层。在防潮层位置铺设 60 mm 厚 C15 或 C20 细石混凝土，内配 3ϕ6 或 3ϕ8 钢筋。由于其抗裂性能和防潮效果好，且与砌体结合紧密，故适用于整体刚度要求较高的建筑(见图 3.10(c))。

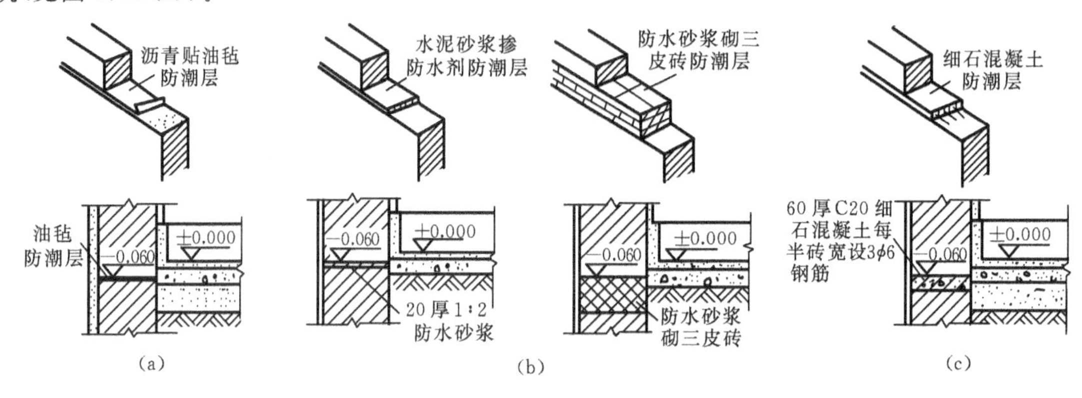

图 3.10 墙身水平防潮层的构造做法

2）垂直防潮层

当室内地坪出现高差或室内地坪低于室外地面时，墙身不仅要按地坪高差的不同设置两道水平防潮层，而且为了避免高地坪房间(或室外地面)填土中的潮气侵入低地坪房间的墙面，有高差部分的垂直墙面也要采取防潮措施。其具体做法是在高地坪房间填土前，在两道水平防潮层之间的垂直墙面上，先用水泥砂浆抹灰 15～20 mm 厚，然后再涂热沥青两道(或做其他防潮处理)，而在低地坪一边的墙面上，则采用水泥砂浆打底的墙面抹灰(见图 3.11)。

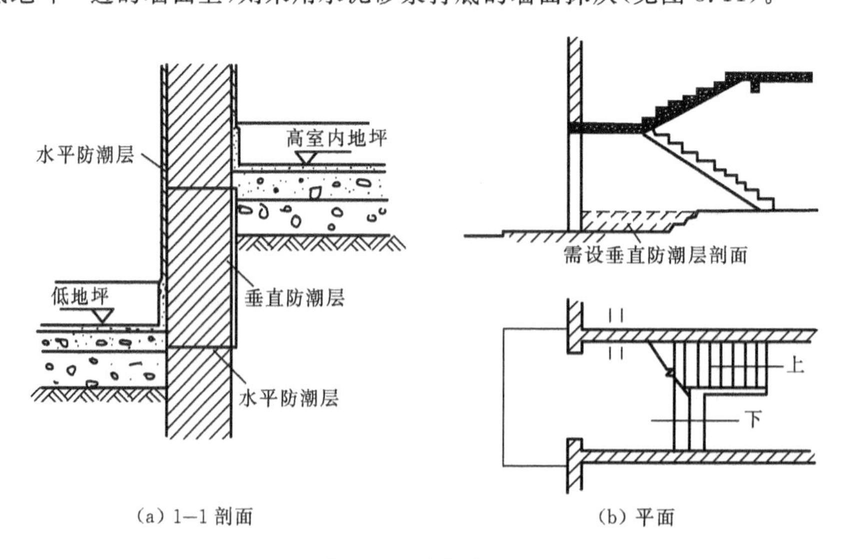

图 3.11 垂直防潮层

3. 明沟与散水

明沟与散水都是为了迅速排除从屋檐滴下的雨水,防止因积水渗入地基造成建筑物下沉而设置的。

明沟是设置在外墙四周的排水沟,一般用素混凝土现浇,也可用砖、石砌筑,其构造如图3.12所示。沟底应有不小于1%的坡度,以保证排水通畅。明沟适用于年降雨量大于900 mm的地区。散水是沿建筑物外墙设置的排水倾斜坡面,坡度一般为3%~5%。散水又称散水坡或护坡。散水可用混凝土、水泥砂浆、砖、块石等材料做面层,其宽度一般为600~1 000 mm,当屋面为自由落水时,散水宽度应比屋檐挑出宽度大200 mm左右,如图3.13所示。在软弱土层、湿陷性黄土地区,散水宽度一般应不小于1 500 mm。由于建筑物的沉降和勒脚与散水施工时间的差异,在勒脚与散水交接处应设分格缝,缝内用弹性材料填嵌(如沥青砂浆),以防外墙下沉时勒脚部位的抹灰层被剪切破坏(见图3.14)。整体面层为了防止散水因温度应力及材料干缩造成的裂缝,在散水长度方向每隔6~12 m应设一道伸缩缝,并在缝中填嵌沥青砂浆(见图3.15)。

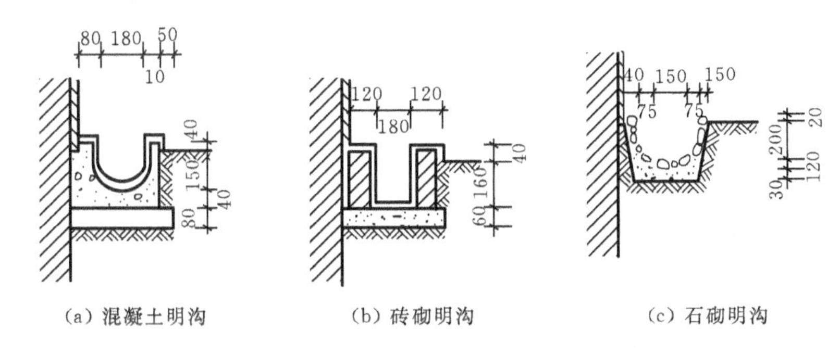

(a) 混凝土明沟　(b) 砖砌明沟　(c) 石砌明沟

图3.12　明沟构造做法

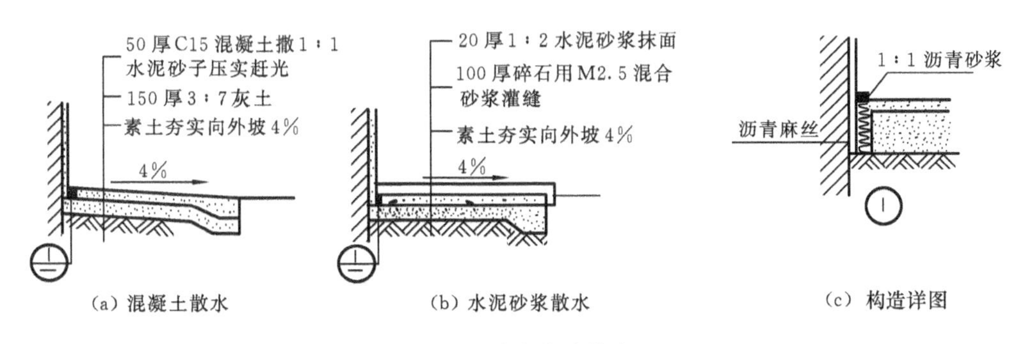

(a) 混凝土散水　(b) 水泥砂浆散水　(c) 构造详图

图3.13　散水构造做法

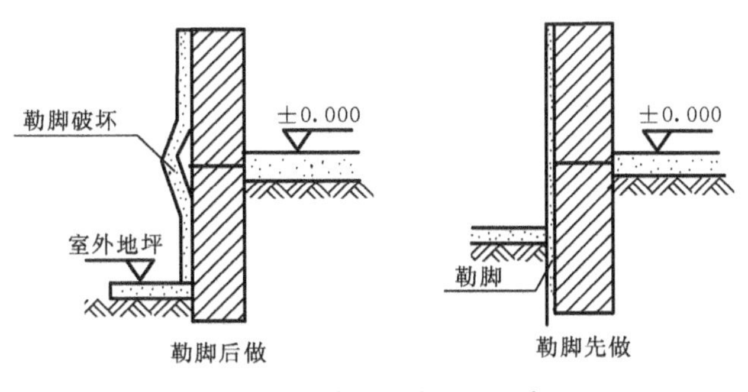

图3.14　勒脚与散水关系示意图

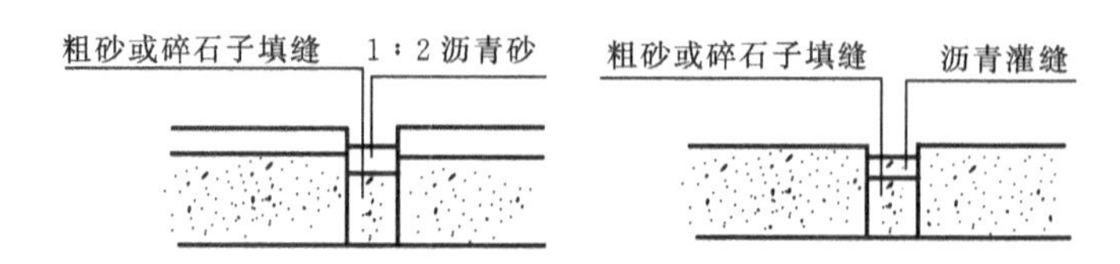

图 3.15　散水伸缩缝构造

4. 门窗过梁

当墙体上开设门窗洞口时，为了承受洞口上部砌体传来的各种荷载，并把这些荷载传给洞口两侧的墙体，常在门窗洞口上设置横梁，即门窗过梁。一般来讲，由于墙体砖块相互咬接的结果，过梁上墙体的重量并不全部压在过梁上，而是有一部分重量传给了门、窗两侧的墙体，所以过梁只承受上部墙体的部分重量，即图3.16所示的三角形部分。

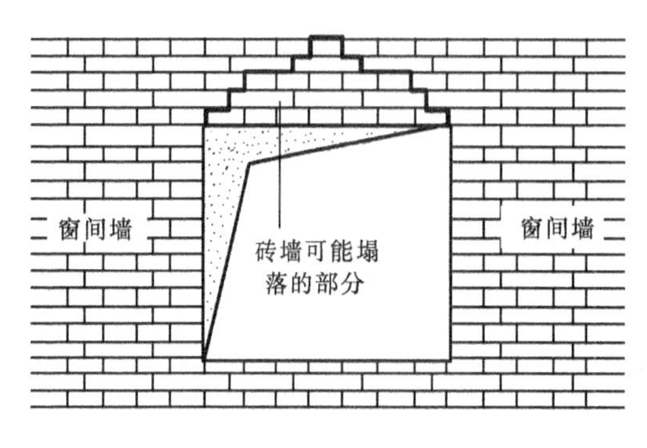

图 3.16　过梁受荷示意图

过梁的形式较多，常见的有砖拱过梁、钢筋砖过梁和钢筋混凝土过梁三种。

1）砖拱过梁

砖拱过梁有平拱和弧拱两种(见图3.17)。将立砖和侧砖相间砌筑，使灰缝上宽下窄相互挤压便形成了拱的作用。平拱高度常为240 mm，但不小于240 mm，灰缝上部宽度一般不大于15 mm，下部不小于5 mm，拱两端下部伸入墙内 20～30 mm。中部的起拱高度约为跨度 L 的1/50，受力后拱体下落时，适成水平。平拱的适宜跨度 L 为1.0～1.8 m，弧拱高度不小于120 mm，其余同平拱砌筑方法，由于起拱高度大，跨度也相应增大。当拱高为$(1/12\sim1/8)L$时，跨度 L 为2.5～3 m；当拱高为$(1/6\sim1/5)L$时，跨度 L 为 3～4 m。砖拱过梁的砌筑砂浆标号不低于 M10 级，砖标号不低于 MU7.5 级才能保证过梁的强度和稳定性。砖拱过梁节约钢材和水泥，但整体性较差，不宜用于上部有集中荷载、振动较大、地基承载力不均匀以及地震区的建筑。

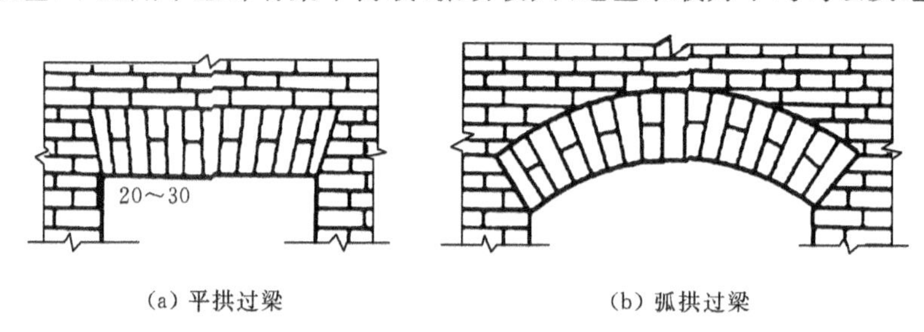

(a) 平拱过梁　　(b) 弧拱过梁

图 3.17　砖拱过梁

2）钢筋砖过梁

钢筋砖过梁是在砖缝里配置钢筋的平砖砌过梁。通常每半砖厚的墙应配置一根 $\phi6$ 钢筋，墙厚每增加半砖，则增加钢筋一根。钢筋放在洞口上部的砂浆层内，砂浆层为 1∶3 水泥砂浆30 mm厚，钢筋两边伸入支座长度不小于240 mm，并加弯钩，也可以将钢筋放在洞口上部第一皮砖和第二皮砖之间。为使洞口上的部分砌体和钢筋构成过梁，常在相当于 1/4 跨度的高度范围内(不少于 5 皮砖)，用不低于 M5 级砂浆砌筑(见图 3.18)。

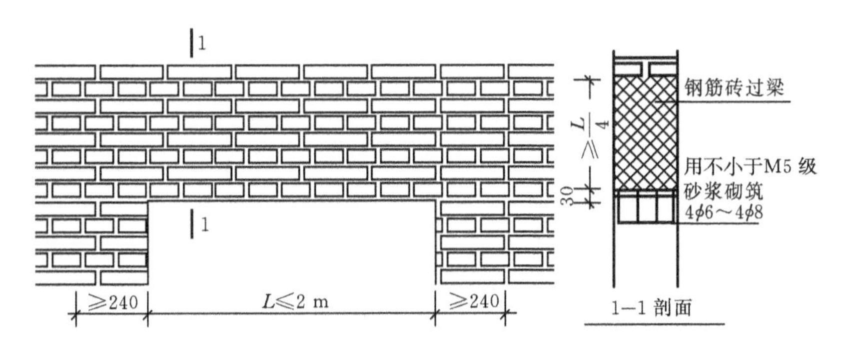

图 3.18　钢筋砖过梁

钢筋砖过梁适用于跨度不大于 2 m，上部无集中荷载的洞口上。它施工方便，整体性好，墙身为清水墙时，建筑立面易于获得与砖墙统一的效果。

3）钢筋混凝土过梁

当门窗洞口较大或洞口上部有集中荷载时，常采用钢筋混凝土过梁。钢筋混凝土过梁有现浇和预制两种，梁高及配筋由计算确定。为了施工方便，梁高应与砖皮数相适应，以方便墙体连续砌筑，故常见梁高为 60 mm、120 mm、180 mm、240 mm，即 60 mm 的倍数。梁宽一般同墙厚，梁两端支撑在墙上的长度每边不少于 240 mm，以保证足够的承压面积。过梁断面形式有矩形和 L 形，矩形多用于内墙和混水墙，L 形多用于外墙和清水墙，在寒冷地区，为了防止过梁内壁产生冷凝水，可采用 L 形过梁或组合式过梁（见图 3.19）。

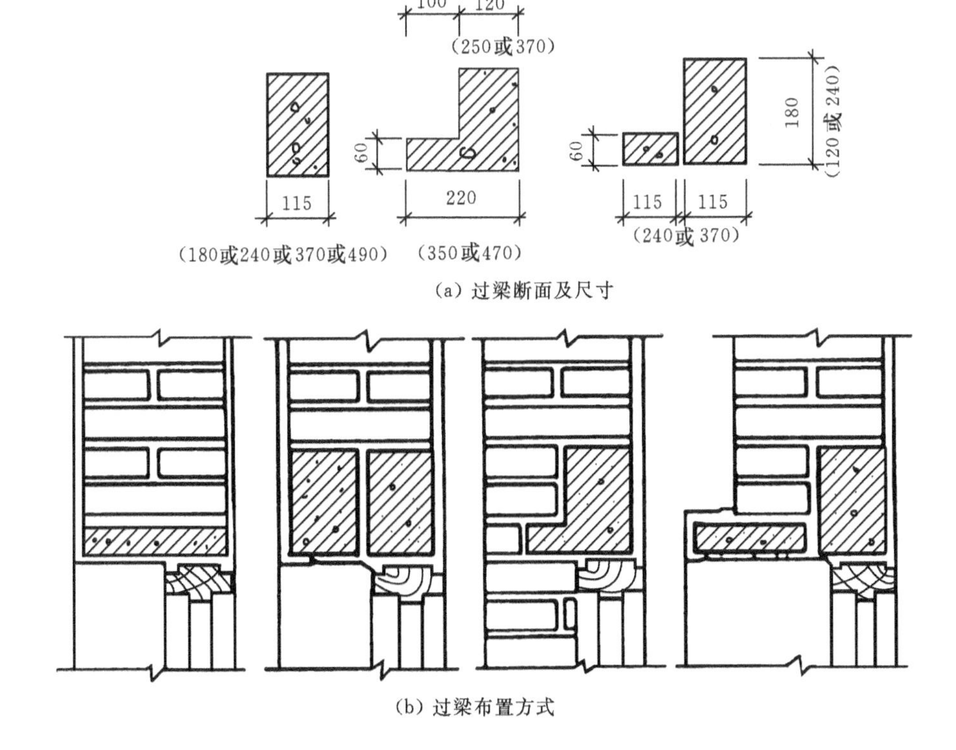

图 3.19　钢筋混凝土过梁

这种过梁坚固耐用，施工简便，目前被广泛采用。

5. 窗台

为了避免室外雨水沿窗向下流淌时，聚积在窗洞下部，并沿窗下框向室内渗透污染室内，常在窗洞下部靠室外一侧设置向外形成一定坡度以利排水的泄水构件——窗台。

窗台有悬挑窗台和不悬挑窗台两种，悬挑窗台常采用顶砌一皮砖或将一皮砖侧砌并悬挑60 mm，也可预制混凝土窗台。窗台表面用1∶3水泥砂浆抹面做出坡度，挑砖下缘粉滴水线，以利雨水沿滴水槽下落。悬挑窗台下部容易积灰，在风雨作用下很容易污染窗台下的墙面，影响建筑物的美观，因此，大部分建筑物都设计为不悬挑窗台，以利用雨水的冲刷洗去积灰（见图3.20）。

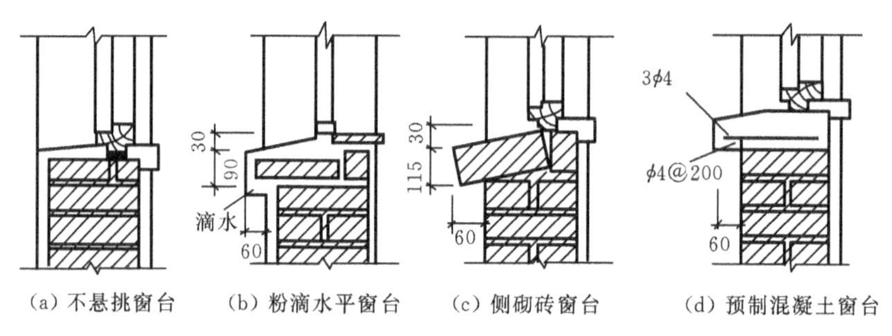

图3.20 窗台形式

6. 墙体的抗震加固措施

1）设置圈梁

圈梁是设置在同一水平面内墙上连续交圈的封闭梁，分为钢筋砖圈梁（很少采用）和钢筋混凝土圈梁。

(1) 圈梁的作用。加强房屋的空间刚度及整体性；防止由于地基不均匀沉降或较大振动引起的墙体裂缝；圈梁与构造柱可以有效地抵抗地震作用；圈梁可以承受水平荷载；圈梁还可以减小墙的自由高度，增强墙的稳定性。

(2) 圈梁的位置。圈梁应设置在楼（层）盖之间的同一标高处或紧靠板底的位置及基础顶面和房屋的檐口处。当墙高度较大，不满足墙刚度和稳定性要求时，可在墙的中部加设一道圈梁。

(3) 圈梁的数量。在非地震区，对于比较空旷的单层房屋，当墙厚$h\leqslant 240$ mm，檐口标高为5～8 m时，应在檐口部位或窗顶标高处设置圈梁一道。檐口标高大于8 m时，要增设一道圈梁。对于非地震区的多层民用房屋，当墙厚$h\leqslant 240$ mm，且层数为3～4层时，在檐口标高处设一道圈梁；当超过4层时，可适当增设。如属现浇楼盖，则可不设。对于建筑在软弱地基或不均匀地基上的多层房屋，应在基础顶面或顶层各设圈梁一道。其他各层可隔层设或层层设。

对于处于地震设防区的房屋，圈梁在平面上沿房屋高度设置的要求如下。

① 横墙承重的预制楼盖多层砌体房屋，圈梁按表3.3要求设置。

② 纵墙承重的预制楼盖多层砌体房屋，每层均应设置圈梁，且沿横墙方向的圈梁应比表3.3所规定的适当加密。

③ 底层框架砖房和多层内框架砖房，圈梁设置要求同前述要求。

④ 单层砖柱厂房应在屋架底部标高处沿外墙及承重内墙设置圈梁，地震烈度8度或9度时，还应沿墙高每隔3～4 m设置圈梁。

表 3.3　钢筋混凝土圈梁设置要求

设置部位	地震烈度		
	6度和7度	8度	9度
沿外墙、内纵墙	屋盖处及每层楼盖处	屋盖处及每层楼盖处	同8度
沿内横墙	同上，屋盖处间距不大于7 m；楼盖处间距不大于15 m；构造柱对应部位	同上，屋盖处沿所有横墙且间距不大于7 m；楼盖处间距不大于7 m；构造柱对应部位	同上，各层所有横墙
最小配筋量	4ϕ10	4ϕ12	4ϕ14
箍筋间距	≤250 mm	≤200 mm	≤150 mm

注：如在本表规定的间距内无横墙，应在梁上或板缝中设圈梁拉通。

(4) 圈梁的构造。

圈梁按材料分为钢筋混凝土圈梁和钢筋砖圈梁，钢筋混凝土圈梁用得最多。

① 钢筋砖圈梁。这种圈梁是在楼层标高的墙身上，在砌体灰缝中加入钢筋。加设原则是：梁高4～6皮砖，钢筋不宜少于6ϕ6，钢筋水平间距不宜大于120 mm，砂浆强度等级不宜低于M5，钢筋应分上下两层布置。现在已很少采用这种做法。

② 钢筋混凝土圈梁。这是在施工现场支模、绑扎钢筋并浇筑混凝土形成的圈梁。混凝土强度等级不小于C15，常用C20；纵向钢筋最小用量见表3.3，可采用Ⅰ级或Ⅱ级钢筋，常用直径根数为4ϕ12；箍筋用Ⅰ级钢筋，直径ϕ4～ϕ6，箍筋间距在非地震区不大于300 mm，在地震区见表3.3。

梁高不小于120 mm，梁宽宜与墙相同；当墙厚$h\leqslant$240 mm时，梁宽不宜小于2/3 h。截面可以做成矩形或L形。

圈梁如兼过梁使用，应当通过计算附加上过梁所需要的钢筋。

每道圈梁均应在同一水平面内连续封闭设置，如果被门窗洞口切断，则应在门窗洞口的上部设置截面不小于圈梁的附加圈梁(见图3.21)。附加圈梁与圈梁的搭接长度，应大于其垂直间距的2倍，且不小于1 m。

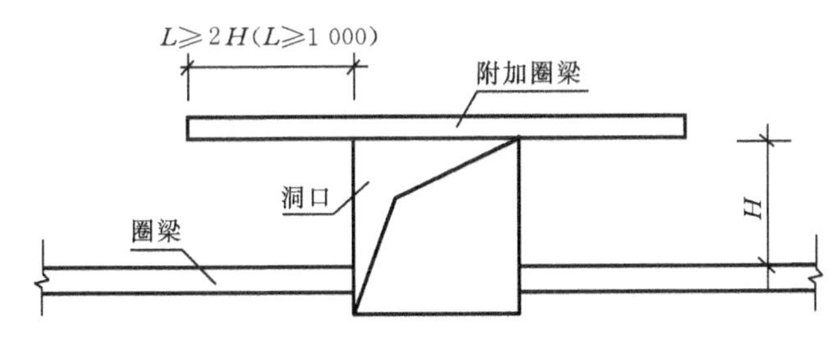

图 3.21　附加圈梁与圈梁的搭接

2) 设置构造柱

构造柱是根据地震设防要求的规定，在墙体中沿房屋高度方向设置从上至下贯通的钢筋混凝土柱。

(1) 构造柱的作用。它和圈梁一起能有效抵抗地震作用，加强纵横墙的连接，提高墙体的抗剪、抗弯能力，可以约束墙体裂缝开展，有效防止墙倒屋塌的现象。

(2) 构造柱设置位置。设置在墙体的转角处(如房屋的四角、纵横墙相交处、楼梯间转角处等)、大洞口的两侧,沿整个房屋高度贯通,并与各层圈梁及基础圈梁连成整体。除此以外,根据房屋层数和抗震设防烈度不同,构造柱的设置要求见表 3.4。

表 3.4　砖房钢筋混凝土构造柱的设置要求

结构类型	地震烈度				造柱设置位置
	6 度	7 度	8 度	9 度	
	房屋层数				
多层砌体房屋	四至五	三至四	二至三	—	外墙四角、错层部位横墙与外纵墙交接处,较大洞口两侧,大房间两侧,地震烈度 8 度、9 度时楼(电)梯间的横墙与外墙交接处
	六至八	五至六	四	二	同上,且沿外墙隔开间设置
	—	七	五至六	三至四	同上,且沿外墙每开间设置;内墙局部较小墙垛处设置,地震烈度 9 度时内纵墙与横墙交接处
底层框架砖房	五层以下	四层以下	三层以下	三层及三层以下(底层框架)	外墙四角及楼(电)梯间墙四角
内框架砖房	五层及五层以上	四层及四层以上	三层及三层以上	二层及二层以下(内框架)	同上,且每道抗震横墙两端及中间柱列轴线对应的部位

(3) 构造柱的构造要求。构造柱的最小截面尺寸为 240 mm×180 mm,采用不低于 C15 的混凝土浇筑,纵向钢筋采用Ⅰ级或Ⅱ级钢筋,如 4ϕ12,箍筋间距不大于 250 mm,在柱的上下端 500 mm 范围内宜将箍筋加密。房屋四角的构造柱要适当加大截面和配筋。位于地震烈度 7 度区超过五层、地震烈度 8 度区超过四层及地震烈度 9 度区时,构造柱宜采用 4ϕ14,箍筋间距不大于 200 mm。

施工时,应先放构造柱的钢筋骨架,再砌砖墙,随着墙体的升高而逐段浇注混凝土,这样做的好处是结合牢固,节省模板。

构造柱与墙连接处宜砌成大马牙槎,即每 300 mm 高伸出 60 mm,每 300 mm 高再收回 60 mm。

为加强构造柱与墙体的连接,应沿柱高度每 500 mm 设 2ϕ6 水平拉结钢筋,钢筋每边伸入墙内不少于 1 m。

构造柱可不单独设置基础,但应伸入室外地面以下不小于 500 mm 深处,或扎根于基础圈梁内。构造柱的上部应伸入顶层圈梁,以形成封闭的骨架。构造柱的做法如图 3.22 所示。

3) 设置门垛和壁柱

为了便于门框的安置和保证墙体的稳定性,凡在墙上开设门洞且门洞开在两墙转角处或丁字墙交接处时,须在门靠墙的转角部位或丁字交接的一边设置门垛。门垛宽度同墙厚,长度一般为 120 mm 或 240 mm,过长会影响室内使用空间(见图 3.23(a))。

当墙体的窗间墙上出现集中荷载,而墙厚又不足以承受其荷载;或墙体的长度和高度超过一定限度并影响墙体稳定性时,常在墙身局部适当位置增设凸出墙面的壁柱以提高墙体刚度。壁柱突出墙面的尺寸一般为120 mm×370 mm、240 mm×370 mm、240 mm×490 mm等(见图 3.23(b))。

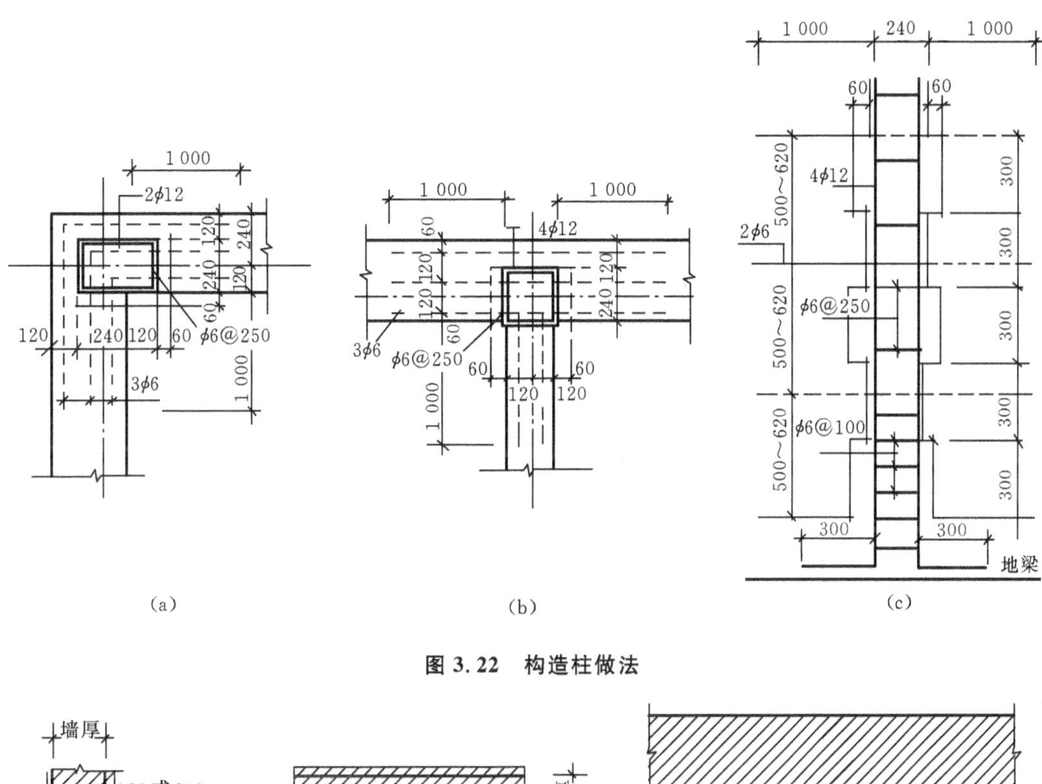

图 3.22 构造柱做法

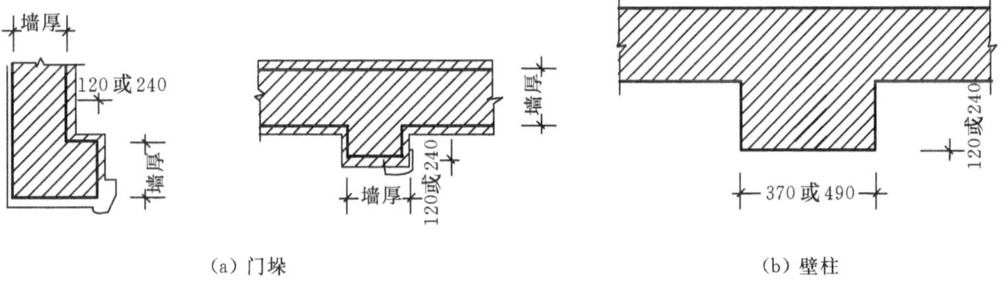

图 3.23 门垛、壁柱

3.3 隔墙构造

隔墙是把房屋内部分割成若干房间或空间的非承重墙，由于不同的使用要求，各类隔墙的构造均有其不同特点。

3.3.1 对隔墙的要求

(1) 重量轻。隔墙在首层搁置在地面垫层上，在楼层搁置在梁或楼板上，因而它的重量要轻，以减少梁或楼板承受的荷载，如设在地震区也可减小地震荷载。

(2) 厚度薄。因墙不承重，在满足稳定性要求的前提下，隔墙的厚度应尽量薄，以增加房屋的使用面积。

(3) 隔声性能好。隔墙应具有一定的隔声能力，以避免房间之间的相互干扰，使房间更具有独立性。

(4) 有些部位的隔墙应有防火、防水、防潮、耐腐蚀等要求，如厨房的隔墙防火、防水，盥洗室、厕所的隔墙应防水、防潮、耐腐蚀等。

(5) 便于拆装。为使房间能灵活分隔，隔墙应便于拆卸和安装。此外，应尽量减少施工现场的湿作业，以减轻工人的劳动强度、提高效率、降低造价。

3.3.2 隔墙的类型与构造

隔墙的分类方法很多，按构造方式可分为块材式隔墙、骨架式隔墙和板材式隔墙三大类。

1. 块材式隔墙

块材式隔墙系指用普通砖、空心砖、加气混凝土砌块等块材砌筑的墙，包括砖砌隔墙和砌块隔墙等。这类隔墙自重较大，但由于隔声效果较好和取材容易，所以应用比较广泛。

砖砌隔墙有半砖隔墙和1/4隔墙，常用的是半砖隔墙（见图3.24）。

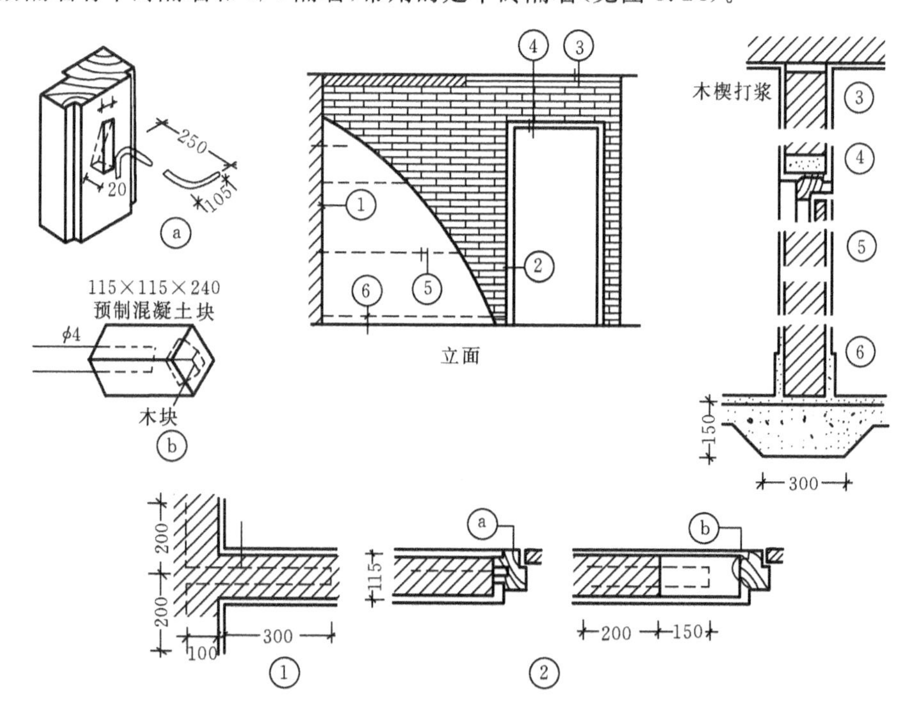

图3.24 半砖隔墙

半砖隔墙是用普通砖顺砌而成的，当采用M2.5级砂浆砌筑时，其高度不宜超过3.6 m，长度不宜超过5 m；当采用M5级砂浆砌筑时，高度不宜超过4 m，长度不宜超过6 m。在构造上除砌筑时应与承重墙牢固搭接外，还应在墙身每隔1.2 m高处加2ϕ6拉结钢筋予以加固。砖隔墙的上部与楼板或梁的交接处，不宜过于填实或使砖砌体直接顶楼板或梁，应留有30 mm的空隙或将上2皮砖斜砌，以防上部结构构件产生挠度，致使隔墙被压坏。隔墙上有门时，要用预埋铁件或用带有木楔的混凝土预制块，将砖墙与门框拉接牢固。

1/4砖隔墙是用普通砖侧砌而成的，由于厚度较薄、稳定性差，对砌筑砂浆强度要求较高，一般不低于M5。隔墙的高度和长度不宜过大，常用于不设门窗洞或面积较小的隔墙，如厨房与卫生间之间的隔墙。当隔墙用于面积较大或需开设门窗洞的部位时，须采取加固措施。常用的加固方法是,在高度方向每隔 500 mm 砌入 2ϕ4 钢筋,或在水平方向每隔 1 200 mm,立 C20 细石混凝土柱一根,并沿垂直方向每隔 7 皮砖砌入 1ϕ6 钢筋,使之与两端墙连接(见图 3.25)。

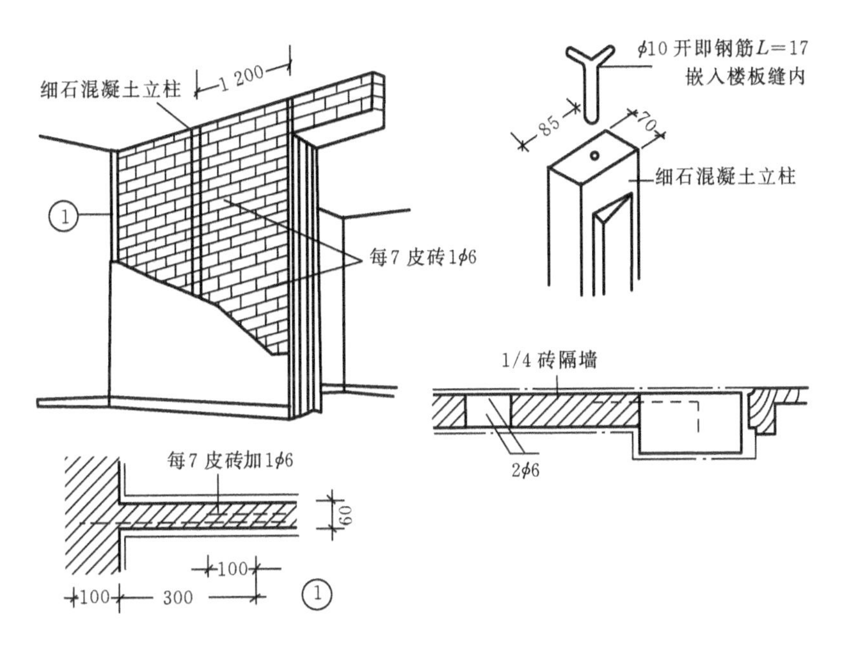

图 3.25　1/4 砖隔墙

砌块隔墙常采用粉煤灰硅酸盐水泥、加气混凝土、混凝土或水泥炉碴空心砌块等砌筑。砌块大多具有重量轻、孔隙率大、隔热性能好等优点。墙厚由砌块尺寸而定,一般为 90～120 mm。砌块隔墙厚度较薄,墙体稳定性较差,需对墙身进行加固处理,通常沿墙身竖向和横向配以钢筋(见图 3.26)。

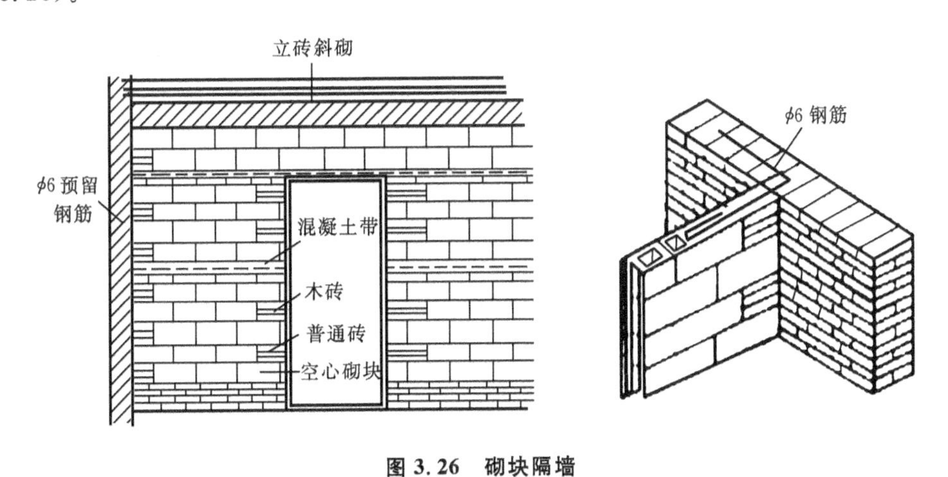

图 3.26　砌块隔墙

2. 骨架式隔墙

骨架式隔墙也称立柱式、立筋式隔墙。它是以木材、钢材或其他材料构成骨架,把面层钉接、涂抹或粘贴在骨架上形成的隔墙,如板条抹灰墙、钢丝(板)网抹灰墙、纸面石膏板墙等。这类隔墙自重轻,可以搁置在楼板上,不需做特殊的结构处理。由于这类墙有空气夹层,隔声效果一般也比较好。

骨架式隔墙常用的有木骨架隔墙和轻钢骨架隔墙两类。

1）木骨架隔墙

木骨架隔墙常见的有板条抹灰隔墙、装饰板隔墙和镶板隔墙等，它们具有自重轻、构造简单的特点，故应用较广。隔墙构造包括骨架和饰面两部分。

木骨架由上槛、下槛、立柱、斜撑或横档等部件构成。立柱靠上、下槛固定，上、下槛及立柱断面为 50 mm× 75 mm 或 50 mm× 100 mm。立柱之间沿高度方向每隔 1.2 m 左右设斜撑一道。当骨架外系铺钉面板时，斜撑应改为水平的横档。斜撑或横档截面与墙筋相同，也可略小于立柱。立柱与横档的间距应与饰面材料的规格相适应，通常取 400～600 mm；当饰面为抹灰时，取 400 mm；饰面为装饰面板时，取 450 mm 或 500 mm；当饰面为纤维板或胶合板时，取 600 mm（见图 3.27）。

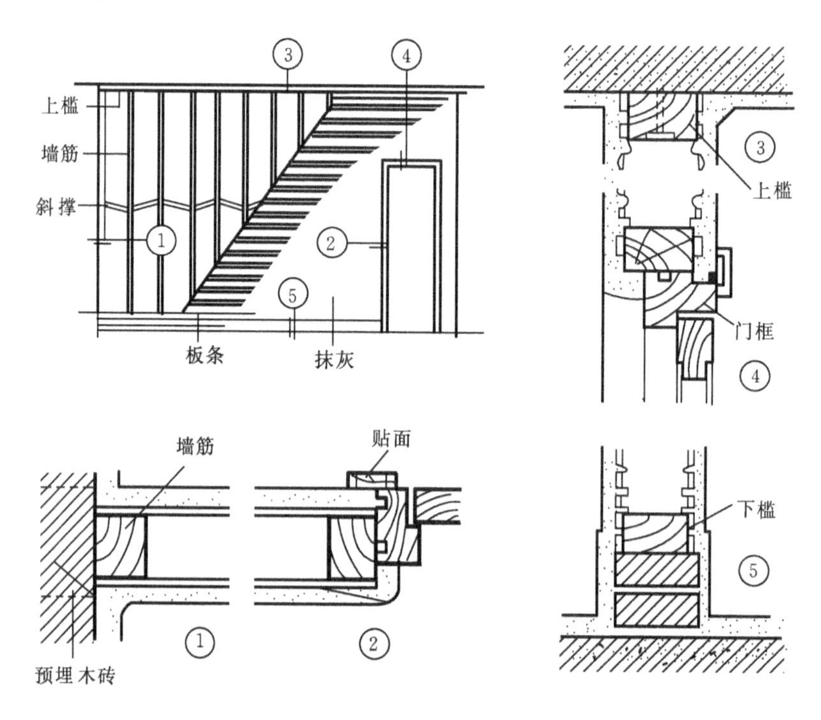

图 3.27　木板条抹灰骨架隔墙

上槛、下槛、立柱与横档可以榫接，也可以钉接。但必须保证饰面平整，同时木材必须干燥、避免翘曲。

为节约木材，利用工业废料和地方材料可制成多种骨架，如石棉水泥骨架、纸面石膏板黏结骨架以及水泥刨花板骨架等。

隔墙饰面是在木筋骨架上铺钉各种装修饰面材料，包括板条抹灰、装饰吸声板、钙塑板、纸面石膏板、水泥刨花板、水泥石膏板、各种胶合板和装饰面板等形成的。板条抹灰饰面是在墙筋上钉板条，然后抹灰而形成的。板条尺寸一般为 6 mm×30 mm×1 200 mm，其间隙约为 9 mm，以便抹灰时底灰能挤到板条间隙的背面，咬住板条。钉板条时通常一根板条搭接三个立柱间距。于是出现板条的搭接缝，为避免外部抹灰开裂脱落，板条搭接缝长 600 mm，必须使接缝错开。

2）轻钢骨架隔墙

轻钢骨架隔墙是在金属骨架外铺钉面板而制成的隔墙，它具有重量轻、强度高、刚度大、结构整体性好等特点。其骨架由各种形式的薄壁型钢加工而成，钢板厚 0.6～1.0 mm，经冷压成形为槽钢断面，轻钢龙骨常用的有 C50、C75、C100 三种系列骨架，包括上槛、下槛、立柱和横档。骨架与楼板、墙柱等构件相接时，多用膨胀螺栓或射钉来连接，螺栓间距 500～1 000 mm。立柱、横档等利用焊接，拉铆钉或自攻螺丝相互连接，墙筋间距由面板尺寸而定，一般为 400～600 mm（见图 3.28）。

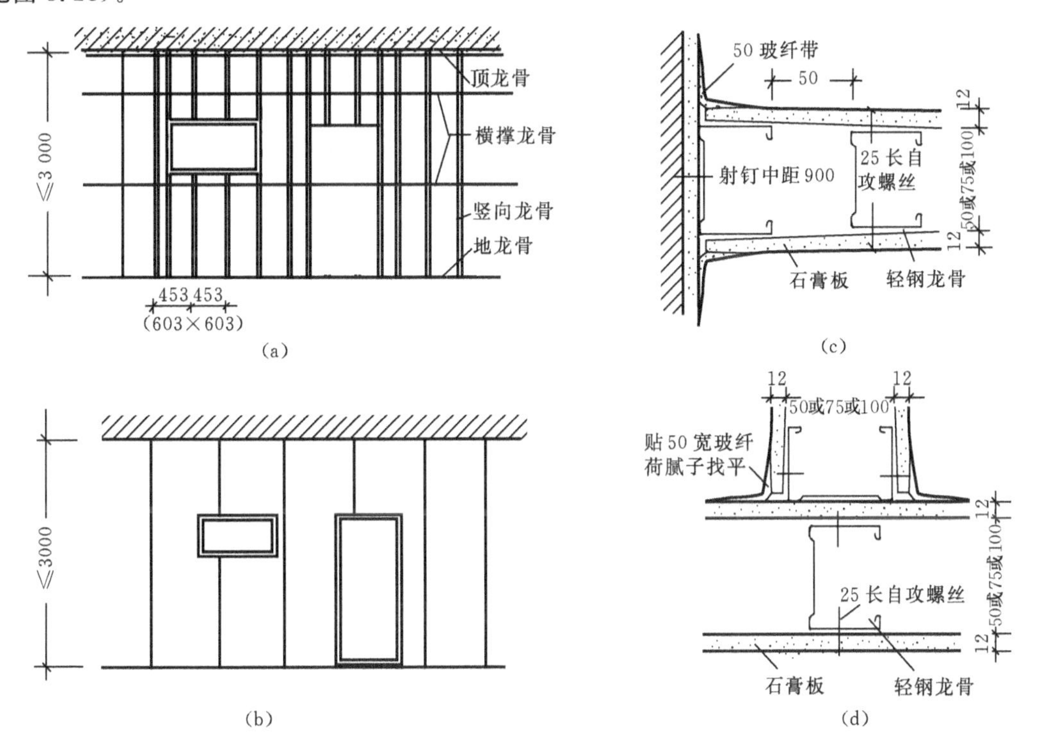

图 3.28 轻钢骨架隔墙

面板多为胶合板、纤维板、埃特板、石膏板和石棉水泥板等难燃或不燃材料，面板用自攻螺丝固定在骨架上。常用石膏板规格有 3 000 mm×800 mm×12 mm、3 000 mm×800 mm×9 mm，胶合板规格有 1 830 mm×915 mm×4 mm（三合板）、2 135 mm×915 mm×7 mm（五合板），硬质纤维板规格有 1 830 mm×1 200 mm×3 mm（或 4.5 mm）、2 135 mm×915 mm×4 mm（或5 mm）。

3. 板材式隔墙

板材式隔墙是采用轻质材料制成的各种预制薄型板材（如加气混凝土条板、碳化石灰板、石膏条板、石膏珍珠岩板、泰柏板、蜂窝复合板、彩钢板等各种复合板），以砂浆或其他黏结材料固定形成的隔墙。这类隔墙的工厂化程度较高、施工速度快、可减少现场湿作业。

在固定、安装条板时，在板的下面用木楔将条板楔紧，而条板左右主要靠各种黏结砂浆或黏结剂进行黏结，待安装完毕，再在表面进行装修。

1）加气混凝土条板隔墙

加气混凝土由水泥、石灰、砂、矿渣等加发泡剂（铝粉），经过原料处理、配料浇注、切割、蒸压养护工序制成，干密度为 5～7 kN/m³，抗压强度为 300～500 N/cm²。

加气混凝土条板具有自重轻、节省水泥、运输方便、施工简单、可锯、可刨、可钉等优点，但加气混凝土吸水性大、耐腐蚀性差、强度较低，运输、施工过程中易损坏，不宜用于具有高温、高湿或有化学、有害空气介质的建筑中。

加气混凝土条板规格为长 2 700～3 000 mm，宽 600～800 mm，厚 80～100 mm(见图3.29)，隔墙板之间用水玻璃砂浆或 107 胶砂浆黏结，水玻璃砂浆的配合比是水玻璃：磨细矿砂：细砂＝1：1：2，107 胶：珍珠岩粉：水＝100：15：2.5。条板安装一般是在地面上用一对对口木楔在板底将板楔紧。

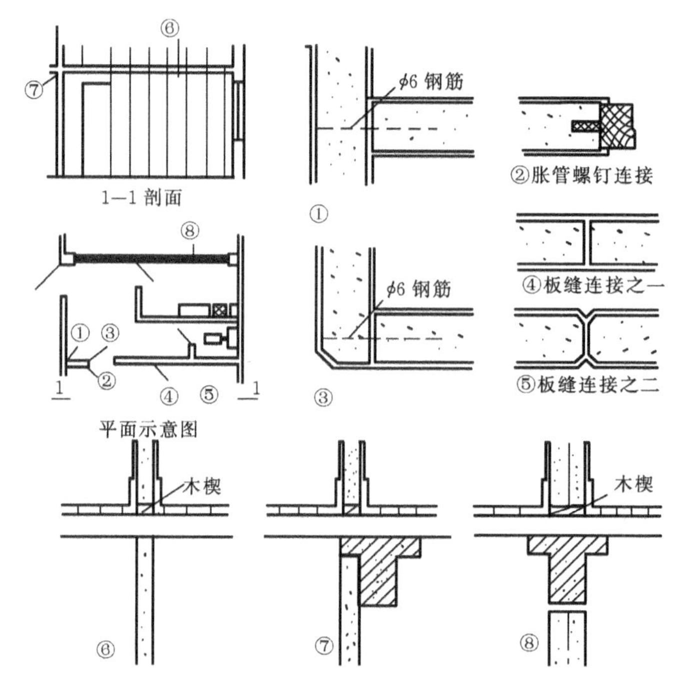

图 3.29　加气混凝土板隔墙

2）碳化石灰板隔墙

碳化石灰板是以磨细的生石灰为主要原料，掺 3%～4%(重量比)的短玻璃纤维，加水搅拌，振动成形，利用石灰窑的废气碳化而成的空心板。一般的碳化石灰板的规格为长 2 700～3 000 mm，宽 500～800 mm，厚 90～120 mm，板的安装同加气混凝土条板隔墙(见图 3.30)。

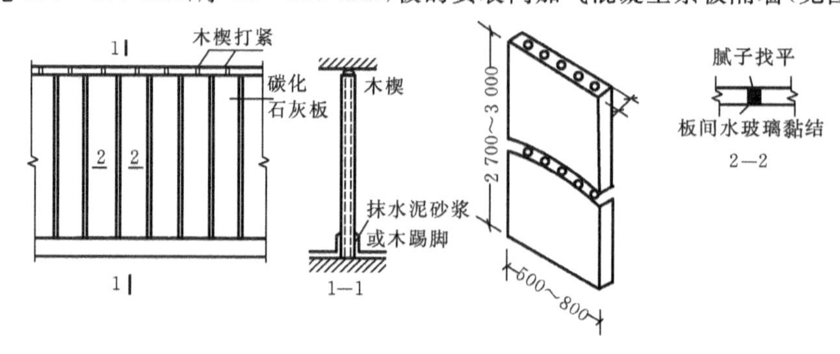

图 3.30　碳化石灰板隔墙

碳化石灰板隔墙可做成单层或双层，90 mm 厚或 120 mm 厚，隔墙平均隔声能力为33.9 dB或35.7 dB。60 mm 宽空气间层的双层板，平均隔声能力为 48.3 dB，适用于隔声要求高的房间。

碳化石灰板材料来源广泛、生产工艺简易、成本低廉、密度小、隔声效果好。

3）增强石膏空心板隔墙

增强石膏空心板分为普通条板、钢木窗框条板及防水条板三种，在建筑中按各种功能要求配套使用。石膏空心板规格为宽 600 mm，厚 60 mm，长 2 400～3 000 mm，9 个孔，孔径 38 mm，空隙率 28%，能满足防火、隔声及抗撞击的要求（见图 3.31）。

4）泰柏板隔墙

泰柏板又称为钢丝网泡沫塑料水泥砂浆复合墙板，它是由 $\phi 2$ 低碳冷拔镀锌钢丝焊接成三维空间网笼，中间填阻燃聚苯乙烯泡沫塑料构成的轻质板材，然后在现场安装并双面抹灰或喷涂水泥砂浆而组成复合墙体（见图 3.32）。

这种板的特点是重量轻、强度高、防火、隔声、不腐烂等，其产品规格为 2 440 mm×1 220 mm×75 mm（长×宽×厚），抹灰后的厚度为 100 mm。

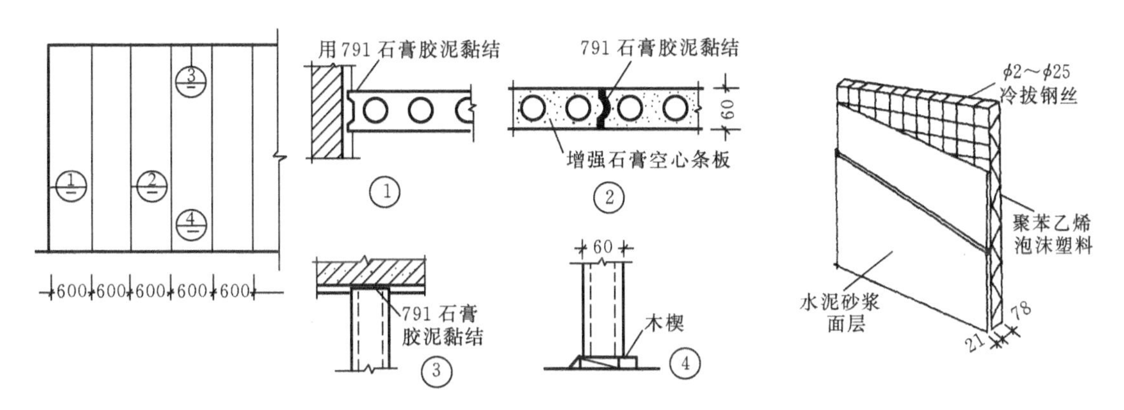

图 3.31 增强石膏空心板条

图 3.32 泰柏板

3.4 其他墙体构造简介

3.4.1 黏土多孔砖墙体构造

1. 黏土多孔砖的类型

黏土多孔砖分为模数多孔砖（DM 系列）和普通多孔砖（KP_1 型）两种。DM 系列共有四种类型：DM_1、DM_2、DM_3、DM_4，其基本数据见表 3.5。多孔砖的强度等级有 MU30、MU25、MU20、MU15、MU10 五个级别。

在实际使用时，还应配以实心砖，以制成达到符合模数的墙体。

2. 黏土多孔砖墙的砌筑方式

多孔砖砌体应上下错缝、内外搭砌。KP_1 型多孔砖宜采用一顺一丁式或每皮顶顺相间式的砌筑方式，DM 系列多孔砖应采用全顺式的砌筑方式。

表 3.5　黏土多孔砖的规格

砖类别	砖型尺寸（长×宽×厚）/mm	编号	孔形	孔数	孔洞率/(%)	估计质量/(kg/块)	砌体自重/(kN/m³)	
							最大值	最小值
模数多孔砖	DM_1 (190×240×90)	1	圆	25	25.0	5.8	16.4	14.2
		2	长方	43	30.9	5.4	15.8	13.4
	DM_2 (190×190×90)	1	圆	25	23.6	4.7	16.6	14.4
		2	长方	25	31.5	4.2	15.7	13.3
	DM_3 (190×140×90)	1	圆	15	25.4	3.4	16.4	14.1
		2	长方	27	19.0	3.2	16.0	13.6
	DM_4 (190×90×90)	1	圆	11	20.2	2.3	17.0	14.8
		2	长方	10	26.6	2.2	16.2	14.0
普通多孔砖	KP_1 (240×115×90)	1	圆	20	25.1	3.5	16.4	14.2
		2	长方	21	25.8	3.5	16.3	14.1
		3	长方	27	27.1	3.4	16.2	13.9

在砌筑时应注意：多孔砖的孔洞应垂直于受压面；灰缝应横平竖直，竖缝要刮浆适宜，不得出现透明缝；多孔砖墙不够整块时，剩余部位应用普通烧结砖来补砌，不得用砍过的多孔砖来填补；砖柱和宽度小于 1 m 的窗间墙应选用整砖砌筑，半砖应分散使用在受力较小的砌体中或墙心（见图 3.33）。

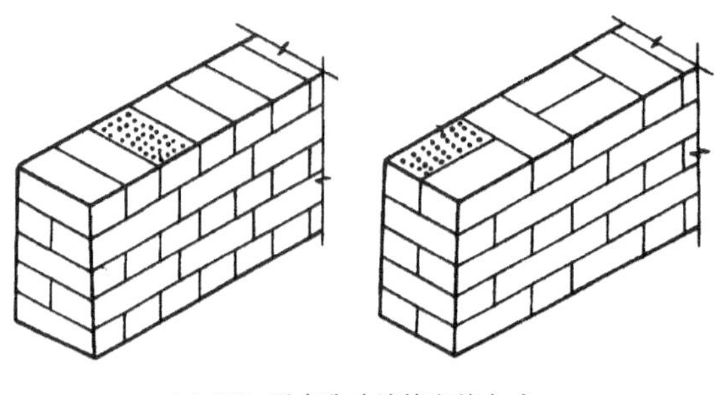

(a) KP_1 型多孔砖墙的砌筑方式

(b) DM 系列多孔砖墙的砌筑方式

图 3.33　多孔砖墙砌筑方式

3. 黏土多孔砖砌体的构造

1）基础

(1) 地面以下或室内防潮层以下的基础不得用多孔砖砌筑，应用实心砖或其他基础材料砌筑。

(2) 置于基础中的构造柱脚配筋与柱身纵筋相同。

2）墙身、柱

(1) 多孔砖砌体应分皮错缝搭砌。模数多孔砖上、下皮搭砌一般为 90 mm，个别不得小于 40 mm；KP_1 型多孔砖上、下皮搭砌一般为 115 mm，个别不得小于 53 mm。

(2) 砌体灰缝宽为 10 mm±2 mm。

(3) 承重的独立多孔砖柱，若用模数多孔砖砌筑，其截面尺寸应不小于 290 mm×390 mm；

若用 KP_1 型多孔砖砌筑，其截面尺寸应不小于 240 mm×365 mm。当梁搁置在多孔砖柱上时，梁垫应与柱截面大小相同。

(4) 多孔砖墙身可预留竖槽(不得临时手工凿打)，但不许留水平槽(经结构验算认可者除外)。

3) 构造柱

(1) 构造柱的最小截面，模数多孔砖的为 200 mm×200 mm，KP_1 型多孔砖的为 240 mm×180 mm。

(2) 墙与构造柱连接的马牙槎高，模数多孔砖的为 100 mm 或 200 mm，KP_1 型多孔砖的为 100 mm或 300 mm。

(3) 不得用构造柱代替跨度大于 6.6 m 进深梁的支撑柱，而应在该梁的支座处设置承重柱，并应对此组合墙体进行约束弯矩验算。

(4) 楼梯、电梯间的四角均应设置构造柱。

(5) 构造柱施工应按扎筋、砌墙、支模、浇注混凝土的顺序进行，与之连接的圈梁必须现浇。砌墙时应在各层柱底(圈梁上)和该层二次浇灌段的下端留出清除模板内杂物的洞口。浇灌前，必须将杂物清除完，并立即将洞口封闭。

4) 水平配筋、水平带

(1) 水平配筋、水平带沿层高宜均匀布置。

(2) 水平配筋、水平带宜交圈，可在门窗口处截断，无交圈需要时，钢筋应锚入构造柱内，无构造柱时应伸入与该墙段相交的墙体内 300 mm。

(3) 钢筋直径，水平配筋不大于 6 mm，砂浆带不大于 8 mm，混凝土带不大于 10 mm。

(4) 水平配筋应设在不小于 M5 的砂浆缝中。

(5) 砂浆配筋带应用不小于 M5 的砂浆砌筑。砂浆配筋带高度，模数多孔砖的为 40 mm，KP_1 型多孔砖的为 37 mm。

(6) 混凝土带高度：模数多孔砖 90 mm×40 mm；KP_1 型多孔砖 90 mm×37 mm。

(7) 除带高 37 mm 的水平带底部墙面砌 1 皮普通实心砖外，其他带高的底部应先铺 10 mm 厚砂浆层堵住多孔砖的洞眼。

5) 圈梁

(1) 圈梁兼作过梁时应按计算配筋。

(2) 采用板平圈梁时，必须采用留有锚固筋头的预应力混凝土空心板，预制楼板板端伸入板平圈梁不小于 45 mm，并应将板内主筋锚固在圈梁内，其长度不小于 120 mm。

(3) 采用板平圈梁时应采用硬架支模方法，施工顺序为砌墙、硬架支模、放置圈梁下部的钢筋、吊装楼板、放置圈梁上部的钢筋、浇捣混凝土。

(4) 圈梁宜连续地设在同一水平面上，并形成封闭状态，当圈梁被门窗洞口截断时，应在洞口上部增设相同截面的附加圈梁。附加圈梁与圈梁的搭接长度应不小于其垂直间距的 2 倍，且不小于 1 m。

3.4.2 砌块墙构造

砌块墙是指利用在预制厂生产的块材所砌筑的墙体，其优点是利用素混凝土、工业废料或地方材料(如混凝土、加气混凝土、各种工业废料、粉煤灰、煤矸石、石碴等)制作，生产方便，施工简单，节约能源，具有较大的灵活性。

1. 砌块的类型

砌块按质量及块体大小可分为小型砌块、中型砌块、大型砌块。大型砌块高度大于980 mm，单块质量超过350 kg；中型砌块高度为 380～980 mm，单块质量为20～350 kg；小型砌块高度为115～380 mm，单块质量不超过 20 kg。大中型砌块由于体积和质量较大，不便于人工搬运，必须采用起重设备施工，因此我国目前采用的砌块多为小型和中型的。小型砌块外形尺寸为 190 mm× 190 mm× 390 mm，辅助块尺寸为 90 mm× 190 mm× 190 mm 和 190 mm× 190 mm×190 mm。中型砌块各地尺寸不统一，但常见的空心砌块尺寸（厚×长×宽）为 180 mm×630 mm×845 mm、180 mm×1 280 mm×845 mm、180 mm×2 130 mm×845 mm，实心砌块的尺寸（厚×长×宽）为240 mm×280 mm×380 mm、240 mm×430 mm×380 mm、240 mm×580 mm×380 mm、240 mm×880 mm×380 mm。

砌块按形式分为实心砌块和空心砌块，空心砌块有单排方孔、单排圆孔和多排扁孔三种形式（见图 3.34）。

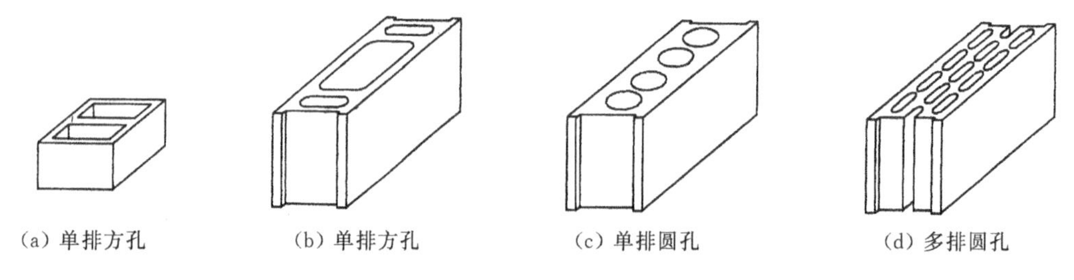

图 3.34　空心砌块的形式

2. 砌块的组合与墙体构造

为使砌块墙合理组合并搭接牢固，须按建筑物的平面尺寸、层高对墙体进行合理的分块和搭接，以便正确选定砌块的规格、尺寸。在设计时，砌块应整齐划一、有规律性，不仅要考虑到大面积墙面的错缝、搭接，避免通缝，而且还要考虑内、外墙的交接、咬砌，使其排列有致，并应尽量使用主要砌块，一般应占砌块总数的 70%以上。

1）砌块墙面的划分与砌块的排列

(1) 砌块墙面的划分原则。排列应力求整齐、有规律性，既考虑建筑物的立面要求，又考虑建筑施工的方便。保证纵横墙搭接牢固，以提高墙体的整体性；砌块上、下搭接至少上层盖住下层砌块 1/4 长度。若为对缝须另加铁器，以保证墙体的强度和刚度。尽可能少镶砖，必须镶砖时，则尽可能分散、对称。为了充分利用吊装设备，应尽可能使用最大规格砌块，减少砌块的种类，并使每块重量尽量接近，以便减少吊次，加快施工进度。

(2) 墙面砌块的排列。常见的排列方式多依起重能力而定。小型砌块多为人工砌筑，当起重能力在 0.5 t 以下时，可采用中型砌块的多皮划分（见图 3.35(a)），即由多皮“墙砌块”和 1 皮“过梁块”组成；当起重能力在 1.5 t 左右时，可采用 4 皮划分（见图 3.35(b)），即由 3 皮“窗间墙块”1 皮“过梁块”和“窗台块”组成。这类划分方式，在立面上比较零碎，但由于各种砌块的大小较均匀，可以提高起重设备的工作效率。

2）砌块墙的构造

与砖墙一样，为增强砌块墙墙体的整体性与稳定性，必须对其从构造上予以加强。

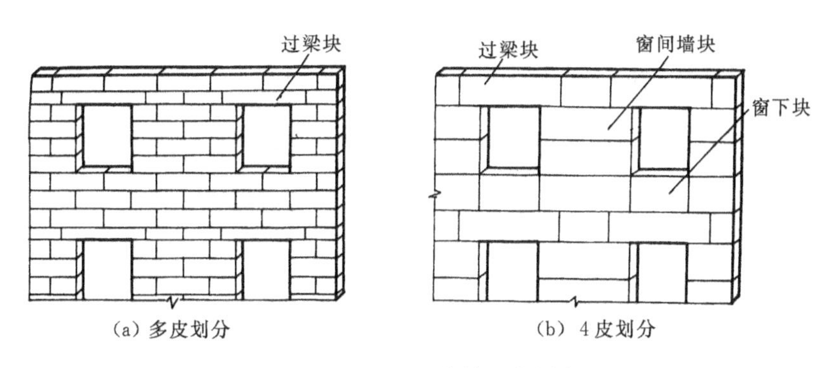

图 3.35　中型砌块墙面的划分

(1) 砌块墙的拼接。砌块的体积比砖块大很多，故墙体接缝显得更重要。在中型砌块的两端一般设有封闭式的灌浆槽，在砌筑、安装时，竖缝必须填灌密实，水平缝砌筑饱满，使上、下、左、右砌块能更好地黏结。一般砌块采用 M5 级砂浆砌筑，水平灰缝、垂直灰缝一般为 15～20 mm。当垂直灰缝大于 30 mm 时，须用 C20 细石混凝土灌实。在砌筑过程中出现局部不齐或缺少某些特殊规格砌块时，为减少砌块类型，常以普通黏土砖填嵌。

中型砌块砌体的错缝搭接，上、下皮砌块的搭缝长度不小于 150 mm。当搭缝长度不足时，应在水平灰缝内增设 2ϕ4 的钢筋网片(见图 3.36)。

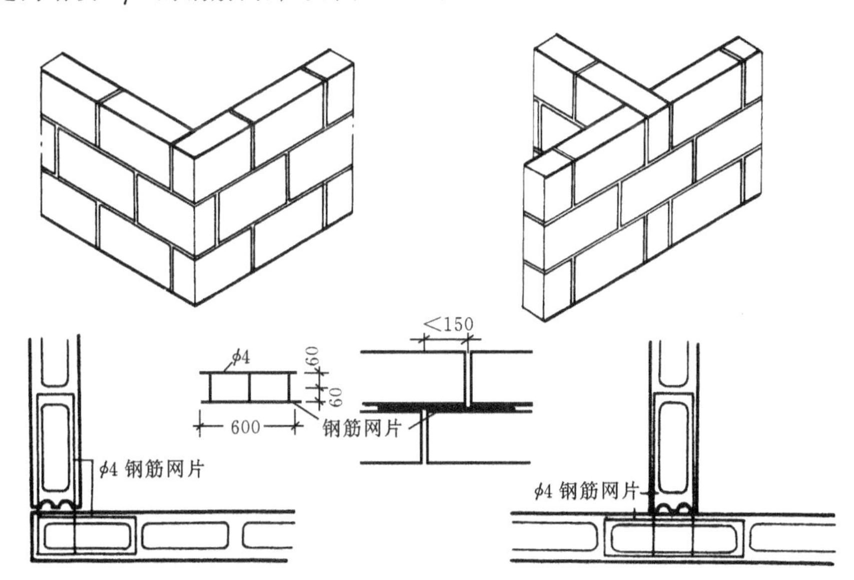

图 3.36　砌块墙的构造

当砌块墙体在室内地坪以下、室外明沟或散水以上的砌体内时，应设置水平防潮层。一般采用防水砂浆或配筋混凝土。同时，应用水泥砂浆做勒脚抹面。

(2) 过梁与圈梁。过梁是砌块墙的重要构件，它既起连系梁和承受门窗洞孔上部荷载的作用，同时又是一种调节砌块。当层高与砌块高出现差异时，过梁高度的变化可起调节作用，从而使得砌块的通用性更大。当圈梁与过梁位置接近时，往往把圈梁和过梁一并考虑。

圈梁有现浇和预制两种。现浇圈梁整体性强，对加固墙身较为有利，但施工支模较麻烦。故不少地区采用 U 形预制砌块，代替模板，然后在凹槽内配置钢筋，并现浇混凝土(见图 3.37)。

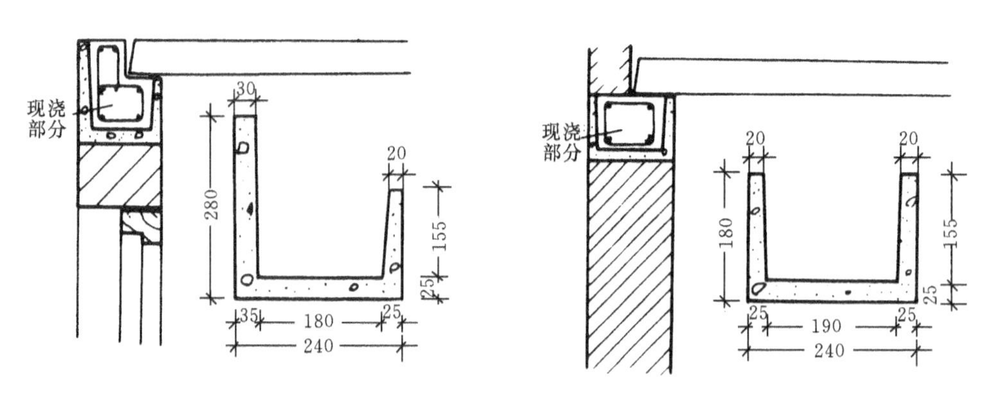

图 3.37　砌块现浇圈梁

预制过梁之间一般用电焊连接，以提高其整体性(见图 3.38)。

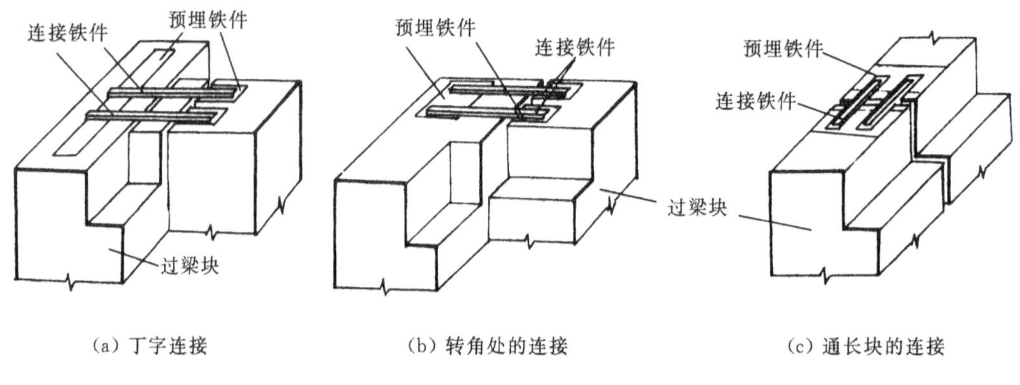

(a) 丁字连接　　(b) 转角处的连接　　(c) 通长块的连接

图 3.38　过梁之间的连接

(3) 设构造柱。为加强砌块建筑的整体刚度，常于外墙转角和必要的内、外墙交接处设置构造柱。构造柱多利用空心砌块将其上、下孔洞对齐，于孔中配置 $\phi10 \sim \phi12$ 钢筋分层插入，并用 C20 细石混凝土分层填实(见图 3.39)。构造柱与圈梁、基础须有较好的连接，这对抗震加固也十分有利。

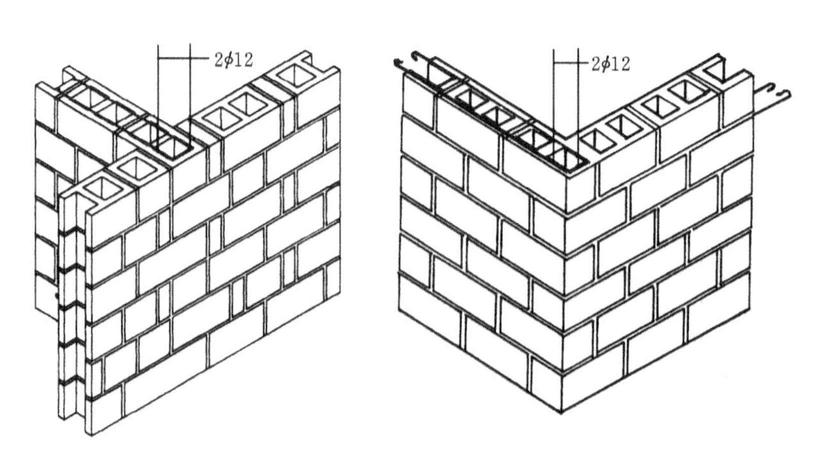

图 3.39　砌块墙构造柱

3.5 墙面装修

3.5.1 墙面装修的作用

1. 保护作用

墙体材料存在大量微小孔隙，施工也会留下许多孔隙，致使墙体吸水性增大，在雨水的长期作用下，墙体强度会降低，潮湿还会加速墙体表面的风化。建筑上通过抹灰、油漆等墙面装修进行处理，不仅可以提高构件、建筑物对外界(如水、火、酸、碱、氧化、风化等)各种不利因素的抵抗能力，还可以保护建筑构件不直接受到外力的磨损、碰撞和破坏，提高结构构件的耐久性，延长其使用年限。

2. 改善环境条件，满足房屋的使用功能要求

墙体中的孔隙不仅影响墙身的耐久性，而且会增加墙体的透气性，这对墙体的热工性和耐热性都不利；粗糙的墙面不仅难以清理，还会降低墙面反光能力，对室内采光不利。对建筑物表面装修，不仅可以改善室内外清洁、卫生条件，而且能增强建筑物的采光、保温、隔热、隔声性能。砖砌体抹灰后不仅能提高建筑物室内及环境照度，而且能防止冬天砖缝可能引起的空气渗透；内墙抹灰在一定程度上可调节室内温度，当室内温度较高时，抹灰层吸收空气中的一部分水蒸气，使墙面不致出现冷凝水，而空气过于干燥时，抹灰层能放出一部分水分，使室内保持较为舒适的环境；有一定厚度和重量的抹灰还能提高隔墙的隔声能力，有噪声的房间，通过墙面吸声，可以控制噪声。因此，墙面装修对满足房屋的使用要求有重要的功能作用。

3. 美观作用

一幢建筑的艺术效果，主要取决于建筑师对空间、体型、比例、尺度、颜色等设计手法的正确使用。装修不仅具有使用功能和保护作用，还有美化和装饰作用。建筑师可以根据室内外空间环境的特点，通过巧妙组合，正确、合理运用建筑线形以及不同饰面材料的质地和色彩给人以不同的感受，创造出优美、和谐、统一、丰富的空间环境，以满足人们在精神方面对美的要求。

3.5.2 饰面装修的基层

饰面装修是在结构主体完成之后进行的，装修面层是依附于结构物的。凡附着或支托饰面层的结构构件或骨架均视为饰面装修的基层，如内外墙体、楼地板、吊顶骨架等。

1. 基层处理原则

(1) 基层应有足够强度和刚度。为了保证饰面不至于开裂、起壳、脱落，基层须具有足够强度。地面基层强度要求不得小于 10～15 N/m^2；否则，难以保证饰面层不开裂。只有足够强度没有足够刚度也是不行的，如楼板尽管强度足够，若刚度差，变形大，也同样难以保证饰面层特别是整体面层如水磨石饰面不开裂。通常情况下，饰面层因重量不大，基层强度和刚度大都能满足要求。

(2) 基层表面必须平整。饰面层平整均匀是美观的必要条件，而基层表面的平整均匀又是使饰面层达到平整均匀的重要前提。饰面主要部位的基层如内外墙体、楼地板、吊顶骨架等，在

砌建筑、安装时必须平整。

(3) 确保饰面层附着牢固。饰面层附着于基层表面，应牢固可靠，构造方法不妥、面层与基层材料性能差异过大、黏结材料选择不当等因素会造成饰面层开裂、起壳、脱落现象。如混凝土表面抹石灰砂浆，会因材料差异大而导致面层开裂、起壳；大理石板用于地面可以直接铺贴，而用于墙面时则须做挂钩处理，否则会因重力而下落。因此应根据不同部位和不同性质的饰面材料采用不同材料的基层和相应的构造连接措施，如粘、钉、抹、涂、贴、挂等使其饰面层附着牢固。这在对垂直墙面和水平顶棚做饰面层时尤为重要。

2. 基层类型及要求

饰面装修基层可分为实体基层和骨架基层两类。

(1) 实体基层。实体基层是指用砖、石等材料组砌或用混凝土现浇或预制的墙体，以及预制或现浇的各种钢筋混凝土楼板等。这种基层强度高、刚度好，其表面可以做任何一种饰面。为确保实体基层的饰面层平整均匀、附着牢固，施工时还应对各种材料的基层作如下处理。

砖、石基层主要用于墙体，因砖、石表面粗糙，加之凹进墙面的缝隙较多，故黏结力强。做饰面前须清理基层，除去浮灰，必要时用水冲刷。

混凝土及钢筋混凝土基层主要指预制或现浇墙体和楼板。由于这些构件是由混凝土浇筑成形的，为脱模方便，其表面均加机油之类脱模剂，加上钢模板的广泛采用，构件表面光滑平整。为使饰面层附着牢固，施工时需除掉脱模剂，还需将表面打毛，用水冲去浮尘；为保证平整，无论是预制安装或现场浇注，墙体必须垂直，楼板必须水平。

(2) 骨架基层。骨架隔墙、架空木地板、各种形式吊顶的基层属于这一类型。

骨架基层由于材料不同，有木骨架基层和金属骨架基层之分。构成骨架基层中的骨架通常称为龙骨(在墙中也称为墙筋，在吊顶中也称为天棚顶)。木龙骨多为枋木，金属龙骨多为型钢或薄壁型钢、铝合金型材等，龙骨中距视面层材料而定，一般不大于600 mm。骨架表面一般不用大理石等较重的材料做饰面层。

在基层面上起美观保护作用的覆盖层为饰面层。饰面层包括构成饰面的各种构造，如抹 灰饰面不仅包括面灰，且包括中灰和底灰，如为板材饰面，饰面层就是板材本身。通常把饰面层最表面的材料作为饰面种类的名称，如面层材料为水泥砂浆则饰面为水泥砂浆面。

建筑物主要装修部位有内墙面、地面及顶棚三大部分。各部分饰面种类很多，均附着于结构基层表面起美观保护作用。这里只介绍一般民用建筑普通饰面装修。

3.5.3 墙面装修构造

墙体是建筑物主要饰面部位之一，墙体表面的饰面装修因其位置不同分为外墙面装修和内墙面装修两大类型。又因其饰面材料和做法不同，外墙面装修可分为抹灰类、贴面类、涂料类，内墙面装修可分为抹灰类、贴面类、涂料类和裱糊类。

1. 抹灰类墙面装修饰面

抹灰是用砂浆涂抹在房屋结构表面上的一种装修工程，也称“粉饰”或“粉刷”。

1) 抹灰的组成

为保证抹灰质量，做到表面平整、黏结牢固、颜色均匀、不开裂，施工时须分层操作。抹灰一般分三层，即底灰(层)、中灰(层)、面灰(层)(见图3.40)。

底灰主要起与基层黏结和初步找平作用，故又称找平层或打底层，施工中又称刮糙。当墙

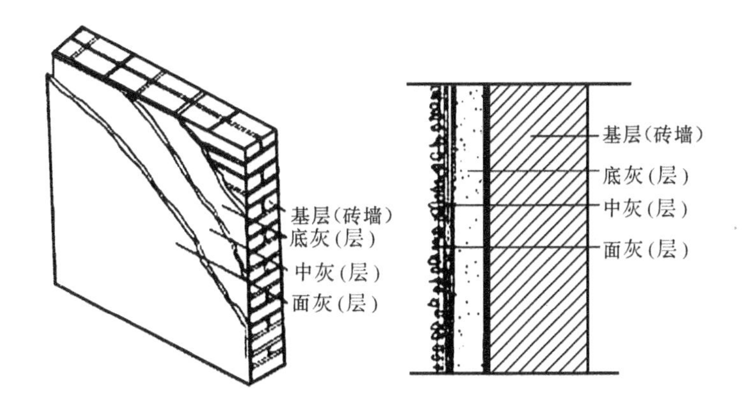

图3.40　抹灰的组成

体基层为砖、石时，可采用水泥砂浆、石灰砂浆或混合砂浆打底；当基层为骨架板条基层时，应采用石灰砂浆作底灰，并在砂浆中掺入适量麻刀(纸筋)或其他纤维，施工时将底灰挤入板条缝隙，以加强拉结，避免开裂、脱落。

中灰主要起进一步找平作用，材料基本与底层相同。面灰又称罩面，主要起装饰美观作用，要求平整、均匀、无裂痕。面层不包括在面层上的刷浆、喷浆或涂料。

抹灰按质量要求和主要工序划分为三种标准。

普通抹灰：一层底灰，一层面灰，总厚度不大于18 mm。

中级抹灰：一层底灰，一层中灰，一层面灰，总厚度不大于20 mm。

高级抹灰：一层底灰，数层中灰，一层面灰，总厚度不大于25 mm。

高级抹灰适用于公共建筑、纪念性建筑，如剧院、宾馆、展览馆等；中级抹灰适用于住宅、办公楼、学校、旅馆以及高标准建筑物中的附属房间；普通抹灰适用于简易宿舍、仓库等。

2) 常用抹灰种类、做法和应用

抹灰按照面层材料及做法分为一般抹灰和装饰抹灰。

一般抹灰常用的有石灰砂浆抹灰、水泥砂浆抹灰、混合砂浆抹灰、纸筋石灰浆抹灰、麻刀石灰浆抹灰。

装饰抹灰常用的有水刷石面、水磨石面、斩假石面、干粘石面、喷涂面等。

抹灰饰面均以石灰、水泥等为胶结材料，掺入砂、石骨料，用水拌和后，采用抹(一般抹灰)、刷、斩、粘等(装饰抹灰)不同方法施工，是现场湿作业。常用抹灰类饰面的做法及选用见表3.6。

3) 抹灰常用的颜料

在抹灰饰面中，为增加装饰效果，常需在砂浆中掺入颜料，配制成彩色砂浆。颜料的选择应根据颜料的性能、砂浆的品种、建筑物的使用部位和设计要求而定。当建筑物处于受酸侵蚀的环境时，应选用耐酸性好的颜料；受日光曝晒的部位，应选用耐光性好的颜料；若砂浆的碱性强，应选用耐碱性好的颜料。

颜料分为有机颜料和无机颜料两大类。无机颜料为天然的或合成的无机物，多为矿物颜料，其特点是遮盖力强，密度大，耐热和耐光性好，但颜色不够鲜艳。有机颜料为天然的或合成的有机物，特点是颜色鲜明，透明度和着色力良好，但耐热性、耐光性差，强度不高。

(1) 红色，常用的有氧化铁红和甲苯胺红，氧化铁红的主要成分为三氧化二铁(Fe_2O_3)，甲苯胺红是人造的红色粉末状有机颜料。

表 3.6 常用抹灰做法及选用表

部位	做法说明	厚度/mm	适用范围	备注
内墙面	纸筋石灰浆面 底:1∶2 石灰砂浆加麻刀 15% 中:1∶3 石灰砂浆加麻刀 15% 面:纸筋浆石灰浆加纸筋 6% 喷石灰浆或色浆	 8 8 2	用于一般居住及公共建筑的砖、石基层墙面	普通抹灰将底层和中层合并,厚 12 mm
	水泥砂浆面 底:1∶3 水泥砂浆 中:1∶3 水泥砂浆 面:1∶2.5 水泥砂浆 喷石灰浆或色浆	 7 5 3	用于易受碰撞或受潮的地方,如厕所、厨房墙裙、踢脚线等	—
	混合砂浆面 底:1∶0.3∶3 水泥石灰砂浆 中:1∶0.3∶3 水泥石灰砂浆 面:1∶0.3∶3 水泥石灰砂浆 喷石灰浆或色浆	9 6 5	砖石基层墙面	—
外墙面	水泥砂浆面 底:1∶0.8∶5 水泥石灰砂浆 面:1∶3 水泥砂浆	 10 5	同上	—
	水刷石面 底:1∶3 水泥砂浆 中:1∶3 水泥砂浆 面:1∶2 水泥白石子用水刷洗	 7 5 10	同上	用中 8 厘石子,当用小 8 厘石子时比例为1∶1.5,厚 8 mm
	干粘石面 底:1∶3 水泥砂浆 中:1∶3 水泥砂浆 面:刮水泥浆,干粘石压平实	 10 7 1	同上	石子粒径 3～5 mm,做中层时按设计分格
	斩假石面 底:1∶3 水泥砂浆 中:1∶3 水泥砂浆 面:1∶2 水泥白石子用斧斩	 7 5 12	主要用于外墙局部如门套、勒脚等装修	—

(2) 绿色,常用的有氧化铬绿无机颜料,颜色从浅绿至深绿,其主要成分为三氧化二铬(Cr_2O_3)。

(3) 黄色,常用的无机颜料有氧化铁黄和铬黄两种,有机颜料有沙黄。氧化铁黄的主要成分为三氧化二铁($Fe_2O_3 \cdot xH_2O$),氧化铁黄颜色不鲜艳但耐光、耐碱,价格较低。铬黄($PbCrO_4$)有较好的着色力,但有毒且耐光性较差。

(4) 蓝色,常用的无机颜料有群青、氧化铁蓝,有机颜料有酞青蓝、钴蓝。

(5) 黑色,有氧化铁黑、炭黑、松黑,这些均为无机颜料。某些颜料还可配合成其他颜色,如氧化铁棕黑为氧化铁红和氧化铁黑的混合物颜料。

2. 涂料类墙面装修饰面

涂料饰面是在木基层表面或抹灰饰面的底灰、中灰及面灰上喷、刷涂料涂层的装修饰面，许多木结构古建筑物能保存至今，涂料起了重要的作用。早期涂料的主要原料是天然油脂和天然树脂，如亚麻仁油、桐油、松香和生漆等。石油化工和有机合成工业的发展，为涂料提供了新的原料来源，许多涂料不再使用油脂，主要使用合成树脂及其乳液、无机硅酸盐和硅溶胶。涂料饰面靠一层很薄的涂层起保护和装饰作用，并根据需要可以配成各种颜色。有关资料表明，外用乳液涂料使用年限4～7年，厚质涂料（涂层厚1～2 mm）使用年限可达10年。涂料饰面施工简单、省工省料、工期短、效率高、自重轻、维修更新方便，故在饰面装修工程中得到了较为广泛的应用。

建筑涂料的种类很多，按成膜物质可分为无机涂料和有机涂料；按建筑涂料的分散介质，可分为溶剂型涂料、水溶性涂料和水乳型涂料（乳液型）；按建筑涂料的功能，可分为装饰涂料、防火涂料、防水涂料、防腐涂料、防霉涂料、防结露涂料等；按涂料的厚度和质感，可分为薄质涂料、厚质涂料、复层涂料等。

1）无机涂料

常用的无机涂料包括石灰浆涂料、大白浆涂料（又称胶白）等。近年来无机高分子涂料也在不断发展，它具有资源丰富、黏结力强、经久耐用、遮盖力强等特点，常见的有JH80-1型、JH80-2型无机高分子涂料。

2）有机涂料

有机合成涂料依其主要成膜物质和稀释剂的不同可分为溶剂型涂料、水溶性涂料和乳胶涂料三种类型。

常见的溶剂型涂料有苯乙烯内墙涂料、聚乙烯醇缩丁醛内外墙涂料、过氯乙烯内墙涂料、812建筑涂料等。

常见的水溶性涂料有聚乙烯水玻璃内墙涂料（又称106内墙涂料）、聚合物水泥砂浆饰面涂层、改性水玻璃内墙涂料、JGY821内墙涂料、SI-803内墙涂料、107内墙涂料、801内墙涂料以及聚合水泥色浆涂料等。

乳胶涂料又称乳胶漆，常用做内墙涂料，常见的有乙-丙乳胶涂料、苯-丙乳胶涂料等。

此外，利用合成树脂乳液为黏结剂，加入填料、颜料以及骨料等配制而成的彩色胶砂涂料，是近年来发展的一种外墙饰面材料，用于取代水刷石、干粘石之类的装修。

墙面涂料装修多以抹灰为基层，在其表面进行涂饰。内墙基层有纸筋灰粉面和混合砂浆抹面两种，外墙基层主要是混合砂浆抹面和水泥砂浆抹面两种。涂料涂饰分为粉刷和喷涂两类。

3. 贴面类墙面装修饰面

贴面类装修饰面主要指采用各种人造板和天然石板粘贴于墙面的一种装修饰面，这类饰面有耐久性强、施工方便、工期短、质量高且装饰效果好的特点。常见的贴面材料有陶瓷砖、陶瓷锦砖及玻璃锦砖（锦砖又称马赛克）等制品，水刷石、水磨石等预制板以及花岗岩、大理石等天然石板。

1）面砖饰面

面砖多数以陶土或瓷土为原料，压制成形后经焙烧而成。由于面砖不仅可用于墙面装饰也可以用于地面，所以称为墙地砖。常见的面砖有釉面砖、无釉面砖、仿花岗岩瓷砖、劈裂砖等。

无釉面砖俗称外墙面砖，主要用于高级建筑外墙面装修，具有质地坚硬、强度高、吸水率低

(4%)等特点。釉面砖具有表面光滑，容易擦洗，美观耐用，吸水率低等特点。釉面砖除白色和彩色外，还有图案砖、印花砖以及各种装饰釉面砖等。釉面砖主要用于高级建筑内外墙面以及厨房、卫生间的墙裙贴面。

面砖规格、颜色、品种繁多，根据需要可按厂家产品目录选用。常用的有150 mm×150 mm、75 mm×150 mm、113 mm×77 mm、145 mm×113 mm、233 mm×113 mm、265 mm×113 mm等几种规格，厚度为5～17 mm(陶土无釉面砖较厚，为13～17 mm；瓷土釉面砖较薄，为5～7 mm)。

面砖安装前先将表面清洗干净，然后将面砖放入水中浸泡，贴前取出晾干。面砖安装时用1∶3水泥砂浆打底并划毛，后用1∶0.3∶3水泥石灰砂浆或用掺有107胶(水泥用量5%～10%)的1∶2.5水泥砂浆满刮于面砖背面，其厚度不小于10 mm，然后将面砖贴于墙上，轻轻敲实，使其与底灰粘牢。一般面砖背面有凹凸纹路，更有利于面砖粘贴牢固。对贴于外墙的面砖常在面砖之间留出一定的缝隙，以利将其排除。而内墙面为便于擦洗和防水则要求安装紧密、不留缝隙。面砖如被污染，可用浓度为10%的盐酸洗刷，并用清水洗净。

2）玻璃马赛克饰面

玻璃马赛克是以玻璃为主要原料，加入二氧化硅，经高温、熔化发泡后机压成形为边长20 mm、厚4 mm的小方块，其背面处理呈凹形，带有棱角线，四周呈斜角，镶贴的夹缝呈楔形(见图3.41)，故能与基层很好黏结。

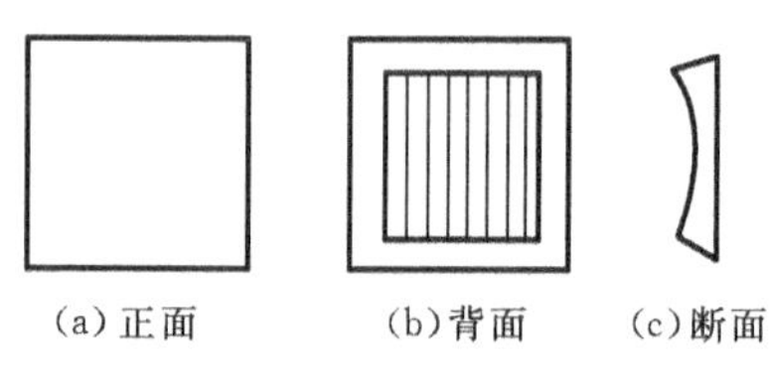

图3.41 玻璃马赛克示意图

玻璃马赛克尺寸较小，为了便于粘贴，出厂前已按各种图案反贴在标准尺寸325 mm×325 mm的牛皮纸上。施工时将纸面向外，覆盖在砂浆上，不待砂浆干固，用水洗去牛皮纸，校正缝隙，并用水泥砂浆擦缝(贴在牛皮纸上时已留下缝隙)。

玻璃马赛克质地坚硬、不吸灰、不退色，颜色华丽、雅典、柔和，花色品种繁多，-40～160 ℃急热骤冷均不炸裂、不变形，材料来源广，价格较陶瓷锦砖便宜。在民用建筑外墙饰面中得到较为广泛采用。玻璃马赛克边沿棱角尖锐，不宜用做地面装饰。

3）天然石材、人造石材饰面

用于墙面装修的天然石材常见的有大理石板和花岗岩板。大理石主要用于室内，花岗岩主要用于室外，它们均属高级装修饰面。

大理石板和花岗岩板有方形和矩形两种，常见的尺寸为600 mm×600 mm、600 mm×800 mm、800 mm×1 000 mm，厚为20 mm。

石板贴面采用挂贴的构造，即先在墙面或柱面上设置钢筋网，然后将石板用铜丝或镀锌铅丝穿过事先钻好的孔眼绑扎在钢筋网上。绑扎铜丝的水平钢筋，其位置与石板高度尺寸一致。当石板就位并靠木楔校正后，便绑扎牢固，再用石膏做临时固定。最后在石板与墙或柱间浇注1∶2.5水泥砂浆，厚30 mm左右(见图3.42)。待砂浆初凝后，将石膏敲掉，并继续粘贴上层石板。

常见的人造石板有人造大理石板、预制水磨石板等，其构造要求和安装程度与天然石板相同。

4. 清水砖墙装修饰面

凡在墙体外表面不做任何外加饰面的墙体称为清水墙；反之，称为浑水墙。

为防止灰缝不饱满而可能引起的空气渗透和雨水渗入，须对砖缝进行勾缝处理。一般用

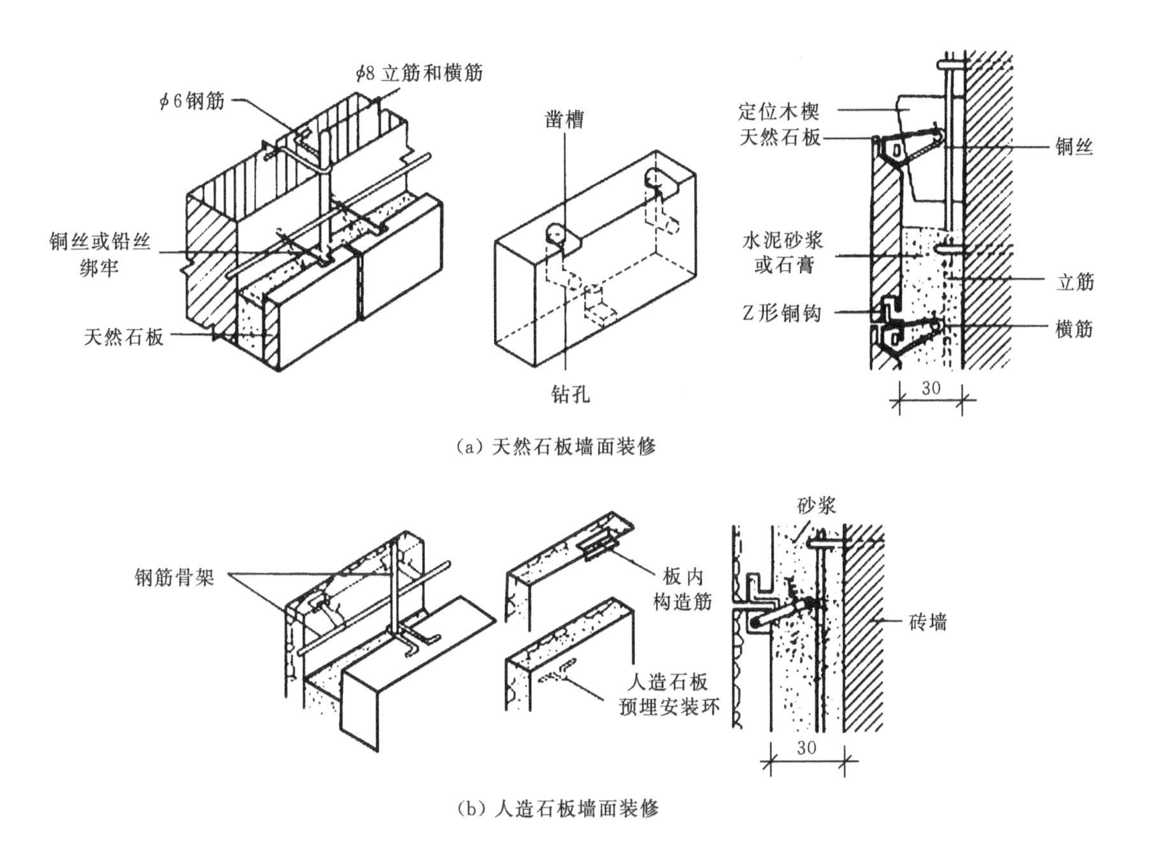

(a) 天然石板墙面装修

(b) 人造石板墙面装修

图 3.42　石板墙面装饰构造

1∶1水泥砂浆勾缝，也可在砌墙时用砌筑砂浆勾缝，称为原浆勾缝。勾缝形式有平缝、平凹缝、斜缝、弧形缝等(见图 3.43)。

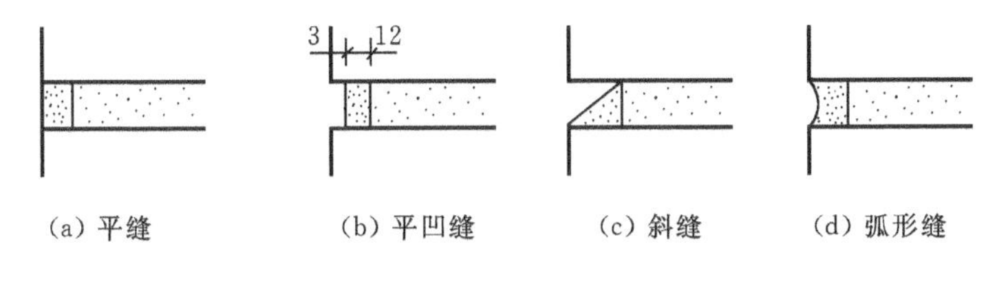

(a) 平缝　(b) 平凹缝　(c) 斜缝　(d) 弧形缝

图 3.43　勾缝形式

目前，清水砖材料多为红色，颜色较单调，可以用刷透明色的办法改变色调。做法是用红、黄两种颜料如氧化铁红，氧化铁黄等配成偏红或偏黄的颜色，再加上颜料重量 5%的聚醋酸乙烯乳液，用水调成浆刷在砖面上，可给人以面砖的错觉。如能与其他饰面相互配合、衬托，能取得较好的装饰效果。

清水砖墙砖缝多，其面积约占墙面的 1/6，改变勾缝砂浆的颜色能有效地影响整个墙面色调的明暗度。如用白水泥勾白缝或水泥掺颜料勾成深色或其他颜色的缝，由于砖缝颜色突出，整个墙面质感效果将有一些变化。

为取得清水砖墙质感变化，可以在砖墙组砌上下工夫，如多采用一顺一丁砌法可以增强横线条；在结构受力允许条件下，改平砌为斗砌、立砌可以改变砖的尺度感；采用将个别砖成点成条突出墙面几厘米的拨砌方式，可以形成不同质感和线形。在进行上述做法时，要求大面积墙

面平整规矩，并须严格砌筑质量。

大面积红砖墙要想取得很好效果，还可在立面处理上做一些变化。如一个墙面可以保留大部分清水墙面，局部做浑水（抹灰）能取得立面颜色和质感的变化，北京较多的住宅采用窗间墙下做清水或浑水就是例证。

5. 裱糊类墙面装修饰面

裱糊类装修饰面是将各种装饰性的墙纸、墙布、织锦等卷材类的装饰材料裱糊在墙面上的一种装修饰面。目前国内使用最广的有塑料墙纸、玻璃纤维花纹布等。

1) PVC（聚氯乙烯）塑料墙纸

塑料墙纸又称壁纸，是最流行的室内墙面装修材料之一。它具有颜色艳丽、图案雅致、美观大方等艺术特征，在使用上还具有不怕水、抗油污、耐擦洗、易清洁等优点。

塑料墙纸由面层和衬底层所组成，面层和底层可以剥离。面层以聚氯乙烯塑料薄膜或发泡塑料为原料，经配色、喷花等工序与衬底复合制成。发泡工艺又有低发泡和高发泡之分，形成浮雕型，其表面丰满厚实、花纹起伏凹凸、立体感强，且富有弹性，装饰效果显得高雅豪华。而普通塑料面层亦显图案清新、花纹美观、颜色丰富，其装饰效果亦佳。

墙纸的衬底层大体分纸底与布底两类，纸底成形简单，价格低廉，但抗拉性能较差；布底则具有较好的抗拉能力，较适宜于可能出现微小裂隙的基层上，在受到撞击时不易破损，经久耐用，较适合于高级宾馆客房及走廊等公共场所，但其价格较高。

2) 纺织物面墙纸与墙布

常用的纺织物类墙纸有复合墙纸和无衬底的玻璃纤维墙布。

复合墙纸系采用多种动、植物纤维以及人造纤维等作为织物面料复合于纸质衬底上制成，质感细腻、庄重美观，多用做高级房间装修。

玻璃纤维墙布是以玻璃纤维织物为基材，经印花而成一种装饰材料。由于纤维织物的布纹感强，经套色后的花纹装饰效果好，成形工艺简单，且具有耐水、防火性好，抗拉力强，可以擦洗和价格低廉等优点，故应用较广。其缺点是易泛色，特别当基层颜色较深时，更容易显露出来，同时，由于玻璃纤维本身是碱性材料，使用日久即呈黄色。

墙纸的裱贴主要是在抹灰基层上进行的。因而要求基底平整、致密干燥，对不平的基层需用腻子刮平。墙纸一般采用107胶与羧甲基纤维素配制的黏结剂来粘贴。加纤维素的作用，一是使胶具有保水性；二是便于涂刷。亦有采用8504和8505粉末墙纸胶的。而粘贴玻璃纤维布可采用801墙布黏合剂。它属于醋酸乙烯树脂类黏合剂，是配套专用产品。在粘贴具有对花要求的墙纸时，在裁剪尺寸上，其长度需放出100～150 mm，以适应对花粘贴的需要。

6. 特殊部位的墙面装修

在内墙抹灰中，对易受到碰撞，如门厅、走道的墙面和有防潮、防水要求如厨房、浴厕的墙面，为保护墙身，应做成护墙墙裙（见图3.44）。对内墙阳角、门洞转角等处则做成护角（见图3.45）。

墙裙和护角高度2 m左右，根据要求护角也可用其他材料如木材制作。

在内墙面和楼地面交接处，为了遮盖地面与墙面的接缝、保护墙身以及防止擦洗地面时弄脏墙面做成踢脚线。其材料与楼地面相同，常见做法有三种，即与墙面粉刷相平、凸出、凹进（见图3.46），踢脚线高120～150 mm。

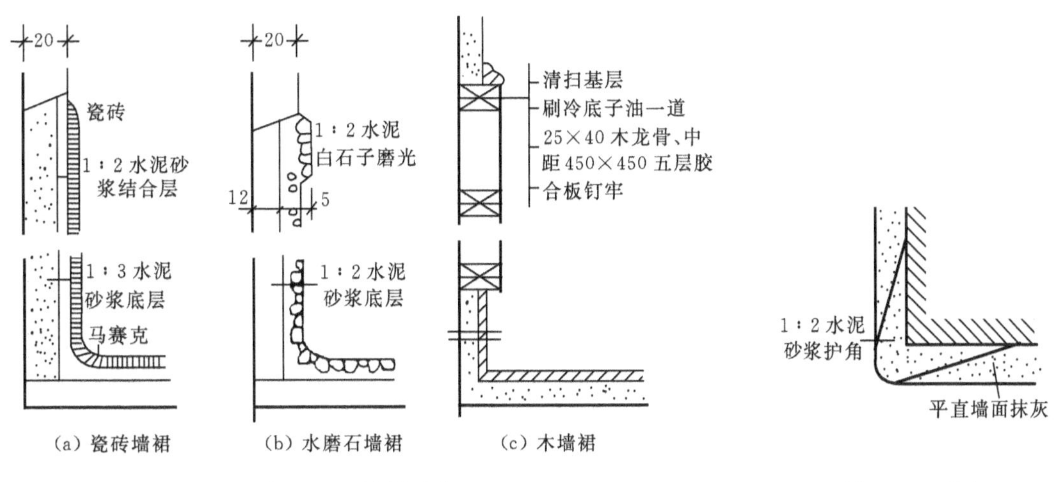

图3.44　墙裙形式　　图3.45　护角

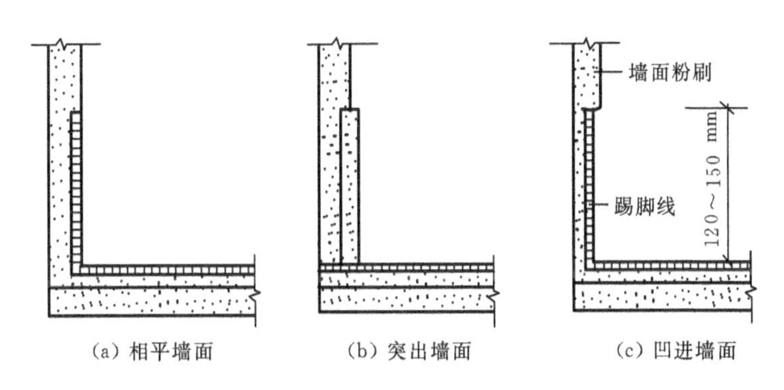

图3.46　踢脚线形式

为了增加室内美观，在内墙面和顶棚交接处，做成各种外装饰线(见图3.47)。

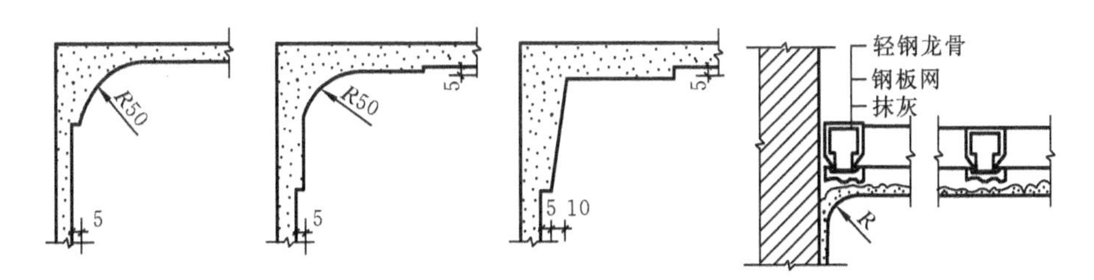

图3.47　装饰凹线

在外墙面抹灰中，为施工接茬、比例划分和适应抹灰层胀缩以及日后维修更新的需要，抹灰前，事先按设计嵌木条分格，做成引条(见图3.48)。

木引条先用水泥砂浆固定、后抹灰，施工完毕及时取下引条，形成所需要的凹线，如能在凹线内涂上一定颜色，更能增添装饰效果，引条宽约30 mm。

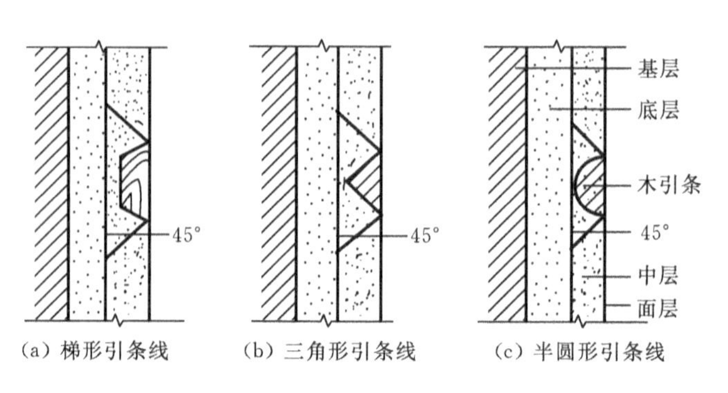

图 3.48　外墙抹灰面的引条线做法

小结

1. 墙是建筑物空间的垂直分隔构件，起着承重和围护作用。它依受力性质的不同有承重墙和非承重墙之分；依所组成材料的不同有砖墙、石墙、土墙、混凝土墙以及砌块墙之分。墙体必须满足结构、保温、隔热、隔声、防火以及适应工业化生产的要求。

2. 墙体是以砂浆为胶结料，按一定规律将砖块或砌块进行有机组合的砌体，其主要材料是砖(或砌块)和砂浆。

墙体的细部构造重点在门窗过梁、窗台、勒脚、明沟与散水、变形缝、墙身的加固等部分。

3. 隔墙一般是指分隔房间的非承重墙，常见的有块材隔墙、骨架隔墙和板材隔墙等。

4. 墙面装修是保护墙体、改善墙体使用功能、增加建筑物美观的一种有效措施。依部位的不同可分为外墙装修和内墙装修两类，依施工方式的不同，又可分为抹灰类、贴面类、涂刷类、裱糊类和铺钉类等。

1. 墙体依其所处位置的不同、受力不同、用材不同以及施工方式的不同，可分为哪几种类型？

2. 墙体在设计上有哪些要求，为什么要提这些要求？

3. 砖混结构一般有哪几种结构布置方案？各有何特点？

4. 标准砖的尺寸与我国现行的《统一模数制》为什么不协调？

5. 常用空心砖有哪几种类型？

6. 常见的砖墙组砌方式有哪些？

7. 常见的过梁有几种？各有何特点？

8. 窗台构造中应考虑些什么问题？构造做法有几种？

9. 勒脚的处理方式有哪些？

10. 墙身水平防潮层有哪几种做法，各有何特点？水平防潮层应设在什么位置？

11. 在什么情况下需设垂直防潮层?
12. 用图表示明沟、散水的做法。
13. 墙身的加固措施有哪些? 有何设计要求?
14. 黏土多孔砖墙在砌筑时应注意什么?
15. 砌块墙的组砌要求有哪些?
16. 常见的隔墙有哪些? 试述各种隔墙的特点及其构造做法。
17. 说明墙面装修的作用、分类、各种墙面装修的构造要点及其适用范围。
18. 设计任务书:

墙体构造设计任务书

(1) 设计题目:墙体构造设计

依照下列要求,设计某建筑的墙身剖面节点大样。

(2) 设计条件

某两层砖混结构住宅楼,外墙采用空心砖墙(墙厚240 mm),墙上有窗,窗下墙0.90 m,室内外高差为0.60 m。采用钢筋混凝土楼板,楼板层及地坪层构造参考第4章内容由设计者自定。

(3) 设计内容

要求沿外墙窗纵剖,直至基础以下,绘制墙身剖面。重点绘制以下大样,比例为1∶10。

① 楼板与砖墙结合节点;

② 过梁;

③ 窗台;

④ 勒脚及其防潮处理;

⑤ 明沟或散水。

(4) 图纸要求

用一张3号图纸完成,图中线条、材料符号等,一律按建筑制图标准表示。

(5) 说明

① 如果图纸尺寸不够,可在节点与节点之间用折断线断开,亦可将五个节点分两部分布图;

② 图中必须注明具体尺寸,注明所用材料;

③ 要求字体工整,线条粗细分明。

(6) 主要参考资料

①《房屋建筑学》教材。

②《建筑设计资料集》(第8集),中国建筑工业出版社。

③ 全国通用和各省有关标准图集。

第4章 楼板层和地面构造

学习目标与要求

1. 掌握楼板的组成、类型和常见楼板的构造特点及适用范围。
2. 掌握楼地面的组成和要求，了解常见地面的构造及使用特点。
3. 了解顶棚、阳台、雨篷的分类、特点和一般构造。

4.1 楼板层的组成、类型与其设计要求

1. 楼板层的作用

(1) 楼层中的楼板主要承受水平方向的竖向荷载。例如，楼层本身自重、人和家具及其他设备的荷载，并把这些荷载传给墙、柱。

(2) 楼板能在高度方向将建筑物分隔为若干层。

(3) 楼板是墙、柱水平方向的支撑及联系构件，保持墙柱的稳定性，并能承受水平方向传来的荷载(如风载、地震荷载)，并把这些荷载传给墙、柱，再由墙、柱传给基础。

(4) 楼板有时还起到保温、隔热作用，即有围护功能。

(5) 楼板还能起到隔声作用，可保持上下层互不干扰。

(6) 楼板还可以起到防火、防水、防潮等功能。

2. 楼板层的组成

为了满足楼板层使用功能的要求，楼板层往往形成多层构造的做法，而且其总厚度取决于每一构造层的尺寸。通常的楼板层由以下几个基本部分构成(见图 4.1)。

(1) 面层：楼板层的上表面部分，简称楼面，又称地面。它起着保护楼板、分布荷载、室内装修和各种绝缘的作用。根据室内使用要求的不同，有多种做法。

(2) 结构层：它是楼板层的承重部分，又称楼板，一般由板或板和梁组成。其主要功能是承

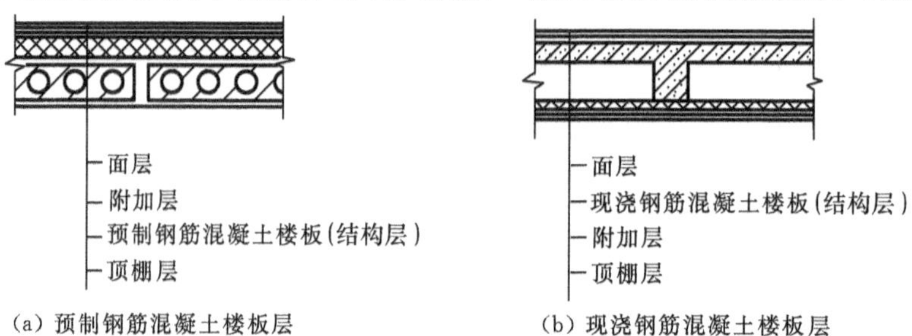

图 4.1 楼板层组成

受楼板层上部荷载，并将荷载传递给墙或柱，同时对墙体还起到水平支撑作用，以增强房屋刚度和整体性。

(3) 顶棚层：它是楼板层的最下面部分，起着保护楼板和室内装饰的作用。根据构造方式分为直接式顶棚和吊顶棚。

(4) 附加层：除以上三种最基本的组成部分外，根据使用功能的不同，某些具有特殊要求的楼板层还设有附加层。附加层是供隔声、防水、隔热、保温等使用功能要求而设置的层次。

3. 楼板的类型

1) 按使用材料分

按使用材料，楼板主要有以下几种类型(见图 4.2)。

(1) 木楼板：这种楼板自重轻、构造简单、保温性能好，但防火、耐久性差、大量消耗木材，因而较少采用。

(2) 砖拱楼板：这种楼板省钢材、水泥，但施工较繁，承载能力差，对地基不均匀沉降很敏感，且不宜用于有振动和抗震设防地区。目前较少采用。

(3) 钢筋混凝土楼板：其优点是强度高、刚度大、耐久、防火，且便于工业化生产和机械化施工。其缺点是自重大，普通钢筋混凝土楼板易产生裂缝，但可采用预应力混凝土结构来解决。它是目前我国工业与民用建筑中楼板的基本形式。

(4) 组合楼板：这种楼板是利用压型钢板作为楼板的底模板，其上浇混凝土面层形成的楼板。实质上压型钢板不仅当做底模板，又当做楼板下部的钢筋之用。这样，既提高了楼板的强度与刚度，又加快了施工的进度，省去了底模板，是目前大力推广应用的一种新型楼板。

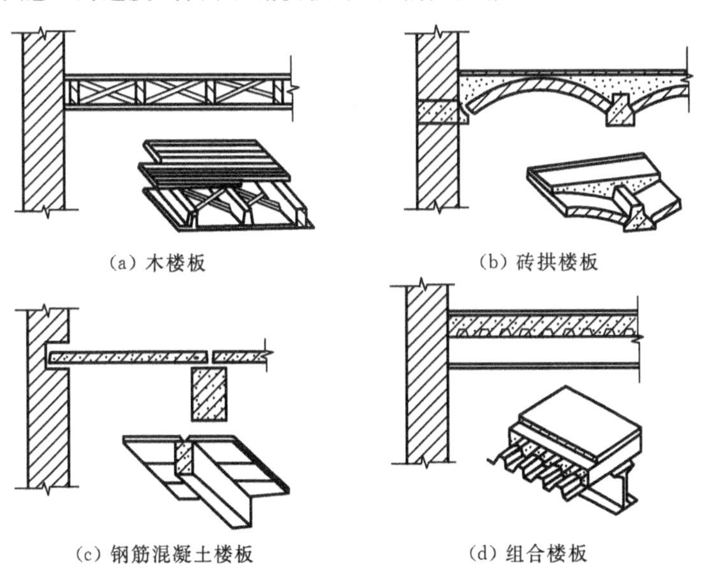

图 4.2 楼板的类型

2) 按施工方法分

按施工方法，楼板可分为现浇钢筋混凝土楼板和预制钢筋混凝土楼板。

(1) 现浇钢筋混凝土楼板：这种楼板强度高、刚度大、整体性好、省钢材、抗震性能好，易于做成各种形状，且适应性强。其缺点是耗费模板多、湿作业、劳动强度大、工期长。

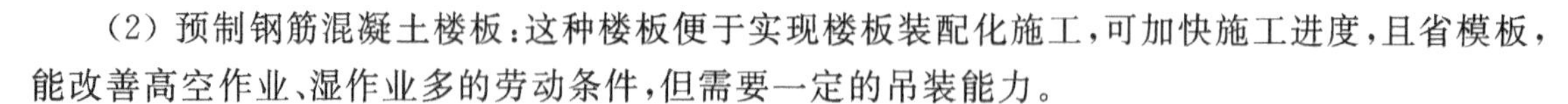

(2) 预制钢筋混凝土楼板：这种楼板便于实现楼板装配化施工，可加快施工进度，且省模板，能改善高空作业、湿作业多的劳动条件，但需要一定的吊装能力。

4. 楼板层的设计要求

为保证楼板层的结构安全和正常使用，对楼板层的设计有如下要求。

1) 坚固要求

从结构上考虑，楼板层必须具有足够的强度，以确保使用安全；同时，还应有足够的刚度，使其在荷载作用下的弯曲挠度不超过许可范围，否则会产生非结构性破坏。刚度以挠度来控制，通常现浇钢筋混凝土楼板的挠度 $f \leqslant L/250 \sim L/350$；装配式楼板的挠度 $f \leqslant L/200$（L 为楼板的跨度）。

2) 隔声、热工和防火等要求

设计楼板层时，根据不同的使用要求，要考虑隔声、保温、隔热、防水、防火等问题。楼板的隔声包括隔绝空气传声和固体传声两个方面，楼板的隔声量一般应为 40～50 dB。

隔绝空气传声可以采用将构件做成空心，并通过铺垫陶粒、焦砟等材料来达到。隔绝固体传声应通过减少对楼板的撞击来达到，在地面上铺设地毯、橡胶等可以减少一些冲击量，达到满意的隔声效果。

一般楼板和地面应有一定的蓄热能力，即地面应有舒适的使用感觉。防火要求应符合防火规范中耐火极限的规定。

3) 工业化要求

在多层或高层建筑中，楼板结构占相当大的比重，要求在楼板层设计时，尽量为建筑工业化创造有利条件。

4) 经济要求

多层建筑中，楼板层的造价约占建筑造价的 20%～30%。因此，在楼板层设计时，应力求经济合理；在结构布置、构件选型和确定构造方案时，应与建筑物的质量标准和房间使用要求相适应，以避免不切实际的处理而造成浪费。

4.2 钢筋混凝土楼板构造

4.2.1 现浇钢筋混凝土楼板

现浇钢筋混凝土楼板是在施工现场依照设计位置进行支模、绑扎钢筋、浇注混凝土等施工程序而成形的楼板结构。其优点是结构的整体性能与刚度较好，适合于抗震设防及整体性要求较高的建筑，有管道穿过楼板的房间（如厨房、卫生间等）、形状不规则或房间尺度不符合模数要求的房间。其缺点是在现场施工、工序繁多，现浇混凝土需要养护、施工工期长，还要大量使用模板等。

现浇钢筋混凝土楼板根据受力和传力情况的不同，有板式楼板、梁板式楼板、无梁楼板和压型钢板组合楼板等几种。

1. 板式楼板

在开间或进深较小的情况下，依墙作垂直支撑的房屋中，不需设梁，而将楼板的支撑点直接放在墙上，此时楼板上的荷载直接靠楼板传给墙体，这样的楼板称为板式楼板。它多适用于跨度较小的房间或走廊(如住宅建筑中的厨房、卫生间等)。

板式楼板分单向板和双向板。当板四边支撑时，在板的受力和传力过程中，板的长边尺寸 L_2 与短边尺寸 L_1 比例对板受力影响较大。当 $L_2/L_1>2$ 时在荷载作用下，板基本上只在 L_1 方向上挠曲，而在 L_2 方向上挠曲很小(见图 4.3(a))。由实验可知，传给 L_2 的力仅为 L_1 的 1/8 左右，这表明荷载主要沿 L_1 方向传递，故称单向板。当 $L_2/L_1\leqslant 2$ 时，虽长、短边受力仍有区别，但两个方向都有挠曲(见图 4.3(b))。这说明板在两个方向均传递荷载，都不可忽略不计，故称为双向板。相比而言，双向板受力更为合理，构件材料更能充分发挥作用。单向板的厚度取(1/35～1/30)L(短边)，最小厚度 70 mm，双向板厚度取(1/45～1/40)L(短边)，最小厚度 80 mm，民用建筑中板厚常用 80～100 mm。

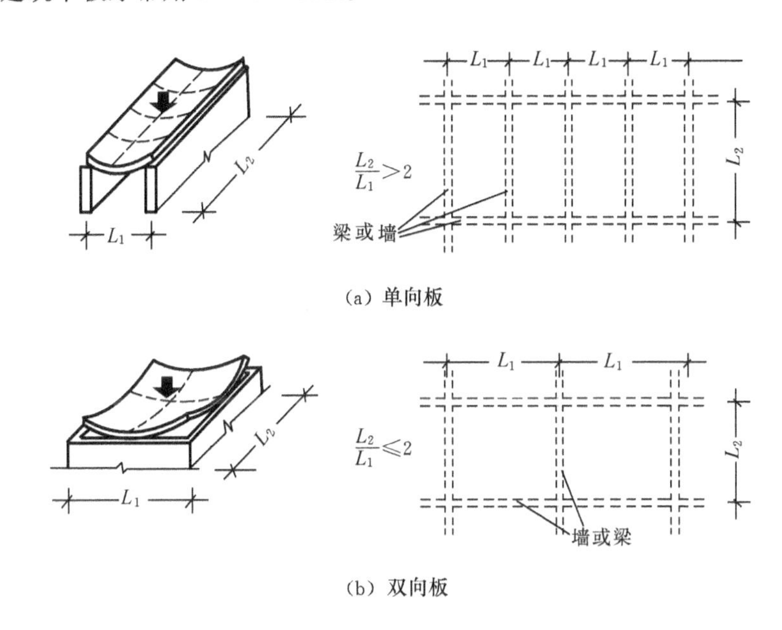

图 4.3　板式楼板的受力、传力方式

2. 梁板式楼板

当房间的尺寸较大，如仍采用板承力结构，则势必要将板的厚度加大很多，钢材用量也大大增加，为使楼板结构的受力与传力更加合理，常在楼板下设梁，以减小板的跨度，使楼板上的荷载先由板传给梁，然后由梁再传给墙或柱。这样的楼板结构称为梁板式楼板，也称为肋梁楼板。

板是长度和宽度远大于厚度的结构，而梁是长度远大于宽度和高度的结构。从力学角度出发，增加梁的高度能最有效地提高梁抵抗外荷载的能力。将板的局部厚度提高，便形成了梁结构，从而大大地节约了材料，减轻了结构自重，有效地利用了材料的力学性能。

梁板式楼板分为以下三种形式。

1) 单向板肋形楼板

这种楼板由板、次梁、主梁组成(见图 4.4)。

在梁中板为四边支撑板，当 $L_2/L_1\geqslant 2$ 时，即为单向板肋形楼板。次梁为承受板传来荷载的梁，一般刚度较小，支撑在主梁上。主梁主要承受由次梁传来的集中荷载，主梁支在柱或墙上，比次梁截面尺寸大、刚度大。

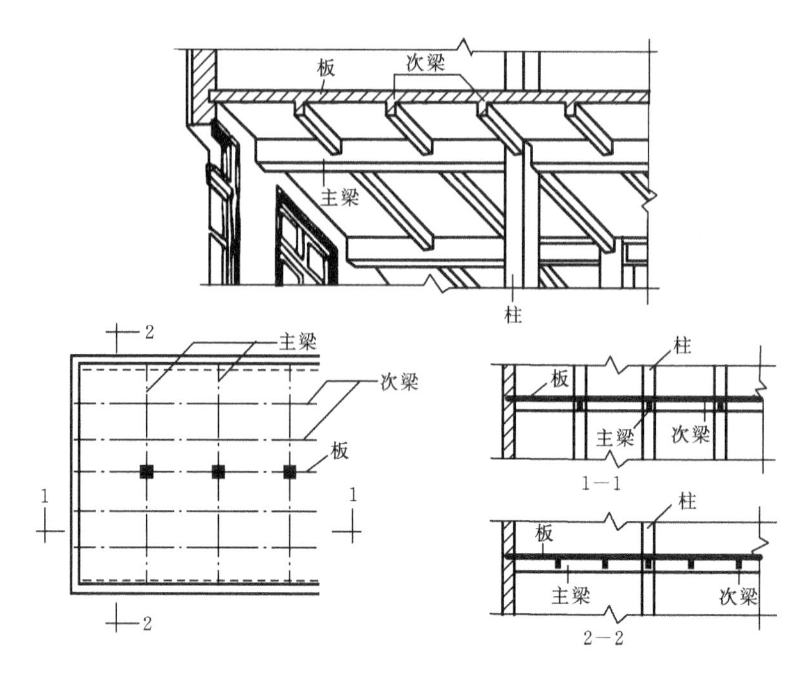

图 4.4　单向板肋形楼板

板、次梁、主梁的截面尺寸如表 4.1 所示，且应按分模数取整数值。

表 4.1　肋形楼板的合理尺寸

<table>
<tr><th>构　件</th><th>单 向 板</th><th>双 向 板</th><th>次　梁</th><th>主　梁</th></tr>
<tr><td>合理跨度 L</td><td>1.7～3.0 m</td><td>3.0～5.0 m</td><td>4.0 ～7.0 m</td><td>6.0～12.0 m</td></tr>
<tr><td rowspan="3">截面尺寸
/mm</td><td rowspan="3">板厚 h：
简支板 $h \geqslant (1/35)L$
连续板 $h \geqslant (1/40)L$
且不小于：
屋面板 60～80 mm
民用楼板 60～100 mm
工业用楼板 80～180 mm</td><td rowspan="3">板厚 h：
四边简支板厚 $h \geqslant (1/45)L$
四边连续板厚 $h \geqslant (1/50)L$
且不小于：
70 mm($L \leqslant 3$ m)
80～160 mm($L > 3$ m)</td><td colspan="2">简支梁，梁高 $h=(1/12 \sim 1/8)L$</td></tr>
<tr><td>多跨连续梁，梁高
$h=(1/18 \sim 1/12)L$</td><td>多跨连续梁，梁高
$h=(1/14 \sim 1/12)L$</td></tr>
<tr><td colspan="2">梁宽 $b=(1/2 \sim 1/3)h$</td></tr>
</table>

注：h——板厚或梁高；b——梁宽；L——跨度。

L 为跨度，板以 10 mm 进级；梁高、梁宽以 50 mm 进级。

板支在墙上的搁置长度不小于 120 mm；次梁支在墙上的搁置长度不小于 240 mm；主梁支在墙上的搁置长度不小于 370 mm。如墙厚度小，搁置长度不足，可在墙上附设壁柱。

2）双向板肋形楼板

在梁格中的四边支撑板，当 $L_2/L_1 \leqslant 2$ 时，称为双向板肋形楼板。双向板肋形楼板梁板尺寸如表 4.1 所示。

3）井式楼板

井式楼板是肋梁楼板的一种特殊布置形式。当房间的形状近似方形，且尺寸较大时，常沿两个方向等尺寸布置主梁和次梁，且梁的截面高度相等，分不出主次，从而形成了井式楼板结构。其梁跨常为 10～24 m，板跨一般为 3 m 左右。这种结构下，梁的布置规整，可以正交正放，亦可正交斜放，构成了美丽的图案，在室内形成一种自然的顶棚装饰（见图 4.5）。它常用在公共建筑的门厅、大厅中。

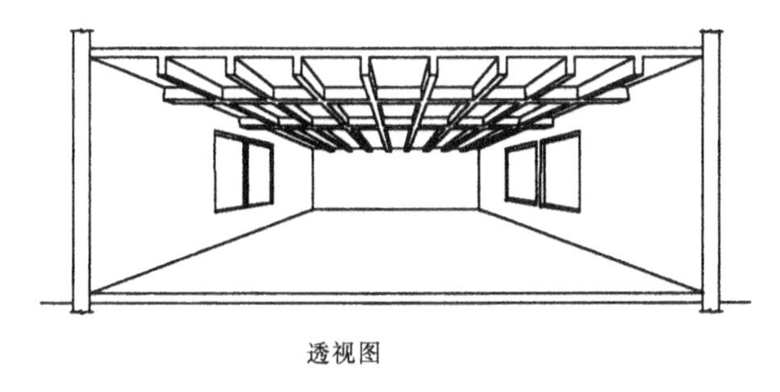

透视图

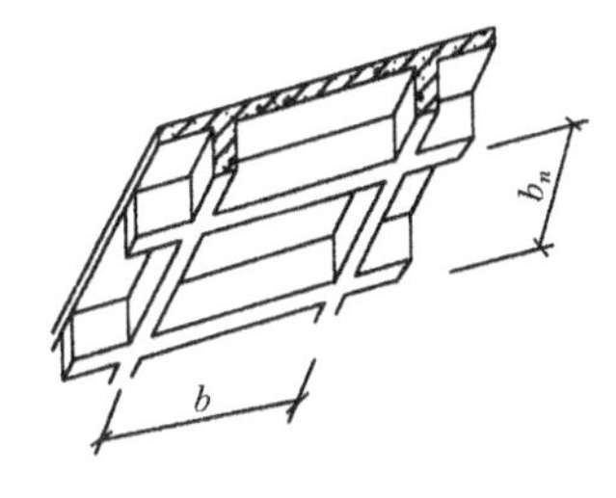

钢筋混凝土井式梁（$b_n/b=1\sim1.5$）

图4.5 井式楼板

3. 无梁楼板

荷载较大，对房间高度、采光、通风又有一定要求的建筑（如商场、书库、多层车库等）就不宜采用梁板式楼板，宜采用无梁楼板。无梁楼板是框架结构中将楼板直接支撑在柱子和墙上的楼板（见图4.6）。为了增大柱的支撑面积和减小板的跨度，须在柱的顶部设柱帽和托板。无梁楼板的柱应尽量按方形网格布置，间距7～9 m较为经济。由于板跨较大，一般板厚应不小于150 mm。

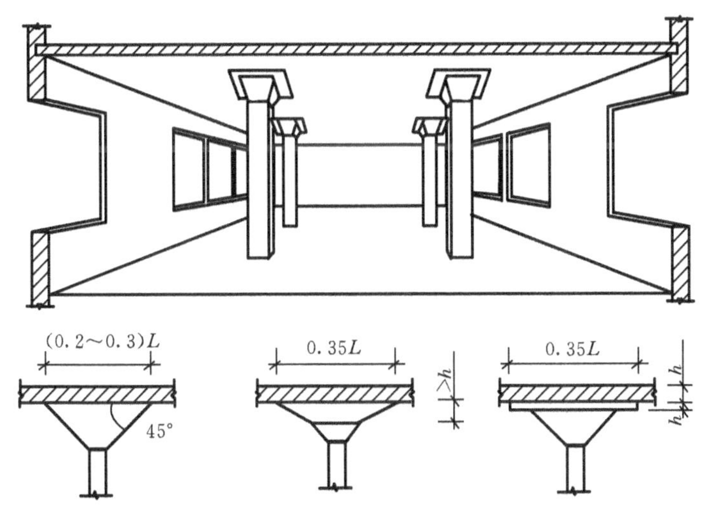

图4.6 无梁楼板

4. 压型钢板组合楼板

压型钢板组合楼板是一种钢与混凝土组合的楼板。它利用压型钢板做衬板（简称钢衬板）与现浇混凝土浇筑在一起，搁置在钢梁上，构成整体型的楼板支撑结构。适用于需要较大空间的高、多层民用建筑。

钢衬板有单层钢衬板和双层孔格式钢衬板（见图4.7）。压型钢板两面镀锌，冷压成梯形截面。截面的翼缘和腹板常压成肋形或肢形，用来加肋，以提高与混凝土的黏结力。

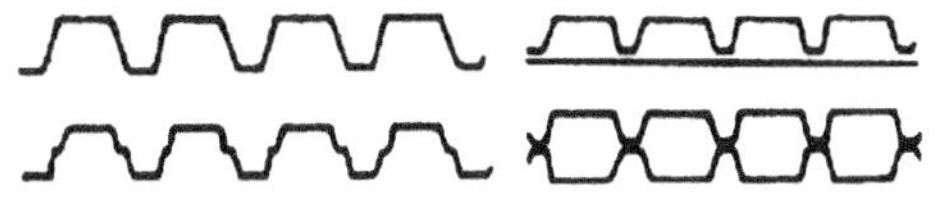

图4.7 钢衬板的形式

压型钢板板宽为500～1 000 mm，肋或肢高为35～150 mm，板的表面除镀14～15 mm的一层锌外，板的背面为了防腐可再涂油漆。

1）压型钢板组合楼板的特点

（1）压型钢板以衬板形式作为混凝土楼板的永久性模板，施工时又是施工的台板，省去了现浇混凝土所需的模板、脚手架及支撑系统，简化了施工程序，加快了施工速度。

（2）经过构造处理，可使混凝土、钢衬板与钢梁组合共同受力，混凝土作为板的上部受压部分，承受剪力与压应力；钢梁和衬板主要承受下部的拉弯应力。这样，压型钢板起到受拉钢筋与模板的双重作用，板内仅仅放置部分构造钢筋即可。

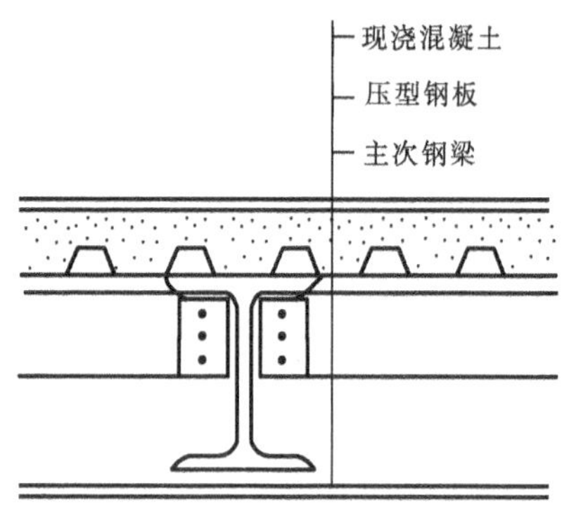

图 4.8　压型钢衬板组合楼板基本组成

（3）可利用压型钢衬板的肋间空隙敷设室内电力管线，亦可在钢衬板底部焊接架设悬吊管道和吊顶棚的支托，从而可充分利用楼板结构中的空间。

2）压型钢衬板组合楼板的构造

（1）基本组成：钢衬板组合楼板主要由楼面层、组合板与钢梁三部分构成（见图 4.8）。组合板包括混凝土和钢衬板两部分。组合楼板的跨度为 1.5～4.0 m，其经济跨度为 2.0～3.0 m 之间。

（2）构造形式：组合楼板的构造形式较多，根据压型钢板形式，有单层钢衬板支撑的楼板和双层孔格式钢衬板支撑的楼板之分。

单层钢衬板组合楼板常见的构造如图 4.9 所示。图 4.9(a)所示为组合楼板在混凝土的上部仍配有钢筋，加强混凝土面层的抗裂强度即支撑处作为承受负弯矩的钢筋；图 4.9(b)所示为在钢衬板上加肋条或压出凹槽，形成抗剪连接，这时钢衬板对混凝土起到加强钢筋的作用；图 4.9(c)所示为在钢梁上焊有抗剪螺栓，保证混凝土板和钢梁能共同工作。

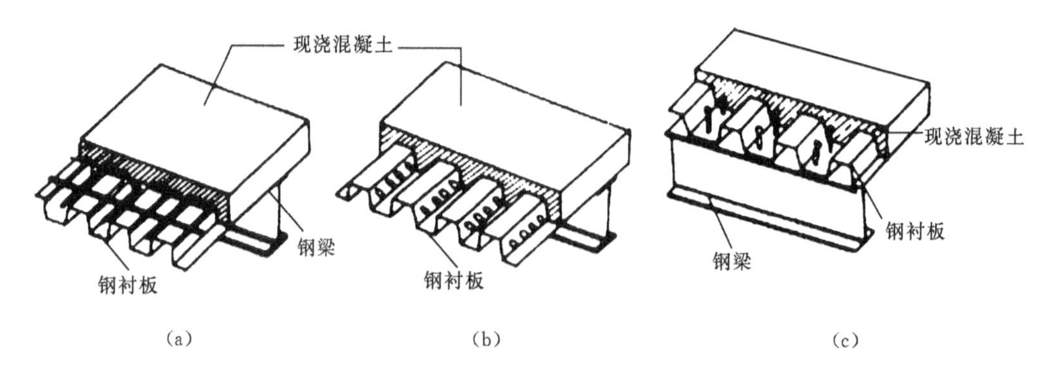

图 4.9　单层钢衬板组合楼板

双层孔格式钢衬板组合楼板的构造如图 4.10 所示。图 4.10(a)所示为在压型钢板下加一张平板钢，在钢衬板下形成封闭形空腔 A，这样使承载能力提高；图 4.10(b)所示为一种用成对截面较高的压型钢板焊在一起的钢衬板组合楼板，用于承载更大的楼板结构，其跨度可达 4 m。

3）使用压型钢板组合楼板应注意的问题

（1）在有腐蚀的环境中应避免使用。

（2）应避免压型钢板长期暴露，以防钢板和梁生锈，破坏结构的连接性能。

（3）此种结构体系主要适用于承受静荷载结构，如果荷载大部分是动荷载，则应仔细考虑其

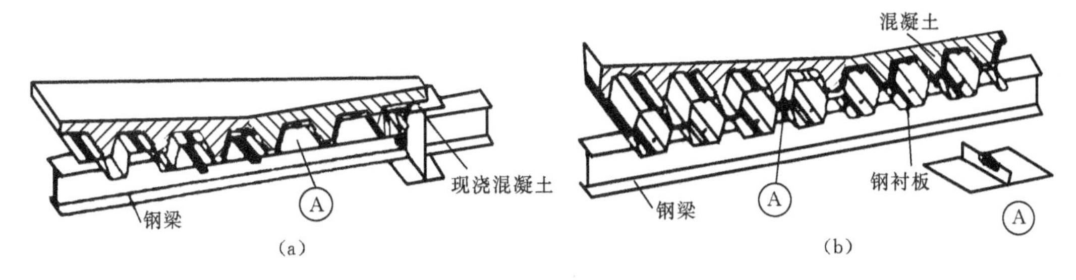

图 4.10　双层孔格式钢衬板组合楼板

细部设计，并注意保持结构组合作用的完整性和共振问题。

4.2.2　预制装配式钢筋混凝土楼板

预制装配式钢筋混凝土楼板是指在构件预制加工厂或施工现场预先制作，然后运到工地进行安装的楼板。预制构件可分为预应力和非预应力两种。采用预应力构件，推迟了构件裂缝的出现和限制裂缝的展开，从而提高了构件的抗裂度和刚度。与非预应力构件比较，可节省钢材30%～50%，节省混凝土10%～30%，减轻自重，降低造价。

1. 预制楼板的类型

(1) 按材料，分为钢筋混凝土板、预应力混凝土板、加气混凝土板、轻质混凝土板等。

(2) 按支撑条件，分为单向板、双向板、悬挑板等。

(3) 按截面形式，分为实心平板、槽形板、空心板、T形板、Π形板等(见图4.11)。

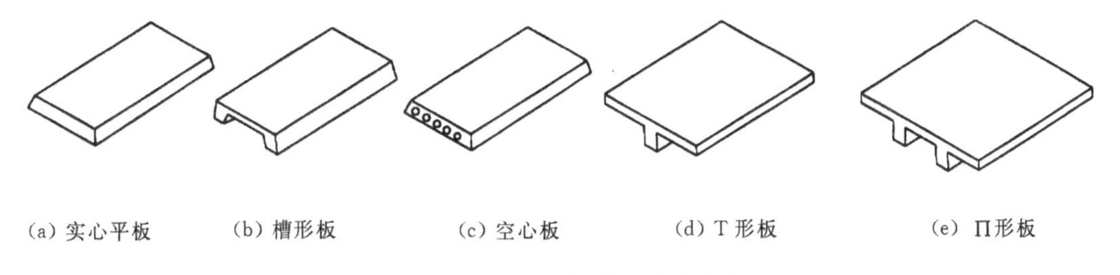

图 4.11　预制楼板按截面形式分类

1) 实心平板

预制实心平板的跨度(L)一般在2.5 m以内；板厚(h)为跨度的1/30，一般为50～80 mm；板宽(b)为500～900 mm。板的两端支撑在墙或梁上(见图4.12)。其优点是构件小，对起吊机械要求不高，制作容易，造价低。缺点是隔声差，跨度宜小不宜大。它适用于过道、小开间房间楼板、地沟盖板、搁板等。

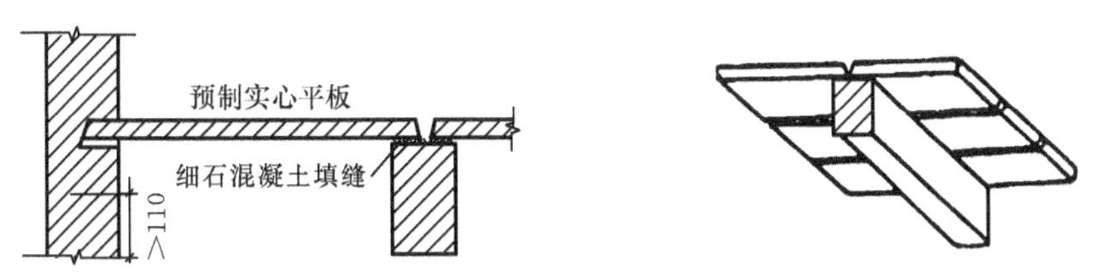

图 4.12　实心平板

2）槽形板

槽形板是一种梁板结合的构件，即在实心平板的两侧设有纵向肋，构成槽形截面。作用在槽形板上的荷载主要由纵肋承受，因此板可做得较薄，常为30～35 mm，肋高为150～300 mm。当采用非预应力时，板跨一般在4 m以内，预应力可达6 m以上，板宽为600～1 500 mm。

为了提高板的刚度和便于搁置，常在板的两端用端肋封闭，当板跨达6 m时，则应在板的中部每隔500～700 mm处增设横肋一道（见图4.13）。

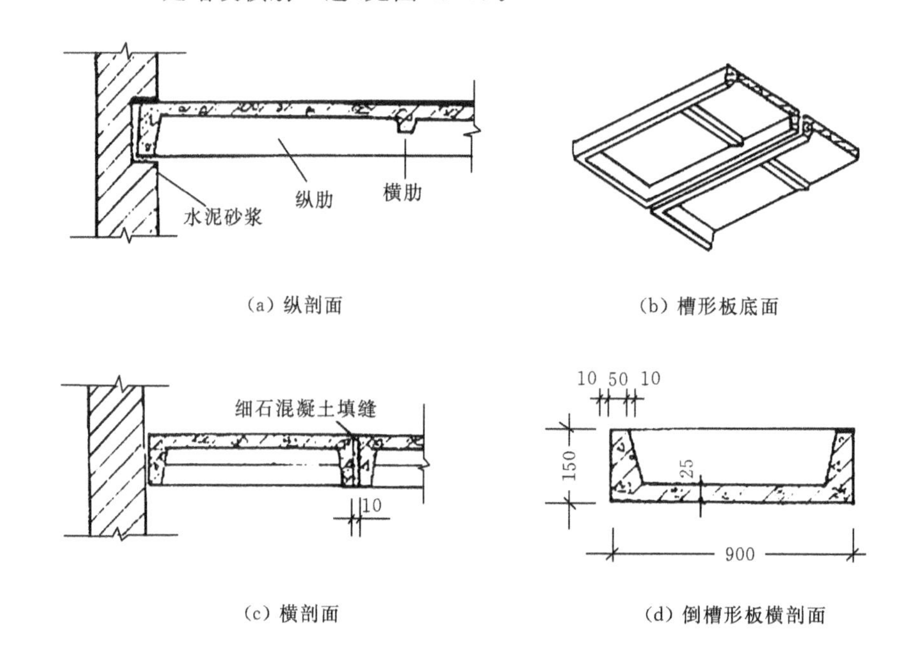

(a) 纵剖面　(b) 槽形板底面

(c) 横剖面　(d) 倒槽形板横剖面

图4.13　槽形板

槽形板有正槽形板与倒槽形板。正槽形板下表面不平整，天棚需吊顶。倒槽形板底面平整，但上表面不平整，材料分布不合理，可在底面与地面空间铺设隔声、保温、隔热层。目前在民用建筑中应用较少。

3）空心板

空心板在结构计算理论上与槽形板相同，其材料消耗量也较接近。空心板每条肋具有工字形截面，属于梁板合一的构件，对受弯板有利，且上下板面平整，自重小，对隔声较有利。

空心板按其孔的形状不同，有方孔、椭圆孔、圆孔之分。方孔比较经济，能节约一定数量的混凝土，但脱模困难且易出现板面裂缝。椭圆孔和圆孔增大了孔间肋的截面面积，使板的刚度增强，同时抽芯脱模也较方便。但相比之下，圆孔抽芯脱模更省事，故目前预制多孔板基本上是采用圆孔的（见图4.14）。

空心板有中型板与大型板之分，中型空心板跨多在4 m以下，板宽为500 mm、600 mm、900 mm、1 200 mm，板厚为90～150 mm，圆孔孔径为40～70 mm，上表面板厚为20～30 mm，下表面板厚为15～20 mm。大型空心板板跨在4～7.2 m之间，板宽多为1.5～4.5 m，板厚为110～250 mm。

为了避免支座处板端压坏，空心板的两端孔内常用砖块或混凝土块填实。

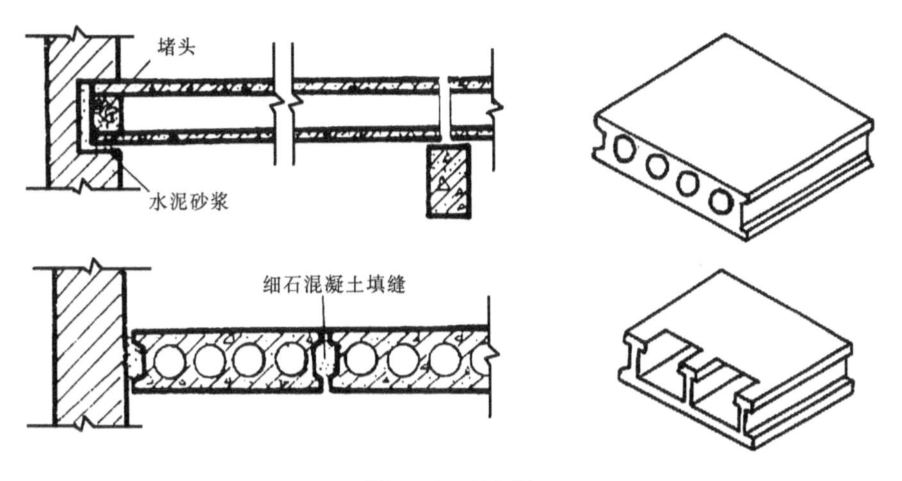

图 4.14　空心板

2. 预制板的结构布置与细部处理

1）板的布置

在进行楼板结构布置时，首先应根据房间开间、进深的尺寸确定构件的支撑方式，然后选定板的规格进行布置。板的支撑方式有板式和梁板式。预制板直接搁置在墙上的称为板式结构；若楼板是先搁在梁上然后将荷载由梁再传给墙的称为梁板式结构。板式结构多用于横墙间距小的宿舍、住宅及办公楼等建筑中；梁板式结构多用于教学楼等开间、进深都较大的建筑中。

布置板的结构时，板的规格、类型越少越好。板的规格过多，不仅制作麻烦，而且施工较复杂，且容易搞错。板的布置应避免出现三面支撑情况，即楼板的纵长边不得搁置在梁或砖墙内，否则，在荷载作用下板会产生裂缝。因为预制板，特别是预应力空心板，钢筋的配置和截面选型都是按单向受力考虑的，而且钢筋都配在受拉区。如果把这种单向受力板的纵肋压入墙体，在荷载的作用下，板的受压区受拉，出现板沿肋边的竖向开裂（见图 4.15）。同时，也使压在边肋上的墙体局部承压而削弱其承载能力。

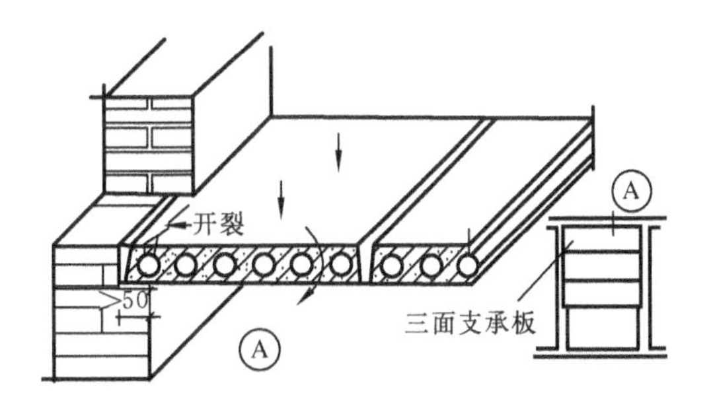

图 4.15　三面支撑的板

当布置板时，最后一块板沿宽度不足一块板宽时，可采取如下办法（见图 4.16）处理。

（1）采取不同板宽的同类板，予以调整。

（2）当最后一块板距房间边缘差距较小时，可将每块板的板缝调宽一些。

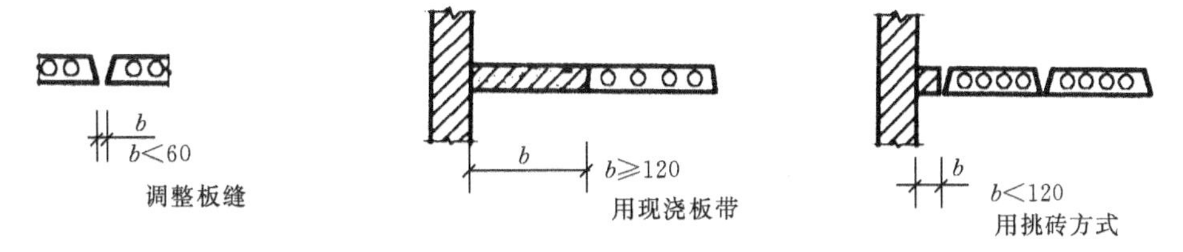

图 4.16　板缝差的处理

(3) 将最后所留有差距较大的板缝内配钢筋，做成现浇混凝土板带。有时每隔几块预制板做一个现浇混凝土板带，这对加强楼板的整体性是很好的，但施工麻烦。

2) 预制板的细部构造

(1) 板在墙上的搁置长度不小于 100 mm，支在梁上的搁置长度不小于 80 mm(见图4.17)。为保证楼板安放平稳，使板和墙、梁有很好的连接，板放在梁或墙上时，应在梁或墙上铺水泥砂浆找平，俗称坐浆，厚 20 mm 左右；或采用硬架支模的方法。所谓硬架支模，是指板端支在下部圈梁或梁的模板上，然后再浇梁内和板缝内的混凝土。

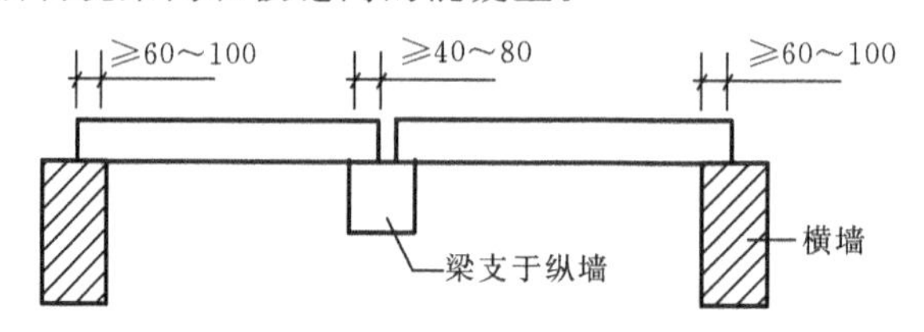

图 4.17　板搁置长度

(2) 板缝有侧缝和端缝两种。缝内一般需灌以细石混凝土，使其相互连接。预制楼板布置时，处理好板缝对增强楼板的整体刚度、抵抗水平力有着重要意义。

侧缝的形式有直缝、V 形缝、U 形缝、凹形缝等(见图 4.18)。

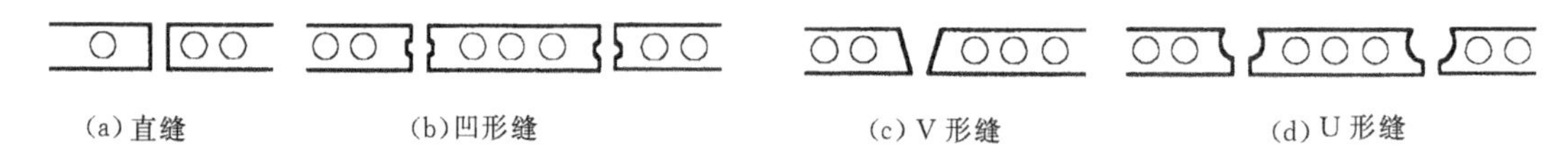

图 4.18　板缝

直缝不易保证细石混凝土灌缝质量，灌缝不严。当某块板受力时，其两边的楼板不能协助该块板受力(见图 4.19)，V 形缝、U 形缝、凹形缝易于保证灌缝质量，当某块板受力时，该板两侧的板便可以帮助该板协同工作。所以楼板侧缝不宜采用直缝，而多采用其他三种缝。一般板的侧缝不小于20 mm，抗震地区板的侧缝不小于30 mm。只有地沟盖板有时采用直缝。

端缝应当在板缝的上部加设钢筋，并且用砂浆或细石混凝土灌缝(见图 4.20)，这样可以防止在有梁或墙支撑的板上出现裂缝。

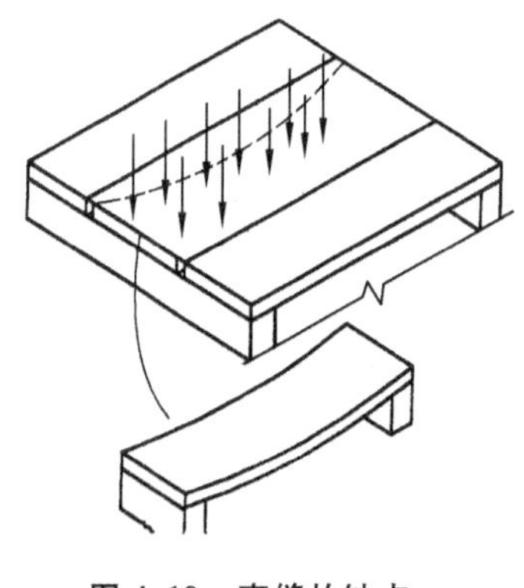

图 4.19　直缝的缺点

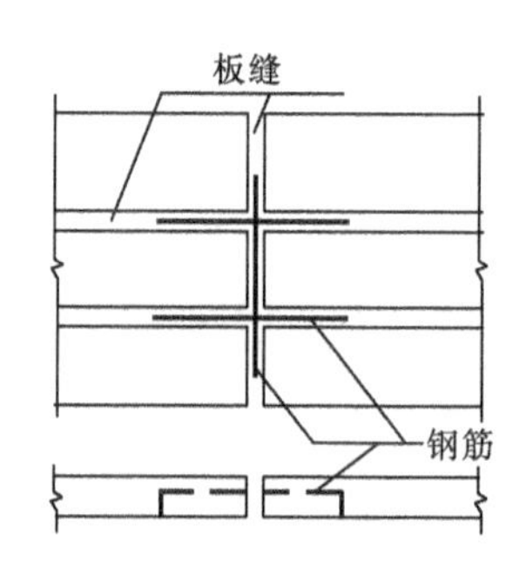

图 4.20　端缝加筋

(3) 板与纵墙、板与山墙、板与板之间应当用钢筋加强连接锚固(见图 4.21)，其上浇 40～60 mm混凝土整浇层。

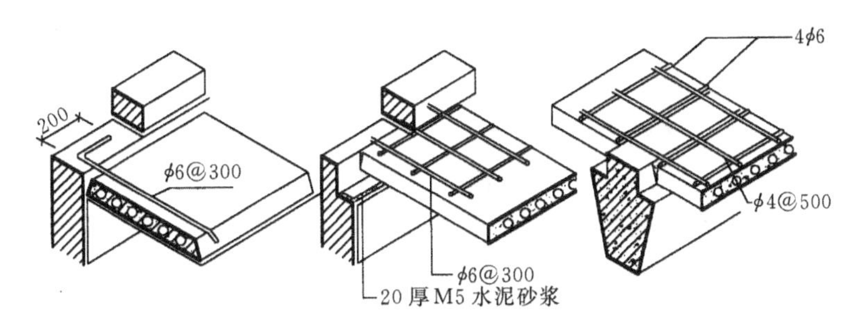

图 4.21 板与墙、梁之间的锚固

3. 楼板中的梁

预制楼板中，板支撑在墙上或梁上。梁的截面形式有矩形、T 形、十字形、花篮形等(见图 4.22)。矩形截面梁外形简单，制作方便；T 形截面梁较矩形截面梁自重轻；采用十字形或花篮形截面梁可减小楼板所占的空间高度。通常，梁的跨度尺寸为 5～8 m 较为经济。

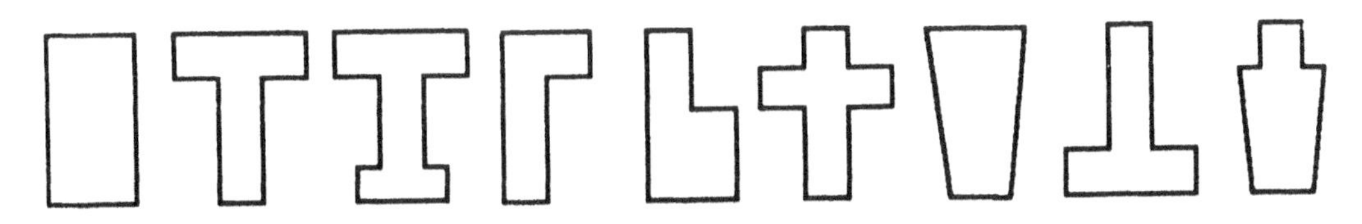

图 4.22 梁的截面形式

预制板搁在梁上有两种方案：一种是搁在矩形梁上；另一种是搁在花篮梁上，板与梁顶面齐平(见图 4.23)。在梁高不变的情况下，后者比前者提高了一个板厚的净空高度，这时板跨度不是梁中线的距离，而是减去梁顶的宽度。

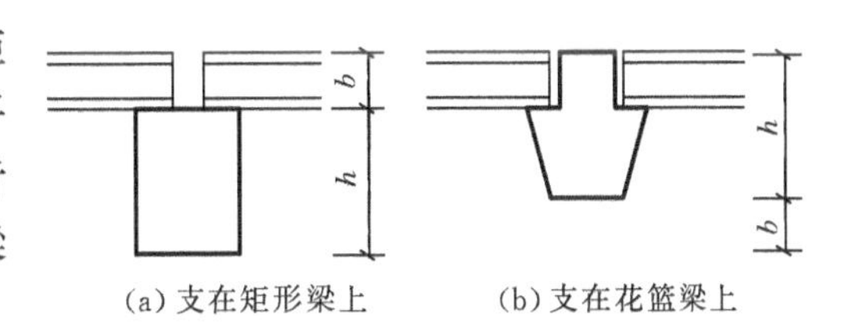

(a) 支在矩形梁上 (b) 支在花篮梁上

图 4.23 板支撑对楼层净高的影响

4. 楼板上隔墙的处理

当房间内出现重质块材隔墙且重量由楼板支撑时，在确定隔墙位置时，不宜将隔墙搁在一块预制板上。其处理方式如图 4.24 所示。

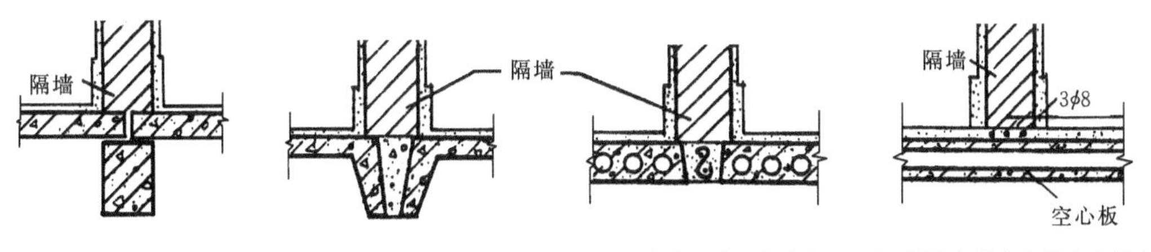

(a) 隔墙支承在梁上 (b) 隔墙支承在纵肋上 (c) 隔墙支承在两板之间 (d) 隔墙支承在多块空心板上

图 4.24 隔墙在楼板上的搁置

4.2.3 装配整体式钢筋混凝土楼板

装配整体式楼板是在楼板中预制部分构件，然后在现场安装，再以整体浇筑的办法连接而成的楼板。它兼有现浇和预制的双重优越性，具有整体性强和模板利用率高等特点，常用的装配整体式楼板有叠合式楼板和密肋楼板两种。

1. 预制薄板叠合楼板

这种楼板是由预制薄板和现浇混凝土面层叠合而成的装配整体式楼板，其以预制混凝土薄板为永久模板而承受施工荷载，板面现浇混凝土叠合层，所有楼板层中的管线等均事先埋在叠合层内。现浇层内只需配置少量支座负筋。预制薄板底面平整，不必抹灰。作为顶棚可直接喷浆或粘贴装饰墙纸。

由于预制薄板具有结构、模板、装修三方面的功能，因而叠合楼板具有良好的整体性，对结构有利。这种楼板跨度大、厚度小、结构自重轻，被广泛应用于住宅、宾馆、学校、办公楼、医院以及仓库等建筑中。

预应力薄板厚 50～70 mm，板宽 1.1～1.8 m，跨度常用 4～6m。为了保证预制薄板与叠合层有较好的连接，薄板上表面需做处理，常见的有两种：一是在上表面做刻槽处理，刻槽直径 50 mm，深 20 mm，间距 150 mm；另一种是在薄板表面露出较为规则的三角形的结合钢筋（见图4.25(a)）。

现浇叠合层的混凝土强度为 C20，厚度一般为 70～120 mm。叠合楼板的总厚度取决于板的跨度，一般为 150～250 mm（见图 4.25(b)）。

叠合楼板的预制部分也可采用钢筋混凝土空心板，此时现浇叠合层的厚度较薄，一般为 30～50 mm（见图 4.25(c)）。

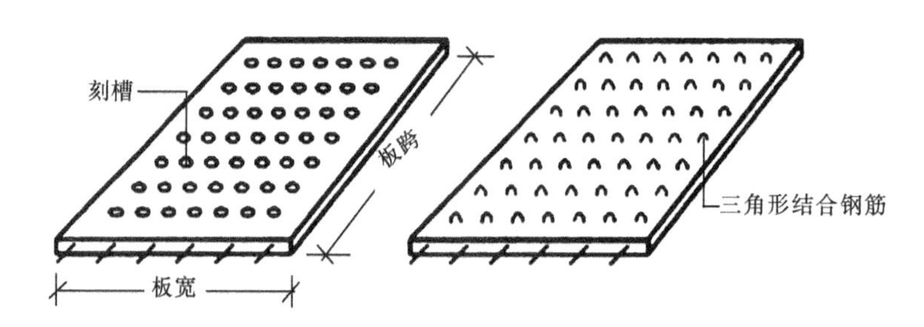

(a) 预制薄板的板面处理

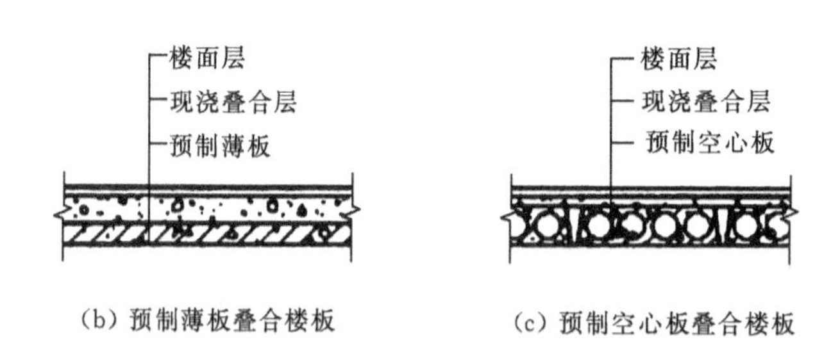

(b) 预制薄板叠合楼板　　(c) 预制空心板叠合楼板

图 4.25　叠合楼板

2. 密肋填充块楼板

密肋填充块楼板的密肋有现浇和预制两种。前者是在填充块之间现浇密肋小梁和面板，其填充块有空心砖、轻质块或玻璃钢模壳等（见图 4.26(a)、(b)）；后者常见的有预制倒 T 形小梁、带骨架芯板等（见图 4.26(c)、(d)）。这种楼板有利于充分利用不同材料的性能，能适应不同跨度和不规整的楼板，并有利于节约楼板。

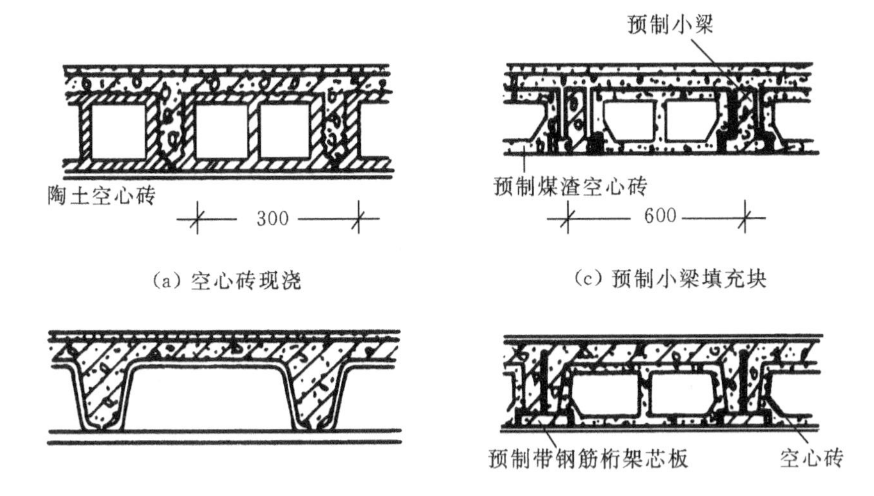

图 4.26　密肋填充块楼板

4.3　地面的组成及其设计要求

地面包括底层地面和楼层地面，底层地面也称为室内地坪，楼层地面也称为楼面。地面属于建筑装修的一部分，人们在房间内要和地面直接接触，所以地面质量的好坏、材料选择和构造处理是否合理，十分重要。

1. 地面的组成

底层地面的基本构造层次为面层、垫层和地基，楼层地面的基本构造层次为面层和基层(楼板)。地基和楼板的作用是承受面层传来的荷载，故地基也称基层。有些有特殊要求的地面，基本层次不能满足使用要求时，应增设相应的构造层，如结合层、找平层、防水层、防潮层、保温(隔热)层、隔声层等(见图 4.27)。

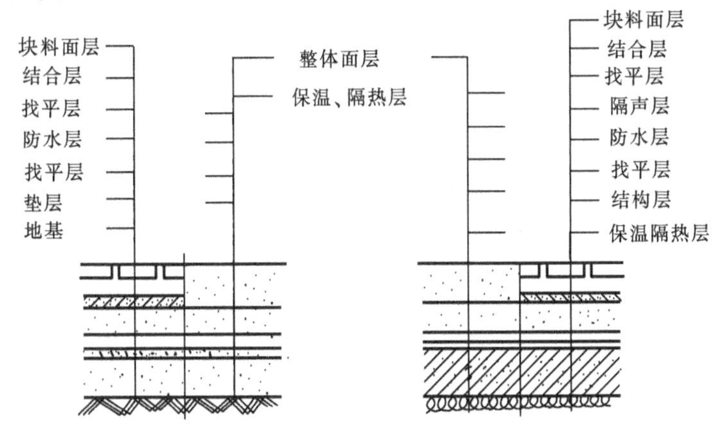

图 4.27　地面的组成示意图

1）面层

面层是人们生活、工作、学习时直接接触的地面层次，是地面直接经受摩擦、洗刷和承受各种物理、化学作用的表面层。依照不同的使用要求，面层应具有耐磨、不起尘、平整、防水、有弹性、吸热少等性能。

2）结合层

结合层是块料面层与下层的结合体，它用来固定块料面层或垫砌面层，使面层的荷载能 均匀地传给垫层。结合层分胶凝材料结合层和松散材料结合层两大类。胶凝材料结合层如水泥砂浆、沥青等，松散材料结合层如砂、炉渣等。

3）找平层

找平层是在垫层或楼板上起找平作用的构造层，用于上层对下层有平整要求的地面。如要在垫层上铺卷材时，垫层不平整会使直接铺在上面的卷材破坏，此时就要设置找平层。有时也用找平层按设计要求找出一定坡度，满足地面的排水要求。找平层常用1∶3水泥砂浆抹成。

4）防水层

防水层一般是防止地面上的液体透过地面的构造层，也有的是防止地下水通过地面渗入室内的构造层。通常由热沥青粘贴一层或几层卷材构成，也可用防水涂料或防水砂浆构成。

5）防潮层

防潮层是防止地基中所含水分因毛细作用透过地面的构造层。地面防潮层应与墙身防潮层相连。

6）保温、隔热层

保温层或隔热层是用于改变地面热工性能的构造层，用于上下层房间有温差的楼层地面或保温地面。

7）隔声层

隔声层是隔绝楼层地面撞击声的构造层，用于有较高隔声要求的地面。

8）垫层

垫层是地坪的结构层，是承受面层传来的地面荷载并传给基层的构造层，分刚性垫层和柔性垫层两类。

刚性垫层有足够的整体刚度，受力后不产生塑性变形，如混凝土、碎砖三合土等，多用于整体面层地面和小块的块料面层地面。

柔性垫层由松散的材料组成，无整体刚度，受力后产生塑性变形，如砂、碎石、炉渣等。柔性垫层用于块料面层地面。

在一般地面中，垫层的最小厚度如表4.2所示。

表4.2　垫层的最小厚度

垫层名称	厚度/mm	强度等级或配合比
混凝土	60	C7.5
四合土	80	1∶1∶6∶12(水泥∶石灰膏∶砂∶碎砖)
三合土	100	1∶3∶6(熟化石灰∶砂∶碎砖)
灰土	100	2∶8(熟化石灰∶黏性土)
砂、炉渣、碎石	60	—
矿渣	80	—

2. 对地面的要求

1）坚固耐久的要求

地面要有足够的强度，以便承受人、家具、设备等荷载而不被破坏。人走动和家具、设备移动对地面将产生摩擦，所以地面应当耐磨。不耐磨的地面在使用时易产生粉尘，影响卫生与人的健康。

2）热工方面的要求

为了满足隔热等方面的要求，应尽量采用导热系数小的材料做地面或在地面上铺设辅助材料，使地面具有较低的吸热指数，如采用木材或其他有机材料（塑料地板等）作地面的面层，比一般水泥地面的效果要好得多。

3）隔声方面的要求

楼层之间的噪声传播，有空气传声和固体传声两个途径。楼层地面隔声主要是指隔绝固体声。楼层的固体声声源，多数是由于人或家具与地面撞击产生的。因而在可能条件下，地面应采用能较大衰减撞击能量的材料及构造。

4）防水和耐腐蚀方面的要求

地面应不透水，特别是有水源和潮湿的房间如厕所、厨房、盥洗室等更应注意。厕所、实验室等房间的地面除了应不透水外，还应耐酸、碱的腐蚀。

5）经济方面的要求

设计地面时，在满足使用要求的前提下，要选择经济的材料和构造方案，尽量就地取材。

3. 地面的分类

1）按面层材料及施工方法分类

(1) 整体类地面：水泥砂浆地面、细石混凝土地面、水磨石地面、菱苦土地面等。

(2) 块料类地面：缸砖地面、陶瓷锦砖地面、陶瓷地面、花岗岩地面、大理石地面、砖地面、木地面等。

(3) 卷材类地面：塑料地毡地面、橡胶地毡地面、地毯地面等。

(4) 涂料类地面：包括多种水乳型、水溶型及溶剂型涂料地面等。

2）按热工性能分类

按热工性能，可分为暖性地面和凉性地面。按照吸热系数分，吸热系数小的为暖性地面，吸热系数大的为凉性地面（见表4.3）。

表4.3 地面按热工性能分类

序号	热工性能等级		脚感评价	吸热系数 B	举例
1	暖性	Ⅰ	脚暖	≤10	木地面
2		Ⅱ	中等脚暖	10～15	菱苦土地面、水泥珍珠岩地面
3	凉性	Ⅲ	中等脚暖	15～20	水泥地面
4		Ⅳ	脚冷	>20	水磨石地面

3）按对地面的要求分类

按对地面的要求，分为耐腐蚀地面、防火地面、防水地面等。

4.4 地面构造

1. 整体类地面

1）水泥砂浆地面

水泥砂浆地面坚固耐磨，防潮，防水，构造简单，施工方便，而且造价低廉，是目前使用最普遍的一种低档地面。但水泥地面导热系数大，对于不采暖的建筑，冬天会感到寒冷；当空气中相对湿度大时，容易返潮；而且易起灰和不易清洁。

水泥砂浆地面有双层和单层构造之分。双层做法分为面层和底层，在构造上常以15～20 mm厚1∶3水泥砂浆打底、找平，再以5～10 mm厚1∶2或1∶1.5的水泥砂浆抹面(见图4.28)。分层构造虽增加了施工程序，却容易保证质量，减少了表面干缩时产生裂纹的可能。单层构造的做法是先在结构层上抹水泥浆结合层一道，再抹15～20 mm厚1∶2或1∶2.5的水泥砂浆一道。

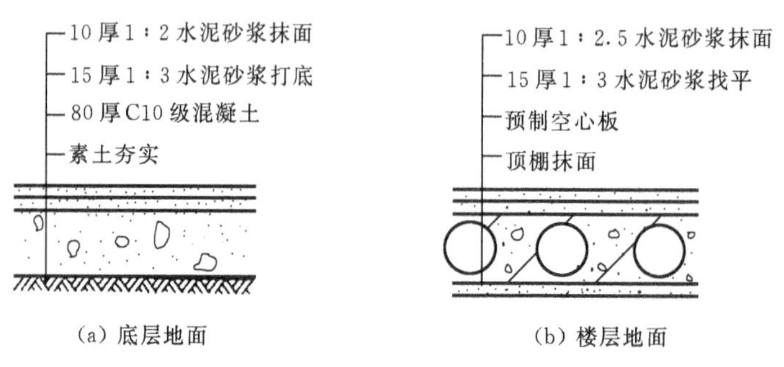

图4.28　水泥砂浆地面

2）细石混凝土地面

细石混凝土地面是在结构层上浇30 mm厚细石混凝土，然后用木板拍浆或用平板振动器振出灰浆，待水泥浆液到表面时，再撒少量干水泥，最后用铁板抹光而制成的。其优点是经济、不易起砂，而且强度高，整体性好。

3）水磨石地面

水磨石地面又称为磨石面。其性能与水泥砂浆地面相似，但耐磨性更好，表面光洁，不易起灰，可做成各种图案，有一定的装饰效果，但造价比水泥砂浆地面高1～2倍，常用于卫生间、公共建筑门厅、走廊、楼梯间以及标准较高的房间。

构造做法是在垫层或楼层的结构层上，用1∶3的水泥砂浆打底抹平厚7～12 mm，然后嵌分格条，中层刷一道素水泥浆，再用1∶1～1∶2.5的水泥石碴抹面层10～15 mm厚，拍实拍平；养护2～3天，试磨，使用磨石机磨面，其内石子不会蹦出就可开磨。一般先用粗磨石，后用细磨石磨出均匀美观的表面，并用草酸水溶液涂擦、洗净面层再打蜡保护。

为防止水磨石地面开裂，便于维修，常将地面用金属条或玻璃条分格成各种图案。按图案进行分格的优点：一是将大面积分为小块，可以防止面层开裂；二是万一局部损坏，不致影响整体，维修也较方便；三是可按设计图案定出不同式样和颜色，增加美观。分格形状有正方形、矩形及多边形等，尺寸为400～1 000 mm不等，视需要而定(见图4.29)。该道工序在做底层之后，将裁成 10 mm 左右高的分格条用 1∶1 的水泥砂浆嵌于底层上，养护两天，再做水磨石面层。

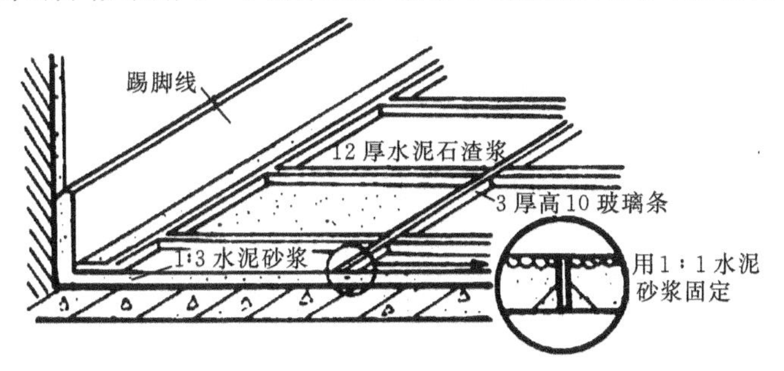

图 4.29　水磨石地面

注意：在选择水磨石的石料时，石子应用质地稍软的大理石、方解石。粒径有大八厘(8 mm)、中八厘(6 mm)、小八厘(4 mm)的石子。

4) 菱苦土地面

菱苦土是以碳酸镁为主要成分的菱镁矿经焙烧、粉碎而成的。菱苦土加入锯末、滑石粉等填充料，用氯化镁溶液拌和均匀，铺筑在垫层或找平层上，配比为 1∶1.5～1∶3(菱苦土∶锯末)，铺贴厚度为 8～10 mm。

菱苦土地面洁净、美观、中等温暖、有弹性，但不耐水、易反潮，适用于人们经常活动的房间。

整体类地面，当湿度大时，易出现返潮现象。地面返潮现象主要出现在我国南部(一般在长江以南)地区及在沿海地区。

针对这种现象，可在地坪构造上采取以下措施。

(1) 对于地下水位低、地基土壤干燥的地区，可在水泥地坪下铺一层 150 mm 厚 1∶3 水泥炉渣或 1∶3 水泥矿渣保温层，以改变地坪温度差过大的矛盾，一般效果较好(见图 4.30(a))。但对于地下水位较高的地区作用不大。

(2) 在地下水位较高地区，可将保温层设在面层与混凝土结构层之间，并在保温层下铺防水层、上铺 30 mm 厚细石混凝土层，最后做地面(见图 4.30(b))。

(3) 对于一般性建筑，用砖铺地面代替水泥地面效果较好(见图 4.30(c))，也有的选用带有微孔的面层材料，如陶土防潮砖以及能吸湿的块体材料做地面。由于这些材料中存在大量孔隙，当返潮时，表面会暂时吸收少量凝聚水；待室外空气干燥时，水分又能自动蒸发逸走，从而地面不会感到明显的潮湿现象。

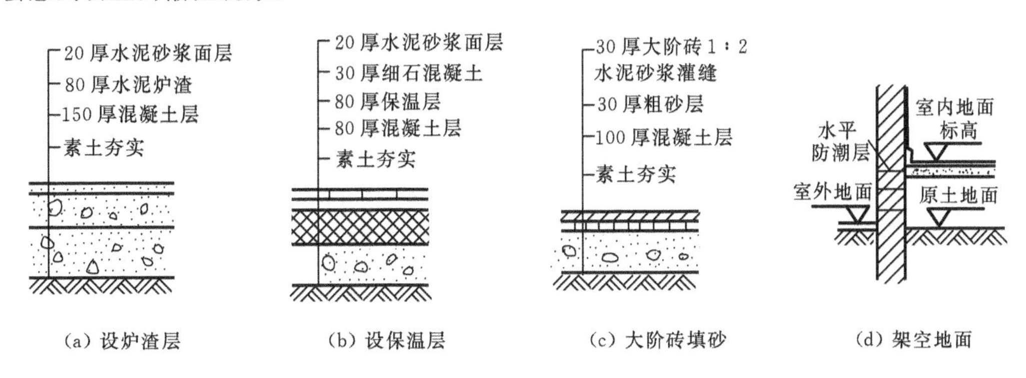

图 4.30　避免地面返潮的措施

(4) 作架空式地坪。近年来不少地区将底层地坪设计成：在地垄墙上铺预制板，用做通风间层，使底层地坪不接触土壤，以改变地面的温度状况，从而减少凝聚水的机会，使返潮现象得到明显的改善(见图 4.30(d))，但此种做法的造价较高。

2. 块材类地面

凡利用各种人造或天然的预制块材、板材镶铺在基层上的地面称为块材地面。块材地面的类型较多，它借助胶结材料铺砌或粘贴在结构层或垫层上。胶结材料既起黏结作用，又起找平作用，常用的胶结材料有水泥砂浆以及各种聚合物改性黏结剂。

1) 砖地面

砖地面主要指利用普通黏土砖或大阶砖铺砌的地面。大阶砖也为黏土烧制而成的，其规格为350 mm×350 mm×20 mm，多用于大量性民用建筑或临时性建筑中。对于湿度大的返潮地区，采用砖铺地面返潮情况会有所改善(见图 4.31)。黏土砖可以平铺，也可以侧铺，砖与砖之间的缝隙用细砂填充，使砖与砖挤紧。大阶砖的缝隙则用水泥砂浆或石灰砂浆嵌缝。

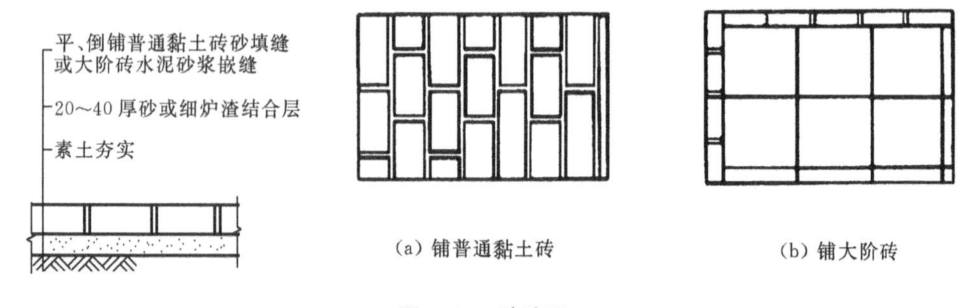

图 4.31　砖地面

2) 缸砖地面

缸砖是由陶土烧制而成的，颜色有多种，平面形状有正方形、六角形、八角形等，可拼成多种图案。砖背面有凹槽，便于与结构层黏结，正方形尺寸有100 mm×100 mm、150 mm×150 mm、200 mm×200 mm、300 mm×300 mm，厚10～15 mm。缸砖质地坚硬、耐磨、防水、耐腐蚀、易于清洁，适用于卫生间、实验室及有防腐蚀性要求的地面。铺贴用5～10 mm厚 1：1 水泥砂浆黏结，亦可用其他黏结剂粘贴，砖块之间有 3 mm 左右的灰缝(见图 4.32(a))。

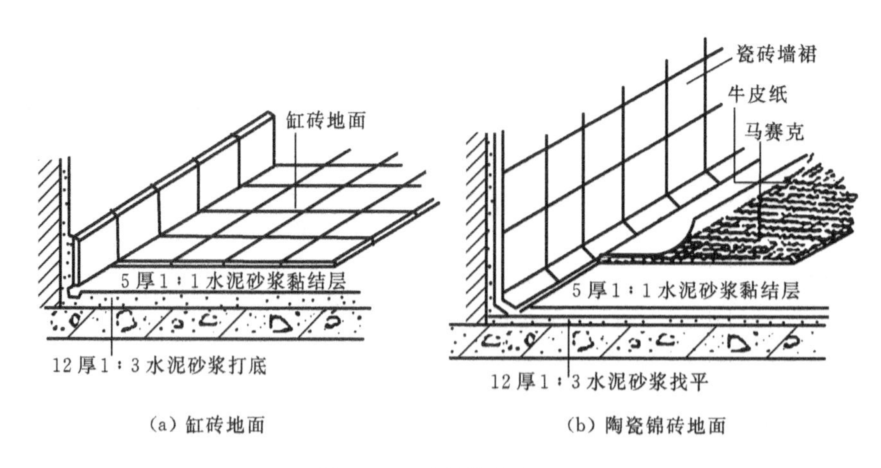

图 4.32　预制块材地面

彩釉地砖和无釉砖的质地与外观具有与天然花岗岩相同的效果，都是当今理想的地面装饰材料。其构造做法与缸砖相同。

3）陶瓷锦砖地面

陶瓷锦砖又称马赛克，其质地坚硬、经久耐用、色泽多样、耐磨、防水、耐腐蚀、易清洁，适用于卫生间、厨房、化验室中精密工作间的地面。其粘贴方法是在结构层上先以 1∶3 水泥砂浆打底找平，然后用 5 mm 厚 1∶1 水泥砂浆粘贴(见图 4.32(b))。

还有其他的水泥砂浆预制板、水磨石板，其规格为(200～500) mm×(200～500) mm，厚 20～50 mm，其铺贴方式与铺贴缸砖的一样。

4）天然石板地面

天然石板包括大理石、花岗岩板等，由于它质地坚硬，色泽艳丽、美观，属高档地面装修材料，多用于高级宾馆的门厅、公共建筑的大厅、影剧院、体育馆的出入口等处。其构造做法多为在结构层上先洒水润湿，再刷一层素水泥浆，紧接着铺一层 20～30 mm 厚1∶3～1∶4(体积比)干硬性水泥砂浆作结合层，最后铺贴石板材(见图 4.33)。

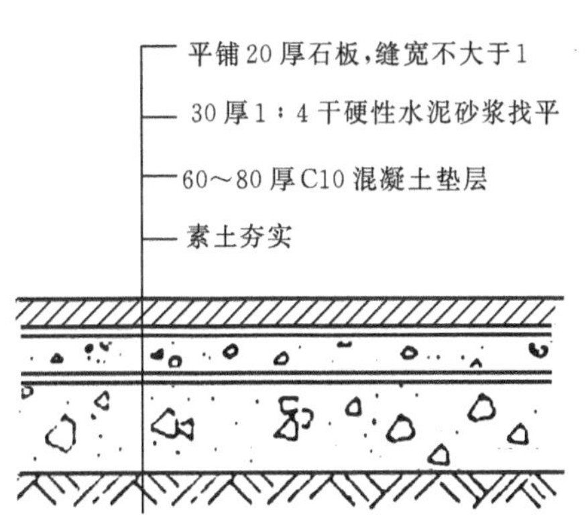

图 4.33　石板地面

5）木地面

木地面具有有弹性、蓄热性小、不起灰、不反潮、易清洁的优点，但耗用木材多，常用于高级住宅、宾馆、体育馆、剧院舞台等建筑中。

木地面按用材规格，分为条板木地面和拼花木地面，按构造，分为空铺木地面和实铺木地面。

(1) 空铺木地面(见图 4.34)。这种做法适用于底层地面。由于底层土层中有湿气不断上升，将木板涂以防腐剂架空设置，并在架空层中设置通风洞，以避免木材霉烂，提高使用年限。

(2) 实铺木地面。实铺木地面分为榻栅式及粘贴式两种。

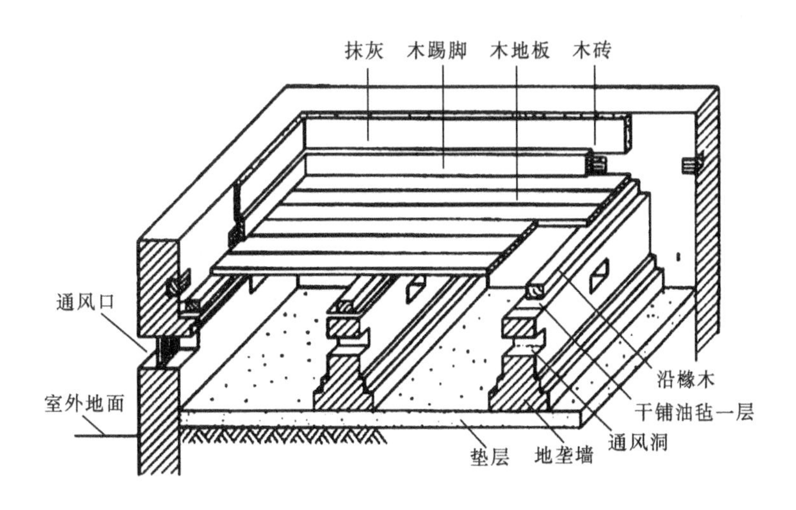

图 4.34　空铺木地面

榻栅式实铺木地面构造做法如图 4.35(a)所示。先在混凝土垫层或结构层上固定木榻栅，然后将木地板固定在榻栅上。如做拼花木地板，需在榻栅上钉毛木板，然后再做拼花木地面。

为了防止木地面起鼓、翘曲，需在混凝土垫层或结构层上做找平层，再涂冷底子油防潮层。如为底层地面，需在冷底子油上涂一道热沥青防潮层，且在踢脚板部位设置通风洞，保证榻栅之间通风干燥。如为楼层地面，需做防潮层。木榻栅用50 mm×50 mm的方木，间距400 mm。

粘贴式实铺木地面的构造、做法如图 4.35(b)所示。先在混凝土层上做找平层，刷一道冷底子油，再用热沥青(或环氧树脂、乳胶等)粘贴地面，这种地面防潮性能好、施工简便、节约木材。

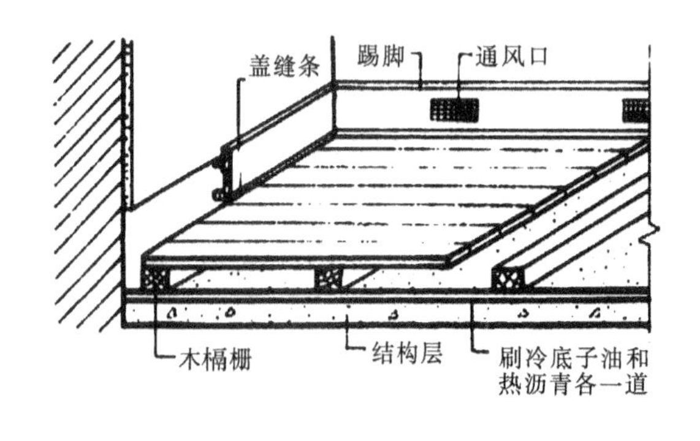

(a) 榻栅式木地面　　(b) 粘贴式木地面

图 4.35　实铺木地面

3. 卷材类地面

卷材类地面主要是粘贴各种卷材、半硬质块材的地面，常见的有塑料地面、橡胶地毡地面和无纺织地毯地面等。

1) 塑料地面

塑料地面中以聚氯乙烯塑料地面应用最广。聚氯乙烯塑料地面主要以聚乙烯树脂为基料，加入增塑剂、稳定剂、石棉绒等，经塑化热压而成，多用于住宅、公共建筑，以及工业建筑中洁净要求较高的房间。

塑料地面的优点是脚感舒适、柔软、富有弹性、轻质、耐磨、美观大方以及防滑、防水、耐腐蚀、绝缘、隔声、阻燃、易清洁，施工方便；其缺点是不耐高温，怕明火，易老化。颜色有灰、绿、橙、黑、仿天然石材纹理等。塑料地面按外形有块材与卷材之分；按材质有软质与半硬质之分；按结构有单层与多层之分。其规格如下：块材有100 mm×100 mm、200 mm×200 mm、300 mm×300 mm、500 mm×500 mm；卷材宽800～1 200 mm，长16 m，厚1.5～3 mm，用黏结剂粘贴在平整、干燥、清洁的水泥砂浆找平层上(见图 4.36)。黏结剂主要有氯丁橡胶及聚氯乙烯、过氯乙烯等胶结剂。

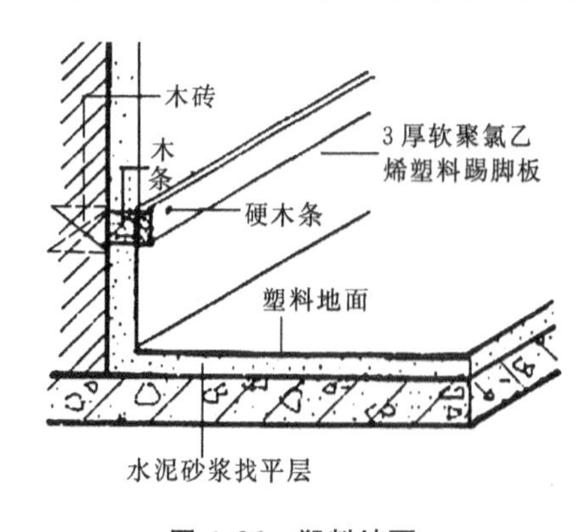

图 4.36　塑料地面

2) 橡胶地毡地面

橡胶地毡是以橡胶粉为基料，掺入软化剂，在高温、高压下解聚后，加入着色补强剂，经混炼、塑化压延成卷的深棕色毡状地面装修材料。它具有耐磨、柔软、防滑、吸声、隔潮、有弹性等特点，且价格低廉、铺贴简便，可以干铺或粘贴在水泥砂浆面层上。

3）地毯地面

地毯类型常见的有化纤无纺织针刺地毯、黄洋麻纤维针刺地毯和纯羊毛无纺织地毯等。这类地毯加工精细、平整丰满、图案典雅、色调宜人，具有柔软舒适、清洁吸声、防虫、防潮、美观适用等特点，是装饰房间的绝佳材料。

卷材地面的基层必须坚实、干燥、平整、干净。铺贴前先弹好铺贴导线，并进行预铺，然后从房间中心向四周铺贴。操作时，对接缝处须用小压辊压实，以防翘边、脱胶等现象发生。

4. 涂料类地面

地面涂料有地板漆、过氯乙烯地面涂料、苯乙烯地面涂料等。涂料地面施工方便，造价较低，地面耐磨性和韧性以及不透水性较高，适用于民用建筑中的住宅、医院等。但由于过氯乙烯、苯乙烯地面涂料是溶剂型的，施工时有大量的有机溶剂逸出，污染环境；另外，由于涂层较薄，耐磨性差，故不适于人流密集，经常受到物或鞋底摩擦的公共场所。

涂料地面的基层应坚实平整，涂料与基层黏结应牢固，不允许有掉粉、脱皮及开裂等现象。同时，涂层色彩要均匀，表面要光滑、清洁，给人以舒适、明净、美观的感觉。

5. 踢脚线构造

地面与墙面交接处的垂直部位，在构造上，通常按地面的延伸部分来处理，这一部分称为踢脚线，也称踢脚板。它的主要功能是保护墙面，防止墙面因受外界的碰撞损坏，或在清洗地面时，脏污墙面。踢脚线高度一般为120～150 mm，材料一般同地面材料（见图4.37）。

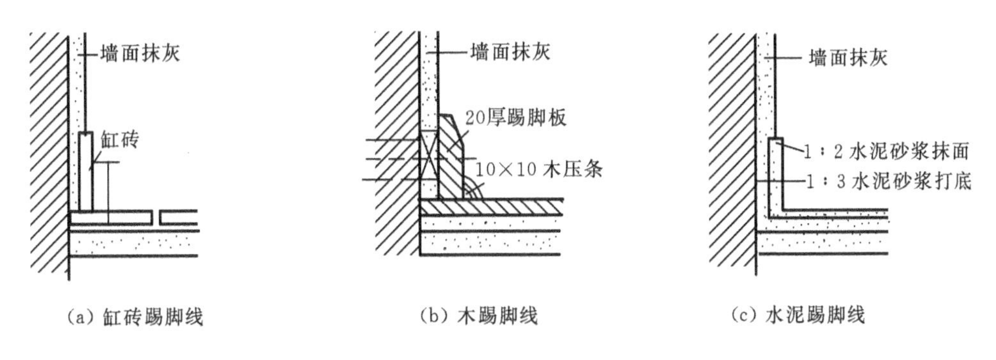

图 4.37　踢脚线

6. 楼板层隔声构造

楼板层的一个主要作用是隔撞击声，即减弱或限制固体传声，方法有以下三种。

(1) 减弱撞击楼板的力，削弱楼板因撞击而产生的声能，可在楼板面上铺设弹性面层，如地毯、橡胶、塑料板等（见图4.38(a)）。

(2) 利用弹性垫层进行处理，在楼板面层和结构层之间设置有弹性的材料作垫层，来降低撞击声的传递。构造做法是使楼面与楼板全脱开，形成浮筑楼板（见图4.38(b)）。

(3) 做楼板吊顶处理，利用吊顶棚内空间使撞击产生的声能不能直接进入室内，同时受到吊顶棚面的阻隔而使声能减弱。对于隔声要求高的空间，还可在顶棚上铺设吸声材料，效果会更佳（见图4.38(c)）。

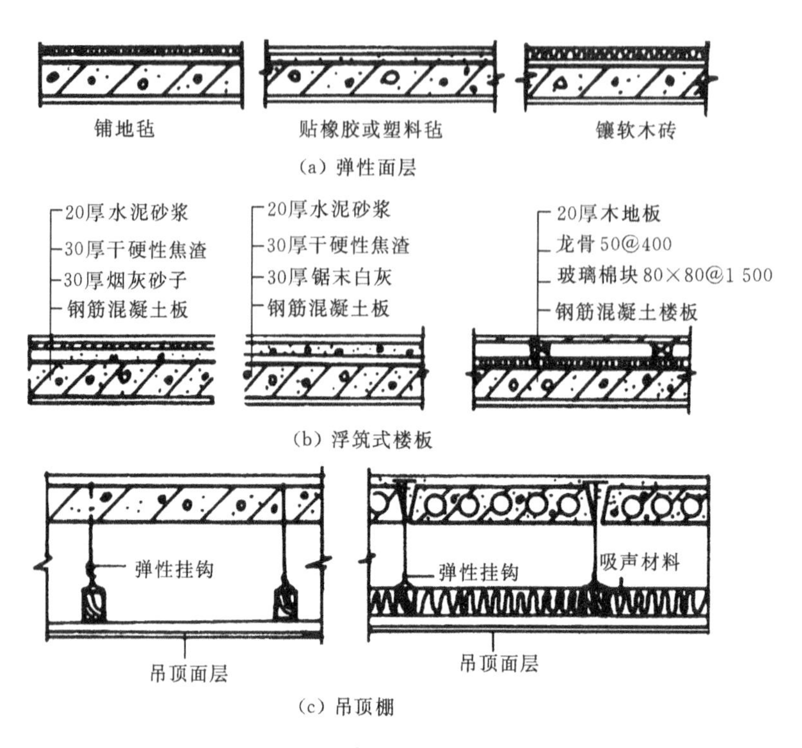

图 4.38　楼板隔固体声构造

4.5　顶棚构造

顶棚是楼板层下面的装饰层。对顶棚的要求是表面光洁、美观，且能起反射光的作用，以改善室内的亮度。对某些有特殊要求的房间，顶棚还要求有隔声、保温、隔热等方面的功能。

顶棚多为水平式，但根据房间用途的不同，也可做成弧形、凹凸形、高低形以及折线形等。依其构造方式的不同，分为直接式顶棚和悬吊式顶棚。

1. 直接式顶棚

直接式顶棚是指直接在钢筋混凝土楼板下抹灰，喷、刷或粘贴装修材料的一种构造方式。多用于居住建筑、工厂、仓库以及一些临时性建筑中，直接式顶棚装修常见的处理方式如下。

1）直接喷、刷涂料

当楼板底面平整时，可直接在楼板底面喷刷大白浆涂料或106涂料等。

2）抹灰装修

当楼板底部不够平整或室内装修要求较高时，可在楼板底进行抹灰装修。其做法与墙体抹灰类似。

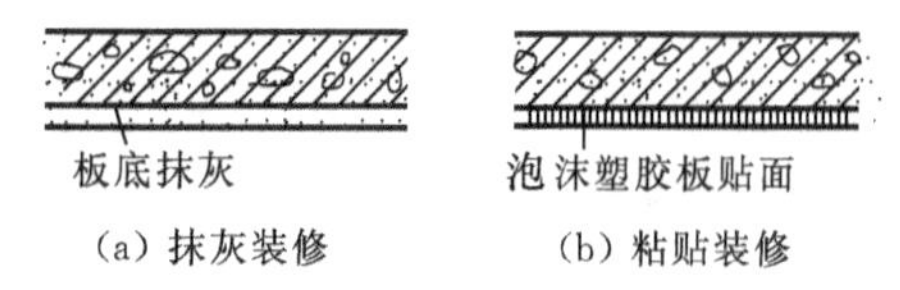

图 4.39　直接式顶棚构造

水泥砂浆抹灰，须先将楼板底打毛，然后粉10～15 mm厚1∶2水泥砂浆，一次成活，之后再喷(或刷)涂料(见图4.39(a))。

3）贴面式装修

对于一些装修要求较高或有保温、隔热、吸声要求的建筑物，如商店营业厅、公共建筑大厅等，可在顶棚上直接粘贴装饰墙纸、装饰吸声板以及着色泡沫塑胶板等(见图 4.39(b))。

2. 悬吊式顶棚

悬吊式顶棚简称吊顶，在现代建筑中，为提高建筑物使用功能和观感，可将空调管、火灾报警、自动喷淋、烟感器、广播设备等管线安装在顶棚上，所以常需借助吊顶来解决。

吊顶无论采用何种形式，均由吊筋、龙骨(也称樼栅)和板材三部分构成，根据造型、防火等要求选用。常见龙骨形式有木龙骨、轻钢龙骨、铝合金龙骨等；板材常用的有各种人造木板、石膏板、吸声板、矿棉板、埃特板、铝板、彩色涂层薄钢板、不锈钢板等。图 4.40 所示的为木质吊顶构造，图 4.41 所示的为铝合金吊顶构造。

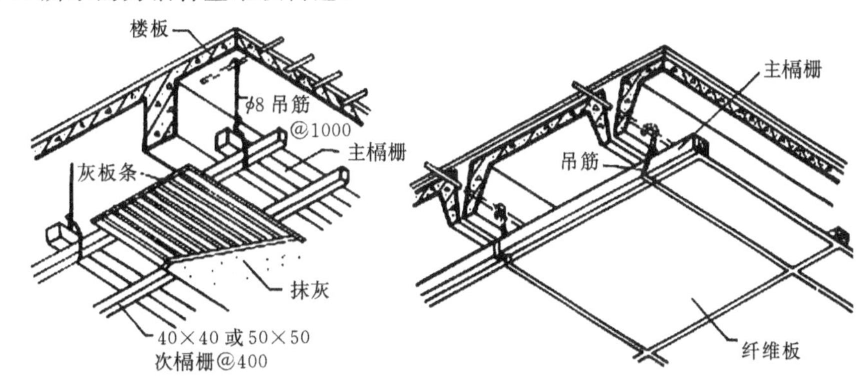

图 4.40　木质吊顶构造

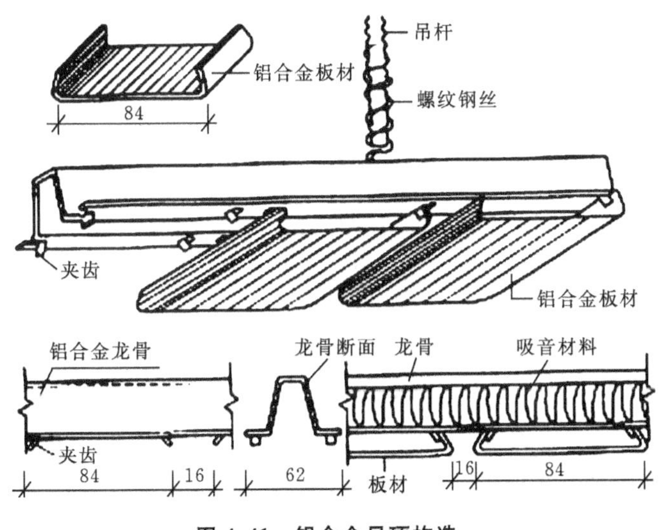

图 4.41　铝合金吊顶构造

4.6　阳台与雨篷构造

1. 阳台

阳台是楼房建筑中各层房间与室外接触的平台，按阳台与外墙关系，可分为凸阳台、凹阳台和半凸半凹阳台(见图 4.42)。人们可以利用阳台休息、乘凉、晾晒衣物、眺望或从事家务活动，它是多层尤其是高层建筑中不可缺少的构件。

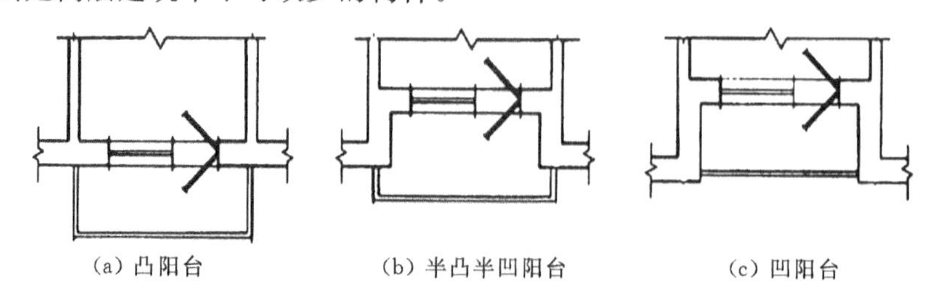

(a) 凸阳台　　(b) 半凸半凹阳台　　(c) 凹阳台

图 4.42　阳台的类型

1) 阳台的尺度

阳台平面尺寸，要综合考虑阳台的使用功能、结构形式以及室内日照、采光等因素确定，阳台的宽度一般为 1～1.8 m，常用的为 1.2～1.5 m。阳台宽度过大，因为悬挑太大，虽然使用方便，但对房间的日照、采光均有很大影响，也不经济。阳台长度一般不小于 2 m，通常与房间的开间相同，这样受力好、结构处理简单。

2) 阳台的结构布置

阳台的结构形式及其布置应与建筑物的楼板结构布置统一考虑，有现浇与预制之分。当楼板是现浇时，阳台亦用现浇；当楼板是预制构件时，阳台亦多用预制阳台。当采用与楼板相同的构件铺置阳台时，阳台板尺度应以房间开间尺寸进行布置为宜。这对阳台的结构较为有利，它可以利用承重的内墙解决阳台板的倾覆问题。

凹阳台的结构布置与一般楼盖的相同，这里主要介绍挑阳台的结构布置。从阳台挑板形式看，有挑板式和挑梁式两种，挑板式又分为有平衡板挑板式和压梁挑板式两种。图 4.43(a)所示为由室内楼板直接外挑板，这种形式构造简单，造型轻巧，但室内楼板与阳台板在同一个标高，防水不好。图 4.43(b)所示为压梁式挑板，它是靠压在纵墙内的阳台梁及其上部墙体防止阳台倾覆，这种形式外观轻巧，但抗倾覆能力较差，阳台悬挑尺寸不能过大。图 4.43(a)、(b)所示两种形式对阳台宽度限制较少。图 4.43(c)所示为挑梁式，用横墙上挑梁支撑阳台板，靠伸入横墙内的梁及其上部墙体保持平衡，这种形式的阳台施工复杂，外观笨重，但阳台安全性较好，应用较为普遍。

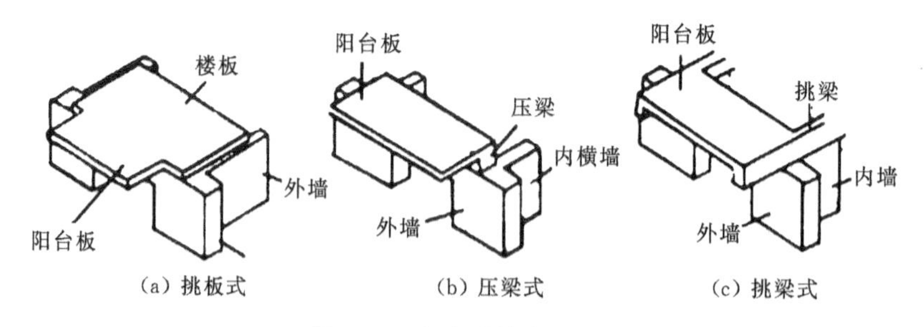

(a) 挑板式　　(b) 压梁式　　(c) 挑梁式

图 4.43　阳台结构布置形式

3) 阳台栏杆

阳台栏杆是在阳台外围设置的垂直构件，必须能承担人们倚扶的侧向推力，以保障人身安全；同时对整个建筑物起到一定的装饰作用。因此，栏杆的设计既要考虑坚固，又要考虑美观。

(1) 阳台栏杆的类型。

阳台栏杆按材料可分为金属栏杆、混凝土栏杆、砖栏杆，按立面形式可分为空花栏杆、实心栏板、半空花栏杆。

(2) 阳台栏杆的构造方式。

① 尺寸：栏杆高度是根据人体尺度确定的，为确保安全，其高度为1～1.2 m，这样人们在晾晒衣物时，重心不会超出栏杆之外；栏杆之间的距离一般不大于120 mm，使之不易产生高空坠落物；栏杆的下部不宜设置水平方向的横向杆件，以防儿童攀缘，发生危险。

② 形式：空花栏杆可用圆钢、扁钢、方钢、钢管或用C20混凝土，内配$\phi4$～$\phi6$的钢筋预制，断面有矩形、梯形及其他形状(见图4.44)。

③ 栏板用混凝土现浇或预制，或采用波型铝板、波型丝网玻璃板、波形石棉板制作，也可用砖砌筑。栏板外面抹灰层可做各种花饰图案。混凝土栏板厚60～100 mm。

④ 栏杆与阳台板的连接：在阳台板周边混凝土预留孔洞，然后将栏杆插入孔洞内用混凝土嵌牢；另一种方法是在阳台板上预埋铁件，然后将栏杆焊在铁件上。

⑤ 栏杆与扶手的连接因扶手的做法不同而异。阳台扶手多用混凝土压顶，宽度为150～

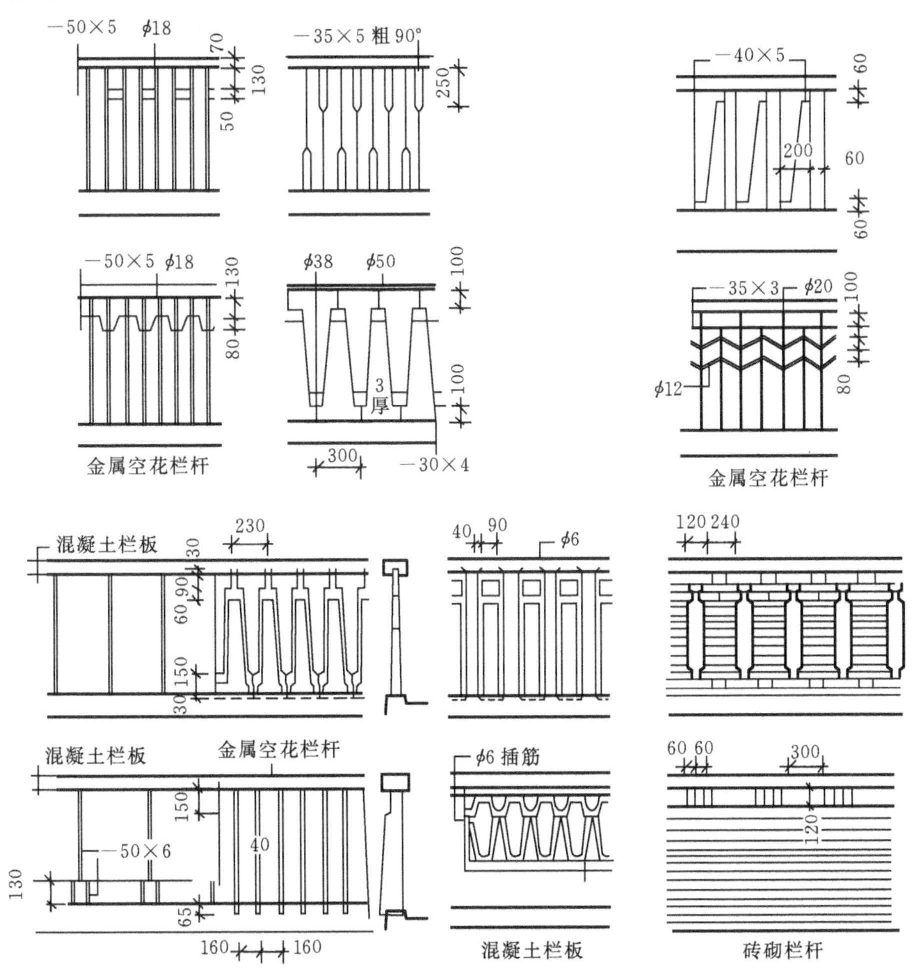

图4.44 栏杆与栏板

250 mm，以便搁置花草盆；也有采用金属扶手的。如为混凝土扶手，一般将栏杆锚固在混凝土中；如为金属扶手，常将栏杆与扶手焊在一起(见图 4.45)。

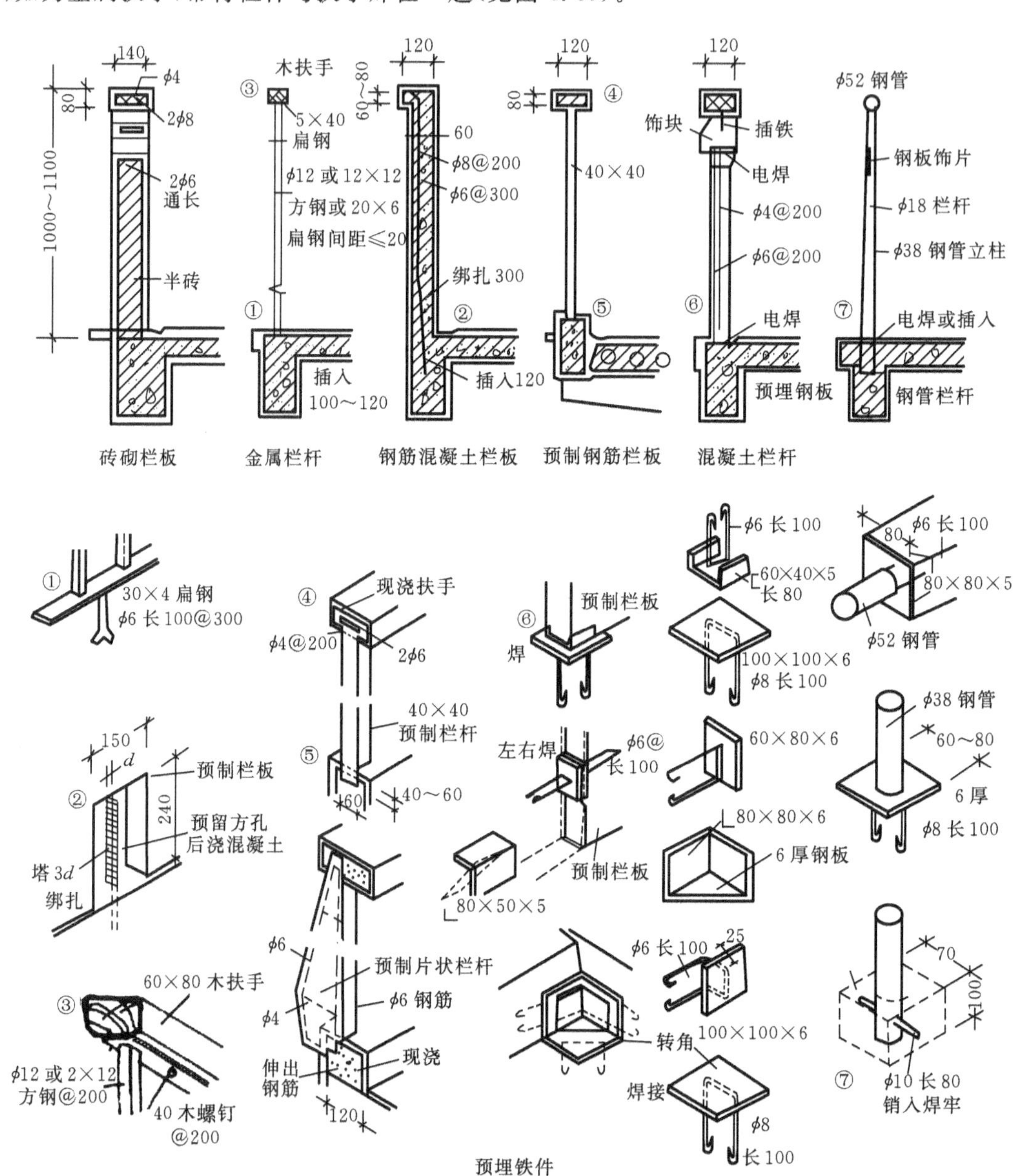

图 4.45　栏杆、扶手与阳台板的连接

栏板两面需作装饰处理，可采用抹灰或涂料，亦可粘贴面砖或陶瓷锦砖。

阳台板的底部常抹灰并刷涂料处理。

4）阳台排水

由于阳台外露，为防止雨水从阳台倒灌入室内，设计时阳台地面标高应低于室内地面 20～30 mm，阳台地面做 0.5%～1%的坡度，坡向排水口。排水口用 ϕ40 mm 或 ϕ50 mm 镀锌钢管或塑料管设水舌，水舌向外挑出至少 80 mm(见图 4.46(a))，以防排水溅到下层阳台上。高层建筑则宜另用雨水管排水(见图 4.46(b))。

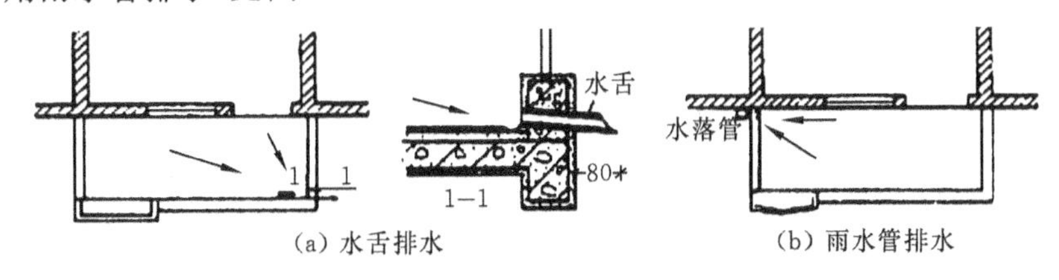

(a) 水舌排水 (b) 雨水管排水

图 4.46 阳台的排水

2. 雨篷

雨篷是建筑物入口处位于外门上部用于遮挡雨水、保护外门免受雨水侵害的水平构件,同时对建筑物立面效果起到很重要的作用。

雨篷多采用钢筋混凝土悬臂板,其悬挑长度一般为 1～1.5 m,有板式和梁板式两种。为使雨篷底部平整,梁式雨篷的梁要反到上部,呈反梁结构,并在梁间预留排水孔。为防止雨篷产生倾覆,常将雨篷与入口处门上的过梁或圈梁浇在一起(见图 4.47)。

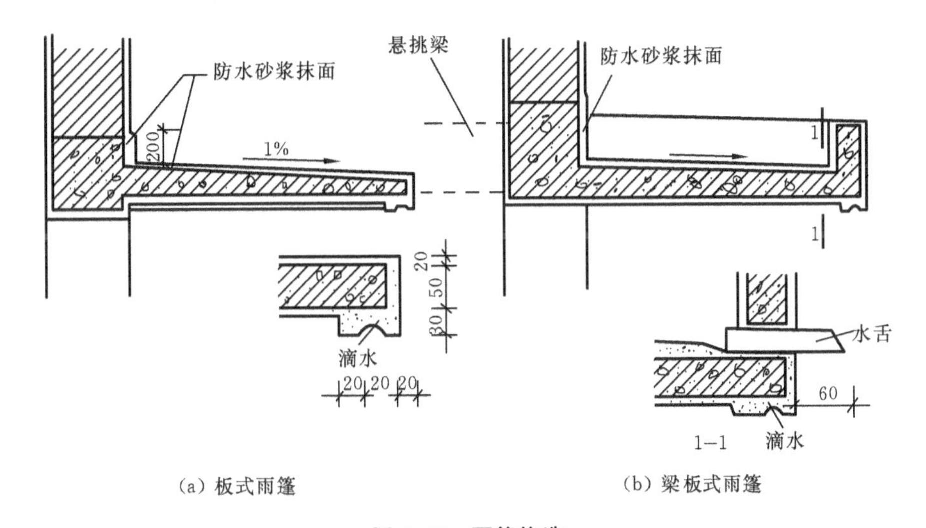

(a) 板式雨篷 (b) 梁板式雨篷

图 4.47 雨篷构造

由于雨篷承受的荷载较小,因此雨篷板的厚度较薄,板外沿厚一般为 50～70 mm。

雨篷的板面需做防水砂浆抹面,厚 20 mm,为防止雨水沿墙边渗入室内,除尽量将过梁或圈梁与雨篷整浇在一起,并做在板的上部外,还需将防水砂浆抹面沿墙身粉至雨篷面上200 mm处,以形成泛水。

小结

1. 楼板是多层建筑中分隔楼层的水平构件,它承受并传递楼板上的荷载,同时对墙体起着水平支撑的作用。它由楼面、楼板和顶棚等部分组成。

2. 楼板依所用材料不同有木楼板、砖楼板、钢筋混凝土楼板等几种形式,钢筋混凝土楼板是楼板结构的主体。

3. 钢筋混凝土楼板依施工方式不同有现浇钢筋混凝土楼板、预制装配式钢筋混凝土楼板和装配整体式钢筋混凝土楼板。

现浇钢筋混凝土楼板有板式楼板、肋梁楼板、无梁楼板和压型钢板组合楼板。

预制钢筋混凝土楼板有预制实心板、槽形板、空心板等几种类型。板的布置有板式结构和梁板式结构两种。在铺设预制板时，要求板的规格、类型越少越好，并应避免出现三面支撑板。当出现板缝差时，一般采用调整板缝、挑砖或现浇板带的办法解决。为了增加建筑的整体刚度，应对楼板的支座部分用钢筋予以锚固，并对板的端缝与侧缝进行处理。

装配整体式钢筋混凝土楼板兼有现浇与预制的共同优点。近年来发展的叠合楼板具有良好的整体性和连续性，对结构有利。楼板跨度大、厚度小，结构自重亦可减轻。

4. 楼板层构造主要包括面层处理、隔墙的搁置、顶棚以及楼板的隔声等处理。隔墙在楼板上的搁置应以对楼板受力有利的方式处理为佳。

5. 顶棚有直接式顶棚和悬吊式顶棚之分，直接式顶棚又有直接喷、刷涂料或作抹灰粉刷或粘贴饰面材料等多种方式。

6. 楼板层的隔声应以对撞击声的隔绝为重点，其处理方式是楼面上铺设富有弹性的材料、作浮筑楼板和作吊顶棚等三种。

7. 地坪是建筑物底层房间与土壤相接触的水平结构部分，它将房间内的荷载传给地基。地坪由面层、垫层和基层所组成。

8. 地面是楼板层和地坪的面层部分，地面应具有坚固耐磨、不起灰、易清洁、有弹性、防火、保温、防潮、防水、防腐蚀等性能。

地面依所采用材料和施工方式，可分为整体类地面、块材类地面、卷材类地面和涂料地面。

9. 阳台有挑阳台、凹阳台、半挑半凹阳台等几种形式，其构造主要包括栏杆、栏板、扶手以及阳台的排水等处的细部处理。

10. 雨篷有板式和梁板式之分，构造重点在板面和雨篷板与墙体的防水处理。

1. 楼板层由哪些部分组成，各起到哪些作用？对楼板层设计的要求有哪些？

2. 现浇钢筋混凝土楼板具有哪些特点？有哪几种结构形式？现浇肋梁楼板构件的经济尺寸如何？

3. 预制装配式钢筋混凝土楼板具有哪些特点？常见的预制板的形式有哪些？

4. 何谓三面支撑板？为什么预制板不宜出现三面支撑情况？

5. 预制板的接缝形式有几种？在布置板的过程中出现较大侧缝时，应采用什么办法解决？

6. 装配整体式楼板有什么特点？叠合楼板有何优越性？

7. 楼板顶棚形式有几种？直接式顶棚构造如何？吊顶有几种形式，常用材料有哪些？

8. 对撞击噪声的隔绝措施有哪些？

9. 常见地面可分几类？各种地面的构造如何？

10. 水泥地面、水磨石地面易返潮的原因何在？为减少返潮现象，应采取哪些措施？

11. 常见阳台有哪几种类型？在结构布置时应注意些什么问题？

第 5 章 楼梯构造

学习目标与要求

1. 掌握楼梯的类型、组成及设计要求。

2. 重点掌握楼梯的尺度与设计和钢筋混凝土楼梯的构造要求，包括楼梯段的宽度、楼梯段的坡度、与楼梯有关的净空高度，掌握现浇钢筋混凝土楼梯的构造特点与要求、楼梯的结构形式、预制装配式钢筋混凝土楼梯的构造特点与要求以及楼梯的细部处理等。

3. 了解关于室外台阶与坡道的设计及构造要求。

4. 了解关于电梯与自动扶梯的基本知识，电梯井道的设计及构造要求。

5. 了解有高差处无障碍设计的构造处理及构造要求。

5.1 楼梯的类型、组成与其设计要求

建筑空间的垂直交通措施有楼梯、电梯、自动扶梯、台阶、坡道以及爬梯等。其中楼梯是作为垂直交通和紧急疏散的主要交通措施；垂直升降电梯主要用于多层建筑和高层建筑或使用要求较高的公共建筑和住宅建筑；自动扶梯用于人流量大而且使用要求高的建筑，如商场、宾馆等；室外台阶一般用于室内外高差之间的联系；坡道常用于建筑中有无障碍交通要求的高差之间的联系，如医院，工厂等；也有专门为残疾人轮椅使用设置的专用坡道交通设施；爬梯一般用于检修。

本章主要介绍大量性民用建筑中广泛使用的楼梯、电梯、坡道和台阶。

5.1.1 楼梯的类型

按楼梯所处的位置，楼梯分为室内楼梯和室外楼梯，室外楼梯又有安全楼梯和防火楼梯；按楼梯的使用性质，楼梯分为主要楼梯和辅助楼梯；按楼梯的材料，楼梯分为木质楼梯、钢筋混凝土楼梯、金属楼梯等；按楼梯的平面形式，楼梯可分为以下几种（见图 5.1）。

1. 单跑直楼梯

单跑直楼梯是指无楼梯平台，直达上一层楼面标高的楼梯。一般梯段呈直线状，在行进中不改变方向，构造简单，适用于层高较低的建筑（见图 5.1(a)）。

2. 双跑楼梯

双跑楼梯由两跑梯段和一楼梯平台组成。按梯段与楼梯平台的组合形式，有双跑直楼梯（见图 5.1(b)）、曲尺楼梯（见图 5.1(c)）、平行双跑楼梯（见图 5.1(d)）等多种变化。

(1) 双跑直楼梯：在行进中不改变方向，两梯段之间设一楼梯平台，适用于层高较大或人流量大的公共建筑，比如体育建筑、影剧院、百货商场等（见图 5.1(b)）。

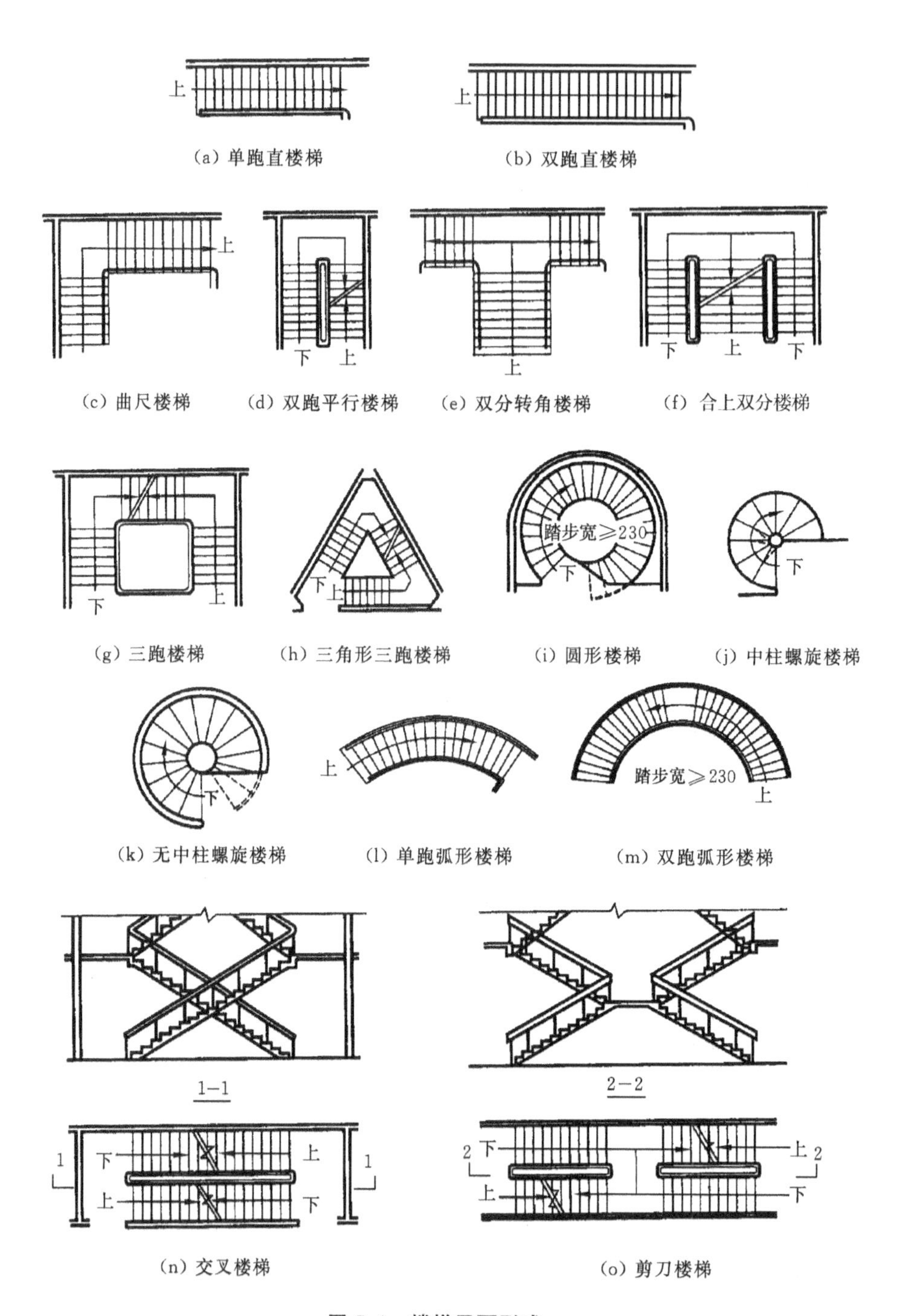

(a) 单跑直楼梯　(b) 双跑直楼梯

(c) 曲尺楼梯　(d) 双跑平行楼梯　(e) 双分转角楼梯　(f) 合上双分楼梯

(g) 三跑楼梯　(h) 三角形三跑楼梯　(i) 圆形楼梯　(j) 中柱螺旋楼梯

(k) 无中柱螺旋楼梯　(l) 单跑弧形楼梯　(m) 双跑弧形楼梯

(n) 交叉楼梯　(o) 剪刀楼梯

图 5.1　楼梯平面形式

(2) 曲尺楼梯：楼梯平面呈 L 形，一般设在少数楼层之间，且通常不设楼梯间，可沿一两片墙面开敞布置（见图 5.1(c)）。

(3) 双跑平行楼梯：在使用中改变行进方向，是最为常见的适用面广的一种楼梯形式。一般两个梯段做成等长，有时底层为了能在平台下过人，常把下梯段加长，上梯段缩短。在建筑中主要起垂直交通或疏散作用，通常设楼梯间（见图 5.1(d)）。

3. 三跑(多跑)楼梯

三跑楼梯由三跑楼段、一或两个楼梯平台组成。梯段和楼梯平台的组合方式不同,可产生双分转角楼梯(见图 5.1(e))、合上双分楼梯(见图 5.1(f))或分上双合楼梯、框形楼梯(见图 5.1(g)、(h))等多种变化。

双分转角和合上双分楼梯相当于两个双跑楼梯并联在一起,其均衡对称的形式,典雅而庄重,常用于对称式门厅内,底层楼梯平台下常设门,作为门厅通道。

框形楼梯又称三跑楼梯,每上一梯段折 90°改变行进方向,楼梯间近方形,一般适用于层高较高的公共建筑,也可连接层高不同的楼层或夹层,但不宜用于有儿童经常使用的住宅或小学校。通常利用楼梯围成的空间作电梯井道。

4. 圆形楼梯

圆形楼梯是投影平面呈圆形的楼梯(见图 5.1(i)),这类楼梯富于装饰性,常用于公共建筑中。

5. 螺旋楼梯

螺旋楼梯是梯段绕一根主轴旋转而上的楼梯(见图 5.1(j)、(k)),分为中柱式和无中柱式两类,这类楼梯旋律明快,富于装饰性。

6. 弧形楼梯

弧形楼梯是投影平面呈弧形的楼梯(见图 5.1(l)、(m))。这类楼梯由曲梁或曲板支撑,踏步略呈扇形,造型活泼,富于装饰性。单跑和双跑弧形楼梯均适用于公共建筑门厅内。

7. 交叉式楼梯

交叉式楼梯又称为叠合式楼梯(见图 5.1(n))。它是在同一楼梯间内,由一对互相重叠而又不连通的单跑直上或双跑直上梯段构成的楼梯,能通过较多人流并节省建筑面积。

8. 剪刀式楼梯

剪刀式楼梯又称为桥式楼梯(见图 5.1(o))。它由一对方向相反、楼梯平台共用的双跑平行梯段组成,能同时通过较多人流,并能有效利用建筑空间。这类楼梯用于人流量大的公共建筑中,比如用在商场中。

5.1.2 楼梯的组成

一般楼梯主要由楼梯梯段、楼梯平台、栏杆扶手三部分组成(见图 5.2)。

1. 楼梯梯段

楼梯梯段又称楼梯跑,是楼梯的主要使用和承重部分。它由若干个踏步组成,为减少人们上下楼梯时的疲劳和适应人行的习惯,一个楼梯段的踏步数要求最多不超过 18 级,最少不少于

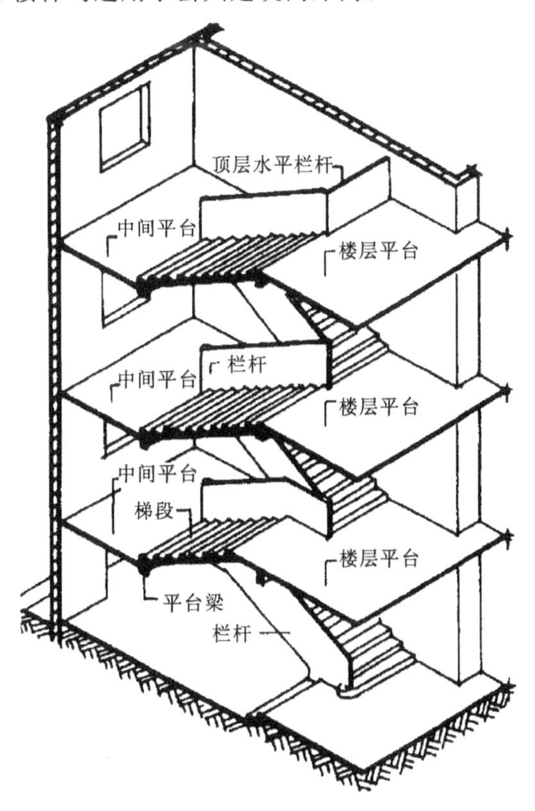

图 5.2 楼梯的组成

3 级。

2. 平台

平台是指两楼梯段之间的水平板，有楼层平台、中间平台之分。其主要作用在于缓解疲劳，让人们在连续上楼时可在平台上稍加休息，故又称休息平台。同时，平台还是梯段之间转换方向的连接处，对人流起到一个缓冲的作用。

3. 栏杆扶手

栏杆是楼梯段的安全设施，一般设置在梯段的边缘和平台临空的一边，要求它必须坚固可靠，并保证有足够的安全高度。栏杆有实心栏杆和镂空栏杆之分，实心栏杆又称栏板。栏杆上部供人们倚扶的配件称扶手。

5.1.3 楼梯的设计要求

楼梯既是楼房建筑中的垂直交通枢纽，也是进行安全疏散的主要工具，为确保使用安全，楼梯的设计必须满足如下要求。

(1) 作为主要楼梯，应与主要出入口邻近，且位置明显；同时还应避免垂直交通与水平交通在交接处拥挤、堵塞。

(2) 必须满足防火要求，楼梯间除允许直接对外开窗采光外，不得向室内任何房间开窗；楼梯间四周墙壁必须为防火墙；对防火要求高的建筑物特别是高层建筑，应设计成封闭式楼梯或防烟楼梯。

(3) 楼梯间必须有良好的自然采光。

5.2 楼梯尺度和设计

5.2.1 楼梯的尺度

1. 楼梯的坡度和踏步尺寸

楼梯的坡度是指梯段的斜率。一般用斜面与水平面的夹角表示，也可用斜面在垂直面上的投影高和在水平面上的投影宽之比来表示。一般来讲，楼梯的坡度越小，行走也越舒适，但却扩大了楼梯间的进深，增加了建筑面积和造价。

楼梯梯段的最大坡度不宜超过 38°。坡度小时，行走舒适，但占地面积大；反之可节约面积，但行走较吃力。当坡度小于 20°时，采用坡道；大于 45°时，则采用爬梯(见图 5.3)。

楼梯坡度应根据建筑物的使用性质和层高来确定。对于使用频繁、人流密集的公共建筑，其楼梯坡度宜平缓些；使用人数较少的居住建筑或某些辅助性楼梯，其坡度可适当陡些。

楼梯坡度实质上与楼梯踏步密切相关，踏步高与宽之比即可构成楼梯坡度。踏步高常以 h 表示，踏步宽常以 b 表示(见图 5.4)。

踏步尺寸与人行步距有关，其经验公式为

$$2h + b = 600 \sim 620\ \text{mm}$$

或

$$h + b = 450\ \text{mm}$$

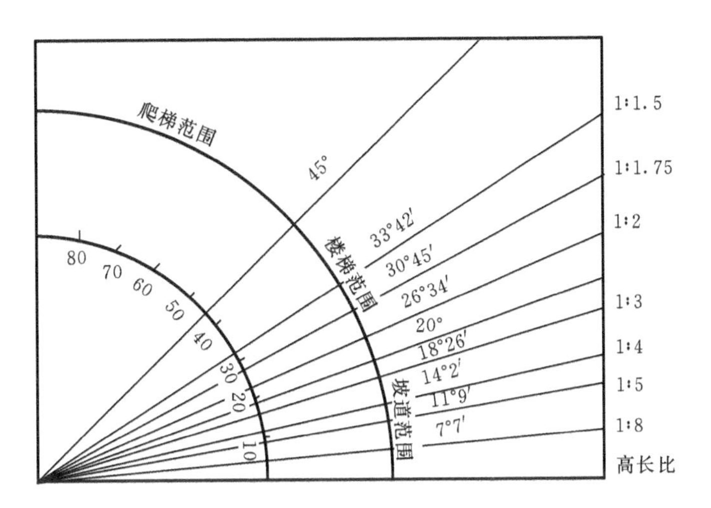

图5.3 楼梯、坡道爬梯的坡度范围

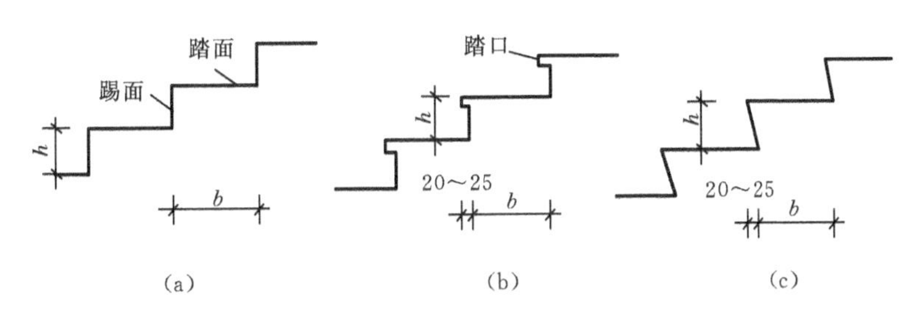

图5.4 踏步尺寸

式中，h——踏步高度(mm)；

b——踏步宽度(mm)；

600～620 mm——一般人的平均步距。

民用建筑中，楼梯踏步的最小宽度与最大高度的限制值见表5.1。

表5.1 楼梯踏步最小宽度和最大高度　　单位：mm

楼梯类别	最小宽度 b	最大高度 h
住宅公用楼梯	250(260～300)	180(150～175)
幼儿园楼梯	260(260～280)	150(120～150)
医院、疗养院等楼梯	280(300～350)	160(120～150)
学校、办公楼等楼梯	260(280～340)	170(140～160)
剧院、会堂等楼梯	280(300～350)	160(120～150)

注：① 无中柱螺旋楼梯和弧形楼梯离内侧扶手250 mm处的踏步宽度不应小于220 mm；

② 本表摘自《民用建筑设计通则》(GB 50352—2005)；

③ 括号内为常用踏步尺寸。

在设计踏步宽度时，当楼梯间深度受到限制，致使踏面宽不足最低尺寸时，为保证踏面宽有足够尺寸而又不增加总进深，可以采用出挑踏口或将踢面向外倾斜的办法，使踏面实际宽度增加。一般踏口的出挑长为20～25 mm(见图5.4(b)、(c))。

2. 楼梯段的宽度

楼梯的宽度必须满足上下人流及搬运物品的需要。从确保安全角度出发，楼梯段宽度是由通过该梯段的人流数确定的。通常，梯段净宽除应符合防火规范的规定外，供日常主要交通用的楼梯的梯段净宽应根据建筑物使用特征，按每股人流宽为0.55 m+(0～0.15) m的人流股数确定，且不少于两股人流。这里的0～0.15 m是人流在行进中人体的摆幅，人流较多的公共建筑应取上限值。

图5.5 栏杆、扶手高度

为确保通过楼梯段的人流和货物也能顺利地在楼梯平台上通过，楼梯平台的净宽不得小于梯段宽度。

3. 栏杆扶手的高度

楼梯栏杆扶手的高度指踏面前缘至扶手顶面的垂直距离。楼梯扶手的高度与楼梯的坡度、楼梯的使用要求有关，坡度很陡的楼梯，扶手的高度矮些，坡度平缓时高度可稍大。在30°左右的坡度下，栏杆扶手高度常采用900 mm；儿童使用的楼梯，栏杆扶手高度一般为600 mm（见图5.5）。对于一般室内楼梯栏杆扶手高度不小于900 mm，靠梯井一侧水平栏杆长度大于500 mm时，其高度不小于1 000 mm，室外楼梯栏杆高度不小于1 050 mm。

5.2.2 楼梯的设计

在进行楼梯的设计时，必须符合建筑性质、建筑等级及防火规范等一系列设计规范的规定，同时应对楼梯各细部尺寸及净空高度进行详细计算。其中最主要的是解决楼梯梯段的设计，而梯段的尺寸与楼梯间的开间、进深与建筑物的层高有关。当楼梯间的开间、进深初步确定之后，根据建筑物的层高即可进行楼梯有关尺度的计算。

1. 楼梯的平面设计

楼梯平面设计主要解决楼梯间的开间、进深尺寸和楼梯梯段、平台的水平投影尺寸。

1）楼梯段宽度及长度的确定

梯段宽应按开间确定，在楼梯间的尺寸已定的前提下。对于双跑梯，当楼梯间开间净宽为A时，其梯段宽B为

$$B=\frac{A-C}{2}$$

式中，C——梯井宽。考虑消防、安全和施工的要求，C应不小于150 mm，一般为60～200 mm。有儿童经常使用的，梯井净宽大于200 mm时，必须采取安全措施。

梯段长度取决于踏步数量，在N已知后，两段等跑的楼梯梯段长L为

$$L=\left(\frac{N}{2}-1\right)b$$

式中，$\frac{N}{2}-1$——梯段踏步宽在平面上的数量。由于在平台内已包含了一级踏步宽，故计算踏步的数量时需减去一个踏步宽。

根据计算所确定的尺寸即可绘制平面图和剖面图(见图5.6)。

2) 楼梯平台宽度的确定

楼梯平台有楼梯中间平台和楼层平台，要求平台宽应大于或等于梯段宽，即 $D \geqslant B$，式中 D 为平台宽。

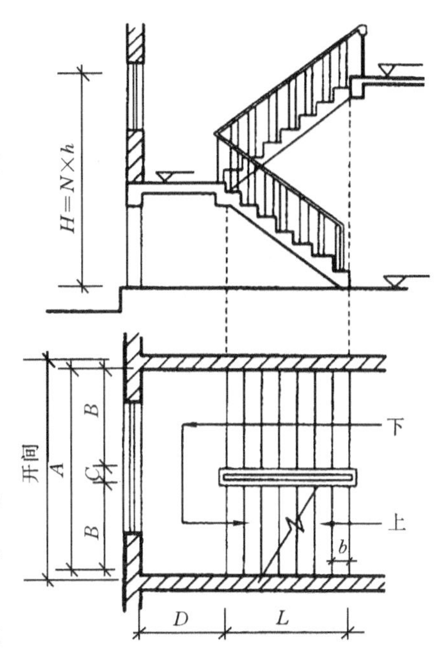

图5.6 楼梯设计

A—楼梯间开间净宽；B—梯段宽度；
C—梯井宽度；D—楼梯平台宽度；
H—层高；L—楼梯段水平投影长度；
N—踏步级数；h—踏步高；b—踏步宽

2. 楼梯的剖面设计

1) 楼梯坡度和踏步尺寸、数量的设计

当层高 H 已知，根据建筑的使用性质，从表5.1中选定踏步高 h 和踏步宽 b。于是踏步数 N 为

$$N=\frac{H}{h}$$

在实际工程中，一般常取等长梯段，以减少构件种类，故 N 宜为偶数，当所求 N 为奇数或非整数时，可在允许范围内调整 h。

确定了楼梯踏步的尺寸也就确定了楼梯的坡度，此时要看看是否符合楼梯的坡度范围，如果不合适，则要调整踏步的尺寸，直到适合为止。

2) 楼梯的净空高度

楼梯的净空高度是指梯段任何一级踏步至上一层梯段板底的垂直高度，其值应不小于2 200 mm，或底层地面至底层平台(或平台梁)底的垂直距离，其值应不小于2 000 mm(见图5.7)，目的是保证在这些部位人流畅通和搬运物件时不受影响。

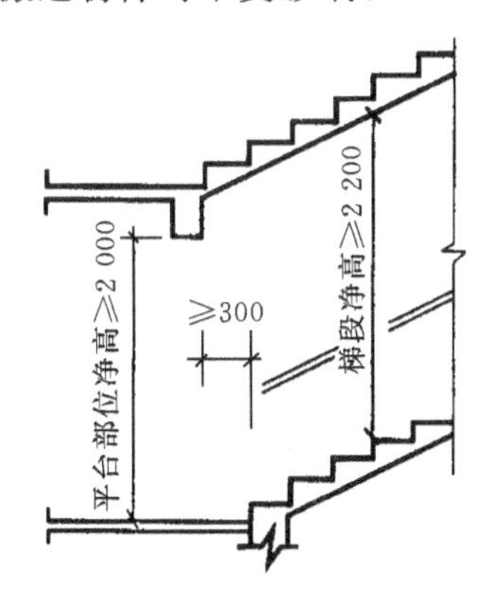

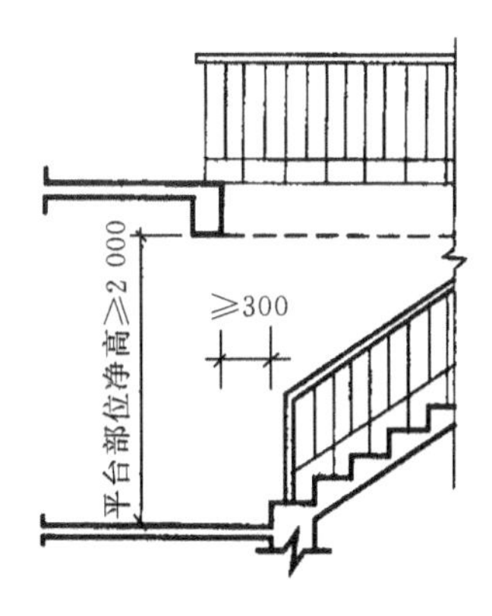

图5.7 梯段及平台部位净高要求

在大多数居住建筑中，常利用楼梯间作为出入口，加之居住建筑的层高较低，因此，应特别重视平台下通行时的净高设计问题。

当楼梯底层中间平台下做通道时，为求得下面空间净高不小于2 000 mm，常采用以下几种处理方法。

(1) 楼梯底层设计成“长短跑”，让第一跑的踏步数目多些，第二跑踏步数目少些，利用踏步

的多少来调节下部净空的高度(见图 5.8(a))。

(2) 降低底层中间平台下的地面标高，即将部分室外台阶移至室内(见图 5.8(b))。但应注意两点：第一，降低后的室内地面标高至少应比室外地面高出一级台阶的高度，为 150 mm 左右；第二，移至室内的台阶前缘线与顶部平台梁的内缘线之间的水平距离应不小于 500 mm。

(3) 将上述两种方法结合，即降低底层中间平台下的地面标高，同时增加楼梯底层第一个梯段的踏步数量(见图 5.8(c))。

(4) 底层采用直跑楼梯(见图 5.8(d))。这种方式多用于少雨地区的住宅建筑，但要注意入口处雨篷底面标高的位置，保证通行净空高度的要求。

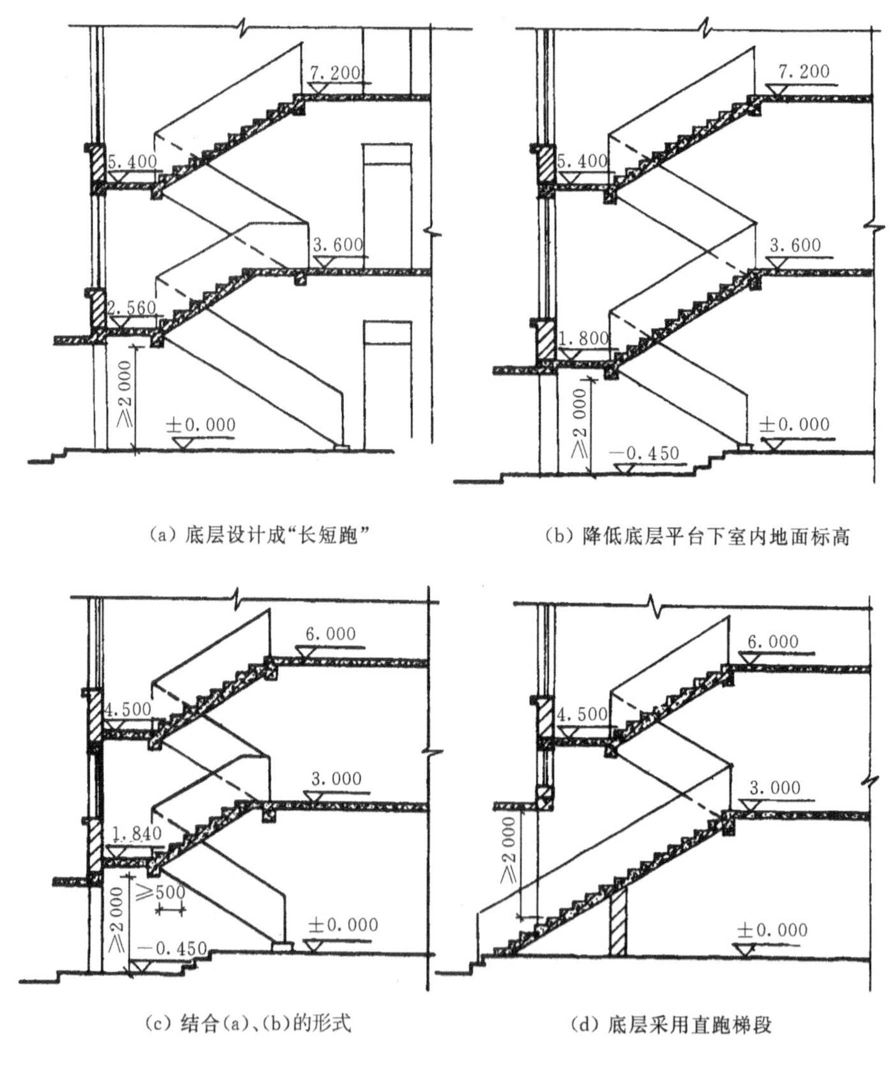

(a) 底层设计成“长短跑”　(b) 降低底层平台下室内地面标高

(c) 结合(a)、(b)的形式　(d) 底层采用直跑梯段

图 5.8　平台下做出入口时楼梯净高设计的几种方式

最后需要强调的是，在做楼梯设计时，如果采用“长短跑”这种设计方法，在平面图的设计过程中，仅设计出底层平面图、标准层平面图和顶层平面图是不够的，这样不能完整地表达出所设计的楼梯的全貌，还需要增加一个二层平面图，这样整个楼梯设计才完整。

5.3 钢筋混凝土楼梯构造

钢筋混凝土楼梯具有坚固耐久、节约木材、防火性能好、可塑性强等优点，因此在大量性民用建筑中得到了广泛应用。本节主要就使用得最多的钢筋混凝土楼梯做一番介绍。钢筋混凝土楼梯中又选最常见的平行双跑楼梯为主要介绍对象。

钢筋混凝土楼梯按施工方式可分为现浇式和预制装配式两类。现浇钢筋混凝土楼梯整体性好，刚度大，对抗震较为有利。但由于模板耗费较多，且施工速度缓慢，因而较适合工程比较小且抗震设防要求较高的建筑中，螺旋梯、弧形梯由于形状复杂，亦以采用现浇有利。预制装配式有利于节约模板、提高施工速度，使用较为普遍。

5.3.1 现浇钢筋混凝土楼梯

楼梯最主要的部分是楼梯段，因此通常所谓楼梯的结构形式即楼梯段的结构形式。现浇楼梯按楼梯段的传力特点分为板式梯段和梁板式梯段两种。

1. 板式梯段

板式梯段是指楼梯段作为一块整板，斜搁在楼梯的平台梁上。平台梁之间的距离便是这块板的跨度(见图 5.9(a))。也有带平台板的板式楼梯，即把两个或一个平台板和一个梯段组合成一块折形板，这样平台下的净空扩大了，且形式简洁(见图 5.9(b))。

另外还有一种悬臂板式楼梯，其特点是梯段和平台均无支撑，完全靠上、下梯段与平台组成的空间板式结构与上、下层楼板结构共同来受力，因而造型新颖，空间感好，多用做公共建筑和庭园建筑的外部楼梯(见图 5.9(c))。

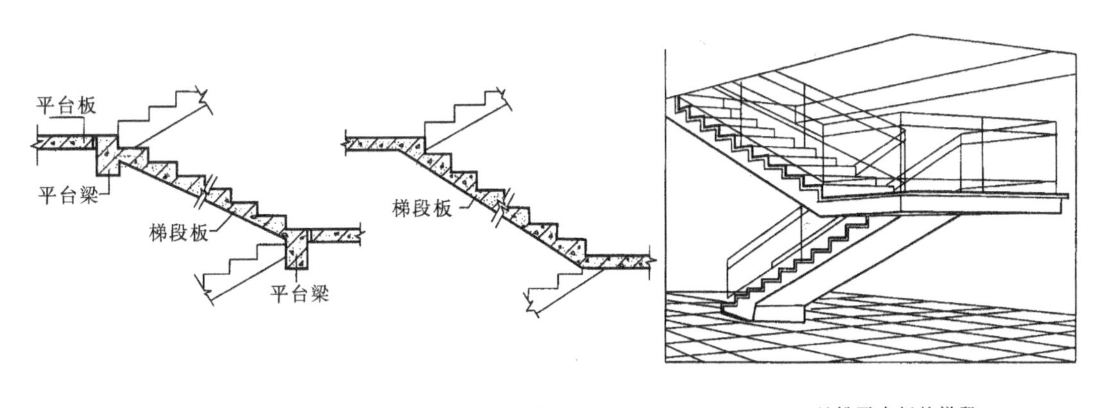

(a) 不带平台板的梯段　　(b) 带平台板的梯段　　(c) 悬挑平台板的梯段

图 5.9　现浇钢筋混凝土板式楼梯

2. 梁板式梯段

当楼梯段跨度较大时，从结构受力方面考虑，采用板式梯段往往不经济，需增加梯段斜梁(简称梯梁)以承受板的荷载，并将荷载传给平台梁，这种梯段称梁板式梯段。梁板式梯段在结构布置上有双梁式和单梁式之分。双梁式梯段将梯段斜梁布置在梯段踏步的两端，这时踏步板的跨度便是梯段的宽度。这样板跨小，对受力有利。这种梯梁在板下部的称正梁式梯段，有时也称为“明步”，即上面踏步露明，较为明快，但在板下露出的梁的阴角容易积灰（见图5.10(a)）；有时为了让梯段底表面平整或避免洗刷楼梯时污水沿踏步端头下淌，弄脏楼梯，常将梯梁反向上面称反梁式梯段，有时也称为“暗步”，踏步包在梁内，梁与踏步板形成的凹角在上（见图5.10(b)）。

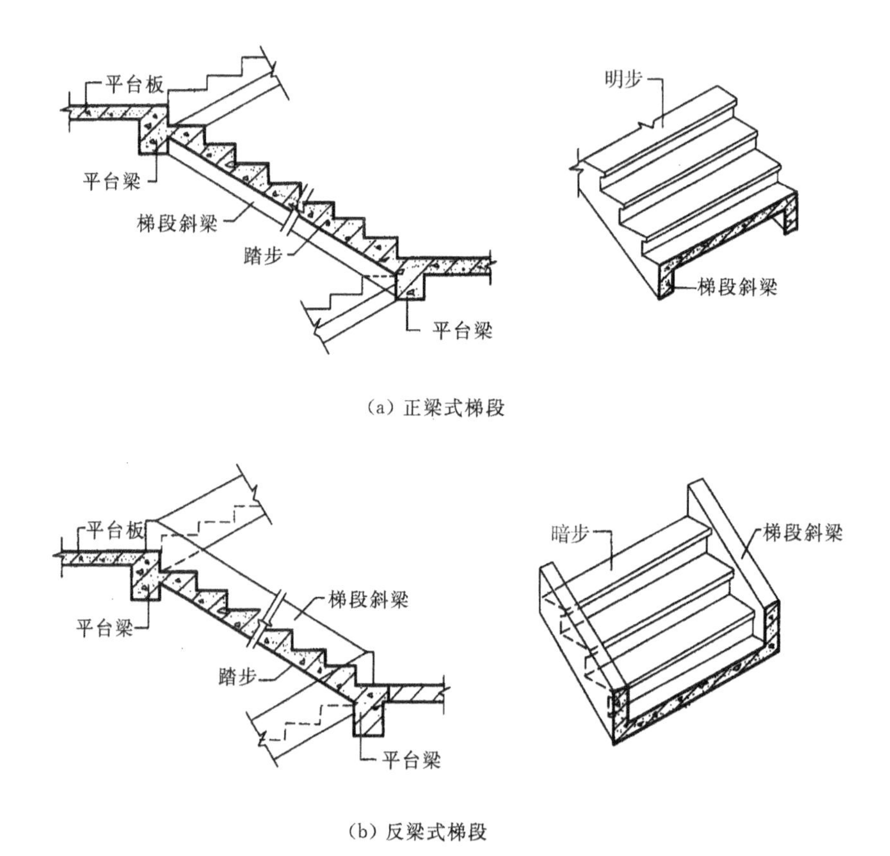

(a) 正梁式梯段

(b) 反梁式梯段

图 5.10　现浇钢筋混凝土梁板式楼梯

在梁板式结构中，单梁式楼梯是公共建筑中采用较多的一种结构形式，这种楼梯的每个梯段由一根梯梁支撑踏步。梯梁布置有两种方式：一种是单梁悬臂式楼梯，是将梯段斜梁布置在踏步的一端，而将踏步的另一端向外悬臂挑出（见图5.11(a)）；另一种是将梯段斜梁布置在梯段踏步的中间，让踏步从梁的两侧悬挑，称为单梁挑板式楼梯（见图5.11(b)）。单梁楼梯受力复杂，梯梁不仅受弯，而且受扭，特别是单梁悬臂式楼梯，更为明显。但这种楼梯外形轻巧、美观，常为建筑空间造型所采用。

单梁挑板式楼梯受力较单梁悬臂式楼梯合理。其梯梁的支撑方式有两种：一是将双跑梯的两根梯梁组合成一刚架，支撑在与楼层同高的平台或立柱上，而中间平台部分与梯梁刚接，如图5.11(b)所示的Ⅰ—Ⅰ剖面；另一种则在中间平台处设平台梁，由平台梁支撑梯梁，并将荷载传到平台梁下的立柱上，如图5.11(b)所示的Ⅱ—Ⅱ剖面。

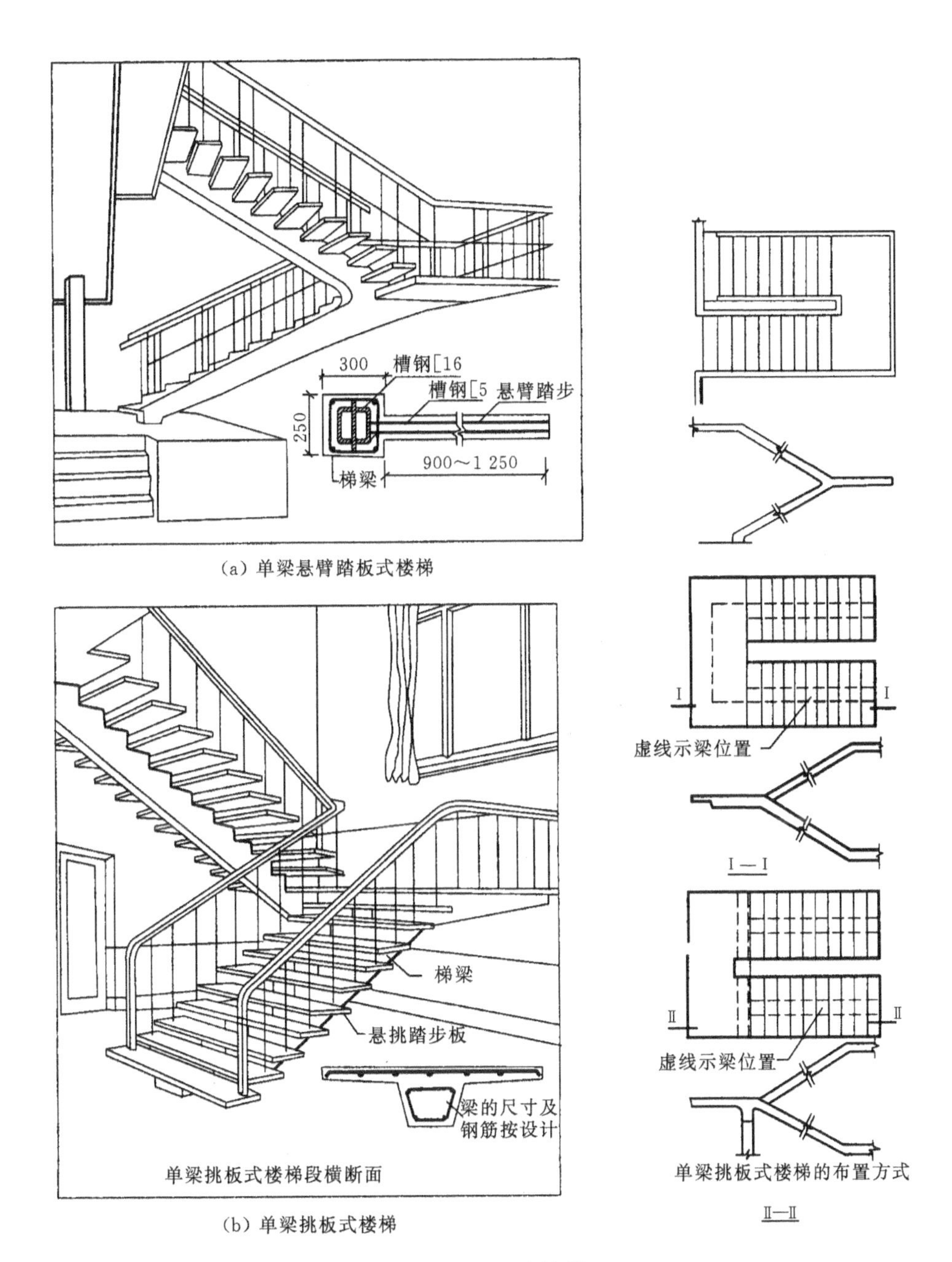

(a) 单梁悬臂踏板式楼梯

(b) 单梁挑板式楼梯

图 5.11 单梁式楼梯

5.3.2 预制装配式钢筋混凝土楼梯

预制装配式钢筋混凝土楼梯按其构造方式可分为梁承式、墙承式和墙悬臂式等类型，本节以常用的平行双跑楼梯为例，阐述预制装配式钢筋混凝土楼梯的一般构造原理和做法。

1. 梁承式楼梯

1）梁承式楼梯的结构布置形式

一种是梁板式梯段结构布置形式，这种形式将预制踏步搁置在梯段斜梁上形成梯段，梯段斜梁搁置在平台梁上，平台梁搁置在两边的墙或柱子上，而平台可用空心板或槽形板搁置在两边墙上，也可用小型的平台板搁置在平台梁和纵墙上(见图 5.12(a))。

另一种是板式梯段结构布置形式，板式梯段为整块或数块带踏步条板，其上下端直接支撑在平台梁上，其他同梁板式梯段结构布置形式(见图 5.12(b))。

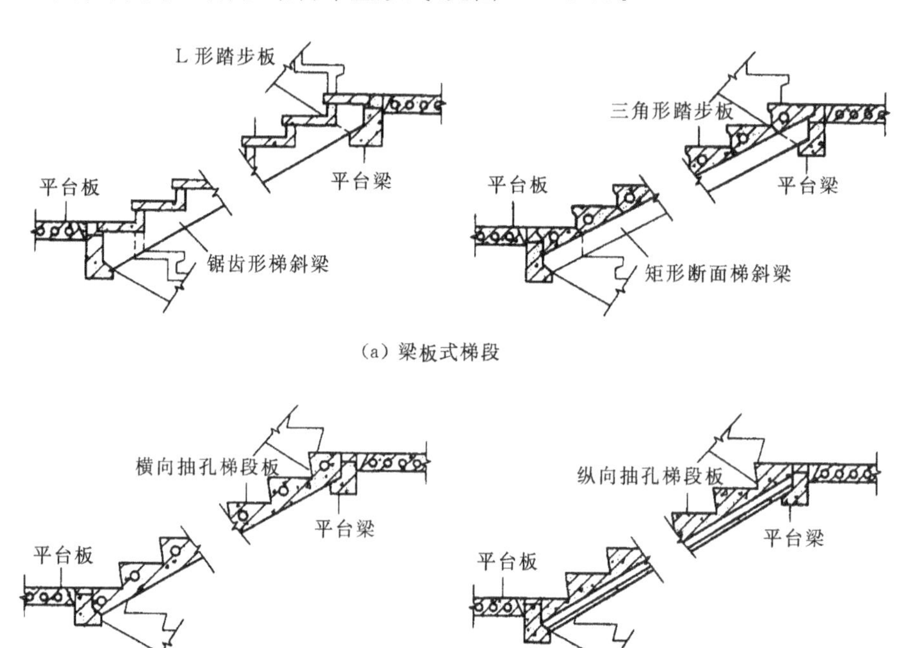

(a) 梁板式梯段

(b) 板式梯段

图 5.12　预制装配梁承式楼梯

2) 梁承式梯段的预制构件

(1) 踏步板。钢筋混凝土预制踏步的构件断面形式，一般有一字形、L 形、三角形等，断面厚度根据受力情况约为 40～80 mm(见图 5.13)。一字形断面踏步板制作简单，踢面可镂空或填实，但其受力不太合理，仅用于简易梯、室外梯等。L 形踏步板较一字形断面踏步板受力合理、用料省、自重轻，为平板带肋形式，其缺点是底面呈折线形，不平整；三角形断面踏步板使梯段底面平整、简洁，解决了前几种踏步板底面不平整的问题。为了减轻自重，常将三角形断面踏步板抽孔，形成空心构件。

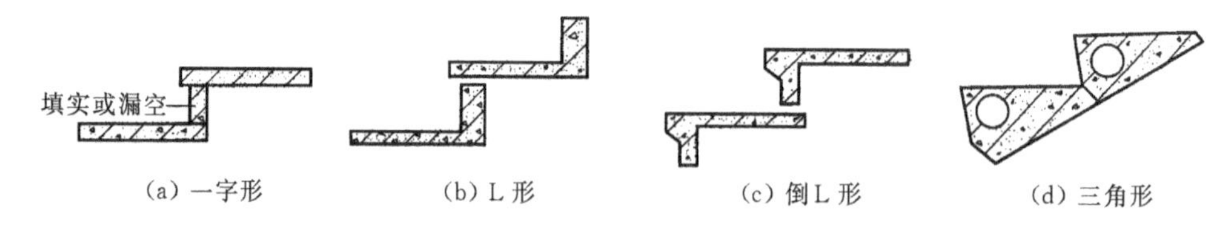

(a) 一字形　(b) L 形　(c) 倒 L 形　(d) 三角形

图 5.13　踏步板断面形式

(2) 梯段斜梁。梯段斜梁一般为矩形断面，为了减少结构所占空间，也可做成 L 形断面，但构件制作较复杂。用于搁置一字形、L 形断面踏步板的梯段斜梁为锯齿形变断面构件；用于搁置三角形断面踏步板的梯斜梁为等断面构件(见图 5.14)。梯段斜梁一般按 $L/12$ 估算其断面有效高度(L 为梯斜梁水平投影跨度)。

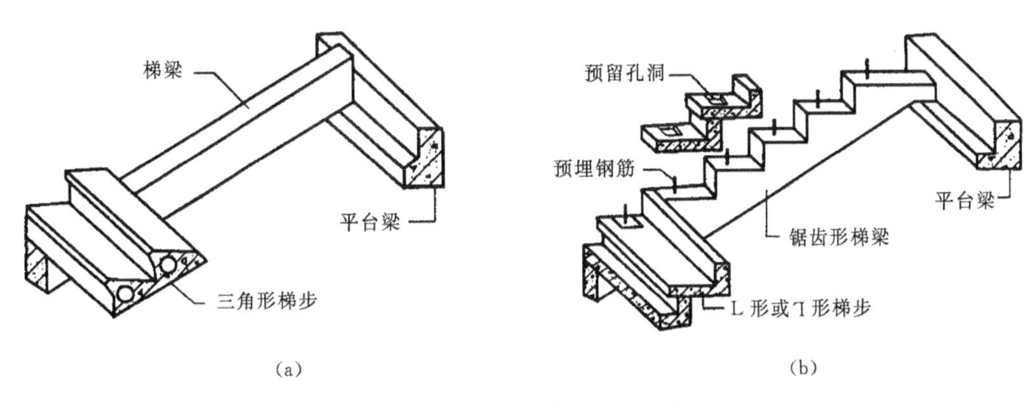

图 5.14 预制梯段斜梁的形式

(3) 板式梯段。板式梯段为整块或数块带踏步条板,其上下端直接支撑在平台梁上(见图5.12(b))。由于没有梯斜梁,梯段底面平整,结构厚度小,其有效断面厚度可按 $L/30 \sim L/20$ 估算,由于梯段板厚度小,且无梯段斜梁,平台梁位置相应得到抬高,增大了平台下净空高度。

为了减轻梯段板自重,也可做成空心构件,有横向抽孔和纵向抽孔两种方式。横向抽孔较纵向抽孔合理易行,较为常用(见图 5.15)。

(4) 平台梁。为了便于支撑梯斜梁或梯段板,平衡梯段水平分力并减小平台梁所占结构空间,一般将平台梁做成 L 形断面,如图 5.16 所示。其构造高度按 $L/12$ 估算(L 为平台梁跨度)。

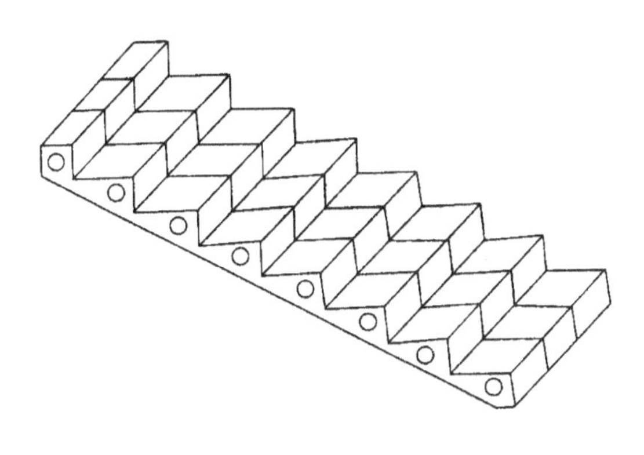

图 5.15 条板式梯段

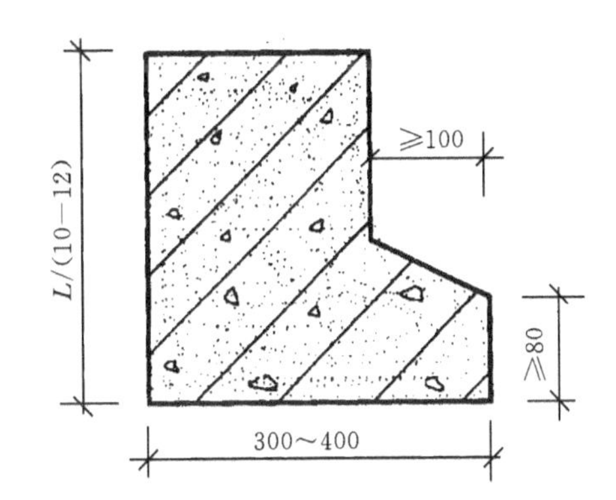

图 5.16 平台梁断面尺寸

(5) 平台板。平台板可根据需要采用钢筋混凝土空心板、槽板或平板。需要注意的是,在平台上有管道井处,不宜布置空心板。平台板一般平行于平台梁布置,以利于加强楼梯间整体刚度。当垂直于平台梁布置时,常用小平板。图 5.17 所示为平台板布置方式。

3) 梁承式楼梯预制构件之间的连接构造

由于楼梯是主要交通构件,对其强度和刚度的要求较高,特别是在地震区的建筑中更需重视。并且楼梯段为倾斜构件,故需加强各构件之间的连接,提高其整体性和可靠性。

(1) 踏步板与梯段斜梁连接(见图 5.18(a))。一般在梯段斜梁支撑踏步板处用水泥砂浆坐浆连接。如果需要加强,可在梯段斜梁上预埋插筋,与踏步板支撑端预留孔插接,用高标号水泥砂浆填实。

(2) 梯段斜梁或梯段板与平台梁连接(见图 5.18(b))。在支座处除了用水泥砂浆坐浆外,

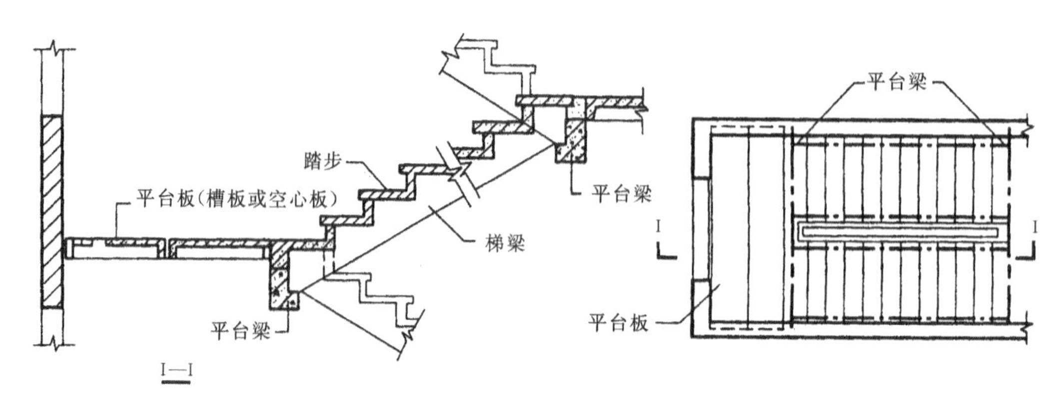

(a) 平台板两端支承在楼梯间侧墙上，与平台梁平行布置

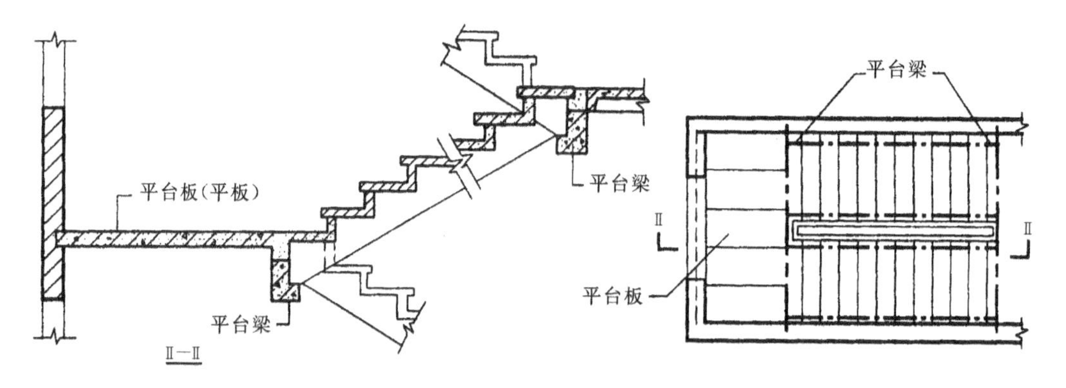

(b) 平台板与平台梁垂直布置

图 5.17 梁承式梯段与平台的结构布置

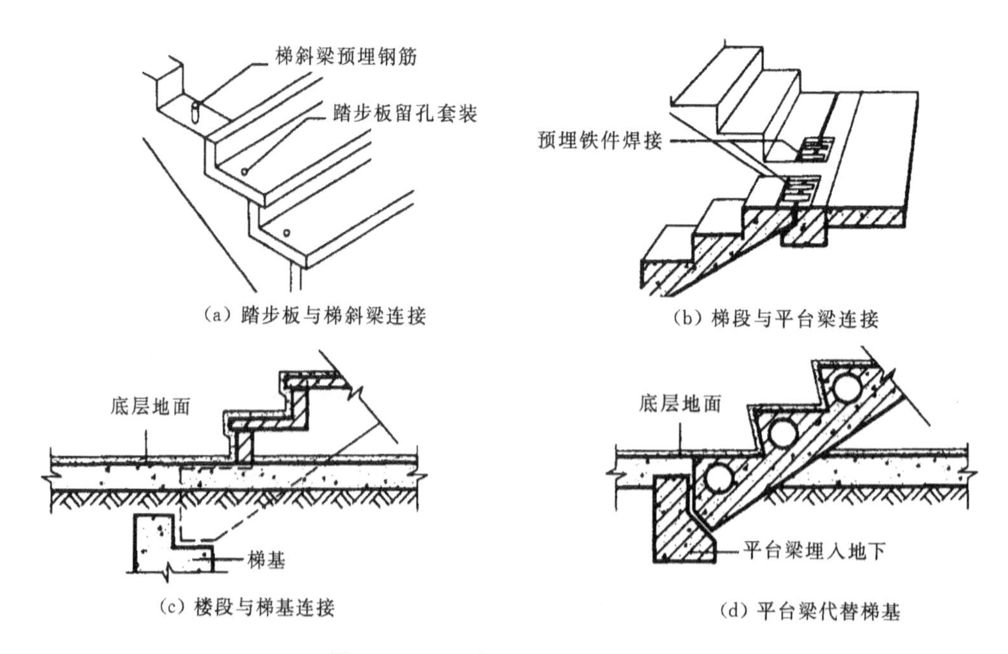

(a) 踏步板与梯斜梁连接

(b) 梯段与平台梁连接

(c) 楼段与梯基连接

(d) 平台梁代替梯基

图 5.18 预制构件之间的连接构造

应在连接端预埋钢板进行焊接。

(3) 梯段斜梁或梯段板与梯基连接(见图 5.18(c)、(d))。在楼梯底层起步处,梯段斜梁或梯段板下应做梯基,梯基常用砖或混凝土,也可用平台梁代替梯基,但需注意该平台梁无梯段处与地坪的关系。

(4) 楼梯段的搁置。楼梯段在平台梁处的搁置如图 5.19 所示。

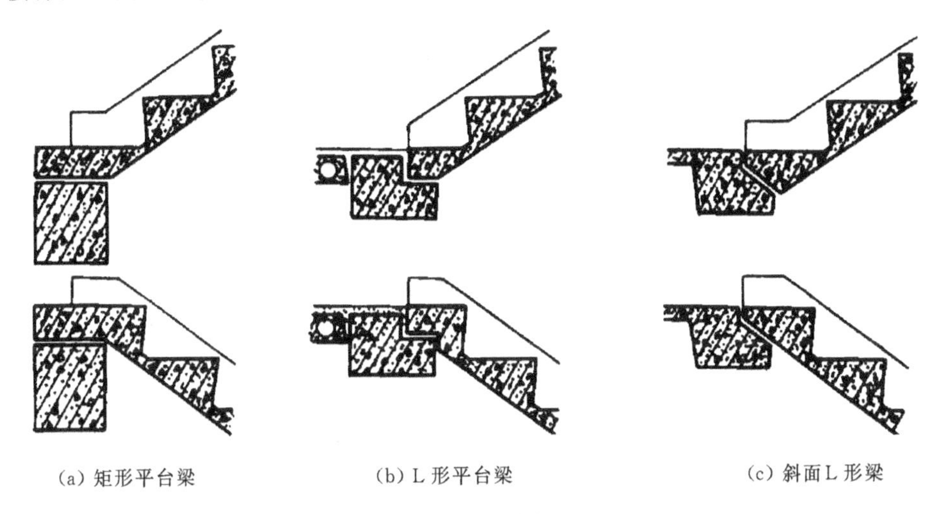

(a) 矩形平台梁　(b) L 形平台梁　(c) 斜面L 形梁

图 5.19　楼梯段的搁置

2. 墙承式楼梯

墙承式楼梯是把预制踏步搁置在两面墙上,而省去梯段上的斜梁。一般适用于单向楼梯或中间有电梯间的三折楼梯,对于双折楼梯来说,梯段采用两面楅墙,则在楼梯间的中间,必须加一道中墙作为踏步板的支座(见图 5.20)。楼梯间有了中墙以后,使得视线、光线受到阻挡,感到空间狭窄,对搬运家具及较多人流的上下均感不便。

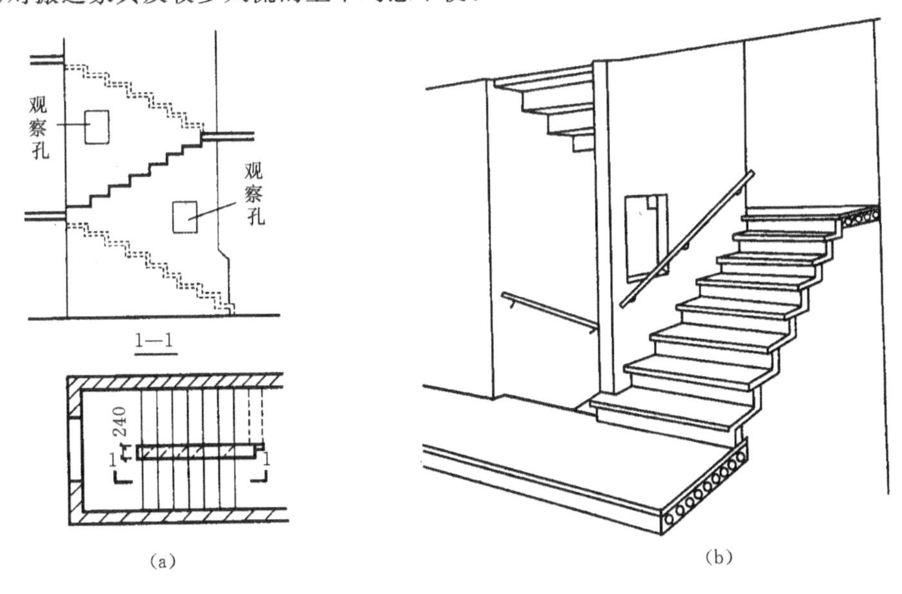

(a)　(b)

图 5.20　墙承式楼梯

这种楼梯一般采用L形踏步或一字形踏步，楼梯宽度也不受限制，平台可以采用空心或槽形楼板。由于省去平台梁，下面的净高也有所增加。为了采光和扩大视野，可在中间的墙上适当部位留洞口，墙上最好装有扶手。

3. 墙悬臂式楼梯

预制装配墙悬臂式钢筋混凝土楼梯是指预制钢筋混凝土踏步板一端嵌固于楼梯间侧墙上，另一端凌空悬挑的楼梯形式。

预制装配墙悬臂式钢筋混凝土楼梯无平台梁和梯段斜梁，也无中间墙，楼梯间空间轻巧空透，结构占空间少，在住宅建筑中使用较多。但其楼梯间整体刚度极差，不能用于有抗震设防要求的地区。由于需随墙体砌筑安装踏步板，并需设临时支撑，施工比较麻烦。

预制装配墙悬臂式钢筋混凝土楼梯用于嵌固踏步板的墙体厚度应不小于240 mm，踏步板悬挑长度一般不大于1 500 mm，以保证嵌固端牢固。

踏步板一般采用L形带肋断面形式，其入墙嵌固端一般做成矩形断面，嵌入深度不小于240 mm，砌墙砖的标号不小于MU10，砌筑砂浆标号不小于M5(见图5.21(a)、(b))。

为了加强踏步板之间的整体性，在构造上需将单块踏步板互相连接起来。可在踏步板悬臂端留孔，用插筋套接，并用高标号水泥砂浆嵌固。在梯段起步或末步处，由于所采用的踏步断面是L形，故需填砖处理(见图5.21(c))。

在楼层平台与梯段交接处，由于楼梯间侧墙另一面常有楼板支撑在该墙上，其入墙位置与踏步板入墙位置冲突，故需对此块踏步板作特殊处理(见图5.21(d))。

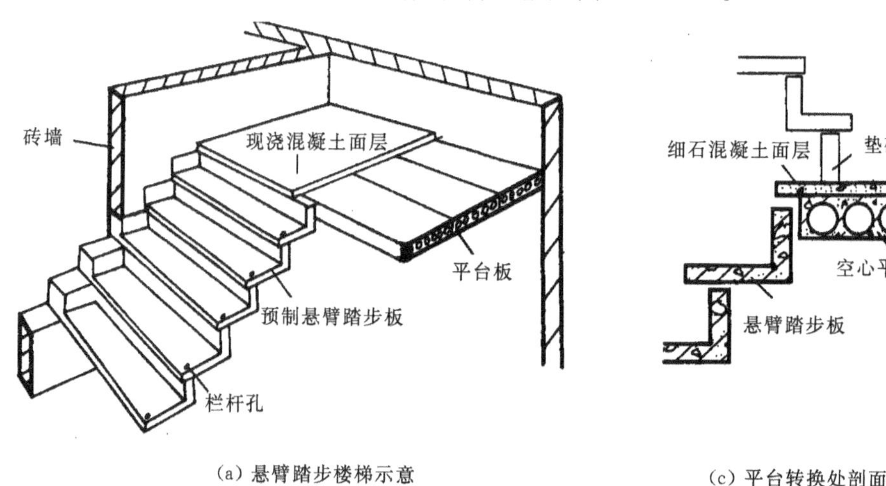

(a) 悬臂踏步楼梯示意

(c) 平台转换处剖面

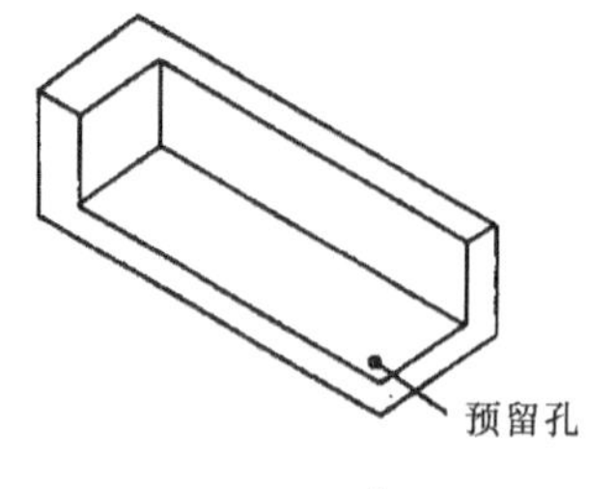

(b) 踏步构件

楼板
砖墙
预制踏步板

(d) 预制楼板处构件

图5.21 悬臂踏步楼梯

5.3.3 楼梯的细部构造

1. 踏步的踏面

楼梯踏步的踏面应光洁、耐磨，易于清扫。面层常采用水泥砂浆、水磨石等，也可采用铺缸砖或大理石板。前两种多用于一般工业与民用建筑中，后几种多用于有特殊要求或较高级的公共建筑中。

为防止行人在上下楼梯时滑跌，特别是水磨石面层以及其他表面光滑的面层，常在踏步近踏口处，用不同于面层的材料做出略高于踏面的防滑条；或用带有槽口的陶土块或金属板包住踏口（见图 5.22）。如果面层系采用水泥砂浆抹面，由于表面粗糙，可不做防滑条。

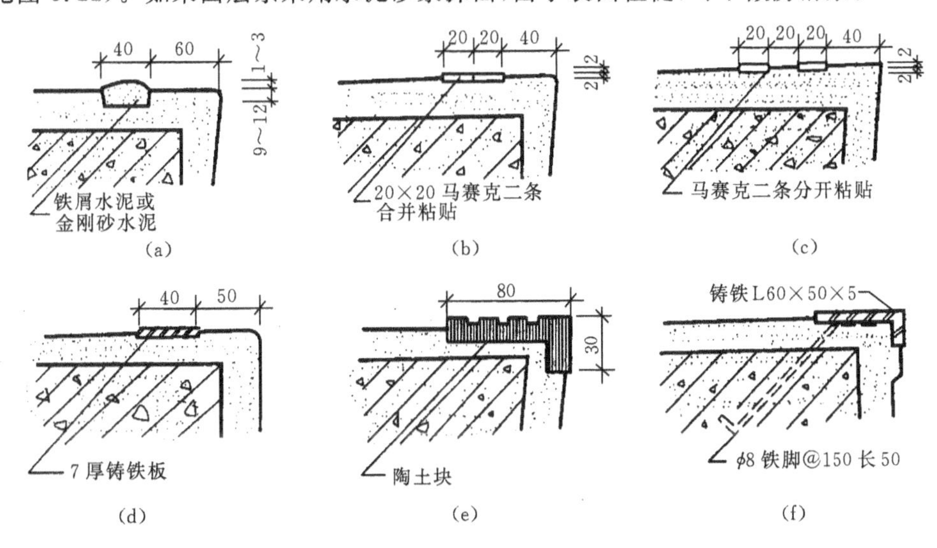

图 5.22 各种防滑处理措施

2. 栏杆、栏板与扶手

栏杆或栏板是梯段和平台临空一边必设的安全设施，在建筑中也是装饰性较强的构件，同时要有一定的强度和稳度，能承受必要的外冲力。

1) 栏杆

栏杆多采用方钢、圆钢、钢管或扁钢等材料，并可焊接或铆接成各种图案，既起防护作用，又起装饰作用（见图5.23）。方钢截面的边长与圆钢的直径一般为20 mm，扁钢截面不大于6×40 mm^2。对于居住建筑或儿童使用的楼梯，栏杆钢条花格的间隙均不宜超过120 mm，为防止儿童攀爬，也不宜设水平横杆，常见栏杆的形式如图 5.24 所示。

图 5.23 楼梯的栏杆和扶手实例

栏杆与踏步的连接方式有锚接、焊接和拴接三种（见图 5.25）。所谓锚接，是在踏步上预留孔洞，然后将钢条插入孔内，预留孔一般为 50 mm×50 mm。插入洞内至

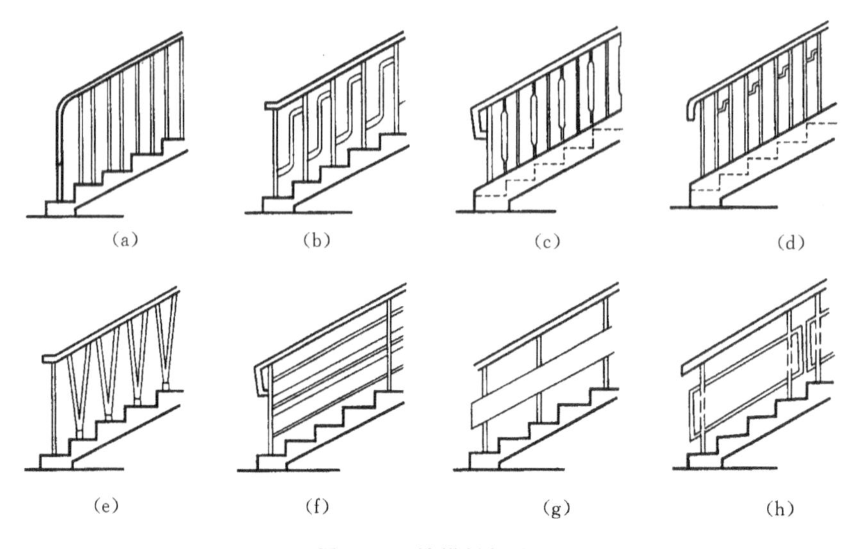

图 5.24　楼梯栏杆的形式

少 80 mm。洞内浇注水泥砂浆或细石混凝土嵌固(见图 5.25(a))。焊接则是在浇注楼梯踏步时,在需要设置栏杆的部位,沿踏面预埋钢板或在踏步内埋套管,然后将钢条焊接在预埋钢板或套管上(见图 5.25(b))。拴接是指利用螺栓将栏杆固定在踏步上,方式可有多种(见图 5.25(c))。

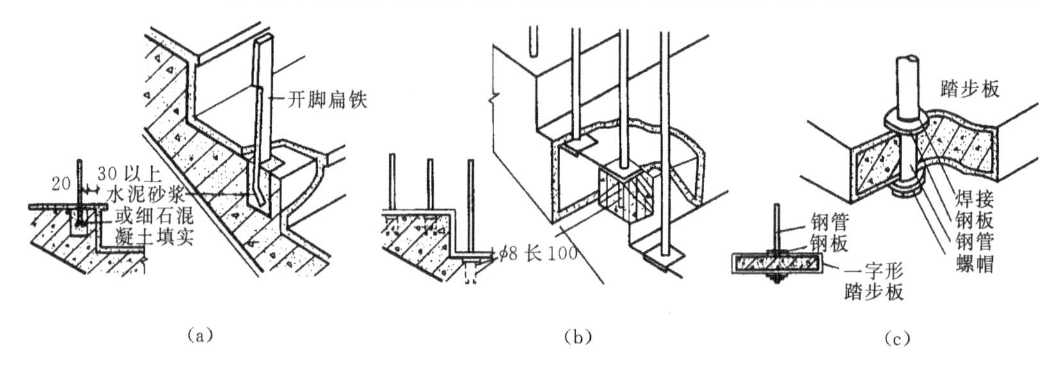

图 5.25　楼梯栏杆与踏步的连接方式

2) 栏板

栏板多用钢筋混凝土或加筋砖砌体制作,也有用钢丝网水泥板的。钢筋混凝土栏板有预制和现浇两种。

砖砌栏板用普通砖侧砌,厚 60 mm,外侧用钢筋网加固,再用钢筋混凝土扶手与栏板连成整体(见图 5.26(a))。

钢筋混凝土栏板与钢丝网水泥栏板类似,多采用现浇处理,比砖砌栏板牢固、安全、耐久,但栏板的厚度以及造价和自重增加了(见图 5.26(b))。

3) 混合式栏杆

混合式栏杆是指空花式和栏板式两种栏杆形式的组合,栏杆竖杆作为主要抗侧力构件,栏板则作为防护和美观装饰构件,其栏杆竖杆常采用钢材或不锈钢等材料,其栏板部分常采用轻质美观材料制作,如木板、塑料贴面板、铝板、有机玻璃板和钢化玻璃板等。如图 5.27 所示为几种常见混合式栏杆的示例。

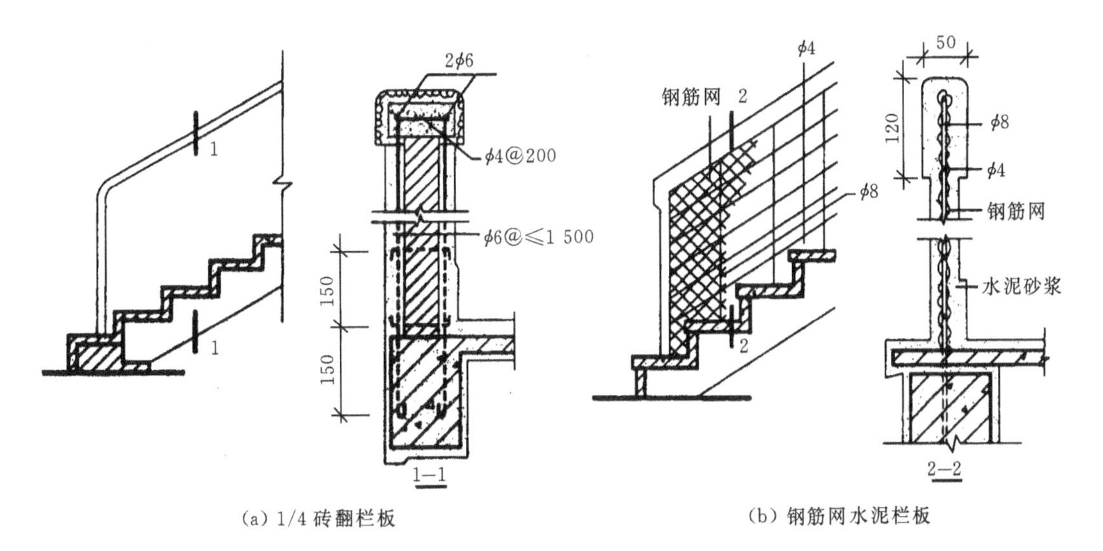

(a) 1/4 砖翻栏板　　(b) 钢筋网水泥栏板

图 5.26　栏板

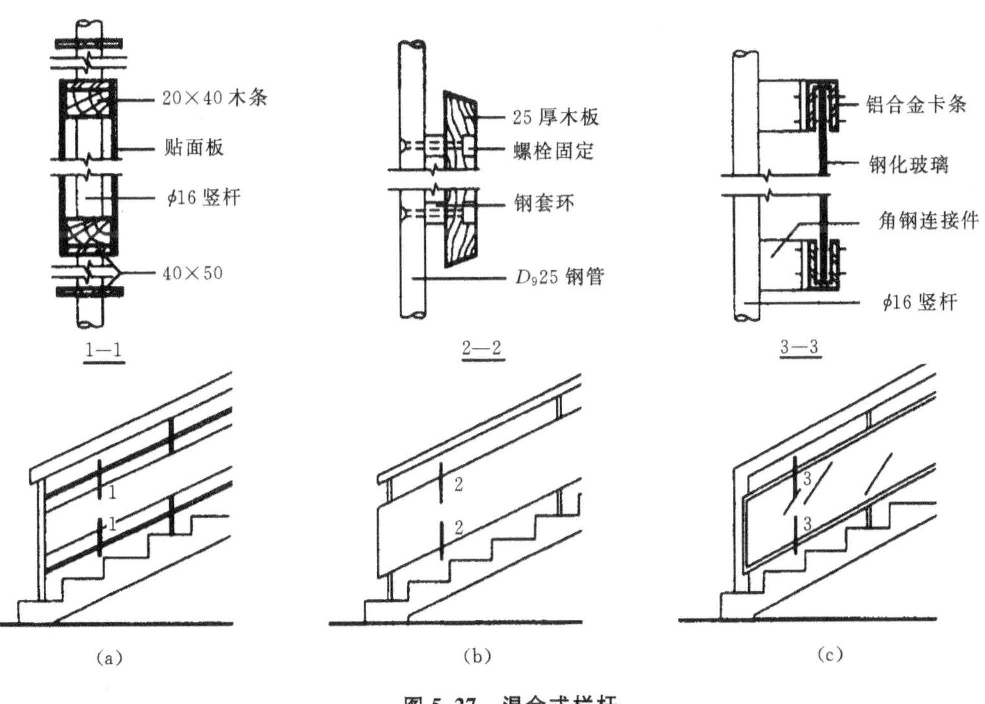

(a)　　(b)　　(c)

图 5.27　混合式栏杆

4) 扶手

扶手按材料分,有木材扶手、塑料扶手、金属管扶手、钢管扶手、铝合金管扶手、不锈钢管扶手等。木扶手和塑料扶手形式多样,使用较为广泛,但不宜用于室外楼梯。不锈钢等扶手造价偏高,使用受限。选择其尺寸时,既要考虑人体尺度和使用要求,又要考虑护栏的高度和加工的可能性。扶手按构造分,有镂空栏杆扶手、栏板扶手和靠墙扶手等。

木扶手借木螺丝通过扁铁与镂空栏杆连接,如图 5.28(a)所示;塑料扶手如图 5.28(b)所示;金属扶手则通过焊接或螺钉连接,如图 5.28(c)所示;靠墙扶手则由预埋铁脚的扁钢借木螺丝来固定,如图 5.28(e)所示。

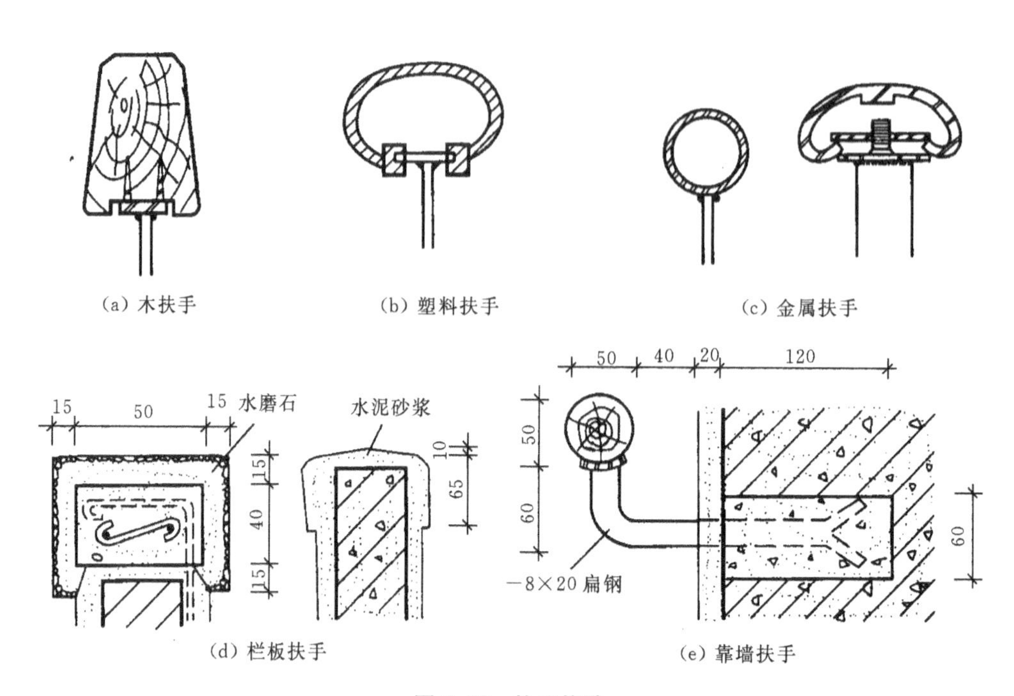

图 5.28　扶手构造

3. 梯基

楼梯的基础简称为梯基。靠底层地面的梯段需设梯基，梯基的做法有两种：一种是楼梯直接设砖、石材或混凝土基础；另一种是楼梯支撑在钢筋混凝土地基梁上。当持力层埋深较浅时采用第一种较经济，但地基的不均匀沉降对楼梯有影响。图 5.29 所示为预制梯段的两种梯基构造示意。

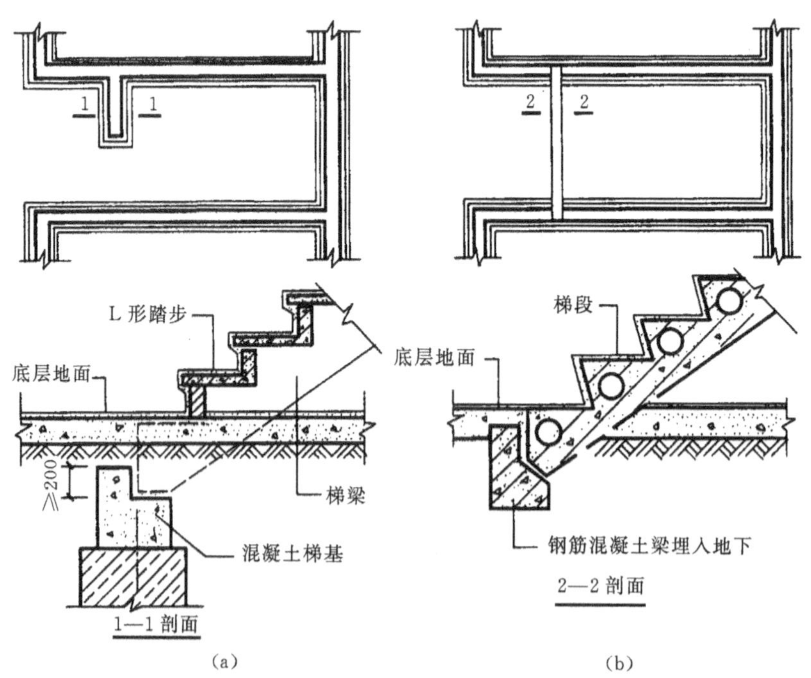

图 5.29　梯基构造

5.4 电梯与自动扶梯

5.4.1 电梯

为了上下通行方便，在多层和高层住宅、公共建筑和工厂中，常设有电梯。

1. 电梯的类型

1）按使用性质分类

(1) 客梯：常用于人们在建筑物中的垂直联系。

(2) 货梯：常用于运送货物及设备。

(3) 消防电梯：发生火灾、爆炸等紧急情况下用于安全疏散人员和紧急救援。

(4) 观光电梯：观光电梯是把竖向交通工具和登高流动观景相结合的电梯。透明的轿厢使电梯内外景观相互沟通。

2）按行驶速度分类

为缩短等候时间，提高运送能力，电梯需确定适当速度。

(1) 高速电梯：速度大于 2 m/s，梯速随层数增加而提高，消防电梯常用高速。

(2) 中速电梯：速度在 2 m/s 之内，一般货梯，按中速考虑。

(3) 低速电梯：运送食物电梯常用低速，速度在 1.5 m/s 以内。

3）其他分类

电梯其他分类还有以下几种：有按单台、双台分类；按交流电梯、直流电梯分类；按轿厢容量分类；按电梯门开启方向分类等。

2. 电梯的组成

1）电梯井道

电梯井道是电梯运行的通道，根据使用要求可选用相关定型井道尺寸，配置各种实用轿厢（见图 5.30），从消防和抗震设计要求来看，井道多采用钢筋混凝土墙。当建筑物层净高小于4 500 mm时，电梯井道应高出建筑物。因为轿厢架、轿厢吊索等设备还必须有一定的空间高度，才能使轿厢停在规定高度，保证正常使用，故顶层井道高度应不小于4 500 mm。

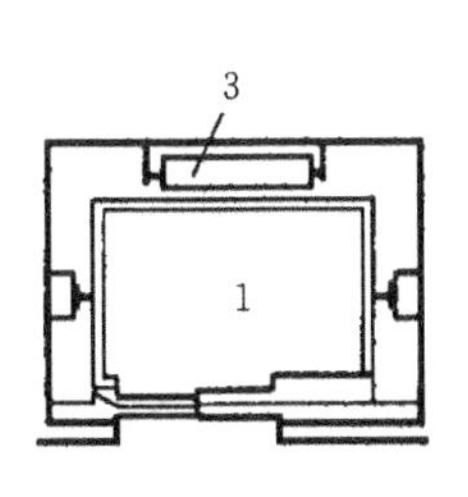

(a) 客梯（双扇推拉门）

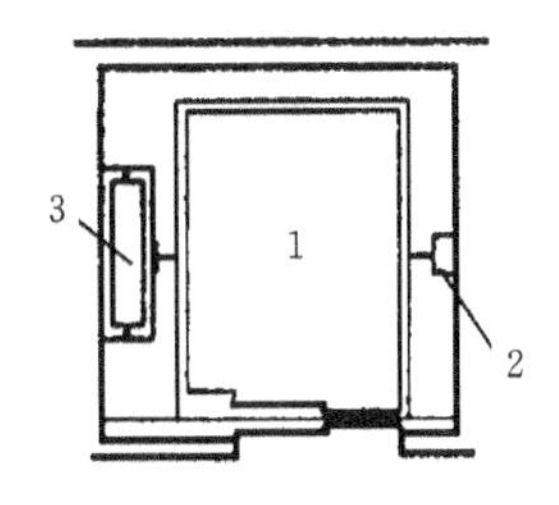

(b) 病床梯（双扇推拉门）

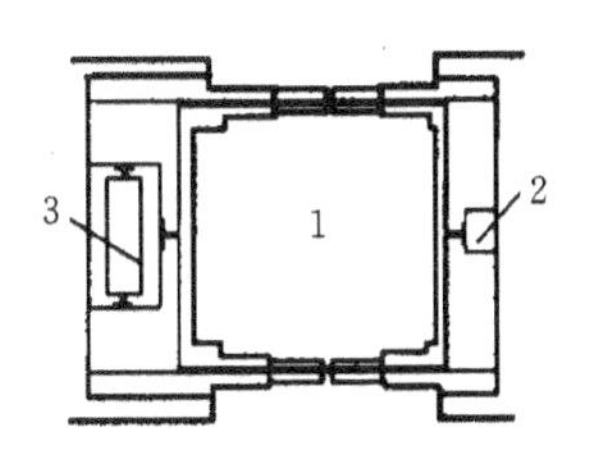

(c) 货梯（中分双扇推拉门）

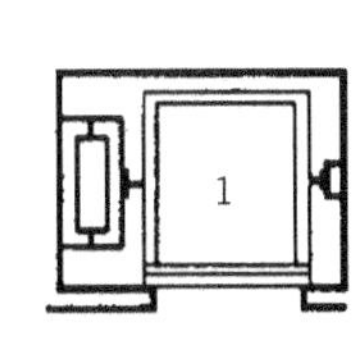

(d) 小型杂物货梯

图 5.30 电梯分类及井道平面

1—电梯用；2—导轨及撑架；3—平衡重

2）电梯机房

电梯机房一般设在电梯井道的顶部，其平面尺寸根据设备尺寸及平面布置、使用和维修所需空间而定，一般沿井道平面任意两个相邻方向伸出。其高度一般为 2.5～3.0 m，防火要求同井道。

3）井道地坑

井道地坑是在最底层平面标高下不小于 1.4 m，考虑电梯停靠时的冲力，作为轿厢下降时所需的缓冲器的安装空间。

4）其他附件

(1) 轿厢是直接载人、运货的厢体。电梯轿厢应造型美观，经久耐用，当今轿厢采用金属框架结构，内部用光洁有色钢板壁面或有色有孔钢板壁面，花格钢板地面，荧光灯局部照明以及不锈钢操纵板等。入口处则采用钢材或坚硬铝材制成的电梯门槛。

(2) 井壁导轨和导轨支架是支撑、固定轿厢上下升降的轨道。

(3) 牵引轮及其钢支架、钢丝绳、平衡锤、轿厢开关门、检修起重吊钩等。

(4) 其他的电器部件有交流电动机、直流电动机、控制柜、继电器、选层器、动力、照明、电源开关、厅外层数指示灯和厅外上下召唤盒开关等。

3. 电梯与建筑物相关部位的构造

1）井道、机房建筑的一般要求

(1) 通向机房的通道和楼梯宽度不小于 1.2 m，楼梯坡度不大于 45°。

(2) 机房楼板应平坦整洁，能承受 6 kPa 的均布荷载。

(3) 井道壁多为钢筋混凝土井壁或框架填充墙井壁。井道壁为钢筋混凝土时，应预留 150 mm见方、150 mm 深的孔洞，其垂直中距为 2 m，以便安装支架。

(4) 框架(圈梁)上应预埋铁板，铁板后面的焊件与梁中钢筋焊牢。每层中间加圈梁一道，并需设置预埋铁板。

(5) 电梯为两台并列时，中间可不用隔墙而按一定的间隔放置钢筋混凝土梁或型钢过梁，以便安装支架。

2）电梯导轨支架的安装

安装导轨支架分预留孔插入式和预埋铁件焊接式，电梯构造如图 5.31 所示。

4. 电梯井道构造

1）电梯井道的设计

电梯井道的设计应注意以下几点。

(1) 井道的防火。井道是建筑中的垂直通道，极易引起火灾的蔓延，因此井道四周应为防火结构。井道壁一般采用现浇钢筋混凝土或框架填充墙井壁。同时当井道内超过两部电梯时，需用防火围护结构予以隔开。

(2) 井道的隔振与隔声。电梯运行时产生振动和噪声，一般在机房机座下设弹性垫层隔振；在机房与井道间设高 1.5 m 左右的隔声层(见图 5.32)。

(3) 井道的通风。为使井道内空气流通，火警时能迅速排除烟和热气，应在井道底部和中部适当位置(高层时)及地坑等处设置不小于 300 mm×600 mm 的通风口，上部可以和排烟口结合，排烟口面积不少于井道面积的 3.5%。通风口总面积的 1/3 应经常开启，通风管道可在井道顶板上或井道壁上直接通往室外。

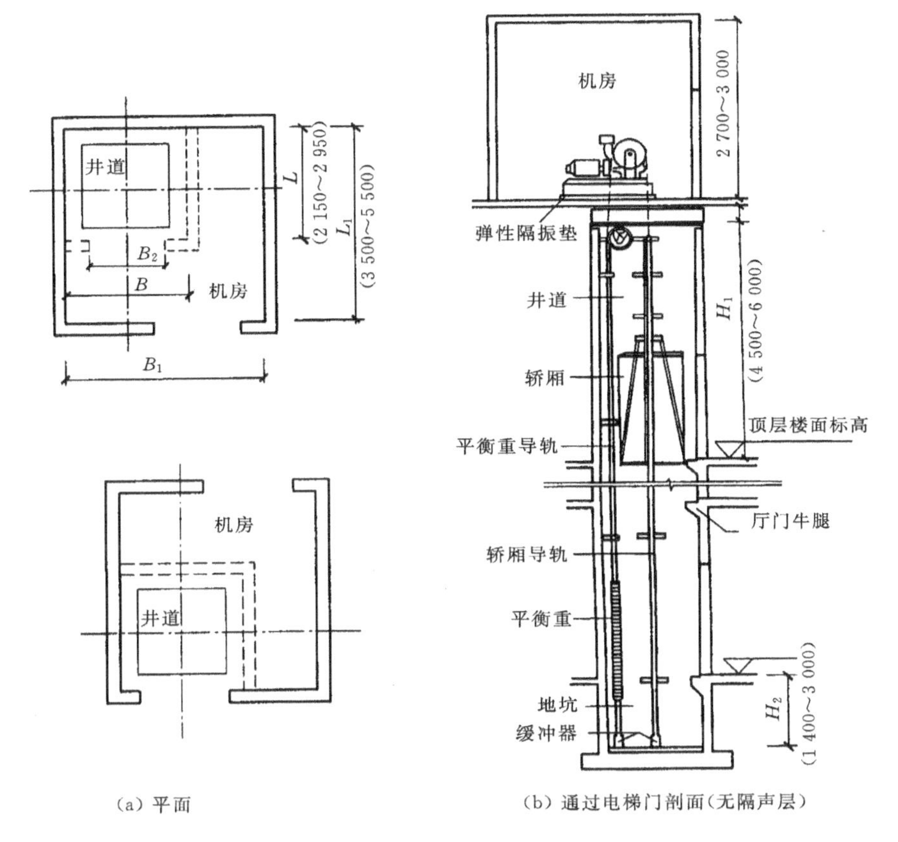

(a) 平面　　(b) 通过电梯门剖面(无隔声层)

图 5.31　电梯组成示意

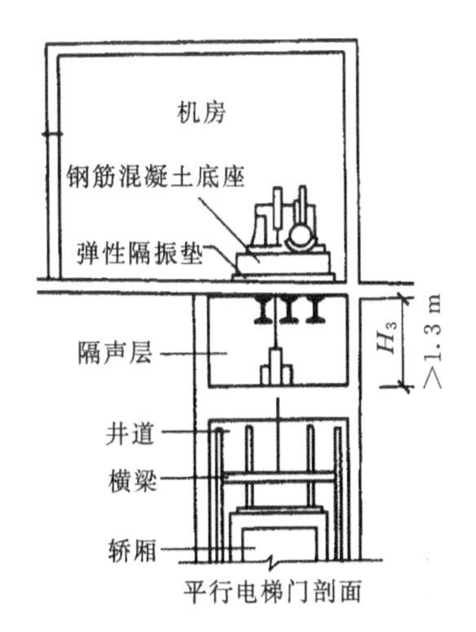

图 5.32　电梯机房隔声、隔振处理

(4) 其他注意。地坑应注意防水、防潮处理，坑壁应设爬梯和检修灯槽。

2) 电梯井道的细部构造

电梯井道的细部构造包括厅门的门套装修及厅门的牛腿处理，导轨撑架与井壁的固结处理等。

电梯井道可用砖砌加钢筋混凝土圈梁结构，但大多为钢筋混凝土结构。井道各层的出入口即为电梯间的厅门，在出入口处的地面应向井道内挑出一牛腿。由于厅门是人流或货流频繁经过的部位，故不仅要做到坚固适用，而且还要满足一定的美观要求。具体的措施是：在厅门洞口的上部和两侧装上门套，门套装修可采用多种做法，如水泥砂浆抹面、贴水磨石板贴面、大理石板贴面以及硬木板贴面或金属板贴面。除金属板为电梯厂定型产品外，其余材料均为现场制作或预制。各种门套的构造处理如图 5.33 所示。

厅门牛腿位于电梯门洞下缘，即乘客进入轿厢的踏板处，牛腿出挑长度应随电梯规格的不同而不同，通常由电梯厂提供数据。牛腿一般为钢筋混凝土现浇或预制构件，其构造如图 5.34 所示。

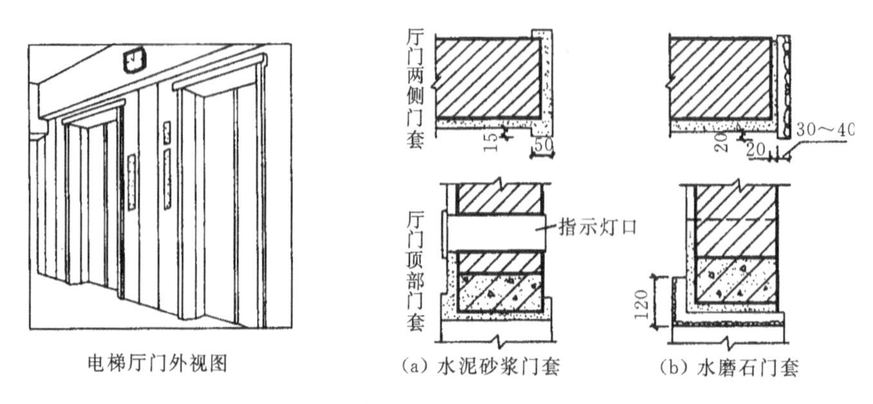

图 5.33　电梯厅门门套装修构造

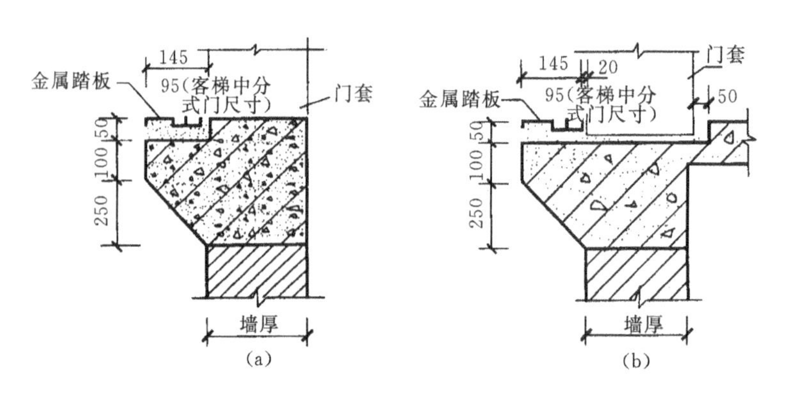

图 5.34　厅门牛腿部位构造

导轨撑架与井道内壁的连接构造如图 5.35 所示。

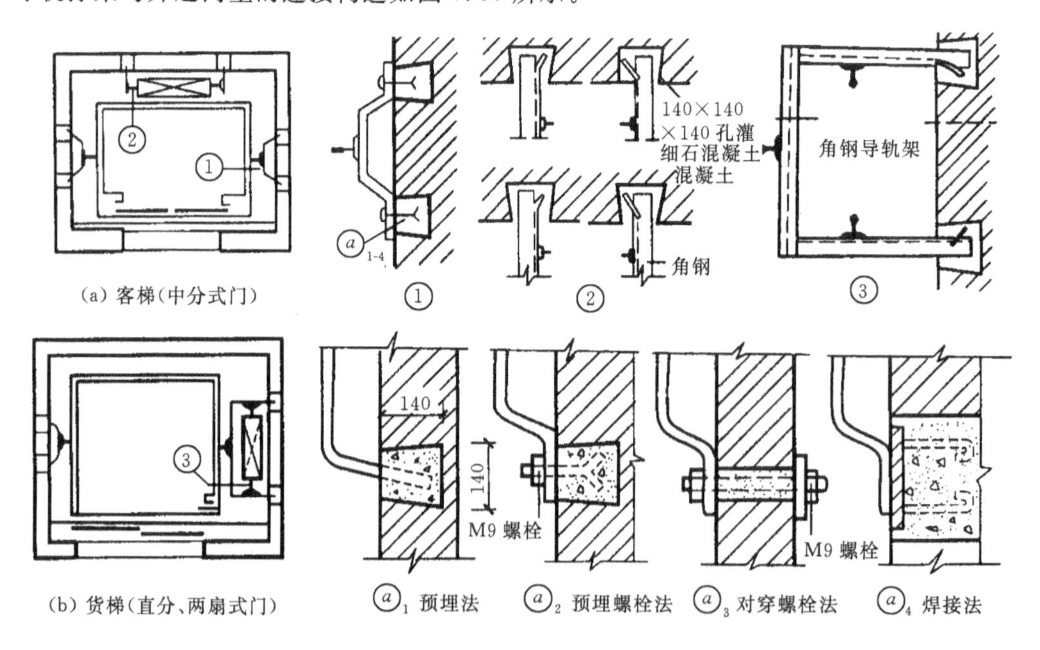

图 5.35　导轨撑架固定构造

5.4.2 自动扶梯

自动扶梯适用于有大量人流上下的公共场所，如车站、超市、商场、地铁车站等。自动扶梯可正、逆两个方向运行，可作提升及下降使用，停转时可作普通楼梯使用。图 5.36 所示为某商场大厅内的自动扶梯实例。

自动扶梯的电动机械牵动梯段踏步连同栏杆扶手带一起运转，机房悬挂在楼板下面，自动扶梯基本尺寸如图 5.37 所示。

自动扶梯有单人梯和双人梯两种，坡道比较平缓，坡度一般采用 30°，运行速度为 0.5～0.7 m/s，其规格如表 5.2 所示。

图 5.36 自动扶梯实例

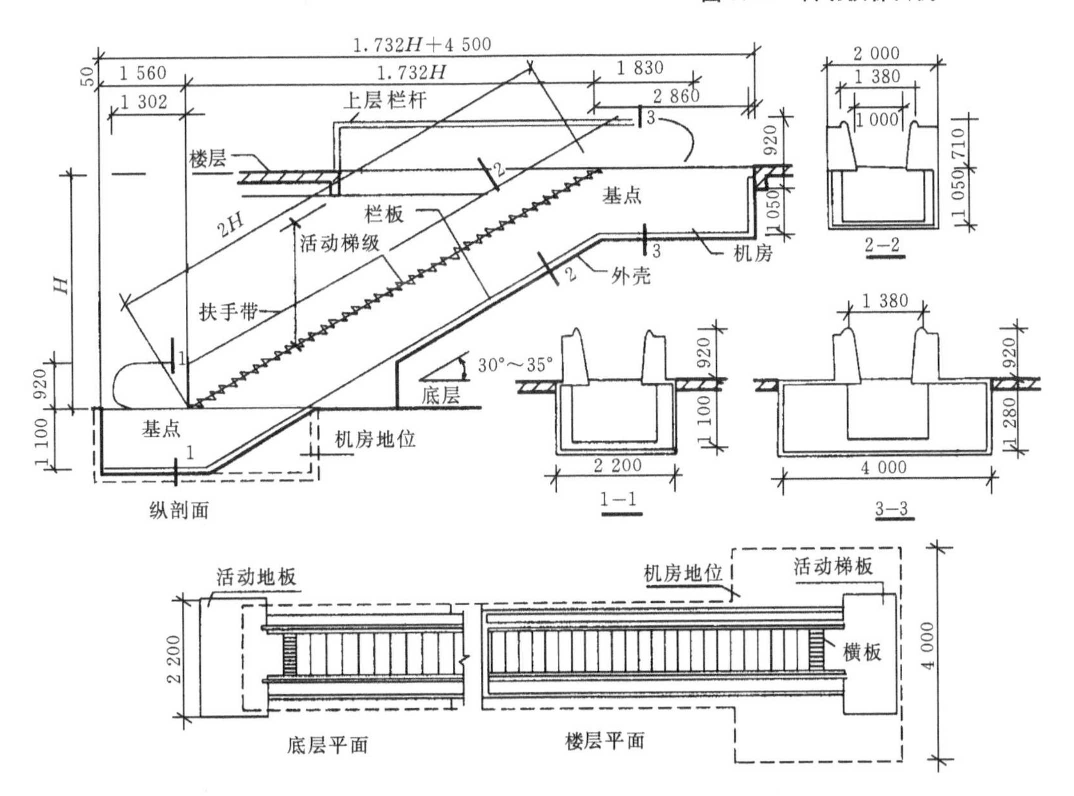

图 5.37 自动扶梯基本尺寸

表 5.2 自动扶梯规格

扶梯形式	输送能力/(人/小时)	提升高度/m	速度/(m/s)	扶梯宽度	
				净宽 B/mm	外宽 B_1/mm
单人梯	5 000	3～10	0.5	600	1 350
双人梯	8 000	3～8.5	0.5	1 000	1 750

5.5 台阶与坡道构造

台阶与坡道都是设置在建筑物出入口处室内外高差之间的交通联系部分。根据使用要求的不同，台阶和坡道在形式上有所区别。在一般民用建筑中，大多设置台阶，只有在车辆通行及特殊的情况下才设置坡道，如医院、宾馆、幼儿园、行政办公大楼以及工业建筑的车间大门等处。

5.5.1 台阶与坡道的形式

台阶由踏步和平台组成，其形式有单面踏步式、三面踏步式等(见图 5.38(a)、(b))。台阶坡度较楼梯平缓，每级踏步高为 100～150 mm，踏面宽为 300～400 mm。当台阶高度超过 1 m 时，宜有护栏设施。坡道多为单面坡形式，极少为三面坡，坡道坡度应以有利推车通行为佳，一般为 1/10～1/8，也有 1/30 的(见图 5.38(c))。还有一些大型公共建筑，为考虑汽车能在大门入口处通行，常采用台阶与坡道相结合的形式(见图 5.38(d))。

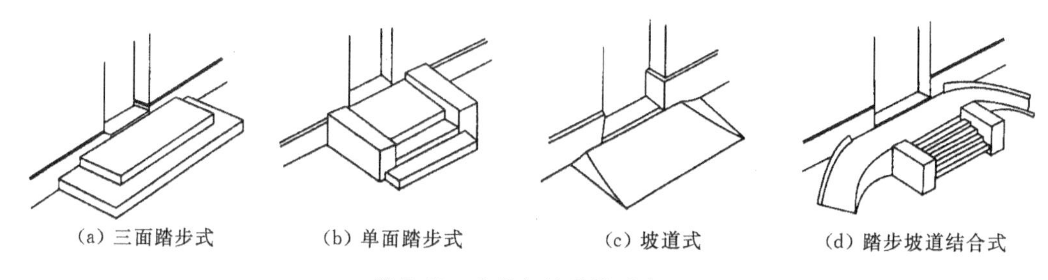

图 5.38 台阶与坡道的形式

5.5.2 台阶与坡道的构造

1. 台阶的构造

台阶由踏步、平台两部分组成，由于处在建筑物人流集中的出入口处，其坡度应较缓。台阶踏步一般宽取 300～400 mm，高度取值不超过 150 mm，坡道坡度一般取 1/12～1/6 左右。

室外台阶的平台应与室内地坪有一定高差，一般为 40～50 mm，而且表面需向外倾斜，以免雨水流向室内。

台阶构造与地坪构造相似，由面层和结构层构成。结构层材料应采用抗冻、抗水性能好且质地坚实的材料，常见的台阶基础有就地砌造、勒脚挑出和桥式三种。台阶踏步有砖砌踏步、混凝土踏步、钢筋混凝土踏步和石踏步四种。高度在 1 m 以上的台阶需考虑设栏杆或栏板(见图 5.39)。

面层应采用耐磨、抗冻材料，常见的有水泥砂浆、水磨石、缸砖以及天然石板等。水磨石在冰冻地区容易造成滑跌，故应慎用，若使用时必须采取防滑措施。缸砖、天然石板等多用于大型公共建筑大门入口处。

为预防建筑物主体结构下沉时拉裂台阶，应待主体结构有一定沉降后，再做台阶。

2. 坡道的构造

坡道材料常见的有混凝土或石块等，面层亦以水泥砂浆居多，对经常处于潮湿、坡度较陡或采用水磨石作面层的，在其表面必须作防滑处理，其构造如图 5.40 所示。

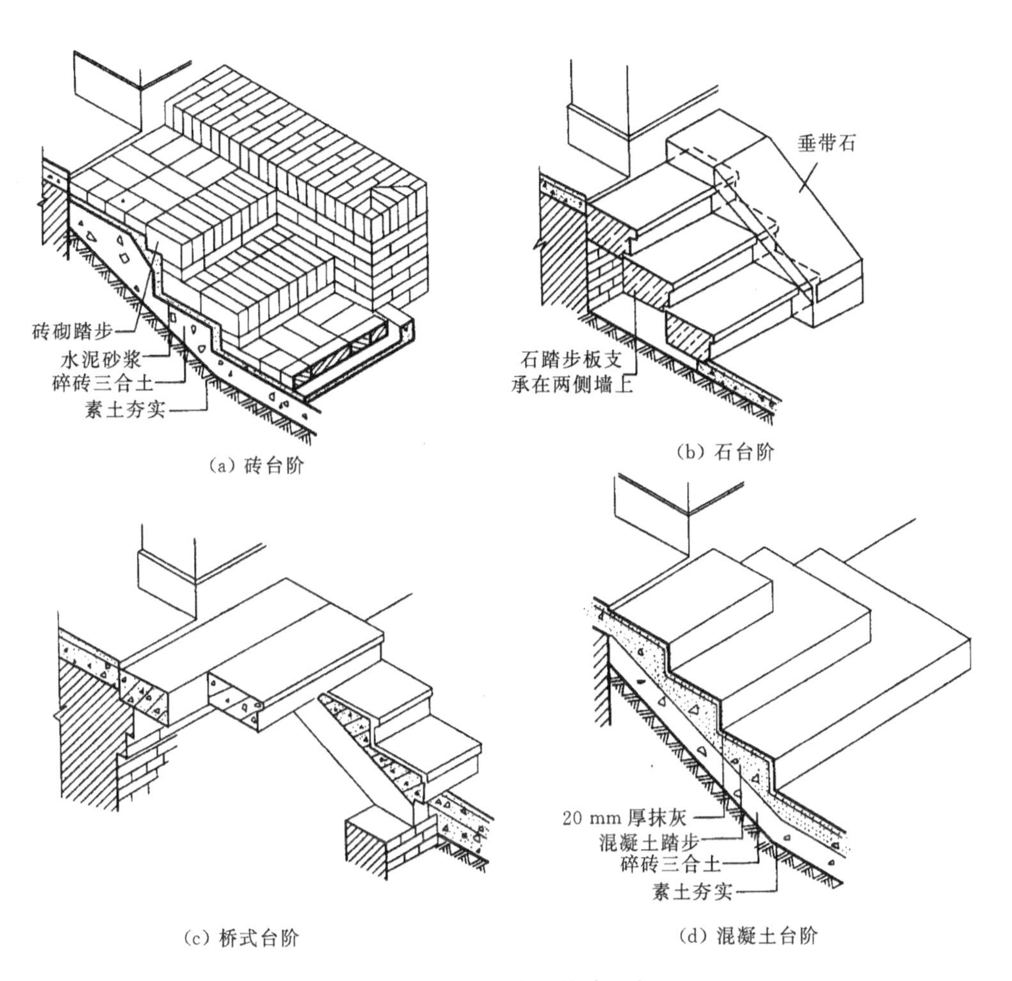

(a) 砖台阶　　(b) 石台阶

(c) 桥式台阶　　(d) 混凝土台阶

图 5.39　各种台阶构造示意

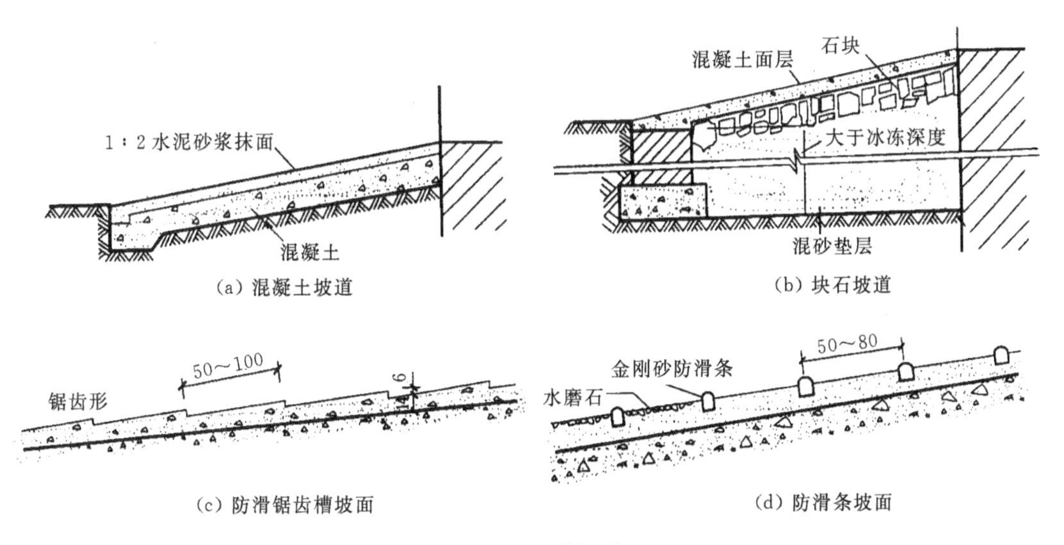

(a) 混凝土坡道　　(b) 块石坡道

(c) 防滑锯齿槽坡面　　(d) 防滑条坡面

图 5.40　坡道构造

5.6 有高差处无障碍设计构造

竖向通道无障碍的构造设计，主要是解决残疾人的使用，下面就此内容做一般介绍。

在解决连通不同高差的问题时，虽然可以采用诸如楼梯、台阶、坡道等设施，但这些设施在使用时，仍然会给某些残疾人造成不便，特别是下肢残疾的人和视觉残疾的人。下肢残疾的人往往会借助拐杖和轮椅代步，而视觉残疾的人则往往会借助导盲棍来帮助行走。无障碍设计中有一部分就是指能帮助上述两类残疾人顺利通过高差的设计，下面将主要就无障碍设计中一些有关楼梯、台阶、坡道等的特殊构造问题作一介绍。

5.6.1 坡道的坡度和宽度

坡道是最适合下肢残疾人使用的通道，它还适合于拄拐杖和借助导盲棍通过，唯其坡度必须较为平缓，还必须有一定的宽度，有关规定如下。

1. 坡道的坡度

我国对便于残疾人通行的坡道的坡度标准为不大于 1∶12，同时还规定与其相匹配的每段坡道的最大高度为 750 mm，坡段最大水平长度为9 000 mm。

2. 坡道的宽度及平台宽度

为便于残疾人使用的轮椅顺利通过，室内坡道的最小宽度应不小于 900 mm，室外坡道的最小宽度应不小于 1 500 mm。如图 5.41 所示为相关坡道的平台所应具有的最小宽度。

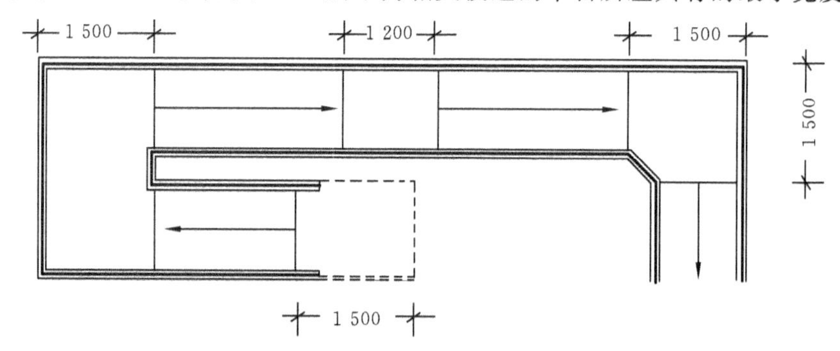

图 5.41 坡道休息平台应具有的最小宽度

5.6.2 楼梯形式及扶手栏杆

1. 楼梯形式及相关尺度

残疾者或盲人使用的室内楼梯，应采用直行形式，不宜采用弧形梯段或在半平台上设置扇步(见图 5.42)。

楼梯的坡度应尽量平缓，其坡度宜在 35°以下，踢面高应不大于 170 mm，且每步踏步应保持等高。楼梯的梯段宽度不宜小于 1 200 mm。

2. 踏步设计注意事项

视力残疾者或盲人使用的楼梯踏步应选用合理的构造形式及饰面材料，无直角突出，沿表

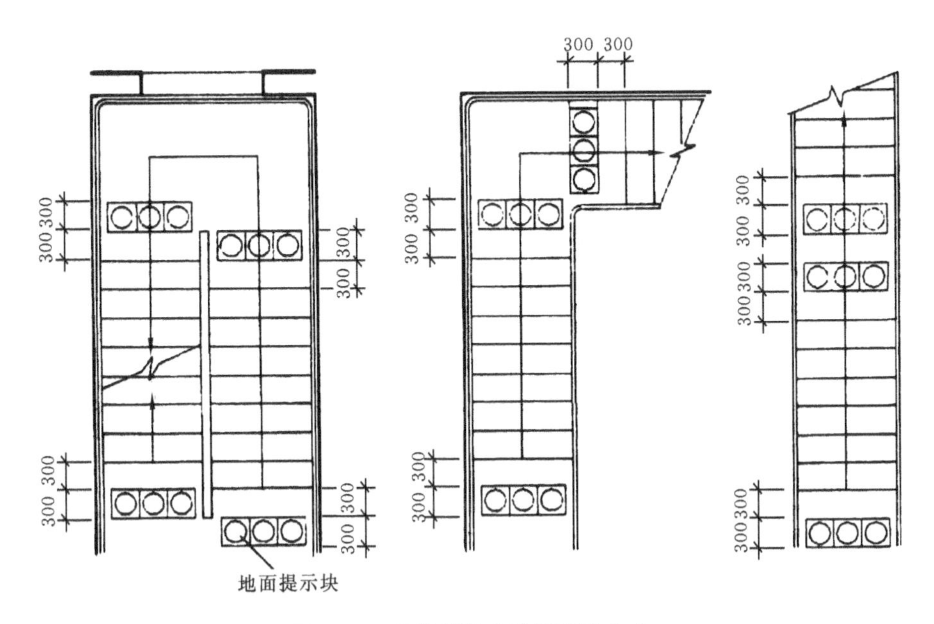

图 5.42　楼梯梯段宜采取直行方式

面不滑，以防发生勾绊行人或其助行工具的意外事故。

3. 扶手

楼梯和坡道应在两侧内设扶手，公共楼梯可设上、下双层扶手。在楼梯的梯段，或坡道的坡段的起始及终结处，扶手应自其前缘向前伸出 300 mm 以上，两个相临梯段的扶手应该连通，扶手末端应向下或伸向墙面(见图 5.43)。扶手的断面形式应便于抓握(见图 5.44)。

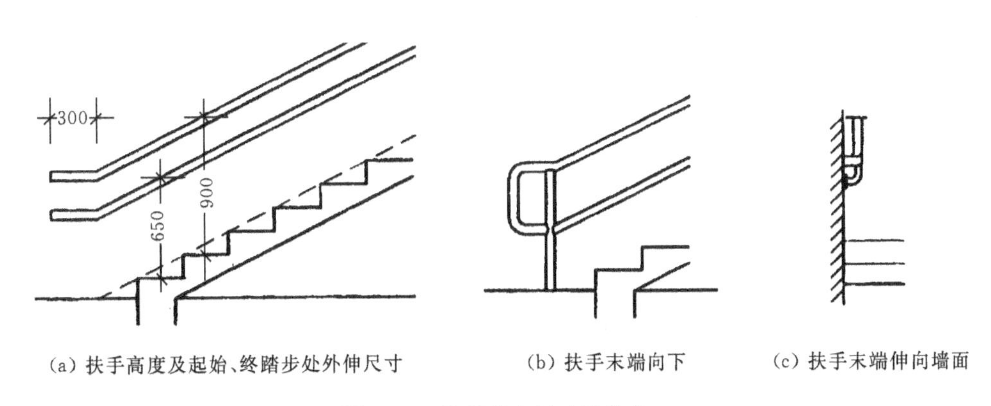

图 5.43　扶手基本尺寸及收头

5.6.3　导盲块的设置

导盲块又称地面提示块，一般设置在有障碍物、需要转折、存在高差等场所，利用其表面上的特殊构造形式，向视力残疾者提供触感信息，提示该停步或需改变行进方向等。如图 5.45 所示为常用的导盲块的两种形式，图 5.42 中已经标明了它在楼梯中的设置位置，在坡道上也适用。

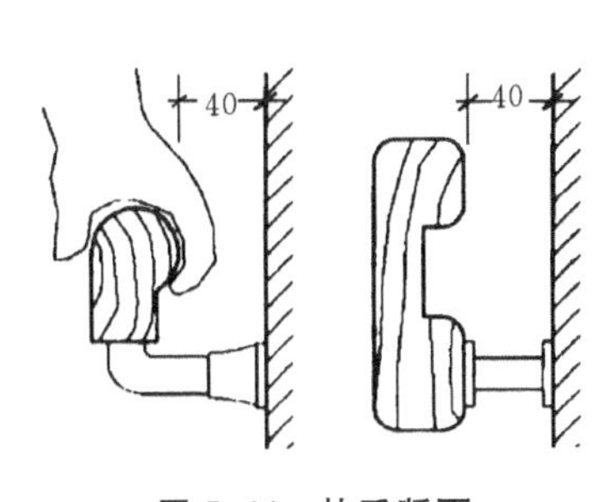

图 5.44　扶手断面

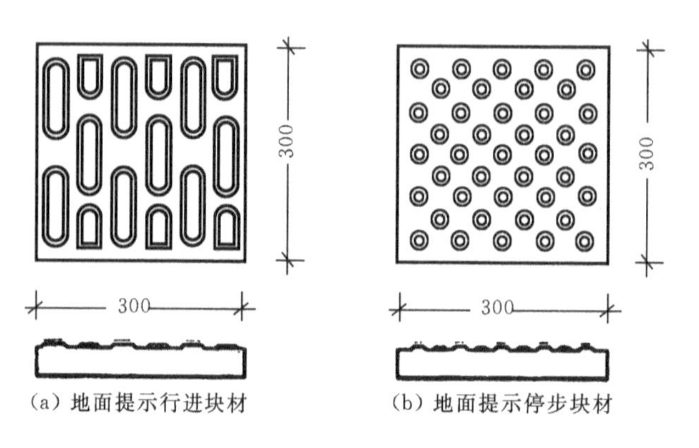

图 5.45　地面提示块

5.6.4　构件边缘处理

鉴于安全方面的考虑，凡有凌空处的构件边缘，都应该向上翻起，包括楼梯和坡道的凌空一面、室内外平台的凌空边缘等。这样可以防止拐杖或导盲棍等工具向外滑出，对轮椅也是一种制约，如图 5.46 所示。

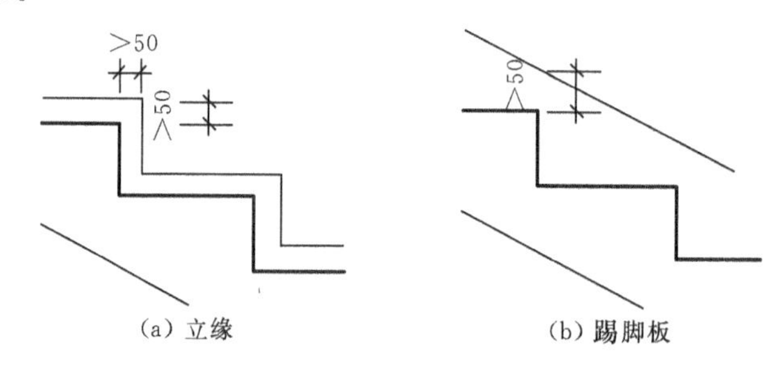

图 5.46　构件边缘处理

小结

1. 楼梯由楼梯梯段、楼梯平台、栏杆扶手三部分组成。楼梯的主要形式根据建筑物的使用性质而定，最常用的为平行双跑楼梯，其位置与门厅相连且明显，避免交通拥挤、堵塞，楼梯数量及间距依据人流量及消防要求而确定，同时满足安全疏散和美观的要求。

2. 楼梯段、平台的宽度应按人流股数确定，且满足使用要求。楼梯段与楼梯踏步密切相关，而踏步尺寸又与人行步距紧密相连。设计时采用的经验公式为 $b+2h \approx 600 \sim 620$ mm。坡度一般不应大于 38°。

3. 楼梯间设出入口时，地层平台下净高应大于 2 m，不足 2 m 时可采用长短跑或利用室内外地面高差等办法解决，在梯段部位其净高应大于 2.2 m。

4. 楼梯设计中应根据使用要求解决好楼梯间进深、开间尺寸、楼梯段平台宽度及梯井尺寸。解决好踏步宽高尺寸，并绘制楼梯平面、剖面设计图。

5. 楼梯有现浇、预制装配钢筋混凝土楼梯之分，现浇楼梯有板式和梁板式两种结构形式；梁板式楼梯又分为双梁式和单梁式。预制装配式钢筋混凝土楼梯按其构造方式可分为梁承式、墙承式和墙悬臂式等类型。

6. 电梯是大型建筑和高层建筑的主要垂直交通部分，由电梯井道、电梯机房、井道地坑和其他附件组成。电梯有客梯、货梯、消防电梯几种，自动扶梯主要用于人流大的大型公共建筑。

7. 室外台阶、室外坡道是解决建筑物入口处室内外高差，便于人流进出和车辆通行的构件。其平面布置形式有单面踏步、三面踏步、坡道和踏步与坡道结合等多种形式。

8. 掌握竖向通道无障碍设计的构造要点，比如坡道的长度和高度设置，楼梯的细部构造处理有哪些特殊的处理以及导盲块的设置等。

1. 楼梯由哪些部分组成？简述各组成部分的作用及要求如何？常见的楼梯有哪几种形式？

2. 简述楼梯设计的要求如何？确定楼梯段宽度应该以什么为依据？为什么要求平台宽不得小于楼梯段宽度？

3. 楼梯坡度该如何确定？踏步高与踏步宽和行人步距的关系如何？

4. 一般民用建筑的踏步高与宽的尺寸是如何限制的？当踏面宽不足最小尺寸时怎么办？

5. 楼梯为什么要设栏杆？栏杆扶手的高度一般是多少？

6. 楼梯间的开间、进深应该根据什么确定？

7. 楼梯的净高一般指什么？为保证人流和货物的顺利通行，要求楼梯净高一般是多少？

8. 当建筑物底层平台下作出入口时，为增加净高，常常采取哪些措施？

9. 常用电梯有哪几种？电梯由哪几部分组成？电梯井道的设计应满足什么要求？

10. 什么条件下适宜采用自动扶梯？

11. 有高差处无障碍设计有哪些具体的特殊构造？

12. 楼梯构造设计任务书。

(1) 设计题目

楼梯构造设计。

(2) 设计条件

第一题

① 某内廊式办公楼，砖混结构、三层、层高 3.30 m、室内外高差 0.55 m。

② 该办公楼次要(辅助)楼梯为平行双跑楼梯，楼梯间开间为 3.30 m，进深 5.70 m，楼梯间底层为该办公楼次要出入口。

③ 楼梯间入口的门洞口尺寸为 1 500 mm×2 100 mm，楼梯间窗的洞口为 1 500 mm×1 200 mm(或 1500 mm)。

④ 楼梯间的墙体为砖墙，外纵墙厚 370 mm，内横、纵墙厚 240 mm。

⑤ 采用现浇钢筋混凝土板(或梁板)式，或者预制装配式钢筋混凝土楼梯。栏杆及扶手形式自定，不考虑无障碍设计。

第二题

① 某单元式住宅楼，砖混结构，五层，层高 2.80 m，室内外高差 0.45 m，按八度烈度设防。

② 入口设在楼梯间，楼梯为平行双跑楼梯。楼梯间开间为2.70 m，进深为5.20 m。

③ 楼梯间入口门洞尺寸为1 500 mm×2 100 mm，楼梯间窗的洞口为1 500 mm×2 100 mm。

④ 楼梯间的墙体为砖墙，外纵墙厚370 mm，内横、纵墙厚240 mm。

⑤ 采用现浇钢筋混凝土板式楼梯，或者预制装配式钢筋混凝土楼梯。

(3) 设计内容及图纸要求

用A2图纸，一律按建筑制图标准规定绘制楼梯间平面图、剖面图和节点详图。

① 平面图：底层、二层和顶层平面图。比例为1∶50。

● 画出楼梯间墙，门窗、梯段踏步、平台、栏杆扶手及底层所见室外坡道(或台阶)、部分散水等。

● 尺寸标注如下。

开间方向为两道尺寸。第一道为细部尺寸，包括梯段宽度、梯井宽度及墙内缘至轴线尺寸，门窗只按比例画出，不标注尺寸。第二道为轴线尺寸和轴线编号。

进深方向为两道尺寸。第一道：细部尺寸，包括楼梯段水平投影长度〔标注方法：(踏步数－1)×踏面宽＝长度〕、平台长度及墙内缘至轴线尺寸；第二道：轴线尺寸，轴线编号。

● 平面图内标注室内外地面设计标高，中间平台、楼层平台(或楼层面)标高，标注梯段折断线及楼梯上下行指示线。

● 注写图名、比例、底层平面图中标注剖切符号。

② 楼梯间剖面图(1∶50)。

● 画梯段、平台、栏杆扶手；室外坡道(或台阶)、散水、入口门、雨篷；剖切墙、窗及其他剖切到或投影所见到的所有构件(可不画屋顶，在顶层楼梯扶手以上断开，用折断线表示)等。剖切到的部分用材料图例分别表示。

● 尺寸标注(标注在图外部)如下。

水平方向：两道尺寸。第一道：细部尺寸，底层第一梯段投影长度、平台长度、墙内缘至轴线尺寸及定位轴线编号。第二道：轴线尺寸。

垂直方向：两道尺寸。第一道：细部尺寸，室内外设计地面高差和各梯段高度(标注方式：踏步数×踏步高＝梯段高度)、楼梯间外纵墙门、窗及窗间墙尺寸。第二道：层高。

● 室内外设计标高，各中间休息平台，楼层面(或楼层休息平台)，平台梁底标高。

● 标注节点详图、索引符号、图名、比例。

(4) 楼梯节点详图(1∶10)

内容：梯段踏步、护栏、扶手、梯段与平台交接处，任选2～3个。

要求：表示清楚节点中各部位细部构造及做法，标注尺寸。

第6章 屋顶构造

学习目标与要求

1. 了解屋顶的类型、作用和设计要求。

2. 掌握平屋顶的坡度形成方式及排水方法。

3. 掌握屋顶排水组织及节点设计的方法、原理和屋顶构造节点详图设计。

4. 重点掌握平屋顶的组成和排水组织设计和细部做法。

5. 掌握平屋顶的保温与隔热原理及其构造做法。

6. 了解坡屋顶的承重结构方案以及屋面的几种常见的构造做法、细部处理方法和坡屋顶的保温隔热与通风构造。

6.1 概述

6.1.1 屋顶的类型

1. 按屋顶外部形式分类

按外部形式分类，屋顶可分为平屋顶、坡屋顶和其他形式的屋顶。

1) 平屋顶

平屋顶通常是指排水坡度小于5%的屋顶，常用坡度为2%～3%。大量民用建筑多采用与楼层基本类同的屋顶结构形成平屋顶(见图6.1)。采用平屋顶可以节省材料、扩大建筑空间、提高预制安装程度，同时屋顶上面可以作为固定的活动场所，如做成屋顶花园、屋顶养鱼池等。如图6.2所示为平屋顶常见的几种形式。

图6.1 平屋顶

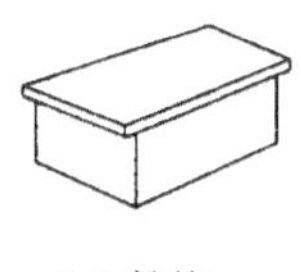

(a) 挑檐

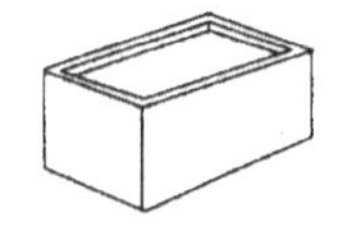
(b) 女儿墙

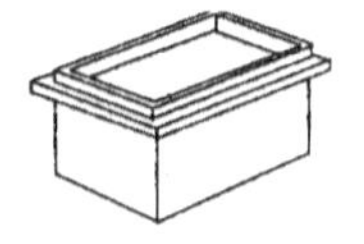
(c) 挑檐女儿墙

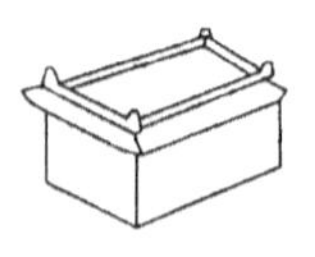
(d) 盝(盒)顶

图 6.2　平屋顶的形式

注：盝顶指四边为坡顶、顶部为平顶的屋面形式。元代宫室曾有盝顶殿，为平顶屋面与坡顶结合所致。

2）坡屋顶

坡屋顶通常是指屋面坡度较陡的屋顶，其坡度一般大于10%。坡屋顶是我国传统的建筑屋顶形式，在民居建筑中应用非常广泛，城市建设中为满足景观环境或建筑风格的要求也常采用（见图6.3）。

图 6.3　坡屋顶

坡屋顶常见的形式(见图6.4)。

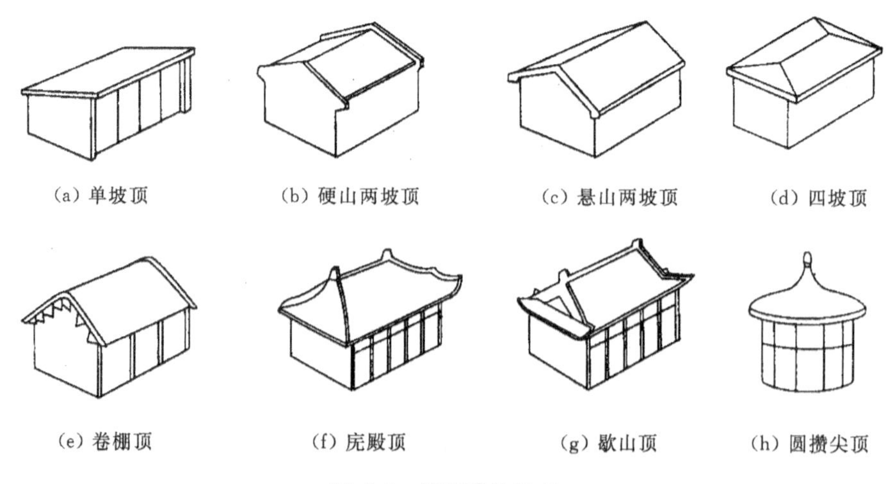

图 6.4　坡屋顶的形式

3）其他形式的屋顶

其他形式的屋顶如图 6.5 所示。

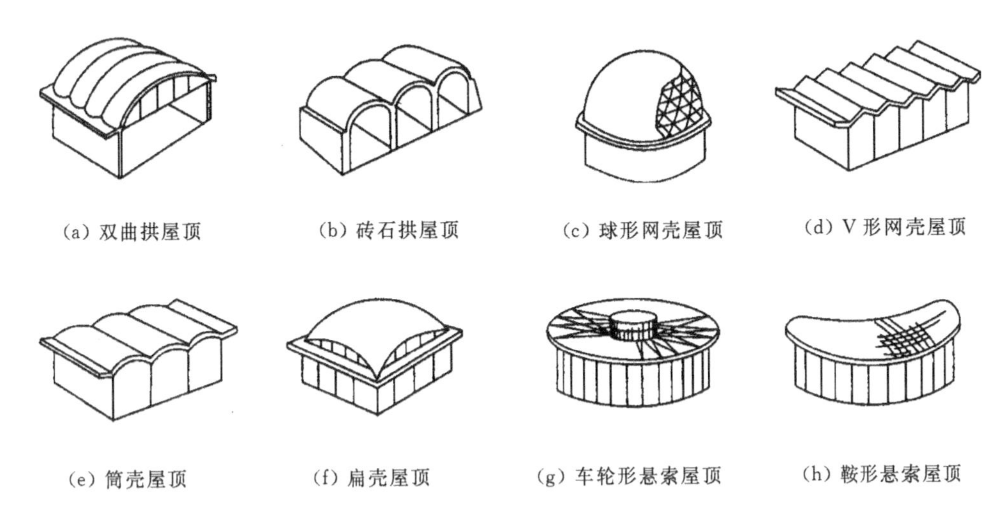

(a) 双曲拱屋顶　(b) 砖石拱屋顶　(c) 球形网壳屋顶　(d) V 形网壳屋顶

(e) 筒壳屋顶　(f) 扁壳屋顶　(g) 车轮形悬索屋顶　(h) 鞍形悬索屋顶

图 6.5　其他形式的屋顶

2. 按屋面防水材料分类

按屋面防水材料分类，屋顶可分为卷材（柔性）防水屋面、刚性防水屋面、涂膜防水屋面和瓦类防水屋面。

6.1.2　屋顶的作用和设计要求

1. 屋顶的作用

屋顶是建筑物最上部的覆盖部分，应能抵御自然界各种环境因素对建筑物的不利影响。首先是能抵抗大自然风、雨、雪、霜、太阳辐射等的侵袭，因此要求屋顶起良好的围护作用，具有防水、保温和隔热性能。其中防止雨水渗漏是屋顶的基本功能要求，也是屋顶设计的核心。

2. 屋顶的设计要求

1）功能要求

屋顶要解决好防水、保温、隔热等基本功能要求，防止雨水渗漏是设计的核心。根据我国现行的《屋面工程质量验收规范》(GB 50207－2012)规定，将屋面防水划分为四个等级，各等级均有不同的设防要求，具体详见表 6.1。

2）结构要求

屋顶是建筑物上层的承重结构，要承受自身重量和屋顶上部的各种活荷载，同时也起着建筑物上部的水平支撑作用。屋顶应有足够的强度、刚度和整体空间的稳定性，保证其结构安全和防止结构变形造成防水层破裂、渗漏。

3）建筑艺术要求

屋顶是建筑形体的重要组成部分，其形式直接影响到建筑造型和形体的完整、均衡。我国传统建筑的重要特征之一，就是屋顶外形的变化多样及其精美细致的装修，对建筑整体造型极具影响。在现代建筑中同样应注意其形式的变化和细部设计，充分表达人们对建筑工艺方面的需求。

表6.1　屋面防水等级和防水要求

项　目	屋面防水等级			
	Ⅰ	Ⅱ	Ⅲ	Ⅳ
建筑物类别	特别重要的民用建筑和有特殊要求的工业建筑	重要的工业与民用建筑、高层建筑	一般的工业与民用建筑	非永久性的建筑
防水层使用年限(年)	25	15	10	5
防水层选用材料	宜选用合成高分子卷材、高聚物改性沥青防水卷材、合成高分子防水涂料、细石混凝土等材料	宜选用高聚物改性沥青防水卷材、合成高分子卷材、合成高分子防水涂料、高聚物改性沥青防水涂料、细石混凝土、平瓦等材料	应选用三布四油防水卷材、高聚物改性沥青防水卷材、高聚物改性沥青防水涂料、合成高分子防水涂料、沥青基防水涂料、刚性防水层、平瓦、油毡瓦等材料	可选用二布三油沥青防水卷材、高聚物改性沥青防水涂料、沥青基防水涂料、波形瓦等材料
设防要求	三道或三道以上防水设防，其中应有一道合成高分子防水卷材，且只能有一道厚度不小于2 mm的合成高分子涂膜	二道防水设防，其中应有一道卷材，也可采用压型钢板进行一道防水设防	一道防水设防，或两道防水材料复合使用	一道防水设防

6.2　平屋顶的组成与排水

目前，多数房屋都采用平屋顶。与坡屋顶相比，平屋顶可以节约大量材料，提高预制装配化程度，减少建筑体积，便于屋顶上人，还可以提高屋顶的耐久性和房屋的耐火等级。

6.2.1　平屋顶的组成

1. 防水层

屋顶通过面层材料的防水性能达到防水目的。由于平屋顶的坡度小、排水缓慢，因而要加强屋面的防水构造处理。平屋顶应选用防水性能好和大片的屋面材料，采取可靠的构造措施来提高屋面的抗渗能力。目前在我国南方地区常采用水泥砂浆或混凝土浇筑的整体屋面面层，称为刚性防水屋面。在北方地区，则多采用沥青卷材的屋面面层，称为柔性防水屋面。

2. 保温隔热层

保温层或隔热层应设在屋顶的承重结构层与面层之间，一般采用无机粒状材料和块材制品，如膨胀珍珠岩、沥青珍珠岩、加气混凝土块等，而纤维材料容易产生压缩变形，采用较少。

3. 承重结构层(梁板式结构)

平屋顶的承重结构一般采用钢筋混凝土梁板，可在现场浇注，也可采用预制装配结构。目前在大量性建筑中用得最多的是预制钢筋混凝土板，如空心板、槽形板等。

4. 顶棚层

与楼板层的顶棚相同，详见第4章。

6.2.2 平屋顶的排水

1. 屋顶坡度的选择

屋顶坡度是由多方面因素决定的，受到自然气候条件、屋面防水材料、屋顶结构形式、建筑造型要求、构造组合及施工方法等因素影响，归纳起来主要受到防水材料和当地降雨量两方面的影响。

1）防水材料与排水坡度的关系

当防水材料尺寸较小，会使接缝多、渗漏因素增加，因而应选择较大的排水坡度，将屋面积水迅速排除。如瓦屋面其坡度较陡，形成坡屋顶。当防水材料尺寸大、接缝少且覆盖严密时，产生的渗漏因素小，则屋面排水坡度可适当减小，如卷材防水、刚性防水、涂膜防水等。因其排水坡度小，约为1%～3%，故形成平屋顶形式。

2）降雨量与排水坡度的关系

降雨量大的地区，屋面渗漏的可能性较大，屋顶的排水坡度应适当加大；反之，屋顶排水坡度则宜小一些。

综上所述可以得出如下规律：屋面防水材料尺寸越小，屋面排水坡度越大，反之则越小；降雨量大的地区屋面排水坡度较大，反之则较小。

2. 屋顶坡度的形成方式

屋顶坡度的形成有材料找坡和结构找坡两种做法（见图6.6）。

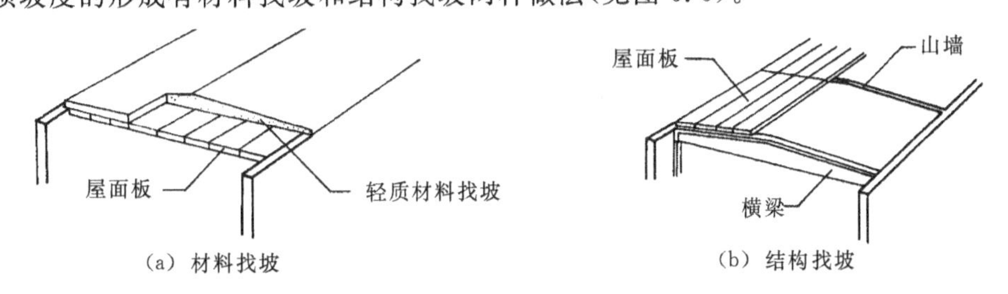

图6.6 屋顶坡度的形成方式

1）材料找坡

材料找坡是指屋顶坡度由垫坡材料形成，一般用于坡向长度较小的屋面。为了减轻屋面荷载，一般选用轻质材料找坡，如水泥炉渣、石灰炉渣等。找坡层的厚度最薄处不小于20 mm。平屋顶材料找坡的坡度宜为2%。

2）结构找坡

结构找坡是屋顶结构自身带有排水坡度，比如在上表面倾斜的屋架或屋面梁上安放屋面板，屋顶表面即呈倾斜坡面；又如在顶面倾斜的山墙上搁置屋面板时，也形成结构找坡。平屋顶结构找坡的坡度宜为3%。

材料找坡的屋面板可以水平放置，天棚面平整，但材料找坡增加屋面荷载，材料和人工消耗较多；而结构找坡无须在屋面上另加找坡材料，构造简单，不增加荷载，但天棚顶倾斜，室内空间不够规整。这两种方法在工程实践中均有广泛的运用。

3. 排水方式

屋顶排水方式分为有组织排水和无组织排水两大类。

1）无组织排水

无组织排水是指屋面雨水直接从檐口滴落至地面的一种排水方式，因为不用天沟、雨水管等导流雨水，故又称自由落水。

无组织排水具有构造简单、造价低廉的优点，但也存在一些不足之处，如雨水直接从檐口流泻至地面，外墙脚常被飞溅的雨水侵蚀，降低了外墙的坚固耐久性；从檐口滴落的雨水可能影响人行道的交通，等等。当建筑物较高，降雨量又较大时，这些缺点就更加突出。

2）有组织排水

有组织排水是指雨水经由天沟、雨水管等排水装置被引导至地面或地下管沟的一种排水方式。其优缺点与无组织排水相反，在建筑工程中应用广泛。有组织排水的方案大致可分为外排水方案和内排水方案。

(1) 外排水方案。外排水是指雨水管装设在室外的一种排水方案，其优点是雨水管不妨碍室内空间的使用和美观，构造简单，因而被广泛采用。外排水方案可归纳成以下几种。

① 挑檐沟外排水：屋面雨水汇集到悬挑在墙外的檐沟内，再从雨水管排下（见图 6.7(a)）。当建筑物出现高低跨时，可先将高跨的雨水排至低跨屋面，然后从低跨挑檐沟引入地下（见图 6.7(b)），采用此种方案时，水流路线的水平距离不应超过20 m，以免造成屋面渗水。

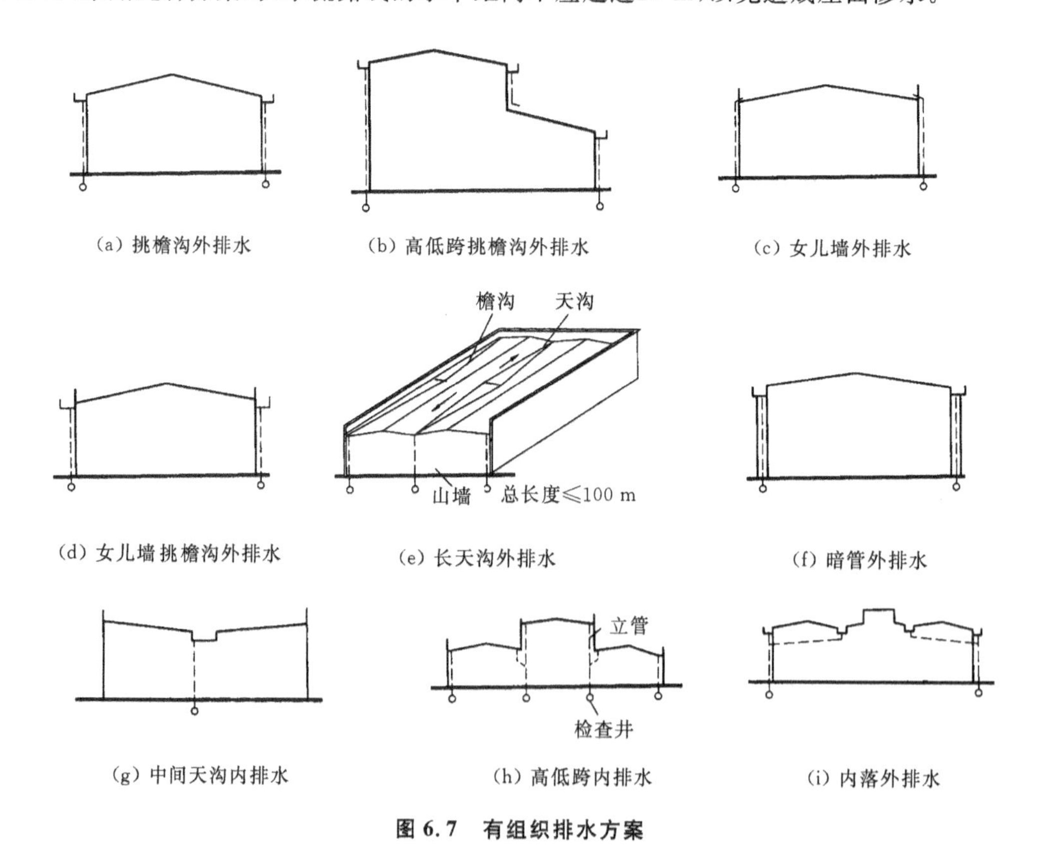

图 6.7 有组织排水方案

② 女儿墙外排水:当建筑外形不希望出现挑檐时,通常将外墙升起封住屋面,高于屋面的这部分外墙称为女儿墙。此方案的特点是屋面雨水需穿过女儿墙流至室外的雨水管(见图6.7(c))。

③ 女儿墙挑檐沟外排水:图 6.7(d)所示为女儿墙挑檐沟外排水,其特点是在檐口处既有女儿墙,又有挑檐沟。在蓄水屋面中常采用这种形式,利用女儿墙作蓄水仓壁,挑檐沟则用来汇集从蓄水池中溢出的多余雨水。

④ 长天沟外排水:在多跨建筑中,为了解决中间跨的排水,可以沿纵向天沟向房屋两端排水,形成长天沟外排水(见图 6.7(e))。此种形式避免了在室内设雨水管,多用于单层厂房。为了避免天沟跨越房屋的横向温度缝,长天沟外排水方案适用于只出现一条温度缝的房屋,其纵向长度一般在 100 m 以内。

⑤ 暗管外排水:明装的雨水管有损建筑立面,故在一些重要的公共建筑中,雨水管常采取暗装的方式,把雨水管隐藏在假柱或空心墙中(见图 6.7(f))。假柱可以处理成建筑立面上的竖线条。

(2) 内排水方案。外排水构造简单,雨水管不占用室内空间,故在我国南方应优先采用,但在有些情况下采用外排水并不恰当。例如,在高层建筑中就是如此,因维修室外雨水管既不方便又不安全。又如,在严寒地区也不适宜用外排水,因室外的雨水管有可能使雨水结冻,而处于室内的雨水管则不会发生这种情况。再如,规模巨大的公共建筑和单层厂房,常常采用多跨屋顶,自然形成一种内排水方案。常见的内排水方案有以下几种。

① 中间天沟内排水:当房屋宽度较大时,可在房屋中间设一纵向天沟形成内排水(见图6.7(g)),这种方案特别适用于内廊式多层或高层建筑。雨水管可布置在走廊内,不影响走廊两旁的房间。

② 高低跨内排水:高低跨双坡屋顶在两跨交界处也常常需要设置内天沟来汇集低跨屋面的雨水,高低跨可共用一根雨水管(见图 6.7(h))。

当房屋跨数不多时(如仅有三跨),也可用悬吊式水平雨水管将中间天沟的雨水引导至两边跨的雨水管中,构成所谓内落外排水(见图 6.7(i))。其优点是可以简化室内排水设施,在工业建筑中采用此种形式时,工艺布置不受地下排水管道的影响,但水平雨水管易被灰尘堵塞,故有大量粉尘积于屋面的厂房不宜采用。

3) 排水方式的选择

屋顶排水方式是采用无组织排水还是有组织排水(内排水和外排水),应根据气候条件、建筑物的高度、质量等级、使用性质、屋顶面积大小等因素加以综合考虑,一般可按下述原则进行选择。

(1) 等级较低的建筑,为了控制造价,宜优先采用无组织排水。

(2) 积灰多的屋面应采用无组织排水。例如,铸工车间、炼钢车间等工业厂房在生产过程中散发大量粉尘积于屋面,下雨时被冲进天沟造成管道堵塞,故这类厂房不宜采用有组织排水。

(3) 有腐蚀性介质的工业建筑也不宜采用有组织排水。例如,铜冶炼车间、某些化工厂房等,生产过程中散发的大量腐蚀性介质,会使铸铁雨水装置遭受侵蚀,故此类厂房也不宜采用有组织排水。

(4) 在降雨量大的地区或房屋较高的情况下,宜采用有组织排水。表 6.2 中所列建筑物的有关参数,供选择有组织排水时参考。

表 6.2　采用有组织排水的有关参考依据

年降雨量/mm	檐口离地高度/m	天窗跨度/m	相邻屋面高差
≤900	8～10	9～12	高差不小于 4 m 的高处檐口
>900	5～8	6～9	高差不小于 3 m 的高处檐口

(5) 临街建筑雨水排向人行道时宜采用有组织排水。

(6) 对于有组织内排水，主要用于高层建筑、严寒地区的建筑和屋面宽度过大的建筑。因为对高层而言，外排水不宜维修，亦不安全。而严寒地区外排水易造成冻结和屋面宽度过大的建筑，无法用外排水方案排除屋面雨水，故宜采用内排水方案。

6.2.3　屋顶排水组织设计

屋顶排水组织设计是将屋面划分成若干排水区，分别将雨水引向雨水管，做到排水线路简捷、雨水口负荷均匀、排水顺畅、避免屋顶积水而引起渗漏，一般按下列步骤进行。

1. 确定排水坡面的数目

由于雨水的冲刷力容易使防水层损坏，为避免水流路线过长，应合理地确定屋面排水坡面的数目。一般情况下，一般平屋顶建筑屋面宜采用双坡排水，临街建筑平屋顶屋面宽度小于12 m时，可采用单坡排水；其宽度大于 12 m 时，宜采用双坡排水。

2. 划分排水区

划分排水区的目的在于合理地布置水落管。排水区的面积是指屋面水平投影的面积，每一根水落管的屋面最大汇水面积不宜大于 150～200 m^2。

3. 确定天沟所用材料和断面形式及尺寸

天沟即屋面上的排水沟，位于檐口部位时又称檐沟。设置天沟的目的是汇集屋面雨水，并将屋面雨水有组织地迅速排除。天沟根据屋顶类型的不同有多种做法。平屋顶的天沟一般用钢筋混凝土制作，当采用女儿墙外排水方案时，可利用倾斜的屋面与垂直的墙面构成三角形天沟（见图 6.8）；当采用檐沟外排水方案时，常用专用的槽形板做成矩形天沟。矩形天沟一般用钢筋混凝土现浇或预制而成，其断面尺寸应根据地区降雨量和汇水面积的大小确定，天沟的净宽应不小于 200 mm，天沟上口与分水线的距离应不小于 120 mm（见图 6.9(a)）。沟底沿长度方向

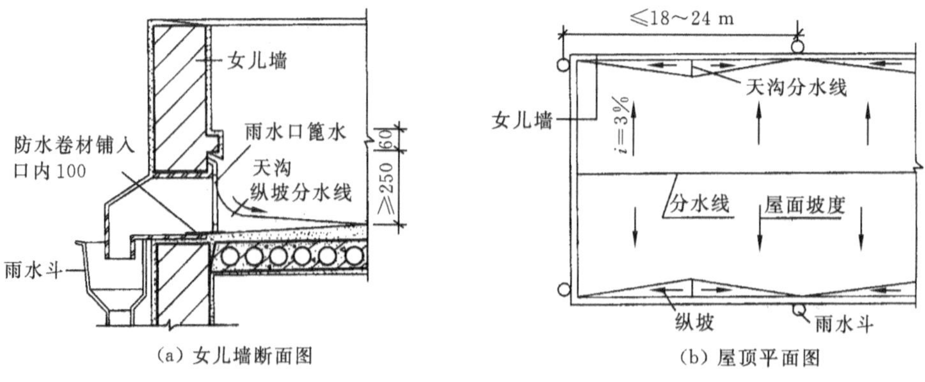

(a) 女儿墙断面图　　(b) 屋顶平面图

图 6.8　平屋顶女儿墙外排水三角形天沟

向雨水口设置纵坡，坡度范围一般为 0.5%～1%(见图 6.9(b))。

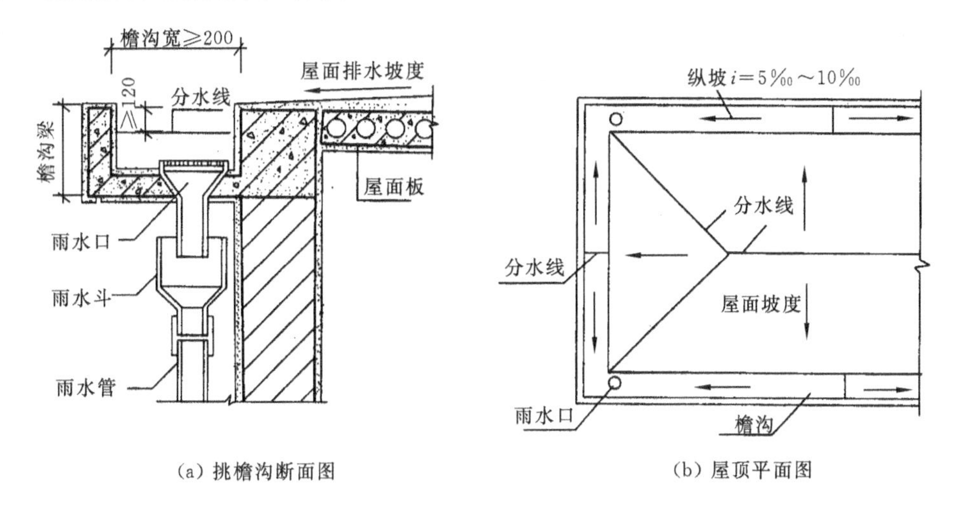

(a) 挑檐沟断面图　　(b) 屋顶平面图

图 6.9　平屋顶檐沟外排水矩形天沟

4. 确定水落管规格及间距

水落管按材料的不同有铸铁管、镀锌铁皮管、塑料管、石棉水泥管和 PVC 管等，目前多采用铸铁和 PVC 水落管，其直径有 50 mm、75 mm、100 mm、125 mm、150 mm、200 mm 几种规格，一般民用建筑最常用的水落管直径为 100 mm，面积较小的露台或阳台可采用 50 mm 或 75 mm 的水落管。水落管的位置应在实墙面上，其间距一般在 18 m 以内，最大间距应不超过 24 m，因为间距过大，则沟底纵坡面越长，会使沟内的垫坡材料增厚，减少了天沟的容水量，造成雨水溢向屋面引起渗漏或从檐沟外侧涌出。

6.3　平屋顶的构造

平屋顶按屋面防水层材料的不同划分，有多种防水屋面，常见的有卷材防水屋面、刚性防水屋面、涂膜防水屋面三种。

6.3.1　卷材防水屋面

卷材防水屋面是指用柔性防水卷材与黏结剂结合，粘贴在屋面上形成密实防水构造层的屋面。

卷材防水层具有良好的韧性和可变性，能适应震动和微小变形等变化因素的影响，整体性好、不易渗漏、使用广泛。Ⅰ～Ⅳ级屋面防水均适用这种屋面，但耐久性较差，机械强度低，施工操作繁杂，须不断改进。

按其使用材料的不同，卷材防水屋面分为沥青类卷材防水屋面、高聚物改性沥青类卷材防水屋面和高分子卷材防水屋面。

油毡防水屋面在我国已有几十年的使用历史，具有较好的防水性能，对屋面基层变形有一定的适应能力(与刚性防水屋面相比而言)，但这种屋面施工麻烦、劳动强度大，且容易出现油毡鼓泡、沥青流淌、油毡老化等方面的问题，使油毡屋面的寿命大大缩短，平均10年左右就要进行大修，所以在构造上还需采取相应的措施。随着新型防水材料的不断出现，油毡防水屋面的应用正在逐渐地减少，而以新型的屋面防水材料取代传统的屋面防水做法。目前，所用的新型防水卷材主要有：三元乙丙橡胶防水卷材、自粘型彩色三元乙丙复合防水卷材、聚氯乙烯防水卷材、氯化聚乙烯防水卷材、氯丁橡胶防水卷材及改性沥青油毡防水卷材等，这些材料一般为单层卷材防水构造，当防水要求较高时可采用双层卷材防水构造。新型防水卷材的防水层所用胶黏剂根据材料的不同，应采用与之相适应的配套材料，如三元乙丙橡胶卷材与基层黏结用CX-404胶黏剂，且卷材接缝用丁基黏结剂，氯化聚乙烯橡胶防水卷材与基层黏结用BX-12胶黏剂等。这些防水材料的共同优点是自重轻、适用温度范围广、耐气候性好、使用寿命长、抗拉强度高、延伸率大、可冷作业施工、操作简便，大大改善劳动条件，减少环境污染。

1. 卷材防水屋面的构造层次和构造做法

卷材防水屋面由多层材料叠合而成，其基本构造层次按构造要求由结构层、找坡层、找平层、结合层、防水层和保护层组成(见图6.10)。

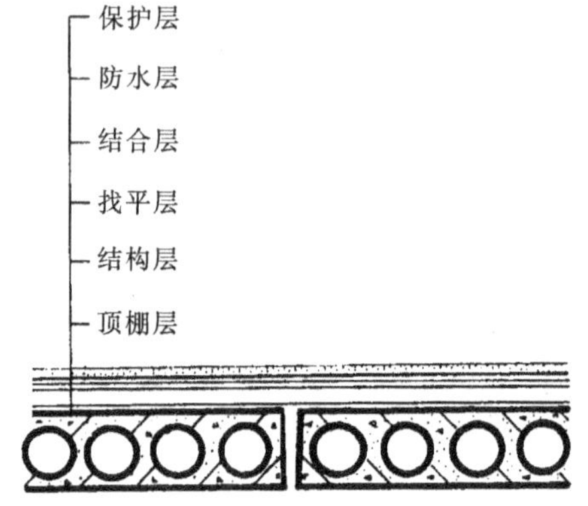

图6.10　卷材防水屋面基本构造层次

1）结构层

结构层通常为预制或现浇钢筋混凝土屋面板，要求具有足够的强度和刚度。

2）找坡层

当屋顶采用材料找坡时，应选用轻质材料形成所需要的排水坡度，通常是在结构层上铺1∶(6～8)的水泥焦砟或水泥膨胀蛭石等。当屋顶采用结构找坡时，则不必设找坡层。

3）找平层

为了避免卷材凹陷或断裂，柔性防水层要铺贴在坚固而平整的基层上，因此必须在结构层或找坡层上设置找平层。找平层一般为20～30 mm厚的1∶3水泥砂浆、细石混凝土和沥青砂浆，厚度根据防水卷材的种类而定。

4）结合层

结合层的作用是使卷材防水层与基层黏结牢固，以保证防水的效果。结合层所用材料应根据卷材防水层材料的不同来选择。

沥青卷材黏结剂的结合层材料主要有冷底子油和沥青胶等。

冷底子油是10号或30号石油沥青溶于轻柴油、汽油或煤油中而制成的溶液。将其涂在水泥砂浆或混凝土基层上作基层处理剂，使基层表面与沥青黏结剂之间形成一层胶质薄膜，提高黏结性能。喷涂时不用加热，在常温下进行，故称冷底子油。

沥青胶又称玛蹄脂，是在沥青熬制过程中，为提高其耐热度、韧性、黏结力和抗老化性能，掺入适量滑石粉、石棉粉等加工制成。为保证玛蹄脂具有一定的柔性和足够的黏结力，使结构发生变形时不致被拉裂，保证油毡与基层相互黏结牢固，涂刷玛蹄脂不宜过厚，一般应控制在1～1.5 mm之间，涂刷过厚容易龟裂。

高聚物改性沥青卷材、高分子卷材的结合层材料主要为熔剂型黏结剂。用于改性沥青类的有RA-86氯丁胶黏结剂、SBS黏结剂等，高分子卷材如三元乙丙橡胶用聚氨酯底胶基层处理剂、CS-404氯丁胶黏结剂等。

5）防水层

防水层是由胶结材料与卷材黏合而成，卷材连续搭接，形成屋面防水的主要部分。由于沥青油毡构造较为典型，仍以其为主介绍沥青类卷材防水层的构造层次做法。

首先等找平层干燥后，在上面刷一道冷底子油，将熬制好的沥青胶（玛蹄脂）均匀刮涂在找平层上，厚度约 1 mm，边刮涂边铺设油毡，然后再刮涂沥青胶再铺油毡，交替进行，直到设计层数为止，最后再刮涂一层沥青胶。一般民用建筑防水层铺设三层沥青油毡、四遍沥青胶俗称三布四油做法（见图 6.11 和图 6.12）。

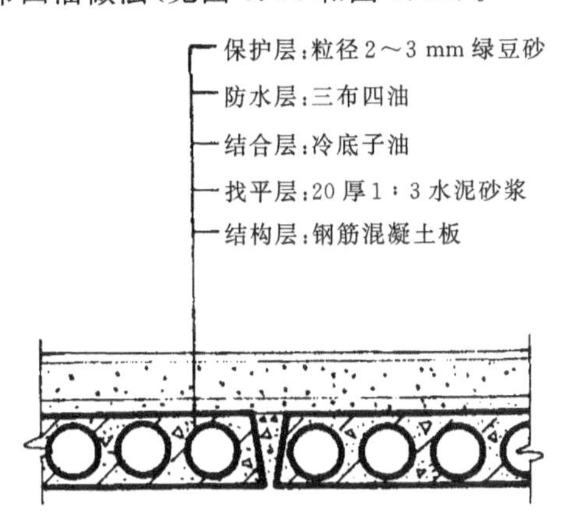

图 6.11　油毡防水屋面构造做法

图 6.12　卷材防水屋面实例

在铺设防水层时，要解决好以下问题。

（1）沥青油毡的铺设方向。

当屋面坡度不大于 3%时，宜平行于屋脊铺设，且从檐口至屋脊逐层向上铺设，上下搭接不小于 70 mm，左右搭接不小于 100 mm。当屋面坡度在 3%～5%时可平行或垂直屋脊设置，当坡度大于 15%或屋面受震动时，应垂直屋脊设置。沥青油毡搭接长度见表 6.3。

表 6.3　沥青油毡搭接长度　　单位：mm

卷材种类	短边搭接宽度		长边搭接宽度	
	满贴法	空铺法、点贴法、条贴法	满贴法	空铺法、点贴法、条贴法
沥青防水卷材	100	150	70	100
高聚物改性沥青防水卷材	80	100	80	100
高分子防水卷材	80	100	80	100

（2）卷材与基层的粘贴方法。

对沥青卷材防水层，铺贴方法有满贴法、点贴法和空铺法三种。一般采用满贴法，满贴法使卷材与基层黏结密实，但基层或保温层不干燥存有水汽时，如受太阳辐射，会形成水蒸气蒸发，易使卷材形成鼓泡。鼓泡的皱折和破裂形成漏水隐患，或者基层变形较大时，易造成防水卷材撕裂而引起漏水。这时可采用空铺法、点贴法、条贴法等，使卷材与基层之间有一个能使蒸气扩散的场所和减小基层变形对防水卷材影响的空间，达到减小或避免防水卷材破裂而产生渗漏。

对高聚物改性沥青防水层，铺贴方法有冷贴法和热熔法两种。冷贴法使用胶黏剂将卷材粘贴在找平层上，或利用某些卷材的自黏性进行铺贴。冷贴法铺贴卷材时应注意平整顺直，搭接尺寸准确，不扭曲，卷材下面的空气应予排除并将卷材辊压黏结牢固。热熔法施工是用火焰加热器将卷材均匀加热至表面光亮发黑，然后立即滚铺卷材使之平展并辊压牢实。

对高分子卷材防水层（以三元乙丙卷材防水层为例），三元乙丙卷材是一种常用的高分子橡胶防水卷材，其构造做法是：先在找平层（基层）上涂刮基层处理剂如 CX-404 胶等，要求薄而均匀，待处理剂干燥不粘手后即可铺贴卷材。

6）保护层

设置保护层的目的是保护防水层，保护层的材料及做法应该根据防水层所使用的防水材料和屋面的利用情况而定。

不上人屋面保护层的做法：采用油毡防水层为粒径 3～6 mm 的小石子，称为绿豆砂保护层。绿豆砂要求耐风化、颗粒均匀、色浅；三元乙丙橡胶卷材采用银色着色剂，直接涂刷在防水层上表面；彩色三元乙丙复合卷材防水层直接用 CX-404 胶黏结，不需另加保护层（见图 6.13）。

上人屋面的保护层具有保护防水层和兼作行走面层的双重作用，因此上人屋面保护层应满足耐水、平整、耐磨的要求。其构造做法通常可采用水泥砂浆或沥青砂浆铺贴缸砖、大阶砖、混凝土板等；也可现浇 40 mm 厚 C20 细石混凝土，现浇细石混凝土保护层的细部构造处理与刚性防水屋面的基本相同（见图 6.14）。

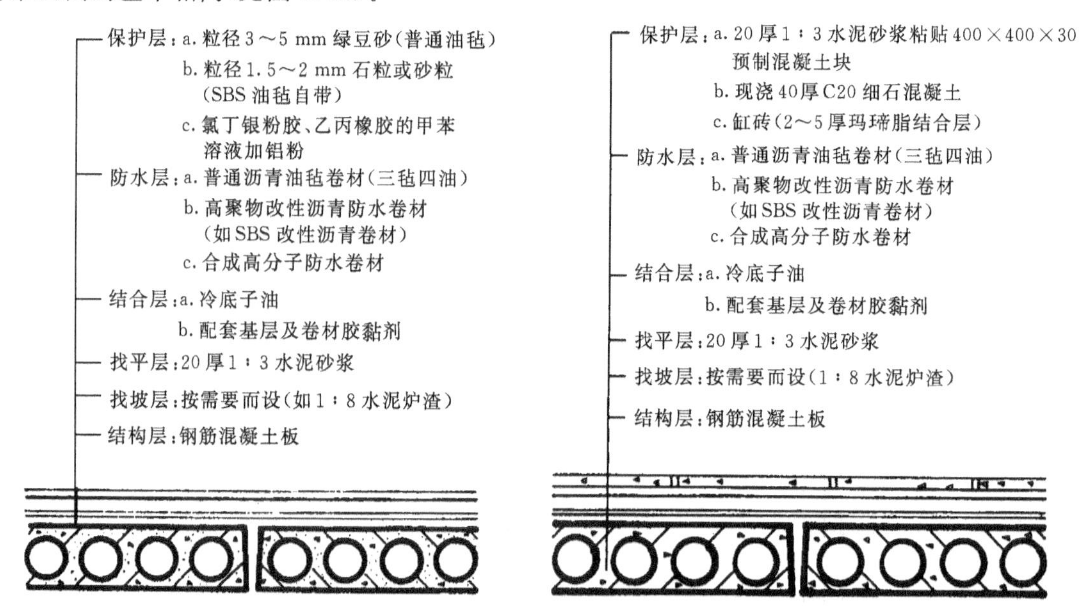

图 6.13　不上人卷材防水屋面　　**图 6.14　上人卷材防水屋面**

2. 卷材防水屋面的细部构造做法

屋顶细部是指屋面上的泛水、天沟、雨水口、檐口、变形缝等部位，由于在这些部位存在防水卷材可能断开、不连续等不利因素，可能造成漏水，因而还应该通过正确地处理细部构造来完善屋顶的防水。

1）泛水

突出于屋面之上的女儿墙、烟囱、楼梯间、变形缝、检修孔、立管等的壁面与屋顶的交接处是最容易漏水的地方。必须做好屋面防水层与垂直面交接处的防水处理，一般是将屋面防水层延伸到这些垂直面上，形成立铺的防水层，称之为泛水(见图 6.15)，其构造要点做法如下。

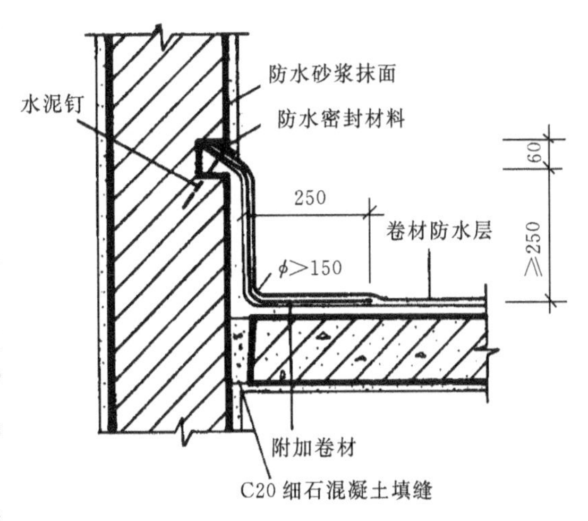

图 6.15 卷材防水屋面泛水构造

(1) 将屋面的卷材防水层延伸至垂直面上，形成卷材泛水，下面再加铺一层附加卷材，泛水高度不小于 250 mm。

(2) 屋面与垂直面交接处应将卷材下的砂浆找平层抹成直径不小于 150 mm 的圆弧形或 45°斜面，上刷卷材黏结剂，使卷材铺贴牢实，以免卷材架空或折断。

(3) 做好泛水上口的卷材收头固定，防止卷材在垂直墙面上下滑。一般做法是：在垂直墙中凿出通长凹槽，将卷材的收头压入槽内，用防水压条钉压后再用密封材料嵌填封严，外抹水泥砂浆保护。凹槽上部的墙体则用防水砂浆抹面。

2) 屋面变形缝

屋面变形缝的构造处理既要防止雨水从变形缝处深入室内，又要不影响屋面变形。其变形缝分为横向变形缝和高低跨变形缝，即同层等高屋面上变形缝和高低屋面交接处的变形缝。

等高屋面变形缝的做法是：在缝两边的屋面板上砌筑矮墙，以挡住屋面雨水。矮墙的高度不小于 250 mm，半砖墙厚。屋面卷材防水层与矮墙面的连接处理类同于泛水构造，缝内嵌填沥青麻丝。矮墙顶部可用镀锌铁皮盖缝，也可铺一层卷材后用混凝土盖板压顶(见图 6.16)。

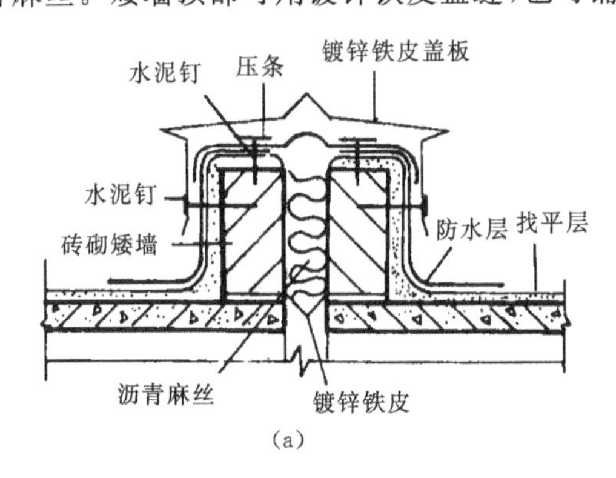

(a)

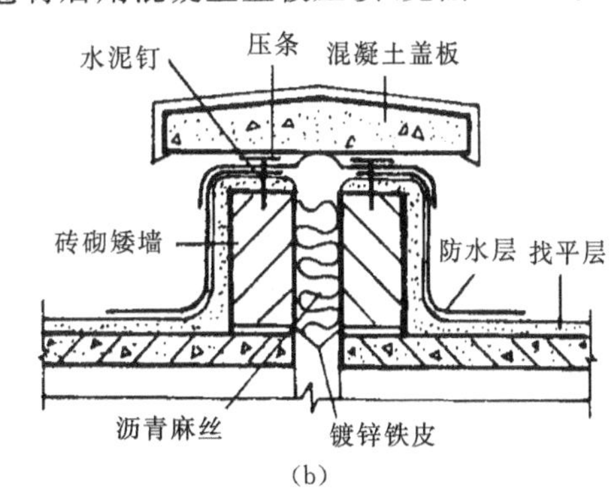

(b)

图 6.16 等高屋面变形缝做法

高低屋面变形缝处防水构造与高低屋面变形缝处泛水构造做法大同小异，只需在低跨屋面上砌筑附加墙。镀锌铁皮盖缝片的上端固定在高跨墙上，做法同泛水构造，也可从高跨侧墙中设置钢筋混凝土板盖缝(见图 6.17)。

3) 檐口

柔性防水屋面的檐口构造有无组织排水挑檐和有组织排水挑檐沟及女儿墙檐口等。

挑檐和挑檐沟构造都应注意处理好卷材的收头固定、檐口饰面并做好滴水构造(见图6.18(a)、(b)、(c))。

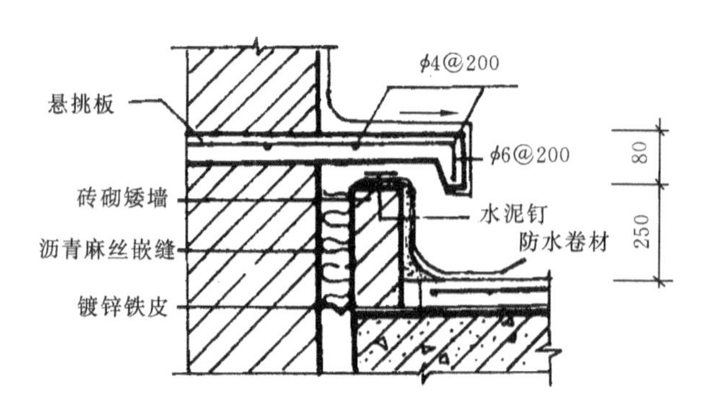

图 6.17　高低屋面变形缝做法

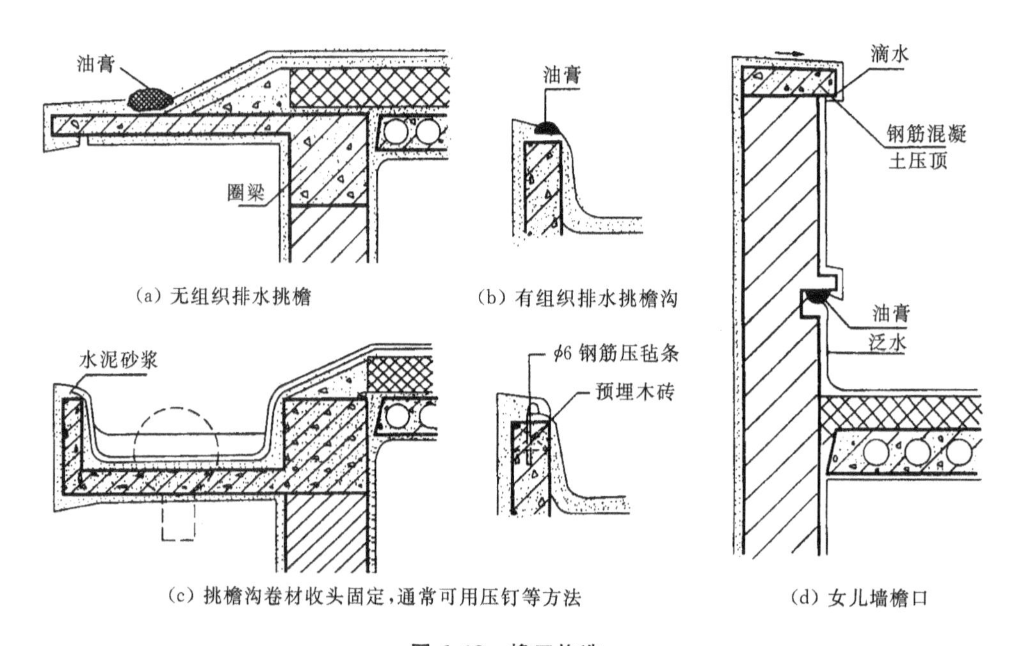

图 6.18　檐口构造

女儿墙檐口构造的关键是泛水的构造处理，其顶部通常做混凝土压顶，并设有坡度坡向屋面（见图 6.18(d)）。

4）雨水口

雨水口是天沟（或檐沟）与雨水管两者间的连接配件（见图 6.19），构造上要求排水通畅、不易堵塞、不易渗漏，其通常为定型产品，分为直管式和弯管式两种。直管式适用于中间天沟、挑檐沟和女儿墙排水天沟；弯管式适用于女儿墙外排水天沟，材料多为铸铁和改性 PVC 塑料。目前，改性 PVC 因质轻、不生锈、色彩多样、强度高、耐老化性能好而得到广泛运用。

5）屋面检修孔、屋面出入口构造

不上人屋面要求设屋面检修孔。检修孔四周的孔壁可用砖立砌，也可在现浇屋面板时将混凝土上翻制成，其高度一般为 300 mm，壁外侧的防水层应做成泛水并将卷材用镀锌铁皮盖缝钉压牢固（见图 6.20）。

出屋面楼梯间一般需设屋顶出入口，如不能保证顶部楼梯间的室内地坪高出室外，就要在出入口设挡水的门槛。屋面出入口处的构造类同于泛水构造（见图 6.21）。

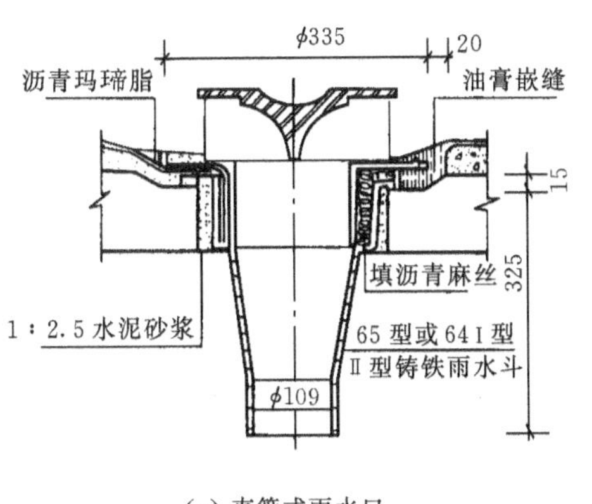

(a) 直管式雨水口

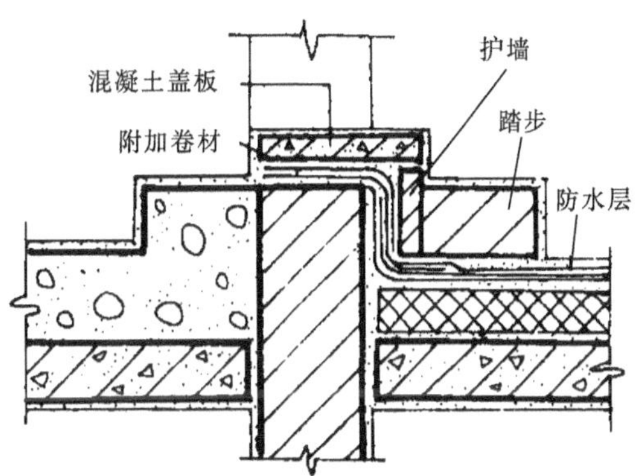

(b) 弯管式雨水口

图 6.19 雨水口构造

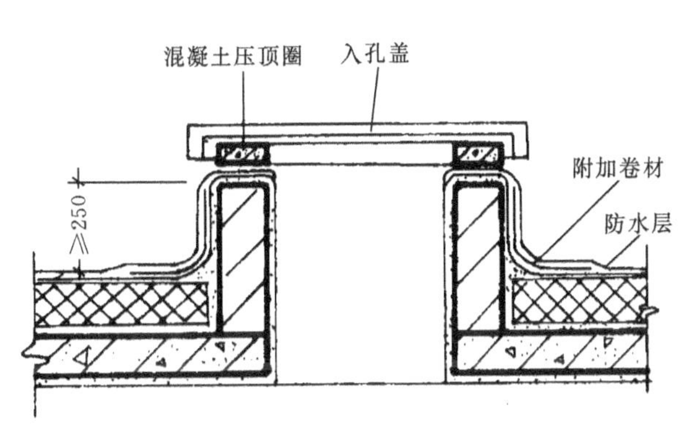

图 6.20 屋面检修孔

图 6.21 屋面出入口

6.3.2 刚性防水屋面

刚性防水屋面是指以刚性材料作为防水层的屋面，如防水砂浆、细石混凝土、配筋细石混凝土防水屋面等。其主要优点是施工方便，节约材料，较为便于维修。但因其材料性质所决定，对温度变化和基层结构变形适应性差，较易产生裂缝而出现渗漏。故日温度变化大的地区不适用，仅适用于日温差较小的我国南方地区。刚性防水屋面在设有保温层的屋面不适用，因保温层为轻质多孔材料，其上不宜湿作业浇注混凝土，主要是为防止水侵入保温材料而影响保温效果。也不宜用于有高温、有振动、基础有较大不均匀沉降的建筑物。刚性防水等级仅为Ⅲ级的屋面防水，如作为Ⅰ、Ⅱ级防水屋面使用，则必须采取多道防水构造。

1. 刚性防水屋面的构造层次和构造做法

刚性防水屋面一般由结构层、找平层、隔离层和防水层构成(见图 6.22)。

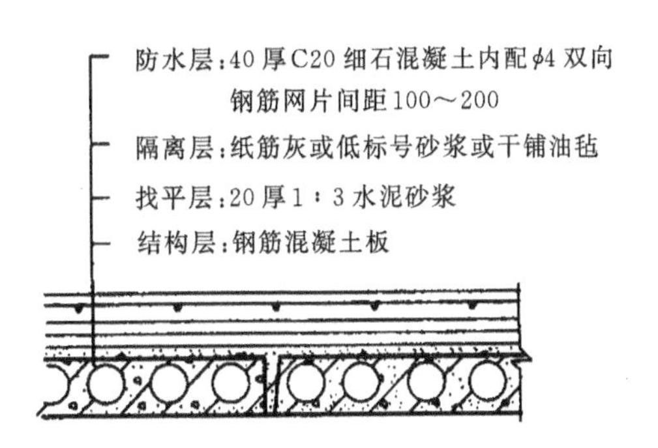

图 6.22 刚性防水屋面基本构造层次

1) 结构层

结构层一般为现浇或预制装配的钢筋混凝土屋面板，并在结构层现浇或铺板时形成屋面的排水坡度。

2）找平层

为保证防水层厚薄均匀，通常应在结构层上用 20 mm 厚 1∶3 水泥砂浆找平。若采用现浇钢筋混凝土屋面板或设有纸筋灰等材料时，也可不设找平层。

3）隔离层

为减少结构层变形及温度变化对防水层的不利影响，宜在防水层和结构层之间设置隔离层。因结构层受力产生挠曲变形，温度变化产生膨胀变形，而结构层厚且刚度大，必然拉动刚性防水层同步变形，以致防水层拉裂。设置隔离层可减少或限制这些不利影响。隔离层采用纸筋灰、低标号砂浆或薄砂层上干铺油毡等做法（见图 6.22）。当防水层中加有膨胀剂类材料时，其抗裂性有所改善，也可不做隔离层。

4）防水层

防水材料用配筋细石混凝土的防水屋面，混凝土强度等级应不低于 C20，其厚度宜不小于 40 mm，双向配置 ϕ4～ϕ6.5、间距为 100～200 mm 的钢筋网片。为提高防水层的抗渗性能，可在细石混凝土内掺入适量外加剂（如膨胀剂、减水剂、防水剂等），以提高其密实性能。

2. 刚性防水屋面的细部构造做法

1）泛水

刚性防水屋面的泛水构造与卷材屋面相同的地方是：泛水应有足够高度，一般不小于 250 mm；泛水应嵌入立墙上的凹槽内并用压条及水泥钉固定。不同的地方是：刚性防水层与屋面突出物（如女儿墙、烟囱等）间须留分格缝，另铺贴附加卷材盖缝形成泛水。下面分别举例进行说明。

（1）女儿墙泛水（见图 6.23(a)）。女儿墙与刚性防水层间留分格缝，使混凝土防水层在收缩和温度变形时不受女儿墙的影响，可有效防止其开裂。分格缝内用油膏嵌缝，缝外用附加卷材铺贴至泛水所需高度并做好压缝收头处理，以免雨水渗进缝内造成屋面渗漏。

（2）变形缝分为高低屋面变形缝和横向变形缝两种情况。如图 6.23(b)所示为高低屋面变形缝构造，横向变形缝的做法同卷材防水屋面。

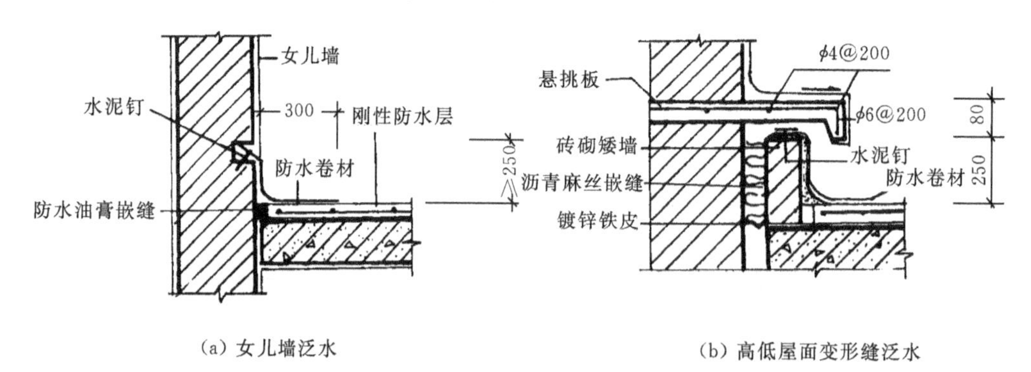

图 6.23　刚性防水屋面的泛水构造

2）分格缝

分格缝的实质是屋面防水层上的变形缝。设置分格缝的目的是：防止温度变形引起防水层开裂，防止结构变形将防水层拉坏。

设置分格缝的方法:分格缝的位置应设置在温度变形允许的范围以内和结构变形敏感的部位。由于大面积的整浇混凝土防水层受外界温度的影响会出现热胀冷缩,导致防水层开裂,一般情况下分格缝间距不宜大于 6 m,一般控制在 15 m^2～25 m^2,以有效防止和限制裂缝的产生。

结构变形敏感的部位主要是指装配式屋面板的支撑端、屋面转折处、现浇屋面板与预制屋面板的交接处、泛水与立墙交接处等(见图 6.24)。

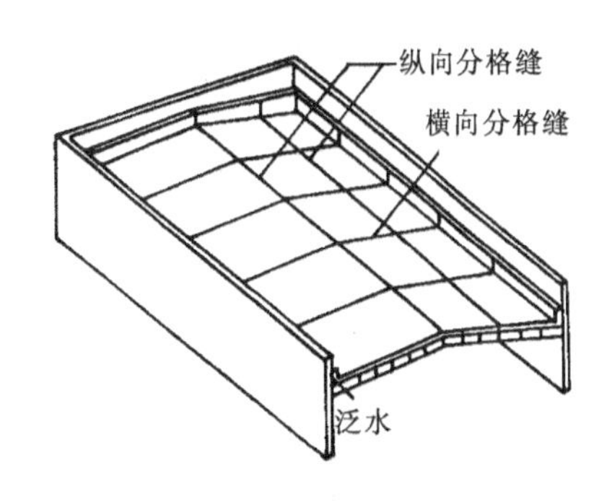

图 6.24　分格缝的位置

分格缝的构造如图 6.25 所示,具体设计时还应该注意以下几个方面的内容。

(1) 防水层内的钢筋在分格缝处应断开。

(2) 屋面板缝用浸过沥青的木丝板等密封材料嵌填,缝口用油膏等嵌填。

(3) 缝口表面用防水卷材铺贴盖缝,卷材的宽度为 200～300 mm。

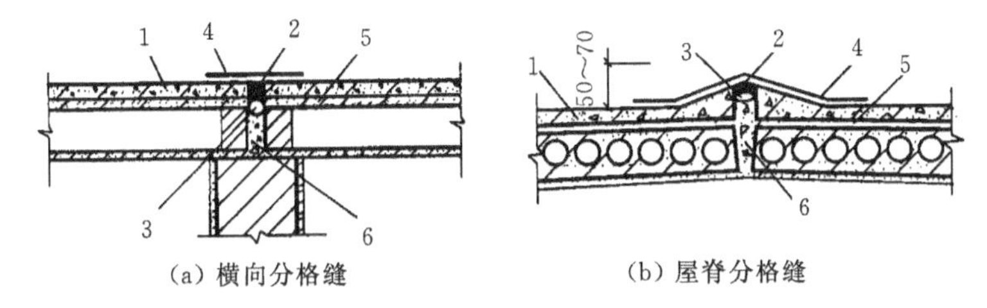

(a) 横向分格缝　　(b) 屋脊分格缝

图 6.25　分格缝构造

1—刚性防水层;2—密封材料;3—背衬材料;4—防水卷材;5—隔离层;6—细石混凝土

3) 檐口

刚性防水屋面檐口常用的有自由落水挑檐口、挑檐沟外排水檐口和女儿墙外排水檐口、坡檐口等。

(1) 自由落水挑檐口,有直接利用混凝土防水层悬挑和现浇或预制钢筋混凝土挑檐板上做防水层,无论采用哪种做法,都应注意做好滴水(见图 6.26)。

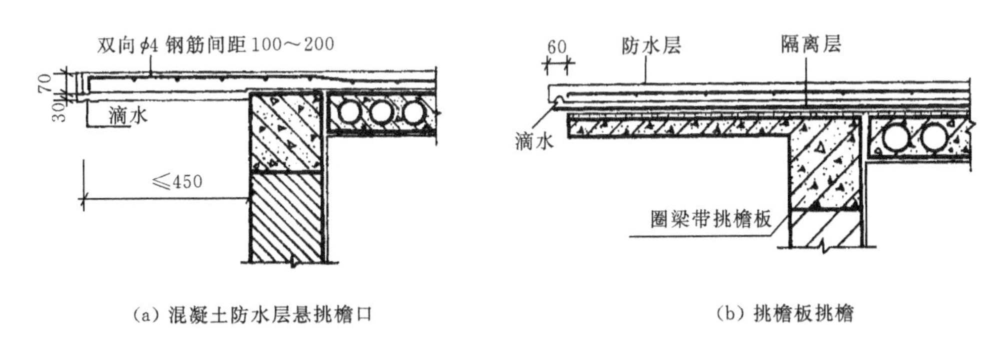

(a) 混凝土防水层悬挑檐口　　(b) 挑檐板挑檐

图 6.26　自由落水挑檐口

(2) 挑檐沟外排水檐口,檐沟构件一般采用现浇或预制的钢筋混凝土槽形天沟板,在沟底用水泥炉渣等轻质材料垫置成纵向排水坡度,铺好隔离层后再浇筑防水层,防水层应挑出屋面并做好滴水(见图 6.27)。

(3) 女儿墙外排水檐口，这种做法通常在檐口处做成三角形断面天沟(见图 6.28)。

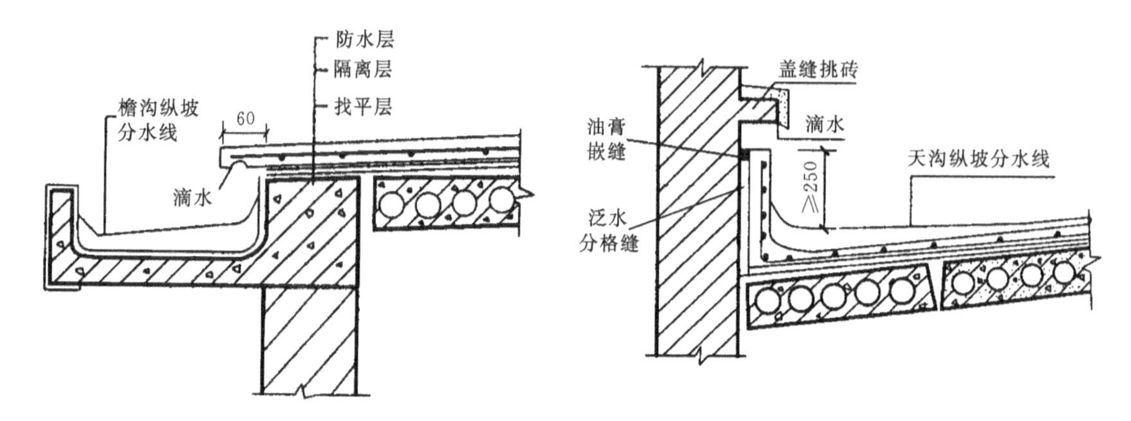

图 6.27　挑檐沟外排水檐口　　图 6.28　女儿墙外排水檐口

(4) 坡檐口，建筑设计中出于造型方面的考虑，出现了坡檐口这种檐口形式，坡檐口的构造如图 6.29 所示。在结构和构造设计应注意悬挑构件的倾覆问题，图 6.30 所示为坡檐口实例。

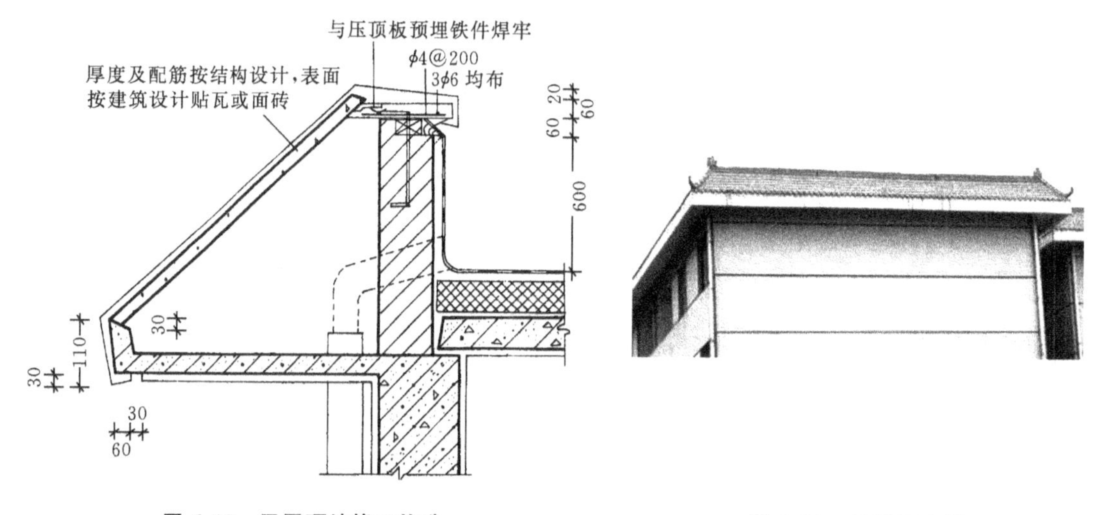

图 6.29　平屋顶坡檐口构造　　图 6.30　坡檐口实例

4) 雨水口

与卷材防水屋面一样，构造上要求排水通畅，防止渗漏和堵塞；形式上也分为直管式和弯管式两种，直管式一般用于挑檐沟外排水的雨水口，弯管式用于女儿墙外排水的雨水口。下面结合刚性防水屋面举两个例子。

(1) 直管式雨水口。为防止雨水从雨水口套管与沟底接缝处渗漏，应在雨水口周边加铺柔性防水层并铺至套管内壁，檐口处浇筑的混凝土防水层应覆盖于附加的柔性防水层之上，并于防水层与雨水口之间用油膏嵌实(见图 6.31)。

(2) 弯管式雨水口。弯管式雨水口一般用铸铁做成弯头。雨水口安装时，在雨水口处的屋面应加铺附加卷材与弯头搭接，其搭接长度不小于 100 mm，然后浇筑混凝土防水层，防水层与弯头交接处需用油膏嵌缝(见图 6.32(a))。图 6.32(b)所示为预制混凝土排水槽代替铸铁弯头的做法。

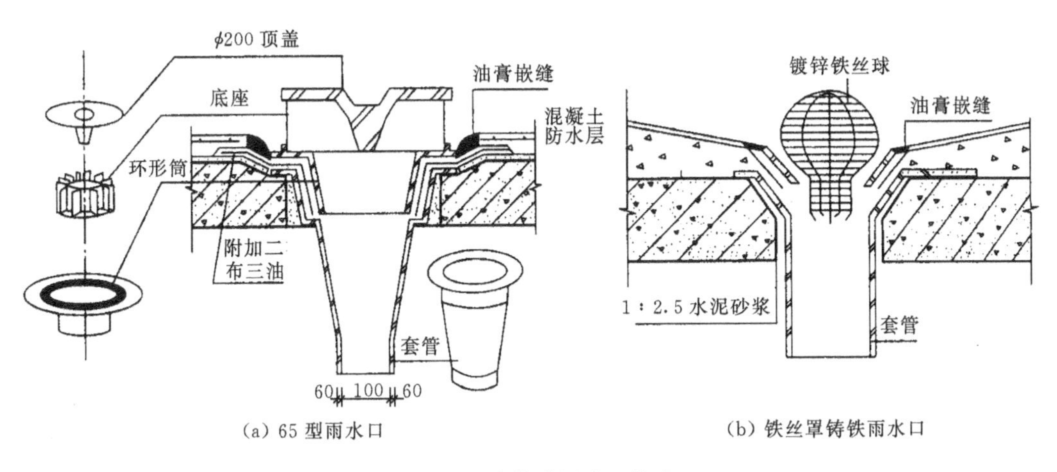

(a) 65 型雨水口　　(b) 铁丝罩铸铁雨水口

图 6.31　直管式雨水口构造

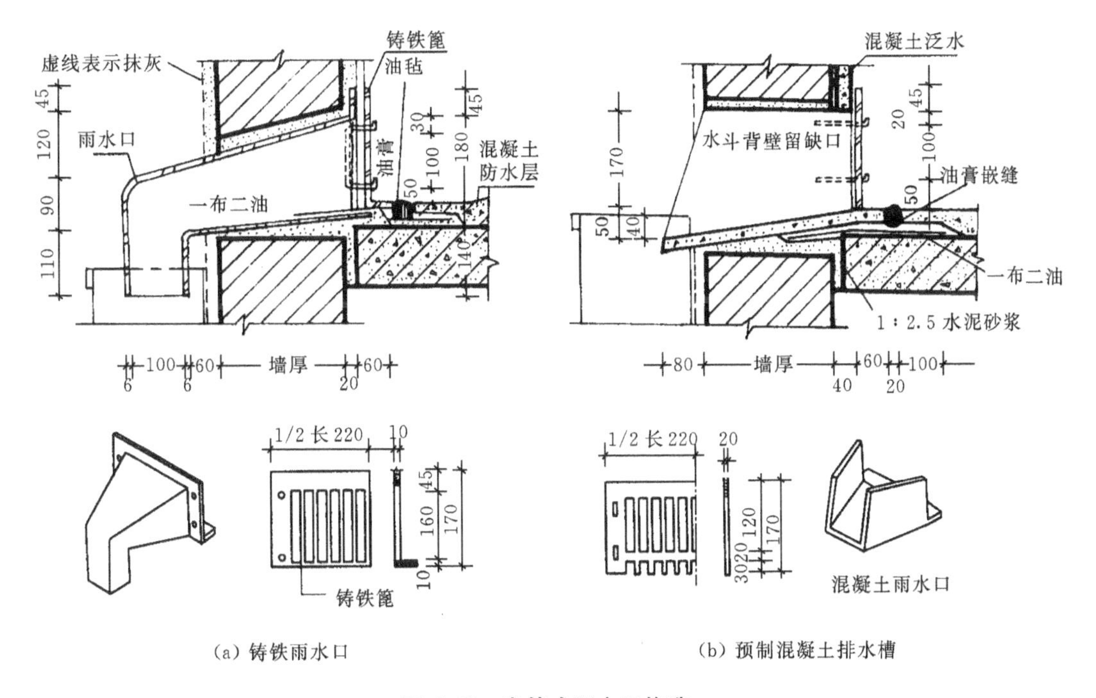

(a) 铸铁雨水口　　(b) 预制混凝土排水槽

图 6.32　弯管式雨水口构造

6.3.3　涂膜防水屋面

涂膜防水屋面是指用可塑性和黏结力较强的高分子防水涂料，直接涂刷在屋面基层上形成一层不透水的薄膜层，以达到防水目的的一种屋面做法。

防水涂料有塑料、橡胶和改性沥青三大类，常用的有塑料油膏、氯丁胶乳沥青涂料和焦油聚氨酯防水涂膜等。这些材料大多具有防水性好、黏结力强、延伸性大、耐腐蚀、不易老化、施工方便、容易维修等优点，近年来应用较为广泛，主要适用于防水等级为Ⅲ级、Ⅳ级的屋面防水，也可作为Ⅰ级、Ⅱ级屋面多道防水设施中的一道防水层。这种屋面通常适用于不设保温层的预制屋面板结构，如单层工业厂房的屋面，在有较大震动的建筑物或寒冷地区则不宜采用。

1. 涂膜防水屋面的构造层次和做法

涂膜防水屋面的构造层次与柔性防水屋面的相同，由结构层、找坡层、找平层、结合层、防水层和保护层组成(见图 6.33)。

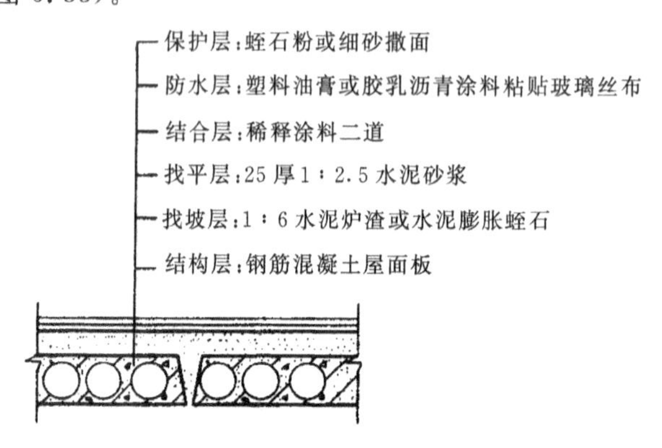

图 6.33　涂膜防水层面构造层次及常用做法

涂膜防水屋面的常见做法如图 6.33 所示，其中结构层和找坡层材料做法与柔性防水屋面相同。为使防水层的基层有足够的强度和平整度，找平层通常为 25 mm 厚 1∶2.5 水泥砂浆。为保证防水层与基层黏结牢固，结合层应选用与防水涂料相同的材料经稀释后满刷在找平层上。当屋面不上人时保护层的做法根据防水层材料的不同，可用蛭石或细砂撒面、银粉涂料涂刷等做法；当屋面为上人屋面时，保护层做法与柔性防水上人屋面做法相同。

2. 涂膜防水屋面的细部构造作法

1）分格缝

涂膜防水只能提高表面的防水能力，由于温度变形和结构变形会导致基层开裂而使屋面渗漏，因此对屋面面积较大和结构变形敏感的部位，需设置分格缝(见图 6.34)。

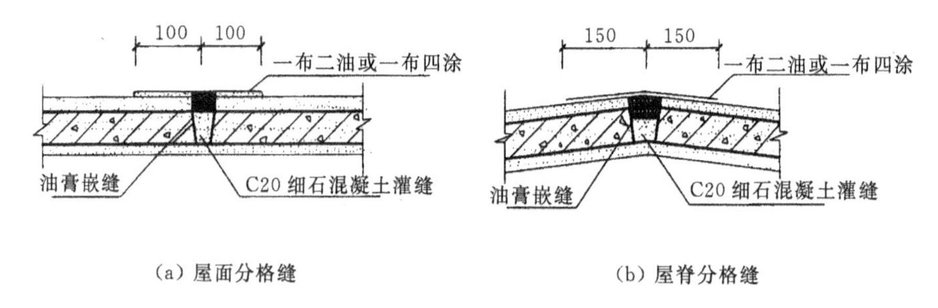

(a) 屋面分格缝　　(b) 屋脊分格缝

图 6.34　分格缝构造

2）泛水

涂膜防水屋面泛水的构造要点与柔性防水屋面的基本相同，即泛水高度不小于 250 mm；屋面与立墙交接处应做成弧形；泛水上端应有挡雨措施，以防渗漏。具体做法如图 6.35 所示。

3. 具体实例

1）焦油聚氨酯防水屋面

焦油聚氨酯防水涂料又称 851 涂膜防水胶，是以异氰酸酯为主剂和以煤焦油为填料的固化剂构成的双组分高分子涂膜防水材料。其甲、乙两液混合后经化学反应应能在常温下形成一种耐久的橡胶弱性体，从而起到防水的作用。做法是将找平以后的基层面吹扫干净，待其干燥后，用配制好的涂液(甲、乙两液的质量比为1∶2)均匀涂刷在基层上。不上人屋面可待涂层干后在其表面刷银灰色保护涂料，上人屋面在最后一遍涂料未干时洒上绿豆砂，三天后在其上做水泥砂浆或浇混凝土贴地砖的保护层。

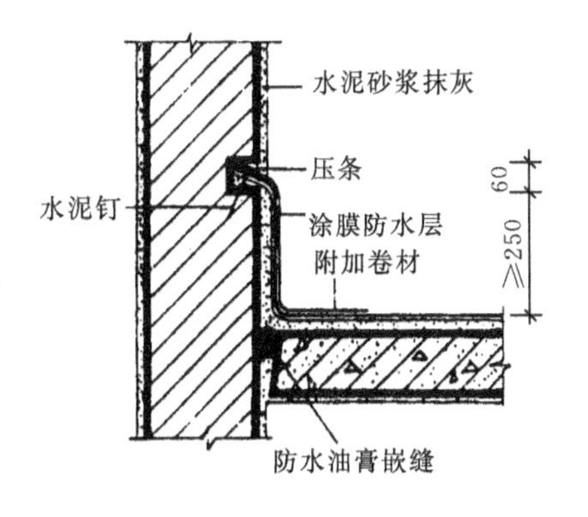

图6.35 涂膜防水屋面泛水构造

2) 塑料油膏防水屋面

塑料油膏以废旧聚氯乙烯塑料、煤焦油、增塑剂、稀释剂、防老化剂和填充材料配制而成。防水屋面的做法是：先用预制油膏条冷嵌于找平层的分格缝中，在油膏条与地基的接触部位和油膏条相互搭接处刷冷黏剂1～2遍，然后按产品要求的温度将油膏热熔液化，按基层表面涂油膏，铺贴玻璃纤维网格布、压实，表面再刷油膏，刮板收齐边沿顺序进行。根据设计要求可做成一布二油或二布三油。

6.4 平屋顶的保温与隔热

6.4.1 平屋顶的保温

寒冷地区的建筑，室内设有采暖设备。在冬季，由于室内外温差大，室内热量通过围护结构向外散失，为减少和限制室内热量散失过多、过快，以满足人们活动所需，需解决好围护结构的保温，在其构造中，应设置必要的保温层。保温层所选用的材料及构造做法根据使用功能、材料性质、结构形式、防水构造、气候条件等各种因素影响的程度加以综合考虑而确定。

1. 保温材料的类型

通过热工知识可以了解到，屋顶保温材料应具备导热系数小、轻质、多孔的性能(一般$\lambda \leqslant 0.14$ W/(m·K)，容重≤10 kN/m^3)，目前我国采用的屋顶保温材料分为以下三大类。

(1) 松散类，常用的有膨胀蛭石、膨胀珍珠岩、炉渣、矿棉等。

(2) 块板类，常用的有加气混凝土、膨胀珍珠岩板、膨胀蛭石板、泡沫塑料板等，它们是由水泥、沥青、水玻璃胶等胶结而成的预制板、块材料。

(3) 整体类，是指以散料作骨料，掺入一定量的胶结材料，现场浇筑而成的保温材料，如水泥炉渣、沥青膨胀蛭石和沥青膨胀珍珠岩等。

保护层：粒径3～5绿豆砂
防水层：二布三油或三毡四油
结合层：冷底子油两道
找平层：20厚1∶3水泥砂浆
保温层：热工计算确定
隔汽层：一毡二油
结合层：冷底子油两道
找平层：20厚1∶3水泥砂浆
结构层：钢筋混凝土屋面板

图6.36 卷材平屋顶保温构造做法

2. 保温层的构造做法

平屋顶坡度平缓，一般将保温层设在屋面结构层之上(刚性防水屋面不适宜设保温层，原因在6.3.2节中已经阐述)，图6.36所示为平屋顶保温构造。由于增设了保温层，构造上要求相应增加找平层、结合层和隔气层。设置隔气层的目的是防止室内水蒸气渗入保温层，使保温层受潮而降低保温效果。隔气层的一般做法是在 20 mm 厚 1∶3 水泥砂浆找平层上刷两道冷底子油作为结合层，结合层上做一布二油或两道热沥青隔气层。

由于隔气层的设置，保温层成为封闭状态，施工时保温层和找平层中残留的水分无法散发出去，在太阳照射下水分汽化成水蒸气使体积膨胀造成防水层鼓泡破裂。因此常在保温层中设排气道（见图6.37(b)）。

排气道内用大粒径炉渣填塞，找平层在相应位置留槽作排气道，并在整个屋面纵横贯通。排气道上口干铺一油毡条，用玛蹄脂单边点贴覆盖。水蒸气经排气道自通风帽排出。排气道应与大气连通的排气孔相通，图 6.37(a)、(b)、(c)所示为几种排气孔的做法示意，排气孔的数量应按基层的潮湿程度确定，一般每 36 m^2 设置一个排气孔。

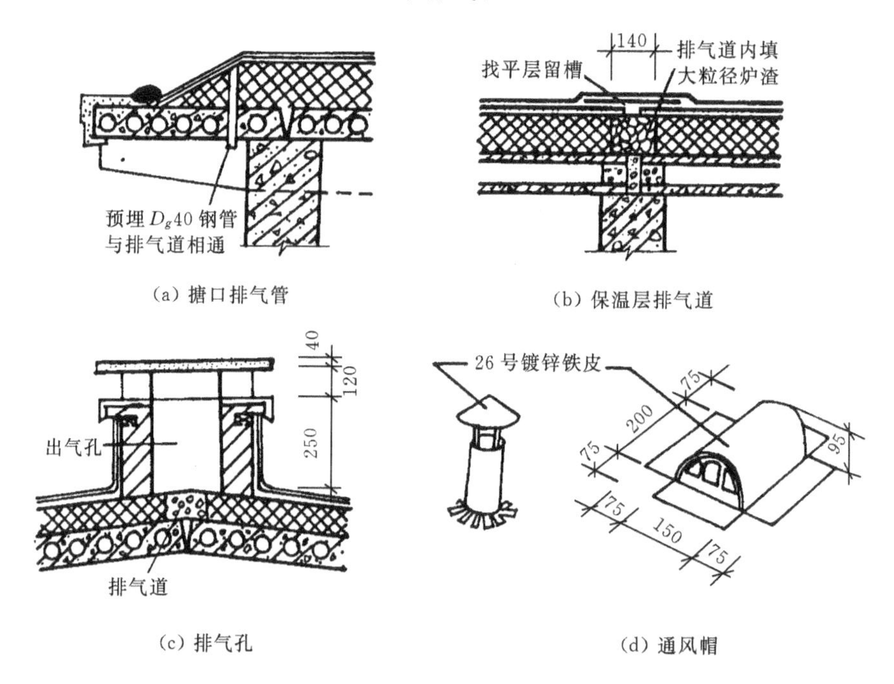

图 6.37　油毡屋面排气构造

6.4.2　平屋顶的隔热

在气候炎热地区，在太阳辐射热和室外高温的共同作用下，由屋顶传入室内的热量远比围护墙体的多，致使室内温度剧烈升高，故需解决好屋顶的隔热措施。减少和限制屋顶吸热是屋顶隔热的基本构造原理，采用的隔热屋面主要有以下几种。

1. 通风隔热屋面

这种屋面在屋顶中设置通风间层，使上层表面起着遮挡阳光的作用，利用风压和热压作用把间层中的热空气不断带走，以减少传到室内的热量，从而达到隔热降温的目的。通风隔热屋面一般有架空通风隔热屋面和顶棚通风隔热屋面两种做法。

1）架空通风隔热屋面

通风层设在防水层之上，其做法很多，其中以架空预制板或大阶砖最为常见。图 6.38 所示为架空通风隔热屋面构造，架空通风隔热层设计应满足以下要求：架空层应有适当的净高，一般以180～240 mm为宜；架空层周边设置一定数量的通风孔，以利于空气流通，当女儿墙不宜开设通风孔时，应距女儿墙500 mm范围内不铺架空板；隔热板的支点可做成砖垄墙或砖墩，间距视隔热板的尺寸而定。

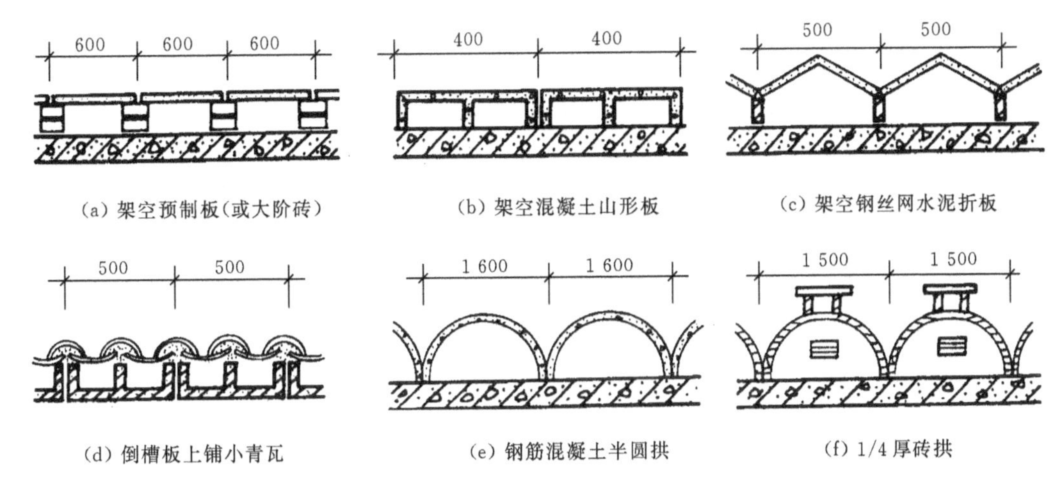

(a) 架空预制板(或大阶砖)　(b) 架空混凝土山形板　(c) 架空钢丝网水泥折板

(d) 倒槽板上铺小青瓦　(e) 钢筋混凝土半圆拱　(f) 1/4厚砖拱

图6.38　架空通风隔热构造

2）顶棚通风隔热屋面

这种做法是利用顶棚与屋顶之间的空间作隔热层，图6.39所示为顶棚通风隔热屋面示意。顶棚通风隔热层设计应满足以下要求：顶棚通风层应有足够的净空高度，一般约为500 mm；需设置一定数量的通风孔，以利空气对流；通风孔应考虑防飘雨措施。当通风孔高度不大于300 mm时，可将混凝土花格靠外墙内边安装，也可在通风孔上部挑砖或采用其他措施加以处理，当通风孔较大时，可在洞口处增设百叶窗；注意解决好屋面防水层的保护，以避免防水层开裂引起渗漏。

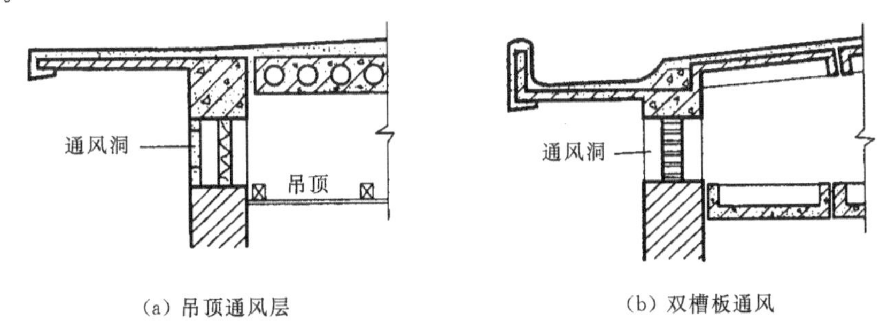

(a) 吊顶通风层　(b) 双槽板通风

图6.39　顶棚通风隔热屋面

2. 反射降温屋面

这种屋面利用材料的颜色和光滑度对热辐射的反射作用，将一部分热量反射回去从而达到降温的目的。不同材料及颜色对太阳辐射热的反射程度不一(见图6.40)。

例如，采用浅色的砾石、混凝土作屋面，或在屋面上涂刷白色涂料，对隔热降温都有一定的效果。在通风间层的底面加设铝箔，利用其二次反射作用提高降温效果，亦可将架空通风间层表面作成浅色光滑的面层，增加第一次反射效果，以减少热量传递。这些构造方法对屋顶的降

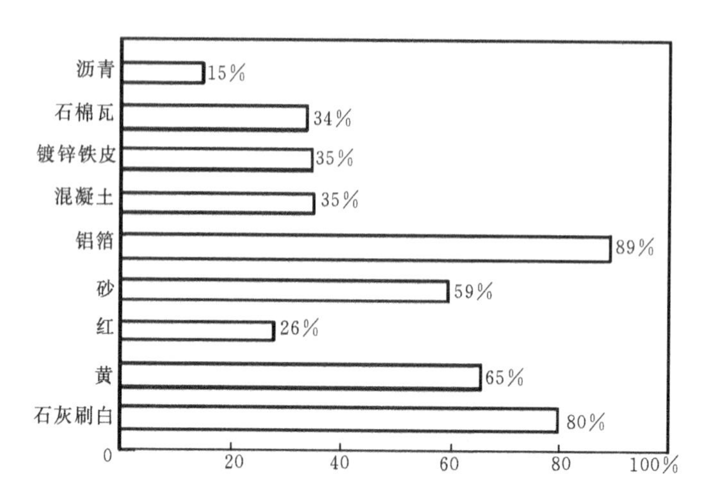

图 6.40　不同材料及颜色对太阳辐射热的反射程度

温隔热效果必有进一步的改善。

3. 种植隔热屋面

在平屋顶上种植植物，一是借助栽培介质和所种植物隔热，二是利用植被的蒸腾和光合作用，吸收太阳辐射热，从而达到隔热的目的。

种植隔热屋面的构造与刚性防水屋面的基本相同，所不同的是需增设挡墙和种植介质（见图 6.41）。构造种植隔热屋面应注意以下几点：屋顶四周须设栏杆或女儿墙作为安全防护措施，护栏的净保护高度应不小于 1 m，以保障屋顶上人员的安全；种植介质宜选用谷壳、膨胀蛭石等轻质材料，以减轻屋顶荷载，方便管理；挡墙下部设排水孔和过水网，排水坡度 1%～3%，以便及时排除积水；对刚性防水层注意防腐处理，以防水和肥料自裂缝处侵蚀钢筋。图 6.42 所示为某种植隔热屋面实例。

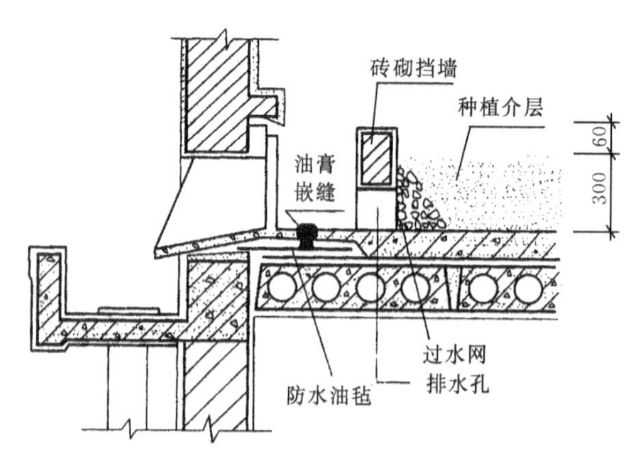

图 6.41　种植隔热屋面

4. 蓄水隔热屋面

这种屋面在屋顶蓄合适深度的一层水，利用水蒸发时需要大量的汽化热，从而消耗大量的太阳辐射热，以减少屋面吸收的热能，从而达到降温隔热的目的。

图 6.42 种植隔热屋面实例

蓄水屋面的构造与刚性防水屋面的基本相同，主要区别是增加了一壁三孔，即蓄水分仓壁、溢水孔、泄水孔和过水孔（见图 6.43）。

构造蓄水隔热屋面应注意以下几点。

(1) 合适的蓄水深度，一般为 150～200 mm。

(2) 合理划分蓄水区，根据屋面面积划分成若干蓄水区，每区的边长一般不大于 10 m。

(3) 足够的泛水高度，泛水高度至少高出水面 100 mm。

(4) 合理设置溢水孔和泄水孔，并应与排水檐沟或水落管连通，以保证多雨季节不超过蓄水深度和检修屋面时能将蓄水排除。

(5) 特别要做好屋面细部的防水处理。

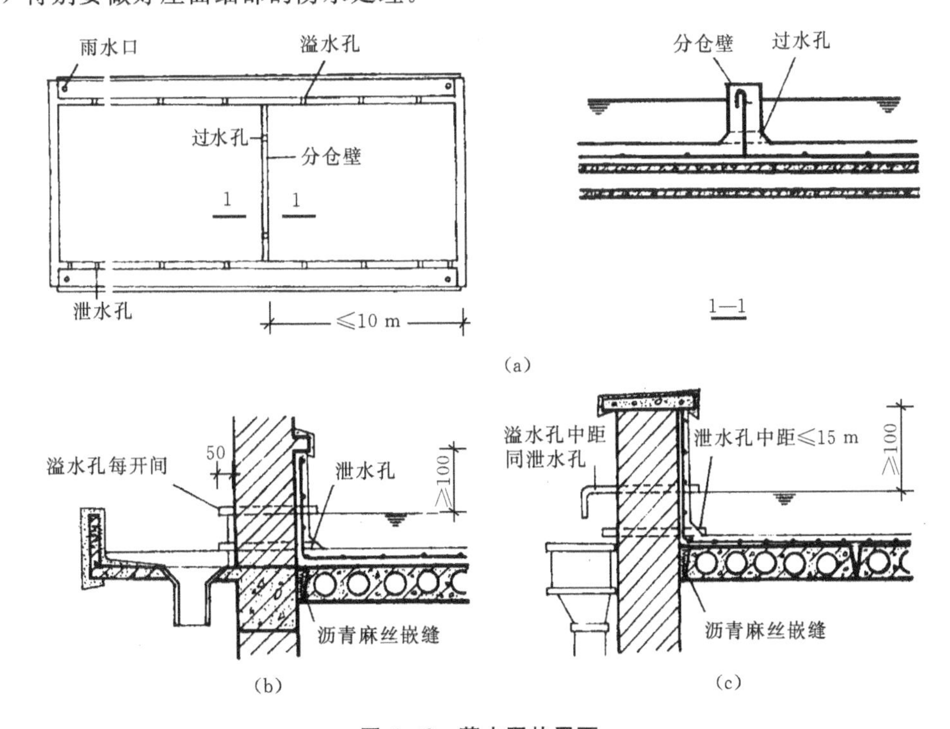

图 6.43 蓄水隔热屋面

6.5 坡屋顶的构造

6.5.1 坡屋顶的组成

坡屋顶主要由承重结构和屋面两部分组成，根据需要还设有辅助层，如顶棚、保温层、隔热层等。

(1) 承重结构：一般由椽子、檩条、屋架等组成，其作用是承受屋面荷载并传递到墙或柱上。

(2) 屋面：一般由屋面盖料及基层（如挂瓦条、屋面板等）组成，其作用是遮挡风雨、太阳辐射等大自然气候的作用。

6.5.2 坡屋顶的承重结构

1. 承重结构类型

坡屋顶中常用的承重结构有横墙承重、屋架承重和梁架承重。

1) 横墙承重

横墙承重是指按屋顶所要求的坡度，将横墙的上部砌成三角形，然后在墙上直接搁置檩条来承受屋面荷载的一种结构方式（见图 6.44(a)）。这种承重方式又称山墙承重或硬山搁檩。横墙承重构造简单、施工方便、节约木材，有利于屋顶的防火和隔声，适用于开间为4.5 m以内、尺寸较小的房间，如住宅、宿舍等建筑。

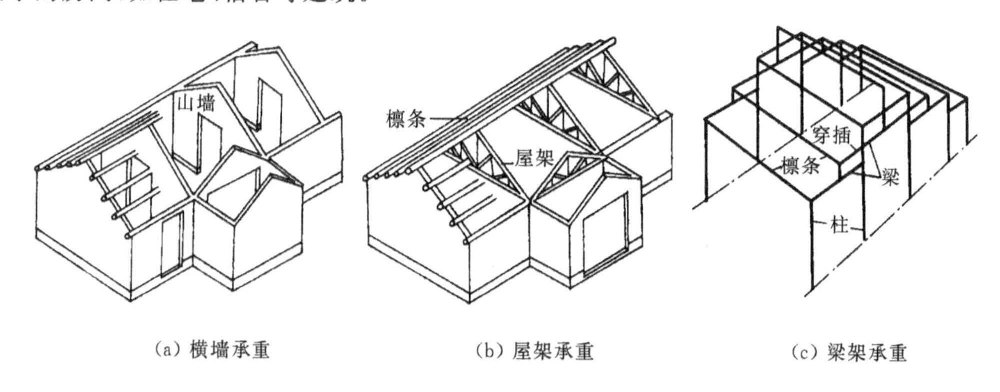

(a) 横墙承重　　(b) 屋架承重　　(c) 梁架承重

图 6.44　坡屋顶的承重结构

2) 屋架承重

屋架承重是指在屋架上搁置檩条来承受屋面重量的一种结构方式（见图 6.44(b)）。这种承重方式可以在建筑物内部形成较大的内部空间，多用于要求有较大空间的建筑，如食堂、教学楼等。

3) 梁架承重

梁架承重是我国的传统结构形式，用柱与梁形成的梁架支撑檩条，每隔两根或三根檩条立一柱，并利用檩条及连系梁（枋），使整个房屋形成一个整体的骨架，墙只起围护和分隔作用，民间传统建筑中多采用木柱、木梁、木枋构成的梁架结构（见图 6.44(c)）。大跨度建筑一般采用网架、悬索薄壳等空间结构。

2. 承重结构构件

1) 屋架

采用木屋架时，屋架跨度一般不超过 12 m；采用钢木组合屋架时，屋架跨度一般不超过 18 m；超过18 m时，采用钢筋混凝土屋架或钢屋架。常用的屋架形式如图 6.45 所示。

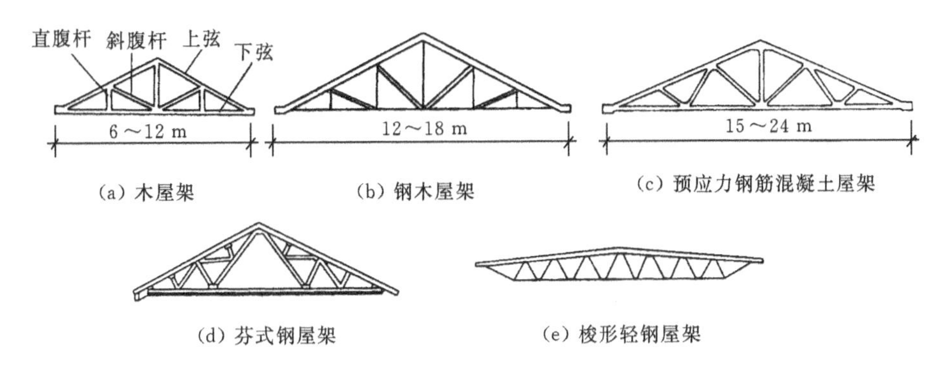

(a) 木屋架　(b) 钢木屋架　(c) 预应力钢筋混凝土屋架

(d) 芬式钢屋架　(e) 梭形轻钢屋架

图 6.45　屋架形式

2) 檩条

檩条所用材料可为木材、钢材及钢筋混凝土，檩条材料的选用一般与屋架所用材料相同。檩条的断面形式如图 6.46 所示，木檩条有矩形和圆形（即原木）两种；钢筋混凝土檩条有矩形、L 形和 T 形等；钢檩条有型钢或轻型钢檩条。檩条的断面大小由结构计算确定，方木檩条一般为(75～100) mm×(100～180) mm；原木檩条的梢径一般约为100 mm。檩条的跨度为：采用木檩条一般在4 m以内；采用钢筋混凝土檩条可达6 m。檩条的间距根据屋面防水材料及基层构造处理而定，一般在 700～1 500 mm以内。山墙承檩时，应在山墙上预置混凝土垫块。为便于在檩条上固定瓦屋面的木基层，可在钢筋混凝土檩条上预留ϕ4 mm的钢筋，以固定木条，用尺寸为 40～50 mm的矩形木对开为两个梯形或三角形。

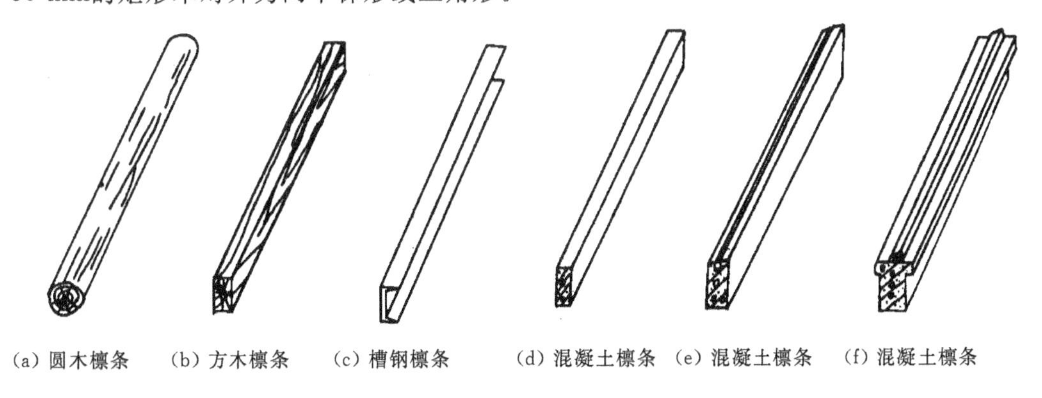

(a) 圆木檩条　(b) 方木檩条　(c) 槽钢檩条　(d) 混凝土檩条　(e) 混凝土檩条　(f) 混凝土檩条

图 6.46　檩条断面形式

3. 承重结构布置

坡屋顶承重结构布置主要是指屋架和檩条的布置，其布置方式视屋顶形式而定。

双坡屋顶结构布置按开间尺寸等间距布置即可。

四坡屋顶的结构布置，屋顶尽端的三个斜面呈 45°相交，采用半屋架一端支撑在外墙上，另一端支撑在尽端全屋架上（见图 6.47(a)）。

屋顶垂直相交处的结构布置有两种做法：一种是把插入屋顶的檩条搁在与其垂直的屋顶檩条上(见图 6.47(b))；另一种是用斜梁或半屋架，斜梁或半屋架一端支撑在转角的墙上，另一端支撑在屋架上(见图 6.47(c))。

屋顶转角处，利用半屋架支撑在对角屋架上(见图 6.47(d))。

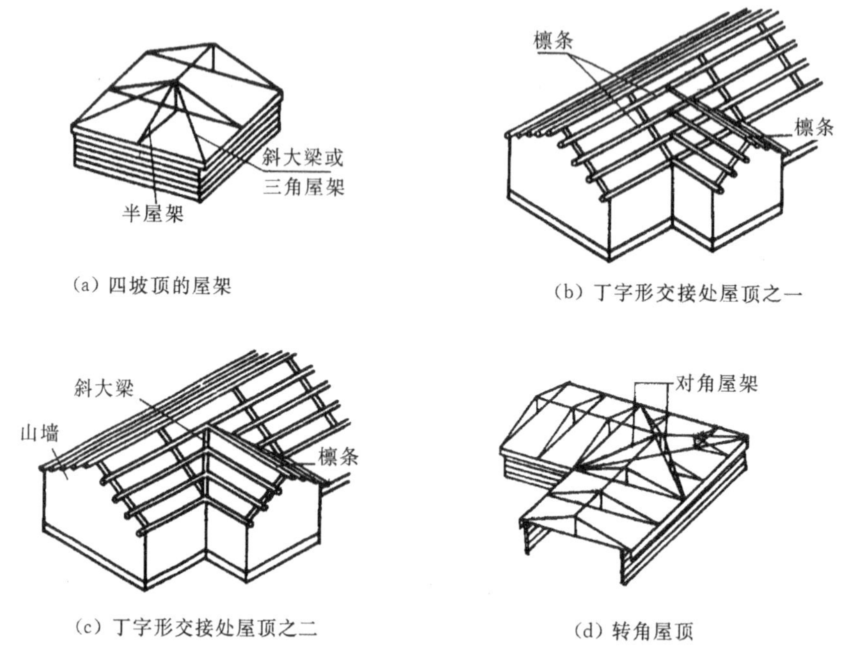

(a) 四坡顶的屋架　(b) 丁字形交接处屋顶之一　(c) 丁字形交接处屋顶之二　(d) 转角屋顶

图 6.47　屋架和檩条布置

6.5.3　坡屋顶的平瓦屋面

坡屋顶的屋面一般都是利用各种瓦材作为防水材料，如平瓦、波形瓦、小青瓦等。近些年来也有采用金属瓦和彩色压型钢板作为防水材料等，而基层的构造层次则随盖料的不同和质量要求的不同而定。

平瓦有黏土平瓦和水泥平瓦之分(见图 6.48)，瓦的两边及上下留有槽口以便瓦的搭接，瓦的背面有凸缘及小孔用以挂瓦及穿铁丝固定。

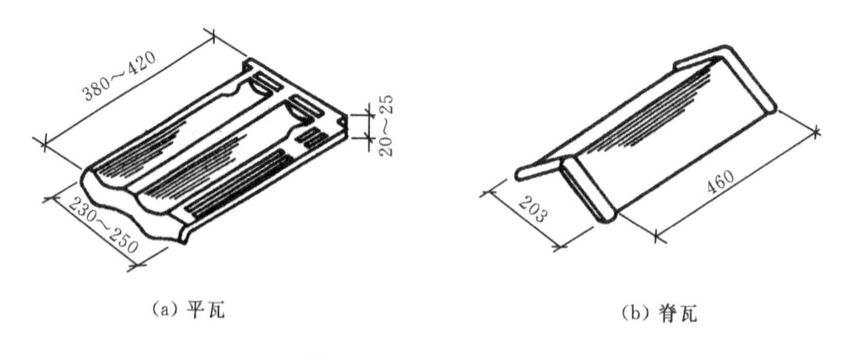

(a) 平瓦　(b) 脊瓦

图 6.48　平瓦和脊瓦

平瓦屋面根据基层的不同有以下几种做法。

1. 冷摊瓦屋面

冷摊瓦屋面是平瓦屋面中最简单的做法，即在檩条上钉固挂瓦条后在挂瓦条上直接挂瓦(见图 6.49(a))。此做法构造简单，但雨雪易从瓦缝中飘入室内，通常用于质量要求不高的建筑。

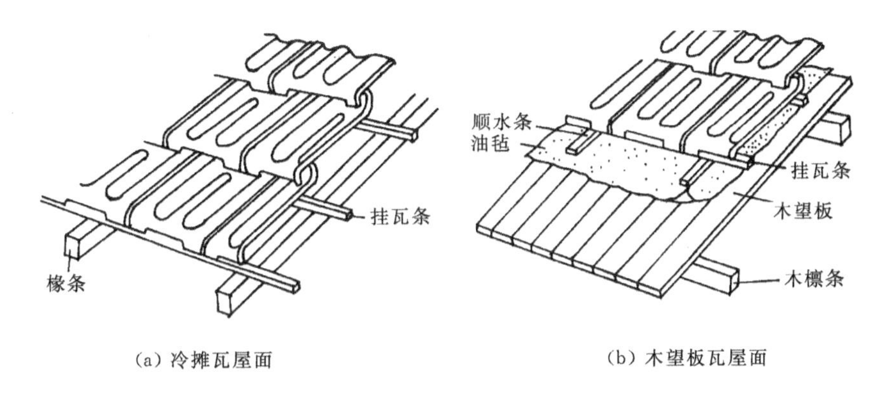

(a) 冷摊瓦屋面　　(b) 木望板瓦屋面

图 6.49　木基层平瓦屋面

2. 木望板瓦屋面

木望板瓦屋面是在檩条上铺钉 15～20 mm 厚的木望板(亦称屋面板)，木望板可采取密铺法(不留缝)或稀铺法(望板间留约20 mm宽的缝)，在木望板上平行于屋脊方向干铺一层油毡，在油毡上顺着屋面水流方向钉 10 mm×30 mm、中距 500 mm 的顺水条，然后在顺水条上面平行于屋脊方向钉挂瓦条并挂瓦，挂瓦条的断面和间距与冷摊瓦屋面相同(见图 6.49(b))。这种做法比冷摊瓦屋面的防水、保温隔热效果要好，但耗费木材多、造价高，多用于质量要求较高的建筑物中。

3. 钢筋混凝土板瓦屋面

瓦屋面由于保温、防火或造型等的需要，可将钢筋混凝土板作为瓦屋面的基层盖瓦。盖瓦的方式有两种：一种是在找平层上铺油毡一层，用压毡条钉在嵌在板缝内的木楔上，再钉挂瓦条挂瓦(见图 6.50(a))；另一种是在屋面板上直接粉刷防水水泥砂浆并贴瓦或陶瓷面砖或平瓦(见图 6.50(b)、(c))。在仿古建筑中也常采用钢筋混凝土板瓦屋面。

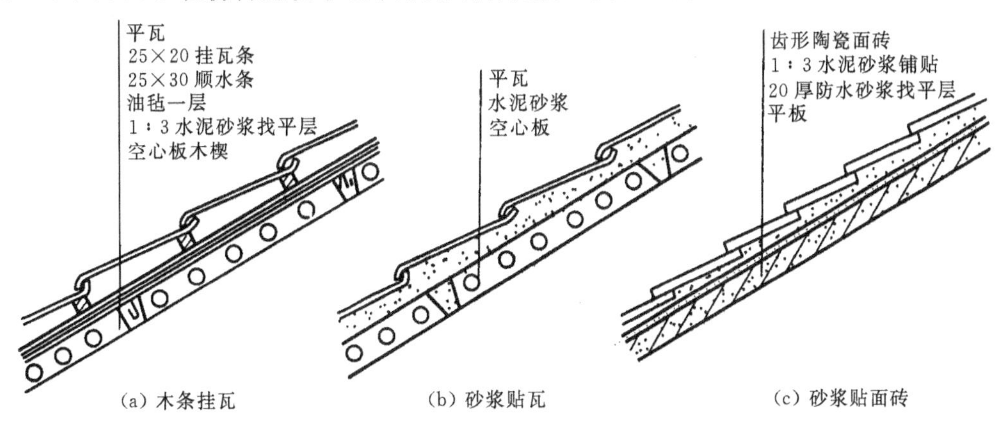

(a) 木条挂瓦　　(b) 砂浆贴瓦　　(c) 砂浆贴面砖

图 6.50　钢筋混凝土板瓦屋面构造

6.5.4 平瓦屋面的细部构造

平瓦屋面应做好檐口、天沟、屋脊等部位的细部处理。

1. 檐口构造

檐口分为纵墙檐口和山墙檐口。

1) 纵墙檐口

纵墙檐口根据造型要求做成挑檐或封檐。图 6.51 所示为纵墙檐口的几种构造方法，其中图 6.51(a)所示为砖挑檐，即在檐口处将砖逐皮外挑，每皮挑出 1/4 砖(60 mm)，挑出总长度不大于墙厚的 1/2。图 6.51(b)所示为将椽条直接外挑，适用于较小的出挑长度。当需要出挑长度大时，应采取挑檐木将檐口挑出，如图 6.51(c)所示，挑檐木置于屋架下。图 6.51(d)所示为在承重横墙中置挑檐木的做法。当挑檐长度更大时，可采取如图 6.51(e)所示的处理方式，即将挑檐木往下移，离开屋架一段距离，这时需在挑檐木与屋架下弦之间加一撑木，以防止挑檐的倾覆。图 6.51(f)所示为女儿墙包檐口构造做法，在屋架与女儿墙相接处必须设天沟。天沟最好采用混凝土槽形天沟板，沟内铺油毡防水层，并将油毡一直铺到女儿墙上形成泛水。泛水做法与油毡屋面要求相同。

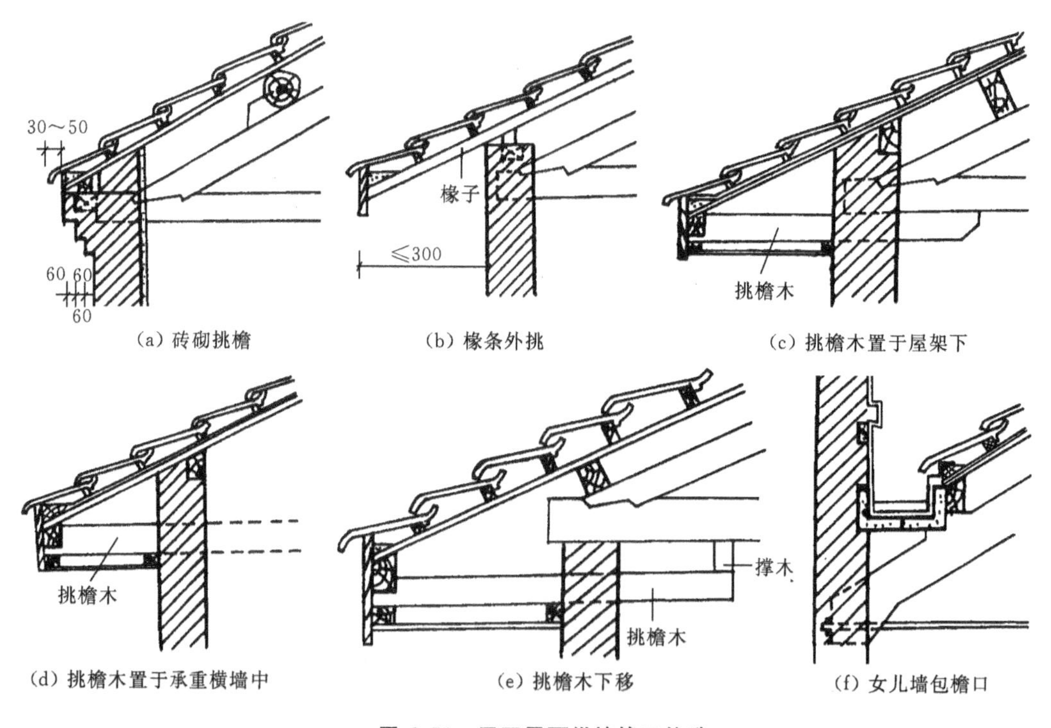

图 6.51 平瓦屋面纵墙檐口构造

2) 山墙檐口

山墙檐口按屋顶形式分为硬山与悬山两种。

(1) 硬山檐口(见图 6.52)：将山墙升起包住檐口，女儿墙与屋面交接处应作泛水处理，图 6.52(a)所示采用砂浆粘贴，小青瓦做成泛水，图 6.52(b)所示则仅用水泥石灰麻刀砂浆抹成泛水。女儿墙顶应作压顶板，以保护泛水。

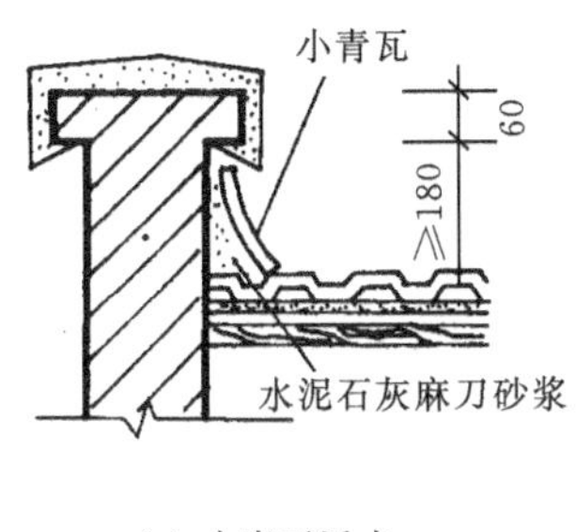

(a) 小青瓦泛水

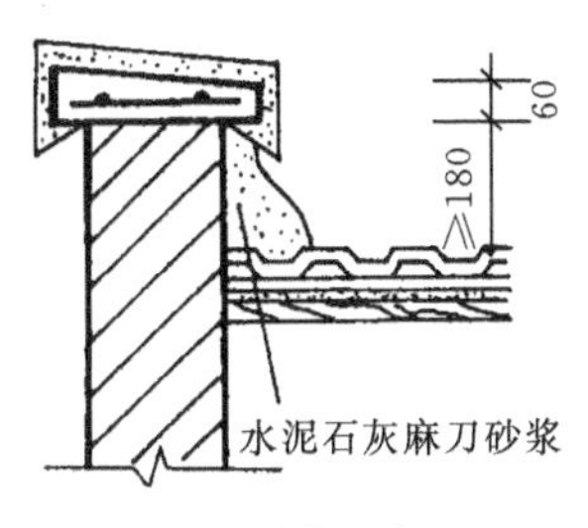

(b) 砂浆泛水

图 6.52　硬山檐口构造

(2) 悬山檐口(见图 6.53):先将檩条外挑形成悬山,檩条端部钉木封檐板,沿山墙挑檐的一行瓦,应用 1∶2.5 的水泥砂浆做出披水线,将瓦封固。

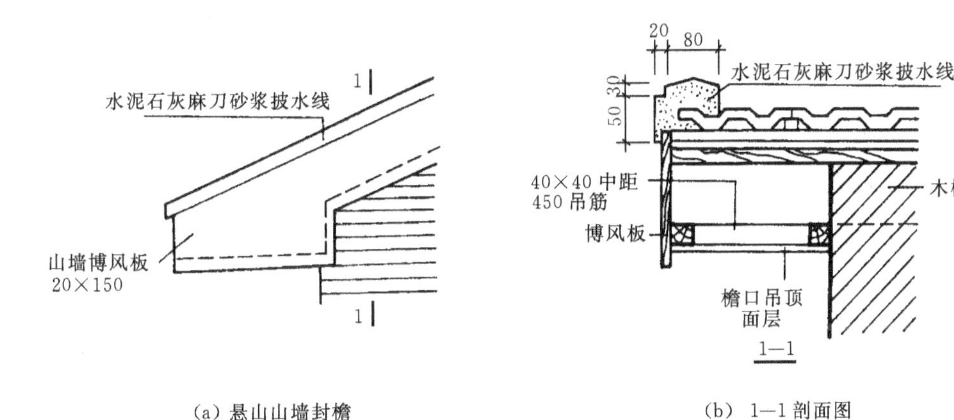

(a) 悬山山墙封檐　　(b) 1—1 剖面图

图 6.53　悬山檐口构造

2. 天沟和斜沟构造

在等高跨或高低跨相交处,常常出现天沟,而两个相互垂直的屋面相交处则形成斜沟(见图 6.54)。沟应有足够的断面积,上口宽度应不小于 300～500 mm,一般用镀锌铁皮铺于木基层上,镀锌铁皮伸入瓦片下面至少 150 mm。高低跨和包檐天沟若采用镀锌铁皮防水层时,应从天沟内延伸至立墙(女儿墙)上形成泛水。

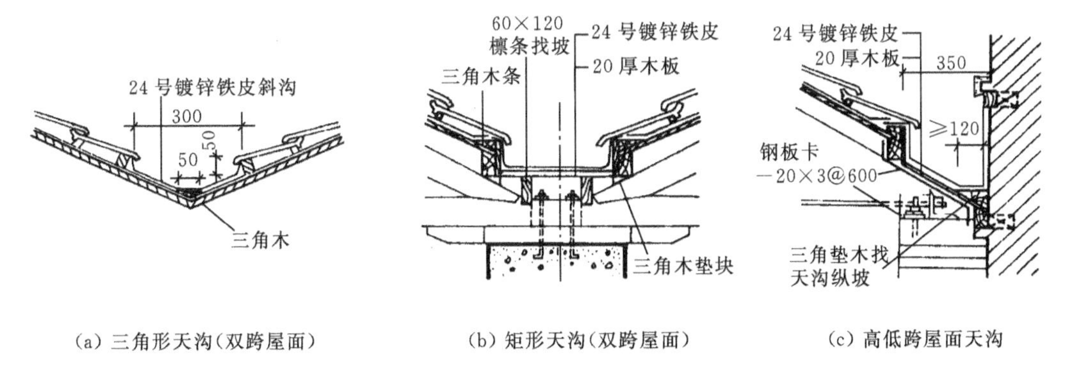

(a) 三角形天沟(双跨屋面)　　(b) 矩形天沟(双跨屋面)　　(c) 高低跨屋面天沟

图 6.54　天沟和斜沟构造

6.6 坡屋顶的保温与隔热

6.6.1 坡屋顶的保温

坡屋顶的保温层一般布置在瓦材与檩条之间或吊顶棚上面(见图 6.55)。保温材料可根据工程具体要求选用松散材料、块体材料或板状材料。在一般的小青瓦屋面中,采用基层上铺一层厚厚的黏土稻草泥作为保温层,小青瓦片黏结在该层上(见图 6.55(a))。在平瓦屋面中,可将保温材料填充在檩条之间(见图 6.55(b))。在设有吊顶的坡屋顶中,常常将保温层铺设在顶棚上面,可收到保温和隔热双重效果。如图 6.55(c)所示就是此做法的一个例子。

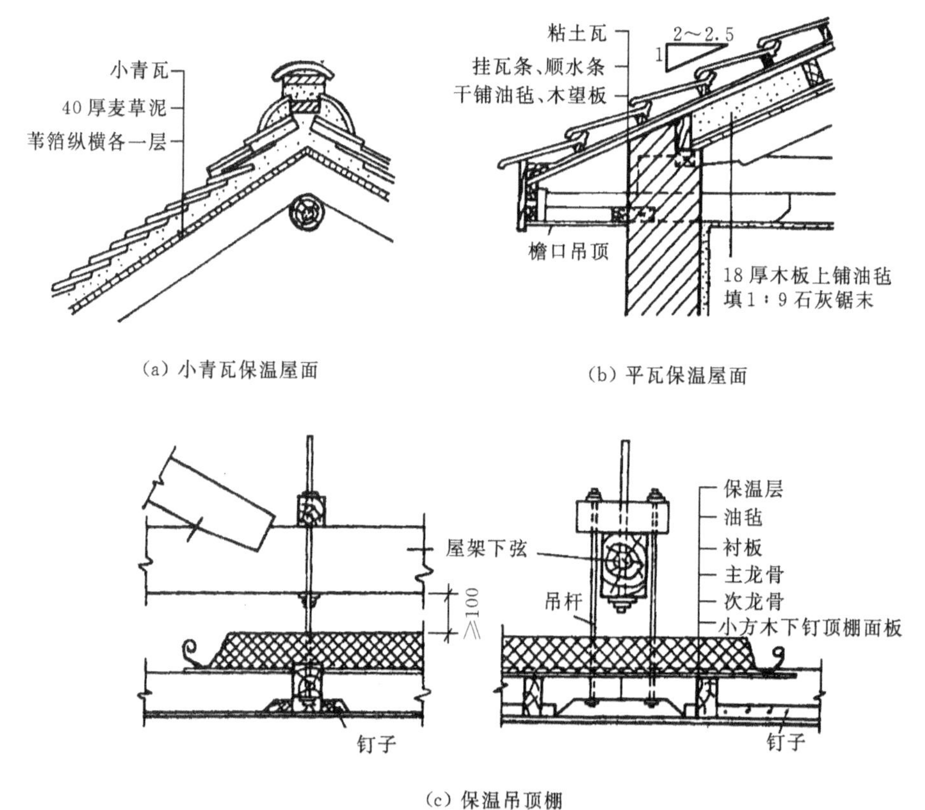

(a) 小青瓦保温屋面

(b) 平瓦保温屋面

(c) 保温吊顶棚

图 6.55 坡屋顶保温构造

6.6.2 坡屋顶的隔热

在炎热地区,坡屋顶设进气口和排气口,利用屋顶内外的热压差和迎风面的压力差,阻止空气对流,形成屋顶内的自然通风,以减少由屋顶传入室内的辐射热,从而达到隔热降温的目的。进气口一般设在檐墙上、屋檐部位或室内顶棚上;出气口最好设在屋脊处,以增大高差,有利加速空气流通。图 6.56 所示为几种通风屋顶的示意图。

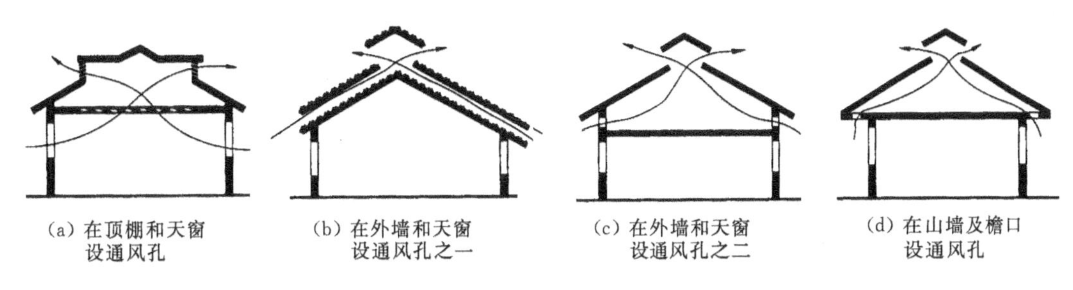

图 6.56　坡屋顶通风示意

6.7　其他屋面介绍

6.7.1　金属瓦屋面

金属瓦屋面是用镀锌铁皮或铝合金瓦做防水层的一种屋面,金属瓦屋面自重轻、防水性能好、使用年限长,主要用于大跨度建筑的屋面。

金属瓦的厚度很薄(厚度在 1 mm 以内),铺设这样薄的瓦材必须用钉子固定在木望板上,木望板则支撑在檩条上,为防止雨水渗漏,瓦材下应干铺一层油毡。所有的金属瓦必须相互连通导电,并与避雷针或避雷带连接。

金属瓦与金属瓦间的拼缝连接方式通常采取相互交搭卷折成咬口缝,以避免雨水从缝中渗漏,并平行于屋面水流方向的竖缝宜做成咬口缝(见图 6.57(a)、(b)、(c))。但上下两排瓦的竖缝应彼此错开,垂直于屋面水流方向的横缝应采用平咬口缝(见图 6.57(e)、(f))。平咬口缝又

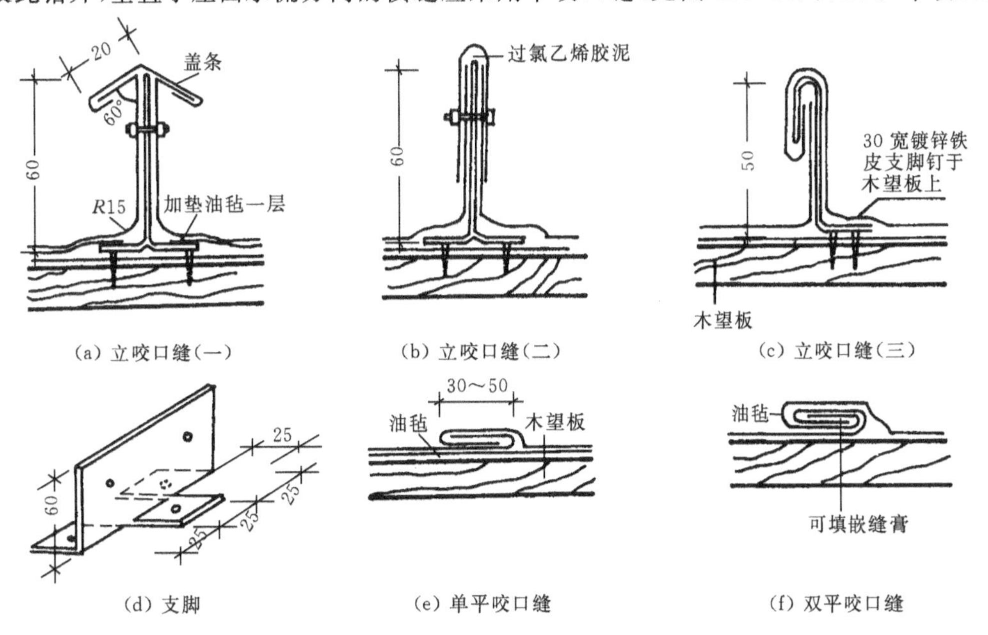

图 6.57　金属瓦屋面瓦材拼缝形式

分为单平咬口缝和双平咬口缝，后者的防水效果优于前者，当屋面坡度小于或等于30%时，应采取双平咬口缝，大于30%时可采用单平咬口缝。

为了使立咬口缝能竖直起来，应先在木望板上钉铁支脚（见图6.57(d)），然后将金属瓦的边折卷固定在铁支脚上，采用铝合金瓦时，支脚和螺钉均应改用铝制品，以免产生电化腐蚀。

6.7.2 彩色压型钢板屋面

彩色压型钢板屋面简称彩板屋面，是近十多年来在大跨度建筑中广泛采用的高效能屋面，它不仅自重轻、强度高，且施工安装方便。彩板的连接主要采用螺栓连接，不受季节气候影响。彩板色彩绚丽、质感好，大大增强了建筑的艺术效果。彩板除用于平直坡面的屋顶外，还可根据造型与结构的形式需要，在曲面屋顶上使用。

根据彩板的功能构造分为单层彩板和保温夹心彩板。

1. 单彩板

单彩板只有一层薄钢板，用它作屋面时必须在室内一侧另设保温层。根据单彩板断面形式不同，可分为波形板、梯形板、带肋梯形板。波形板和梯形板是第一代产品，板材的力学性能不够理想，材料用量较浪费。纵向带肋梯形板是在普通梯形板的上下翼和腹板上增加纵向凹凸槽，起加劲肋的作用，提高了彩板的强度和刚度，属于第二代产品。纵横向带肋梯形板在纵横两个方向都有加劲肋，强度和刚度更好，属于第三代产品。

单彩板屋面大多数将彩板直接支撑于檩条上，一般为槽钢、工字钢或轻钢檩条。檩条间距视屋面板型号而定，一般为1.5～3.0 m。

屋面板的坡度大小与降雨量、板型、拼缝方式有关，一般不小于3°。

屋面板与檩条的连接采用各种螺钉、螺栓等紧固件，把屋面板固定在檩条上。螺钉一般在屋面板的波峰上。为了不使连接松动。当屋面板波高超过35 mm时，屋面板先应连接在铁架上，铁架再与檩条相连接（见图6.58）。连接螺钉必须用不锈钢制造，保证钉孔周围的屋面板不

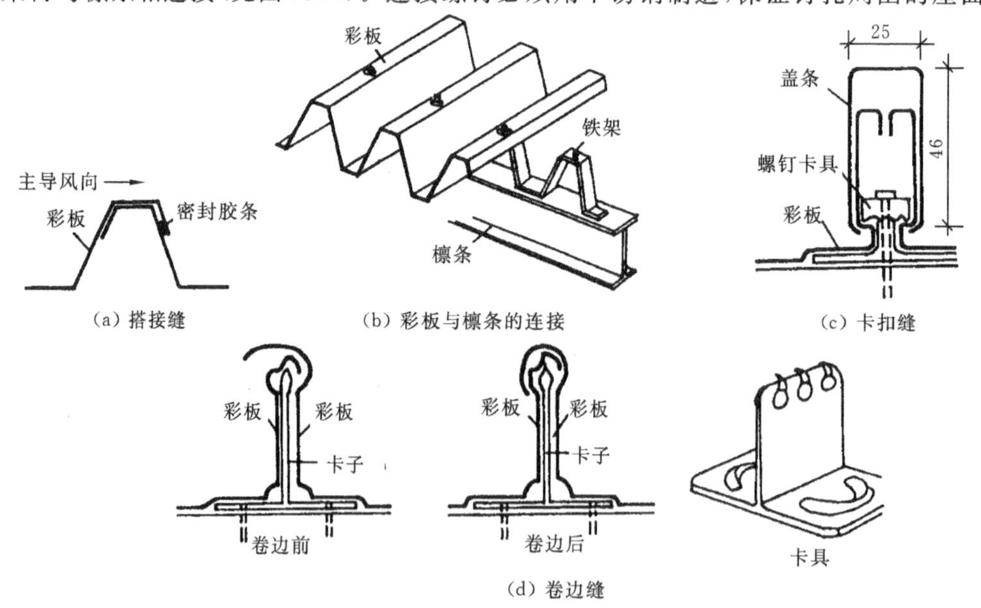

图6.58 彩色压型钢板屋面的接缝构造

被腐蚀。钉帽均要用带橡胶垫的不锈钢垫圈，防止钉孔处渗水。

2. 保温夹心板屋面

保温夹心板是由彩色涂层钢板作表层，自熄性聚苯乙烯泡沫塑料或硬质聚氨醋泡沫作心材，通过加压加热固化制成的夹心板，具有防寒、保温、体轻、防水、装饰、承力等多种功能，是一种高效结构材料，主要适用于公共建筑、工业厂房的屋面。

保温夹心板屋面坡度为1/6～1/20，在腐蚀环境中屋面坡度应不小于1/12。在运输、吊装许可条件下，应采用较长尺寸的夹心板，以减少接缝，防止渗漏和提高保温性能，但一般应不大于9 m。

1）保温夹心板板缝处理

夹心板与配件及夹心板之间，全部采用铝拉铆钉连接，铆钉在插入铆孔之前应预涂密封胶，拉铆后的钉头用密封胶封死。顺坡连接缝及屋脊缝以构造防水为主，材料防水为辅；横坡连接缝采用顺水搭接，防水材料密封，上下两块板均应搭在檩条支座上，屋面坡度不大于1/10时，上下板的搭接长度为300 mm；屋面坡度大于1/10时，上下板的搭接长度为200 mm。

2）保温夹心板檩条布置

一般情况下，应使每块板至少有三个支撑檩条，以保证屋面板不发生翘曲。在斜交屋脊线处，必须设置斜向檩条，以保证夹心板的斜端头有支撑（见图6.59）。

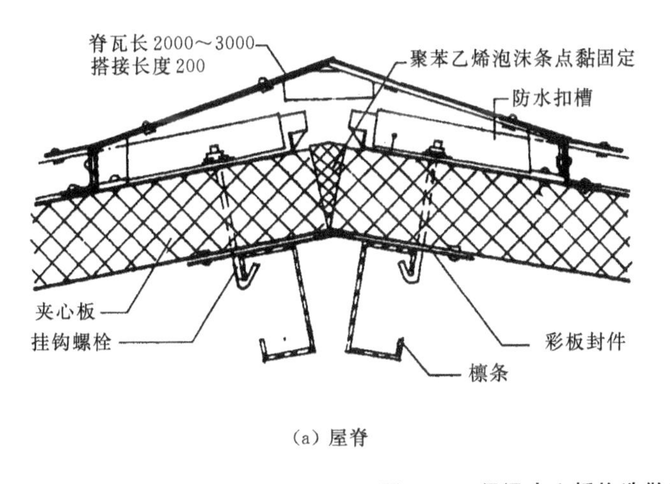

（a）屋脊

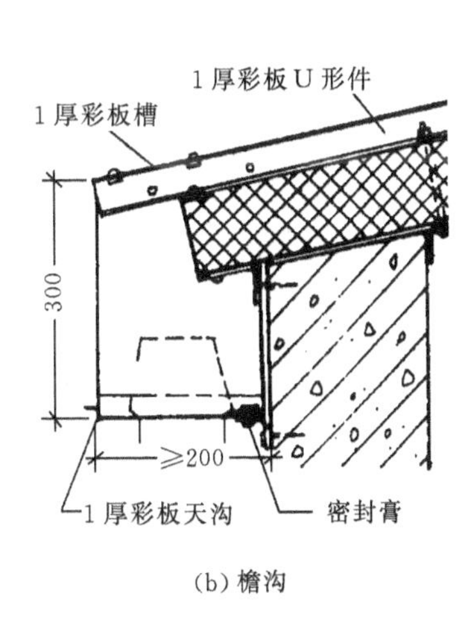

（b）檐沟

图6.59 保温夹心板构造做法

小结

1. 屋顶按外形分为坡屋顶、平屋顶和其他形式的屋顶。坡屋顶的坡度一般不小于10%，平屋顶的坡度不大于5%，一般为1%～3%。屋顶按屋面防水材料分为卷材防水屋面、刚性防水屋面、涂膜防水屋面、瓦类防水屋面四类。

2. 屋顶设计的主要任务是解决好防水、保温隔热、坚固耐久、造型美观等问题。

3. 屋顶排水设计的主要内容是：确定屋面排水坡度的大小和坡度形成的方法；选择排水方式；绘制屋顶排水平面图。单坡排水的屋面宽度控制在12～15 m以内。每根雨水管可排除

150～200 m^2的屋面雨水，其间距控制在24 m以内。矩形天沟净宽不小于200 mm，天沟纵坡最高处离天沟上口的距离不小于120 mm，天沟纵向坡度取0.5%～1%。

4. 卷材防水屋面的防水层下面须做找平层，上面应做保护层。保温层铺在防水层之下时须在其下加隔气层，铺在防水层之上时则不加，但必须选用不透水的保温材料。卷材防水屋面的细部构造是防水的薄弱部位，包括泛水、天沟、雨水口、檐口、变形缝等。

5. 混凝土刚性防水屋面主要适用于我国南方地区。为了防止开裂，应在防水层中加钢筋网片，设置分格缝，在防水层与结构层之间加铺隔离层。分格缝应设在屋面板的支撑端，屋面坡度的转折处、泛水与立墙的交接处。分格缝之间的中离应不大于6 m。泛水、分格缝、变形缝、檐口、雨水口等细部的构造须有可靠的防水措施。

6. 涂膜防水屋面的构造要点类同于卷材防水屋面。

7. 坡屋顶中常用的承重结构有横墙承重、屋架承重和梁架承重，平瓦屋面按基层不同有冷摊瓦屋面做法、木望板瓦屋面做法、钢筋混凝土板瓦屋面做法。

8. 平屋顶隔热降温的主要方法有通风隔热屋面、反射降温屋面、种植隔热屋面和蓄水隔热屋面。

1. 影响屋顶坡度的主要因素是什么？坡度形成方法有哪些？各自的优缺点？
2. 有组织排水和无组织排水的适用范围和优缺点？屋面排水设计的内容主要是什么？
3. 卷材防水屋面细部构造做法要点有哪些？试画图说明。
4. 为什么要设隔气层？卷材屋面为什么要考虑排气措施？如何做法？
5. 什么是涂膜防水屋面？
6. 坡屋顶的承重结构有哪几种？
7. 冷摊瓦屋面的构造做法如何？木望板瓦屋面的构造做法如何？
8. 设计任务书：

屋顶构造设计任务书

(1) 设计题目

屋顶构造设计

(2) 设计条件

① 某小学教学楼，如图6.60所示，砖混结构，四层，教学区层高3.6 m，办公区层高3.3 m，教学区与办公区的交界处做错层处理。

② 屋顶为平屋顶，非上人屋面，檐口形式自定。

③ 屋顶排水为有组织排水。

④ 屋顶设保温层或隔离层。

(3) 设计内容及图纸要求

用A3图纸1～2张完成，一律按建筑制图标准规定绘制屋顶平面图及屋顶节点详图。

① 屋顶平面图(1∶200)：

a. 画出各坡面交线，檐沟或女儿墙和天沟、雨水口等，刚性防水屋面应画出纵横分格缝。

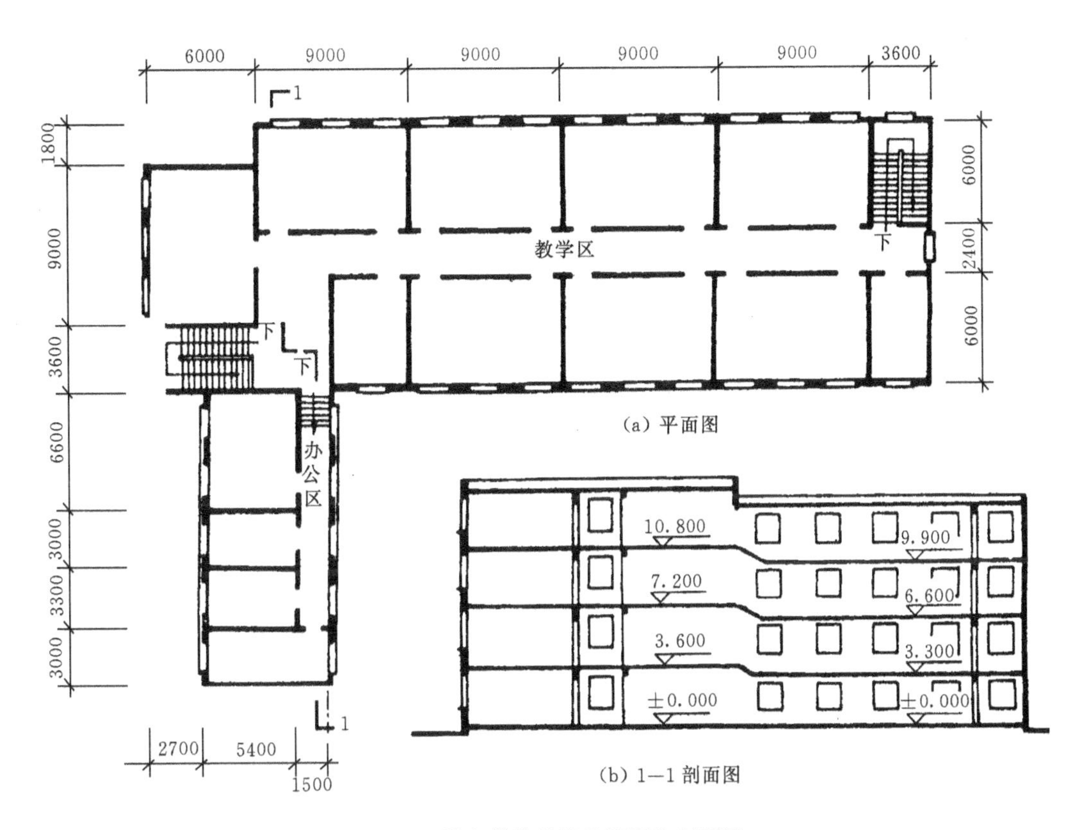

图 6.60 某小学教学楼平面图和剖面图

b. 标注屋面和檐沟或天沟内的排水方向和坡度值，标注突出屋面的女儿墙等有关尺寸及屋面标高。

c. 标注建筑物四周的定位轴线和编号。

d. 外部尺寸，标注两道。第一道即轴线尺寸，第二道为雨水口到临近轴线的距离或者雨水口之间的距离。

e. 标注详图索引符号，注写图名和比例。

② 屋顶节点详图(1∶10 或 1∶20)：

a. 檐口构造。

b. 泛水构造。

c. 雨水口构造。

d. 刚性防水屋面分格缝构造。

第7章 门窗构造

学习目标与要求

1. 了解门窗的作用和门窗的形式。
2. 了解各种门窗的优缺点。
3. 理解门窗构造设计的原理。
4. 掌握常用平开门和平开窗的构造做法，并结合理论绘制各种门窗的构造图形。

7.1 门窗的设计要求与类型

门和窗是建筑物不可缺少的围护构件。门主要是为室内外和房间之间的交通联系而设，兼顾通风、采光和空间分隔；窗主要是为了采光、通风和观望而设。门和窗又是建筑造型重要的组成部分，它的形状、尺寸、比例、排列组合等对建筑立面造型的影响也不容忽视，所以常被作为重要的装饰构件处理。

7.1.1 门窗的设计要求

一般的门和窗通常要求具有保温、隔声、防透风、防漏雨的能力。在寒冷地区采暖期内，由门窗缝隙渗透而损失的热量约占全部采暖耗热量的25%，门窗的密闭要求是北方门窗保温节能极其重要的内容。对于门窗，在保证其主要功能和经济条件的前提下，还要求门窗坚固、耐久、灵活、便于清洗、维修和工业化生产。

由建设部等四部委联合下发的文件《关于在住宅建设中淘汰落后产品的通知》中规定，自2000年12月1日起，在大中城市新建住宅中，禁止使用不符合建筑节能的32系列实腹钢窗和25系列、32系列空腹钢窗。推广应用具有节能、密封、隔音等优良性能的、符合《严寒和寒冷地区居住建筑节能设计标准》(JGJ 26—2010)要求的建筑用窗。当前应重点推广应用符合《未增塑聚氯乙烯(PVC-U)塑料窗》(JG/T 140—2005)标准的PVC塑料窗，以及符合《开平、推拉彩色涂层钢板门窗》(JG/T 3041－1997)标准的彩色涂层钢板窗等新型节能窗。积极开发生产、推广应用铝塑窗、塑钢窗等新型节能窗。

7.1.2 门窗的类型

1. 按材料分类

1) 木门窗

价格低廉，但木材耗量大，且不防火，所以使用受到一定限制。在节约优质木材的前提下，开发以用途较少的硬杂木等木材制造门窗，是重要的途径。在国外，经过技术处理的硬杂木是高级门房的主要材料。

2）钢门窗

钢门窗是用型钢或薄壁空腹型钢在工厂制作而成。它符合工业化、定型化与标准化的要求，在强度、刚度、防火和密闭等性能方面，均优于木门窗，但是在潮湿环境下容易锈蚀。

3）铝合金窗

铝合金窗具有以下特点。

(1) 自重轻。铝合金门窗用料省、自重轻(较钢门窗轻50%左右)。

(2) 性能好。密封性好，气密性、水密性、隔声性、隔热性都较钢门窗、木门窗有显著的提高。

(3) 耐腐蚀、坚固耐用。铝合金门窗不需要涂涂料，氧化层不褪色、不脱落，表面不需要维修。铝合金门窗强度高、刚性好，开闭轻便灵活。

(4) 色泽美观。铝合金门窗框料型材表面经过氧化着色处理后，既可保持铝材的银白色，又可以制成各种柔和的颜色或带色的花纹，如暗红色、黑色等。制成的铝合金门窗造型新颖大方、表面光洁、外形美观，增加了建筑立面和内部的美观。

4）塑料门窗

塑料门窗是近几十年发展起来的新品种，保温效果与木门窗相同，形式类同铝合金门窗，美观精致。

5）塑钢门窗

塑钢门窗是以改性硬质聚氯乙烯(简称 UPVC)为主要原料，加上一定比例的稳定剂、着色剂、填充剂、紫外线吸收剂等辅助剂，经挤出机挤出成形为各种断面的中空异型材。经切割后，在其内腔衬以型钢加强筋，用热熔焊接机焊接成形为门窗框扇，配装上橡胶密封条、压条、五金件等附件而制成的门窗即所谓的塑钢门窗。它较之全塑门窗刚度更好、自重更轻。

2. 按开启方式分类

1）门按开启方式分类

(1) 平开门。平开门是水平开启的门，它的铰链装于门扇的一侧与门框相连，使门扇围绕铰链轴转动。其门扇有单扇、双扇，向内开和向外开之分。平开门构造简单、开启灵活、加工制作简便、易于维修，是建筑中最常见、使用最广泛的门(见图7.1(a))。

(2) 弹簧门。弹簧门的开启方式与普通平开门的相同，所不同之处是以弹簧铰链代替普通铰链，借助弹簧的力量使门扇能向内、向外开启并可经常保持关闭。它使用方便、美观大方，广泛用于商店、学校等建筑(见图7.1(b))。

(3) 推拉门。推拉门开启时门扇沿轨道向左右滑行。通常为单扇和双扇，也可做成双轨多扇或多轨多扇，开启时门扇可隐藏于墙内或悬于墙外。根据轨道的位置，推拉门可分为上挂式和下滑式。当门扇高度小于4 m时，一般采用上挂式推拉门；当门扇高度大于4 m时，一般采用下滑式推拉门。为使门保持垂直状态下稳定运行，导轨必须平直，并有一定刚度，下滑式推拉门的上部应设导向装置，较重型的上挂式推拉门则在门的下部设导向装置(见图7.1(c))。

(4) 折叠门。折叠门可分为侧挂式折叠门和推拉式折叠门两种。由多扇门构成，每扇门宽度为500～1 000 mm，一般以600 mm为宜，适用于宽度较大的洞口。侧挂式折叠门与普通平开门相似，只是门扇之间用铰链相连而成。当用普通铰链时，一般只能挂两扇门，不适用于宽大洞口。如侧挂门扇超过两扇时，则需使用特制铰链。

推拉式折叠门的构造与推拉门的相似，在门顶或门底装滑轮及导向装置，每扇门之间连以

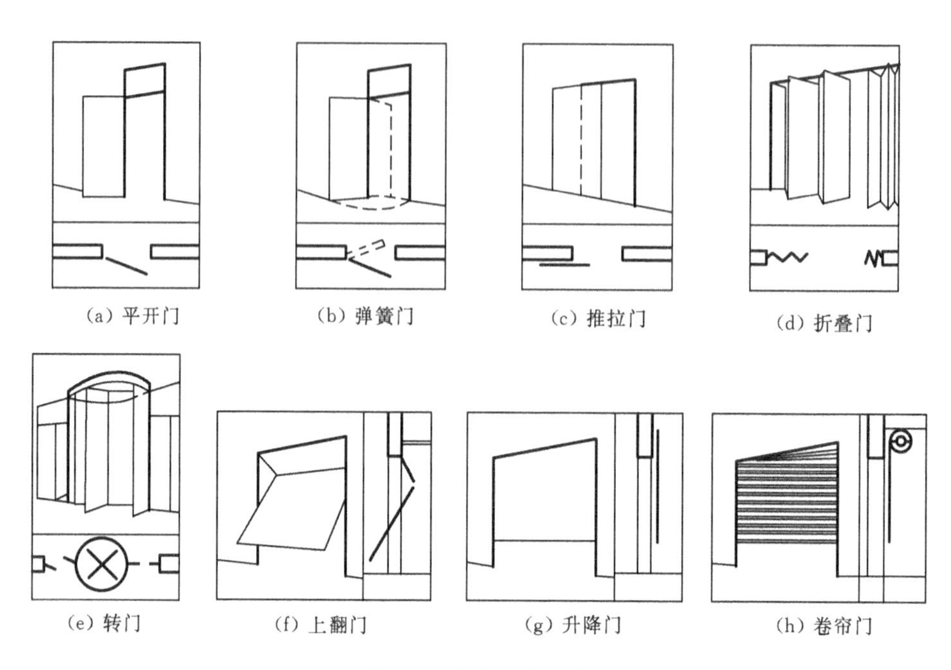

图 7.1　门的开启形式

铰链，开启时门扇通过滑轮沿着导向装置移动(见图 7.1(d))。折叠门开启时占空间少，但构造较复杂，一般在商业建筑或公共建筑中作灵活分隔空间用。

(5) 转门。转门是由两个固定的弧形门套和垂直旋转的门扇构成。门扇可分为二扇或四扇，绕竖轴旋转(见图 7.1(e))。转门对隔绝室外气流有一定作用，可作为寒冷地区公共建筑的外门，但不能作为疏散门。转门构造复杂，造价高，不宜大量采用。

(6) 上翻门。特点是充分利用上部空间，门扇不占用面积，五金及安装要求高。它适用于不经常开关的门，如车库大门(见图 7.1(f))。

(7) 升降门。特点是开启时门扇沿轨道上升，它不占使用面积，常用于空间较高的民用与工业建筑，如图 7.1(g)所示是单扇升降门。

(8) 卷帘门。卷帘门是由很多金属页片连接而成的门，开启时，门洞上部的转轴将页片向上卷起。它的特点是开启时不占使用面积，但加工复杂，造价高，常用于不经常开关的商业建筑的大门(见图 7.1(h))。

2) 窗按开启方式分类

(1) 固定窗。无窗扇、不能开启的窗为固定窗，可供采光和眺望之用，不能通风。固定窗构造简单、密闭性好，多与门亮子和开启窗配合使用(见图 7.2(a))。

(2) 平开窗。铰链安装在窗扇一侧与窗框相连，向外或向内水平开启，有单扇、双扇、多扇，有向内开与向外开之分。其构造简单、开启灵活，是民用建筑中采用最广泛的窗(见图 7.2(b))。

(3) 悬窗。按铰链和转轴的位置不同，悬窗可分为上悬窗、中悬窗和下悬窗。上悬窗铰链安装在窗扇的上边，一般向外开，防雨好，多用做外门和窗上的亮子(见图 7.2(c))。中悬窗是在窗扇两边中部装水平转轴，窗扇可绕水平轴旋转，开启时窗扇上部向内，下部向外，方便挡雨、通风，开启容易机械化，常用做大空间建筑的高侧窗(见图 7.2(d))。下悬窗铰链安装在窗扇的下边，一般向内开，通风较好，但不防雨，一般用做内门上的亮子(见图 7.2(e))。

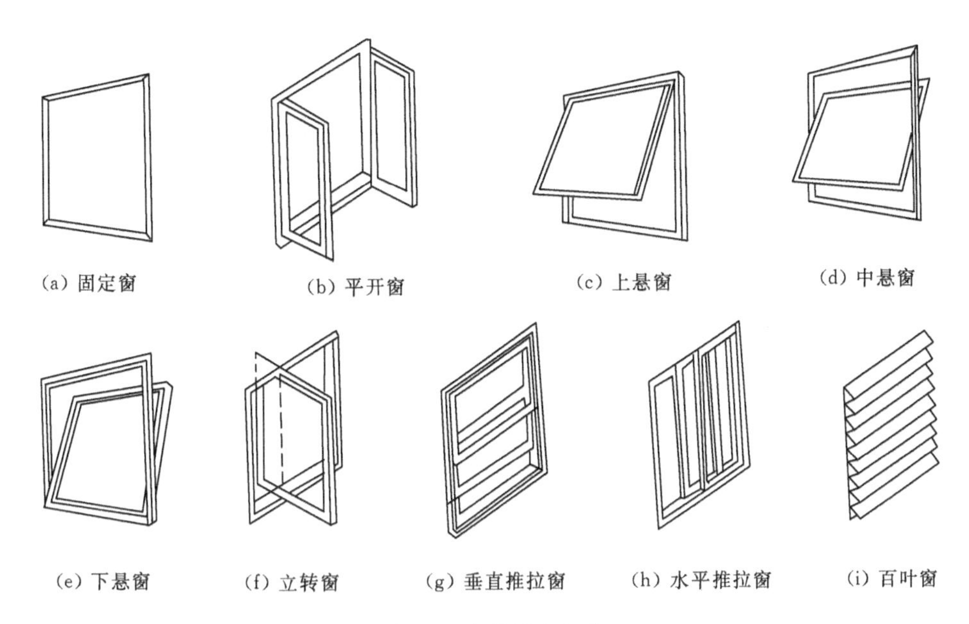

图 7.2 窗的开启方式

(4) 立转窗。引导风进入室内效果较好,防雨及密封性较差,多用于单层厂房的低侧窗(见图 7.2(f))。

(5) 推拉窗。分垂直推拉窗(见图 7.2(g))和水平推拉窗(见图 7.2(h))两种,它们不占使用空间,窗扇受力状态较好,适宜安装较大玻璃,但通风面积受到限制。

(6) 百叶窗。主要用于遮阳、防雨及通风,但采光差(见图 7.2(i))。百叶窗可用金属、木材、钢筋混凝土等制作,有固定式和活动式两种形式。工业建筑中多用固定式百叶窗,叶片常做成45°或 60°。

7.1.3 门窗的尺度

1. 门的尺度

门的尺度通常是指门洞的高宽尺寸,门的尺度应综合考虑以下几方面因素。

(1) 使用功能要求。应考虑到人体的尺度和人流量、搬运家具、设备所需高度尺寸等要求,并要符合现行《建筑模数协调统一标准》(GBJ 2—1986)的规定,以及有无其他特殊需要。例如,门厅前的大门往往由于美观及造型需要,常常考虑加高、加宽门的尺度。

(2) 符合门洞口尺寸系列。应遵守国家标准《建筑门窗洞口尺寸系列》(GB/T 5824—2008)。门洞口宽和高的标志尺寸规定为 600 mm、700 mm、800 mm、900 mm、1 000 mm、1 200 mm、1 400 mm、1 500 mm、1 800 mm 等,其中部分宽度不符合 3M 规定,而是根据门的实际需要确定的。一般房间门的洞口宽度最小为900 mm,厨房、卫生间等辅助房间门洞的宽度最小为700 mm。门洞口高度除卫生间可为 1 800 mm 以外,均应不小于 2 000 mm。门洞口高度大于 2 400 mm 时,应设上亮窗。门洞较窄时可开一扇,1 200～1 800 mm 的门洞,应开双扇。大于 2 000 mm时,则应开三扇或多扇。

2. 窗的尺度

窗的尺度应综合考虑以下几方面因素。

（1）采光：从采光要求来看，窗的面积与房间面积有一定的比例关系。

（2）使用：窗的自身尺寸以及窗台高度取决于人的行为和尺度。

（3）节能：在《严寒和寒冷地区居住建筑节能设计标准》中，明确规定了寒冷地区及其以北地区各朝向窗墙面积比。该标准规定，按地区不同，北向、东西向以及南向的窗墙面积比，应分别控制在20%、30%、35%左右。窗墙面积比是窗户洞口面积与房间的立面单元面积（即建筑层高与开间定位轴线围成的面积）之比。

（4）符合窗洞口尺寸系列：应遵守国家标准《建筑门窗洞口尺寸系列》。窗洞口的高度和宽度（指标志尺寸）规定为3M的倍数。但考虑到某些建筑，如住宅建筑的层高不大，以3M作为窗洞高度的模数，尺寸变化过大，所以增加1 400 mm、1 600 mm作为窗洞高的辅助尺寸。

（5）结构：窗的高宽尺寸受到层高、承重体系以及窗过梁高度的制约。

（6）美观：窗是建筑物造型的重要组成部分，窗的尺寸和比例关系对建筑立面影响极大。

7.2 木门窗构造

7.2.1 木门构造

木门以平开木门使用最广，多采用杉木和松木制作，下面以此为典型介绍木门构造。

1. 组成

平开木门一般由门框、门扇、亮子、五金零件及其附件组成（见图7.3）。五金零件一般有铰链、插销、门锁、拉手、门碰头等，附件有贴脸板、筒子板等。

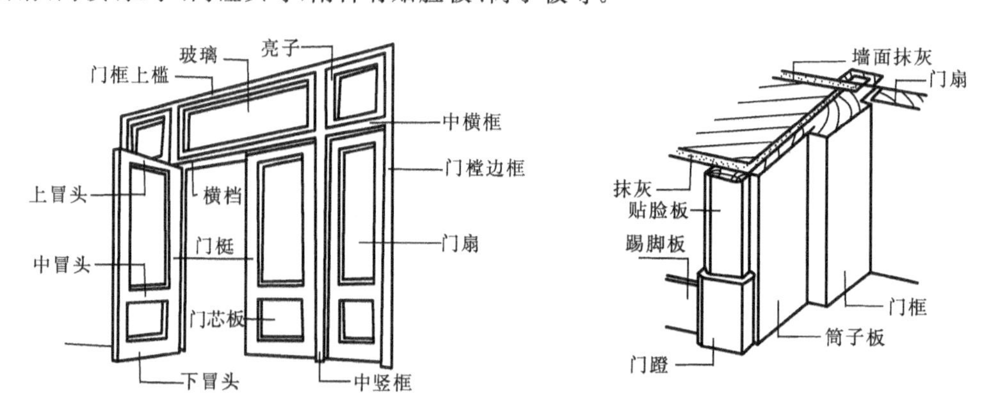

图7.3 木门的组成

2. 门框

门框又称门樘，一般由两根竖直的边框和上框组成。门框是门扇、亮子与墙的联系构件。当门带有亮子时，还有中横框，多扇门则还需设有中竖框（见图7.3）。有时视需要可设下框、贴脸板等附件。

1）门框的断面形式

门框的断面形式与门的类型、层数有关，同时应有利于门的安装，并应具有一定的密闭性。

为便于门扇密闭，门框上要有裁口（或铲口）。根据门扇数与开启方式的不同，裁口的形式可分为单裁口与双裁口两种。单裁口用于单层门，双裁口用于双层门或弹簧门。裁口宽度要比门扇宽度大1～2 mm，以利于安装和门扇开启。裁口深度一般为8～10 mm。

由于门框靠墙一面易受潮变形，故常在该面开1～2道背槽，以免产生翘曲变形，同时也利于门框的嵌固。背槽的形状可为矩形或三角形，深度约8～10 mm，宽约12～20 mm(见图7.4)。

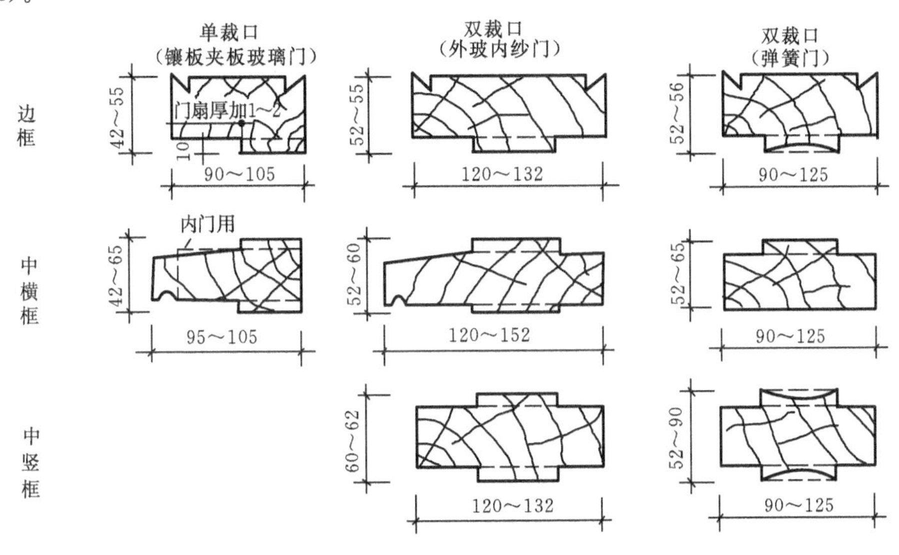

图7.4 门框的断面形式与尺寸

2) 门框的安装

门框的安装根据施工方式分立口和塞口两种(见图7.5)。

(1) 立口(又称立樘子)是在砌墙前即用支撑先立门框然后砌墙。框与墙结合紧密，但是立樘与砌墙工序交叉，施工不便。

(2) 塞口(又称塞樘子)，是在墙砌好后再安装门框。采用此法，洞口的宽度应比门框大20～30 mm，高度比门框大10～20 mm。门洞两侧砖墙上每隔500～600 mm预埋木砖或预留缺口，以便用圆钉或水泥砂浆将门框固定。框与墙间的缝隙需用沥青麻丝嵌填(见图7.6)。

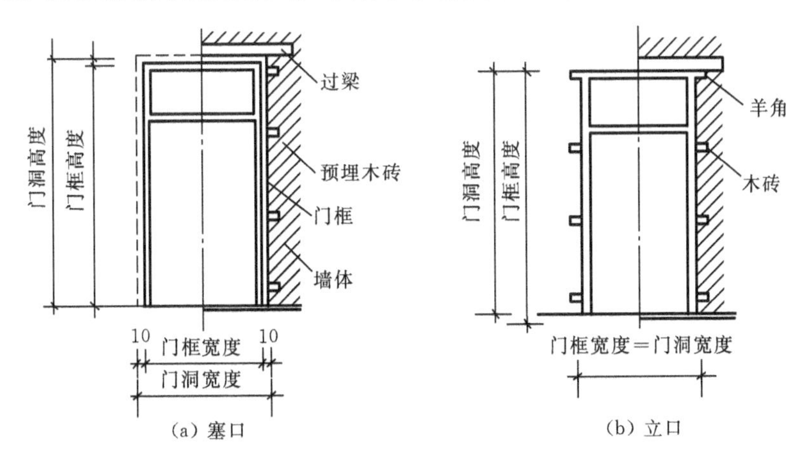

图7.5 门框的安装方式

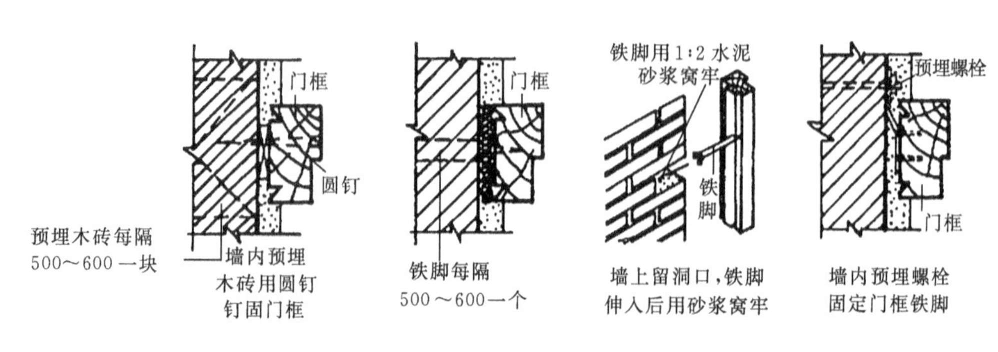

图 7.6 塞口门框在墙上的安装

前面所讲的立口和塞口一般是指门框和门扇分离安装，也就是最常用的安装方法，另外还有一种是成品门的安装方式，是门框和门扇在工厂即装配成成品，然后将成品门用塞口的施工方法就位固定，将周边缝隙用密封材料密封。这样做对门的制作和安装要求较低，施工较易。但窗扇的最后工序是现场完成，很难达到高标准要求，且极易损伤先安装的门框。

3）门框与墙体的相对位置

门框在墙中的位置，可在墙的中间或与墙的一边平（见图 7.7）。一般多与开启方向一侧平齐，尽量使门扇开启时贴近墙面。门框四周阳角处的抹灰极易开裂脱落，因此在门框与墙结合处应做贴脸板和木压条盖缝，贴脸板一般为厚 15～20 mm、宽 30～75 mm。木压条厚与宽为10～15 mm，装修标准高的，还可在门洞两侧和上方设筒子板（见图 7.7(a)）。

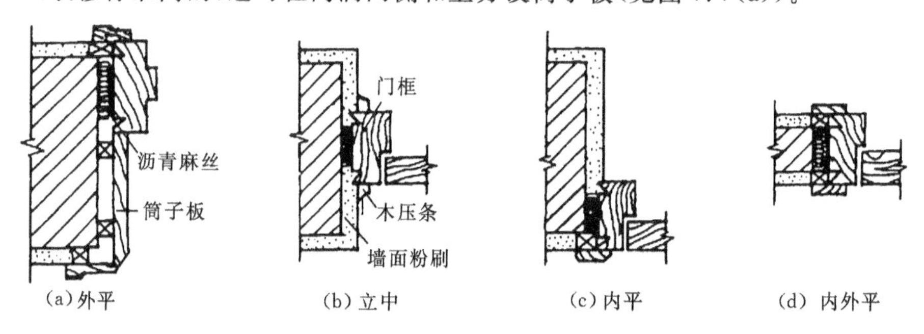

图 7.7 门框位置、门贴脸板及筒子板

3. 门扇

常用的木门门扇有镶板门、夹板门等。

1）镶板门

门扇由边梃、上冒头、中冒头（可作数根）和下冒头组成骨架，内装门芯板而构成（见图7.8）。其构造简单，加工制作方便，适于一般民用建筑做内门和外门。

门扇的边梃与上、中冒头的断面尺寸一般相同，厚度为 40～45 mm，宽度为 100～120 mm 。为了减少门扇的变形，下冒头的宽度一般加大至 160～250 mm，并与边梃采用双榫结合。

门芯板一般采用厚 10～12 mm 的木板拼成，也可采用胶合板、硬质纤维板、塑料板、玻璃和塑料纱等。当采用玻璃时，即为玻璃门，可以是半玻门或全玻门。若门芯板换成塑料纱（或铁纱），即为纱门。

2）夹板门

夹板门是用断面较小的方木做成骨架，两面粘贴面板而成的（见图 7.9）。门扇面板可用胶

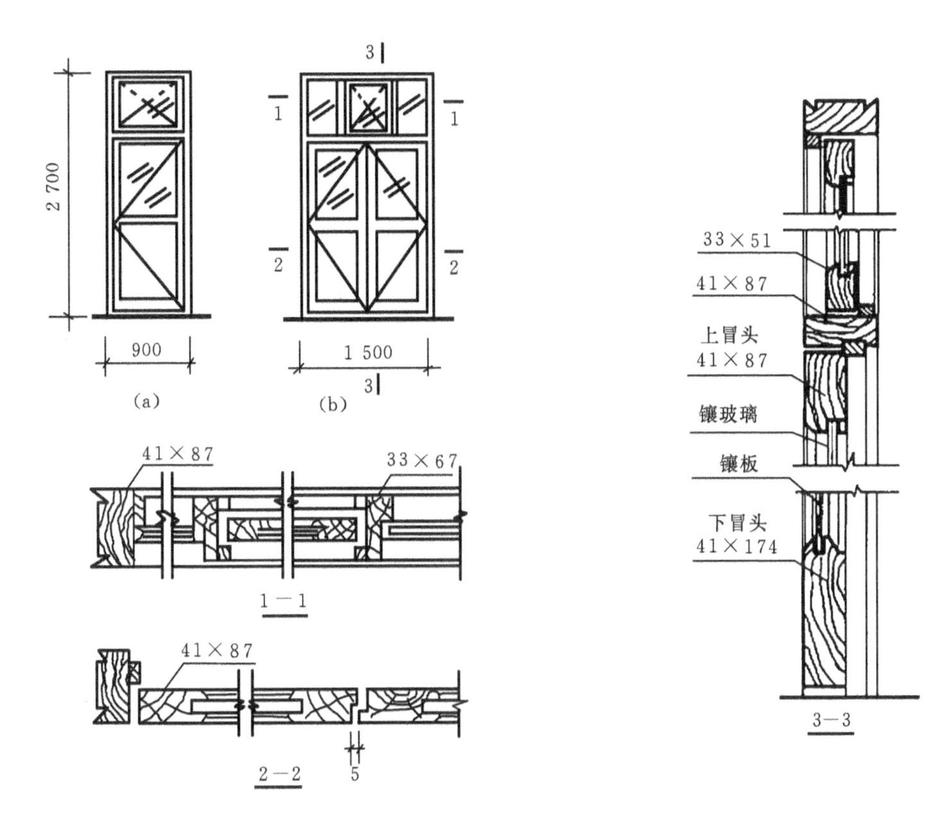

图7.8　镶板门构造

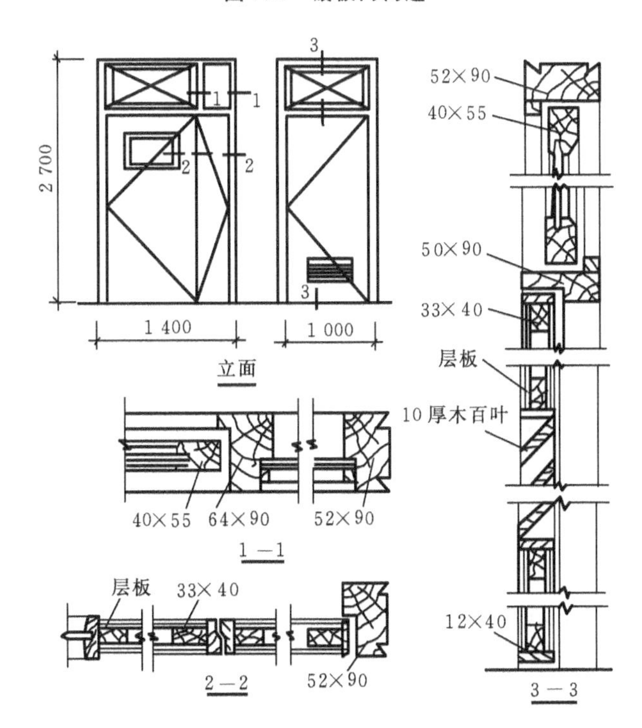

图7.9　夹板门构造

合板、塑料面板和硬质纤维板，面板不再是骨架的负担，而是与骨架形成一个整体，共同抵抗变形。夹板门的形式可以是全夹板门、带玻璃或带百叶夹板门。

夹板门的骨架一般用厚约 30 mm、宽 30～60 mm 的木料做边框，中间的肋条用厚约30 mm、宽10～25 mm的木条，可以是单向排列、双向排列或密肋形式，间距一般为 200～400 mm，安门锁处需另加上锁木。为使门扇内通风干燥，避免因内外温、湿度差产生变形，在骨架上需设通气孔。为节约木材，也有用蜂窝形浸塑纸来代替肋条的。

7.2.2 木窗构造

下面主要介绍平开木窗的构造。

1. 组成

木窗主要是由窗框、窗扇、五金件及附件组成，窗五金零件有铰链、风钩、插销等，附加件有贴脸板、筒子板、木压条等(见图 7.10)。

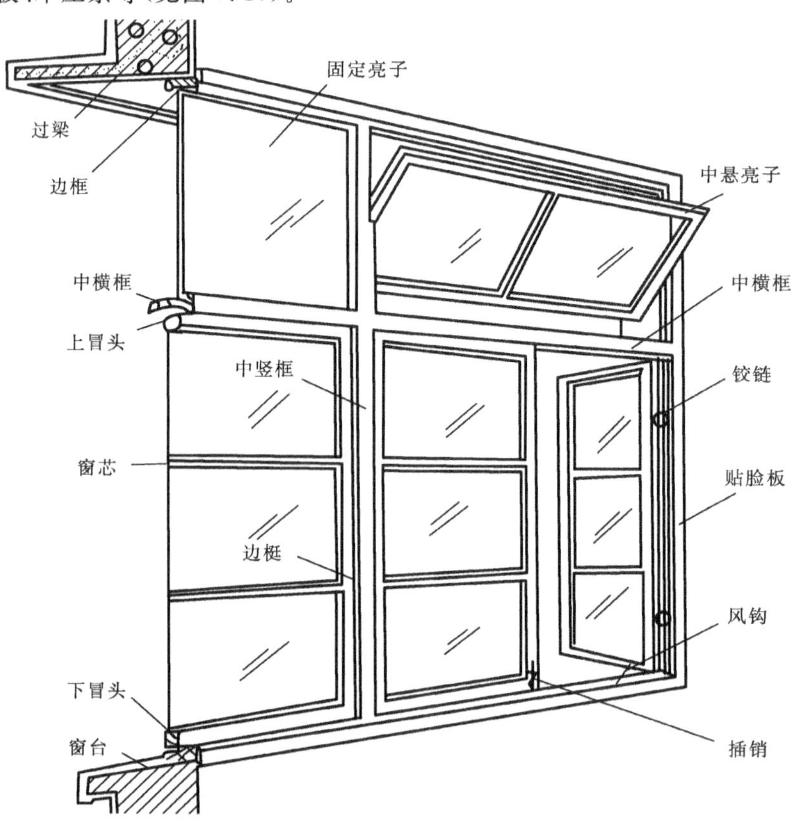

图 7.10 平开窗的组成

2. 窗框

最简单的窗框是由边框及上下框所组成。当窗尺度较大时，应增加中横框或中竖框，通常在垂直方向有两个以上窗扇时应增加中横框；在水平方向有三个以上的窗扇时，应增加中竖框。

1）窗框的断面形式

窗框断面尺寸应考虑接榫牢固，一般单层窗的窗框断面厚 40～60 mm，宽 70～95 mm(净尺寸),中横框和中竖框因两面有裁口,并且横框常有披水(披水是为防止雨水流入室内而设),断面尺寸应相应增大。双层窗窗框的断面宽度应比单层窗宽 20～30 mm。

窗框与门框一样,在构造上应有裁口及背槽处理,裁口也有单裁口与双裁口之分(见图7.11)。

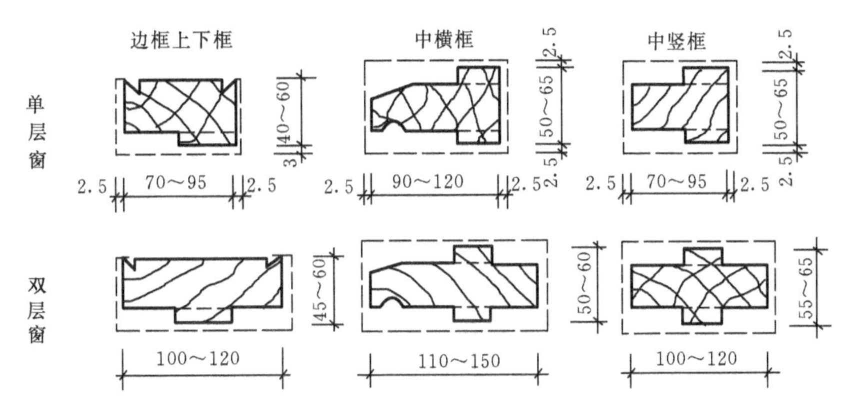

图 7.11　平开木窗窗框断面形式及尺寸

2) 窗框的安装

窗框的安装与门框一样,分塞口与立口两种。塞口时洞口的高、宽尺寸应比窗框尺寸大10～20 mm。

3) 窗框与墙体的相对位置

窗框在墙中的位置,一般是与墙内表面平,安装时窗框突出砖面 20 mm,以便墙面粉刷后与抹灰面平。框与抹灰面交接处,应用贴脸板搭盖,以阻止由于抹灰干缩形成缝隙后风透入室内,同时可增加美观。贴脸板的形状及尺寸与门的贴脸板相同。

当窗框立于墙中时,应内设窗台板,外设窗台。窗框外平时,靠室内一面设窗台板。窗台板可用木板,也可用预制水磨石板(见图 7.12)。

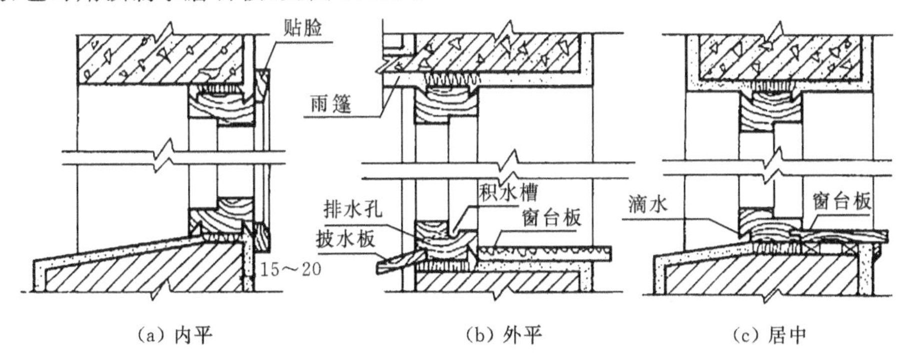

图 7.12　木窗框在墙洞中的位置及窗框与墙缝的处理

3. 窗扇

常见的木窗扇有玻璃扇、纱窗扇、百页扇等。窗扇是由上、下冒头和边梃榫接而成,有的还用窗芯(又称为窗棂)分格(见图 7.13)。

1) 断面形式与尺寸

窗扇的上下冒头、边梃和窗芯均设有裁口,以便安装玻璃或窗纱。裁口深度约 10 mm,一般

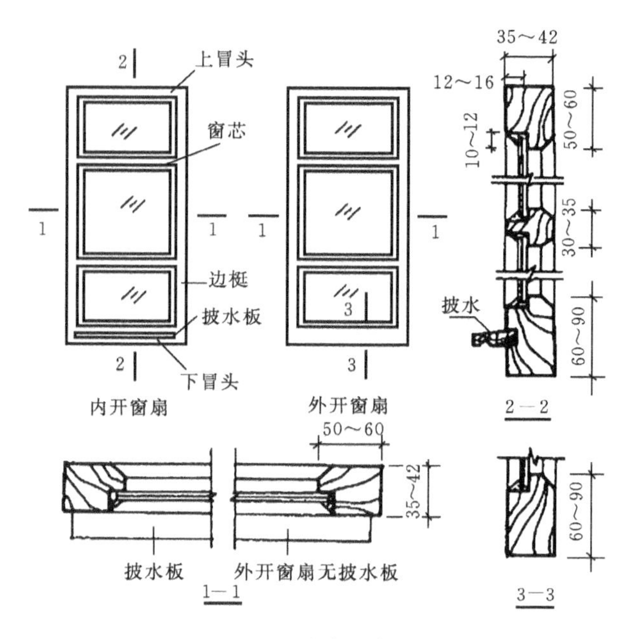

图 7.13　玻璃窗扇构造

设在外侧。用于玻璃窗的边梃及上冒头，断面厚×宽(35～40) mm×(50～60) mm，下冒头由于要承受窗扇重量，可适当加大(见图 7.13)。

2）窗扇玻璃

建筑用玻璃按其性能分为：普通平板玻璃、磨砂玻璃、压花玻璃、中空玻璃、钢化玻璃、夹层玻璃等。平板玻璃价格最便宜，在民用建筑中大量使用。磨砂玻璃或压花玻璃还可以遮挡视线。对其他几种玻璃，则多用于有特殊要求的建筑中。

玻璃的安装一般用油灰或木压条嵌固。为使玻璃牢固地装于窗扇上，应先用小钉将玻璃卡住，再用油灰嵌固。对于不会受雨水侵蚀的窗扇玻璃嵌固，也可用小木压条镶嵌(见图 7.14)。

图 7.14　窗扇玻璃固定

图 7.15　回风槽构造

4. 窗扇与窗框的关系

窗扇经常开、关，是渗漏风雨的主要部位。扇、框间缝隙的密闭做法除了在框上做深10～12 mm的铲口外，在铲口内可设回风槽，以减小风压和渗风量。也可以在扇框接触面处窗扇一侧做斜面，以保证扇、框外表面接口处缝隙最小(见图 7.15)。

5. 常用平开窗

1）外开窗

窗扇向室外开启，窗框裁口在外侧，窗扇开启时不占空间，不影响室内活动，利于家具布置，防水性较好。但擦窗及维修不便，开启扇常受日光、雨雪侵蚀。外开窗的窗扇与窗框关系如图

7.16 所示。为了利于防水，中横框常加做披水。

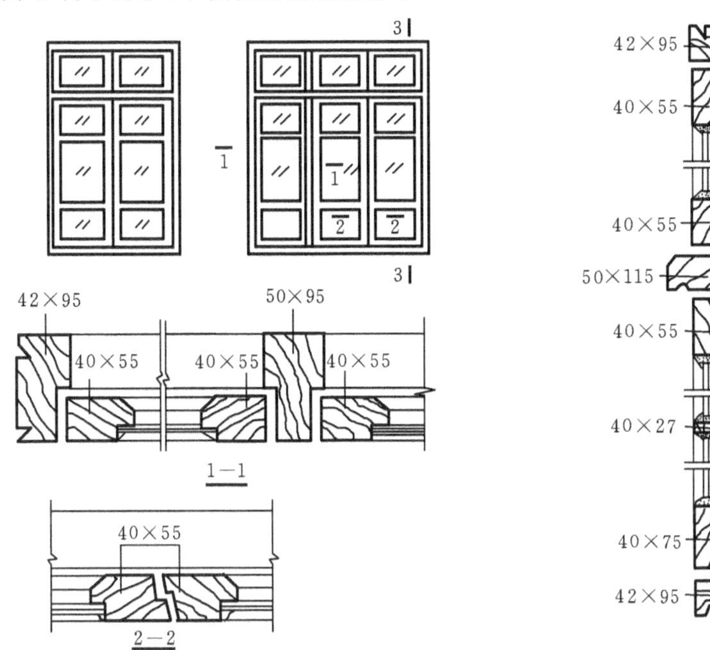

图 7.16　外开窗构造

2) 内开窗

窗框裁口在内侧，窗扇向室内开启。擦窗安全、方便，窗扇受气候影响小。但开启时占据室内空间，影响家具布置和使用，同时内开窗防水性差，因此需在窗扇的下冒头上作披水、窗框的下框设排水孔等特殊构造处理(见图 7.17)。

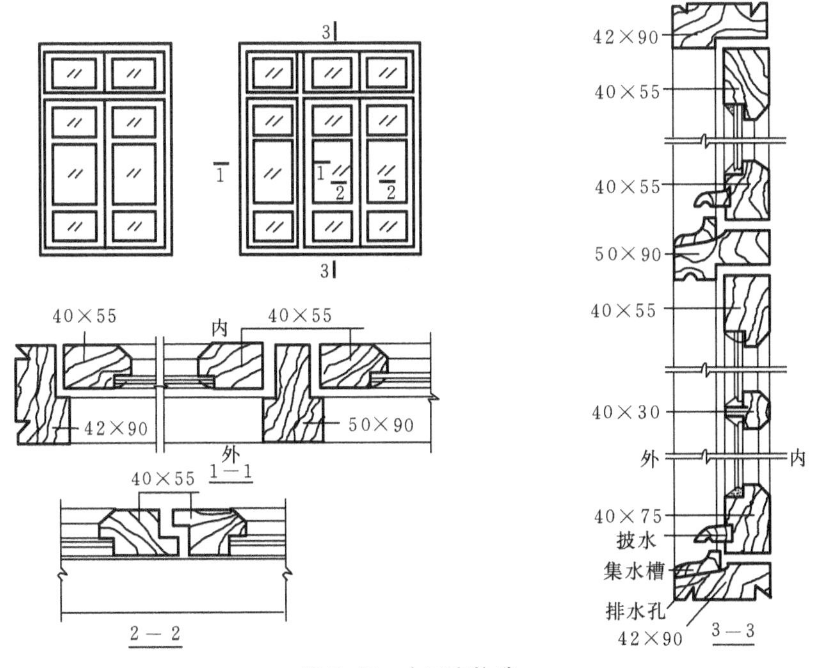

图 7.17　内开窗构造

3）内外开窗

单框内外双裁口，内外各一层窗扇，分别开向内外。内外扇形式、尺寸完全相同，构造简单（见图7.18(a)），也称为共樘式双层扇。

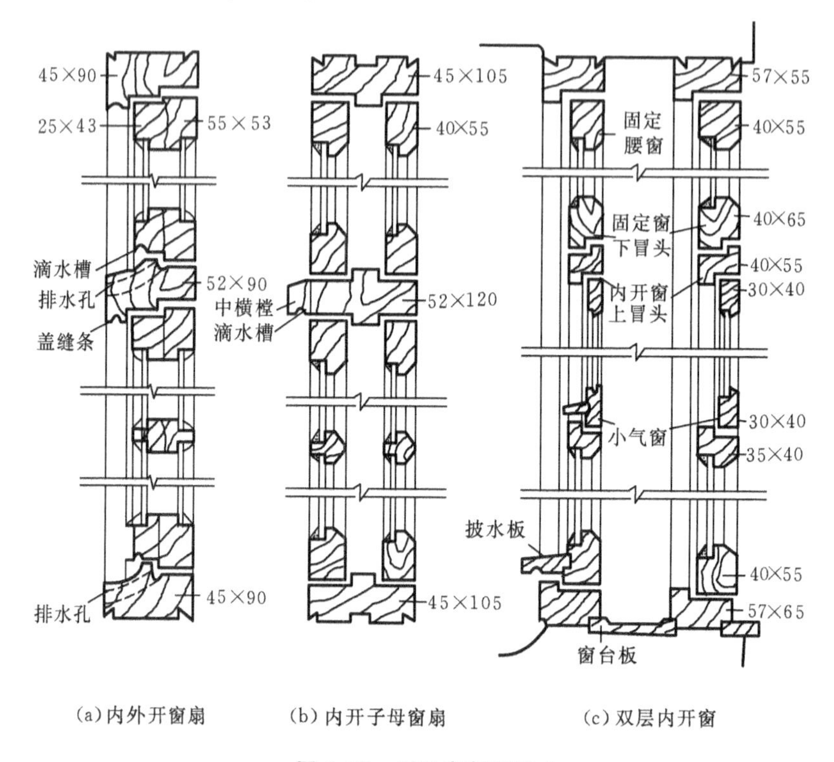

图7.18 双层窗断面形式

4）双层内开窗

双层内开窗通常有两种做法。一种是子母窗扇，由一个窗框装合在一起的两个窗扇，一般向内开，这种窗较内外开双层窗省料，透光面大（见图7.18(b)）。另一种是窗扇向室内开启，便于擦窗，通常是分开窗框，窗框断面可较小，两窗框间间距可调整（见图7.18(c)）。窗扇向室内开启，虽便于擦窗，但开启时会占据室内空间。

7.3 金属门窗构造

7.3.1 钢门窗

1. 钢门窗料型

钢门窗料型分为实腹式和空腹式两大类型。

1）实腹式

实腹钢门窗所用型材是由热轧生产的专用型钢，目前我国钢门窗采用的实腹型钢为25 mm、32 mm和40 mm三种规格（截面高度）。民用建筑用窗多用25 mm和32 mm的规格，民用建筑用门多用32 mm和40 mm的规格。

2）空腹式

空腹钢门窗是用低碳带钢，经冷轧、焊缝而成异型管状薄壁型材，壁厚为 1.2～2.5 mm。空腹式门窗用钢量比实腹式的约少 40%，体轻，但壁薄不耐锈蚀。气候干燥地区多用空腹式，沿海和高湿地区多用实腹式。空腹钢门窗成形后，内外表面须作防锈处理，以增强抗锈蚀能力。

目前我国空腹式钢门窗料型分京式和沪式两个系列，断面形式略有差别，图 7.19 所示为空腹式钢门窗料型与规格举例。

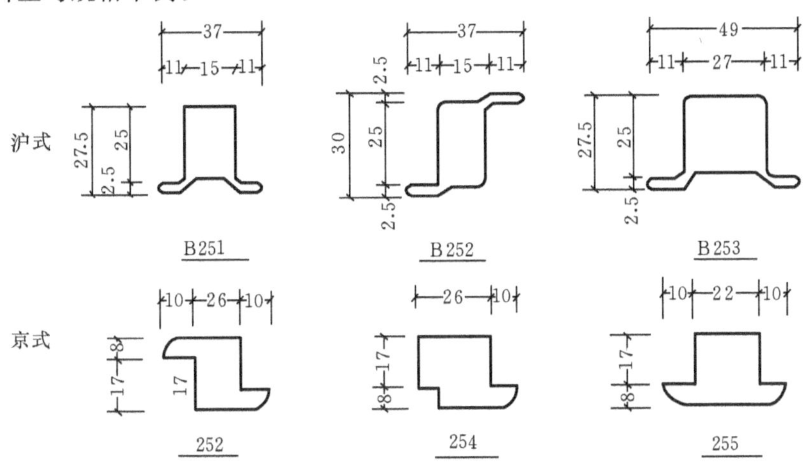

图 7.19　空腹式钢门窗料型与规格

2. 基本型钢门窗

为了使用、运输方便，通常将钢门窗在工厂制作成标准化的门窗单元。这些标准化的单元，即是组成一樘门或窗的最小基本单元。设计者可根据需要，直接选用基本型钢门窗，或用这些基本型钢门窗组合出所需大小和形式的门窗。

1）实腹式钢门窗

为不使基本钢门窗产生过大变形而影响使用，每扇窗的高宽不宜过大，一般高度不大于1 200 mm，宽度为 400～600 mm。为运输方便起见，每一基本窗单元的总高度不宜过大，通常总高度不大于2 100 mm，总宽度不大于1 800 mm。基本钢门的高度一般不超过2 400 mm。具体设计时应根据面积的大小、风荷载情况及允许挠度值等因素来选择窗的料型规格。基本窗的形式有平开式、上悬式、固定式、中悬式和百叶窗几种，门主要为平开门。

钢门窗的构造如图 7.20 所示。平开钢窗与木窗在构造上的不同之处是在两窗扇闭合处设有中竖框用做关闭窗扇时固定执手。

中悬钢窗的构造特点是框与扇以中转轴为界，上下两部分用料不同，在转轴处焊接而成，如图 7.20 中的 1—1、3—3 节点。

钢门一般分单扇门和双扇门，单扇门宽 900 mm，双扇门宽 1 500 mm 或1 800 mm，高度一般为2 100 mm或2 400 mm。钢门扇可以按需要做成半截玻璃门，下部为钢板上部为玻璃，也可以全部为钢板。钢板厚度为 1～2 mm。

2）空腹式钢门窗

空腹式钢门窗的形式和构造与实腹式钢门窗的相似，但窗料的刚度要大得多，窗扇尺寸可以加大。

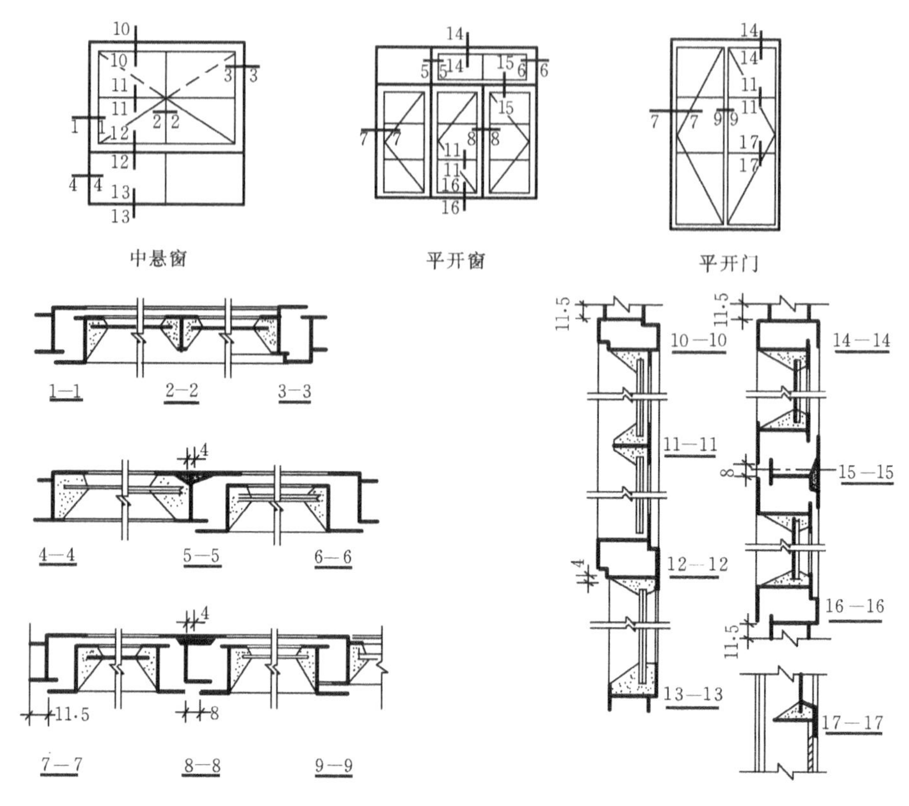

图 7.20　实腹式钢门窗构造

3. 钢门窗的安装

钢门窗的安装方法常采用塞框法，门窗框与洞口四周的连接方法主要有以下两种。

(1) 在洞口两侧预留孔洞，将钢门窗的燕尾形铁脚埋入洞中，用砂浆窝牢(见图 7.21(a))。

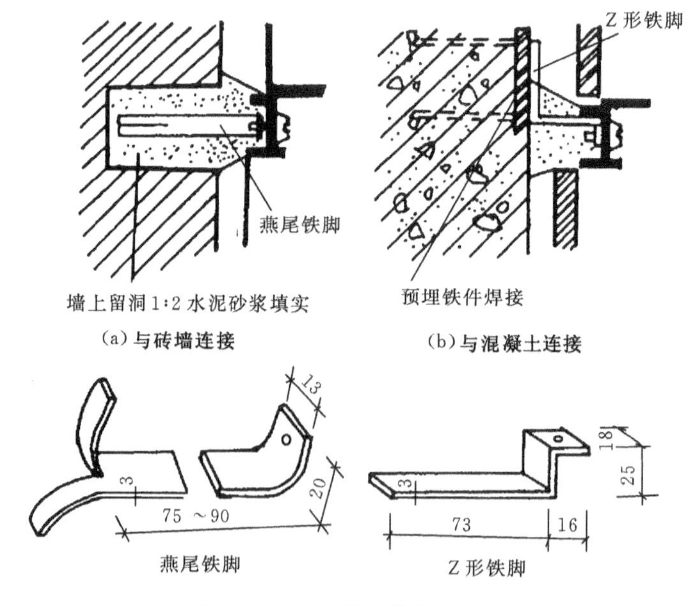

图 7.21　钢门窗与墙体的连接

(2) 在钢筋混凝土过梁或混凝土墙体内先预埋铁件，将钢窗的Z形铁脚焊在预埋钢板上(见图7.21(b))。钢门窗框的铁脚间距一般为500～700 mm，最外一个铁脚距框角180 mm。

4. 组合式钢门窗

当钢门窗的高、宽超过基本钢门窗尺寸时，就要用拼料将门窗进行组合。拼料起横梁与立柱的作用，承受门窗的水平荷载。拼料与基本门窗之间一般用螺栓或焊接相连。当钢门窗很大时，特别是水平方向很长时，为避免大的伸缩变形引起门窗损坏，必须预留伸缩缝，一般是把两根角钢用螺栓组成拼件，角钢上穿螺栓的孔为椭圆形，使螺栓有伸缩余地。拼料与墙洞口的连接一定要牢固。当与砖墙连接时，采用预留孔洞，用细石混凝土锚固。与钢筋混凝土柱和梁的连接，采用预埋铁件焊接。

普通钢门窗，特别是空腹式钢门窗易锈蚀，需经常进行表面油漆维护。为了节能，尽量少采用钢门窗。

7.3.2 铝合金门窗

1. 铝合金门窗料型

铝合金门窗料型是以铝合金门窗框的厚度构造尺寸来区别各种铝合金门窗的称谓，如平开门门框厚度构造尺寸为宽50 mm，即称为50系列铝合金平开门，如推拉窗窗框厚度构造尺寸为宽90 mm，即称为90系列铝合金推拉窗等。实际工程中，通常根据不同地区、不同性质的建筑物的使用要求选用相应的门窗框。

2. 铝合金门窗的安装

铝合金门窗是表面处理过的铝材经下料、打孔、铣槽、攻丝等加工，制作成门窗框料的构件，然后与连接件、密封件、开闭五金件一起组合装配成门窗(见图7.22)。

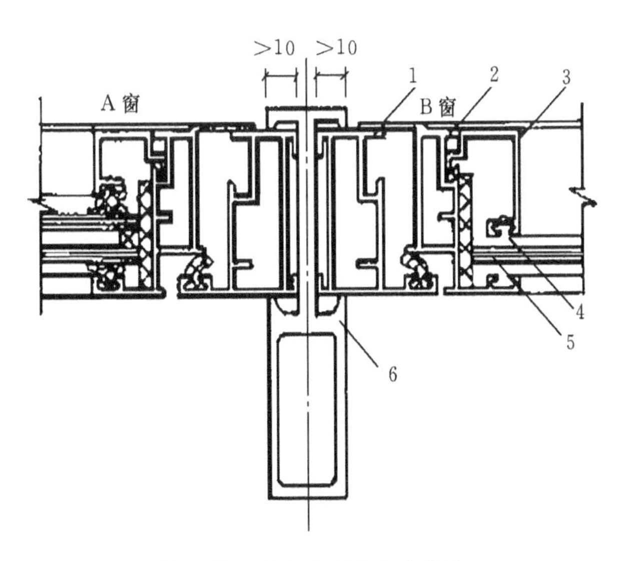

图7.22 铝合金门窗组合方法

1—外框；2—内扇；3—压条；4—橡胶条；5—玻璃；6—组合杆件

门窗安装时，将门、窗框在抹灰前立于门窗洞处，与墙内预埋件对正，然后用木楔将三边固

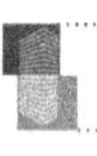

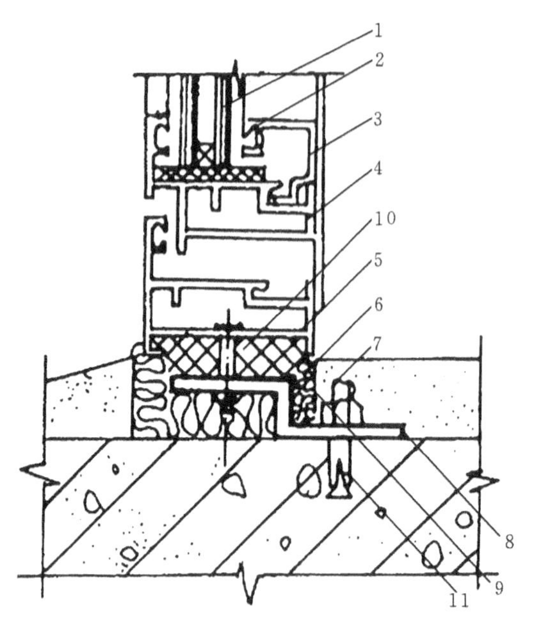

图 7.23　铝合金门窗安装节点

1—玻璃；2—橡胶条；3—压条；4—内扇；5—外框；
6—密封膏；7—砂浆；8—地脚；9—软填料；
10—塑料垫；11—膨胀螺栓

定。经检验确定门、窗框水平、垂直、无翘曲后，用连接件将铝合金框固定在墙（柱、梁）上，连接件固定可采用焊接、膨胀螺栓或射钉等方法。

门窗框固定好后与门窗洞四周的缝隙，一般采用软质保温材料填塞，如泡沫塑料条、泡沫聚氨酯条、矿棉毡条和玻璃丝毡条等，分层填实，外表留5～8 mm深的槽口用密封膏密封（见图7.23）。这种做法主要是为了防止门、窗框四周形成冷热交换区产生结露，影响防寒、防风的正常功能和墙体的寿命，影响建筑物的隔声、保温等功能。同时，避免了门窗框直接与混凝土、水泥砂浆接触，消除了碱对门窗框的腐蚀。

7.3.3　塑钢门窗

塑钢门窗的异型材是中空的，各接缝紧密且装有弹性密缝。塑钢窗常采用固定窗、平开窗、推拉窗和上悬窗（见图 7.24）。其中推拉窗的构造如图 7.25 所示，图 7.26 所示为塑钢窗框与墙体的连接方式。

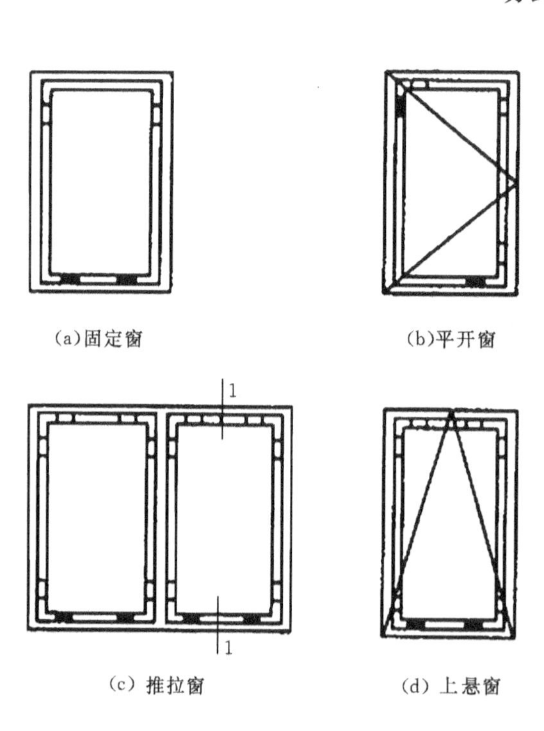

图 7.24　常用塑钢窗

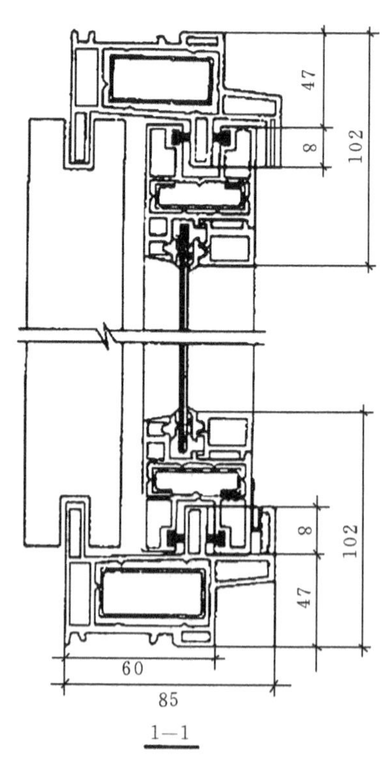

图 7.25　塑钢推拉窗构造

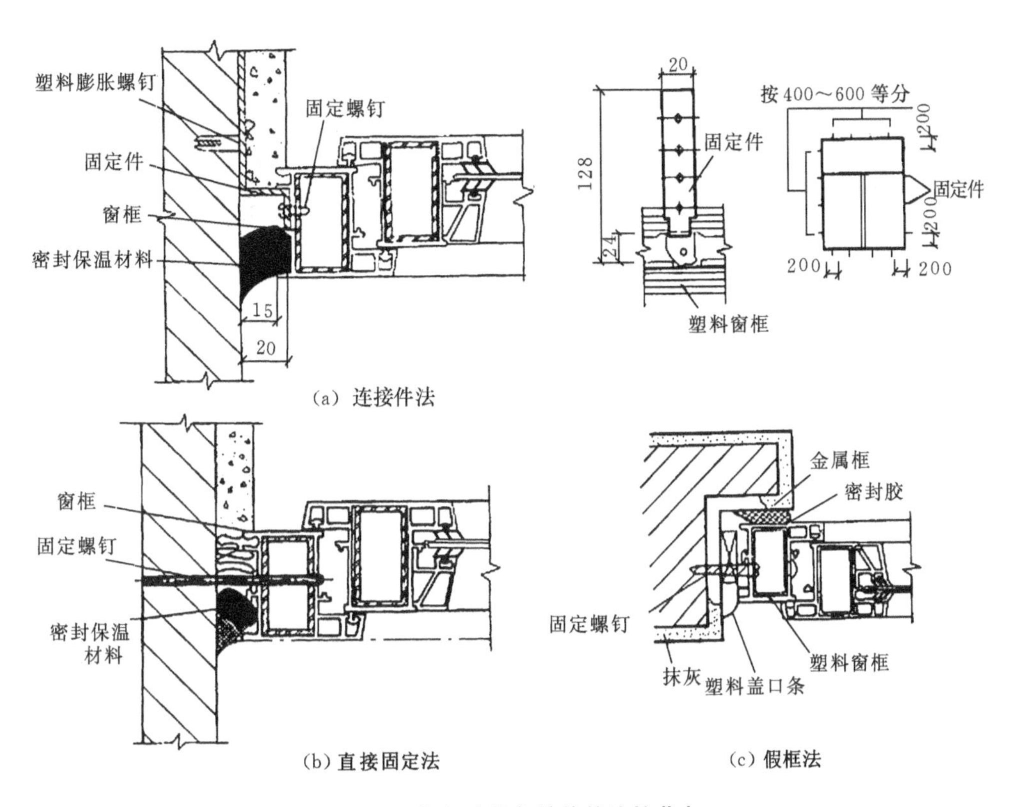

(a) 连接件法

(b) 直接固定法　　(c) 假框法

图7.26　塑钢窗框与墙体的连接节点

7.4　遮阳构造

7.4.1　遮阳的作用

炎热地区的夏天，阳光直射室内容易产生眩光，且使室内温度升高，影响室内的正常生活和工作。所以人们长时间停留的房间应采取遮阳措施。

遮阳对建筑物立面的造型影响极大，对遮阳加以美化处理也是炎热地区美化建筑形象的措施之一。遮阳分有绿化遮阳、简单活动遮阳和构造遮阳。

绿化遮阳是利用房前树木和攀缘植物覆盖墙面形成的阴影区，遮挡窗前射来的阳光。绿化遮阳要求与建筑设计配合完成，是房屋竖向绿化设计的一部分，但不属于建筑构配件(见图7.27)。

(a) 垂直式

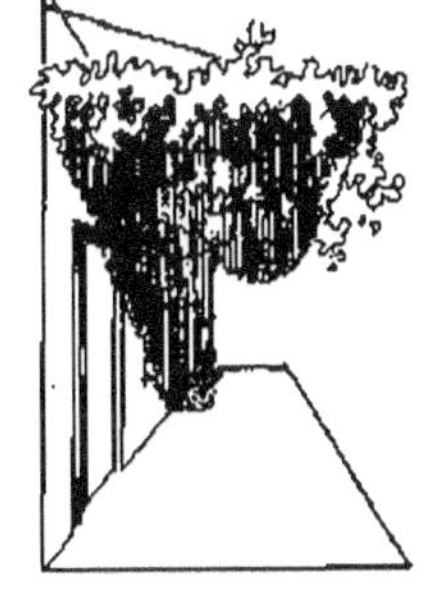

(b) 水平式

图7.27　绿化遮阳

简单活动遮阳用竹、木、苇席等制作，特点是经济、灵活、可拆卸，对房屋的通风采光有利，但耐久性差(见图 7.28)。

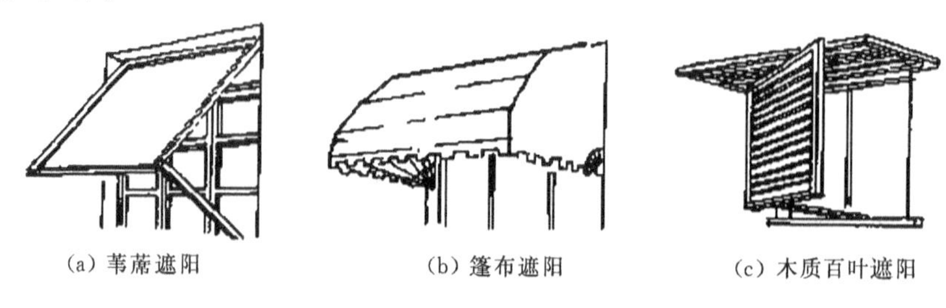

图 7.28　简单活动遮阳

构造遮阳是加设专用的构、配件或调整原有建筑物构配件的位置和状态,从而取得遮阳效果。

建筑遮阳时应综合考虑和解决遮阳、通风、隔热和采光等各种需要。

7.4.2　窗遮阳板的基本形式

窗遮阳板的主要形式有水平式、垂直式、混合式和挡板式,可以做成活动的或固定的。活动式的使用灵活,但构造复杂,成本高;固定式的坚固耐久,采用较多。图 7.29 所示为几种遮阳板的形式。

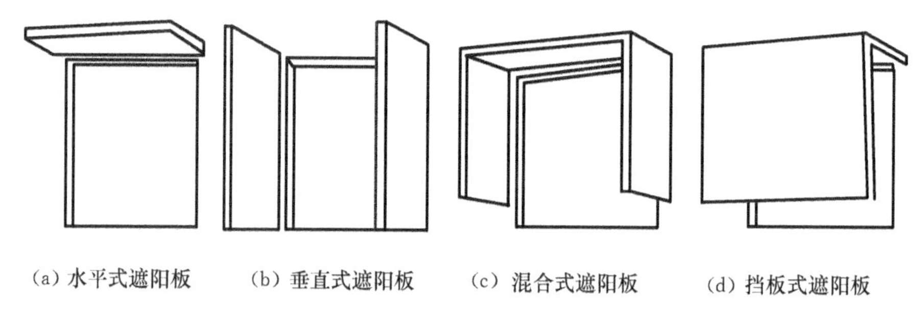

图 7.29　遮阳板的形式

1. 水平式遮阳板

水平式遮阳板主要遮挡高度角较大的阳光,适用于南向。固定式水平遮阳板可以是实心板、栅形板、百叶板,设于窗的上侧(见图 7.29(a))。水平板有单层板和双层板。双层水平板可以缩小板的挑出长度。水平状态的栅形板、百叶板和离墙的实心板有利于室内通风和外墙面的散热。实心板多为钢筋混凝土预制件,现场安装,也可以做成钢板、丝、网水泥砂浆轻型板。栅形板和百叶板可为钢板、型钢、铝合板型材等,现场装配。

2. 垂直式遮阳板

垂直式遮阳板用于遮挡太阳高度角较小,从两侧斜射的阳光,适用于东向和西向。根据光线的来向和具体处理的不同,垂直遮阳板可以是垂直于墙面,也可倾斜于墙面。垂直式遮阳板所用材料和板型,基本上与水平式的相似(见图 7.29(b))。

3. 混合式遮阳板

混合式遮阳板是兼顾窗口上方和左右方斜射阳光的遮挡。适用于南向、南偏东、南偏西等朝向,及以北回归线以南低纬度地区的北向窗口(见图 7.29(c))。

4. 挡板式遮阳板

挡板式遮阳板如同离开窗口外表面一定距离的垂直挂帘,可以是格式挡板、板式挡板或百叶式挡板。主要适用于东、西向,太阳高度角较低,正射窗口的阳光。这样有利于通风,但影响视线(见图 7.29(d))。

7.4.3 遮阳板的构造处理

(1) 水平遮阳板由于阳光照射板面后产生辐射热影响室内,可将遮阳板底比窗上口提高约 200 mm,这样当风吹入室内时,还可减少被遮阳板加热的空气进入室内(见图 7.30(a))。

(2) 为了减轻水平遮阳板的重量和使热量随气流上升散发,可做成空格式百叶板,百叶板格片与太阳光线垂直(见图 7.30(b))。

(3) 实心水平遮阳板与墙面交接处需注意防水处理,以免雨水渗入墙内(见图 7.30(c))。

(4) 当设置多层悬出式水平遮阳板时,需注意留出窗扇开启时所占空间,以免影响窗户开启(见图 7.30(d)、(e))。

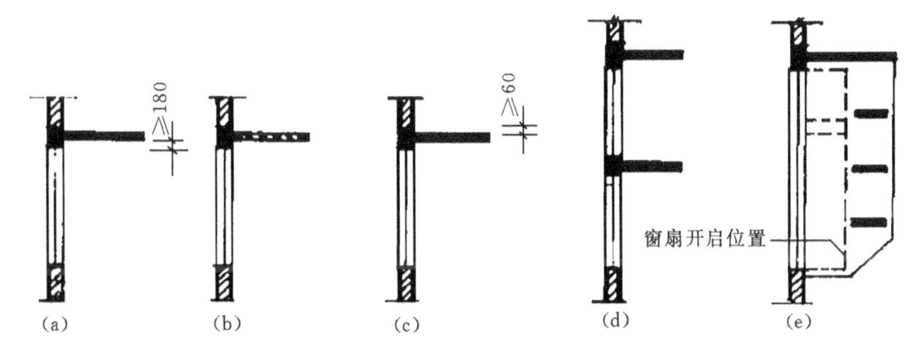

图 7.30 遮阳板的构造处理

小结

1. 建筑中常见的门窗有木门窗、钢门窗、铝合金门窗及塑料门窗等类型。

2. 门按其开启方式通常有平开门、弹簧门、推拉门、折叠门、转门等,平开门是最常见的门,门洞的高宽尺寸应符合现行《建筑模数协调统一标准》。

3. 平开门由门框、门扇等组成。木门扇有镶板门和夹板门两种构造,拼板门、推拉门和卷帘门多用于单层工业厂房;平开窗是由窗框、窗扇、五金及附件组成。通常采用平开窗。

4. 窗的开启方式有平开窗、固定窗、悬窗、推拉窗等,窗洞尺寸通常采用 3M 数列作为标志尺寸。

5. 钢门窗分为实腹式和空腹式两种,其中实腹式钢门窗抗腐性优于空腹式。为便于使用、运输,钢门窗在工厂中制作成基本门窗单元,需要时用拼料组合成较大尺度的门窗。

6. 铝合金门窗和塑钢门窗以其优良的性能,得到了广泛运用。

7. 特殊门窗的构造要点及使用范围。

8. 夏季炎热地区,窗口常有一定的遮阳措施,常用的遮阳板的形式有水平式、垂直式、综合式和挡板式四种基本类型，应重点了解常见遮阳板的构造处理。

1. 简述门和窗的作用和要求。

2. 简述木门的组成，门框和门扇的组成。

3. 画图理解门框和门扇的断面形状。

4. 简述木窗的组成，窗框和窗扇的组成。

5. 确定窗的尺寸应考虑哪些因素？

6. 窗框在窗洞口中的位置怎样确定，并加以比较。阐述窗框的固定方法，并举出常用的几种窗框断面形状。

7. 平开木窗扇的横竖两剖面的形式是怎样的？玻璃为什么镶在窗的外侧？

8. 简述内外开窗、双内开窗的优缺点及构造特点。

9. 简述钢门窗的优缺点，空腹钢窗与实腹钢窗的区别及优缺点。

10. 简述钢门窗的安装和固定方法，什么是钢窗的组合？怎样组合？

11. 铝合金门窗的特点是什么？各种铝合金门窗料型的称谓是如何确定的？

12. 遮阳板的作用是什么？窗遮阳板的基本形式有哪些？各自的特点和用途是什么？

13. 绘图题：已知一玻一纱的木窗立面如图7.31所示，试绘制节点①、②、③、④、⑤、⑥的详图。

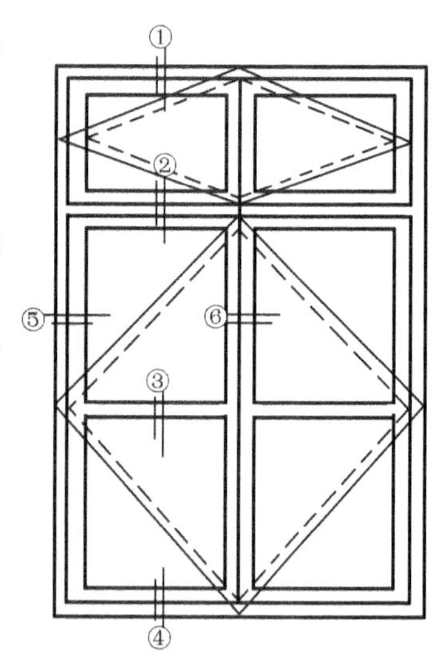

图7.31

第8章 建筑抗震与变形缝

学习目标与要求

1. 了解建筑抗震的有关概念，熟悉抗震设计的一般原则，掌握抗震的构造措施。
2. 了解变形缝的概念，熟悉变形缝的类型、作用、设置原则。
3. 熟练掌握各种位置变形缝的构造处理方法。

8.1 建筑抗震

8.1.1 地震有关概念

(1) 地震：地壳在运动过程中，其薄弱部位岩层发生断裂和错动，释放出巨大能量使地壳发生运动，运动传到地面，则表现为地震。地震分为构造地震、火山地震、陷落地震三种，90%以上为构造地震。

(2) 地震震级：表示一次地震释放能量的大小，一次地震只有一个震级。7级为强烈地震，8级为特大地震。

(3) 地震烈度：指一定地点的地面和房屋，震动强弱的程度。按照人的感觉、房屋遭受破坏的程度、其他现象及一些物理指标，我国将地震烈度分为12度，详见表8.1。

表8.1 中国地震烈度表(1980年)

烈度	人的感觉	一般房屋		其他现象	参考物理指标	
		大多数房屋震害程度	平均震害指数		峰值加速度/(mm/s²)(水平向)	峰值速度/(mm/s)(水平向)
Ⅰ	无感	—	—	—	—	—
Ⅱ	室内个别静止中的人感觉	—	—	—	—	—
Ⅲ	室内少数静止中的人感觉	门、窗轻微作响	—	悬挂物微动	—	—
Ⅳ	室内多数人感觉；室外少数人感觉；少数人梦中惊醒	门、窗作响	—	悬挂物明显摆动，器皿作响	—	—
Ⅴ	室内普遍感觉；室外多数人感觉；多数人梦中惊醒	门窗、屋顶、屋架颤动作响，灰土掉落，抹灰出现微细裂缝	—	不稳定器物翻倒	310(220～440)	30(20～40)

续表

烈度	人的感觉	一般房屋		其他现象	参考物理指标	
		大多数房屋震害程度	平均震害指数		加速度/(mm/s²)（水平向）	速度/(mm/s)（水平向）
Ⅵ	多数人站立不稳，少数人仓皇逃出	损坏——个别砖瓦掉落、墙体微细裂	0～0.1	河岸和松软土上出现裂缝，饱和砂层出现喷砂冒水。地面上有的砖烟囱轻度裂缝、掉头	630（450～890）	60（50～90）
Ⅶ	大多数人仓皇逃出	轻度破坏——局部破坏、开裂，但不妨碍使用	0.11～0.30	河岸出现塌方，饱和砂层常见喷砂冒水。松软土上裂缝较多。大多数砖烟囱中等破坏	1 250（900～1 770）	130（100～180）
Ⅷ	多数人摇晃颠簸，行走困难	中等破坏——结构受损，需要修理	0.31～0.50	干硬土上也有裂缝。大多数砖烟囱严重破坏	2 500（1 780～3 530）	250（190～350）
Ⅸ	坐立不稳；行动的人可能摔跤	严重破坏——墙体龟裂，局部倒塌，修复困难	0.51～0.70	干硬土上有许多地方出现裂缝，基岩上可能出现裂缝。滑坡、塌方常见。砖烟囱出现倒塌	5 000（3 540～7 070）	500（360～710）
Ⅹ	骑自行车的人会摔倒；处于不稳定状态的人会摔出几尺远；有抛起感	倒塌——大部倒塌，不堪修复	0.71～0.90	山崩和地震断裂出现。基岩上的拱桥破坏。大多数砖烟囱从根部破坏或倒毁	10 000（7 080～14 140）	1000（720～1 410）
Ⅺ	—	毁灭	0.91～1.00	地震断裂延续很长。山崩常见。基岩上拱桥毁坏	—	—
Ⅻ	—	—	—	地面剧烈变化，山河改观	—	—

注：① Ⅰ～Ⅴ度以地面上人的感觉为主；Ⅵ～Ⅴ度以房屋震害为主，人的感觉仅供参考；Ⅺ、Ⅻ度以地表现象为主；Ⅺ、Ⅻ度的评定，需要专门研究。

② 一般房屋包括用木构架和土、石、砖墙构造的旧式房屋和单层或数层的、未经抗震设计的新式砖房。对于质量特别差或特别好的房屋，可根据具体情况，对表中所列各烈度的震害程度和震害指数予以提高或降低。

③ 震害指数以房屋“完好”为0，“毁灭”为1，中间按表列震害程度分级。平均震害指数所指有房屋的震害指数的总平均值而言，可以用普查或抽查方法确定之。

④ 烟囱指工业或取暖用的锅炉烟囱。

⑤ 表中数量词的说明：个别是指10%以下；少数是指10%～15%；多数是指50%～70%；大多数是指70%～90%；普遍是指90%以上。

地震烈度又分为基本烈度、设计烈度和抗震设防烈度。

(1) 基本烈度是指该地区在今后一定时期（设计基准期50年）内，在一般场地条件下可能遭遇到的最大地震烈度。部分城市基本烈度值的规定如下。

7度地区：长春、沈阳、大连、烟台、石家庄、南京、合肥、厦门、广州、成都、昆明、乌鲁木齐等。

8度地区：北京、天津、太原、呼和浩特、西安、银川、汕头、海口等。

9度地区：临汾、西昌等。

(2) 设计烈度是根据房屋的重要性，设计建筑物时采用的烈度。

甲类——特别重要的建筑物，设计烈度按专门研究的规定采用。

乙类——重要建筑物，按本地区基本烈度提高一度设计。

丙类——一般民用与工业建筑物，按设计烈度等于基本烈度设计。

丁类——次要建筑物，按本地区的基本烈度进行抗震验算，但构造措施按降低一度考虑。

(3) 抗震设防烈度是指按国家批准权限审定，作为一个地区抗震设防依据的地震烈度。《建筑抗震设计规范》规定，6～9 度的地区应按该规范规定的要求进行抗震设计，即为设防地区；6 度以下地区不需按抗震要求设计建筑物；9 度以上地区，因缺乏地震资料与数据，未列入抗震规范，还需按专门的补充规定进行设计。

所谓设防，是因为地震作用达到一定的程度，房屋会遭受破坏。为了防止地震作用的危害，使建筑物"小震不坏，中震可修，大震不倒"，就需要对建筑按地震作用进行计算，并采取一系列加强措施，以防止和抵抗地震作用造成的破坏。

8.1.2 地震作用

地震作用实质是地震时产生在建筑物上的惯性力。采用墙承重的多层民用建筑，因砌筑材料为脆性材料，抗剪抗拉性能差，易于产生墙体的破坏，尤其有地裂、砂土液化和滑坡地段，震害就更为严重。建筑物的竖向承重结构，如墙和柱，比水平方向的承重结构在抗震中更为重要。竖向承重结构的破坏会导致水平承重结构的破坏，这种现象非常普遍。

地震的震害特点如下。

(1) 体型复杂的房屋震害重，体型简单、平面规整者震害轻。

(2) 纵墙承重的房屋震害重，横墙承重的结构震害轻。横墙多的震害轻，横墙少的震害重。

(3) 房屋两端头震害重，中间部位震害轻。转角及凸出部位震害重。

(4) 房屋高时震害重，房屋低时震害轻。

(5) 屋顶重时震害重，屋顶轻时震害轻。

(6) 预制楼盖房屋震害重，现浇楼盖的震害轻。

(7) 设有圈梁的房屋震害轻，未设的震害重。

(8) 钢筋混凝土结构，如框架、框架—剪力墙结构较砖混结构震害轻。

(9) 楼梯间设在房屋中部震害轻，设在端部震害重。楼梯间墙体顶层震害重，底层、中间层震害轻。

(10) 屋面凸出物震害重。

8.1.3 抗震设计的一般原则

1. 选择对抗震有利的场地和地基

选择平地或平缓坡地，避开陡坡、深沟、狭谷地带、断层或断层交汇地带；选择岩石和密实均匀坚实的土层作地基，避免在含水量大的沙层、淤泥层、松软人工填土等地段上建房屋。

2. 建筑体形简单，刚度和质量分布均匀

建筑平面形式应力求简单规整，避免凸出凹进。各部分的刚度、质量要均匀，结构布置要连续和均匀对称，使纵横向都具有足够的刚度。若建筑物各部分刚度不均匀，会引起地震时的振幅大小不同，自振周期长短各异，而产生不协调运动和扭转，导致墙体破坏。当建筑平面有凸出部分时，其凸出长度不宜太大(见图 8.1)，否则应设防震缝将建筑物分成体型简单的独立单元。同理，对于复杂的平面形式，也应用防震缝分为若干个简单的几何形体。

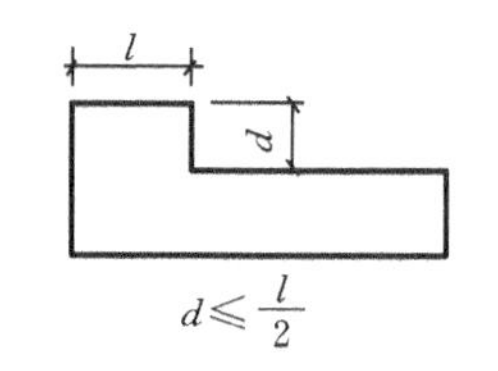

图 8.1　平面凸出长度限值

楼梯间不宜设在端开间和房屋转角处。楼梯间由于缺少楼板作为墙体的横向支撑，且楼梯间墙到顶层时高度为一层半高，因此，整个楼梯间墙体比较薄弱，从而在地震时容易破坏。

立面体型也应力求简单，尽量减少局部突出部件。立面体型复杂，屋面局部突出，其地震反应要比平面不规整的更为敏感。

3. 保证结构整体性，连接可靠，并且具有延性

加强建筑物的整体性，可提高房屋的空间刚度，在水平地震力作用下，房屋各部分的自振周期可协调一致，从而明显的提高建筑物的抗震能力。提高建筑结构及其节点适应变形的能力——延性，可使房屋在较大的变形情况下不致倾倒。

4. 选择经济合理的抗震结构方案

结构方案的选择，实质是结构延性的选择，刚度均匀、整体性好的结构方案，对提高建筑物抗震能力是非常有利的。结构方案是根据建筑物的高度、使用性质和技术经济的合理性进行选择的。不同的建筑结构方案，由于其抵抗地震力的能力也各不相同，因此在抗震设计规范中，对多层砖房、底层框架和多层内框架房屋的高度及结构布置，均作了较严格的限制。

5. 减轻建筑物自重，降低其重心高度

质量越大，在地震时，由于地面运动所产生的惯性力也大，也最容易引起震害。重心位置比较高的建筑物，由于其振幅较大，更易引起震害。

6. 尽量避免选用地震时易倒、易脱落的构件

女儿墙、挑檐、高门脸等构件，地震时易倒、易脱落，特别容易造成次生灾害或危及其他结构构件。从立面造型等因素出发，确实需要设置时，应加强其连接强度，使其震而不倒、不掉。

8.1.4　抗震构造措施

设置抗震构造实际是经验的总结，经震害调查表明，凡是在高烈度区保存下来的建筑物，除场地岩土、建筑物的结构布置和施工质量比较符合抗震要求外，这些建筑物的抗震构造措施也起了重要作用，所以设计中必须予以足够的重视。

1. 建筑平面力求规整

在建筑设计中往往因为功能及体型美观的要求，必须将平面做成不规整平面，这时应设防震缝将建筑物分成几个体型简单、平面规整、结构体系单一的几部分，即化不规则为规则。

防震缝的设置条件及构造详见 8.2 节。

2. 设置钢筋混凝土构造柱

构造柱可以加强纵横墙的连接，提高墙体抗变形能力，约束墙体裂缝开展，防止发生墙倒屋塌，构造柱设置要求详见 3.2 节。

3. 设置圈梁

圈梁可以增加纵横墙的连接，提高楼板和屋盖的刚度，增强墙体的稳定性，提高其抗剪能力，约束墙面裂缝的开展，抵抗由于地震或其他因素引起的地基不均匀沉降对建筑物的破坏作用。圈梁设置要求详见 3.2 节。

4. 加强房屋的整体性

多层砖房抗震性能差的原因之一是其整体性差，为加强墙体的刚度、稳定性和整体性，纵横

墙间距要适当，房间的平面尺寸不宜过大，同时还应该注意以下几个问题。

(1) 加强纵横墙间的连接，即咬搓，并在墙转角处加拉接钢筋(见图 8.2)。

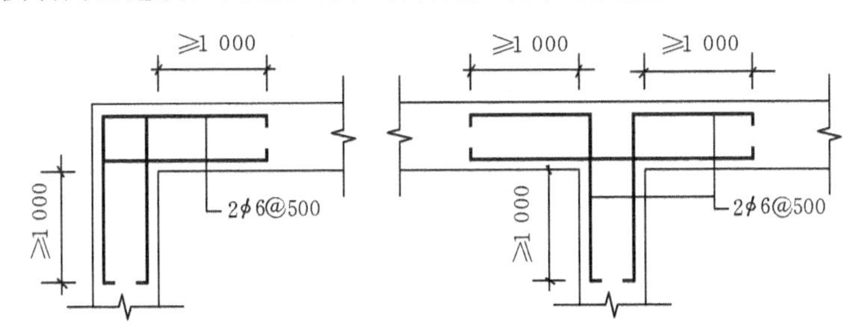

图 8.2　墙体交接处的拉接钢筋

(2) 加强楼板与墙体之间的连接(见图 8.3)。

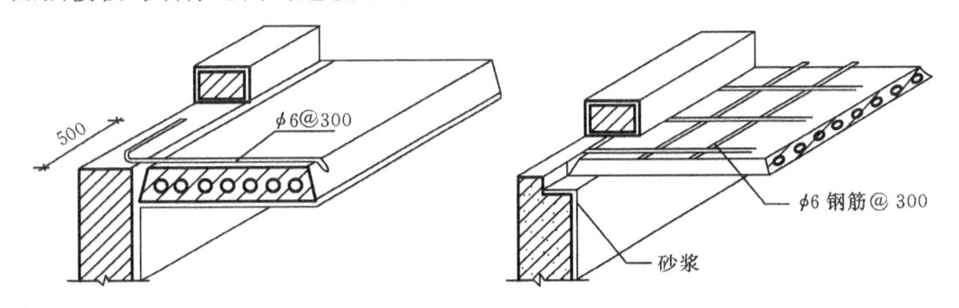

图 8.3　楼板与墙体之间的连接

(3) 加强楼板与楼板之间的连接。板缝留得宽些，在板缝中间加拉接钢筋并浇筑混凝土(见图 8.4)。

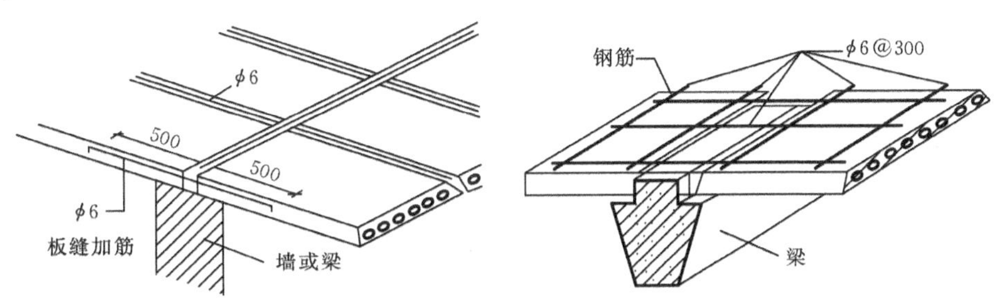

图 8.4　楼板与楼板之间的连接

5. 限制房屋总高度和层数

砖混结构房屋总高度和层数应以表 8.2 为准。

表 8.2　房屋总高度和层数限值　　单位：m

砌体类别	最小墙厚/mm	烈度							
		6		7		8		9	
		高度	层数	高度	层数	高度	层数	高度	层数
黏土砖	240	24	八	21	七	18	六	12	四
混凝土小砌块	190	21	七	18	六	15	五	—	—
混凝土中砌块	200	18	六	16	五	9	三	—	—
粉煤灰中砌块	240	18	六	15	五	9	三	—	—

表 8.2 中的层高，黏土砖不宜超过 4 m，各种砌块不宜超过 3.6 m。

6. 限制建筑体型高宽比

限制体型高宽比可以减少过大的侧移、保证建筑物的稳定。砖混结构房屋总高度与总宽度的最大比值，应符合表 8.3 中的有关规定。

从表 8.3 中可以看出，若在 8 度设防区建造高度为 18 m 的砌体结构房屋，其宽度应不小于 9 m。

表 8.3　房屋最大高宽比

烈　度	6	7	8	9
最大高宽比	2.5	2.5	2.0	1.5

7. 限制横墙最大间距

砌体结构横墙最大间距不应超过表 8.4 的规定。

表 8.4　横墙最大间距　　单位：m

楼盖或屋盖类别	黏土砖房屋				中砌块房屋			小砌块房屋		
	6 度	7 度	8 度	9 度	6 度	7 度	8 度	6 度	7 度	8 度
现浇和装配式钢筋混凝土	18	18	15	11	13	13	10	15	15	11
装配式钢筋混凝土	15	15	11	7	10	10	7	11	11	7
木	11	11	7	4	—	—	—	—	—	—

8. 处理好细部构造

(1) 悬挑构件挑出长度不宜过长，其限值见表 8.5。当女儿墙高度超过表 8.4 允许高度时应采取锚固措施(见图 8.5)。

表 8.5　悬挑构件挑出尺寸限值　　单位：m

构 件 类 别	6 度	7 度	8 度	9 度	附　注
无锚固女儿墙最大高度	0.5	0.5	0.5	—	出入口上面的女儿墙有的应锚固
有锚固预制钢筋混凝土挑檐	0.8	0.8	0.8	0.4	
阳台、雨篷挑出墙面	1.5	1.5	1.5	1.0	

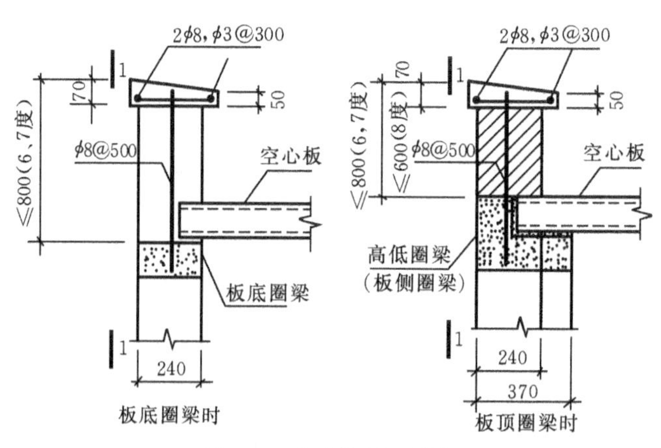

图 8.5　女儿墙锚固措施

(2) 洞口对墙体削弱较大,窗间墙不宜过窄,应等宽布置,其限值如表8.6所示。如设计中,外墙尽端至门窗洞边的最小距离不满足表8.5要求时,可采用加构造柱或增加横向配筋措施,此时可适当放宽限制。

表8.6　房屋局部尺寸限值　　单位:m

部　位	6度	7度	8度	9度
承重窗间墙最小宽度	1.0	1.0	1.2	1.5
承重外墙尽端至门窗洞边的最小距离	1.0	1.0	1.5	2.0
非承重外墙尽端至门窗洞边的最小距离	1.0	1.0	1.0	1.0
内墙阳角至门窗洞边的最小距离	1.0	1.0	1.5	2.0

以上的构造措施是以砖混结构为例的,如对框架结构往往采取强梁弱柱、强剪弱弯、强节点弱构件使框架适应抗震的要求。

8.2　变形缝构造

8.2.1　变形缝的作用、类型及要求

变形缝是建筑中的一种防变形的措施。建筑物由于受温度变化、地基不均匀沉降以及地震的影响,结构内将产生附加的变形和应力,如不采取措施或措施不当,会使建筑物产生裂缝,甚至倒塌,影响使用与安全。为避免这种状态的发生,解决方法有两种:一是通过加强建筑物的整体性,使其具有足够的强度与刚度,以遏止这种破坏;二是在变形敏感部位将结构断开、预留缝隙,使建筑物各部分能自由变形、不受约束,即以退让的方式避免破坏。后一种措施比较经济,常被采用,但在构造上必须对缝隙加以处理,满足使用和美观要求,这种将建筑物垂直分割开来的预留缝隙称为变形缝。

变形缝按其功能分三种类型,即伸缩缝、沉降缝和防震缝。

1. 伸缩缝

建筑物处于温度变化之中,其形状和尺寸会因热胀冷缩而发生变化。当建筑物长度超过一定限度时,会因变形大而开裂,为避免这种现象,可在建筑物长度方向每隔一定距离预留缝隙,将建筑物断开。这种为适应温度变化而设置的缝隙称为伸缩缝,也称温度缝。

伸缩缝要求将建筑物的墙体、楼层、屋顶等地面以上构件全部断开,基础因受温度变化影响较小,可不必断开。

伸缩缝的设置间距与结构所用的材料、结构类型、施工方式、建筑所处位置和环境有关。砌体建筑和钢筋混凝土结构建筑中伸缩缝最大间距见表8.7及表8.8的有关规定。

2. 沉降缝

沉降缝是为了预防建筑物各部分由于不均匀沉降引起的破坏而设置的变形缝,凡属下列情况应考虑设置沉降缝。

(1) 同一建筑物两相邻部分的高度相差较大、荷载相差悬殊或结构形式不同时,如图8.6(a)所示。

表 8.7　砌体建筑伸缩缝的最大间距

砌体类型	屋顶或楼层结构类别		间距/m
各种砌体	整体式或装配整体式钢筋混凝土结构	有保温层或隔热层的屋顶、楼层	50
		无保温层或隔热层的屋顶	40
	装配式无檩体系钢筋混凝土结构	有保温层或隔热层的屋顶、楼层	60
		无保温层或隔热层的屋顶	50
	装配式有檩体系钢筋混凝土结构	有保温层或隔热层的屋顶、楼层	75
		无保温层或隔热层的屋顶	60
黏土砖、空心砖砌体	黏土瓦或石棉水泥瓦屋顶、木屋顶或楼层、砖石屋顶或楼层		100
石砌体			80
硅酸盐块砌体和混凝土块砌体			75

注：① 层高大于5 m的砌体结构单层建筑，其伸缩缝间距可按表中数值乘以1.3，但当墙体采用硅酸盐砌块和混凝土砌块砌筑时，不得大于75 m；

② 温度变化较大且频繁地区和严寒地区不采暖的建筑物墙体伸缩缝的最大间距，应按表中数值予以适当减小。

表 8.8　钢筋混凝土结构伸缩缝最大间距

结构类别		室内或土中/m	露天/m
排架结构	装配式	100	70
框架结构	装配式	75	50
	现浇式	55	35
剪力墙结构	装配式	65	40
	现浇式	45	30
挡土墙、地下室墙等结构	装配式	40	30
	现浇式	30	20

注：① 当屋面板上部无保温或隔热措施时，对框架、剪力墙结构的伸缩缝间距，可按表中露天栏的数值选用，对排架结构的伸缩缝间距，可按表中室内栏的数值适当减小；

② 排架结构的柱高低于8 m时宜适当减小伸缩缝间距；

③ 伸缩缝间距应考虑施工条件的影响，必要时（如材料收缩较大或室内结构因施工时外露时间较长）宜适当减小伸缩缝间距，伸缩缝宽度一般为20～30 mm。

（2）建筑物建造在不同地基上，且难以保证均匀沉降时。

（3）建筑物相邻两部分的基础形式不同，宽度和埋深相差悬殊时。

（4）建筑物体形比较复杂，连接部位又比较薄弱时，如图8.6(b)所示。

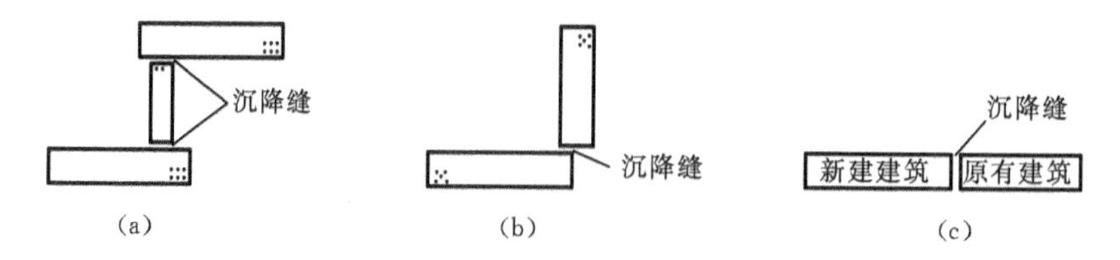

图 8.6　沉降缝设置部位举例

(5) 新建建筑物与原有建筑物相毗连时，如图 8.6(c)所示。

沉降缝与伸缩缝的作用不同，因此在构造上有所区别。沉降缝要求从基础到屋顶所有构件均须设缝分开，使沉降缝两侧建筑物成为独立的单元，各单元在竖向能自由沉降、不受约束。

沉降缝的宽度与地基的性质和建筑物的高度有关，地基越软弱，建筑高度越大，缝宽也就越大。不同地基情况下的沉降缝宽度见表 8.9。沉降缝一般与伸缩缝合并设置，兼起伸缩缝的作用。

表 8.9 沉降缝宽度

地 基 性 质	建筑物高度(H)或层数	缝宽/mm
一般地基	H<5 m	30
	H=5～10 m	50
	H=10～15 m	70
软弱地基	2～3 层	50～80
	4～5 层	80～120
	6 层以上	>120
湿陷性黄土地基	—	>30～70

注：沉降缝两侧结构单元层数不同时，由于高层部分的影响，低层结构的倾斜往往很大。因此，沉降缝的宽度应按高层部分的高度确定。

3. 防震缝

在地震烈度为 7～9 度的地区，必须充分考虑地震对建筑物造成的影响。当建筑物体形比较复杂或建筑物各部分的结构刚度、高度以及重量相差较悬殊时，应在变形敏感部位设缝，将建筑物分割成若干规整的结构单元；每个单元的体形规则、平面规整、结构体系单一，防止在地震波作用下相互挤压、拉伸，造成变形和破坏，这种缝隙称为防震缝。对多层砌体建筑来说，应优先采用横墙承重或纵横墙混合承重的结构体系。遇下列情况时宜设防震缝：建筑立面高差在 6 m以上时；建筑错层，且楼层错开距离较大时；建筑物相邻部分的结构刚度、质量相差悬殊时。

防震缝应沿建筑物全高设置，缝的两侧应布置墙或柱，形成双墙、双柱或一墙一柱，使各部分结构封闭，提高刚度(见图 8.7)。防震缝应同伸缩缝、沉降缝尽量结合布置。一般情况下，基础不设缝，如与沉降缝合并设置时，基础也应设缝断开。防震缝的宽度根据建筑物高度和所在地区的地震烈度来确定。一般多层砌体建筑的缝宽取 50～100 mm；多层钢筋混凝土框架结构建筑，高度在 15 m 及 15 m 以下时，缝宽为 70 mm；当建筑高度超过 15 m 时，按烈度增大缝宽。

地震烈度 7 度，建筑每增高 4 m，缝宽增加 20 mm。

地震烈度 8 度，建筑每增高 3 m，缝宽增加 20 mm。

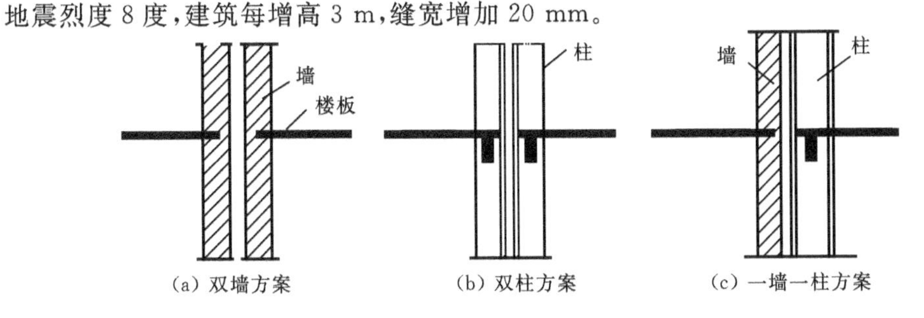

图 8.7 防震缝两侧结构布置

地震烈度9度，建筑每增高2 m，缝宽增加20 mm。

8.2.2 变形缝的构造

为防止风、雨、冷热空气、灰砂等侵入室内，影响建筑使用和耐久性，也为了美观，构造上对缝隙须予以覆盖和装修。这些覆盖和装修必须保证使缝隙两侧结构单元的水平或竖向相对位移不受阻碍，不影响变形缝的功能。

1. 墙体变形缝

1）伸缩缝

墙体伸缩缝一般可做成平缝、错口缝和企口缝等形式（见图8.8），伸缩缝的形式根据墙体材料、厚度及施工条件而定，但抗震地区只能用平缝。

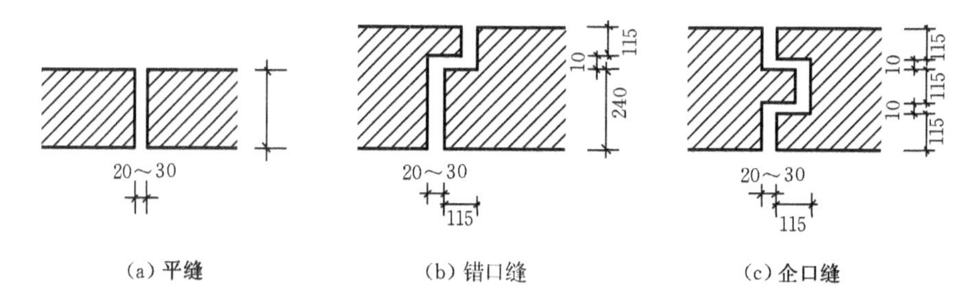

图8.8 砖墙伸缩缝的截面形式

为避免外界自然因素对室内的影响，外墙外侧缝口应填塞或覆盖具有防水、保温和防腐性能的弹性材料，如沥青麻丝、泡沫塑料条、橡胶条、油膏等。当缝口较宽时，还应用镀锌铁皮铝片等金属调节片覆盖。所有填缝或盖缝材料和构造应保证结构在水平方向的自由伸缩而不产生破裂。考虑到缝隙对建筑立面的影响，通常将缝隙布置在外墙转折部位或利用雨水管将缝隙挡住，作隐蔽处理。外墙内侧及内缝口通常用具有一定装饰效果的木质盖缝条遮盖。木条固定在缝口的一侧，也可采用金属片盖缝（见图8.9）。

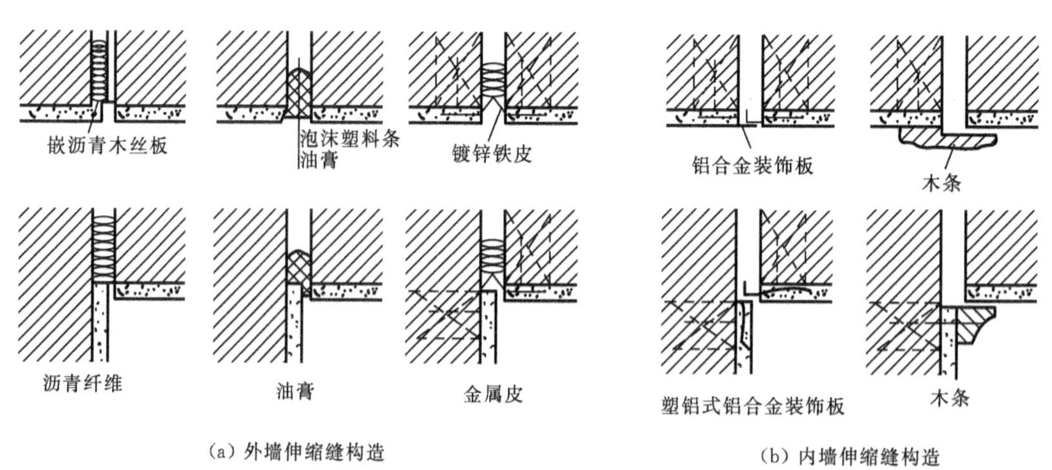

图8.9 砖墙伸缩缝构造

2）沉降缝

沉降缝一般兼有伸缩缝的作用。墙体沉降缝构造与伸缩缝构造基本相同，只是调节片或盖缝板在构造上能保证两侧结构在竖向的相对移动不受约束(见图 8.10)。

3) 防震缝

墙体防震缝构造与伸缩缝、沉降缝构造基本相同,只是防震缝一般较宽,通常采取覆盖做法。外缝口用镀锌铁皮、铝片或橡胶条覆盖,内缝口常用木质盖板遮缝。寒冷地区的外缝口尚须用具有弹性的软质聚氯乙烯泡沫塑料、聚苯乙烯泡沫塑料等保温材料填实(见图 8.11)。

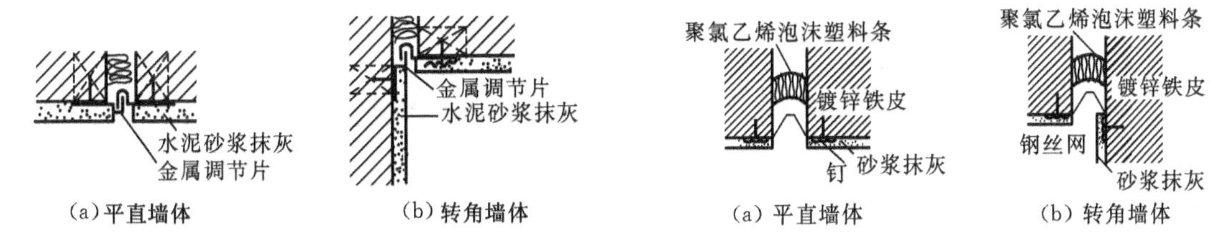

图 8.10　墙体沉降缝构造

图 8.11　墙体防震缝构造

2. 楼地层变形缝

楼地层变形缝的位置与缝宽应与墙体变形缝一致,缝内常以可压缩变形的材料如油膏、沥青麻丝、金属或塑料调节片等材料做填缝或盖缝处理,上铺与地面材料相同的活动盖板、铁板或橡胶条等以满足地面平整、光洁、防滑、防水、防尘等功能。卫生间等有水房间中的变形缝尚应做好防水处理。顶棚的盖缝板一般为木质或金属,一般只一侧固定以保证两侧结构的自由伸缩和沉降(见图 8.12)。

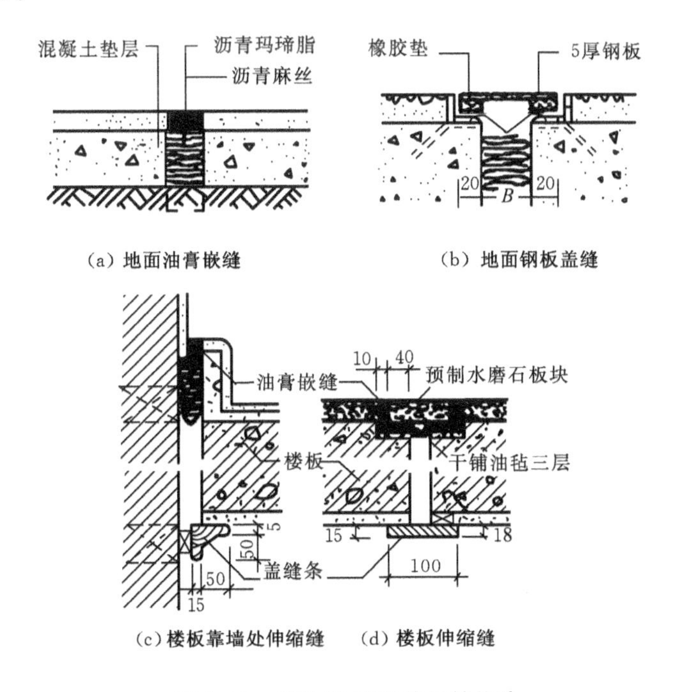

图 8.12　楼地面、顶棚伸缩缝构造

3. 屋顶变形缝

屋顶变形缝的位置与缝宽应与墙体、楼地层的变形缝一致,一般建于建筑物的高低错落处,或建于两侧屋面同一标高处。缝内用沥青麻丝、金属调节片等材料填缝和盖缝。不上人屋顶变形缝通常在缝隙一侧或两侧加砌矮墙，按屋面泛水构造要求将防水材料沿矮墙上卷，顶部缝隙用镀锌铁皮、铝片、混凝土板或瓦片等覆盖，并允许两侧结构自由伸缩或沉降而不致渗漏雨水。寒冷地区在缝隙中应填以岩棉、泡沫塑料或沥青麻丝等具有一定弹性的保温材料。上人屋顶因使用要求一般不设矮墙，此时应切实做好防水，避免雨水渗漏（见图 8.13 和图 8.14）。

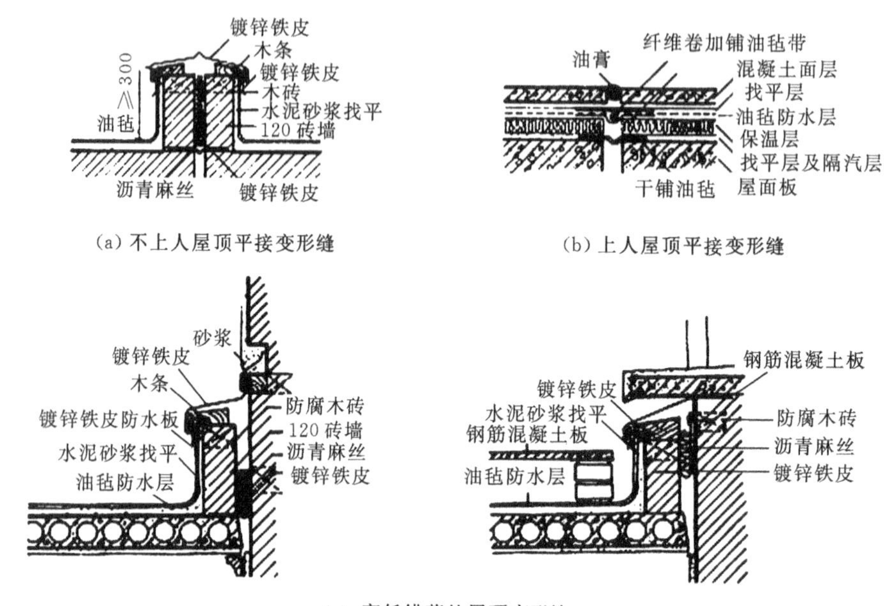

(a) 不上人屋顶平接变形缝

(b) 上人屋顶平接变形缝

(c) 高低错落处屋顶变形缝

图 8.13　卷材防水屋顶变形缝构造

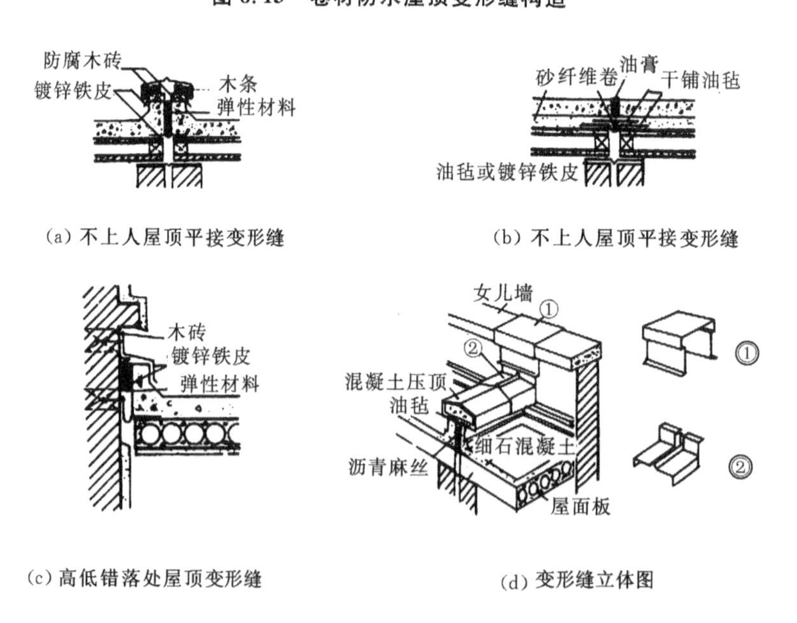

(a) 不上人屋顶平接变形缝

(b) 不上人屋顶平接变形缝

(c) 高低错落处屋顶变形缝

(d) 变形缝立体图

图 8.14　刚性防水平屋顶变形缝

4. 基础变形缝

基础沉降缝构造通常采取双基础、交叉式基础和挑梁基础三种方案（见图 8.15）。

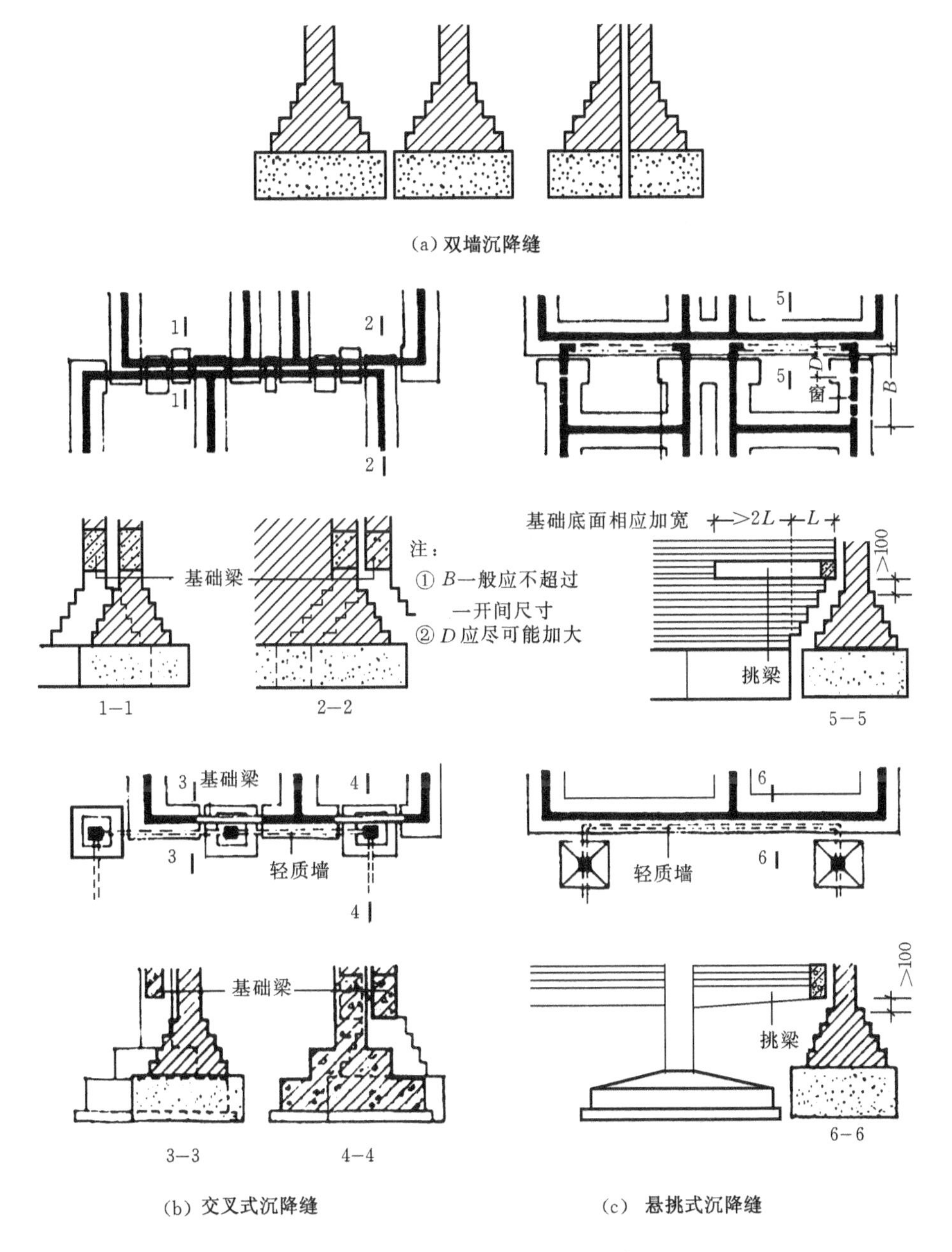

图 8.15 基础沉降缝的构造

(1) 双基础方案：建筑物沉降缝两侧各设有承重墙，墙下有各自的基础。这样，每个结构单元都有封闭连续的基础和纵横墙，结构整体刚度大，但基础偏心受力，并在沉降时相互影响。

(2) 交叉式基础方案：沉降缝两侧的基础交叉设置，在各自的基础上支撑基础梁，墙体砌在基础梁上的方案。

(3) 悬挑基础方案：为使缝隙两侧结构单元能自由沉降又互不影响，经常在缝的一侧做成挑梁基础。缝侧如需设置双墙，则在挑梁端部增设横梁，将墙支撑其上。当缝隙两侧基础埋深相差较大以及新建筑与原有建筑毗连时，一般多采取挑梁基础方案。

小结

1. 抗震设计是防止房屋地震破坏的重要措施。衡量地震大小的指标有震级、烈度，而设计上常用基本烈度和设防烈度，应搞清楚它们的区别。

2. 抗震设防区建筑物，一定要遵守抗震设计的有关原则，震害特点是采取抗震构造措施的重要依据，有关的构造措施是提高建筑物抗震能的重要手段。

3. 变形缝是解决房屋由温度变化、不均匀沉降及地震等因素影响避免产生裂缝的一种措施，它通常包括温度缝、沉降缝、抗震缝。在建筑上设缝使构造复杂、造价增大，给设计和施工等带来一系列问题，如可采取其他措施加强房屋整体性，抵抗变形破坏，还是以不设缝最好。

4. 在建筑设计时应尽量三缝合一，并应满足防震要求和不均匀沉降要求。

5. 伸缩缝、沉降缝、抗震缝在设置条件、基础构造处理、缝宽、墙的构造处理等各方面均有所不同，学习时应注意它们的异同点。

1. 什么是地震震级、地震烈度？
2. 什么是基本烈度和设防烈度？
3. 抗震设计有哪些原则？
4. 为提高房屋抗震能力可采取哪些构造措施？
5. 什么是变形缝？它包括哪三种缝？
6. 建筑中哪些情况应设置沉降缝？
7. 建筑中哪些情况应设置防震缝？
8. 伸缩缝、沉降缝、防震缝各有什么特点？它们在构造上有什么异同？
9. 图示说明伸缩缝、沉降缝、抗震缝在外墙上的构造。
10. 当三缝合一时应遵守什么原则？

第9章 建筑工业化

学习目标与要求

1. 掌握民用建筑工业化的含义。
2. 熟悉大板建筑、框架板材建筑、大模板建筑的特征与构造。
3. 了解滑模建筑、升板升层建筑、盒子建筑的特征。

9.1 概述

9.1.1 建筑工业化的含义和特征

1974年,联合国经济事务部对建筑工业化的含义作了如下解释:在建筑上应用现代工业的组织和生产方法,用机械化进行大批量生产和流水作业。

我国提出走建筑工业化道路是在1956年,1978年我国又明确提出:“建筑工业化,就是用大工业的生产方法来建造工业与民用建筑。针对某一类房屋,采用统一的结构形式,成套的标准构件,采用先进的工艺,按专业分工,集中在工厂进行均衡的连续的大批量生产,在现场包括混凝土现浇和装修工程采用机械化施工,使建筑业从那种分散的、落后的、手工业的生产方式转到大工业的生产方式的轨道上来,从根本上来一个全面的技术改造。”

由于各国的社会制度、经济能力、资源条件、自然状况和传统习惯等不同,各国建筑工业化所走的道路也有所差异,对建筑工业化的理解也不尽相同。

建筑工业化的实质是指用现代工业生产方式来建造房屋,也就是和其他工业一样,用机械化手段生产定型产品。建筑工业的定型产品是指房屋、房屋的构配件和建筑制品等。例如,定型的整幢房屋及定型的墙体、楼板、楼梯、门窗等。只有产品定型,才有利于成批生产,才能采取机械化方法。成批生产意味着把某些定型产品转入工厂制造,这样一来生产的各个环节分工更细致,组织管理更加科学。

建筑工业化的基本特征表现在建筑构配件设计标准化、构件工厂化、生产过程机械化、组织管理科学化四个方面。设计标准化是建筑工业化的前提条件,建筑产品如不加以定型和采取标准化设计,就无法成批生产。机械化生产与施工是建筑工业的核心,机械化是建筑工业化的手段,大多数定型产品都可以在工厂或现场实施机械化生产和安装,从而可以大大提高效率,保证产品质量。组织管理科学化是实现建筑工业化的保证,当生产的环节较多时,相互间的矛盾需要通过严密科学的组织管理来加以协调,否则建筑工业化的优越性就不能充分体现。建筑工业化的重点则在于提高机械化施工水平和实现建筑的墙体改革。

9.1.2 建筑工业化的发展和实现建筑工业化的条件

我国20世纪50年代提出要逐步向建筑工业化过渡。1966年以前，主要采用标准设计，即采用标准的构件设计和配件设计。20世纪80年代以后，建筑工业逐渐成为我国经济的重要部门，因设计与施工基本上脱节，标准设计已不能适应发展需要。实现建筑工业化必须走工业化建筑体系的道路。所谓工业化建筑体系，就是把某些类型的建筑，从设计、生产工艺、施工方法到组织管理等各个环节都加以配套，形成工业化生产的完整过程。

工业化建筑体系一般分为专用体系和通用体系。专用体系是指以定型房屋为基础，进行构配件配套的一种体系，其产品是定型房屋。通用体系是以通用构配件为基础，进行多样化房屋组合的一种体系，其产品是定型构配件。专用体系的优点是以少量规格的构配件就能将房屋建造起来，一次性投资不多、见效大，但其缺点是由于构配件规格少，容易使房屋立面产生单调感。通用体系则不然，它的构配件规格比较多，可以互相调换使用，容易做到多样化，适应面广，可以进行专业化成批生产。我国与很多国家都趋向于从专用体系转向通用体系。

9.1.3 工业化建筑的类型

工业化建筑类型可按结构类型和施工工艺进行划分。按结构类型划分主要包括框架结构、框架-剪力墙结构和剪力墙结构等。按施工工艺划分主要是按混凝土工程来划分，有预制装配（全装配）、工具式模板机械化现浇（全现浇）或预制与现浇相结合等。按结构类型与施工工艺的综合特征可将工业化建筑划分为砌块建筑、大板建筑、框架板材建筑、大模板建筑、滑模建筑、升板建筑和盒子建筑等。

实现工业化主要采用预制装配式建筑、现浇或现浇与预制相结合的建筑这两种途径实现。预制装配式建筑是将建造房屋用的构配件制品，如同其他工业化产品一样，用工业化方法在工厂生产，然后运到现场进行安装。预制装配式建筑主要包括砌块建筑、大板建筑、盒子建筑等。预制装配式建筑的主要优点是生产效率高、构件质量好、施工速度快、现场湿作业少、受季节影响小等。

现浇或现浇与预制相结合的建筑是将主要承重构件，如墙体和楼板等全部现浇，或其中一种现浇、一种预制装配。其主要优点是整体性好、适应性强、节省运输费用，便于组织大面积的流水作业，经济效果好。

砌块建筑其实是墙体改革的一种形式，已在第3章中作了介绍，本章主要介绍大板建筑、大模板建筑、装配式框架板材建筑、盒子建筑、升板和滑模建筑。

9.2 大板建筑

9.2.1 大板建筑的优缺点和适用范围

大板建筑是大型板材装配式建筑的简称（见图9.1），大板是指大墙板、大楼板、大型屋面板。这些板材通常既可在工厂制作，也可在现场预制，再将大板在施工现场进行拼装就可以形成不同的建筑，这就是大板建筑，它是装配式建筑的主导做法。

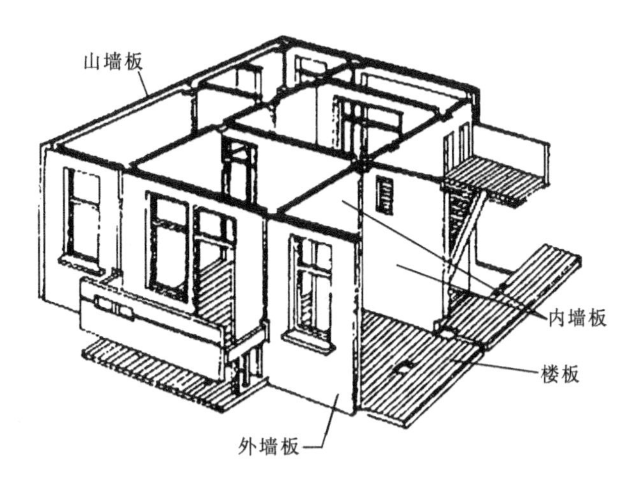

图 9.1 装配式大板建筑

大板建筑具有以下优点。

(1) 装配化程度高，建设速度快，可缩短工期，提高劳动生产率。与传统施工方法相比，可缩短工期 40%～50%，节约劳动力 30%～40%。

(2) 施工现场湿作业少，施工较少受天气和季节的影响，大部分工作移入工厂进行，改善了工人的劳动条件。

(3) 板材的承载能力比砖混结构高，可减小墙厚和结构自重，对抗震有利，并扩大了使用面积(5%～10%)。

大板建筑也存在一些缺点，主要表现在以下方面。

(1) 一次性投资较大，也就是先要投入一笔资金修建大板工厂。

(2) 需要有大型的吊装运输设备，而且运输比较困难。

(3) 钢材和水泥用量比砖混结构大，房屋造价也比砖混结构高(约高 20%～30%)。

大板建筑的适应范围如下。

(1) 大板建筑建设数量较稳定的地区才能提高效益，降低造价。

(2) 施工现场宜成街成坊建造，否则，每平方米摊销的机械台班费就会很高，会增加建筑造价。

(3) 建筑的类型只能是住宅、宿舍、旅馆等小开间的建筑。

(4) 板材之间有可靠的连接，具有较好抗震性能，震区和非震区都适合。

(5) 大板建筑要求的施工设备和运输条件较高，适应在平坦的地段建造。

9.2.2 大板建筑的板材类型

大板建筑是用内外墙板、楼板屋面板和其他构件组装成的。

1. 墙板类型

墙板按其安装的位置分为内墙板和外墙板，按其材料分为振动砖墙板、混凝土墙板、工业废渣墙板，按其构造形式分为单一材料墙板和复合墙板。

1) 内墙板

内墙板通常既是受力构件又是分隔构件，它应具有足够强度和刚度，还须有隔声、防火能力。为了减少墙板的规格，从底层到顶层均采用同一厚度。多层建筑内墙板厚为 140～160 mm，高层时为 180～240 mm。由于内墙板不需要考虑保温与隔热，多采用单一材料制作，其材料主要是普通混凝土或轻集料混凝土，也有粉煤灰矿渣混凝土、陶粒混凝土以及振动砖墙板等。常见的构造形式有实心墙板、空心墙板和振动砖墙板（见图 9.2）。当在墙板端部开设门洞时，可以做成异形板。

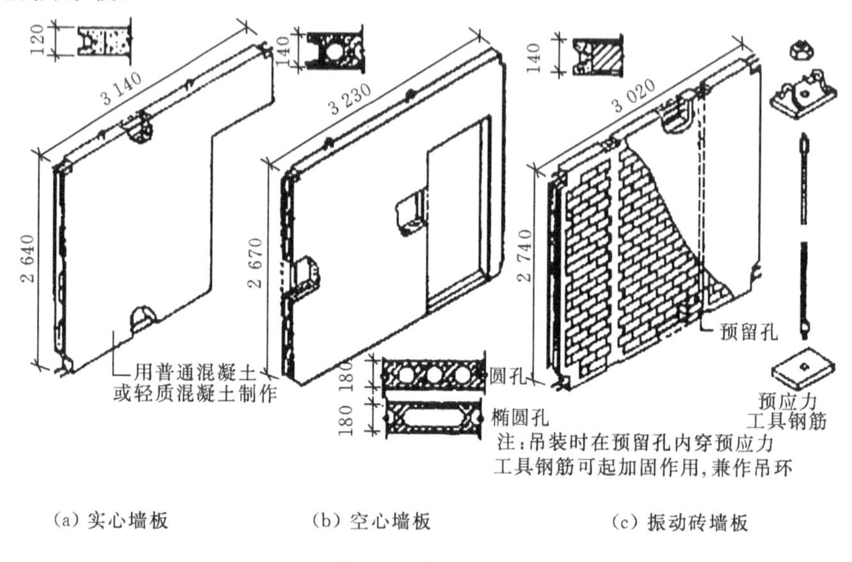

(a) 实心墙板　　(b) 空心墙板　　(c) 振动砖墙板

图 9.2　内墙板

2）外墙板

外墙板主要应满足围护结构方面的要求，如防风遮雨、保温隔热以及便于外装修等。因热工要求较高，外墙板常采用两种以上材料的复合板（见图 9.3）。复合板一般用钢筋混凝土作受力层，以轻质材料作保温隔热层。层数较少的大板建筑，也可采用轻质混凝土做成单一材料的外墙板，如矿渣混凝土、陶黏混凝土、加气混凝土墙板等。

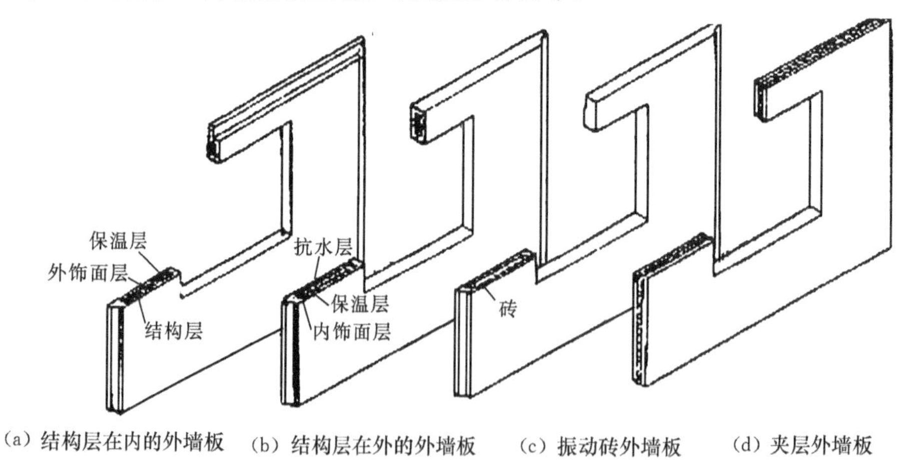

(a) 结构层在内的外墙板　(b) 结构层在外的外墙板　(c) 振动砖外墙板　(d) 夹层外墙板

图 9.3　复合式外墙板

2. 楼板和屋面板

楼板和屋面板常采用整间式预应力钢筋混凝土大楼板和屋面板，以增强房屋的整体刚度。

当吊装运输设备不允许时，也可每间由两块板拼接起来。钢筋混凝土楼板形式可用空心板、实心板、肋形板(见图 9.4)。为了便于板材间的连接，楼板、屋面板的四边应预留缺口，并甩出连接用的钢筋。

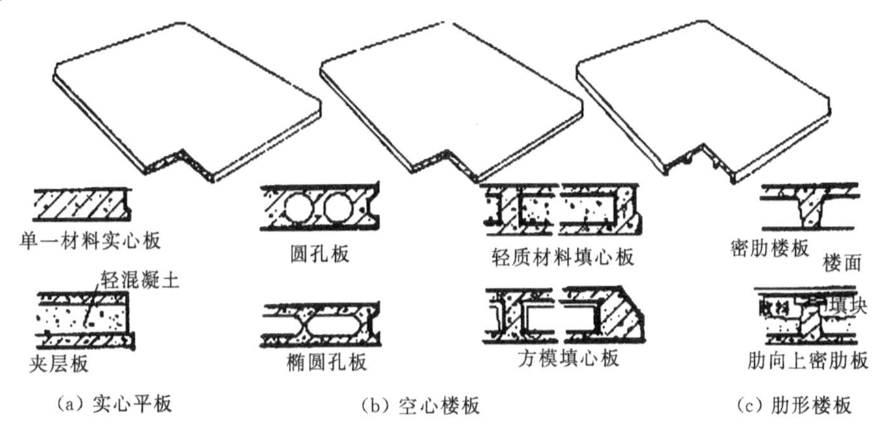

(a) 实心平板　(b) 空心楼板　(c) 肋形楼板

图 9.4　钢筋混凝土楼板形式

3. 其他构件

大板建筑的其他构件包括阳台构件、楼梯构件、挑檐板、女儿墙板等。

1) 挑阳台板

挑阳台板可与楼板合为一块整板，也可单独预制。前一种做法楼板尺寸过大不便运输，一般都倾向于后一种做法。需要注意的是，应将阳台板与楼板锚固成整体，确保阳台不倾覆(见图9.5)。

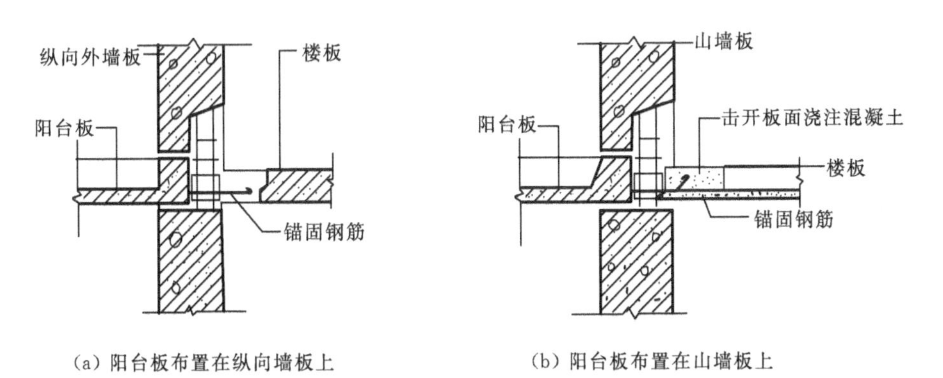

(a) 阳台板布置在纵向墙板上　(b) 阳台板布置在山墙板上

图 9.5　挑阳台板的锚固连接

2) 楼梯构件

楼梯可按梯段板、平台板分开预制，也可将梯段与平台连成一体预制，分开预制比较方便，故采用较多。平台板与楼梯间两侧墙板的连接有两种形式：一是将平台板直接支撑在侧墙板的钢牛腿上；二是将平台板做成出肋板，支撑在侧墙板的预留孔内(见图 9.6)。

3) 挑檐板和女儿墙板

挑檐板可与屋面板连成一体预制，也可以单独预制，搁置于屋面板上。女儿墙板是非承重构件，可用轻质混凝土制作，其厚度通常与主体墙板一致，以便连接。由于女儿墙板悬于屋面上

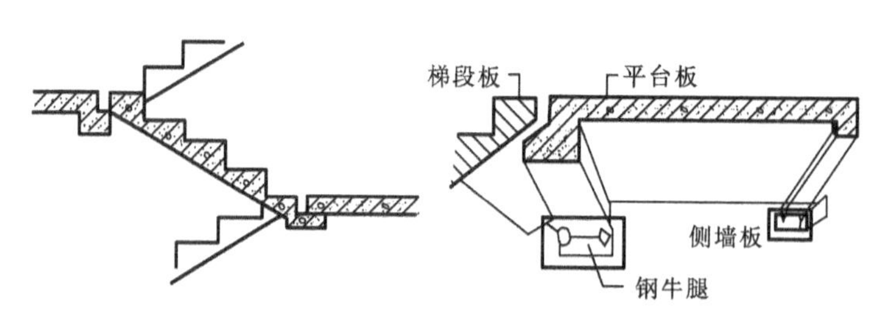

(a) 梯段、平台板分开预制　　(b) 平台板与梯段侧墙板的连接

图 9.6　楼梯、平台板的连接构造

空，故应与屋面板有可靠连接(见图 9.7)。

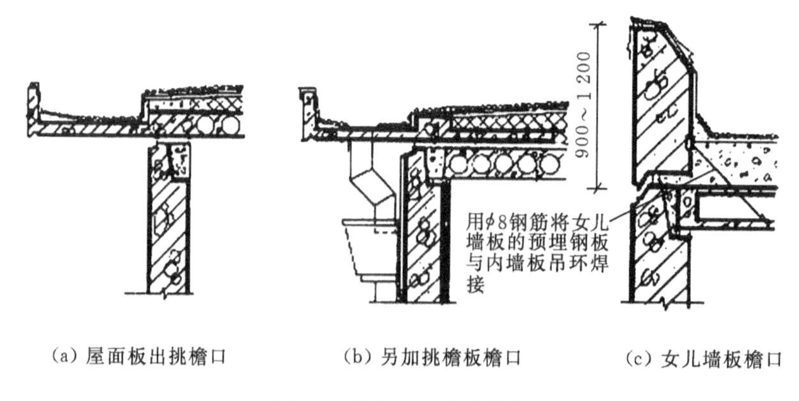

(a) 屋面板出挑檐口　　(b) 另加挑檐板檐口　　(c) 女儿墙板檐口

图 9.7　挑檐板和女儿墙板

9.2.3　大板建筑的节点构造

大板建筑的节点构造包括板材间的连接和外墙板接缝防水处理。

1. 板材连接

板材只有通过相互间牢固地连接，才能把墙板、楼板连成一体，使房屋的强度、刚度得以保证，它是大板建筑至为关键的构造措施。板材连接有干法与湿法两种。

干法连接是借助于预埋在板材边缘的铁件通过焊接或螺栓将板材连成一体。它的优点是施工简便，施工速度快；缺点是耗钢量较大，连接件易锈蚀，故这种连接方法的使用受到限制。

湿法连接是在板材边缘预留钢筋(称为甩筋)，安装时将这些甩筋相互绑扎或焊接，然后在板缝中浇灌混凝土，形成类似的圈梁和构造柱，使大板建筑的整体刚度增强。湿法连接的优点是房屋结构整体性好、刚度大，连接钢筋被混凝土包住，不易锈蚀；缺点是必须有一定养护时间，使接头混凝土达到一定强度后才能继续上层板的安装。

1) 墙板与墙板的连接

墙板构件之间，水平缝坐垫 M10 砂浆。垂直缝浇灌 C15～C20 混凝土，周边再加设一些锚接钢筋和焊接铁件连成整体。墙板上角用钢筋焊接把预埋件连接起来(见图 9.8)，当墙板吊装就位、上角焊接后，可使房屋在每个楼层顶部形成一道内外墙交圈的封闭圈梁。墙板下部加设锚接钢筋，通过垂直缝的现浇混凝土锚接成整体(见图 9.9)。

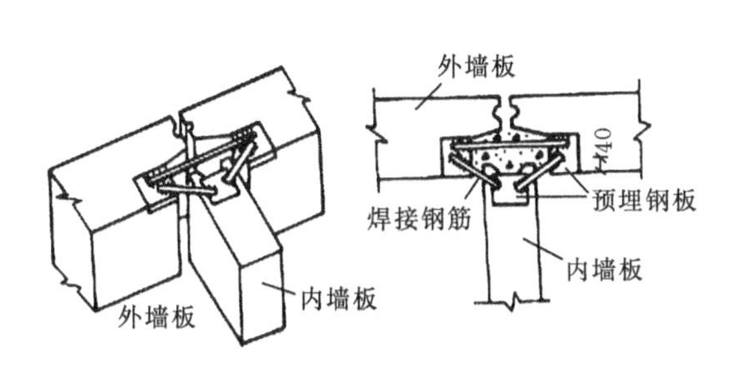

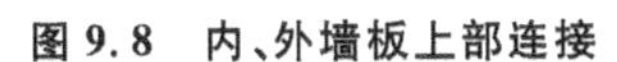
图9.8 内、外墙板上部连接

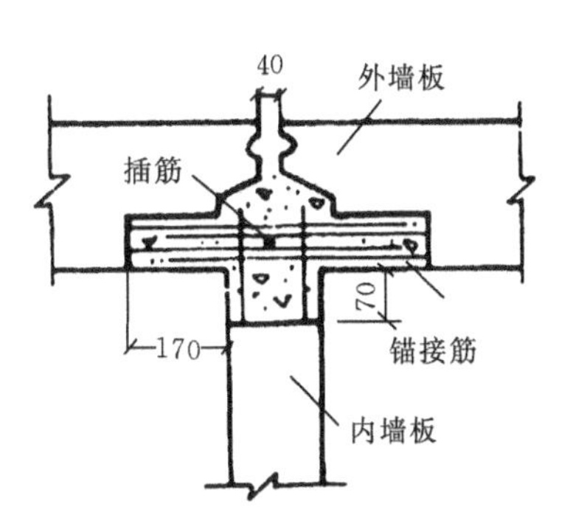

图9.9 内、外墙板下部锚接

内墙板十字接头部位，顶面预埋钢板用钢筋焊接起来(见图9.10)，中间和下部设置锚环和竖向插筋与墙板伸出钢筋绑扎或焊在一起，在阴角支模板，然后现浇C20混凝土连成整体(见图9.11)。

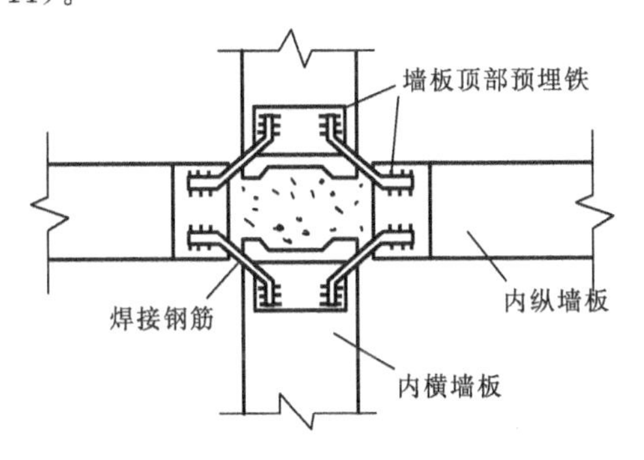

图9.10 内纵、横墙板顶部连接

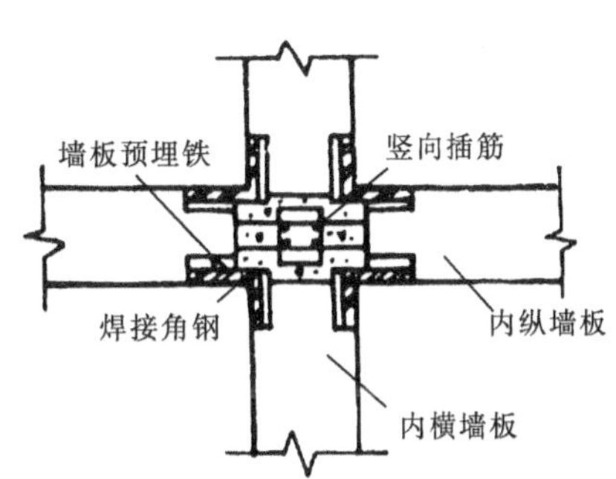

图9.11 内纵、横墙板下部连接

2) 楼板与内墙板连接

上、下楼层间，除在纵横墙交接的垂直缝内设置锚筋外，还应利用墙板的吊环将上、下层的墙板连接成整体。当楼板支撑在墙板上时，除在墙板吊环处楼板加设锚环外，在楼板的四角也要外露钢筋，吊装后将相邻楼板的钢筋焊成整体(见图9.12)。

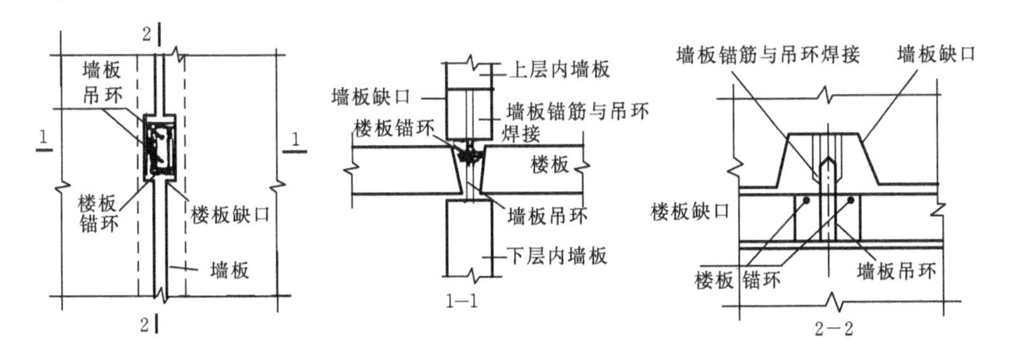

图9.12 楼板与内墙板的连接

3) 楼板与外墙板连接

上、下楼层的水平接缝设置在楼板板面标高处，由于内墙支撑楼板，外墙自承重，所以外墙要比内墙高出一个楼板厚度。通常把外墙板顶部做成高低口，上口与楼板板面平，下口与楼板板底平，并将楼板伸入外墙板下口(见图 9.13)。这种做法可使外墙板顶部焊接均在相同标高处，操作方便，容易保证焊接质量。同时又可使整间大楼板四边均伸入墙内，提高了房屋的空间刚度，有利于抗震。

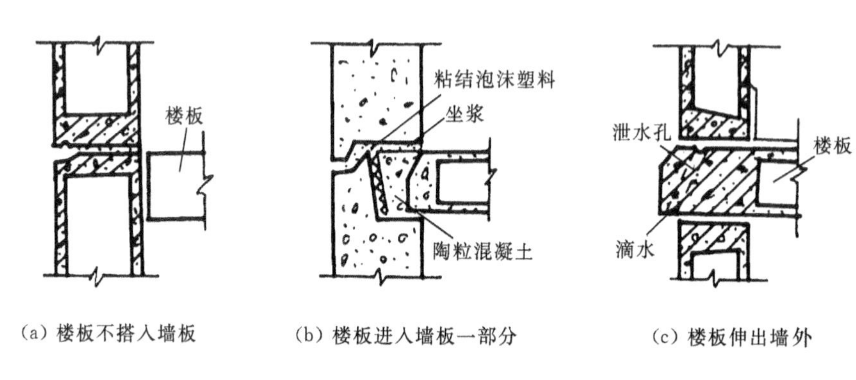

图 9.13　楼板与外墙板连接

2. 外墙板的接缝防水构造

外墙板之间的接缝是最易产生渗漏的地方。引起渗漏的原因主要是墙板间的灌缝混凝土和砂浆开裂，使雨水得以渗入室内。裂缝的产生多因温湿度变化或地基不均匀沉陷，灌缝材料干缩变形或灌缝不密实所造成。

防止接缝漏水常采用材料防水和构造防水两种措施。

(1) 材料防水是在外墙板接缝镶嵌密封材料，阻止雨水渗入室内。嵌缝材料应具有弹性好、黏结力强、耐老化等性能。常用聚氯乙烯胶泥(俗称塑料油膏)(见图 9.14)。材料防水的优点是墙板边缘形状简单，制作方便。

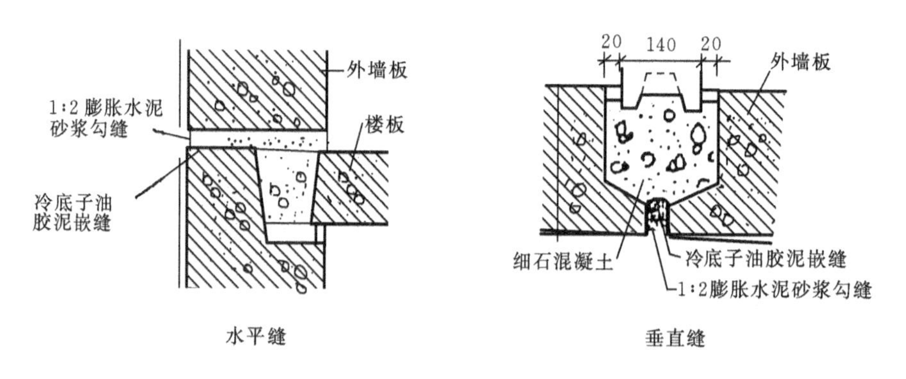

图 9.14　材料防水

(2) 构造防水是将外墙板边缘做成特殊形状，以阻止雨水渗透，有水平缝与垂直缝两种。水平缝是上、下两块墙板间的接缝，为了有效地防止雨水渗透，通常做成企口缝或高低缝(见图 9.15)。垂直缝是左、右两墙板之间的接缝，缝内常留有空腔(见图 9.16)。雨水一旦渗入缝中，便会顺着空腔下流，然后在适当位置用排水管将其排至室外。

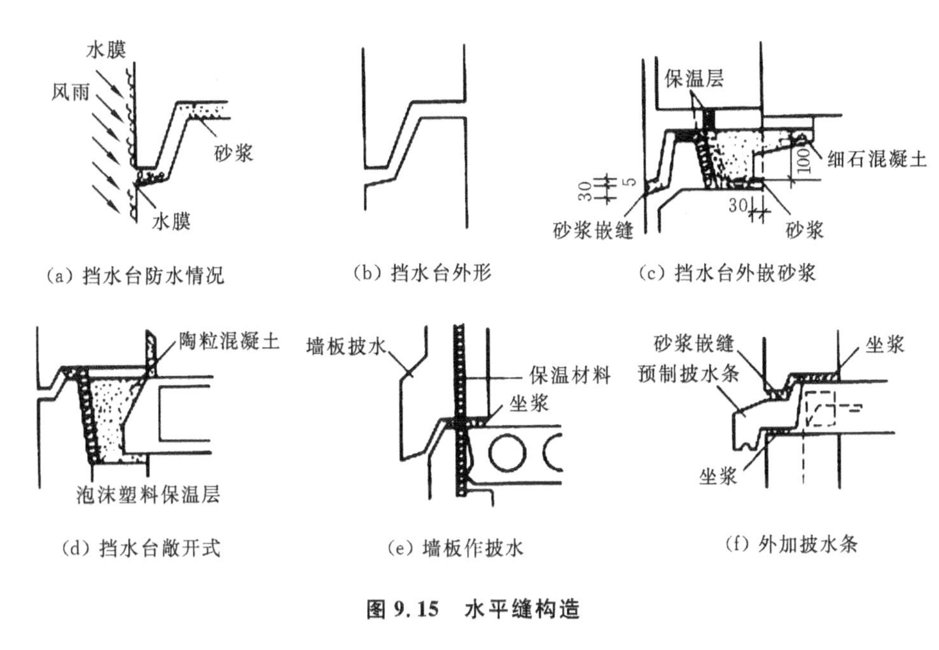

(a) 挡水台防水情况　(b) 挡水台外形　(c) 挡水台外嵌砂浆

(d) 挡水台敞开式　(e) 墙板作披水　(f) 外加披水条

图 9.15　水平缝构造

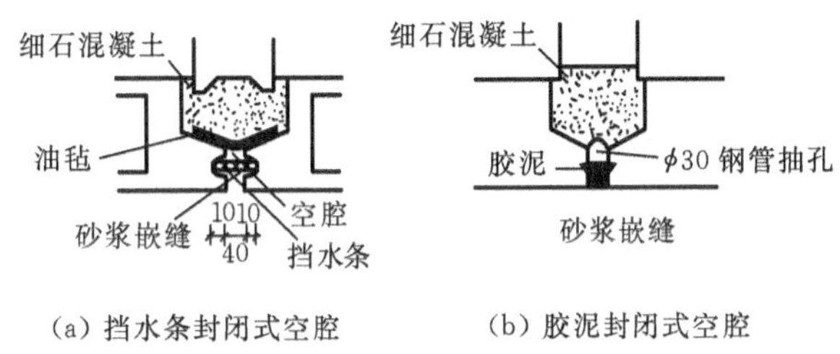

(a) 挡水条封闭式空腔　(b) 胶泥封闭式空腔

图 9.16　垂直缝构造

9.3　框架板材建筑

框架板材建筑是指由框架和楼板、墙板组成的建筑。它的结构特征是框架承重，墙板仅作为围护和分隔构件。其主要优点是空间划分灵活，自重轻，有利于抗震，节省材料；缺点是钢材和水泥用量大，构件的总数量多。框架板材建筑适用于要求有较大空间的多层、高层民用建筑、地基较软弱的建筑和地震区建筑。

9.3.1　框架结构的类型

框架按所使用材料可分为钢筋混凝土框架和钢框架两种，按施工方法可分为全现浇式、全装配式和装配整体式三种，按构件组成可分为以下三种(见图 9.17)。

(1) 梁板柱框架：由梁、楼板和柱组成的框架。这种结构是梁与柱组成框架，楼板搁置在框架上，其优点是柱网做得可以大些，适用范围较广。

(2) 板柱框架：由楼板、柱组成的框架。楼板可以是梁板合一的肋形楼板，也可以是实心大楼板。

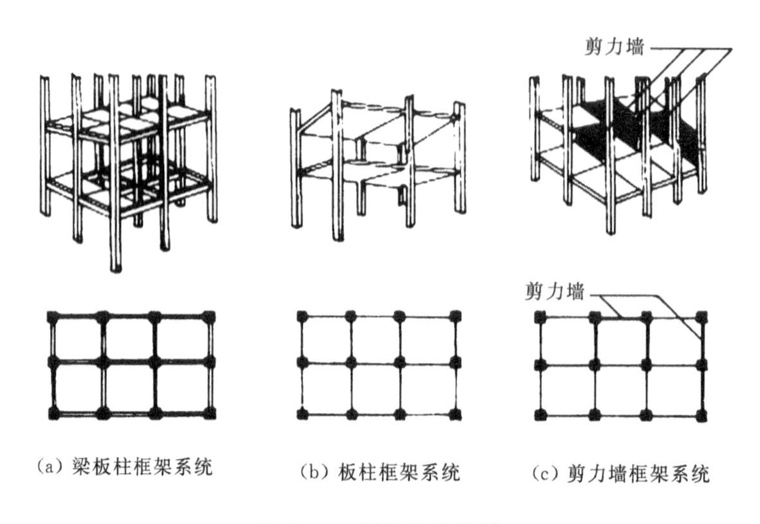

(a) 梁板柱框架系统　(b) 板柱框架系统　(c) 剪力墙框架系统

图 9.17　框架结构类型

(3) 剪力墙框架：框架中增设剪力墙。剪力墙承担大部分水平荷载，增加结构水平方向的刚度，框架基本上只承受垂直荷载。

9.3.2　装配式钢筋混凝土框架构件划分

整个框架是由若干个基本构件组合而成的，因此构件划分将直接影响结构的受力和施工难易等。构件的划分应本着有利于构件的生产、运输、安装，有利于增强结构的刚度和简化节点构造的原则进行。通常有以下几种划分方式(见图 9.18)。

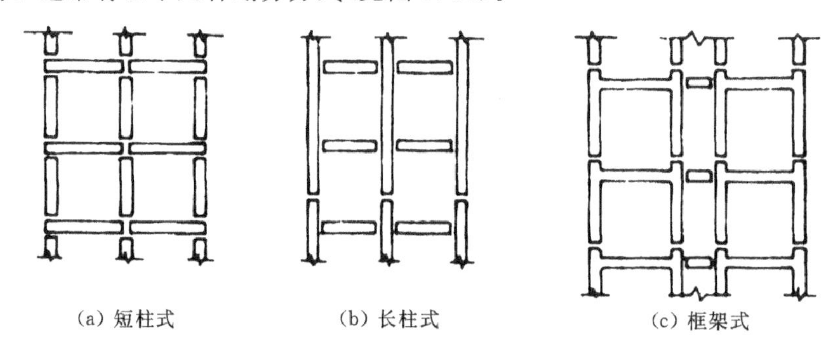
(a) 短柱式　(b) 长柱式　(c) 框架式

图 9.18　装配式框架类型

1. 短柱式

这种框架是把梁、柱按开间、跨度和层高划分成直线形的单个构件。这种框架构件外形简单，重量较轻，便于生产、运输和吊装，因此被广泛采用。

2. 长柱式

这种框架是采用二层楼高或更长的柱子，其特点与短柱式框架类似，但接头少。

3. 框架式

把整个框架划分成若干小框架，小框架的形状有 H 形、十字形等。它扩大了构件的预制范围，接头数量少，施工进度快，能增强整个框架的刚度，但构件制作、运输、安装较复杂，故只有在运输吊装设备较好的条件下才能采用。

9.3.3 装配式构件的连接

1. 柱与柱的连接

柱与柱的连接采用刚性连接，有浆锚连接、柱帽焊接、榫式接头连接等连接方式。

(1) 浆锚连接(见图9.19)：在下柱顶端预留孔洞，安装时，先在洞中灌入高强快硬膨胀的砂浆，然后将上柱伸出的钢筋插入，经过定位、校正、临时固定，待砂浆凝固后即形成刚性接头。

(2) 柱帽连接(见图9.20)：柱帽用角钢做成，并焊接在柱内的钢筋上。帽头中央设一钢垫板，以使压力传递均匀。安装时用钢夹具将上、下柱固定，使轴线对准，焊接完毕后再拆去钢夹具，并在节点四周包钢丝网抹水泥砂浆保护。此法的优点是焊接后就可以承重，可立即进行下一步安装工序，但钢材用量较多。

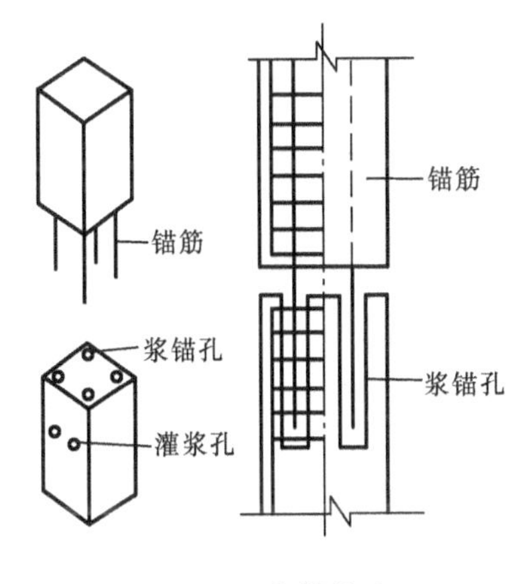

图9.19 浆锚接头

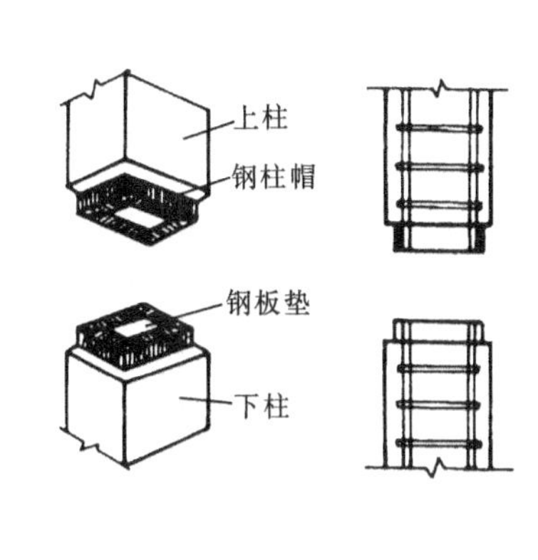

图9.20 柱帽连接

(3) 榫式接头连接(见图9.21)：在柱的下端做一榫头，安装时榫头落在下柱上端，对中后把上、下柱伸出的钢筋焊接起来，并绑扎箍筋、支模，在四周浇筑混凝土。这种连接方法焊接量少，节省钢材，节点刚度大，但对焊接要求较高，湿作业多，要有一定的养护时间。

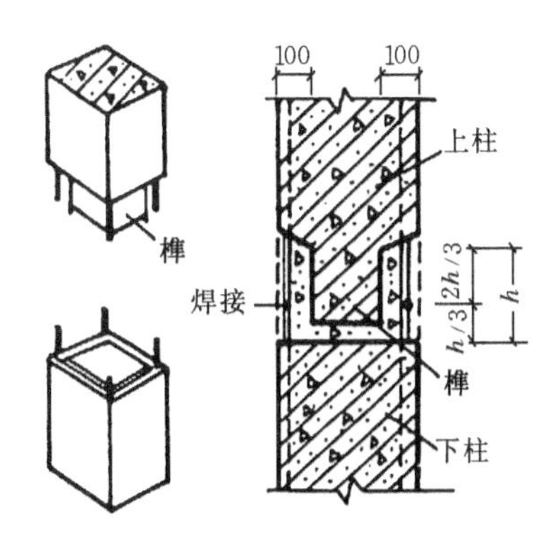

图9.21 榫式接头连接

2. 梁与柱的连接

梁与柱的连接位置有两种情况：一种是梁在柱旁连接，另一种是梁在柱顶连接。

(1) 梁在柱旁连接：可利用柱上伸出的钢牛腿或钢筋混凝土牛腿支撑梁(见图9.22)。钢牛腿体积小，可以在柱预制完后焊在柱上，故柱的制作比较简单。也可采用两种牛腿结合使用的方法，即柱的两面伸出钢筋混凝土牛腿，另两面用钢牛腿。

(2) 梁在柱顶连接：常用叠合梁现浇连接。此法是将上、下柱和纵、横梁的钢筋都伸入节点，用混凝土灌成整体(见图9.23)。在下柱顶端四边预留角钢，主梁和连系梁均搭在下柱边缘，临时焊接，梁端主梁伸出并弯起。在主梁端部预埋由角钢焊成的钢架，以支撑上层柱子，俗称钢板凳。叠合梁的负筋全部穿好以后，再配以箍筋，浇筑混凝土形成整体式接头。

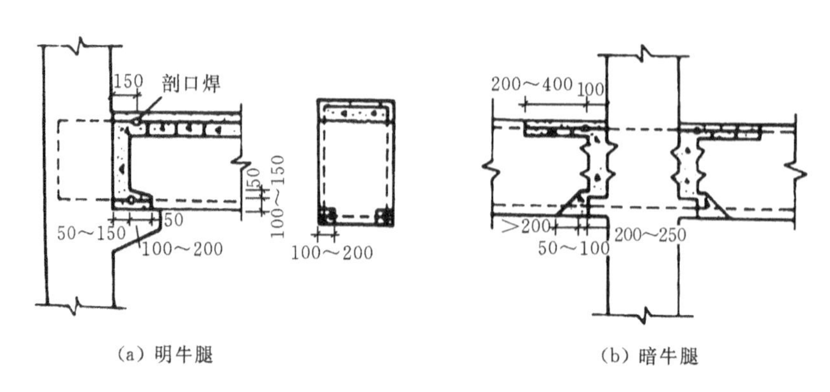

(a) 明牛腿　　(b) 暗牛腿

图 9.22　梁在柱旁连接

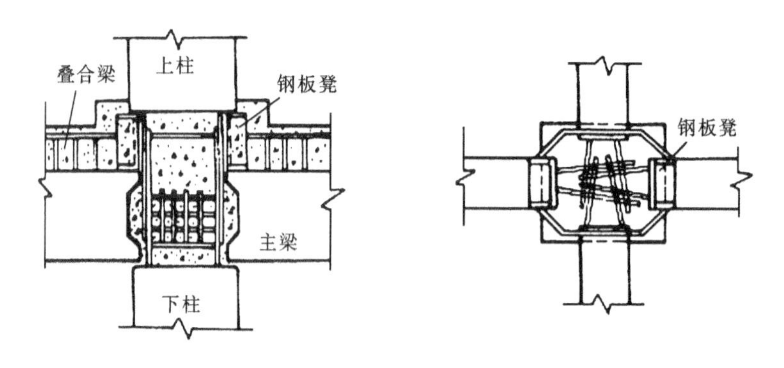

图 9.23　梁在柱顶连接

3. 框架与轻质墙板的连接

框架与轻质墙板的连接，主要是轻质墙板与柱或梁的接头。轻质墙板有整间大板和条板两种，条板可以竖放，也可以横放。

整间大板可以与梁连接，也可以与柱连接。竖放条板只能与梁连接，横放条板只能与柱连接。连接方式可以是预埋件焊接，也可以用螺栓连接。

9.4　大模板建筑

大模板建筑是指用工具式大型模板现浇混凝土楼板和墙体的建筑(见图 9.24)。它的优点是：采用现浇混凝土施工工艺，不需要建造预制混凝土板材的大板厂，一次性投资比大板建筑少；现浇施工使构件与构件之间的连接方法大为简化，而且结构的整体性好，刚度增大，使结构的抗震能力与抗风能力大大提高；现浇施工还可以减少建筑材料的转运，使建筑造价比大板建筑的适价低。它的缺点主要是：现场工作量大，在寒冷地区冬季施工时需要采用冬施措施，增加了能耗、水泥用量较多等。大模板建筑所需要的技术设备条件比大板建筑的低，在我国大部分地区气候较温暖时适用，在我国地震区和非地震区的多层和高层建筑均有采用。

9.4.1　大模板建筑的类型

大模板建筑分为全现浇、现浇与预制装配结合两种类型。全现浇式大模板建筑的墙体和楼

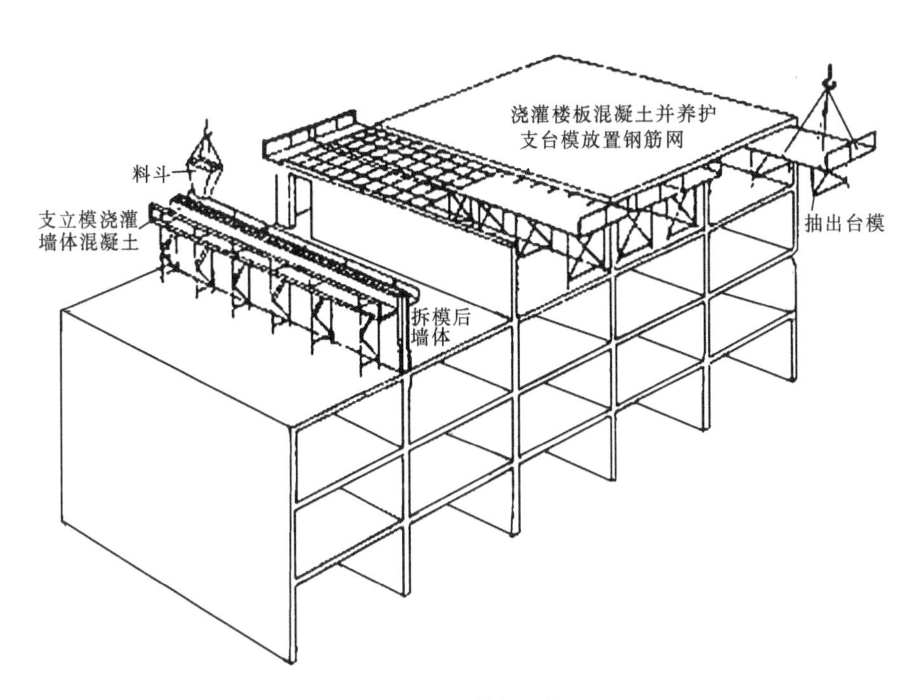

图9.24 大模板建筑

板均采取现浇方式，一般用台模或隧道模进行施工，技术装备条件较高，生产周期较长。其优点是整体性好，在地震区采用这种类型特别有利。现浇与预制相结合的大模板建筑分为以下三种类型。

(1) 内外墙全现浇：即内外墙全部为现浇混凝土，楼板用预制大楼板。其优点是内外墙之间为整体连接，房屋的空间刚度增强，但外墙的支模较复杂，装修工作量也较大。这种方式多用于多层建筑或地震区的高层建筑。

(2) 内墙现浇外墙挂板：即内墙用大模板现浇混凝土墙体，预制外墙板悬挂在现浇内墙上，楼板用预制大楼板，简称“内浇外挂”。其优点是外墙的装修可以在工厂完成，同时其保温问题较前一种方式更易解决，由于内墙之间为整体浇筑，房屋的空间刚度仍可以得到保证。这种类型兼有大模板与大板两种建筑的优点，在我国高层大模板建筑中应用较为普遍。

(3) 内墙现浇外墙砌砖：即内墙采用大模板现浇，外墙用砌块来砌筑，楼板用预制大楼板，简称“内浇外砌”。采用砖砌外墙比混凝土外墙的保温性能好，造价低，在多层大模板建筑中运用较多。但是砖砌外墙自重大，现场砌筑工作量大、工期长，在高层大模板建筑中已较少采用。

9.4.2 大模板建筑的墙体材料与节点构造

1. 大模板建筑的墙体材料

目前我国大模板建筑多用于住宅建筑，内墙一般采用C20普通混凝土或轻质混凝土。内横墙厚度应满足楼板搁置长度的需要，内纵墙厚度应满足房屋刚度的要求。当大模板建筑体系用于多层住宅时，一般内墙厚度为140～160 mm，若用于多层和高层住宅时，内墙厚度为160～200 mm。外墙厚度视材料和地区气候而定。当采用内外墙全现浇混凝土时，宜用轻质混凝土，厚度根据结构计算和热工计算确定；当采用“内浇外挂”时，外墙板宜用复合板；当采用“内浇外砌”时，外墙厚度与现场砖砌体结构的外墙厚度相同。

2. 大模板建筑的节点构造

大模板建筑的节点构造是指墙体与墙体的连接、墙体与楼板的连接。

1）现浇内墙与外挂墙板的连接

在“内浇外挂”的大模板建筑中，外墙板是在现浇内墙板之前先安装就位的，并将预制外墙板端的甩筋与内墙钢筋绑扎在一起，在外墙板缝中插入竖向钢筋，上、下墙板的甩筋也相互搭接焊牢，浇筑内墙混凝土后，这些接头连接钢筋便将内、外墙锚固成整体（见图 9.25）。

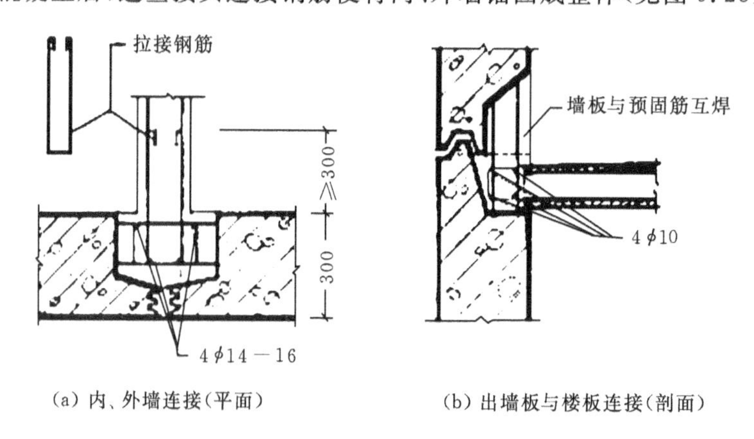

(a) 内、外墙连接(平面)　　(b) 出墙板与楼板连接(剖面)

图 9.25　内墙与外挂板连接

2）现浇内墙与外砌砖墙的连接

在“内浇外砌”的大模板建筑中，砖砌外墙必须与现浇内墙相互拉结才能保证结构的整体性（见图 9.26）。施工时，先砌砖外墙，在与内墙交接处将砖墙砌成凹槽，并放置锚拉钢筋，内墙钢筋与这些拉筋绑扎在一起，浇筑内墙混凝土后，砖墙的预留凹槽便形成混凝土构造柱，将内、外墙牢固地连接在一起。山墙转角处则应专门现浇钢筋混凝土构造柱。

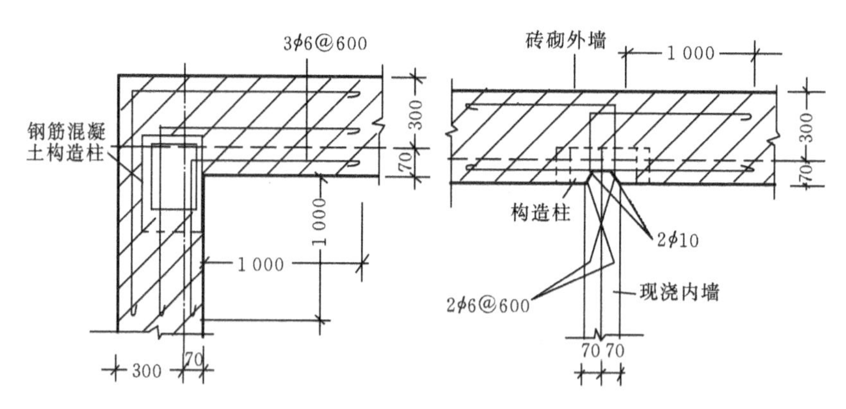

图 9.26　现浇内墙与砖砌外墙连接

3）现浇内墙与预制楼板的连接

为保证楼板与墙体的可靠连接，安装楼板时，可将钢筋混凝土楼板伸进现浇墙内 35～45 mm，相邻两楼板之间至少有 70～90 mm 的空隙作为浇筑混凝土的位置。楼板端头甩筋与墙体竖向钢筋以及水平附加钢筋相互交搭，浇筑墙体后，在楼板之间形成一条钢筋混凝土现浇带，便将楼板与墙板连接成整体(见图 9.27)。若外墙采用砖砌筑时,应在砌墙内的楼板部位设置钢筋混凝土圈梁。

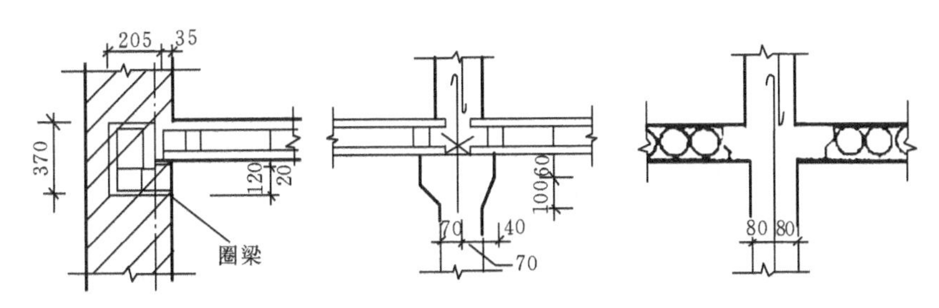

图 9.27 墙与楼板的连接

9.5 其他类型的工业化建筑

9.5.1 滑模建筑

滑模建筑是指用滑升模板来现浇墙体的一种建筑。滑模现浇墙体的工作原理是利用墙体内的竖向钢筋作支撑杆,将模板系统支撑其上,用液压千斤顶系统带动模板系统沿支撑杆慢慢向上滑移,边升边浇筑混凝土墙体,直至顶层墙体后才将模板系统卸下(见图 9.28)。

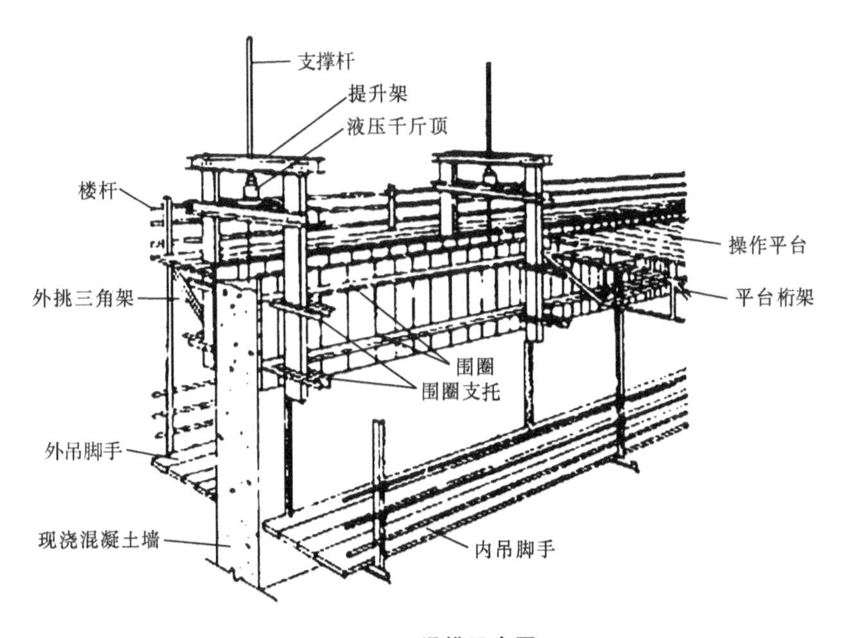

图 9.28 滑模示意图

滑模建筑的主要优点是结构的整体性好,抗震能力强,机械化程度高,施工速度快,模板的数量少,利用率高,施工时所需的场地小。其缺点是操作精度要求高,墙体垂直度的偏差不能超出允许范围,否则易酿成事故。滑模建筑宜用于外形简单整齐、上下壁厚相同的建筑物和构筑物,如多层和高层建筑、水塔、烟囱、筒仓等。

滑模建筑通常有以下三种类型：第一种是内、外墙全部用滑模现浇混凝土；第二种是内墙用滑模现浇混凝土，外墙用预制墙板，有利于外墙的保温和装修；第三种是滑模浇注楼梯间、电梯间等构成的筒体结构，其余部分用框架或大板结构(见图 9.29)，这种类型多见于高层建筑。

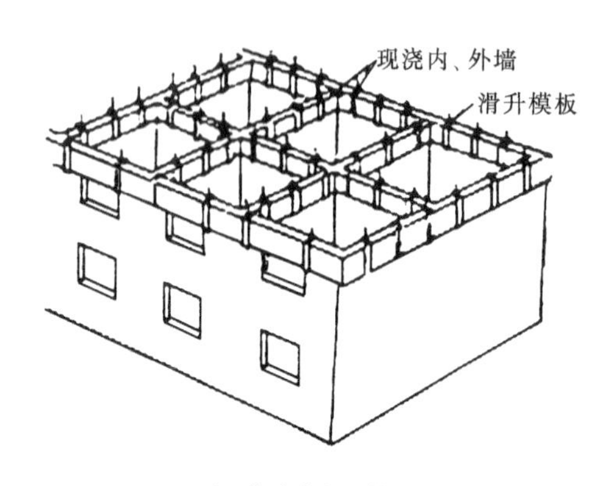

(a) 内、外墙全部滑模施工

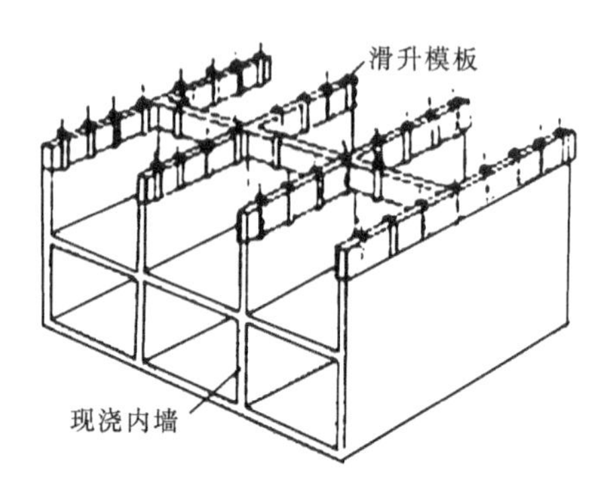

(b) 纵、横内墙滑模施工

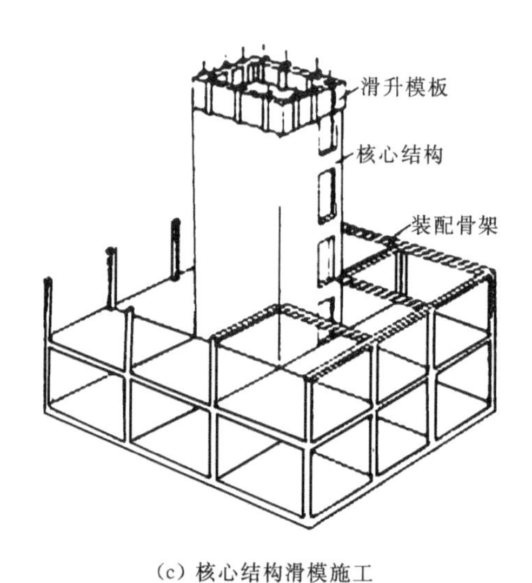

(c) 核心结构滑模施工

图 9.29　滑模部位

9.5.2　升板升层建筑

升板升层建筑是在房屋做完基础或底层地坪后，在底层地坪上重叠浇筑各层楼板和屋顶板，再插立柱子，并以柱子作导杆，用提升设备逐层提升的一种建筑。只提升楼板的称为升板，连同墙体一起提升的称为升层(见图 9.30)。

升板升层建筑的主要施工设备是提升机，每根柱子上安装一台，以使楼板在提升过程中均匀受力、同步上升，提升机悬挂在承重销上。承重销是用钢制成的，可以临时穿入柱上预留的间歇孔中，施工时用它来临时支撑提升机和楼板，提升完毕后承重销便永久地固定在柱帽中。提升机通过螺杆、提升架、吊杆将楼板吊住，当提升机开动时，螺杆转动，楼板便慢慢上升。当楼板提升到间歇孔处时，在楼板下方将承重销穿入柱子间歇孔中，支撑住楼板。当继续往上提升时，

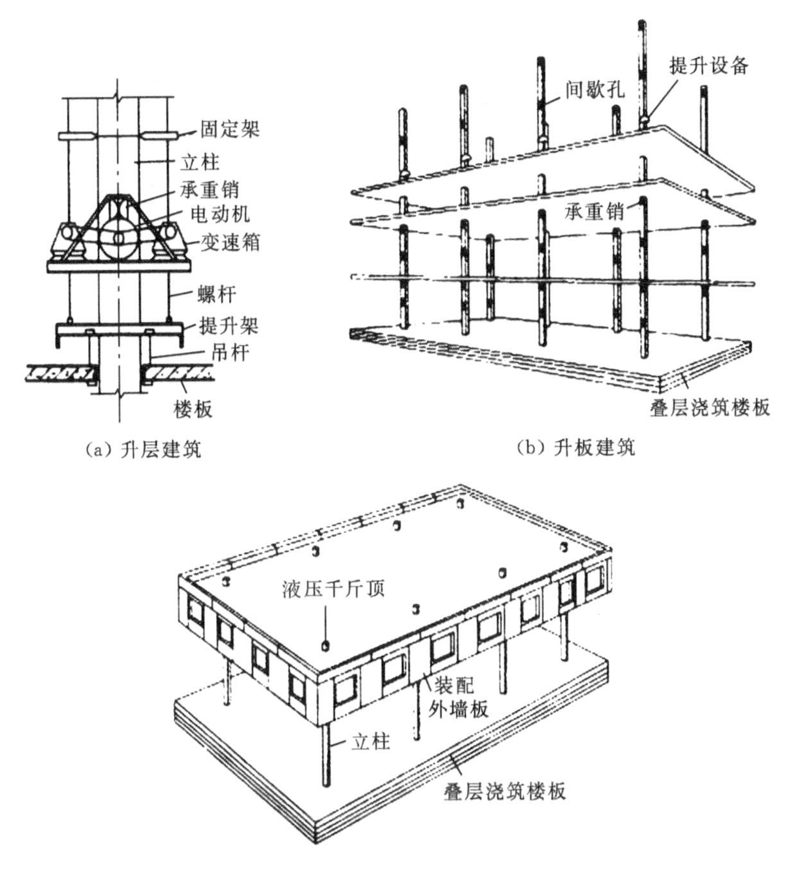

图 9.30 升板升层建筑

需将提升机移到更高位置，并悬挂在柱子上，如此往复数次，逐渐将各层楼板和屋面板提升到设计位置。

升板升层建筑的优越性表现在以下几个方面。

(1) 由于是在建筑物的地坪上叠层预制楼板，不需要底模，可以大大节约模板。

(2) 把许多高空作业转移到地面上进行，可以提高效率、加快进度。

(3) 预制楼板是在建筑物本身平面范围内进行的，不需要占用太多的施工场地。

升板升层建筑主要适用于隔墙少、楼面荷载大的多层建筑，如商场、书库、车库和其他仓储建筑，特别适合于施工场地狭小的地段建造房屋。

9.5.3 盒子建筑

盒子建筑是指由盒子状的预制构件组合而成的全装配式建筑，它始于 20 世纪 50 年代，我国从 20 世纪 60 年代初期开始试点。它适用于住宅、旅馆、疗养院、学校等，不但用于多层房屋，还用于高层建筑。

钢筋混凝土盒子构件可以是整浇式或拼装式，拼装式是以板材形式预制再拼合连接成完整的房间盒子(见图 9.31)。

由房间盒子组装成的建筑有多种形式，例如，重叠组装式——上、下盒子重叠组装；交错组装式——上、下盒子交错组装；与大型板材联合组装式；与框架联合组装式——盒子支撑和悬挂

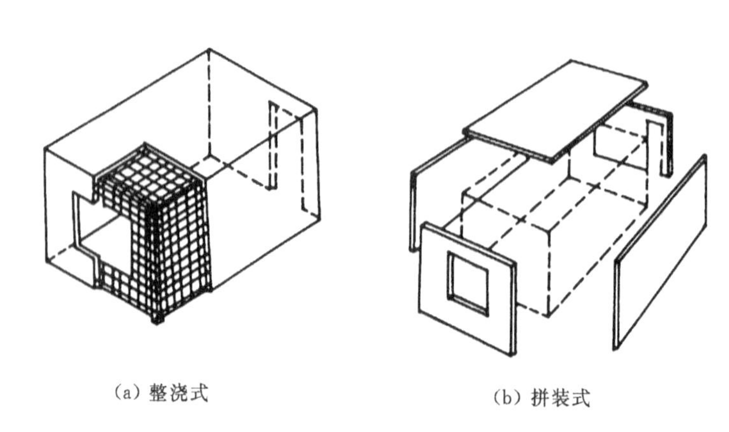

(a) 整浇式　　(b) 拼装式

图 9.31　钢筋混凝土盒子构件

在刚性框架上，框架是房屋的承重构件；与核心筒体相结合——盒子悬挑在建筑物的核心筒体外壁上，成为悬臂式盒子建筑等各种形式(见图 9.32)。

盒子建筑的主要优点：第一，施工速度快，同大板建筑相比，可缩短施工周期 50%～70%，国外有的 20 多层的旅馆，采用盒子构件组装，一个月左右就能建成；第二，装配化程度高，修建的大部分工作，包括水、暖、电、卫等设备安装和房屋装修都移到工厂完成，施工现场只余下构件吊装、节点处理，接通管线就能使用；现场用工量仅占总用工量的 20%左右，总用工量比大板建筑减少 10%～15%，比砖混建筑减少 30%～50%；第三，混凝土盒子构件是一种空间薄壁结构，自重很轻，与砖混建筑相比可减轻结构自重一半以上。目前制约盒子建筑发展的主要原因是建造盒子构件的预制工厂投资太大，建筑的单方造价也较贵。

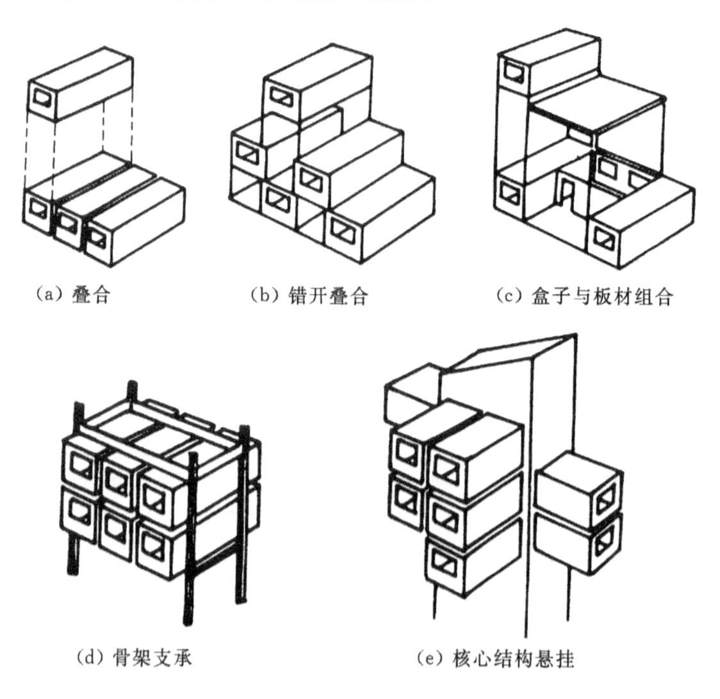

(a) 叠合　　(b) 错开叠合　　(c) 盒子与板材组合

(d) 骨架支承　　(e) 核心结构悬挂

图 9.32　盒子建筑组合形式

小结

1. 建筑工业化和现代工业生产方式建造房屋，其特征是设计标准化、构件工厂化、生产过程机械化、管理科学化。工业化建筑体系是把设计、生产、施工、组织管理加以配套，构成一个完整的全过程，是实现工业化的有效途径。专用体系的最终产品是定型房屋。通用体系的最终产品是定型构配件，具有更大的灵活性与通用性。

2. 大板建筑是一种全装配体系，其内墙板的主要功能是承重和隔声，常用混凝土制作。外墙板除承重和隔声外还要求保温隔热与外装修，常用复合墙板。楼板常用整间钢筋混凝土楼板。构件连接主要采用现浇接头，形成圈梁和构造柱，保证房屋的整体性。外墙板的接缝可采用材料防水和构造防水。板材的连接和接缝应符合标准化与互换通用的原则。

3. 框架板材建筑多用钢筋混凝土建造，可预制、可现浇。预制框架可采用现浇连接、浆锚连接、预应力张拉连接。外墙可用复合墙板、玻璃幕墙等，外墙通过连接件悬挂于框架上。

4. 大模板建筑是一种现浇体系，但外墙板和楼板也可以预制，其构件之间的连接比预制体系简单，整体性更好。

5. 滑模建筑是用可移动的模板，边现浇边移动模板连续施工墙体，房屋整体性好，施工机械化程度高、速度快，但操作精度要求高，适宜于上下墙厚一致的多层和高层建筑。

6. 升板建筑利用自身柱子作导杆，把预制楼板提升就位，对施工场地狭小的工程最适合。

7. 盒子建筑是装配化程度最高的预制体系，施工速度很快，现场用工量很少，但需要有设备完善的预制工厂和重型施工运输设备。

1. 什么是建筑工业化？建筑工业化的特征有哪些？
2. 什么是工业化建筑体系？什么是专用体系与通用体系？
3. 工业化建筑有哪些类型？
4. 简述大板建筑的优缺点和适用范围。
5. 大板建筑由哪些构件组成？内外墙板在构造上有何区别？
6. 大板建筑的板材之间如何可靠连接？
7. 简述框架板材建筑的优缺点和适用范围。
8. 装配式钢筋混凝土框架的构件连接有哪些方式？
9. 简述大模板建筑的类型、优缺点和适用范围。
10. 简述大模板建筑的连接构造。
11. 什么是滑模建筑？简述其优缺点和适用范围。
12. 什么是升板建筑？试述其优缺点和适用范围。
13. 简述盒子建筑的优缺点和适用范围。

第10章 民用建筑设计

学习目标与要求

1. 了解和熟悉建筑设计的内容、设计程序、设计依据与民用建筑设计的一般原理和方法。
2. 了解有关建筑防火的基本知识与高层建筑的防火设计要点。

10.1 概述

10.1.1 设计的内容

每一项工程从拟定计划到建成使用，都要通过编制工程设计任务书、选择建设用地、场地勘测、设计、施工、工程验收及交付使用等几个阶段。设计工作是其中的重要环节，具有较强的政策性和综合性。

建筑工程设计是指设计一个建筑物或建筑群所要做的全部工作，一般包括建筑设计、结构设计、设备设计等几个方面。习惯上人们常将三个部分统称为建筑工程设计，确切地说建筑设计是指建筑工程设计中建筑师承担的建筑工程这一部分的设计工作。

1. 建筑设计

建筑设计是在总体规划的前提下，根据设计任务书的要求，综合考虑基地环境、使用功能、结构施工、材料设备、建筑经济及建筑艺术等问题，着重解决建筑物内部各种使用功能和使用空间的合理安排、建筑物与周围环境的协调配合、建筑物与各种外部环境的协调配合、内部和外表的艺术效果、各个细部的构造方式等，创造出既符合科学性又具有艺术性的生产和生活环境。

建筑设计在整个工程设计中起着主导和先行的作用，除考虑上述各种要求以外，还应考虑建筑与结构、建筑与各种设备等相关技术的综合协调，以及如何以更少的材料、劳动力、投资和时间来实现各种要求，使建筑物更加适用、经济、坚固、美观。

建筑设计包括总体设计和个体设计两个方面，一般由建筑师来完成。

2. 结构设计

结构设计主要是根据建筑设计选择切实可行的结构方案，进行结构计算及构件设计、结构布置及构造设计等，一般由结构工程师来完成。

3. 设备设计

设备设计主要包括给水排水、电器照明、通信、采暖通风、动力等方面的设计，由有关的设备工程师配合建筑设计来完成。

以上几方面的工作既有分工，又密切配合，形成一个整体。各专业设计的图纸、计算书、说明书及预算书汇总，就构成一个建筑工程的完整文件，作为建筑工程施工的依据。

10.1.2 设计的程序

1. 设计前的准备工作

建筑设计是一项复杂而细致的工作，涉及的学科较多，同时要受到各种客观条件的制约。为了保证设计质量，设计前必须做好充分准备，包括熟悉设计任务书的要求、广泛深入的调查研究、收集必要的设计基础资料等几方面的工作。

1）落实设计任务

建设单位必须具有上级主管部门对建设项目的批准文件和城市规划管理部门的设计批文，才可以向设计单位办理委托设计手续。

2）熟悉设计任务书

设计任务书是指建设单位经上级主管部门批准提供给设计单位的依据性文件，一般包括以下内容。

(1) 建设项目总要求、用途、规模及说明。

(2) 建设项目的组成，单项工程的面积、房间组成、面积分配及使用要求。

(3) 建设项目的总投资及单方造价，土建设备及室外工程的投资比例。

(4) 建设基地大小、形状、地形、原有建筑及道路现状，并附有地形图。

(5) 供电、供水、采暖及空调等设备方面的要求，并附有水源、电源的使用许可文件。

(6) 设计期限及项目建设进度计划安排要求。

设计人员在熟悉设计任务书并作深入调查和分析设计任务书以后，可以对任务书中某些内容提出补充和修改，但必须征得建设单位的同意。

3）调查研究、收集资料

除设计任务书提供的资料外，还应当收集以下设计资料和原始数据。

(1) 建设地区的气象、水文地质资料，如地下水位、地耐力等。

(2) 基地环境及城市规划要求，如建筑高度、后退红线、环境要求等。

(3) 了解建筑材料供应和结构施工等技术条件，如地方材料的种类、规格、价格、施工单位的技术力量、构件预制能力、起重运输设备条件。

(4) 询问使用单位对建筑物的使用要求，调查同类建筑在使用中出现情况，通过分析和总结，全面掌握所设计建筑物的特点和要求。

(5) 收集与项目设计有关的定额指标，了解当地文化传统、生活习惯及风土人情；并做好现场查勘，了解现场情况，考虑拟建筑房屋位置的选择、总平面布局的功能性和合理性。

2. 设计阶段的划分

建筑设计过程按工程复杂程度、规模大小和审批要求，划分为不同的设计阶段。一般分为两阶段设计或三阶段设计。

两阶段设计是指初步设计和施工图设计两个阶段，一般的工程多采用两阶段设计。对于大型民用建筑或技术复杂的项目，采用三阶段设计，即初步设计、技术设计和施工图设计。

1）初步设计

(1) 任务与要求。初步设计是供主管部门审批而提供的文件，也是技术设计和施工图设计的依据。初步设计阶段的任务是提出设计方案，即根据设计任务书的要求和收集到的必要基础资料，结合基地环境，综合考虑技术经济条件和建筑艺术的要求，对建筑总体布置、空间组合进行可能与合理的安排，提出两个或多个方案供建设单位选择。在已确定的方案的基础上，进一步充实完善，综合成为较理想的方案，并编制初步设计供主管部门审批。

初步设计的主要要求具体如下。

① 初步设计应确定建筑物的位置及组合方式，确定结构类型方案，选定建筑材料、各种设备系统的选型，以及说明设计意图。

② 初步设计应对本工程的设计方案及重大技术问题的解决方案进行综合技术分析，论证技术上的先进性、可能性及经济上的合理性，并提出概算书。

③ 初步设计图纸和文件应满足征地、主要设备材料订货、确定工程造价、控制基建投资及进行施工准备的要求。

(2) 初步设计的图纸和文件。初步设计一般包括设计说明书、设计图纸、主要设备材料表和工程概算等四部分，具体的图纸和文件有以下几种。

① 设计总说明书，设计指导思想及主要依据，设计意图及方案特点，建筑结构方案及结构特点，建筑材料及装修标准，主要技术经济指标以及结构、设备等系统的说明。

② 建筑总平面图，比例 1∶500、1∶1 000，应表示用地范围、建筑物位置、大小、层数及设计标高，道路及绿化布置，技术经济指标。地形复杂时，应表示粗略的竖向设计意图。

③ 各层平面图、剖面图及建筑物的主要立面图，比例 1∶100、1∶200，应表示建筑物各主要控制尺寸，如总尺寸、开间、进深、层高等，同时应表示标高、门窗位置，室内固定设备及有特殊要求的厅、室内具体布置，立面处理，结构方案及材料选用等。

④ 工程概算书，建筑物投资估算、主要材料用量及单位消耗量。

⑤ 大型民用建筑及其他主要工程，必要时可绘制透视图、鸟瞰图或制作模型。

2) 技术设计

初步设计经建设单位同意和上级主管部门批准后，可以进行技术设计。技术设计是初步设计具体化阶段，也就是各种技术问题定案阶段。主要任务是在初步设计的基础上进一步解决各种技术问题，协调各种工种之间技术上的矛盾。经批准后的技术图纸和说明书即为编制施工图、主要材料设备订货及工程拨款的依据文件。

技术设计阶段的图纸和文件与初步设计阶段的大致相同，但更详细。具体内容包括：整个建筑物和各个局部的具体做法，各部分确切的尺寸关系，内外装修的设计，结构方案的计算和具体内容、各种构造和用料的确定，各种设备系统的设计和计算，各技术工种之间各种矛盾的合理解决，设计预算的编制等。这些工作都是在有关技术工种共同商定之下进行的，并应相互认可。对于不太复杂的工程，技术设计阶段可以省略，把这个阶段的一部分纳入初步设计阶段，另一部分工作则在施工图设计阶段进行。

3) 施工图设计

(1) 任务与要求。施工图设计是建筑设计的最后阶段，是提交施工单位进行施工的设计文件，必须根据上级主管部门批准同意的初步设计（或技术设计）进行施工图设计。

施工图设计的主要任务是满足施工要求，解决施工中的技术措施、用料及具体做法。因此，必须满足以下要求。

① 施工图设计应综合建筑、结构、设备等各种技术要求，因此，要求各专业工种相互配合、共同工作、反复修改，使图纸做到简明统一、精确无误。

② 施工图应详尽准确地标出工程的全部尺寸、用料做法，以便施工。

③ 要注意因地制宜、就地取材，并注意与施工单位密切联系，使施工图符合材料供应及施工技术条件等客观情况。

④ 施工图绘制应明晰，表达确切无误，要求按国家现行有关建筑制图标准执行。

(2) 施工图设计的图纸和文件。施工图设计的内容包括建筑、结构、水电、采暖、通风等工种的设计图纸、工程说明书、结构及设备计算书和概算书。其具体图纸和文件有以下几种。

① 建筑总平面图，比例 1∶500、1∶1 000、1∶2 000，应标明以下内容：建筑用地范围，建筑物及室外工程(道路、围墙、大门、挡土墙等)的位置、尺寸、标高，建筑小品，绿化美化设施的布置，并附必要的说明及详图，技术经济指标，地形及工程复杂时应绘制竖向设计图。

② 建筑物各层平面图、剖面图、立面图，比例 1∶50、1∶100、1∶200，除表达初步设计或技术设计内容以外，还应详细标出门窗洞口、墙段尺寸必要的细部尺寸、详图索引。

③ 建筑物构造图，建筑构造详图包括平面节点、檐口、墙身、阳台、楼梯、门窗、室内装修、立面装修等详图。本图应详细表示：各部分构件关系、材料尺寸及做法、必要的文字说明。根据节点需要，比例可分别选用 1∶20、1∶10、1∶5、1∶2、1∶1 等。

④ 各工种相应配套的施工图纸，如基础平面图、结构布置图、钢筋混凝土构件详图、水电平面图及系统图、建筑防雷接地平面图等。

⑤ 设计说明书，包括施工图设计依据、设计规模、面积、标高定位、门窗表、用料说明等。

⑥ 建筑节能计算书，结构和设备计算书，工程概算书。

10.1.3 设计的依据

1. 使用功能

1) 人体尺度及人体活动的空间尺度

人体尺度及人体活动所占的空间尺度是确定民用建筑内部各种空间尺度的主要依据。例如，我国中部地区成年男子的平均身高为 1 670 mm，女子为 1 560 mm(见图 10.1)。门洞、窗台及栏杆的高度，踏步的高宽，家具设备的大小、高低，以及建筑内部使用空间的尺度等都与人体尺度、人体活动所需的空间尺度有关。如图 10.2 所示为人体活动所需的空间尺度。

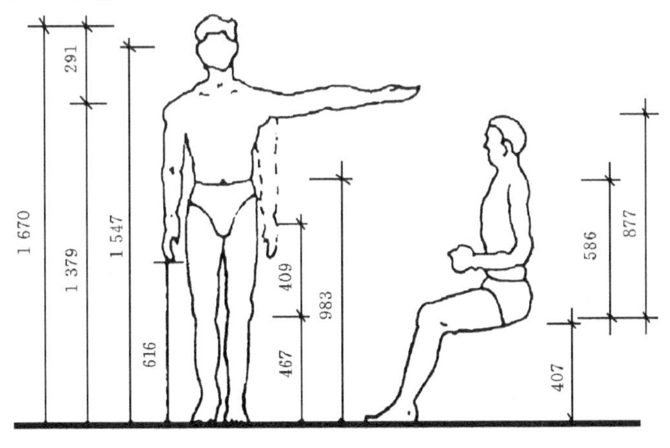

图 10.1 中等身材成年男子的人体基本尺度

在建筑设计中，确定人们活动的空间尺度时，应照顾到不同性别、不同年龄身材高矮的要求，对于不同情况可按以下三种人体尺度来考虑。

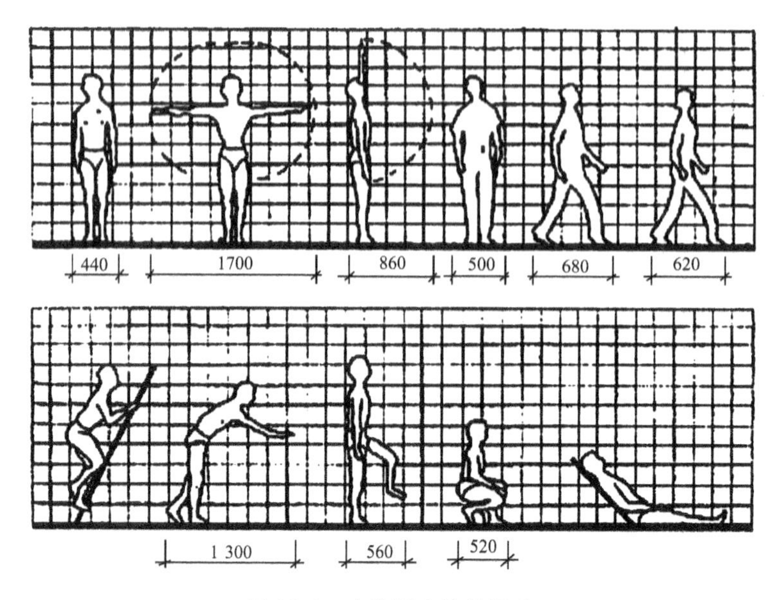

图 10.2　人体基本动作尺度

(1) 应按较高人体考虑的空间尺度，采用男子人体身高幅度的上限 1 740 mm，另加鞋厚 20 mm。例如，楼梯顶高、栏杆高度、阁楼及地下室净高、一般门洞的高度、淋浴喷头的高度、床的长度等。

(2) 应按较矮人体考虑的空间尺度，采用女子的平均高度 1 560 mm，另加鞋厚20 mm。例如，楼梯踏步、吊柜、阁板、挂衣钩及其他空间设置物的高度，盥洗台、操作台、案板的高度等。

(3) 一般建筑内使用空间的尺度应按我国成年人的平均高度 1 670 mm(男)及 1 560 mm(女)，另加鞋厚20 mm来考虑。例如，展览建筑及影剧院中考虑人的视线时，公共建筑中成年人活动时，以及普通的桌椅高度等。

对幼托、中小学建筑，应根据不同年龄的儿童高度来确定内部空间大小、窗台、栏杆、楼梯踏步及家具设备等的高度。

2) 家具、设备尺寸和使用它们所需的必要空间

房间内家具设备的尺寸，以及人们使用它们所需活动空间是确定房间内部使用面积的重要依据。如图 10.3 所示为居住建筑常见家具尺寸示例。

2. 自然条件

1) 气象条件

建设地区的温度、湿度、日照、雨雪、风向、风速等是建筑设计的重要依据。例如，炎热地区的建筑应考虑隔热、通风、遮阳，建筑处理较为开敞；寒冷地区应考虑防寒保温，建筑处理较为封闭；雨量较大地区要特别注意屋顶形式、屋面排水方案的选择，以及屋面防水构造的处理；在确定建筑物间距及朝向时，应考虑当地日照情况及主导风向等因素。

如图 10.4 所示为我国部分城市的风向频率玫瑰图。图中实线部分表示全年风向频率，虚线部分表示夏季风的频率。风向是指外风吹向地区中心，比如由北吹向中心的风称为北风。风向频率玫瑰图(简称风玫瑰图)是依据地区多年来统计的各个方向吹风的平均日数的百分数按比例绘制而成，一般用 16 个罗盘方位表示。

400~450
260~320
400~450
320~380
230~300
400~450
920~1 100
400~500
600~700
380~420
340~460
1 100~1 200
350
350
800~870
350~380
400~430
780~850
500~550
600~640
800~870
350~380
400~430
800~870
500~560
420~480
760~840
660~780
660~780
850~900
580~850
950~1 100
850~950
520~600
560~650
750~820
680~860
650~880
750~820
1 600~1 850
650~880
850~950
1 900~2 100
780~880
800~980
650~750
1 050~1 200
750~780
800~1 250
550~650
1 100~1 300
1 400~1 600
600~650
760~800
700~900
700~900
760~800
ϕ 700~1 500
750~780
800~1 250
550~650
750~780
1 000~1 300
600~700
780~800
1 300~1 600
750~900
1 050~1 200
700~1 000
250~300
650~720
2 000~2 200
400~460
800~1 000
1 100~1 500
430~450
1 800~1 900
950~1 200
550~600
1 800~1 900
1 300~1 500
550~600
1 800~2 400
2 400~3 600
450~550
800~950
2 000
850~1 000
800~950
2 000
1 350~1 500

图 10.3　常见家具尺寸

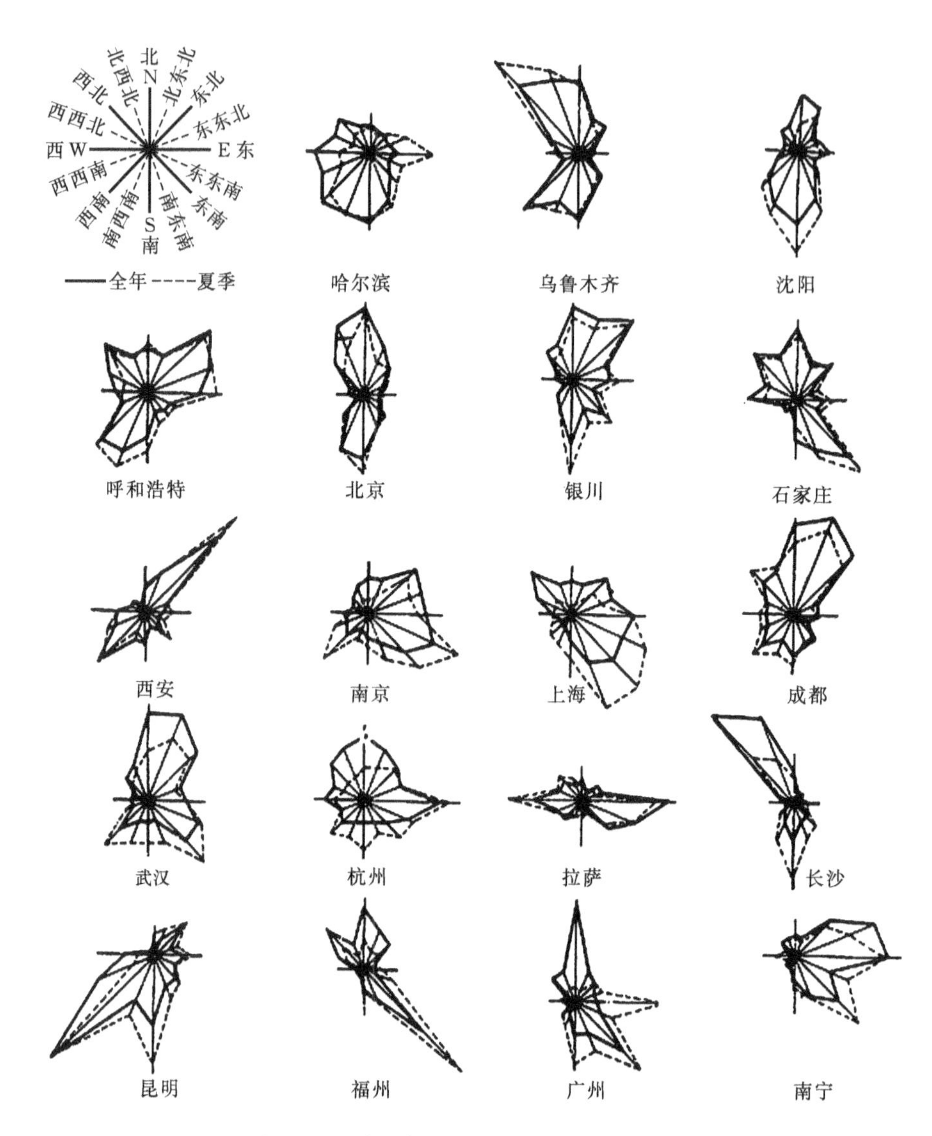

图 10.4 我国部分城市风向频率玫瑰图

2）地形、地质及地震烈度

基地的地形、地质及地震烈度直接影响到房屋的平面空间组织、结构选型、建筑构造处理及建筑体型设计等。例如，位于山坡地的建筑常根据地形高低起伏变化采用错层、吊脚楼或依山就势较为自由的组合方式，位于岩石、软土或复杂地质条件上的建筑，要求基础采用不同的结构和构造处理。

地震烈度表示发生地震时，地面及建筑物遭受破坏的程度。烈度在 6 度以下时，地震对建筑物影响较小，一般可以不考虑抗震措施。9 度以上地区，地震破坏力很大，一般应尽量避免在该地区建筑房屋，建筑物抗震设防的重点是 7、8、9 度地震烈度的地区。不同地震烈度的破坏见表 10.1。

3）水文条件

水文条件是指地下水位的高度及地下水的性质，直接影响到建筑物的基础及地下室。一般应根据地下水位的高低及地下水性质，确定是否在该地区建造房屋或采用相应的防水和防腐措施。

表 10.1　地震烈度破坏程度表

地震烈度	地面及建筑物受破坏的程度
1～2 度	人们一般感觉不到，只有地震仪才能记录到
3 度	室内少数人能感到轻微的振动
4～5 度	人们有不同程度的感觉，室内物体有些摆动，有尘土掉落
6 度	较老的建筑物多数被破坏，个别有倒塌的可能，有时在潮湿松散的地面上，有细小裂缝，少数山区发生土石散落
7 度	家具倾斜破坏，水池中有波浪，坚固的住宅有轻微损坏，如墙上有轻微的裂缝，抹灰层大片脱落，瓦从屋顶掉下等；严重地破坏了陈旧和简易的建筑物，有喷砂、冒水现象
8 度	树干振动很大，甚至折断；大部分建筑物遭到破坏，坚固的建筑物墙上有很大裂缝而严重破坏，工厂的烟囱和水塔倒塌
9 度	一般建筑物倒塌或部分倒塌，坚固建筑物有严重破坏，大多数不能用，地面出现裂缝，山区有滑坡现象
10 度	建筑物遭到严重破坏，地面裂缝多，水面有浪，钢轧有弯曲变形现象
11～12 度	建筑物普遍倒塌，地面变形严重，造成巨大的自然灾害

3. 技术要求

设计标准化是实现建筑工业化的前提。因为只有设计标准化，做到构件定型化，使构件规格、类型少，才有利于大规模采用工厂生产及施工的机械化，从而提高建筑工业的水平。为此，建筑设计应采用国家规定的建筑模数协调统一标准，有关这方面的详细内容见本书第1章。

除此以外，建筑设计应遵照国家制定的标准、规范以及各地或国家各部、委颁发的标准执行。如建筑防火规范、采光设计标准、住宅设计规范等。

10.2 建筑平面设计

一般而言，一幢建筑物是由若干单位空间有机地组合起来的整体空间，任何空间都具有三度性。因此，在进行建筑设计的过程中，人们常从平面、剖面、立面三个不同方向的投影来综合分析建筑物的各种特征，并通过相应的图示来表达其设计意图。

建筑的平面、剖面、立面设计这三者是密切联系而又互相制约的。平面设计是关键，它集中反映了建筑平面各组成部分的特征及其相互关系、建筑平面与周围环境的关系、建筑是否满足使用功能的要求、经济是否合理。除此以外，建筑平面设计还不同程度地反映了建筑空间艺术构思及结构布置关系等。因此，在进行设计方案时，总是先从平面入手，同时认真地分析剖面及立面的可能性和合理性，及其对平面设计的影响。

10.2.1 平面设计

民用建筑类型繁多，各类建筑房间的使用性质和组成类型也不相同。无论何种建筑物，从组成平面各部分的使用性质来分析，均可归纳为两个部分，即使用部分和交通联系部分。

使用部分是指各类建筑物中的使用房间和辅助房间。使用房间是建筑物的核心，由于它们的使用要求不同，形成了不同类型的建筑物，如住宅中的起居室、卧室。辅助房间是为保证建筑物主要使用而设置的，属于建筑物的次要部分，如公共建筑中的卫生间、储藏室及其他服务性房间。

交通联系部分是建筑物中各房间之间、楼层之间和室内外之间联系的空间，如各类建筑物中的门厅、走道、楼梯间、电梯间等。

建筑平面设计的任务，就是充分研究几个部分的特征和相互关系，以及平面与周围环境的关系，在各种复杂的关系中找出平面设计的规律，使建筑能满足功能、技术、经济、美观的要求。

图10.5所示为某市幼儿园平面图，其平面布置灵活，流线清晰，功能分区明确，活动室平面呈矩形，音体室呈圆形，南北两部分采用内廊连接，入口设置中庭。活动室、休息室和音体活动室显然是使用房间；而厨房、卫生间等则是辅助房间；门厅、楼梯间、走道则起着联系各房间的交通作用。以上几个部分由于使用功能不同，在房间设计及平面布置上均有不同，设计中应根据不同要求区别对待，采用不同的方法。

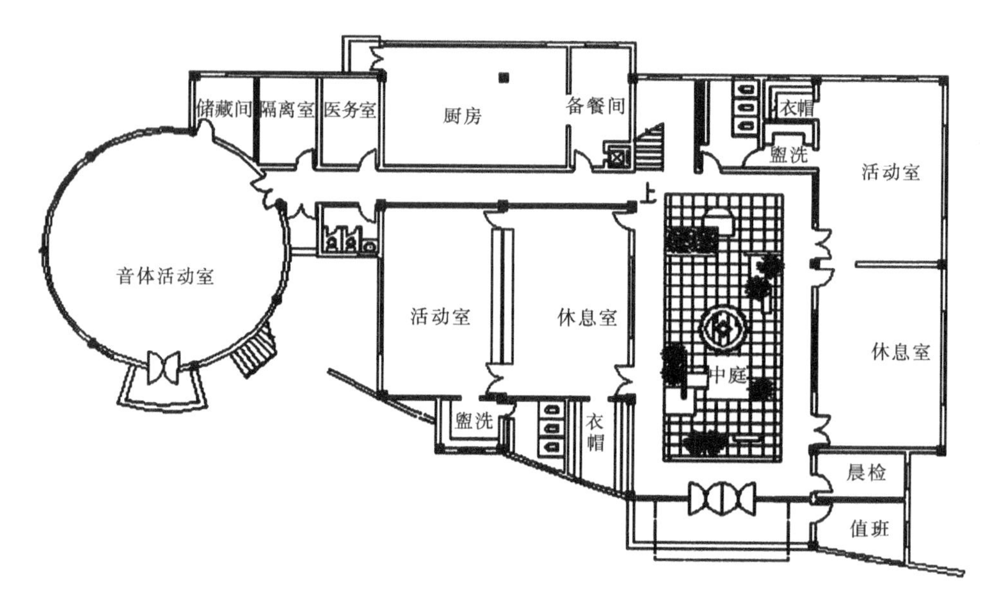

图10.5　某市幼儿园平面图

建筑平面设计包括单个房间平面设计及平面组合设计。单个房间设计是在整体建筑合理而实用的基础上，确定房间的面积、形状、尺寸以及门窗的大小和位置。平面组合设计是根据各类建筑功能要求，抓住使用房间、辅助房间、交通联系部分的相互关系，结合基地环境及其他条件，采取不同的组合方式将各单个房间合理地组合起来。

建筑平面设计所涉及的因素很多，如房间的特征及其相互关系、建筑结构类型及其布局、建筑材料、施工技术、建筑造价、节约用地以及建筑造型等方面的问题。因此，平面设计实际上就是研究解决建筑功能、物资技术、经济及美观等问题的。

10.2.2　使用房间设计

1. 使用房间的分类和设计要求

1）按使用房间的功能要求来分类

(1) 生活用房间，如住宅的起居室、卧室、宿舍和招待所的卧室等。

(2) 工作、学习用的房间，如各类建筑中的办公室、值班室、学校的教室、实验室等。

(3) 公共活动房间，如商场的营业厅、剧院、电影院的观众厅、休息厅等。

一般来说，生活、工作和学习的房间要求安静、少干扰，由于人们在其中停留的时间相对较长，因此希望能有较好的朝向；公共活动房间的主要特点是人流比较集中，通常进出频繁，因此室内人们的活动和通行面积的组织比较重要，特别是人流的疏散问题较为突出。使用房间的分类，有助于平面组合中对不同房间进行分组和功能分区。

2) 使用房间平面设计的要求

(1) 房间的面积、形状和尺寸要满足室内使用活动和家具、设备合理布置的要求。

(2) 门窗的大小和布置，应考虑房间的出入方便、疏散安全、采光通风良好。

(3) 房间的构成应使结构构造布置合理、施工方便，也要有利于房间之间的组合，所用材料要符合相应的建筑标准。

(4) 室内空间以及顶棚、地面、各个墙面和构件细部，要考虑人们的使用和审美要求。

2. 使用房间的面积

各种不同的使用房间都是为了供一定数量的人在里面进行活动和布置所需的家具和设备，因此，必须有足够的面积，按照使用要求，房间的面积可以分为三个部分：① 家具和设备所占用的面积；② 人们使用家具设备及活动所需的面积；③ 房间内部的交通面积。图10.6所示为教室和住宅卧室室内使用面积分析示意。

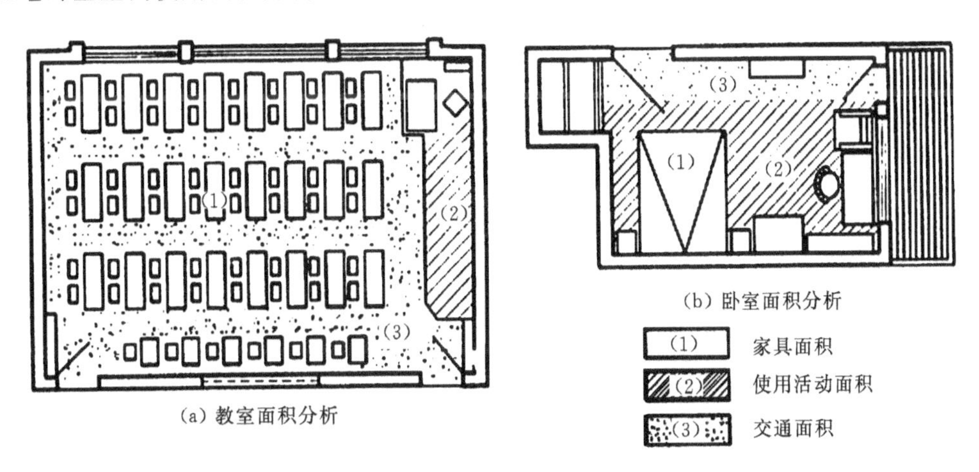

图10.6 房间使用面积分析图

影响房间面积大小的因素概括起来有以下几点。

1) 容纳人数

无论是家具设备所需的面积或人们活动及交通面积，都与房间的规模及容纳人数有关。一般来说，规模大、容纳人数多的房间，面积也需要大些。

在实际工作中，房间面积的确定主要是依据我国有关部门及地区制订的面积定额指标。表10.2是部分民用建筑房间面积定额参考指标。

有些建筑的房间面积指标未作规定，使用人数也不固定，如展览室、营业厅等。这就要求设计人员根据设计任务书的要求，对同类型、规模相近的建筑进行调查研究，充分掌握使用特点，结合经济条件，通过分析比较得出合理的房间面积。

表 10.2　部分民用建筑房间面积定额参考指标

建筑类型	房间名称	面积定额/(m^2/人)	备　注
中小学	普通教室	1～1.2	小学取下限
办公楼	一般办公楼	3.5	不包括走道
	会议室	0.5	无会议桌
		2.3	有会议桌
铁路旅客站	普通候车室	1.1～1.3	—
图书馆	普通阅览室	1.8～2.5	4～6座双面阅览桌

2）家具设备及人们使用活动面积

任何房间为满足使用要求，都需要有一定数量的家具、设备，并进行合理的布置。如教室中有课桌椅、黑板、讲台等；卧室中有床、桌椅、柜子等；陈列室中有展板、陈列台、陈列柜等；卫生间有大便器、洗脸盆、浴盆等。这些家具的设备数量、布置方式及人们使用它们所需的活动面积，均与人的数量和人体尺度有关，且直接影响到房间使用面积的大小。

3. 房间的形状

民用建筑常见的房间形状有矩形、方形、多边形、圆形等。在具体设计中，应从使用要求、结构形式与结构布置、经济条件、美观等方面综合考虑，选择合适的房间形状。绝大多数的民用房间形状常采用矩形，其主要原因如下。

(1) 矩形平面体型简单，墙体平直，便于家具布置和设备的安排，使用上能充分利用室内有效面积，有较大的灵活性。

(2) 结构布置简单，施工方便。以中小学教室为例，矩形平面的教室，由于进深和面积较大，如采用预制构件，其结构布置方式一般有两种：一种是纵墙搁板，楼板支撑在大梁和横墙上；另一种是采用长板直接支撑在纵墙上，取消大梁。以上两种方式均便于统一构件类型，简化施工。

(3) 矩形平面便于统一开间、进深，有利于平面及空间的组合。如学校、办公楼、旅馆等建筑常采用矩形空间沿走道一侧或两侧布置，统一的开间和进深使建筑平面布置紧凑、用地经济。当房间面积较大时，应保证良好的采光和通风，常采用沿外墙长向布置的组合方式。

当然，矩形平面也不是唯一的形式。就中小学教室而言，在满足视、听及其他要求的条件下，也可采用方形及六角形平面(见图 10.7)。

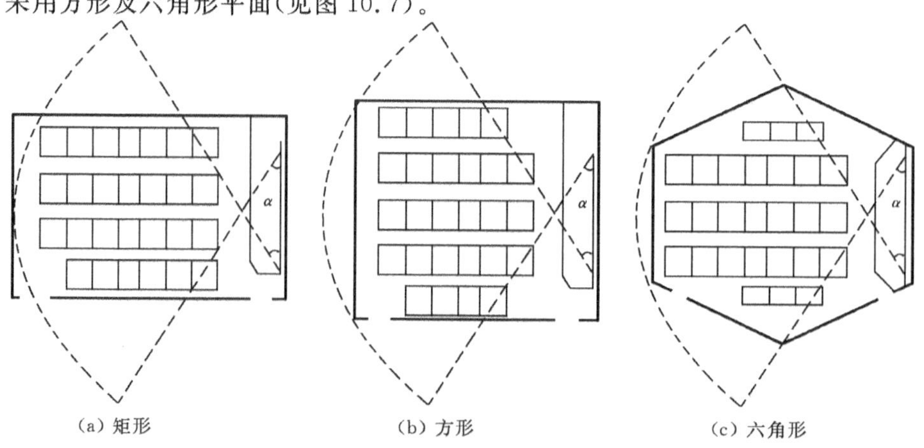

图 10.7　教室平面形状

方形教室的优点是进深加大、长度缩短、外墙减少、相应交通线路缩短、用地经济。同时，方形教室缩短了最后一排的视距，视听条件有所改善，但为了保证水平视角的要求，前排两侧均不能布置课桌椅。

对于一些有特殊功能及视听要求的房间如观众厅、杂技厅、体育馆等房间，它的形状则首先应满足这类建筑单层大空间的功能要求。如杂技厅常采用圆形平面以满足演马戏时动物跑弧线的需要。观众厅要满足良好的视听条件，既要看得清又要听得好。观众厅的平面形状一般有矩形、钟形、扇形、六角形、圆形(见图 10.8)。圆形结构复杂，适用于中小型观众厅。圆形平面有严重的声扬分布不均匀现象，一般观众厅很少采用，但由于视线及疏散条件较好，常用于大型体育馆。

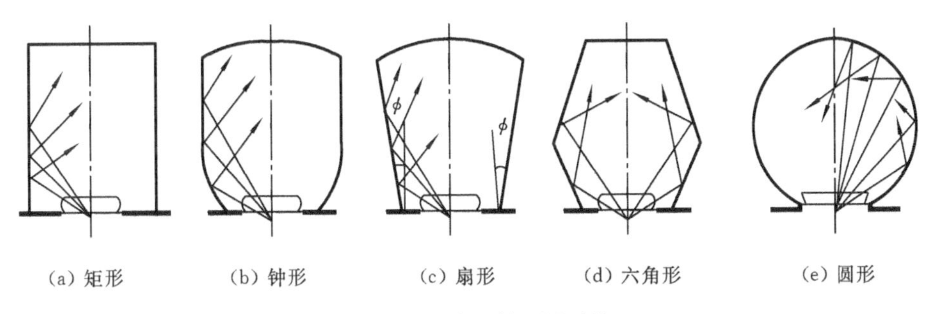

图 10.8　观众厅的平面形状

4. 房间的平面尺寸

房间尺寸是指房间的面宽和进深，而面宽常常由一个或多个开间组成。在同样面积的情况下，房间的平面尺寸可能多种多样，如何才能做到尺寸合适呢？一般从以下几个方面进行综合考虑。

1) 满足家具设备布置及人们活动的要求

如卧室的平面尺寸应考虑床的大小、家具的相互的关系，提高床位布置的灵活性。主要卧室要求床能在两个方向布置，因此开间尺寸应保持床横放以后剩余的墙面还能开一扇门，常取 3.30 m，深度方向应考虑横竖两个床中间再加一个床头柜或衣柜，常取 4.20～4.80 m。小卧室考虑床竖放以后能开一扇门或放床头柜，开间尺寸常取 2.70～3.00 m(见图 10.9)。医院病房主要是满足病床的布置及医护活动的要求，3～4 人的病房开间尺寸常取 3.30～3.60 m，6～8 人的病房开间尺寸常取 5.70～6.00 m(见图 10.10)。

2) 满足视听要求

有的房间如教室、会堂、观众厅等的平面尺寸除满足家具设备布置及人们活动要求外，还注意保证有良好的视听条件。为使前排两侧座位不致太偏，后面座位不至于太远，必须根据水平视角、视距、垂直视角的要求，充分研究座位的排列，确定房间的合适尺寸(见图 10.11)。

3) 良好的天然采光

民用建筑除少数有特殊要求的房间如演播室、观众厅等以外，均要求有良好的天然采光。一般房间多采用单侧或双侧采光，因此，房间的进深常受到采光的限制。为保证室内采光的要求，一般单侧采光时进深不大于窗上口至地面距离的两倍，两侧采光时进深可比单侧采光时增大一倍。如图 10.12 所示为采光方式对房间进深的影响。

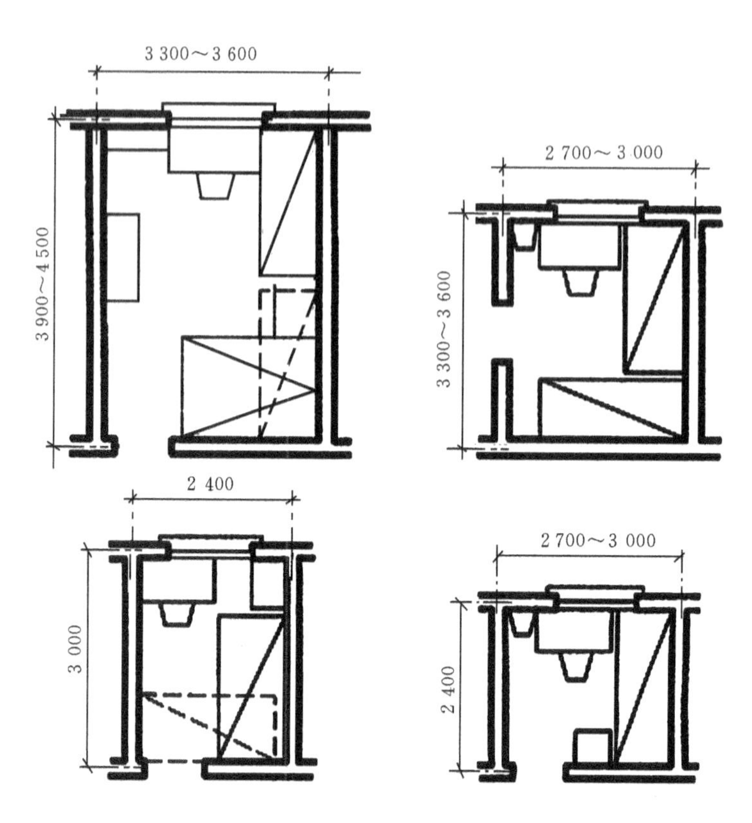

图 10.9　卧室的开间和进深

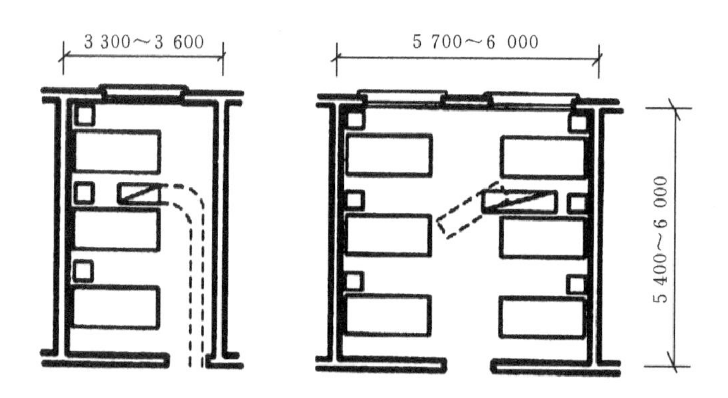

图 10.10　病房的开间和进深

4）经济合理的结构布置

一般民用建筑常采用墙体承重的梁板式结构和框架结构体系。房间的开间、进深尺寸应尽量使构件规格化、统一化，同时使梁板构件符合经济跨度要求，较经济的开间尺寸是不大于4.00 m，钢筋混凝土梁较经济的跨度是不大于 9.00 m。对于由多个开间组成的大房间，如教室、会议室、餐厅等，应尽量统一房间尺寸，减少构件类型。

5）符合建筑模数协调统一标准的要求

为提高建筑工业化水平，必须统一构件类型，减少规格，这就需要在房间开间和进深上采用统一标准的规定，房间尺寸一般以 300 mm 为模数。如办公楼、宿舍、旅馆等以小空间为主的建

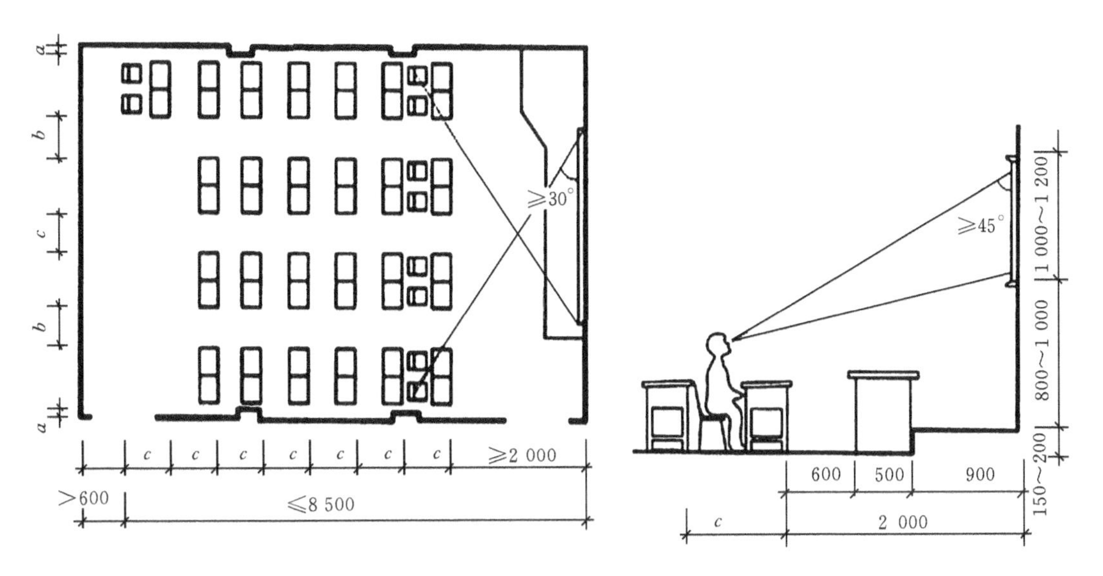

图 10.11　教室课桌椅布置要求

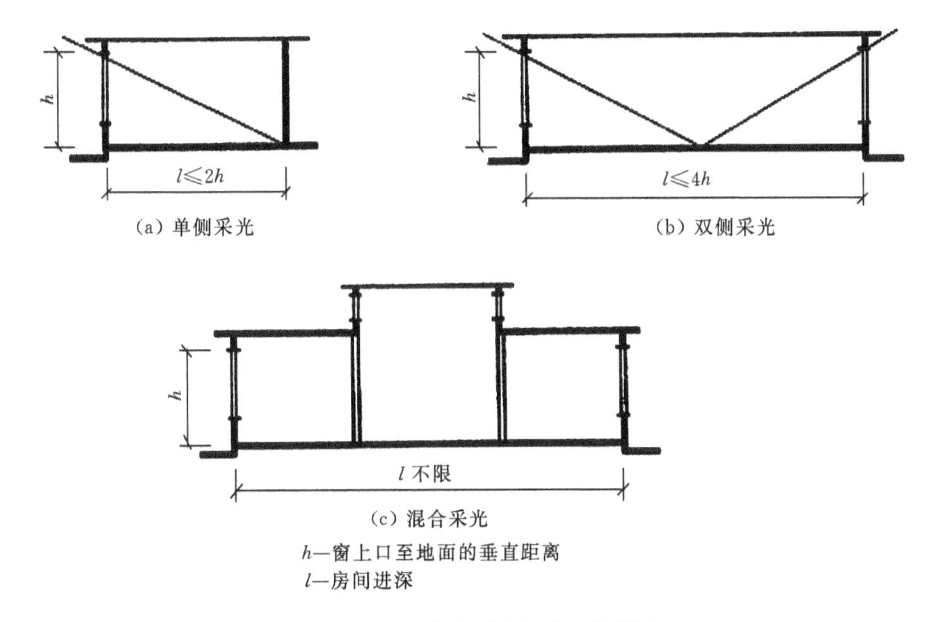

图 10.12　采光方式对房间进深的影响

筑，其开间尺寸常取 3.30 m，3.60 m，住宅楼梯间的开间尺寸常取 2.40 m、2.70 m 等。

5. 使用房间的门窗设置

房间的门的功能是提供出入和交通联系，有时也兼采光和通风。窗的主要功能是采光、通风。同时门窗也是外围护结构的组成部分。因此，门窗设计是一个综合性问题，它的大小、数量、位置及开启方式直接影响到房间的通风和采光、家具布置的灵活性、房间面积的有效利用、人流活动及交通疏散、建筑外观及经济性等各个方面。

1）门的宽度及数量

门的宽度取决于人体尺寸、人流股数及家具设备的大小等因素。一般单股人流通行最小宽度取 550 mm，一个人侧身通行需要 300 mm 宽。因此，门的最小宽度一般为 700 mm，常用于住宅中的厕所、浴室。住宅中卧室、厨房、阳台的门应考虑一人携带物品通行，卧室常取 900 mm，厨房可取 800 mm。普通教室、办公室等的门应考虑一个人正面通行，另一个人侧身通行，常采用 1 000 mm。

当房间面积较大，使用人数较多时，单扇门宽度小，不能满足通行要求，此时应根据使用要求采用双扇门、四扇门或增加门的数量。双扇门的宽度可为 1 200～1 800 mm，四扇门的宽度可为 2 400～3 600 mm。

按照《建筑设计防火规范》的要求，当房间使用人数超过 50 人，面积超过 60 m^2 时，至少需设两个门。对于一些大型公共建筑，如影剧院的观众厅、体育馆的比赛大厅等，由于人流集中，为保证紧急情况下人流迅速、安全的疏散，门的数量和总宽度应按每 100 人 600 mm 宽计算，并结合人流通行方便分别设双扇外开门在通道外，且每樘门宽度不小于 1 400 mm。

2）窗的面积

为获取良好的天然采光，保证房间有足够的照度值，房间必须开窗。窗口面积大小主要根据房间的使用要求、房间面积及当地日照情况等因素来考虑。不同使用要求的房间对采光要求不同，如绘画室、打字室、手术室等对采光要求很高，居室、厕所要求较低；储藏室、走道要求更低。根据不同房间的使用要求，建筑采光标准分为五级，每级规定相应的窗地面积比，即房间窗口总面积与地面积的比值（见表 10.3）。设计时可根据窗地面积比进行窗口面积的计算，也可先确定窗口面积，然后按照表中规定的窗地面积比值进行验算。

表 10.3　民用建筑采光等级表

采光等级	视觉工作特征		房间名称	窗地比面积
	工作或活动要求精确程度	要求识别的最小尺寸/mm		
Ⅰ	极精密	＜0.2	绘图室、制图室、画廊、手术室	1/3～1/5
Ⅱ	精密	0.2～1	阅览室、医务室、健身房、专业实验室	1/4～1/6
Ⅲ	中精密	1～10	办公室、会议室、营业厅	1/6～1/8
Ⅳ	粗糙	＞10	观众厅、居室、盥洗室、厕所	1/8～1/10
Ⅴ	极粗糙	不作规定	储藏室、门厅、走廊、楼梯间	1/10 以下

当然，采光要求也不是确定窗口面积的唯一因素，还应结合通风要求、朝向、建筑节能、立面设计、建筑经济等因素综合考虑。南方地区气候炎热，可适当增大窗口面积以争取通风量，寒冷地区为防止冬季热量从窗口过多散失，可适当减少窗口面积。

3）门窗的位置

房间门窗的位置直接影响到家具布置、人流交通、采光、通风等。因此，合理地确定门窗位置是房间设计又一重要因素。

（1）门窗位置应尽量使墙面完整，便于家具设备布置和采光，利用室内有效面积。图 10.13 分别表示旅馆和集体宿舍门的位置。在一般情况下，为了节约空间，减少门开启时占地面积。常将门设于房间一角，不但有利于家具的合理布置，且房间面积利用率高（见图 10.13(a)），但对于集体宿舍，为了便于多布置床，常将门设在房间墙中央（见图 10.13(c)）。

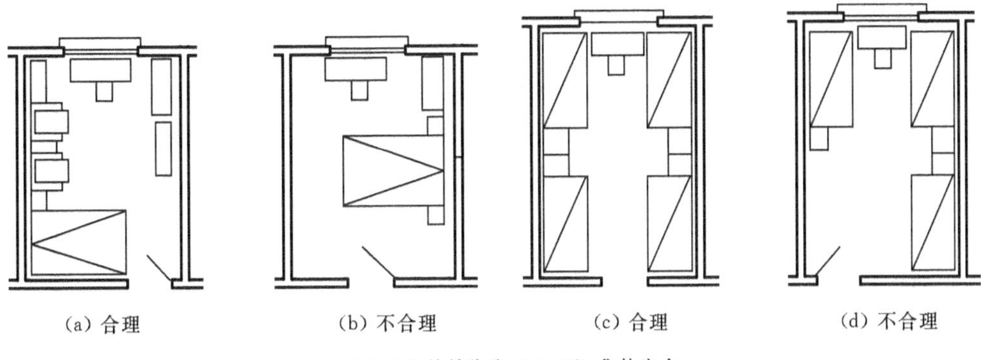

图 10.13 卧室、集体宿舍门位置的比较

当小房间中门的数量不止一个时，应尽量使门靠拢，以减少交通面积。图 10.14 所示卧室门窗位置比较，其中图 10.14(a)所示门窗分散，不利于家具布置，且交通面积多、线路长；图 10.14(b)所示适当调整门窗位置，保留几个完整墙角，室内布置得以改善；图 10.14(c)所示窗放在墙中，影响床的布置；图 10.14(d)所示将窗靠边设置，有利于布置双人床，而且也改善了书桌的采光条件。

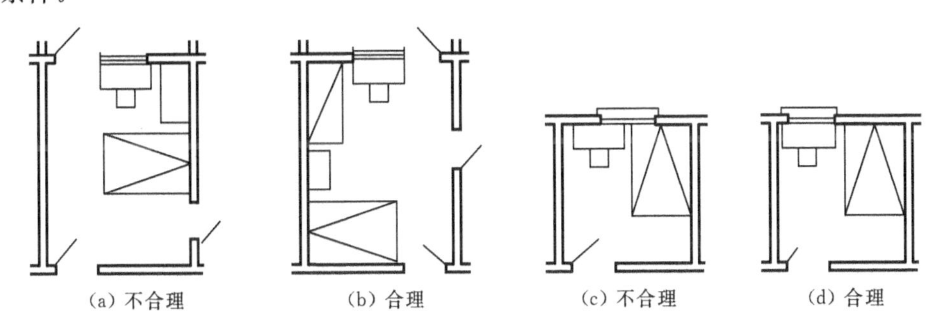

图 10.14 卧室门窗位置的比较

(2) 门窗位置应有利于采光、通风。窗口在房间中的位置决定了光线的方向及室内采光的均匀性。内廊式建筑的房间采用单侧采光，这种方式外墙上开窗面积大，但光线不均匀，近窗点很亮，远窗点较暗，提高窗口高度可使远窗点光线增强。外廊式建筑的房间可设双侧窗，在外墙处设普通侧窗，靠外廊一侧设普通侧窗或高侧窗，这样可改变单侧采光不均匀的现象，同时也有利于室内的通风。

图 10.15 所示为普通教室窗的开设。该教室在外墙设普通侧窗，其中图 10.15(a)、(b)所示三个窗相对集中，窗间设小柱或小段实墙，光线集中在课桌区内，暗角较小，对采光有利。同时，由于左右两窗向中间靠拢，加大了黑板处窗间墙宽，可防止黑板的反射眩光，窗宽以 1 000 mm

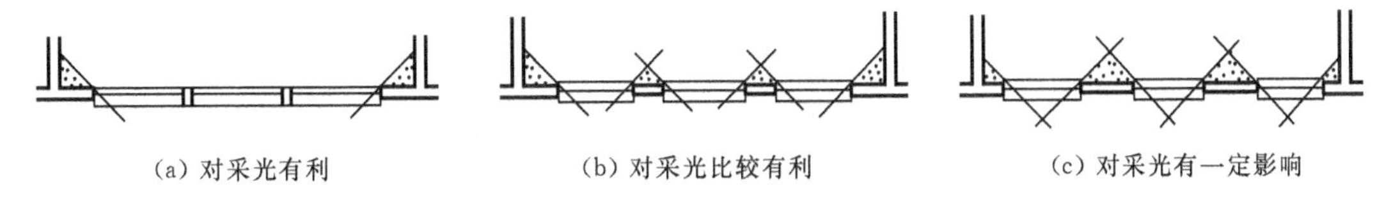

图 10.15 教室侧窗的布置

左右为宜。图10.15(c)所示窗均匀布置在每个相同开间的中部，当窗宽不大时，窗间墙较宽，在墙体形成较大暗角区，影响该处桌面亮度。

房间的自然通风由门窗来组织，通过门窗的开设，使室外新鲜空气由上风一侧门窗洞口进入，再通过下风一侧的门窗洞口将污浊空气排走，从而达到室内通风换气的目的。门窗在房间中的位置决定了气流的走向，影响到室内通风的范围，并应尽量使室内形成堂风，图10.16所示为门窗位置对气流的影响。

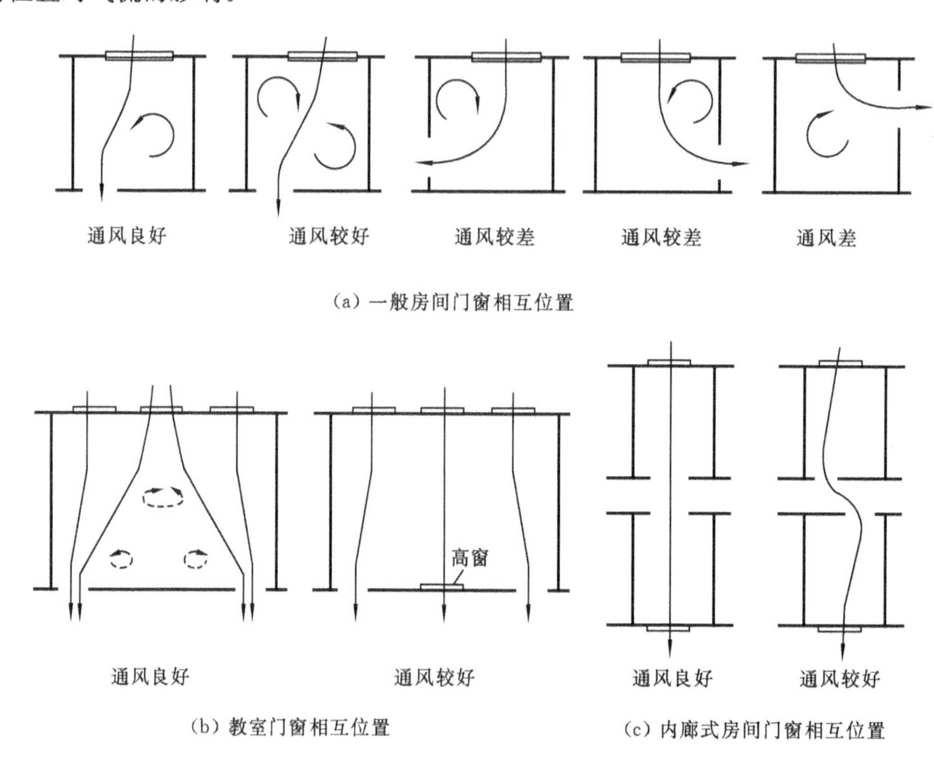

图10.16　门窗平面位置对气流组织的影响

(3) 门的位置应方便交通，利于疏散。在使用人数较多的公共建筑中，为便于人流交通和在紧急情况下人们迅速、安全地疏散，门的位置必须与室内走道紧密配合，使通行线路简捷（见图10.17）。

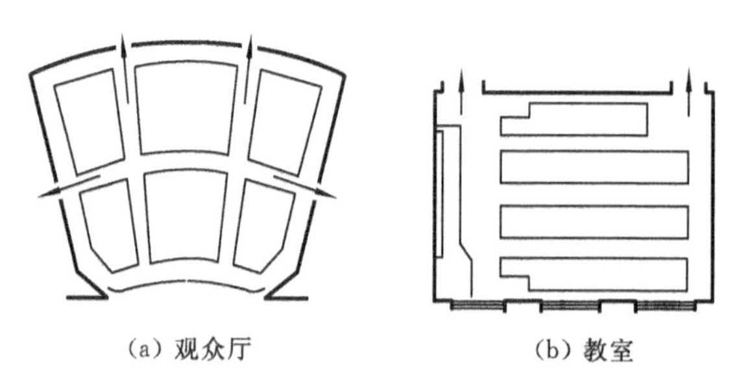

图10.17　门与走道的位置关系

(4) 门窗的开启方向。门窗的开启方向一般有外开和内开，大多数房间的门均采用内开方式，可防止门开启时影响室外的人行交通。对于人流较多的公共建筑，如影剧院、候车厅、体育馆、商店的营业厅，以及有爆炸危险的试验室等，为便于安全疏散，这里房间的门必须向外开，当房间内两个门紧靠在一起时，应防止门扇相互碰撞。图 10.18 所示为房间中两边靠近时的开启方式。

为避免窗开启时占用室内空间，大多数的窗常采用外开方式。

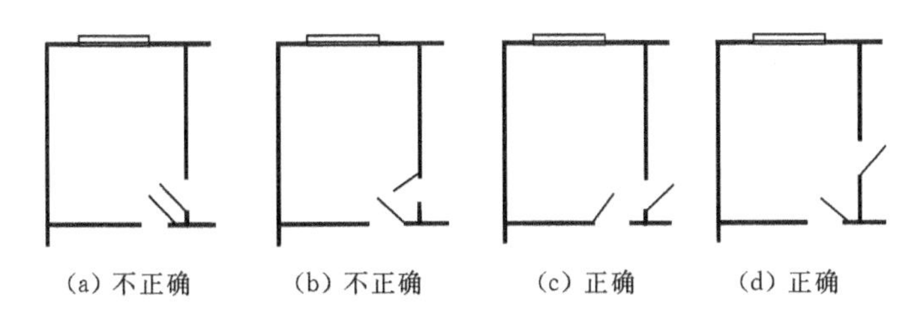

图 10.18　房间中两个门靠近时的开启方式

10.2.3　辅助房间设计

民用建筑除了使用房间以外，还有很多辅助房间，这些房间在整个建筑平面中虽然处于次要地位，但却是不可缺的部分，如果处理不当，会造成使用、维修管理不便或造价增加等缺陷。

辅助房间的设计原理和方法与使用房间的基本相同。但由于在这类房间中大都布置有较多的管道、设备，因此，房间的大小及布置均受到一定的限制，如厕所、盥洗室、浴室、厨房是最为常见的。

1. 厕所

厕所设计首先应了解各种设备及人体活动所需要的基本尺度，再根据使用人数确定所需的设备数量以及房间的基本尺寸和布置形式。

1) 厕所设备及数量

厕所卫生设备有大便器、小便器、洗手盆、污水池等。大便器有蹲式和坐式两种，可根据建筑标准及使用习惯分别选用。一般多采用蹲式，这是因为蹲式大便器使用卫生、便于清洗，对于使用频繁的公共建筑如学校、医院、办公楼、车站等尤其适用，而标准较高、使用人数较少或老年人使用(如宾馆、敬老院等)的厕所宜采用坐式大便器。小便器有小便斗和小便槽两种。较高标准及使用人数少的可采用小便斗，一般厕所常用小便槽。图 10.19 所示为厕所设备及组合所需的尺寸。

卫生设备的数量及小便槽的长度主要取决于使用人数、使用对象、使用特点。一般民用建筑每一个卫生设备可供使用的人数参考表 10.4 所列。具体设计中可按此表并结合调查研究，最后确定其数量，如中、小学一般是下课后集中使用，因此卫生设备数量应适当多一些，以免造成拥挤。

2) 厕所设计的一般要求

(1) 厕所在建筑物中常处于人流交通线上与走道及楼梯间相联系处，如走道两端、楼梯间及出入口处、建筑物转角处等。同时，厕所本身从卫生和使用上常考虑设前室，以前室作为公共交通空间和厕所缓冲地，并使厕所隐蔽一些。

(2) 大量人群使用的厕所，应有良好的天然采光与通风，以便排除污臭气。少数人使用的厕所允许间接采光，但必须有抽风设施(如气窗、抽风井)。为保证主要使用房间的良好朝向，厕所可布置在方位较差的一面。

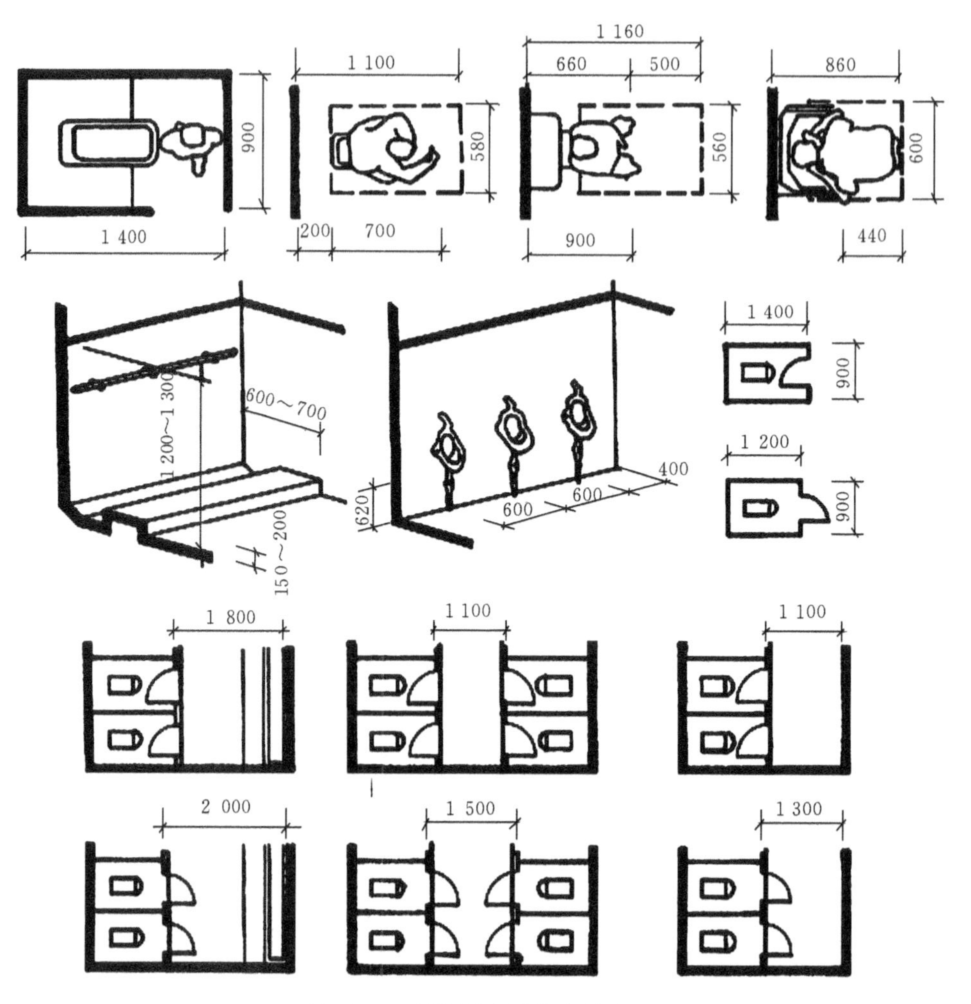

图 10.19 厕所设备及组合尺寸

表 10.4 部分民用建筑厕所设备个数参考指标

建筑类型	男小便器/（人/个）	男大便器/（人/个）	女大便器/（人/个）	洗手盆或龙头/（人/个）	男女比例	备　注
旅馆	20	20	12	—	—	男女比例按设计要求
宿舍	20	20	15	15	—	男女比例按实际使用情况
中小学	40	40	25	100	1∶1	小学数量应稍多
火车站	80	80	50	150	2∶1	—
办公楼	50	50	30	50～80	3∶1～5∶1	—
影剧院	35	75	50	140	2∶1～3∶1	—
门诊部	50	100	50	150	1∶1	总人数按全日门诊人次计算
幼儿园	—	5～10	5～10	2～5	1∶1	—

注：一个小便器折合 0.6 m 长小便槽

(3) 厕所位置应有利于节省管道,减少立管并靠近室外给排水管道。同层平面中男、女厕所最好并排布置,避免管道分散。多层建筑中应尽可能把厕所布置在上下相对应的位置。

(4) 结合不同类型建筑的使用特点以确定厕所的位置、面积及设备数量。对于使用时间集中、使用人数多的厕所,卫生设备应适当增加,面积宜适当增大,位置应分散、均匀布置,如中小学的就是这样。

3) 厕所布置

厕所的平面形式可分为两种:一种是无前室的,另一种是有前室的(见图10.20)。

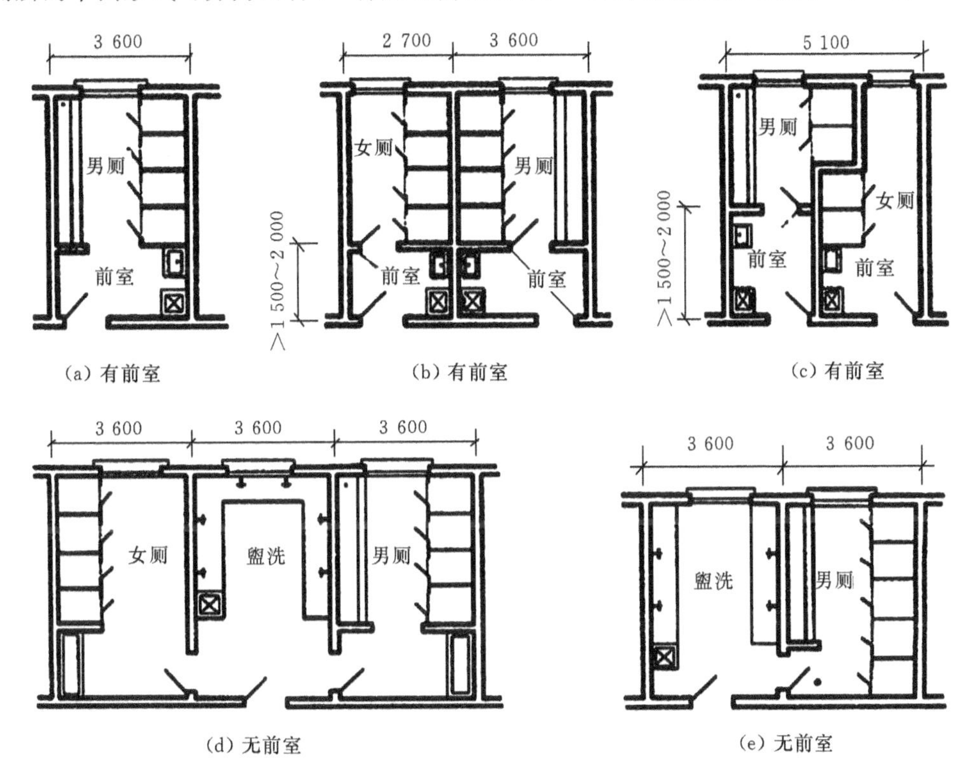

图10.20 厕所的布置形式

带前室的厕所有利于隐蔽,可以改善通往厕所的走道和过厅的卫生条件。前室内一般设有手盆和污水池,前室的深度应该不小于1.5~2.0 m。当厕所面积较小不可能设置前室时,应注意门的开启方向,务必使厕所蹲位及小便器处于隐蔽位置。

2. 浴室和盥洗室

浴室和盥洗室的主要设备有洗脸盆(或洗脸槽)、污水池、淋浴器,有的需设置浴盆等。除此以外,公共浴室还有更衣室,其中主要设备有衣柜、挂衣钩、更衣凳等。设计时可以根据使用人数确定卫生器具的数量(见表10.5)。

表10.5 浴室、盥洗室设备个数参照指标

建筑类型	男浴器/(人/个)	女浴器/(人/个)	洗脸盆或龙头/(人/个)	备　注
旅馆	40	8	15	男女比例按设计要求
幼儿园	每班2个		2~5	—

图 10.21、图 10.22 分别表示浴室、盥洗室卫生设备及其组合尺寸。浴室、盥洗室常与厕所布置在一起成为卫生间。按使用对象不同，卫生间又可分为专用卫生间和公共卫生间。专用卫生间使用人数少，常用于住宅、宾馆、医院等。这类房间面积小，一般均附设在房间周围（见图 10.23）。为保证主要使用房间靠近外墙，常将卫生间沿内墙布置，采用人工照明及抽风井或者气窗通风。公共卫生间常设前室，通过前室进入厕所和浴室，前室中布置盥洗设备，这样既便于隔绝污水臭气，避免过道太湿，又可遮挡视线（见图 10.24）。

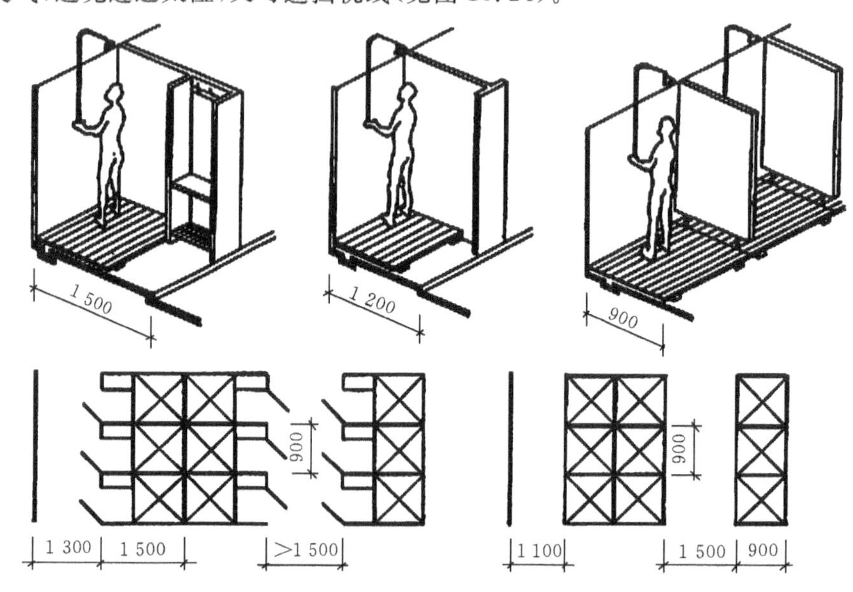

图 10.21　淋浴设备及组合尺寸

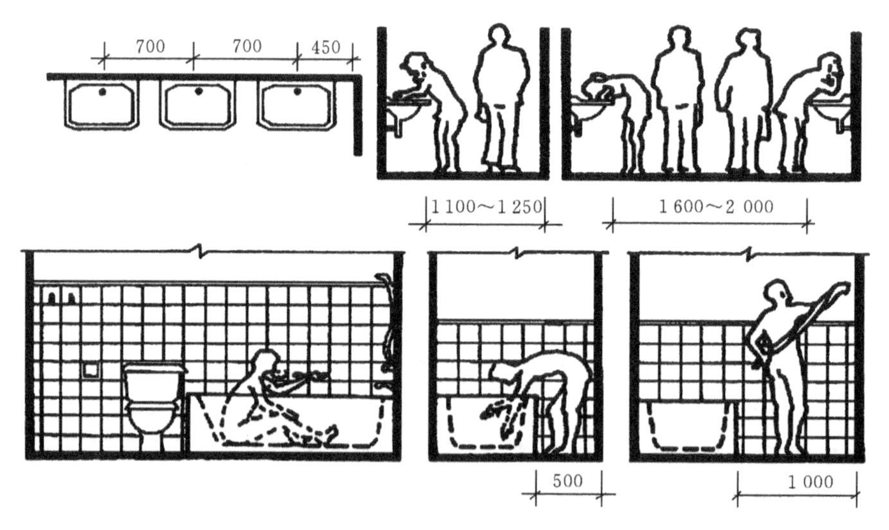

图 10.22　洗脸盆、浴盆设备及尺寸

3. 厨房

这里主要介绍住宅、公寓内每户使用的专用厨房，它是家务劳动的中心，主要供烹调、洗刷、清洁之用，面积较大的厨房还兼作就餐用。厨房设备有灶台、案台、水池、储藏设施及排烟装置等。

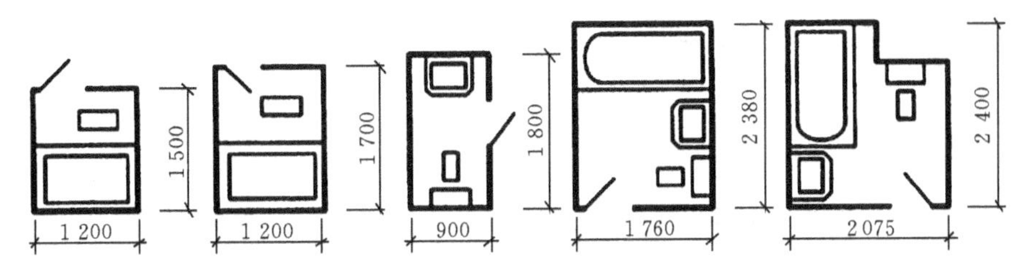

图 10.23　专用卫生间设备及布置方式举例

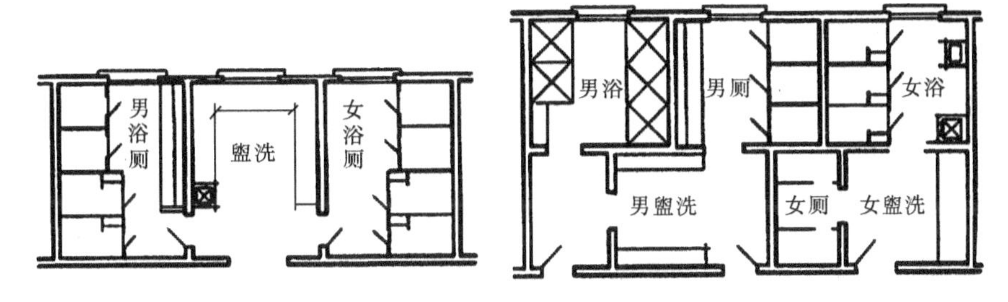

图 10.24　公共卫生间布置实例

厨房应有良好的采光和通风条件；尽量利用厨房的有效空间布置足够的储藏设施，如壁龛、吊柜等；厨房的墙面、地面应考虑防水，便于清洁；厨房室内布置应符合操作流程，并保证必要的操作空间，为使用方便、提高效率、节约时间创造条件。

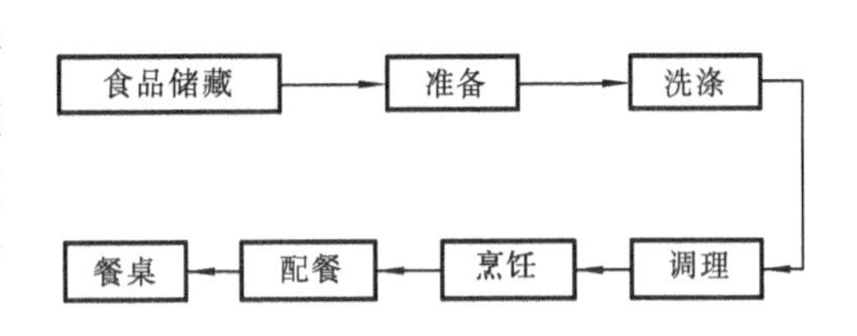

图 10.25　厨房作业基本流程

厨房的布置形式有单排、双排、L形、U形、半岛形、岛形几种。从厨房作业基本流程(见图10.25)看，L形和U形布置较为理想，提供了连续案台空间，与双排布置相比，避免了操作过程中频繁转身的缺点。图10.26所示为厨房布置的几种形式。

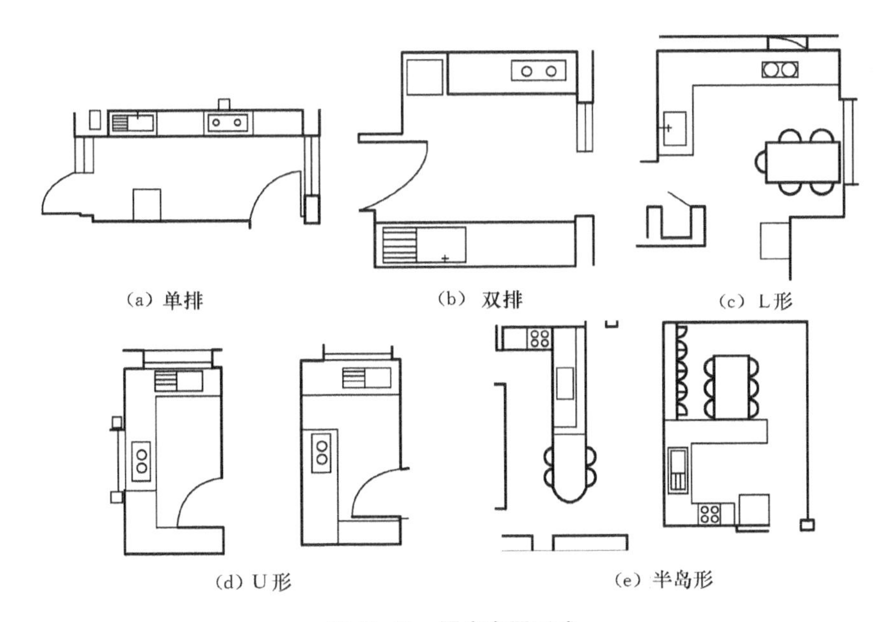

图 10.26　厨房布置形式

10.2.4 交通联系部分的设计

交通联系部分包括水平交通空间(走道)、垂直交通空间(楼梯、电梯、自动扶手、坡道)、交通枢纽空间(门厅、过厅)等。一栋建筑物是否适用,除主要使用房间和辅助房间本身及其位置是否恰当外,很大程度上取决于主要使用房间及辅助房间与交通联系部分相互位置是否恰当,以及交通联系部分本身是否使用方便。

交通联系部分的设计要求有足够的通行宽度,联系便捷,对人流能起导向的作用;有良好的采光、通风和照明;紧急情况下疏散迅速、安全防火。此外,在满足使用要求的前提下,应尽可能节约交通面积,提高建筑物的面积使用率。

1. 走道

走道又称过道、走廊,走道一侧或两侧空旷则称为走廊。走道是用来联系同层内各大小房间的,有时也兼有其他的从属功能。

按使用性质不同,走道可分为以下三种情况。

(1) 完全为交通需要而设置的走道,如办公楼、旅馆、电影院、体育馆的安全走道等都是供人流集散用的,这类走道一般不允许安排做其他功能的用途。

(2) 主要作为交通联系同时也兼有其他功能的走道,如教学楼中的走道,除作为学生课间休息活动的场所外,还可布置陈列橱窗及黑板,医院门诊部走道可作人流通过和候诊之用。

(3) 多种功能综合使用的走道,如展览馆的走道应满足边走边看的要求。

走道的宽度和长度主要根据人流通行、安全疏散、防火规范、走道性质、空间感受来综合考虑。为了满足人的行走和紧急情况下的疏散要求,我国《建筑设计防火规范》规定,学校、商店、办公楼等建筑的疏散走道、楼梯、外门各自的总宽度不应低于表10.6内所示指标。

表10.6　楼梯和走道的宽度指标

层　　数	宽度指标/(m/百人)		
	耐火等级		
	一、二级	三级	四级
一、二层	0.65	0.75	1.00
三层	0.75	1.00	—
≥四层	1.00	1.25	—

综上所述,一般民用建筑常用走道宽度如下:当走道两侧布置房间时,学校为2.10～3.00 m,门诊部为2.40～3.00 m,办公楼为2.10～2.40 m,旅馆为1.50～2.10 m,作为局部联系或住宅内部走道宽度应不小于0.9 m。

走道的长度应根据建筑的性质、耐火等级及防火规范来确定。按照《建筑设计防火规范》的要求,最远房间出入口到楼梯间安全出入口的距离必须控制在一定的范围内,如表10.7和图10.27所示。

走道的采光和通风主要依靠天然采光和自然通风。外走道由于只有一侧布置房间,可以获得较好的采光通风效果。内走道由于两侧均布置有房间,如果设计不当,就会造成光线不足、通风较差,一般是通过走道尽端开窗,利用楼梯间、门厅或走道两侧房间设高窗来解决。

表 10.7 房间门至外部出口或封闭楼梯间的最大距离 单位:m

名 称	位于两个外部出口或楼梯之间的房间(l_1)			位于袋形走道两侧或尽端的房间(l_2)		
	耐火等级			耐火等级		
	一、二级	三级	四级	一、二级	三级	四级
托儿所,幼儿园	25	20	—	20	15	—
医院,疗养所	35	30	—	20	15	—
学校	35	30	25	22	20	—
其他民用建筑	40	35	25	22	20	15

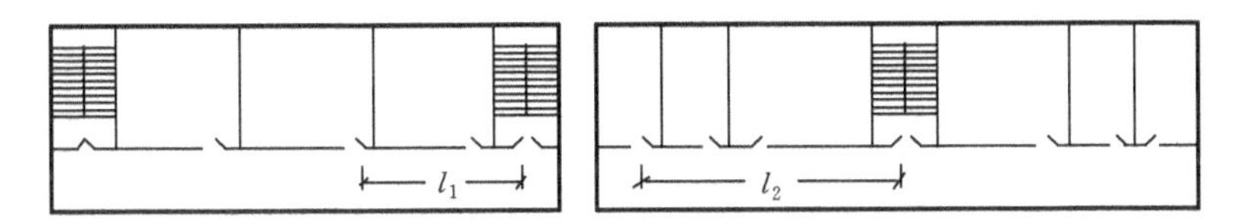

图 10.27 走道长度的控制

2. 楼梯

楼梯是多层建筑中常用的垂直交通联系部分,应根据使用要求选择合适的形式,布置恰当的位置,根据使用性质、人流通行情况及防火规范综合确定楼梯的宽度及数量,并根据使用对象和使用场合选择最舒适的坡度。

1) 楼梯的形式与位置

楼梯的形式主要有直行跑梯、平行双跑梯、三跑梯等形式。直行跑梯方向单一、不转向,构造简单,常会给人以严肃向上的感觉。除常用于层高较小的建筑外,大型公共建筑为解决人流疏散和加强大厅的气氛也常用这种形式,如北京人民大会堂宴会厅大楼梯。平行双跑梯是民用建筑中最为常见的一种形式,往往布置在单独的楼梯间中,占用面积小,使用方便。三跑梯体态灵活、造型美观,但楼井较大,常常布置在公共建筑门厅和过厅中,可取得较好的效果。此外,楼梯还有弧形、螺旋形、剪刀式等多种形式。

民用建筑楼梯的位置按其使用性质可分为主楼梯、次要楼梯、消防楼梯等,如图 10.28 所示

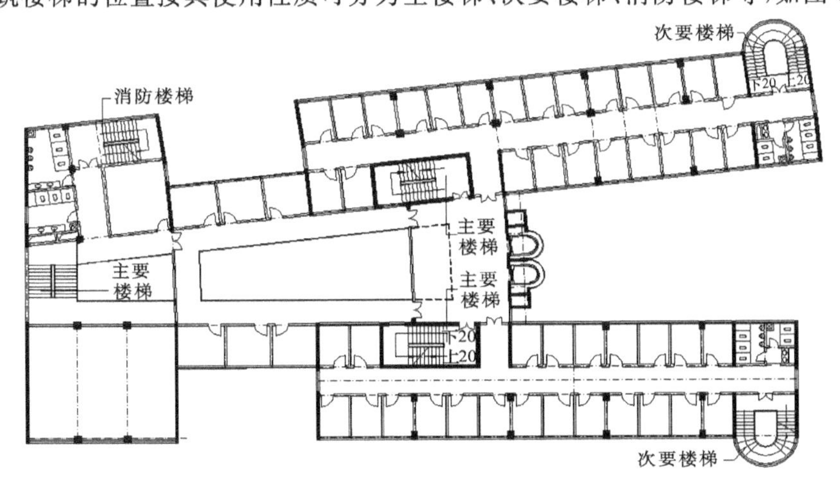

图 10.28 某教学楼平面图中楼梯间的布置

为某教学楼平面图中楼梯间的布置。

2）楼梯的宽度和数量

楼梯的宽度和数量主要根据使用性质、使用人数和防火规范来确定。一般供单人通行的楼梯宽度应不小于 850 mm，双人通行为 1 100～1 200 mm。一般民用建筑楼梯的最小净宽应满足两股人流疏散要求，但住宅内部可减小到 850～900 mm(见图 10.29)。所有楼梯段宽度总和应按照《建筑防火设计规范》和《高层民用建筑设计防火规范》的最小宽度进行校核，见表 10.8 和表 10.9。

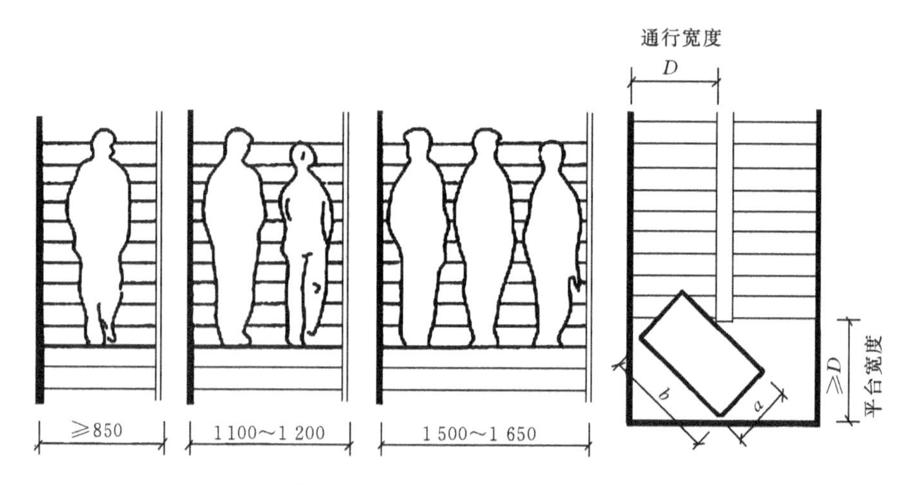

图 10.29　楼梯梯段及平台的宽度

表 10.8　疏散楼梯的最小净宽度

高层建筑	疏散楼梯的最小净宽度/m
医院病房楼	1.30
居住建筑	1.00
其他建筑	1.20

表 10.9　设置一个疏散楼梯的条件

耐火等级	层数	每层最大建筑面积/m²	人　　数
一、二级	二、三层	400	第二层和第三层人数之和不超过 100 人
三级	二、三层	200	第二层和第三层人数之和不超过 50 人
四级	二层	200	第二层人数不超过 30 人

楼梯的数量应根据使用人数及防火规范来确定，必须满足关于走道内房间门至楼梯间的最大距离的限制(见表 10.7)。在通常情况下，每一栋公共建筑均应设两个楼梯。对于使用人数少或除幼儿园、托儿所、医院以外的二三层建筑，当其符合表 10.8 的要求时，也可以只设一个疏散楼梯。

3. 电梯

高层建筑的垂直交通以电梯为主，其他有特殊要求的多层建筑，如大型宾馆、百货公司、医院等，除设置楼梯外，还需要设置电梯以解决垂直升降的问题。

电梯按其使用性质可分为乘客电梯、载货电梯、消防电梯、客货两用电梯、杂物电梯等几类。确定电梯间的位置及布置方式时，应充分考虑以下几点要求。

(1) 电梯间应布置在人流集中的地方，如门厅、出入口等，位置要明显，电梯前面应有足够的等候面积，以免造成拥挤和堵塞(见图 10.30)。

(2) 按防火规范要求，设计电梯时应配置辅助楼梯，供电梯发生故障时使用。布置时可将两者靠近，以便灵活使用，并有利于安全疏散。

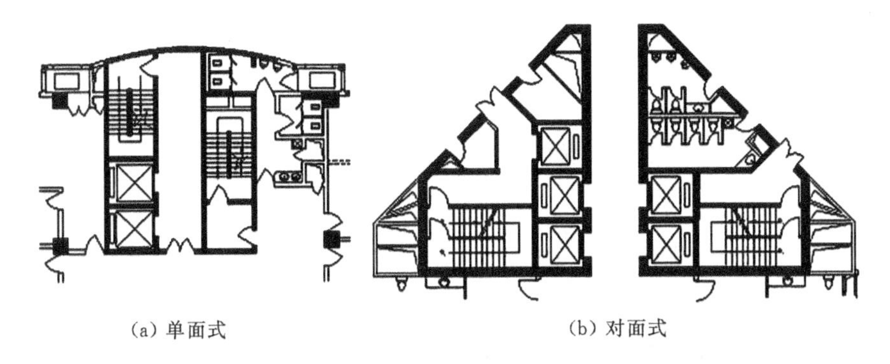

(a) 单面式　　(b) 对面式

图 10.30　电梯间布置示例

(3) 电梯井道无天然采光要求,布置较为灵活,通常主要考虑人流交通方便、通畅。电梯等候厅由于人流集中,最好有天然采光及自然通风。

4. 自动扶梯和坡道

自动扶梯是一种在一定方向上能大量、连续输送流动客流的装置。除了为乘客提供既方便又舒适的上下楼层间的便捷运输外,自动扶梯还可引导乘客走一些既定路线,以引导乘客和顾客游览、购物,并具有良好的装饰效果。在具有频繁而连续人流的大型公共建筑中,如百货大楼、展览馆、游乐场、火车站、地铁站、航空港等建筑都将自动扶梯作为主要垂直交通工具。

自动扶梯可正向和逆向运行。由于自动扶梯运行的人流是单向的,不存在侧身避让的问题,因此,其梯段宽度较楼梯更小,通常为 600～1 000 mm。

垂直交通联系部分除楼梯、电梯和自动扶梯外还有坡道。室内坡道的优点是上下比较省力(楼梯的坡度在 30°～40°,室内坡道的坡度通常小于 10°),通行人流的能力几乎与平地相当,但是坡道的最大缺点是所占面积比楼梯面积大的多,如在多层车库中常采用;又如医院为了病人上下和手推车通行的方便,可采用坡道;为儿童上下的建筑物,也可采用坡道;有些人流集中的公共建筑,如大型体育馆的部分疏散通道,也可用坡道来解决垂直交通联系。

5. 门厅

门厅作为交通枢纽,其主要作用是接纳、分配人数、室内外空间过渡及各方面交通(过道、楼梯等)的衔接。同时,根据建筑物使用性质不同,门厅还兼有其他功能,如医院门厅常设挂号、收费、取药的房间,旅馆门厅兼有休息会客、接待、登记、小卖部等功能。除此以外,门厅作为建筑物的主要出入口,其不同空间的处理可体现出不同的意境和形象,诸如庄严、雄伟、亲切等不同气氛。因此,民用建筑中门厅是建筑设计重点处理的部分。

门厅的大小应根据各类建筑的使用性质、规模及质量标准等因素来确定,设计时可参考有关面积定额指标。表 10.10 为部分民用建筑门厅面积参考指标。

表 10.10　部分建筑门厅面积设计参考指标

建筑名称	面积定额	备注
中小学校	0.06～0.08 m²/人	—
食堂	0.08～0.18 m²/人	包括洗衣、小卖部
城市综合医院	11 m²/每日百人次	包括衣帽和询问
旅馆	0.2～0.5 m²/床	—
电影院	0.13 m²/人	—

门厅的布局可分为对称式与非对称式两种。对称式的布置常采用轴线的方法表示空间的方向感，将楼梯布置在主轴线上或对称布置在主轴线的两侧，具有庄严的气氛；非对称门厅布置没有明显的轴线，布置灵活，楼梯可根据人流交通布置在大厅中任意位置，室内空间富有变化。在建筑设计中常常采用对称式或非对称门厅（见图 10.31、图 10.32）。

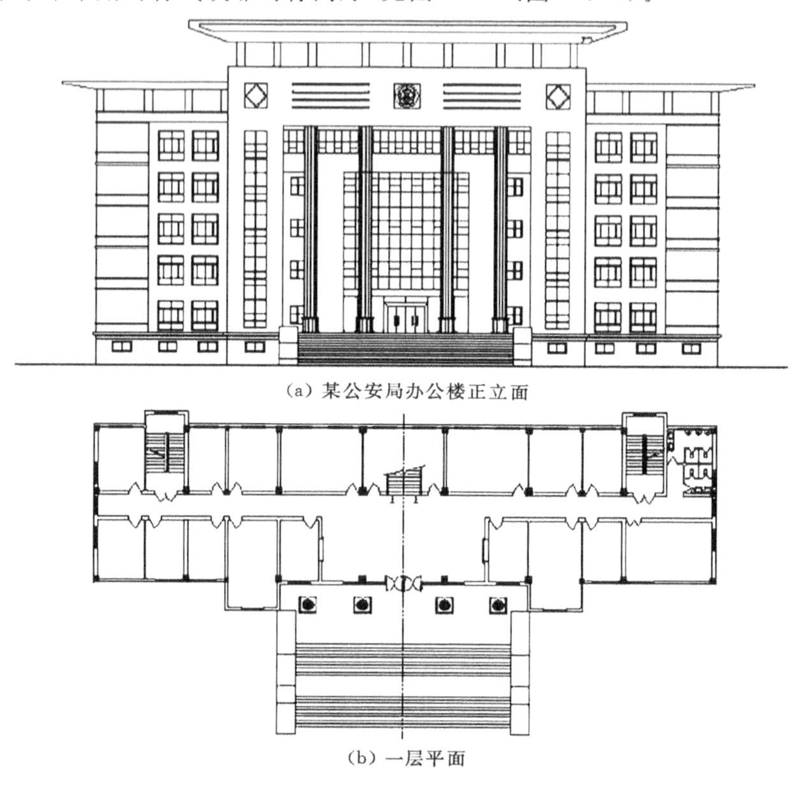

（a）某公安局办公楼正立面

（b）一层平面

图 10.31　对称式门厅

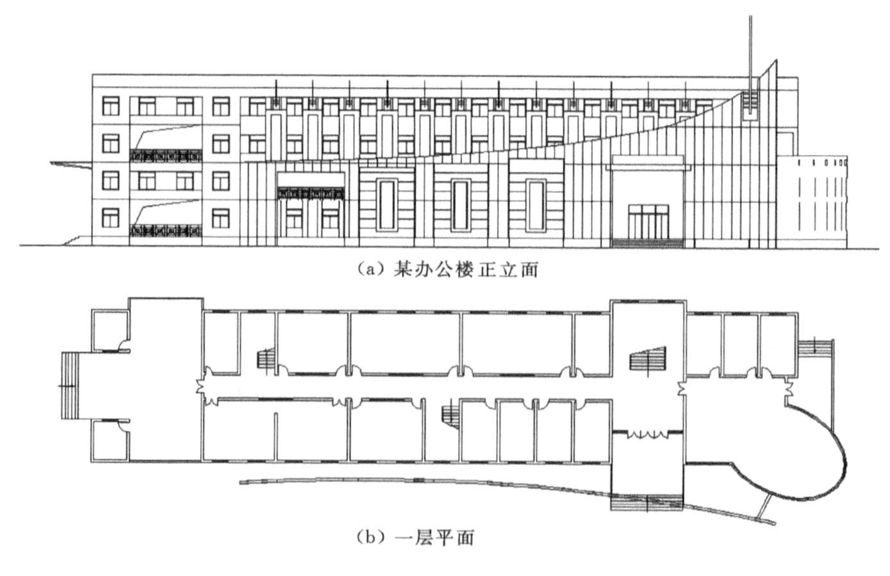

（a）某办公楼正立面

（b）一层平面

图 10.32　非对称式门厅

门厅设计应注意,门厅应处于总平面中明显而突出的位置,一般应该面向主干道,使人流出入方便;门厅的设计除了要合理的解决好交通枢纽等功能要求外,也是公共建筑重要的设计内容之一;门厅对外出口的宽度按防火规范的要求不得小于通向该门厅的走道、楼梯宽的总和。

10.2.5 建筑平面组合设计

建筑平面组合设计就是将建筑平面中的使用部分、交通联系部分有机地联系起来,使之成为一个使用方便、结构合理、体型简洁、构图完整、造价经济和与环境协调的建筑物。

建筑平面组合涉及的因素很多,主要有基地环境、使用功能、物质技术、建筑美观、经济条件等。组合设计时,必须综合分析各种因素,分清主次、认真处理好各方面的关系,反复推敲、不断调整修改,才能作出合理完善的建筑平面图。

1. 平面组合设计的要求

1) 使用功能

不同的建筑由于性质不同也就有不同的功能要求。而一栋建筑物的合理性不仅体现在单个房间上,而且很大程度上取决于各种房间按功能要求的组合上。如教学楼设计,虽然教室、办公楼本身的大小、形状、门窗布置均满足使用要求,但它们之间的相互关系及走道、门厅、楼梯的布置不合理,就会造成不同程度的干扰,人流交叉,使用不便。因此,使用功能可以说是平面组合设计的核心。

平面组合设计的优势主要体现在合理的功能分区和明确的流线组织两个方面。当然,采光、朝向等要求也应予以充分的重视。

(1) 合理的功能分区。合理的功能分区是将建筑物若干部分按不同的功能要求进行分类,并根据它们之间的密切程度加以划分,使之分区明确,又联系方便。具体设计时,可根据建筑物不同的功能特征,从以下三个方面进行分析。

① 主次关系。组成建筑物的各房间,按使用性质及重要性,必然存在着主次之分。在平面组合时应分清主次、合理安排。如居住建筑中的居室是主要房间,厨房、厕所、储藏室是次要房间;商业建筑中的营业厅,影剧院中的观众厅、舞台皆属主要房间。平面组合中,一般可将主要房间布置在朝向较好的位置,靠近主要出入口,并有良好的采光、通风条件,次要房间可布置在条件较差的位置。图10.33和图10.34所示为居住建筑房间和商业建筑房间的主次关系。

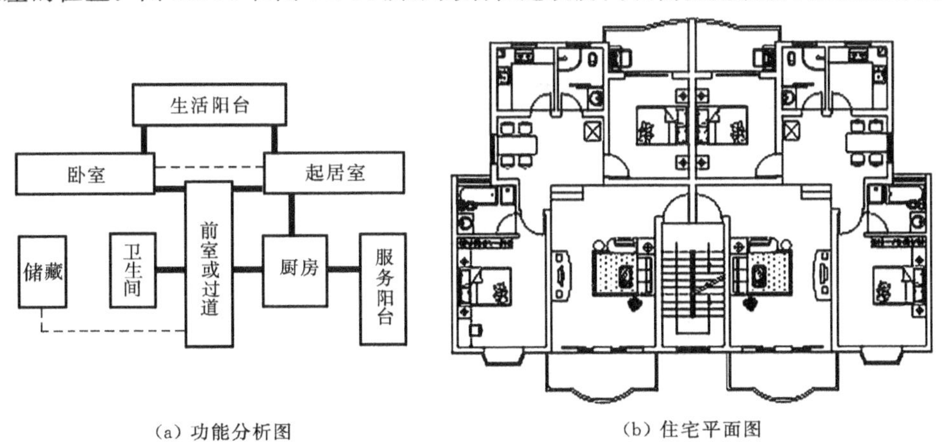

(a) 功能分析图　　(b) 住宅平面图

图10.33 居住建筑房间的主次关系

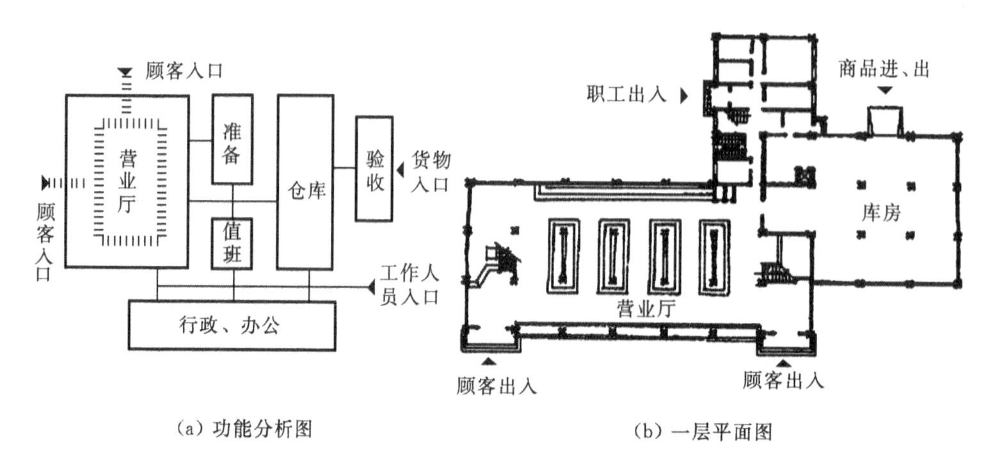

(a) 功能分析图　　(b) 一层平面图

图 10.34　商业建筑房间的主次关系

② 内外关系。各类建筑所组成房间中，有的对外联系密切，有的对内联系密切。如办公楼中的接待室、传达室是对外，而各种办公室是对内的。又如影剧院的观众厅、售票厅、休息厅是对外的，而办公室、管理室、储藏室是对内的。平面组合设计应妥善处理功能分区的内外关系，一般得将对外联系密切的房间布置在交通枢纽附近，位置明显便于直接对外，而将对内性强的房间布置在较隐蔽的位置。图 10.35 所示为餐厅的内外关系，对于饮食建筑，餐厅是对外的、人流量大，应布置在交通方便、位置明显处，而对内性强的厨房等部分则布置在后部，次要入口面向内院较隐蔽的地方。

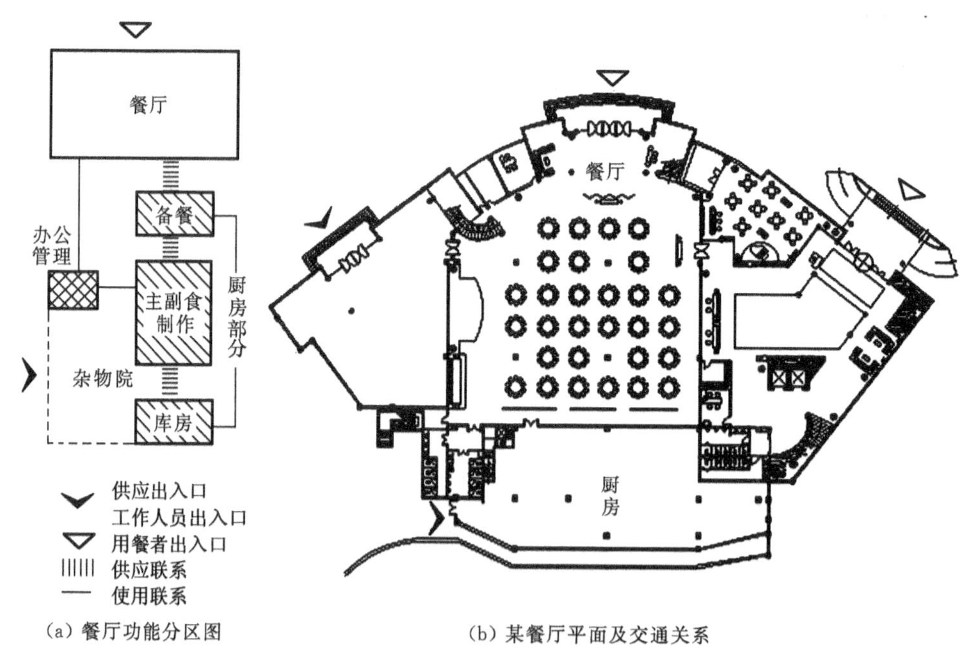

(a) 餐厅功能分区图　　(b) 某餐厅平面及交通关系

图 10.35　餐厅的内外关系

③ 联系与分隔。在分析功能关系时，常根据房间的使用性质，如“闹”与“静”、“清”与“污”等方面进行功能分区，使其既分隔互不干扰，且又有适当联系。如教学楼中的多功能厅、普通教室

和音乐教室，它们之间联系密切，但为防止声音干扰，必须适当隔开。教室与办公室之间要求联系方便，但为了避免影响，需适当隔开。因此教学楼平面组合设计中，对以上不同要求部分的联系与分隔处理，是促使功能合理的重要手段(见图 10.36)。

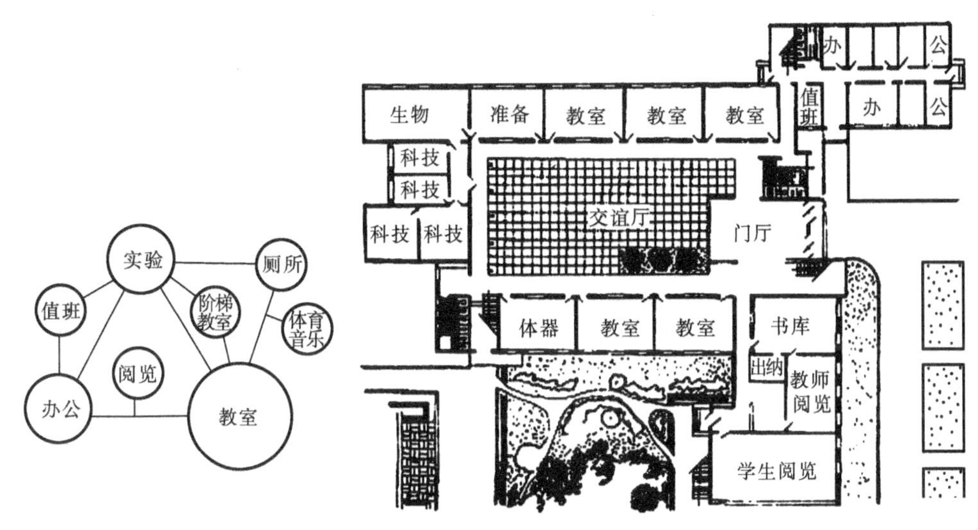

(a) 教学楼各房间的功能关系　　(b) 底层平面图

图 10.36　教学楼房间的联系与分隔

(2) 明确的流线组织。各类民用建筑，因使用性质不同，往往存在着多种流线，归纳起来，分为人流和货流两类。所谓流线组织明确，即是要使各类流线简捷、通畅、不迂回逆行，尽量避免相互交叉。

在建筑平面设计中，各房间一般是按使用流线的顺序关系有机地组合起来的。因此，流线组织合理与否，直接影响平面组合是否紧凑、合理，平面利用是否经济等。例如，展览馆各展室常常是按人流参观路线顺序连贯起来；火车站有旅客进出站路线和行包线，平面布置时以人流线为主，使进出站路线与行包线分开并尽量缩短各种流线的长度(见图 10.37)。

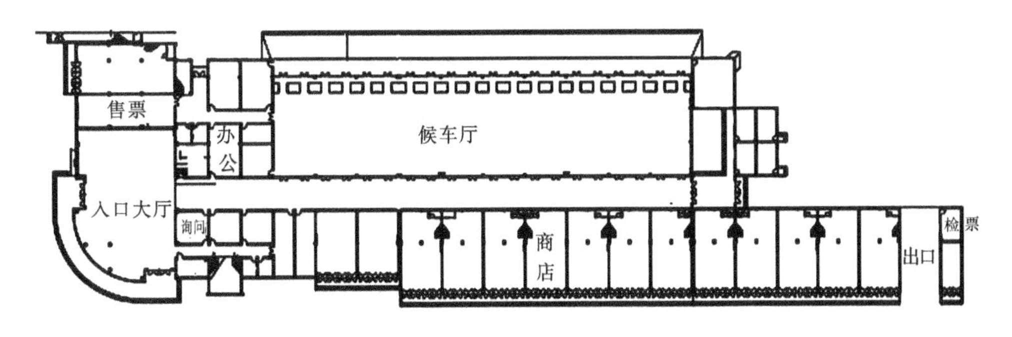

图 10.37　小型火车站流线关系及平面图

2) 结构类型

建筑结构与材料是构成建筑物的物质基础，在很大程度上影响着建筑的平面组合。因此平面组合在考虑满足使用功能要求的前提下，应选择经济合理的结构方案并使平面组合与结构协调一致。目前民用建筑常用的结构类型有三种，即混合结构、框架结构、空间结构。

(1) 混合结构。建筑物的承重构件有墙、柱、梁板、基础等，以砖墙和钢筋混凝土梁板的混合结构为最普遍。这种结构形式的优点是构造简单、造价较低，其缺点是房间尺寸受钢筋混凝土梁板经济跨度的限制，室内空间小、开窗也受到限制，仅适用于房间开间和进深尺寸较小、层数不多的中小型民用建筑，如住宅、中小学校、医院及办公楼等。

混合结构根据受力不同可采用横墙承重、纵墙承重、纵横墙承重等三种方式。图 10.38 所示为采用墙体承重的某门诊部平面图。

(2) 框架结构。框架结构的主要特点是承重系统与非承重系统有明确的分工，支撑建筑空间的骨架如梁、柱是承重结构，而分隔室内外空间的围护结构和轻质隔墙是不能承重的。这种结构形式强度高、整体性好、刚度大、抗震性好，平面布局灵活性大，开窗较自由。但钢材、水泥用量大，造价较高。适用于开间、进深较大的商店、教学楼、图书馆之类的公共建筑以及多、高层住宅、旅馆等(见图 10.39)。

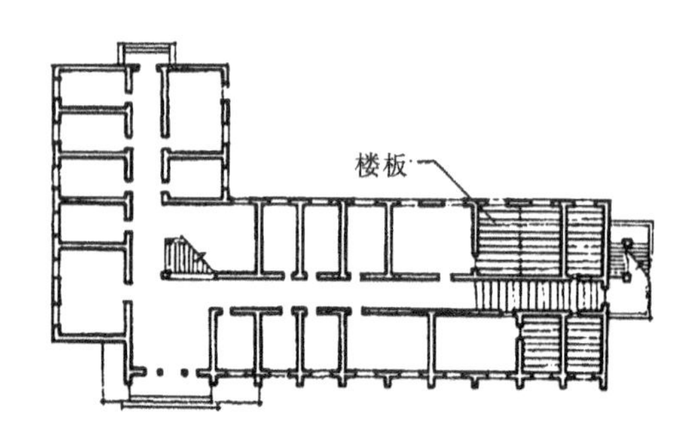

图 10.38　采用墙体承重的门诊部平面

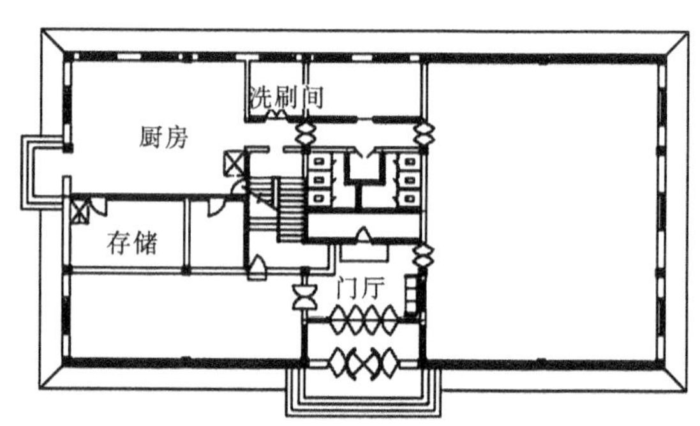

图 10.39　采用框架结构的某饭店

(3) 空间结构。随着建筑技术、建筑材料和结构理论的进步，新型高效的建筑结构也有了迅速的发展，出现了各种大跨度的新型空间结构，如薄壳、悬索、网架等。这类结构用材经济、受力合理，并为解决大跨度的公共建筑提供了有利条件。如图 10.40 所示为薄壳结构、网架结构、悬索结构的大跨度建筑。

3) 设备管线

民用建筑中的设备管线主要包括给水排水、空气调节以及电气照明等所需的设备管线。在进行平面组合设计时，除应考虑一定的设备位置、恰当地布置相应的房间(如厕所、配电房、空调房、水泵房等)以外，对于设备管线比较多的房间(如住宅中的厨房、厕所，学校、办公楼中的厕所、盥洗间，旅馆中的客房卫生间、公共卫生间)，在满足使用要求的同时，应尽量将设备管线集中布置、上下对齐、方便使用，以便有利于施工和节约管线。

图 10.41 所示的旅馆卫生间是成组布置，利用两个卫生间中的竖井为管道垂直方向布置的空间，管道井上下叠合，管线布置集中。

4) 建筑造型

建筑平面组合除受到使用功能、结构类型、设备管线的影响外，建筑造型在一定程度上也影响到平面组合。当然，造型本身是离不开功能要求的，它一般是内部空间的直接反映，但是简洁、完美的造型要求以及不同建筑的外部性格特征又会反过来影响到平面布局及平面形状。一般来说，简洁、完善的建筑造型无论对缩短内部交通流线，还是对于结构的简化、节约用地、降低

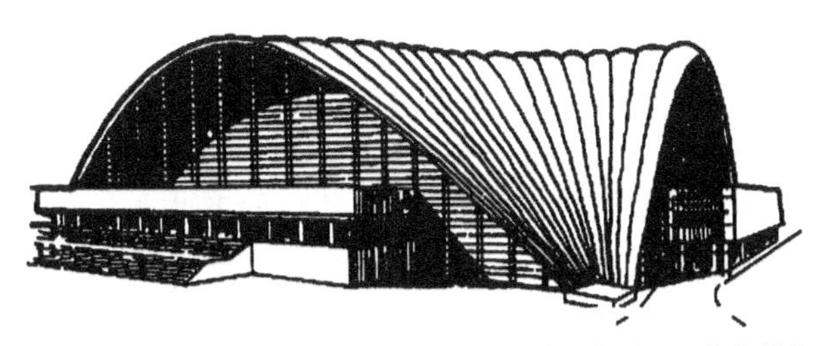

(a)法国巴黎国家工业与技术中心陈列大厅——薄壳结构

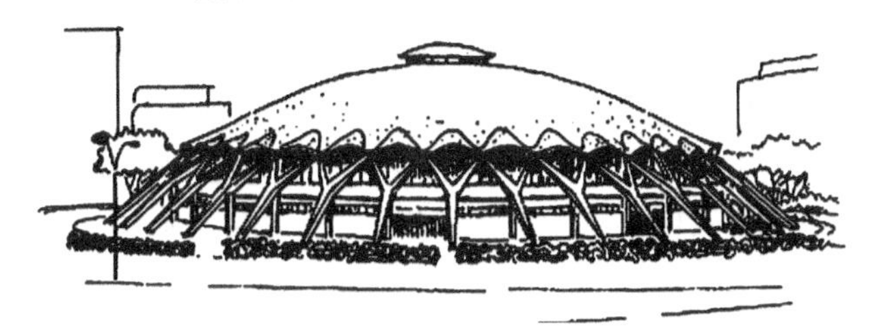

(b)意大利罗马小体育馆——网架结构

(c)日本东京代代木体育馆——悬索结构

图 10.40 空间结构

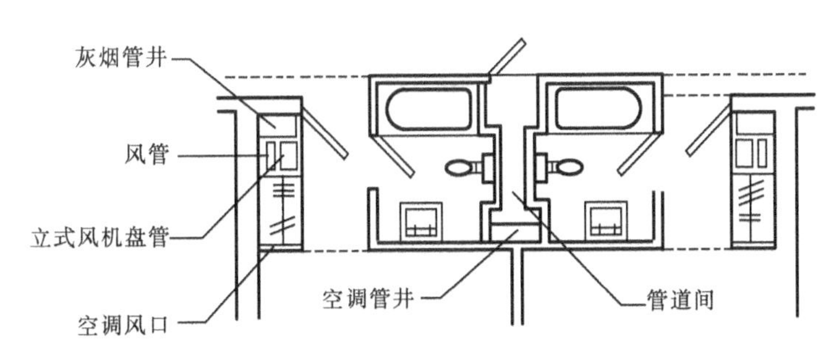

图 10.41 旅馆卫生间管线布置

造价以及抗震性能都是极为有利的。

2. 平面组合的形式

各类建筑由于使用功能不同,房间之间的相互关系也不同。有的建筑由一个个大小相同的重复空间组合而成,如学校、办公楼;有的建筑主要由一个大房间,其他均为从属房间,环绕着这个大房间布置,如电影院、体育馆;有的建筑内的房间按使用联系顺序而定,如展览馆、火车站等。平面组合就是根据使用功能特点及交通路线的组织,将不同房间组合起来,常见的组合形式有如下几种。

1）走道式组合

走道式组合的特点是使用房间与交通联系部分明确分开，各房间沿走道（走廊）一侧或两侧并列布置，房间门直接开向走道，通过走道直接联系；各房间基本上不被交通穿越，能较好地保持相对独立性；各房间有直接的天然采光和通风、结构简单、施工方便等。这种形式广泛应用于一般民用建筑，特别适用于房间面积不大、数量较多的建筑，如学校、宿舍、医院、旅馆等。

根据房间与走道布置关系不同，走道式又可分为内走道与外走道两种（见图 10.42）。外走道可保证主要房间有好的朝向和良好的采光通风条件，南方地区建筑多采用单侧外走道的布置形式。但这种布局造成走道过长、交通面积大、房间进深小、占地和造价均不够经济。内走道各房间沿走道两侧布置，平面紧凑、占地面积小、节约用地、外墙长度较短，对寒冷地区建筑热工有利。但这种布局难免出现一部分使用房间朝向较差，且走道采光通风较差，房间之间相互干扰较大。

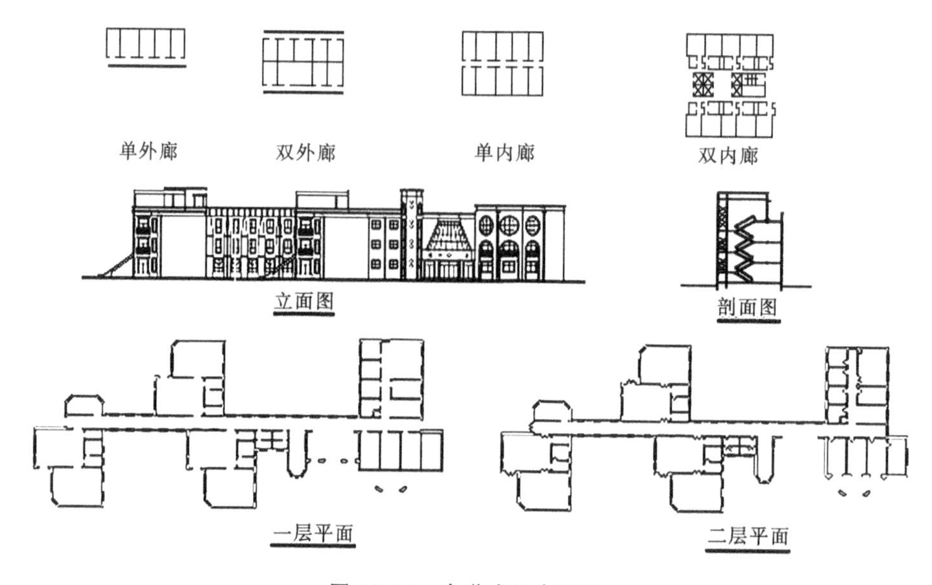

图 10.42　走道式组合实例

2）套间式组合

套间式组合的特点是用穿套的方式按一定的序列组织空间，房间与房间之间相互穿套，不再通过走道联系。其平面布置紧凑，面积利用率高，房间之间联系方便，但各房间使用不灵活，相互干扰大。

套间式组合按其空间序列的不同可分为串联式和放射式两种。串联式是按一定的顺序关系将房间连接起来，放射式是将各房间围绕交通枢纽呈放射状布置（见图 10.43、图 10.44）。

3）大厅式组合

大厅式组合是以公共活动的大厅为主穿插布置辅助房间。这种组合特点是主体房间使用人数多、面积大、层高大，辅助房间与大厅相比，尺寸大小悬殊，常布置在大厅周围并与主体房间保持一定的联系（见图 10.45）。

4）单元式组合

单元式组合是将关系密切的房间组合在一起成为一个相对独立的整体，称为单元。将一种

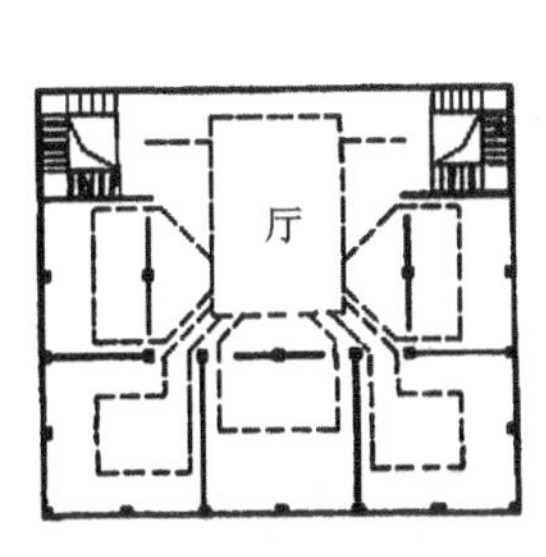

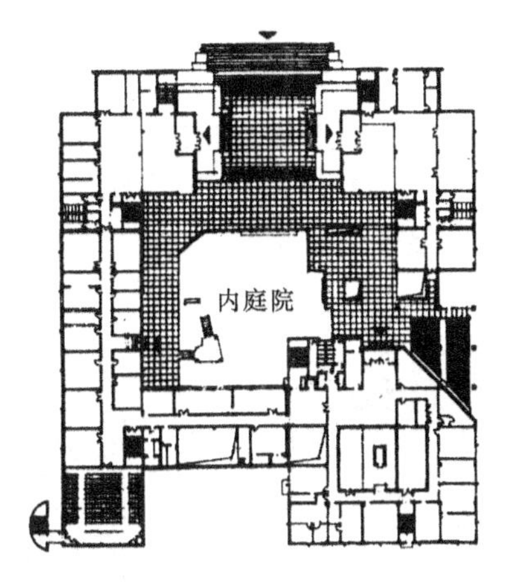

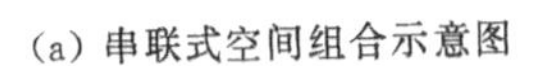
(a) 串联式空间组合示意图

(b) 某科教楼平面

图 10.43 串联式空间组合

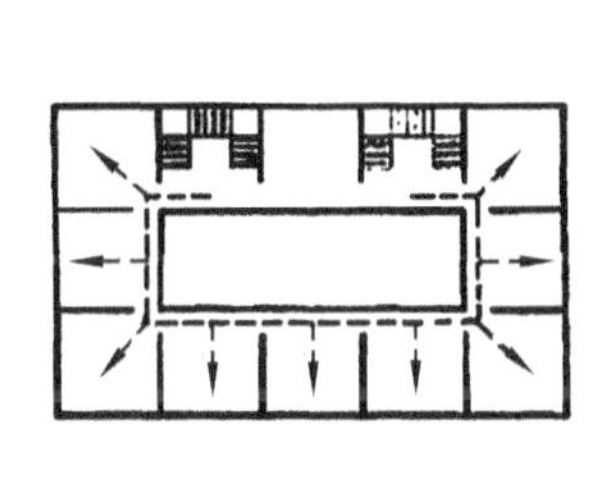

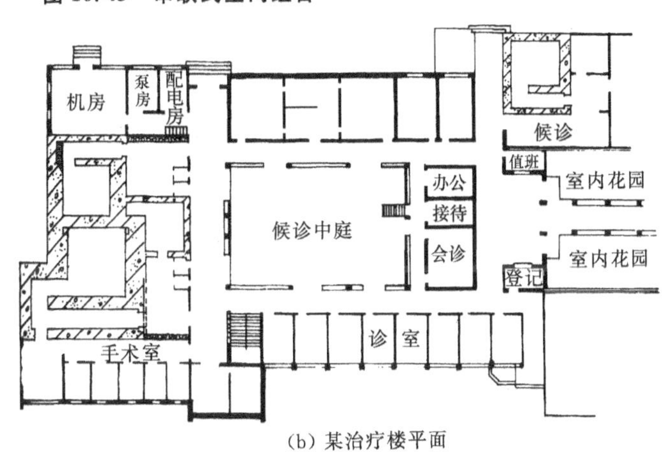

(a) 放射式空间组合示意图

(b) 某治疗楼平面

图 10.44 放射式空间组合

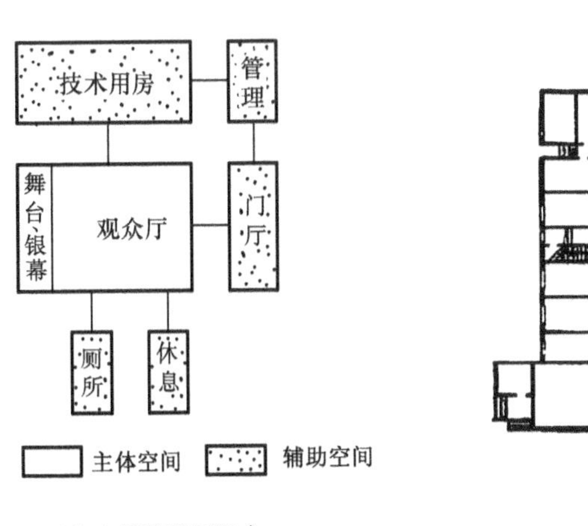

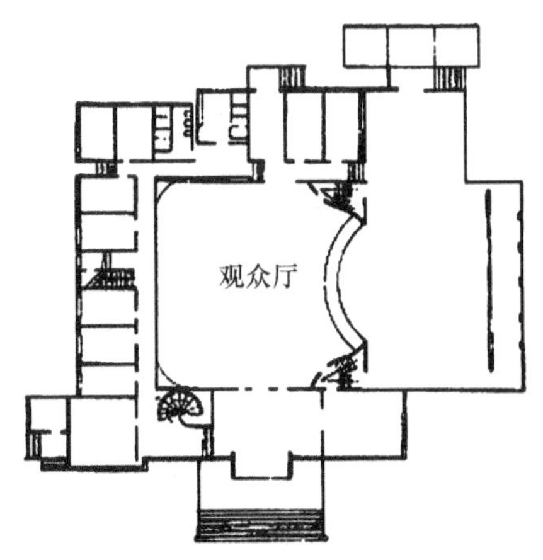

(a) 电影院平面组合

(b) 某影剧院

图 10.45 大厅式组合

或多种单元按地形和环境情况在水平或垂直方向重复组合起来成为一栋建筑，这种组合方式称为单元式组合。

单元式组合的优点是：能提高建筑标准化，节省设计工程量，简化施工；功能分区明确，平面布置紧凑，单元与单元相对独立，互不干扰；布局灵活，能适应不同的地形，形成多种不同组合形式，因此广泛用于大量性民用建筑，如住宅、学校、医院等（见图10.46）。

(a) 单元拼接方法

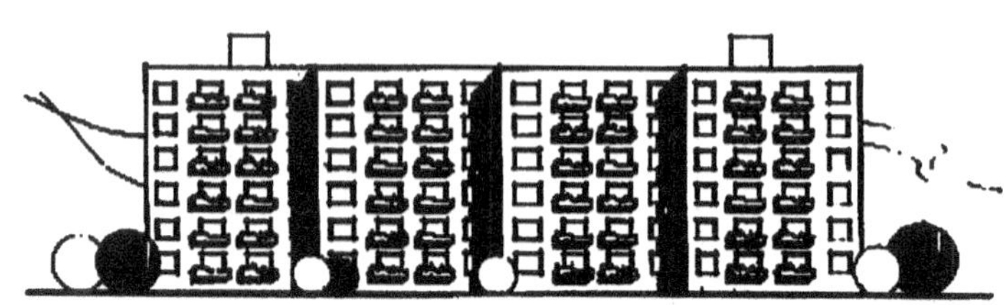

(b) 组合立面

图10.46　单元式住宅组合实例

随着时代的前进，建筑物的使用功能也会不断发生变化，加上新结构、新材料、新设备的不断出现，新的组合形式将会层出不穷，如自由灵活的大空间分隔形式及庭园式空间组合形式等。平面组合形式是以一定的功能需要为前提的，组合时必须深入分析各类建筑的特殊要求，结合实际灵活地运用各种平面组合规律，才能创造出既能满足使用功能，又符合经济美观要求的建筑来。

3. 建筑平面组合与总平面的关系

任何一幢建筑物（或建筑群）都不是孤立存在的，而是处于一个特定的环境中，它在基地上的位置、形式、平面组合、朝向、出入口的布置及建筑造型等都必然受到总体规划和基地条件的制约。由于基地条件不同，相同类型和规模的建筑会有不同的组合方式，即使是基地条件相同，由于周围环境不同，其组合也会不同。为使建筑既满足使用要求，又能与基地环境协调一致，首先必须做好总平面设计，即根据使用功能要求，结合城市规划的要求、场地的地形条件、朝向、绿化以及周围建筑等因地制宜地进行总体布置，确定主要出入口的位置，进行总平面功能分区，在此基础上进一步确定单体建筑的布置。影响单体建筑布置的因素具体介绍如下。

1）基地的大小形状和道路布置

基地的大小和形状直接影响到建筑平面布局、外轮廓形状和尺寸。基地内的道路布置及人流方向是确定出入口和门厅平面位置的主要因素，因此在平面组合设计中，应密切结合基地的大小、形状和道路布置等外在条件，使建筑平面布置的形式、外轮廓形状和尺寸以及出入口的位置等符合城市总体规划的要求。

2）基地的地形条件

基地地形若为坡地时，则应将建筑平面组合与地面高差结合起来，以减少土方量，而且可以造成富于变化的内部空间和外部形式。坡地建筑的布局方式有以下几种。

(1) 地面坡度在25%以下时，建筑物适宜平行于等高线布置。

(2) 地面坡度在25%以上时，建筑物适宜垂直于等高线布置。

(3) 建筑物与等高线斜交布置时应结合朝向要求选用。

3）建筑物的朝向和间距

(1) 朝向。建筑物的朝向主要是考虑太阳辐射强度、日照时间、主导风向、建筑使用要求以及地形条件等综合的因素。

① 日照。我国大部分地区处于夏季热、冬季冷的状况。为保证室内冬暖夏凉的效果，建筑物的朝向为南向、南偏东或偏西少许角度。在严寒地区，由于冬季时间长，夏季不太热，应争取日照，建筑物朝向以东、南、西为宜。

② 通风。根据当地的气候特征及冬季的主导风向，适当调整建筑物的朝向，使夏季可以获得良好的自然通风条件，而冬季又可避免寒风的侵袭。

③ 基地环境。对于人流集中的公共建筑，房间朝向主要考虑人流走向、道路位置和临近建筑的关系，对于风景区建筑，则应以创造优美的景观作为考虑朝向的主要因素。此外要考虑建筑物的性质、基地环境等因素。

(2) 间距。建筑物之间的距离，主要根据日照、通风等卫生条件与建筑物防火安全要求来确定。除此以外，还应综合考虑防止声音和视线干扰、绿化、道路及室外工程所需要的间距以及地形利用、建筑空间处理等问题。

日照间距是为了保证房间有一定的日照时数，建筑物彼此互不遮挡所必须具备的距离。为保证日照的卫生要求，日照间距的计算一般以冬至日正午12时太阳能照到底层窗台高度为设计依据，借以控制建筑的日照间距（见图10.47）。

日照间距的计算公式为

$$L = H/\tan\alpha$$

式中，L——水平房间距；

H——南向前排房屋檐口至后排房屋底层窗台的垂直高度；

α——当房屋正南向时冬至日正午的太阳高度角。

我国大部分地区日照间距约为(1.0～1.7)H。越往南日照间距越小，越往北则日照间距越大，这是因为太阳高度角在南方要大于北方的原因。

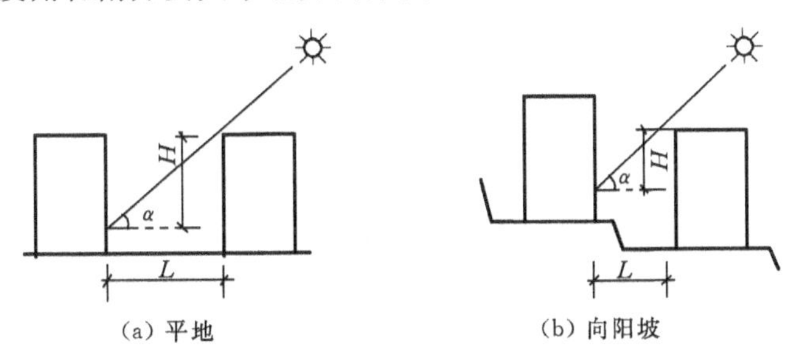

图10.47 建筑物的日照间距

对于大多数的民用建筑，日照是确定房屋间距的主要依据，因为在一般情况下，只要满足了日照间距，其他要求也能满足。但有的建筑由于所处的周围环境以及使用功能要求不同，房间距也不同。如教学楼为了保证教室的采光和防止声音、视线的干扰，间距要求应不小于2.5H，而最小间距不小于12 m。又如医院建筑，考虑卫生要求间距应大于2H，对于1～2层病房间距不小于25 m；3～4层病房间距不小于30 m；对于传染病房与非传染病房的间距应不小于40 m。为节省用地，实际设计采用的间距可能会略小于理论计算的日照间距。

10.3 建筑剖面设计

剖面设计确定建筑物各部分高度、建筑层数、建筑空间的组合与利用，以及建筑剖面中的结构、构造关系等，它与平面设计是从两个不同方面来反映建筑物内部空间关系，平面设计着重解决内部空间的水平方面的问题，而剖面设计则主要研究竖向空间的处理，两个方面同样都涉及建筑物的使用功能、技术经济条件、周围环境等问题。

剖面设计主要包括以下内容。

(1) 确定房间的剖面形状、尺寸及比例关系。

(2) 确定房屋的层数和各部分的标高，如层高、净高、窗台高度、室内外地面标高。

(3) 解决天然采光、自然通风、保温、隔热、屋面排水及选择建筑物构造方案。

(4) 选择主体结构与维护结构方案。

(5) 进行房屋竖向空间的组合，研究建筑空间的利用。

10.3.1 房屋的剖面形状

房屋的剖面形状分为矩形和非矩形两类，大多数民用建筑均采用矩形，这是因为矩形剖面简单、规整，便于竖向空间的组合，容易获得简洁而完整的体型，而且结构简单、施工方便。图10.48所示为某酒店的剖面。非矩形剖面常用于有特殊要求的房间，图10.49所示为某体育馆的非矩形剖面。

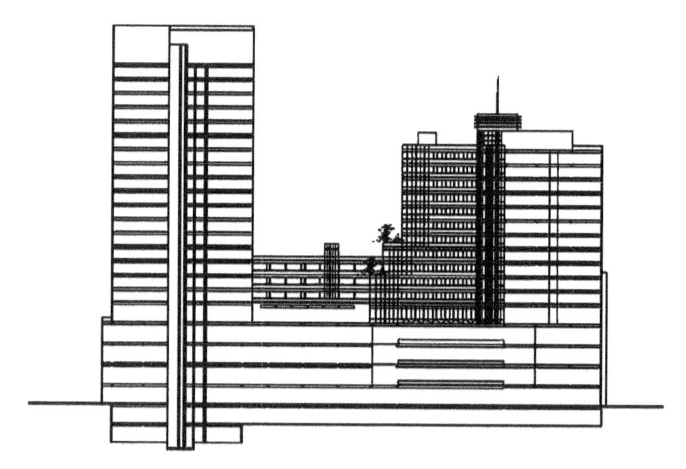

图10.48 某酒店的矩形剖面

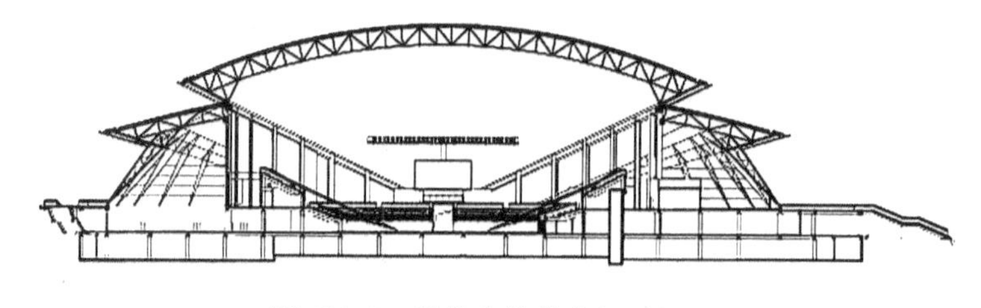

图10.49 某体育馆的非矩形剖面

房间的剖面形状主要是根据使用要求和特点来确定，同时也要结合具体的物质技术、经济条件及特定的艺术构思考虑，使之既满足使用又能达到一定的艺术效果。

1. 使用要求

在民用建筑中，绝大多数的建筑属于一般的功能要求，如住宅、学校、办公楼、旅馆、商店等。这类建筑房间的剖面形状多采用矩形，因为矩形剖面不仅能满足这类建筑的使用要求，而且具有前面所谈到的一些优点。对于某些特殊功能要求的房间(如视线、音质等)则应根据使用要求选择适合的剖面形状。

有视线要求的房间主要是指影剧院的观众厅、体育馆的比赛大厅、教学楼中的阶梯教室等。这类房间除平面形状、大小满足一定的视距和视角的要求外，地面应有一定的坡度，以保证良好的视觉要求，即舒适无遮拦地看清对象。

1）视线要求

在剖面设计中，为了保证良好的视觉条件，即视线无遮挡需要将座位逐排升高，使室内地面形成一定的坡度。地面的升起坡度主要与设计视点的位置及升高值有关，另外第一排座位的位置、排距等对地面的升起坡度也有影响。

设计视点是划分可见与不可见范围的界线，设计视点以上是可见范围。设计视点与人眼睛的连线称为设计视线，以此作为视线设计的依据。各类建筑物由于功能不同，观看对象性质不同，设计视点的选择也不一致。如电影院定在银幕底边的中点，这样可保证观众看清银幕的全部；体育馆定在篮球场边线或边线上空 300～500 mm 处，等等。设计视点选择是否合理，是衡量视觉质量好坏的重要标准，直接影响到地面升起的坡度和经济性。图 10.50 所示为电影院和体育馆视点与地面坡度的关系。

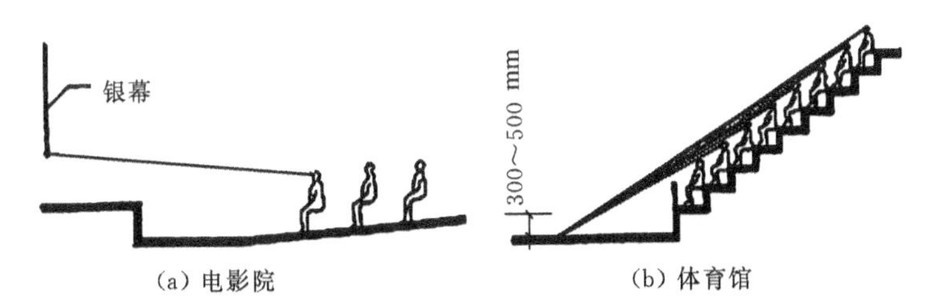

(a) 电影院　　(b) 体育馆

图 10.50　设计视点与地面坡度的关系

2）音质要求

凡剧院、电影院、会堂等建筑，大厅的音质要求对房间剖面形状影响很大。为保证室内声场均匀分布，防止出现空白区、回声和聚焦等现象，在剖面设计中要注意顶棚、墙面和地面的处理。

图 10.51 所示为观众厅的几种剖面形状示意。图 10.51(a)所示为平顶棚只适用于容量小

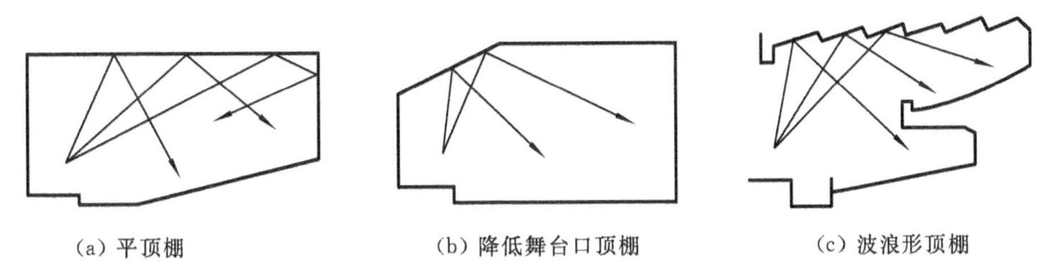

(a) 平顶棚　　(b) 降低舞台口顶棚　　(c) 波浪形顶棚

图 10.51　观众厅的几种剖面形状示意

的观众厅；图 10.51(b)所示为降低舞台口的顶棚，并使其向舞台面倾斜，声场分布较均匀；图 10.51(c)所示为采用波浪形顶棚，反射声能均布到大厅各座位。以上几种形状都较常用。

2. 结构、材料和施工的影响

房间的剖面形状除应满足使用要求外，还应考虑结构类型、材料及施工的影响。长方形的剖面形状规整、简单，有利于采用梁板式结构布置，同时施工比较方便，常用于大量性民用建筑。即使有特殊要求的房间，在能满足使用要求的前提下，也宜优先考虑采用矩形剖面。

不同结构类型对房间的剖面形状有一定影响，大跨度建筑的房间剖面由于结构形式不同而形成不同于砖混结构的内部空间特征，如某大学体育馆比赛大厅（见图 10.52）采用有力的“支柱”托住方向感极强的屋面网架，既满足使用要求，又具有独特的空间形状，体现出现代体育建筑特征——力度和动势。

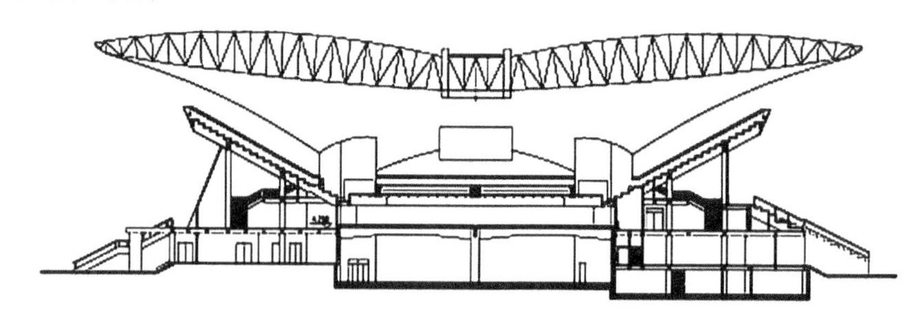

图 10.52 某大学体育馆剖面

3. 室内采光、通风的要求

一般进深不大的房间，通常采用侧窗采光和通风已能满足室内卫生的要求。当房间进深大，侧窗不能满足上述要求时常设置各种形状的天窗。

对于厨房一类房间由于在操作过程中常散发出大量蒸汽、油烟等，可在顶部设置排气窗以加速排除有害气体。

10.3.2 房屋各部分高度的确定

1. 房间的净高和层高

房间的剖面设计，首先需要确定房间的净高和层高。房间的净高是指楼地面到结构层（梁、板）底面或顶棚下表面之间的距离。层高是指该楼层底面到上一层楼面之间的距离（见图 10.53）。

房间的高度恰当与否，直接影响到房间的使用、建筑经济以及室内空间艺术效果，在通常情况下，房间高度的确定主要考虑以下几方面的因素。

1) 人体活动及家具设备的要求

房间的净高与人体活动尺寸有很大关系。为保证人们正常活动，一般情况下，室内净高以人举手不接触到顶棚为宜。为此，房间净高应不低于 2.2 m。

不同类型的房间由于使用人数、房间面积大小不同，对房间的净高要求也不相同。卧室使用人数少，面积不大，常取 2.6～2.9 m，但应不小于 2.4 m；教室使用人数多，面积相应增大，一般取 3.3～3.6 m；公共建筑的门厅人流较多，高度可较其他房间适当提高；商店营业厅净高受到房间面积及客流量多少等因素的影响，国内大型营业厅底层层高为 4.5～6.0 m，二层层高

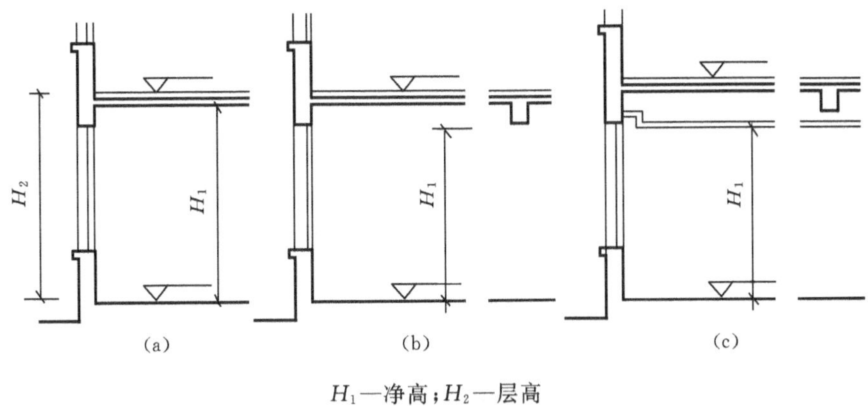

H_1—净高；H_2—层高

图 10.53　净高与层高

为3.6～5.1 m。

除此以外，房间的家具设备以及人们使用家具设备的必要空间，也直接影响到房间的净高和层高。如学生宿舍通常设有双层床，净高应比一般住宅适当提高，则层高应不小于 3.3 m(见图 10.54(a))；演播室顶棚下装有若干灯具，同时为避免灯光直接投射到演讲人的视线范围，而引起严重眩光，灯光源距离演讲人头顶至少有 2.0～2.5 m 的距离，这样演播室的净高应不小于 4.5 m(见图 10.54(b))；医院手术室净高应考虑手术台、无影灯以及手术操作所必要的空间(见图 10.54(c))；游泳馆比赛大厅，房间净高应考虑跳水台的高度和跳水台至顶棚的最小高度(见

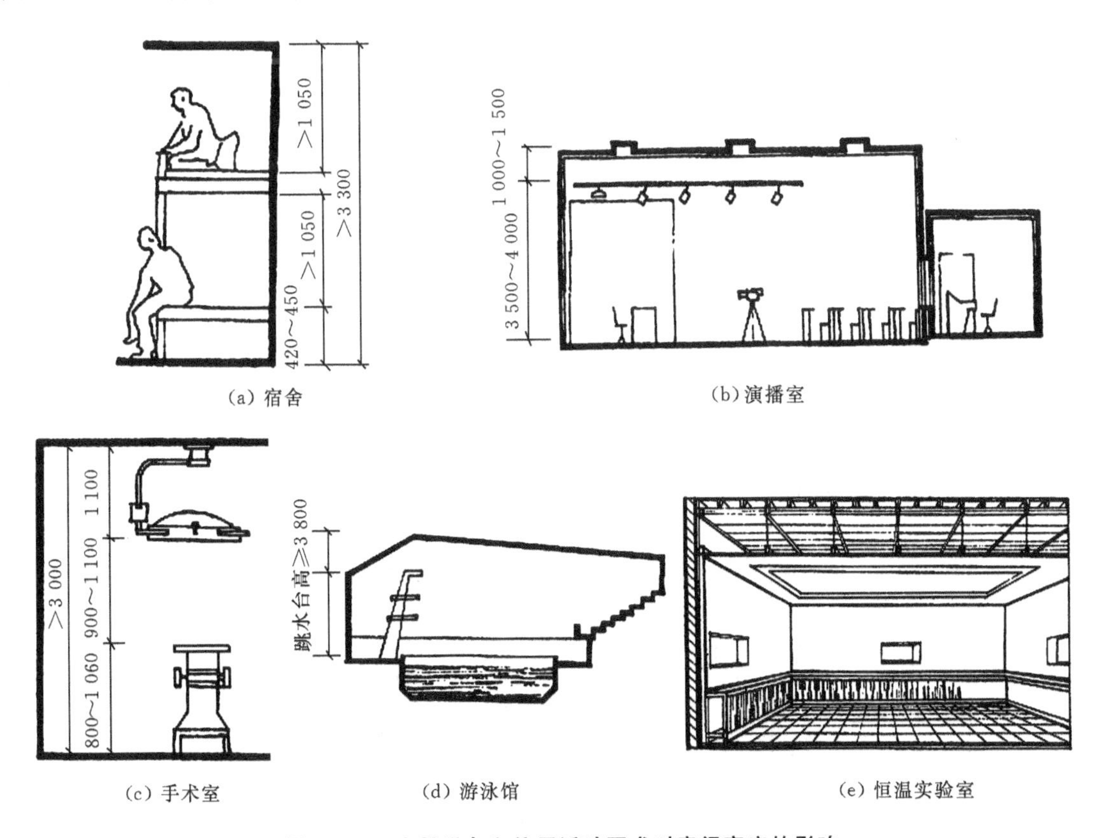

(a) 宿舍　(b) 演播室　(c) 手术室　(d) 游泳馆　(e) 恒温实验室

图 10.54　家具设备和使用活动要求对房间高度的影响

图 10.54(d))；对于有空调要求的房间，如恒温实验室通常在顶棚内布置有水平风管，确定层高时应考虑风管尺寸及必要的检修空间(见图 10.54(e))。

2）通风和采光要求

房间的高度应有利于天然采光和自然通风，以保证房间必要的学习、生活及卫生条件。室内光线的强弱和照度是否均匀，除了和平面中窗户的宽度及位置有关外，还和窗户在剖面中的高低有关。房间里光线的照射深度，主要靠窗户的高度来解决，进深越大，要求窗户上沿的位置越高，即房间的净高也要高一些。当房间采用单侧采光时，通常窗户上沿离地的高度，应大于房间进深长度的一半，如图 10.55(a)所示。当房间允许两侧开窗时，房间的净高不小于总深度的1/4，如图 10.55(d)所示。

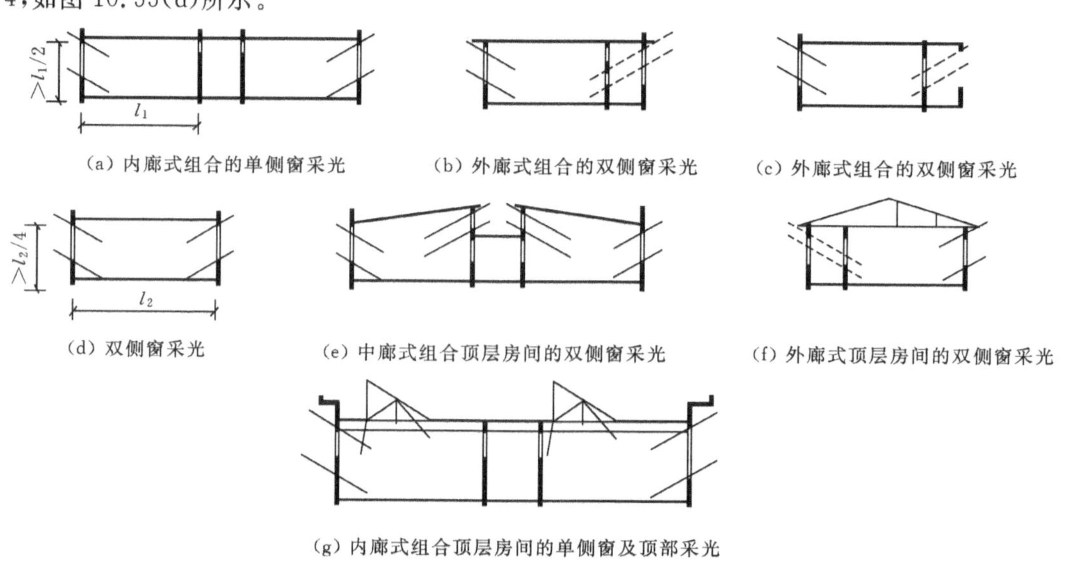

(a) 内廊式组合的单侧窗采光　(b) 外廊式组合的双侧窗采光　(c) 外廊式组合的双侧窗采光

(d) 双侧窗采光　(e) 中廊式组合顶层房间的双侧窗采光　(f) 外廊式顶层房间的双侧窗采光

(g) 内廊式组合顶层房间的单侧窗及顶部采光

图 10.55　学校教室的采光方式

3）结构高度及其布置方式的影响

图 10.56 所示为梁板结构高度对房间深度的影响。图 10.56(a)所示预制板直接搁置在墙

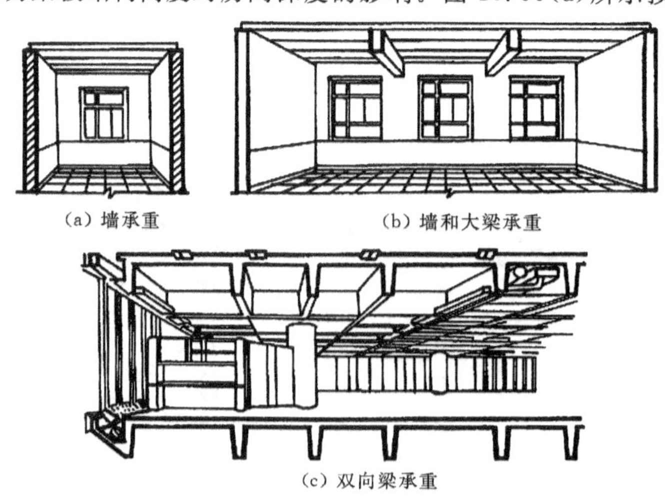

(a) 墙承重　(b) 墙和大梁承重

(c) 双向梁承重

图 10.56　结构高度对房间高度的影响

上，节省了梁所占的空间；图 10.56(b)所示房间面积大，增加了大梁，板搁置在墙和梁上。可见在相同净高的情况下，结构布置不同，房间的层高也相应不同；图 10.56(c)所示某大型办公室采用纵横梁的梁板结构高度约占层高的 1/4 左右。

坡屋顶建筑的屋顶空间高，不做吊顶时可充分利用屋顶空间，房间高度可较平屋顶建筑低一些。

4) 建筑经济效果

层高是影响建筑造价的一个主要因素。因此，在满足使用要求和卫生要求的前提下，适当降低层高可相应减少房屋的间距，减轻房屋自重，改善结构受力情况，节约材料。寒冷地区以及有空调要求的建筑，从减少空调费用、节约能源出发，层高也宜适当降低。实践表明，普通砖混结构的建筑物，层高每降低 100 mm 可节约投资 1%。

5) 室内空间比例

一般来说面积大的房间高度要高一些，面积小的房间则可适当降低。住宅建筑要求空间具有小巧、亲切、安静的气氛；纪念性建筑则要求高大的空间以造成严肃、庄重的气氛；大型公共建筑的休息厅、门厅要求具有开阔、博大的气氛。巧妙地运用空间比例的变化，使物质功能与精神感受结合起来，就能获得理想的效果。中国革命与历史博物馆运用高而窄的比例处理门廊空间，从而获得庄严、雄伟的效果(见图 10.57(a))；北京饭店新楼大宴会厅宽而相对较矮的空间使人感觉亲切与开阔(见图 10.57(b))。

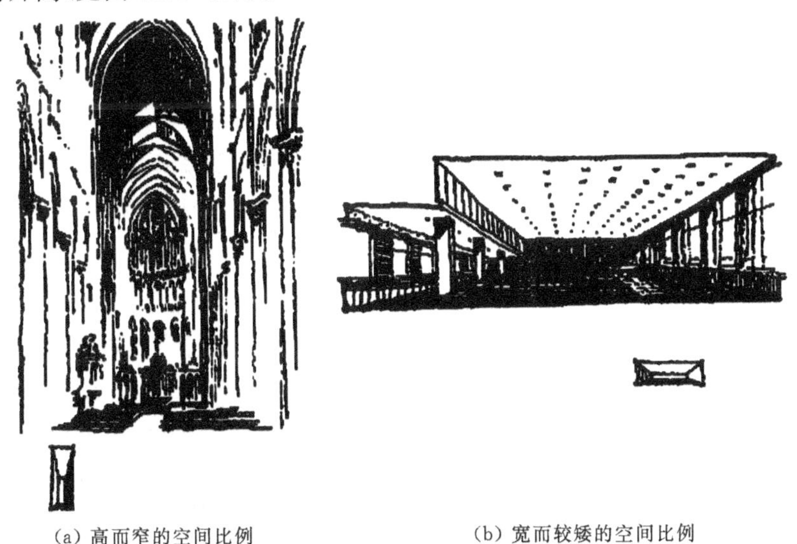

(a) 高而窄的空间比例　　(b) 宽而较矮的空间比例

图 10.57　空间比例不同给人以不同感受

处理空间比例时，在不增加房间高度的情况下，可以借助于以下手法给人以适宜的感受。

(1) 利用窗户的不同处理来调节空间的比例感。窄而长的窗户使空间感觉高一些，宽而扁的窗户则感觉房间低一些(见图 10.58)。德国萨尔布吕根画廊门厅，宽而低矮的房间由于侧面开了一排落地窗，将窗外景色引入室内，扩大了视野，起到了改变空间比例的效果(见图 10.59)。

(2) 运用以低衬高的对比手法，将次要房间的顶棚降低，从而使主要房间显得更加高大，次要房间显得亲切宜人。北京火车站中央大厅，以低矮的夹层空间衬托出中廊的高大空间(见图 10.60)。

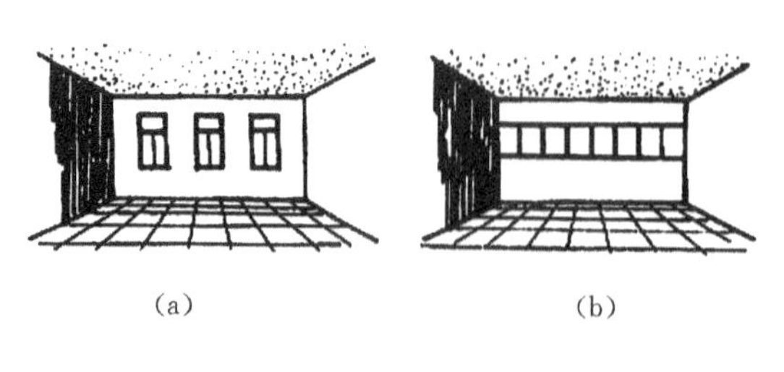

图 10.58　窗户的比例不同对空间高度的影响

图 10.59　设大片落地窗来改变空间的比例效果

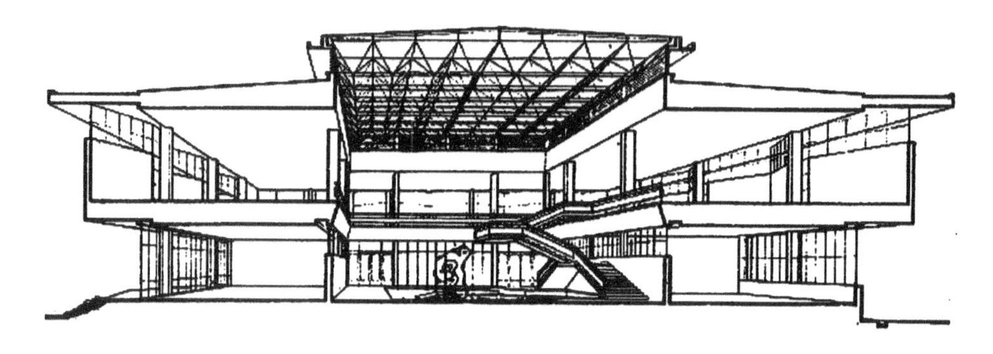

图 10.60　以低衬高的对比改变空间的比例

2. 窗台高度

窗台高度与使用要求、人体尺度、家具尺寸及通风要求有关。大多数的民用建筑，窗台高度主要考虑方便人的工作、学习，保证书桌上有充足的光线。窗台高度一般常取 900～1 000 mm，这样窗台距桌面高度控制在 100～200 mm，从而保证桌面上有充足的光线并使桌上纸张不致吹出窗外，如图 10.61(a)所示。对于有特殊要求的房间，如图 10.61(b)所示设有高侧窗的陈列

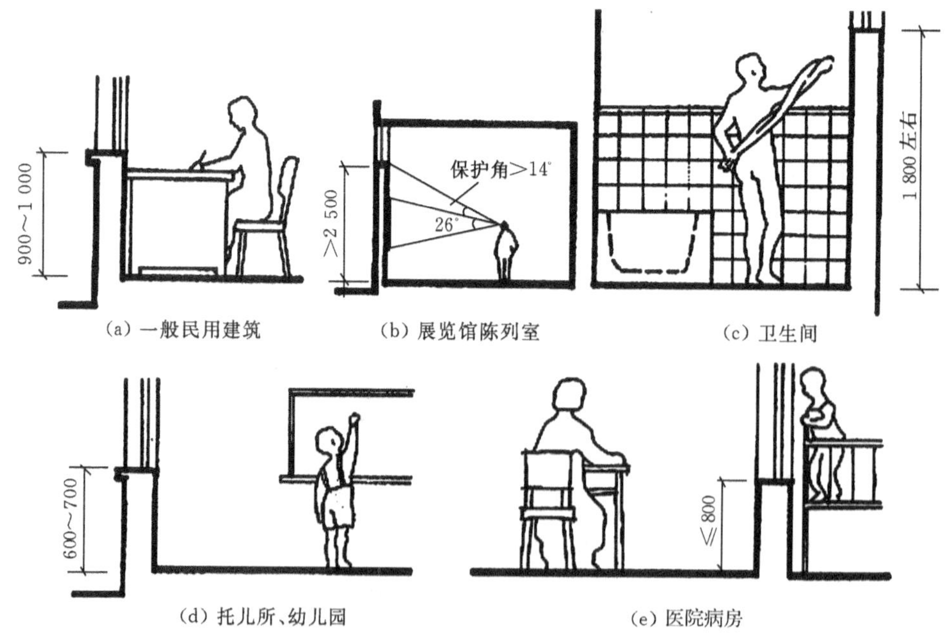

图 10.61　窗台高度

室，为消除和减少眩光，应避免陈列品靠近窗台布置，一般将窗台提高到离地2.5 m以上。厕所、浴室窗台可提高到1 800 mm左右，如图10.61(c)所示。托儿所、幼儿园、医院病房窗台高度均应较一般民用建筑低一些，如图10.61(d)所示。

公共建筑的房间如餐厅、休息厅、娱乐活动场所，以及疗养建筑、旅游建筑，为使室内阳光充足、便于观赏室外景色和丰富室内空间，需将窗台做的很低，甚至采用落地窗。

3. 室内外地面高差

为了防止室外雨水流入室内，并防止墙身受潮，一般民用建筑常把室内地坪适当提高，以使建筑物室内外地面形成一定高差，高差主要由以下因素确定。

(1) 内外联系方便。建筑物室内外高差应方便联系，特别是一般住宅、商店、医院等建筑的室外踏步的级数以不超过四级，即室内外高差不大于600 mm为宜。而仓库类建筑为便于运输，在入口处常设坡道，为不使坡道过长影响室外道路布置，室内外地面高差以不超过300 mm为宜。

(2) 防水、防潮要求。为了防止室外雨水流水室内，并防止墙身受潮，底层室内地面应高于室外地面，一般不大于300 mm。对于地下水位较高或雨量较大地区，以及对防水要求较高的建筑物，也可适当提高室内地面高度，以利防潮。

(3) 地形及环境条件。位于山地和坡地的建筑物，应结合地形的起伏变化和室外道路布置等因素，综合确定底层地面标高，使其既方便内外联系，又有利于室外排水和减少土石方工程量。

(4) 建筑物性格特征。一般民用建筑如住宅、学校、办公楼等，是人们工作、学习和生活的场所，应具有亲切、平易近人的感觉，因此室内外地面高差不宜过大。纪念性建筑除在平面空间布局及造型上反映出它独自的性格特征以外，还常借助于室内外高差值的增大，如采用高的台基和较多的踏步处理，以增强严肃、庄重、雄伟的气氛。

在建筑设计中，一般以底层室内地面标高为±0.000，高于它的为正值，低于它的为负值。

10.3.3 建筑的层数

影响确定建筑层数的因素很多，概括起来有以下几个方面。

1. 功能要求

住宅、办公楼、旅馆等建筑多由若干面积不大的房间组成，因此，这一类建筑可建为多层和高层，利用楼梯、电梯作为垂直交通工具。

对于托儿所、幼儿园等建筑，考虑到儿童的生理特点和安全，其层数不宜超过三层。医院门诊部为方便病人就诊，层数也以不超过三层为宜。

影剧院、体育馆等这类公共建筑都具有面积和高度较大的房间、人流集中，为迅速而安全的进行疏散，宜建成低层。

2. 建筑结构、材料和施工要求

建筑结构类型和材料是决定房屋层数的基本因素。如一般混合结构的建筑是以墙或柱承重的梁板结构体系，一般为1～6层，常用于一般大量性民用建筑，如住宅、宿舍、中小学教学楼、中小型办公楼、医院、食堂等。

多层和高层建筑，可采用梁柱承重的框架结构、剪力墙结构和框架剪力墙结构等结构体系。

空间结构体系，如薄壳、网架、悬索等则适用于低层大跨度建筑，如影剧院、体育馆、仓库食堂等。

确定房屋层数除受结构类型的影响外，建筑的施工条件、起重设备、吊装能力以及施工方法等均对层数有所影响，如吊装能力的大小对构件的重量、建筑总高度的限制；又如滑模施工，对多层和高层钢筋混凝土结构的建筑适宜，而且层数越多，经济效益也越显著。

3. 建筑基地环境与城市规划的要求

房屋的层数与所在地段的大小、高低起伏变化有关。例如，在相同建筑面积的条件下，基地范围小，底层占地面积也小，相应层数有可能多一些；地形变化陡，从减少土石方、布置灵活考虑，建筑物的长度、进深不宜过大，从而建筑的层数也要相应的增加。

确定房屋的层数不能脱离一定的环境条件。特别是位于城市街道两侧、广场周围、风景园林区等，必须重视建筑与环境的关系，做到与周围建筑物、道路、绿化等协调一致。同时要符合当地城市规划部门对整个城市面貌的统一要求。而风景园林区应以自然环境为主，充分借助大自然的美来丰富建筑空间，并通过建筑处理使风景更加增色，因此宜采用小巧、低层的建筑群，避免采用多层和高层的建筑。

10.3.4 建筑空间的组合与利用

1. 建筑空间的组合

建筑空间的组合就是根据内部使用要求，结合基地环境等条件将各种不同形状、大小、高低的空间组合反映出平面关系，而剖面的空间组合主要是反映结构关系和空间艺术构思，一定程度上也反映出平面关系。对于不同类型的建筑采取不同的组合方式，如教学楼中的阶梯教室、办公楼中的大会议室、临街住宅中的营业厅等在空间组合中常以小空间为主形成主体，将大空间附建于主体建筑旁，从而不受层高和结构的限制；或将大小空间上下叠合，分别将大空间布置在顶层或一、二层(见图 10.62)。

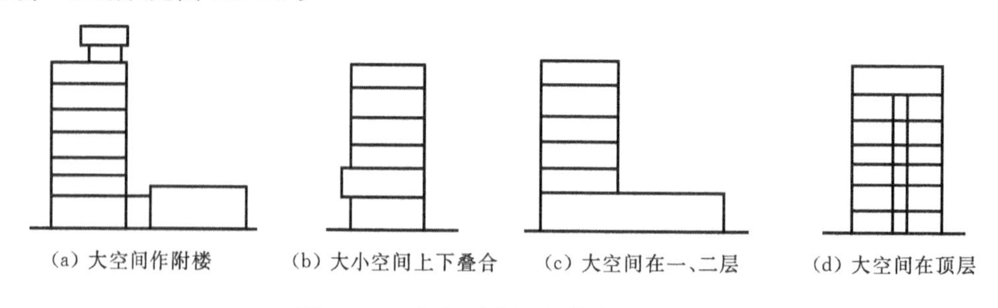

图 10.62 大小、高低不同的空间组合

有的建筑由于需要满足多种功能的要求，常由若干大小、高低不同的空间组合起来形成多种空间的组合形式。建筑物内部出现高低差，或由于地形的变化使房屋几部分空间的楼地面出现高低错落时，可采用错层的方式使空间取得和谐统一，具体处理方式如下。

1) 以踏步或楼梯联系各层楼地面以解决错落的高差

有的公共建筑，如教学楼、办公楼等主要使用房间空间高度并不高，但为丰富门厅空间变化并得到合适的空间比例，常将门厅地面降低。这种高差不大的空间联系常借助于少量踏步来解决。

当组成建筑物的两部分空间高差较大，或由于地形起伏变化，房屋几部分之间楼地面高低错落,这时常利用楼梯间解决错层高差。通过调整梯段踏步的数量,使楼梯平台与错层楼底面的标高一致。这种方法能较好地结合地形、灵活地解决纵横向错层高差。图 10.63 所示裙房与对应高度的主楼房间层高比为 3∶2,分别通过两个平台进入各层房间。

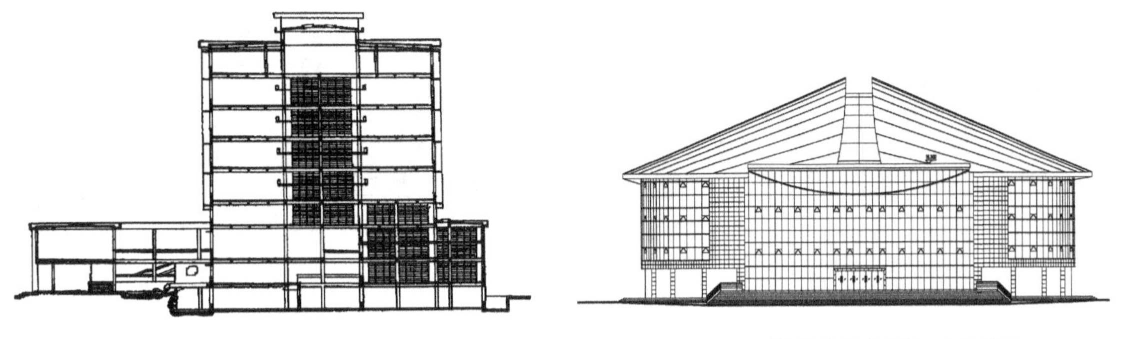

图 10.63　建筑立面入口处踏步　　　图 10.64　某体育馆立面入口处踏步

2) 以室外台阶解决错层高差

图 10.64 所示为某体育馆立面在入口外设室外台阶解决室内外高差。图 10.65 所示为垂直等高线布置的住宅建筑,各单元垂直错落,错层高差为一层,均由室外台阶到达楼梯间,这种错层方式较自由,可以随地形变化相当灵活地进行随意错落。

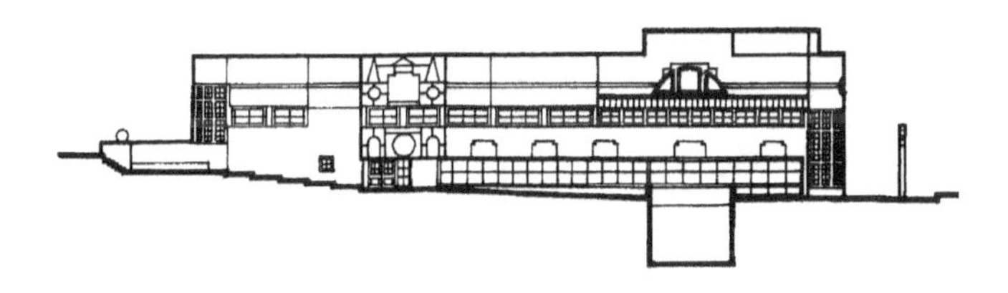

图 10.65　以室外台阶解决错层高差

此外,有时采用竖向叠层、向上内收、垂直绿化等手法(见图 10.66),如深圳工艺纺织大厦主楼 29 层,附楼 6 层,其附楼部分是台阶式向上内收从而丰富建筑外观形象。

图 10.66　台阶式附楼

2. 建筑空间的利用

建筑空间的利用涉及建筑的平面及剖面设计。充分利用室内空间不仅可以增加使用面积、节约投资,还可以起到改善室内空间比例、丰富室内空间艺术的效果。因此合理地最大限度地利用空间可以扩大使用面积,是空间组合的重要问题。

1) 夹层空间的利用

在公共建筑中的营业厅、体育馆、影剧院、候机楼等,由于功能要求其主体空间与辅助空间的面积和层高不一致,因此常采取大空间周围布置夹层的方式,以达到利用空间及丰富室内空间的效果,如图 10.67(a)所示。

在多层公共大厅中(如营业厅)设计夹层时要特别注意楼梯的布置和处理,应充分利用楼梯平台的高差来适应不同层高的需要,以不另设楼梯为好,如图 10.67(b)所示。

(a)

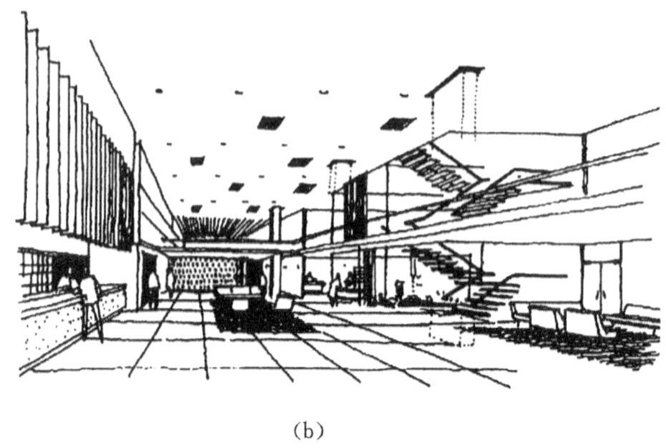

(b)

图 10.67 夹层空间的利用

2）房间上部空间的利用

房间上部空间主要是指除了人们日常活动和家具布置的空间，如住宅中常利用房间上部空间设置搁板、吊柜作为储藏之用(见图 10.68)。

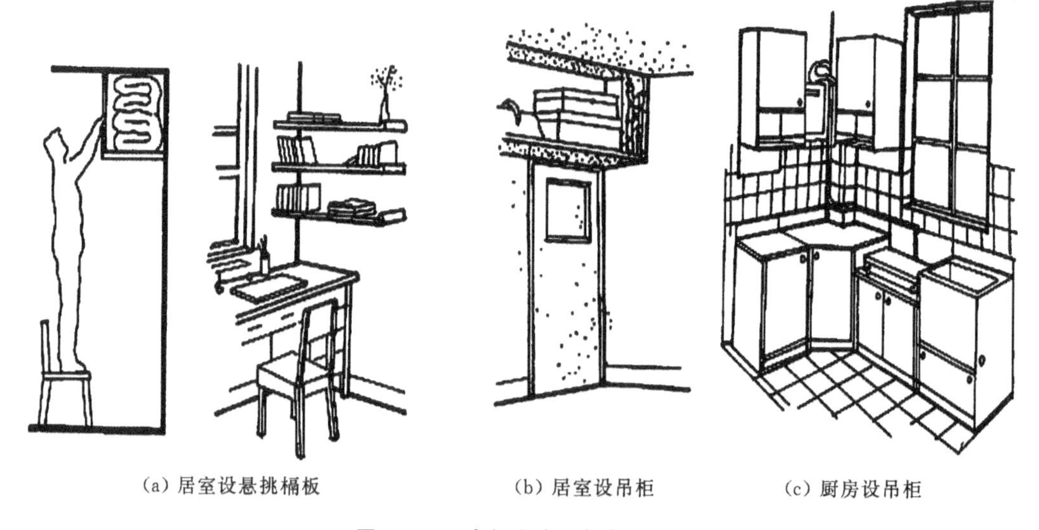

(a) 居室设悬挑搁板　　(b) 居室设吊柜　　(c) 厨房设吊柜

图 10.68 房间上空设搁板、吊柜

3）结构空间的利用

在建筑物中墙体厚度的增加，所占用的室内空间也相应地增加，因此充分利用墙体空间可以起到节约空间的作用。通常多利用墙体空间设置壁龛、窗台柜(见图 10.69)，利用角柱布置书架及工作台。

4）楼梯间及走道空间的利用

一般民用建筑楼梯间底层休息平台下至少有半层高，为了利用这部分空间，可采取降低平台下地面标高或增加第一楼梯段高度以增加平台下的净空高度，作为布置储藏室及辅助用房和出入口之用。同时，楼梯间顶层有一层半的空间高度，可以利用部分空间布置一个小储藏间(见图 10.70(a))。

民用建筑走道主要用于人流通行，其面积和宽度都较小，高度也相应要求低些。但从简化

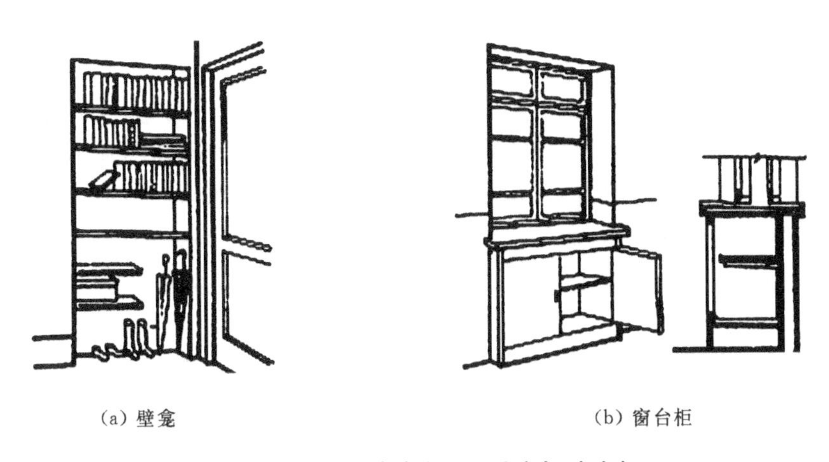

(a) 壁龛　　(b) 窗台柜

图 10.69　利用墙体空间设置壁龛、窗台柜

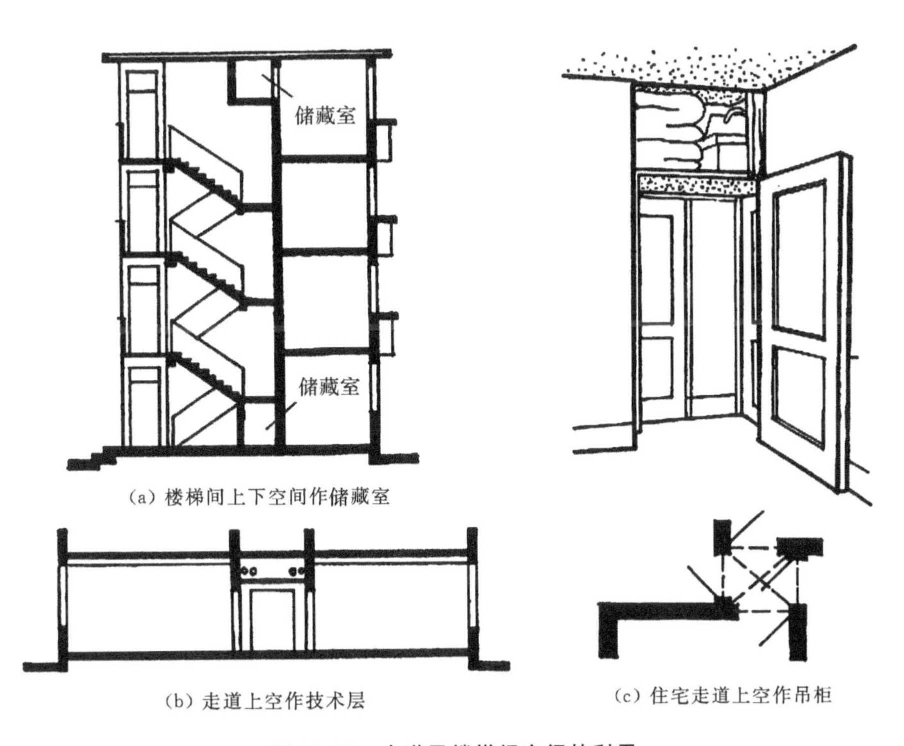

(a) 楼梯间上下空间作储藏室

(b) 走道上空作技术层　　(c) 住宅走道上空作吊柜

图 10.70　走道及楼梯间空间的利用

结构考虑,走道和其他房间往往采用相同的层高,是为了充分利用走道上部多余的空间布置设备管道及照明线路。居住建筑中常利用走道上空布置储藏空间,这样处理不但充分利用了空间,也使走道的空间比例尺度更加协调(见图 10.70(b))。

10.4　建筑体型和立面设计

建筑体型和立面设计是整个建筑的重要组成部分,外部体型和立面应与平、剖面设计同时进行并贯穿于整个设计始终。在方案设计一开始，就应在功能、物质技术条件等制约下按照美观的要求考虑建筑体型及立面的雏形。在平、剖面设计的基础上对建筑外部形象从整体到细部反复推敲、协调、深化，使之达到形式与内容的完美统一，这是建筑体型和立面设计的主要方法。

体型和立面设计着重研究建筑的体量大小、体型组合、立面及细部处理等。在满足使用功能和经济合理的前提下，运用不同的材料、结构形式、装饰细部、构图手法等创造出预想的意境，比如轻巧、活泼、通透的园林建筑；雄伟、庄严、肃穆的纪念性建筑；朴实、亲切、宁静的居住建筑；简洁、完整、挺拔的高层公共建筑等。建筑物的体型及立面设计应体现出时代艺术特性，给人以美的感受。

建筑体型和立面设计在很大程度上要受到使用功能、材料、结构、施工技术、经济条件及周围环境的制约。因此，每一幢建筑物都具有自己独特的形式和特点。此外，还要受到不同国家的自然社会条件、生活习惯和历史传统等综合因素的影响。建筑外形不可避免地要反映出特定的历史时期、特定民族和地区的特点，使之具有时代气息、民族风格和地区特色。只有全面考虑上述因素，运用建筑艺术造型构图规律来塑造建筑体型和立面造型，才能创造出真实、淳朴、具有强烈感染力的建筑形象。

10.4.1 影响因素

1. 使用功能

建筑是为了满足人们的生产和生活需要而创造的物质外部空间，因此各类建筑由于使用功能的千差万别，室内空间全然不同，在很大程度上必然导致出不同的外部体型及立面特征（见图10.71(a)）。

2. 反映物质技术条件的特点

建筑不同于一般的艺术品，它必须运用大量的材料并通过一定的结构形式、施工技术等手段才能建成。因此，建筑体型及立面设计必然在很大程度上受到物质技术的制约并反映出结构、材料和施工的特点。

一般中小型民用建筑的立面处理可通过对外墙的色彩、材料质感、水平与垂直线条及门窗的合理组织等来表现建筑简洁、朴素、稳重的外观特征（见图 10.71(b)）。

钢筋混凝土框架结构的墙体仅起围护作用，这就给空间内处理赋予了较大的灵活性。它的立面开窗较自由，既可形成大面积独立窗也可组成带行窗，甚至底层可以全部取消窗间墙而形

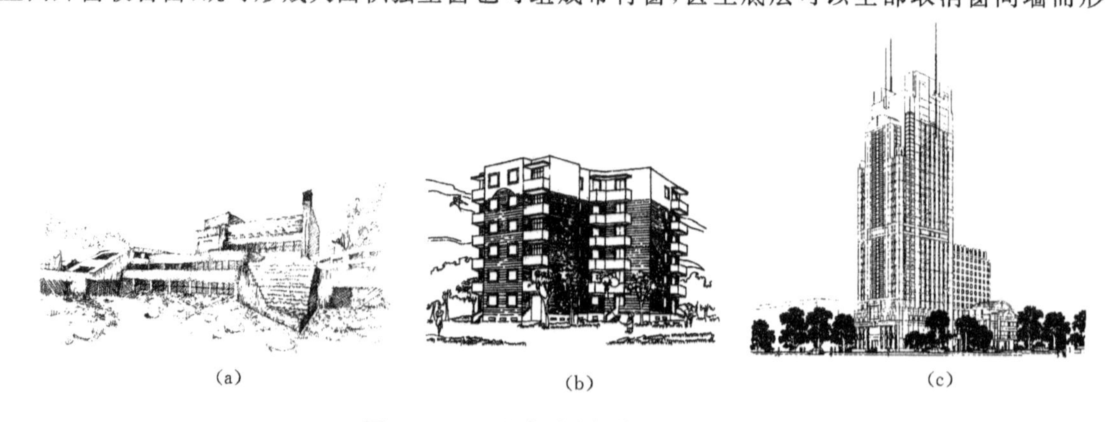

(a) (b) (c)

图 10.71 不同类型建筑的外形特征

成完全通透的形式。框架结构建筑具有简洁、明快、轻巧的外观形象(见图10.71(c))。

随着现代新结构、新材料、新技术的发展,为建筑外形设计提供了更大的灵活性。特别是各种空间结构的大量运用,更加丰富了建筑物的外观形象,使建筑造型千姿百态(见图10.72)。

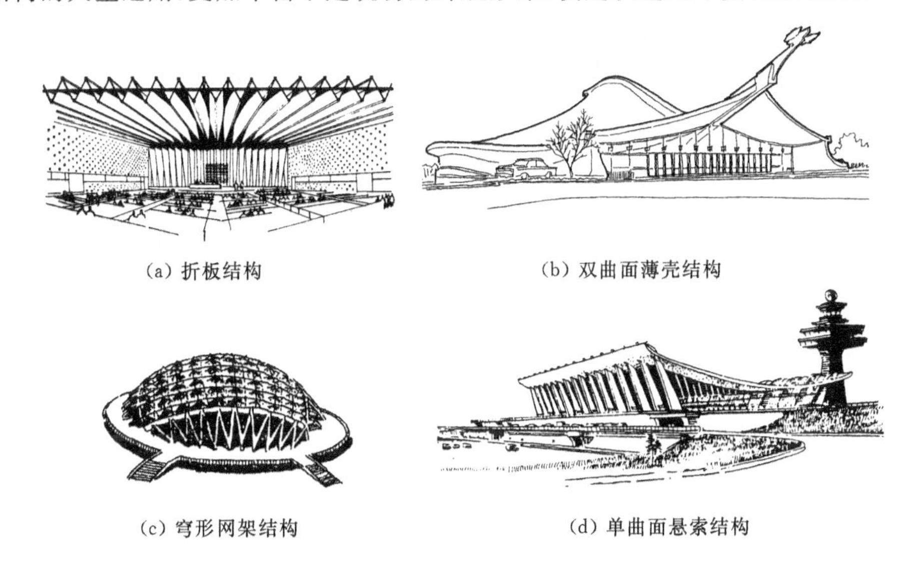

(a) 折板结构　(b) 双曲面薄壳结构

(c) 穹形网架结构　(d) 单曲面悬索结构

图10.72　各种空间结构的建筑形象

3. 符合城市规划及基地环境的要求

建筑本身就是构成城市空间和环境的重要因素,它不可避免地要受到城市规划、基地环境的某些制约,所以建筑基地的地形、地质、气候、方位、朝向、形状、大小、道路、绿化以及原有建筑群的关系等,都对建筑外部形象有很大影响。

位于自然环境中的建筑要因地制宜,结合地形起伏变化,使建筑高低错落、层次分明并与环境融为一体。

位于城市街道和广场的建筑物,一般由于用地紧张,故受到城市规划约束较多,如黑龙江革命历史博物馆,充分利用地形布局,依坡就势组织陈列分区,参观路线流畅,利用淡化自身的形式突出了原馆风格(见图10.73)。

4. 适应社会经济条件

建筑物从总体规划、建筑空间组合、材料选择、结构形式、施工组织到维修管理等都包含着经济因素。建筑外形设计应严格掌握质量标准,尽量节约资金。一般对于大量性建筑,标准可低一些,而国家重点建筑的某些公共建筑,标准则可高一些。

建筑外形的设计要充分发挥设计者的主观能动性,在一定的经济条件下,巧妙地运用物质技术手段和构图法则,努力创新,完全可以设计出适用、安全、经济、美观的建筑物。

10.4.2　建筑美的构图规律

建筑造型是有其内在规律的,人们要创造出美的建筑就必须遵循建筑造型美的法则,如统一、均衡、稳定、对比、韵律、比例、尺度等。不同时代、不同地区、不同民族,尽管建筑形式千差万别,尽管人们审美观各不相同,但这些建筑美的基本法则都是一致的,是人们普遍承认的客观规律,因而具有普遍性。

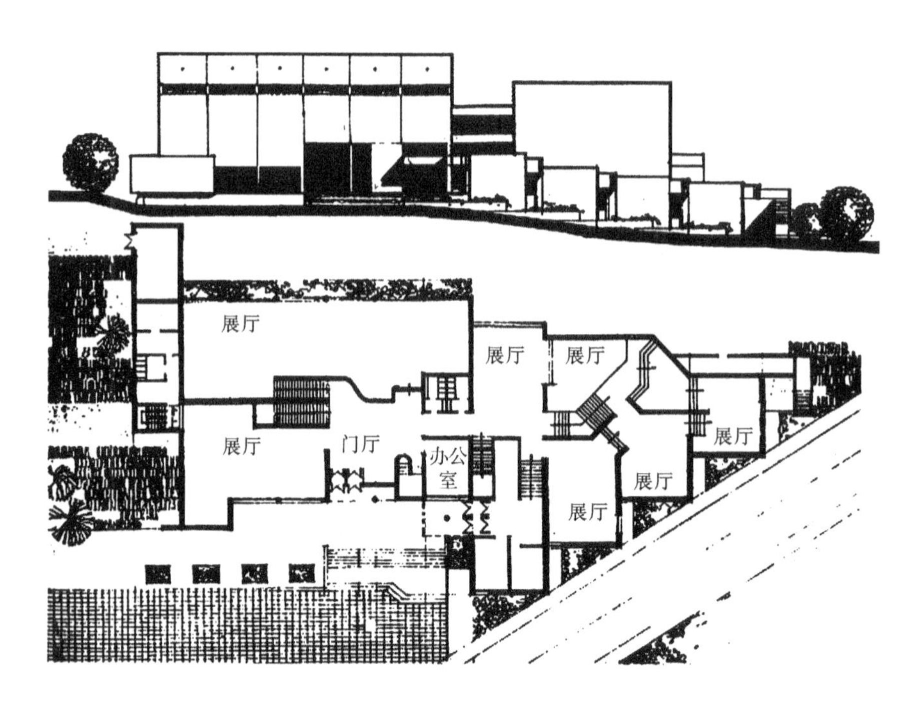

图 10.73　黑龙江革命历史博物馆

1. 统一与变化

1）以简单的几何形体求统一

任何简单的容易被人们辨认的几何形体都具有一种必然的统一性。圆柱体、圆锥体、长方体、正方体、球体等（见图 10.74(a)），它们的形状简单、明确，很自然地能取得统一。如我国古代的天坛、园林建筑中的亭台均以简单的几何形体给人以明确、统一的印象。又如，合肥工业大学微机研究楼以简单的几何形体获得高度统一、稳定的效果（见图10.74(b)）。

(a) 建筑的基本形体　　(b) 合肥工业大学微机研究楼

图 10.74　以简单的几何形体求统一

2）主从分明，以衬托求统一

复杂体量的建筑根据功能的要求常包括有主要部分和从属部分，如果不加以区别对待，则建筑必然显得平淡、松散，缺乏统一性。在外形设计中，恰当地处理好主要和从属、重点与一般的关系，使建筑形成主从分明、以次衬主，就可以加强建筑的表现力，取得完整统一的效果。

(1) 运用轴线的处理突出主体。从古到今，对称的手法在建筑中运用较为普遍，如北京民族文化宫（见图 10.75）利用中央主轴线的高大空廊将两翼对称的陈列室联系起来，通过两翼对空廊的衬托既突出了主题又创造了一个完整统一的外观形象。一些纪念性建筑和大型办公楼常用这种手法。

图 10.75　北京民族文化宫

图 10.76　以低衬高的建筑形态

(2) 以低衬高突出主体。在建筑外形设计中，可以充分利用建筑功能要求上所形成的高低不同，并有意识加以强调某个部分使之成为重点，而其他部分则明显处于从属地位。以低衬高、以高控制全体的巧妙构图技巧使建筑取得了完整统一的优美形象(见图 10.76)。

(3) 利用形象变化突出主体。一般来说，弯曲的部分要比直的部分更引人注目，更易于激发人们的兴趣。在建筑造型上运用圆形、折线所形成比较复杂的轮廓线都可取得突出主体、控制全局的效果，如某医院门诊部(见图 10.77)正面是弧形的接待大厅，两边侧楼犹如展开的双臂。

图 10.77　某医院门诊部

2. 均衡与稳定

(1) 均衡主要是研究建筑物各部分前后左右的轻重关系。在建筑构图中，均衡与力学的杠杆原理是有联系的。如图 10.78(a)所示的支点表示均衡中心，根据均衡中心的位置不同，又可分为对称均衡与不对称均衡。

对称的建筑绝对是均衡的，以轴线为中心并加以重点强调，两侧对称容易取得完整统一的效果，给人以端庄、雄伟、严肃的感觉，常用于纪念性建筑或其他需要表现、庄严、隆重的公共建筑。如毛主席纪念堂、人民大会堂、北京电报大楼等都是通过对称均衡的形式体现出不同建筑的特性，获得明显的完整统一，如图 10.78(b)所示为对称均衡的实例。

不对称均衡是将均衡中心(视觉上相对突出的主要出入口)偏于建筑的一侧，利用不同体

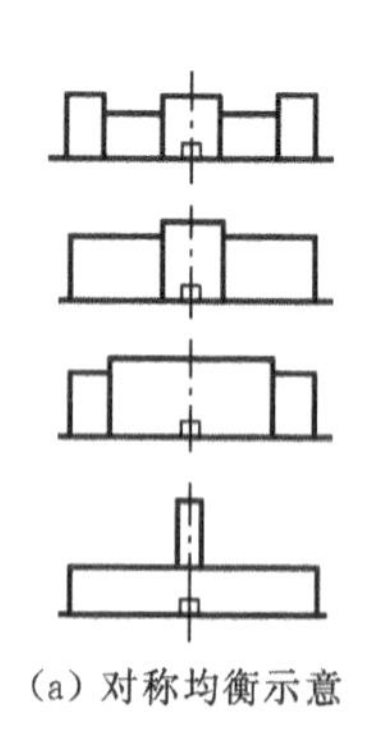

(a) 对称均衡示意

(b) 石家庄博物馆

图 10.78 对称均衡

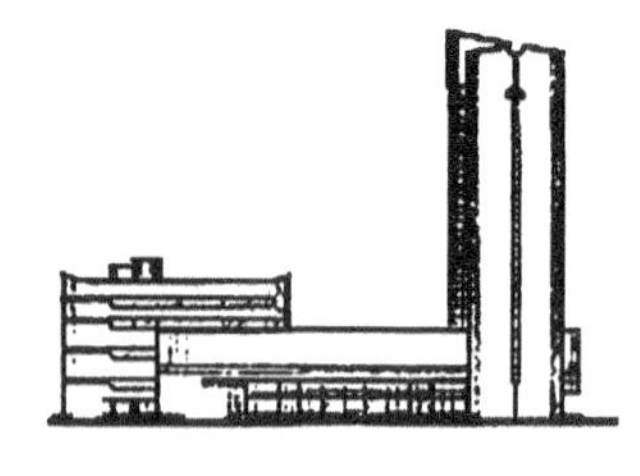

图 10.79 不对称均衡

量、材质、色彩、虚实变化等的平衡达到不对称均衡的目的。它与对称均衡相比显得轻巧、活泼。图10.79所示为不对称均衡的实例，飞虹影剧院挑出前厅、入口上部宽敞的窗及前厅等突出均衡中心，并以一侧高而窄的垂直体量和另一侧低矮的水平体量相平衡，取得了不对称均衡的效果。

(2) 稳定是指建筑整体上下之间的轻重关系。一般来说，上面小、下面大，由底部向上逐层缩小的手法易获得稳定感，如大连银帆宾馆就是利用这种手法获得较好的效果(见图10.80)。

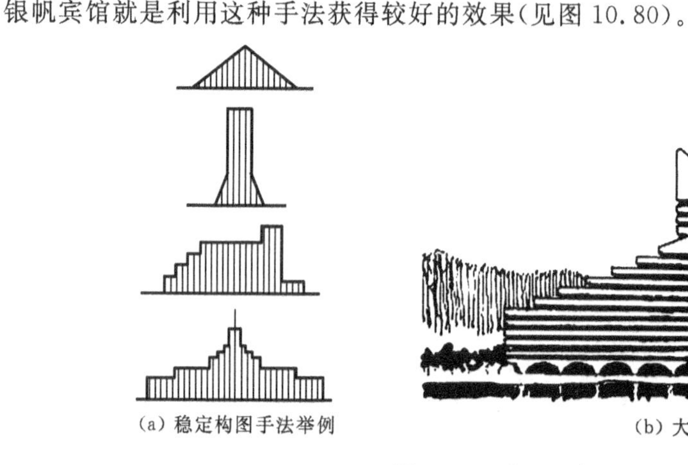

(a) 稳定构图手法举例

(b) 大连银帆宾馆

图 10.80 体形组合的稳定构图

近代建造了不少底层架空的建筑，利用悬臂结构的特性、粗糙材料的质感和浓郁的色彩加强底层的厚重感，同样达到稳定的效果(见图10.81)。

3. 韵律

所谓韵律常指建筑构图中的有组织的变化和有规律的重复，使变化与重复形成了有节奏的韵律感，从而可以给人以美的感受。建筑物由于使用功能的要求和结构技术的影响，存在着很多重复因素，如建筑形体、空间、构件乃至门窗、阳台、凹廊、雨篷、色彩等，这就为建筑造型提供了很多有规律的依据。常用的韵律手法有连续的韵律、渐变的韵律、起伏的韵律、交错的韵律。如图10.82(a)所示，根据墙身和结构的稳定要求由下至上逐渐缩小，加上每层檐廊的重复交替出现，不仅具有渐变的韵律，而且也丰富了建筑外轮廓线。如图10.82(b)所示，利用纵横穿插布

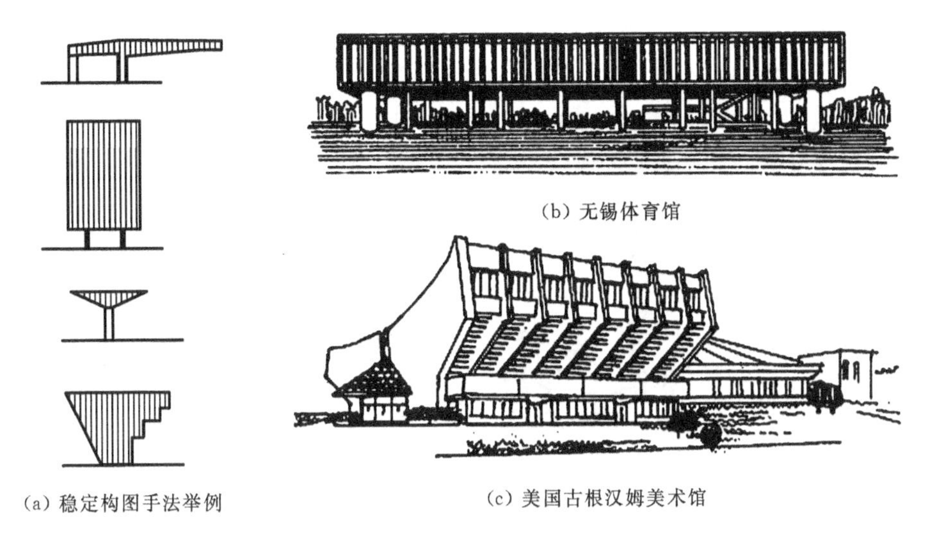

(a) 稳定构图手法举例　(b) 无锡体育馆　(c) 美国古根汉姆美术馆

图 10.81　体形组合的稳定构图

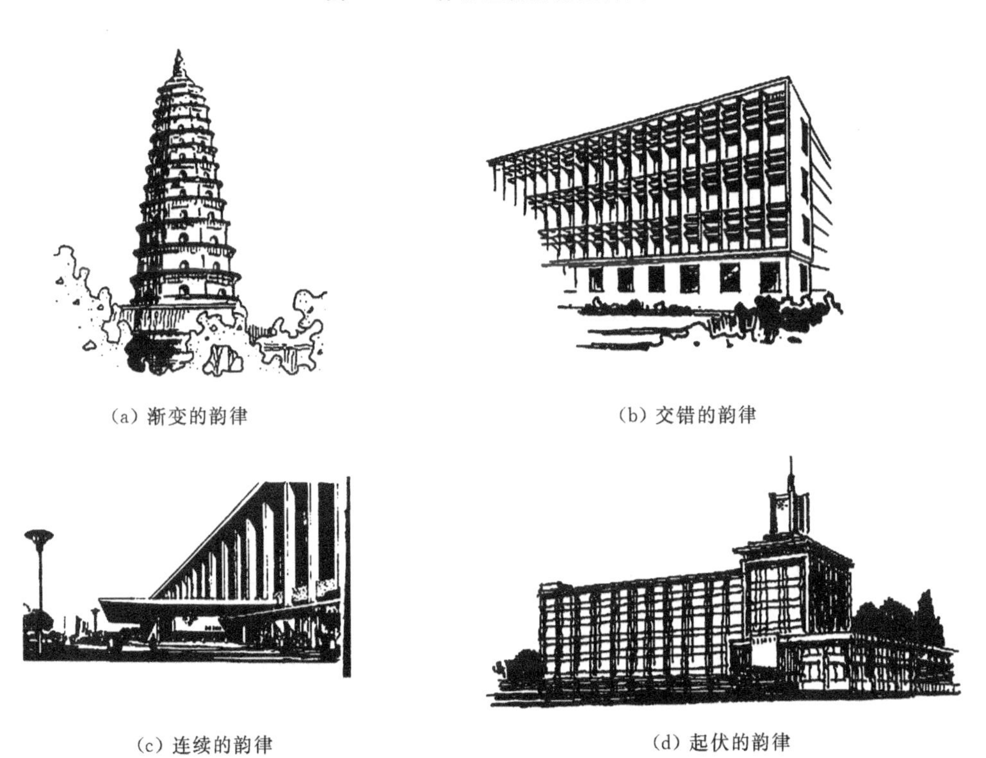

(a) 渐变的韵律　(b) 交错的韵律　(c) 连续的韵律　(d) 起伏的韵律

图 10.82　常用的韵律手法

置的遮阳板构成交错的韵律，使建筑具有生动的图案效果。如图 10.82(c)所示，整个形体是由等距离的壁柱和玻璃窗组成的重复韵律以增强其节奏感。如图 10.82(d)所示，从二层过渡到六层，再过渡到塔顶及高耸的塔楼，使整个轮廓线逐渐地向上起伏，从而增强了建筑形体及街景面貌的表现力。

4. 对比

建筑造型中设计的对比，具体表现在体量的大小、高低、形状，方向线条曲直、横竖、虚实，色彩、质地、光影等方面。在同一因素之间通过对比，相互衬托，就能产生不同的形象效果。对比强烈则变化大、感觉明显，建筑中很多重点突出的处理手法往往是采取强烈对比的效果；对比小则变化小，取得相互呼应、和谐、协调统一的效果。因此，在建筑设计中恰当地运用对比的强弱是取得统一与变化的有效手段(见图 10.83)。

图 10.83　以对比与协调取得统一

5. 比例

比例是指长、宽、高三个方面之间的大小关系，无论是整体还是局部，以及整体与局部之间、局部与局部之间都存在着比例关系。如整幢建筑与单个房间长、宽、高之比；门窗或整个立面的高宽比；立面中的门窗与墙面的比；门窗本身的高宽比等。良好的比例能给人以和谐、完美的感受；反之，比例失调就无法使人产生美感。

一般来说，抽象的几何形状以及若干几何形状之间的组合，处理得当就可获得良好的比例而易于为人们所接受。如圆形、正方形、正三角形等具有特定的外形而引起人们的注意。"黄金率"的比例关系(即长宽之比为 1∶1.618)要比其他长方形好；大小不同的相似形，它们之间对角线互相垂直或平行，由于具有"比率"相等而使比例关系协调。图 10.84 所示以相似的比例求得和谐统一。建筑物的各部分一般都是由一定的几何形体所构成，因此，在建筑设计中，有意识地注意几何形体的相似关系，对于推敲和谐的比例是有帮助的。

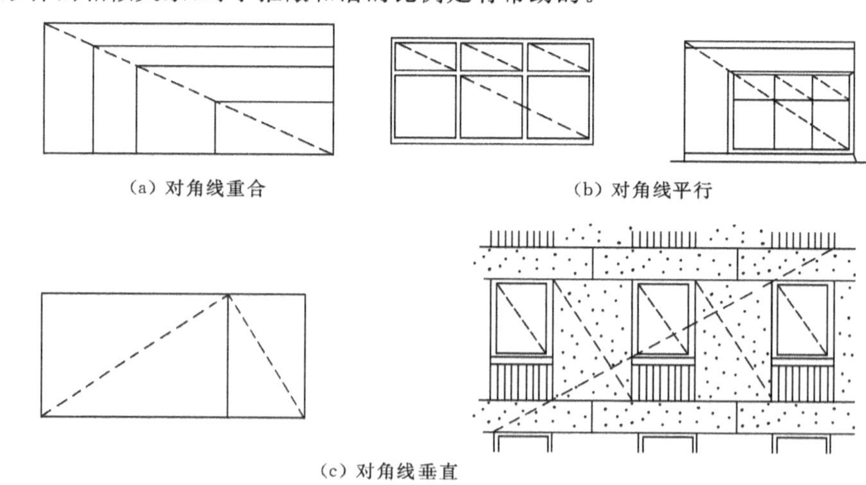

图 10.84　以相似比例求得和谐统一

6. 尺度

尺度是研究建筑物整体与局部构件给人感觉上的大小与真实大小之间的关系。在建筑设计中常常以人或与人体活动有关的一些不变因素，如门、台阶、栏杆等作为标准，通过与它们的对比而获得一定的尺度感。如窗台、栏杆高度一般为 900～1 000 mm，门扇高度为 2 000～2 400 mm，踏步高为 150～175 mm 等，通过这些固定的尺度与建筑整体或局部进行比较就会得出很鲜明的尺度感。图 10.85 所示为不同建筑物的尺度感，通过与人的对比就可以感受出建筑物的大小、高低。

图 10.85　建筑物的尺度感

建筑设计中，尺度的处理通常有三种方法。

(1) 自然的尺度：以人体大小来度量建筑物的实际大小，从而给人的印象与建筑物真实大小一致，常用于住宅、办公楼、学校等建筑。

(2) 夸张的尺度：运用夸张的手法给人以超过真实大小的尺度感，常用于纪念性建筑或大型公共建筑，以表象庄严、雄伟的气氛。

(3) 亲切的尺度：以较小的尺度获得小而真实的感觉，给人以亲切宜人的尺度感，常用于营造小巧、亲切、舒适的气氛，如庭园建筑。

10.4.3　建筑体型及立面设计的方法

体型是指建筑物的轮廓形状，它反映了建筑物总体量的大小、组合方式以及比例尺度等，而立面是指建筑物的门窗组织、比例与尺度、入口及细部处理、装饰与色彩等。体型和立面是建筑统一体的相互联系不可分割的两个方面，体型是建筑物的雏形，而立面设计则是建筑物体型的进一步深化，只有将二者作为一个有机的整体统一考虑，才能获得完美的建筑形象。

民用建筑种类繁多，体型和立面千变万化。但无论哪一类建筑，尽管在体型和立面的处理上有各自不同的特点和方法，但基本的构图原则是一致的。任何复杂的建筑形体都可以简化为基本几何形体的变换与组合，这些基本形体单纯、精确、完整，具有逻辑性，易为人所感知和理解。不同几何形体以及这些形体所处的状态，具有不同的视觉表情和表现力。在设计过程中，应充分考虑建筑功能、材料和结构等的制约因素，运用前面所讲的构图规律，从体型入手，逐步深入到每个立面，进行反复推敲、不断修改，使体型和立面相协调，达到完美统一。

1. 体型的组合

1) 单一体型

单一体型是将复杂的内部空间组合到一个完整的体型中去。外观各面基本等高，平面多呈正方形、矩形、圆形、Y 形等。这类建筑的特点是没有明显的主从关系和组合关系，造型统一、简洁、轮廓分明，给人以鲜明而强烈的印象(见图10.86)。

2）单元组合体型

一般民用建筑如住宅、学校、医院等常采用单元组合体型，它将几个独立体量的单元楼按一定方式组合起来，具有以下特点。

(1) 组合灵活。结合基地大小、形状、朝向、道路走向、地形起伏变化，建筑单元可随意增减、高低错落，既可成为简单的一字体型，也可以形成锯齿形、台阶式等体型。

(2) 建筑物没有明显的均衡中心及体型的主从关系，这就要求单元本身具有良好的造型。

(3) 由于单元的连续重复，形成了强烈的韵律感，图10.87所示为单元式住宅的外形特征。

图10.86　单一体型建筑

图10.87　单元式住宅

3）复杂体型

复杂体型是由两个以上的体量组合而形成的，体型丰富，更适合用于功能关系比较复杂的建筑物。复杂体型存在着多个体量，进行体量与体量之间相互协调与统一时应着重注意以下几点。

(1) 根据功能要求将建筑物分为主要部分和次要部分，分别形成为主体和附体。进行组合时应突出主体、有重点、有中心、主从分明，巧妙结合以形成有组织、有秩序、又不杂乱的完整统一体(见图10.88)。

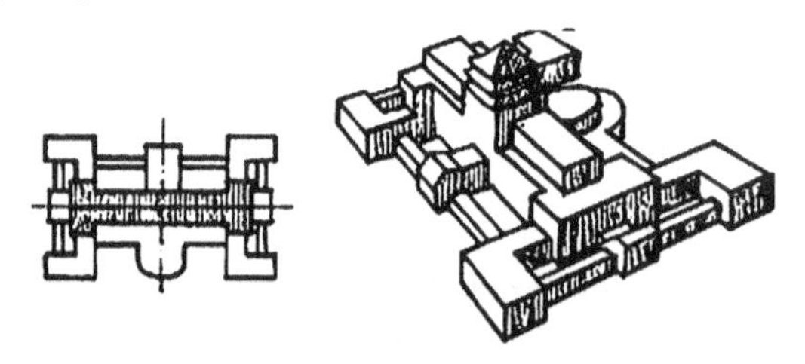

(a) 对称式——北京中国美术馆：高大的主体位于中央，各从属部分以不同的形式与主体相连，形成统一整体

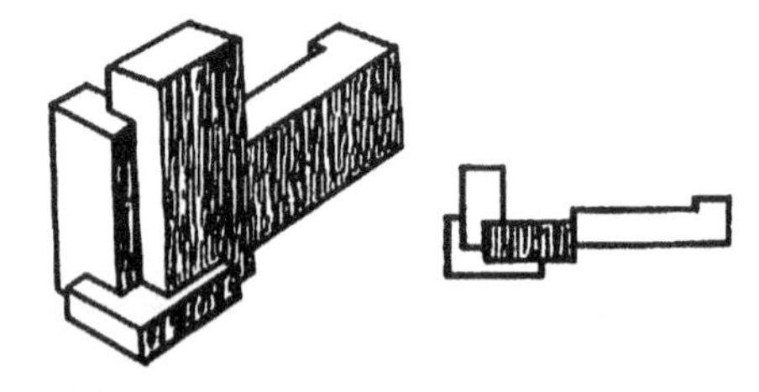

(b) 非对称式——北京中国民航大楼：主体位于转角处，从属部分依附于主体，形成完整的有机整体

图10.88　体型组合的主从关系

(2) 运用体量的大小、形状、方向、高低、曲直等方面的对比，可以突出主体，破除单调感，从而求得丰富、变化的造型效果(见图10.89)。

(3) 体型组合要注意均衡与稳定的问题，因为所有建筑物都是由具有一定重量感的材料建

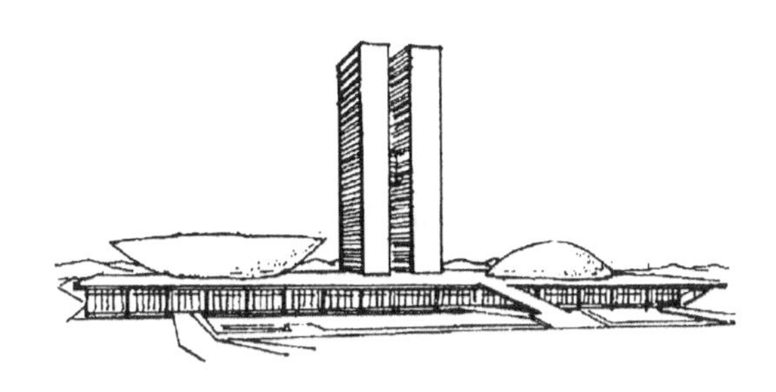

图 10.89　体型组合的对比与变化

成的，一旦失去均衡就会使建筑物轻重不均，失去稳定感。体型组合的均衡包括对称与非对称两种形式，如图 10.90 所示为体型组合中稳定构图的实例。

(a) 对称式

(b) 非对称式

图 10.90　体型组合的稳定与均衡

2. 体型的转折与转角的处理

在特定的地形或位置条件下，如丁字路口、十字路口或任意角度的转角地带设计建筑物时，如果能结合地形巧妙的进行转折与转角的处理，不仅可以扩大组合的灵活性以适应地形的变化，而且可以使建筑物显得更加的完整统一。

转折主要是建筑物顺道路或地形的变化作曲折变化，因此这种形式的临街部分实际上是长方形平面的简单变形和延伸，具有简洁流畅、自然大方、完整统一的外观形象。

根据功能和造型的需要，转角地带的建筑体型常采用主、附体相结合，以附体衬托主体、主从分明的方式。也可采用局部体量升高以形成塔楼的形式，以塔楼控制整个建筑物及周围道路，使交叉口、主要入口更加醒目(见图 10.91)。

3. 体量的联系与交接

复杂体型中的大小、高低、形状各不相同，如果连接不当，不仅影响到体型的完整，而且将会直接损害到使用功能和结构的合理性。组合设计中常采用以下几种连接方式。

(1) 直接连接：在体型组合中，将不同体量的面直接相连称为直接连接。这种方式具有体型

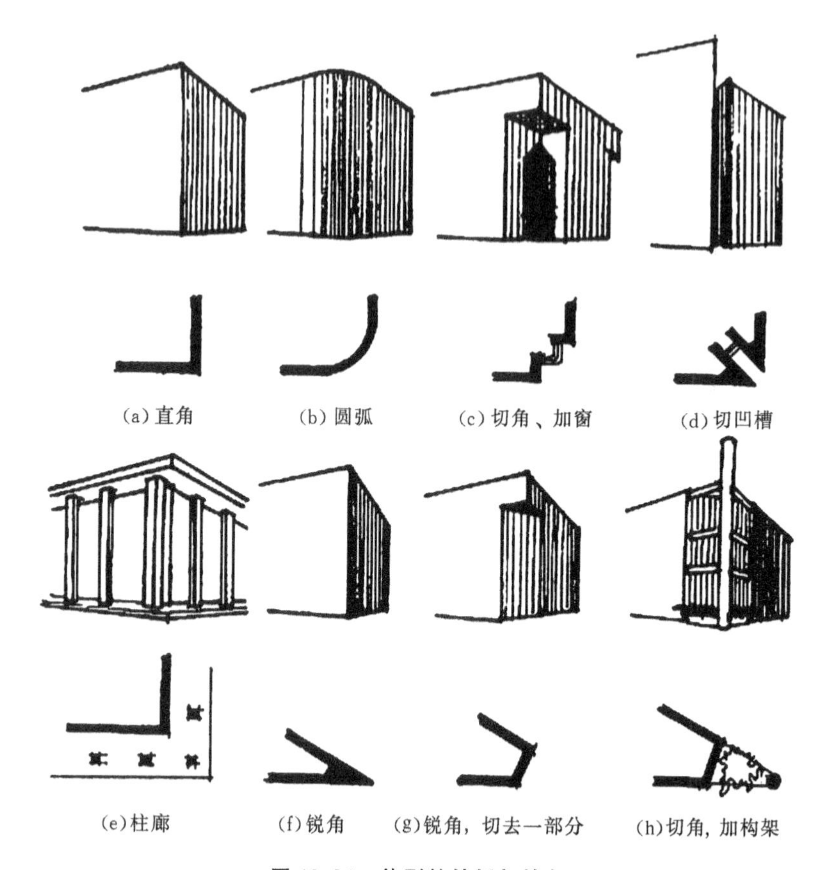

(a) 直角　(b) 圆弧　(c) 切角、加窗　(d) 切凹槽

(e) 柱廊　(f) 锐角　(g) 锐角，切去一部分　(h) 切角，加构架

图 10.91　体型的转折与转角

分明、简洁、整体性强的优点，常用于功能要求各房间联系紧密的建筑（见图 10.92(a)）。

（2）咬接：各体量之间相互穿插，体型较复杂，但组合紧凑，整体性强，较前者获得有机整体的效果，是组合设计中较为常用的一种方式（见图 10.92(b)）。

（3）以走廊或连接体相连：这种方式的特点是各体量之间相对独立而又互相联系，走廊的开

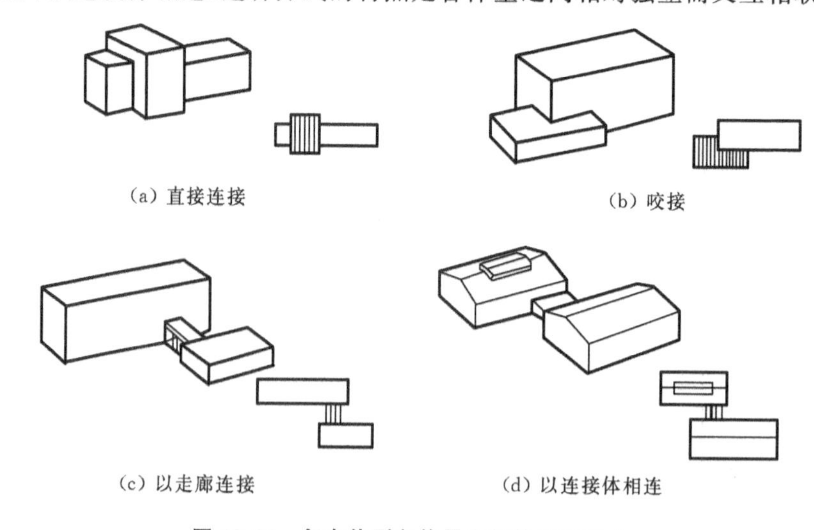

(a) 直接连接　(b) 咬接

(c) 以走廊连接　(d) 以连接体相连

图 10.92　复杂体型各体量之间的连接方式

敞或封闭、单层或多层，常随不同功能、地区特点、创作意图而定，建筑给人以轻快、舒展的感觉（见图 10.92(c)、(d)）。

4. 立面设计

建筑立面是由许多部件组成的，这些部件包括门窗、墙柱、阳台、遮阳板、雨篷、檐口、勒脚、花饰等，立面设计就是恰当地确定这些部件的尺寸大小、比例关系以及材料色彩等。通过形的变换、面的虚实对比、线的方向变化等，求得外形的统一与变化和内部空间与外形的协调统一。

1）立面的比例和尺度

立面的比例与尺度的处理是与建筑功能、材料性能和结构类型分不开的，由于使用性质、容纳人数、空间大小、层高等不同，形成全然不同的比例和尺度关系。建筑立面常借助于门窗、细部等的尺度处理反映出建筑物的真实大小。如某综合楼，形体组合简洁明快、虚实相间、稳重大方，具有现代特色（见图 10.93）。

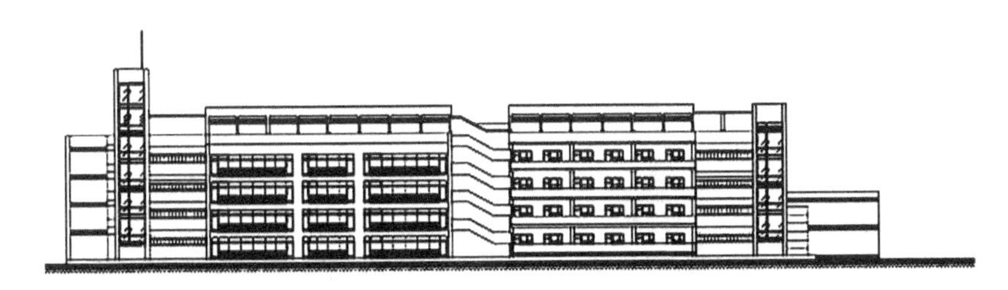

图 10.93 某综合楼立面图

2）立面的虚实与凹凸

建筑立面中“虚”的部分是指窗、空廊、凹廊等，给人以轻巧、通透的感觉；“实”的部分主要是指墙、柱、屋面、栏板等，给人以厚重、封闭的感觉。巧妙地处理建筑外观的虚实关系，可以获得轻巧生动、坚实有力的外观形象。

以虚为主、虚多实少的处理能获得轻巧、开朗的效果，常用于剧院门厅、餐厅、车站、商店等大量人流聚集的建筑（见图 10.94(a)）。以实为主、实多虚少的处理能产生稳重、庄严、雄伟的效果，常用于纪念性建筑及重要的公共建筑（见图 10.94(b)）。虚实相当的处理容易给人以单调、呆板的感觉，在功能允许的条件下，可以适当将虚的部分和实的部分集中，使建筑物产生一定的变化（见图 10.94(c)）。

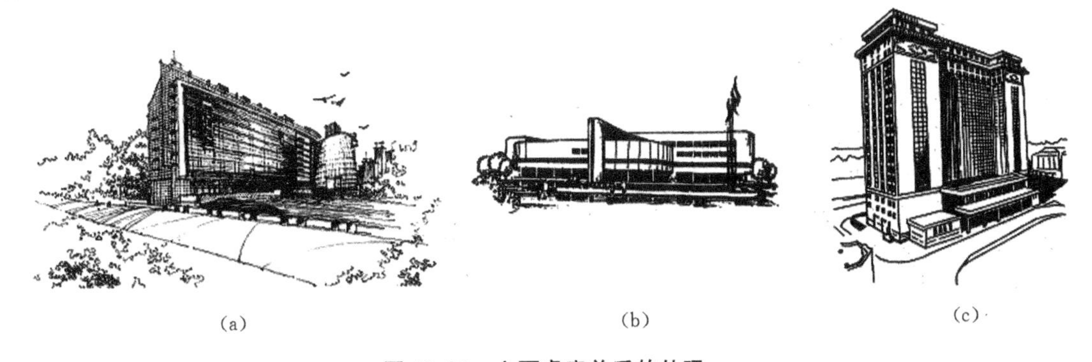

(a) (b) (c)

图 10.94 立面虚实关系的处理

由于功能和构造上的需要，建筑外立面常出现凹凸部分。凸的部分有阳台、雨篷、遮阳板、挑檐、凸柱、突出的楼梯间等，凹的部分有凹廊、门洞等。通过凹凸关系的处理可以加强光影变化，增加建筑物的体积感，丰富立面效果。住宅建筑常常利用阳台和凹廊来形成虚实、凹凸变化。

3）立面的线条处理

任何线条本身具有一种特殊的表现力和多种造型的功能。从方向变化来看，垂直线给人挺拔、高耸、向上的感觉；水平线使人感到舒展与连续、宁静与亲切；斜线给人动态的感觉；网格线有丰富的图案效果，给人以生动、活泼而有秩序的感觉。从粗细、曲折变化来看，粗线条表现厚重、有力；细线条具有精致、柔和的效果；直线表现刚强、坚定；曲线则显得优雅、轻盈。

建筑立面上客观存在着各种线条，如立柱、墙垛、窗台、遮阳板、檐口、栏板、窗间墙、分格线等。建筑立面造型中千姿百态的优美形象也正是通过各种线条在位置、粗细、长短、方向、曲直、疏密、繁简、凹凸等方面的变化而形成的(见图 10.95)。

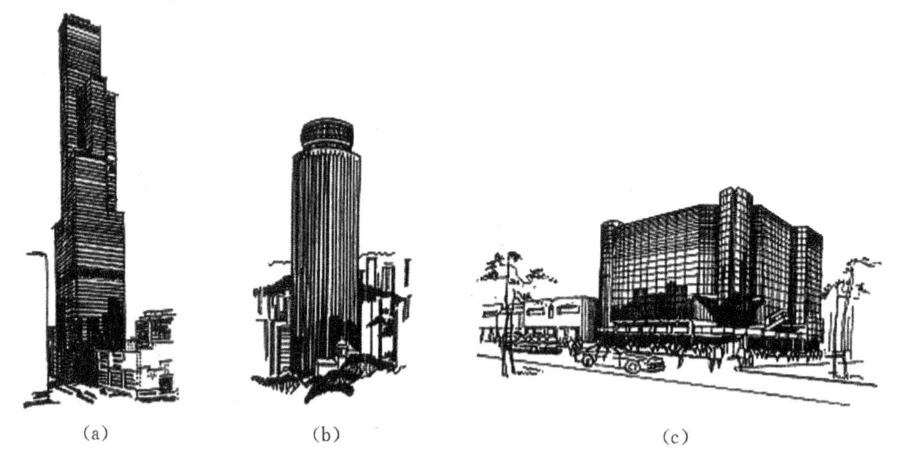

图 10.95　立面线条处理

4）立面的色彩与质感

色彩和质感是材料固有的特性，对于一般建筑来说，主要是通过材料色彩的变化使其相互衬托与对比来增强建筑的表现力。

不同的色彩具有不同的表现力，给人以不同的感受。一般来说，以浅色或白色为基调的建筑给人以明快清新的感觉，深色显得稳重，橙黄等暖色调使人感到热烈、兴奋，青、蓝、紫、绿等色彩使人感到宁静。运用不同的色彩进行处理，可以表现出不同建筑物的性格、地方特点及民族风格。

建筑外形色彩设计包括大面积墙面基调色的选用和墙面上不同色彩的构图等两方面，设计中应注意：色彩处理必须和谐统一且富有变化；色彩的运用必须与建筑物的性质相一致；色彩的运用必须注意与环境的密切协调；基调色的选择应结合各地的气候特征。

建筑立面由于材料的质感不同，也会给人以不同的感觉。如天然木材和砖的质地粗糙，具有厚重及坚固感；金属及光滑的表面感觉轻巧、细腻。立面设计中常常利用质感的处理来增强建筑物的表现力。

材料质感的处理一方面是利用材料本身的特性，如大理石、花岗岩的天然纹理，金属、玻璃的光泽；另一方面是人工创造的某种特殊质感，如仿石饰面砖、仿树皮纹理的粉刷等。一般来说，使用单一的材料易显得统一，但是处理不好容易出现单调感，运用不同材料质感的对比易获得生动的效果。图 10.96(a)所示是运用天然石材的粗糙砖墙与木材的细致纹理和抹灰面进行对比，图 10.96(b)所示是以光滑的大玻璃窗与粗糙的砖墙和抹灰面进行对比，使建筑显得生动而富有变化。

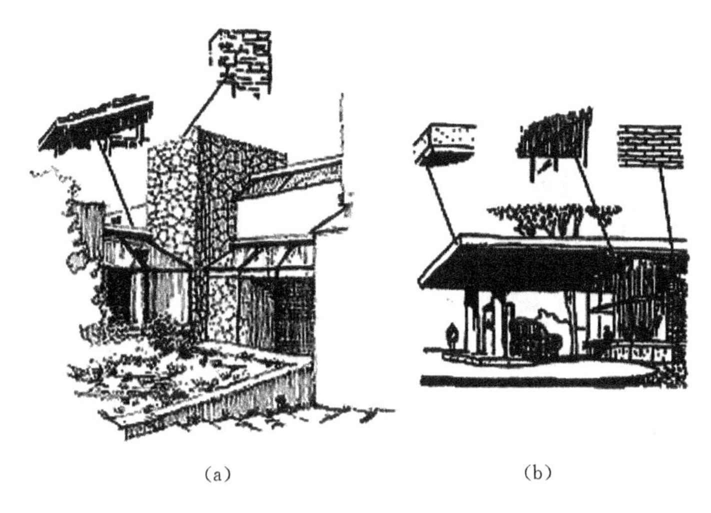

(a) (b)

图 10.96 立面中材料质感处理

5）立面的重点与细部处理

根据功能和造型需要，在建筑某些局部位置进行重点和细部处理，可以突出主体，打破单调感。立面的重点处理常常是通过对比手法取得的，建筑物重点处理的部位如下。

(1) 建筑物的主要出入口及楼梯间是人流最多的部位，要求明显突出、易于寻找。为了吸引人们的视线，常常在这些部位进行重点处理。如图10.97所示为苏州青少年活动中心，入口上方布置横板与数字相结合的造型及醒目的文字标记，以强烈的虚实对比使入口更加突出。图10.98所示为住宅的入口及楼梯间处理实例。

图 10.97 苏州青少年活动中心入口

(2) 根据建筑造型上的特点，重点表现有特征的部分，如体量中转折、转角、立面的突出部分及上部结束部分，如机场瞭望塔、车站钟楼、商店橱柜、房屋檐口等。图 10.99 所示为一般民用建筑檐口处理实例。

(3) 为了使建筑统一中有变化，避免单调以达到一定的美观要求，也常在反映该建筑性格的重要部位，如住宅阳台、凹廊、公共建筑中的柱头、檐部等，仔细推敲其形式、比例、材料、色彩及

图 10.98　住宅建筑入口、楼梯立面处理

图 10.99　檐口处理实例

细部处理，对丰富建筑立面起着良好的作用。

在立面设计中，对于体量较小或人们接近时才能看得清的部分，如墙面勒脚、花格、漏窗、檐口细部、窗套、栏杆、遮阳板、雨篷、花台及其他细部装饰等的处理称为细部处理。细部处理必须从整体出发，接近人体的细部应充分发挥材料色彩、纹理、质感和光泽度的美感作用。对于位置较高的细部，一般应着重于整体轮廓和注意色彩、线条等大效果，而不宜刻画得过于细腻。

10.5　建筑防火与安全疏散

10.5.1　建筑防火的概念

1. 建筑物起火的原因和燃烧条件

起火原因如下。

(1) 明火引起火灾。如在公共场所内乱扔烟头，也有由电焊、气焊等引起的情况。

(2) 暗火引起火灾。如库房里通风不好，大量堆积物积热不散发生自燃；生产设备年久失修，出现可燃气体、液体跑漏现象，一遇明火便燃烧；机械设备摩擦发热，可能自然起火等。

(3) 用电或电器设备事故起火。

(4) 在雷击较多的地区，建筑上没有可靠的防雷保护措施，便可能发生雷击起火。

(5) 突然的地震或战时空袭，极易起火。

燃烧条件如下。

(1) 存在能燃烧的物质。

(2) 有助燃的氧气或氧化剂。

(3) 有能使可燃物质燃烧的着火源。

只有上述三个条件同时出现，并相互影响就能起火。

2. 高层建筑起火的可能性

为了防止和减少高层民用建筑火灾的危害，保护人身和财产的安全，我国制定了《高层民用建筑设计防火规范》(GB 50045—1995)以下简称《高规》，而《低规》则是指《建筑设计防火规范》(GB 50016—2006)。高层民用建筑的防火设计必须遵循“预防为主，防消结合”的消防工作方针，针对高层建筑发生火灾的特点，加强防火宣传教育，立足自防自救，采用可靠的防火措施，做到安全适用、技术先进、经济合理。

一般情况下，空气中可燃物和着火源结合在一起即可能着火燃烧。故高层民用建筑失火的危险性是很大的，尤其是高层住宅和高层旅馆，国内外(尤其是国外)均不乏先例。

10.5.2 火灾的发展与蔓延

建筑火灾是指烧损建筑物及其收容物品的燃烧现象，下面所述的建筑火灾是指建筑空间大约在 100 m^3 的室内火灾。

1. 建筑火灾的发展过程

如图 10.100 所示，建筑火灾的发展分为三个阶段。

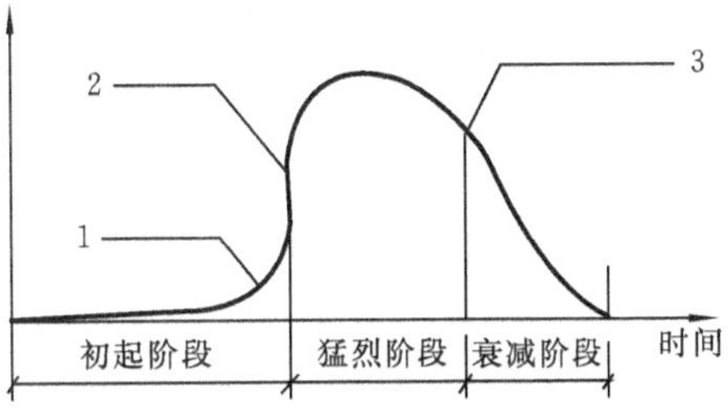

1) 初起阶段(轰燃前)

这一阶段燃烧是局部的，火势不够稳定，室内的平均温度不高，蔓延速度对建筑结构的破坏能力比较低。

图 10.100 火灾发展阶段

2) 猛烈阶段(轰燃后)

这一阶段，火焰可能充满整个空间，若门窗玻璃破碎，则为燃烧提供了较充足的空气，室内温度很高，一般可达 1 100 ℃左右，燃烧稳定，破坏力强，建筑物的可燃构件均被烧着，难以扑灭。

3) 衰减阶段(熄灭)

经过猛烈燃烧之后，室内可燃物大都被燃烧尽，燃烧向着自行熄灭的方向发展。一般把火灾温度降到最高值的 80%作为猛烈阶段与衰减阶段的分界。

由上所述可知，火灾发展过程与建筑防火发生关系的是第一阶段与第二阶段。火灾初期阶段的时间在 5～20 min，这时的燃烧是局部的，火势发展不稳定，有中断的可能，故应该设法争取及早发现，把火及时控制和消灭在起火点。为了限制火势发展，要考虑在起火的部位尽量不用或少用可燃材料，或在易于起火并有大量易燃物品的上空设置排烟囱，炽热的火或烟气可由上部排出，火灾发展蔓延的危险性就可能降低。

一般把火灾的初级阶段转变为全面燃烧的瞬间，称为轰燃。轰燃经历的时间较短，它的出现标志着火灾进入猛烈燃烧阶段。为了减少火灾损失，针对第二阶段温度高、时间长的特点，建筑防火设计的任务就是要设置防火分隔物（如防火墙、防火门等），把火限制在起火的部位，以阻止火不能很快向外蔓延；并适当地选用耐火时间较长的建筑结构，使它在猛烈的火焰作用下，能保持应有的强度和稳定，直到消防人员到达并把火扑灭。

2. 建筑火灾的蔓延

1）火灾蔓延的方式

火势蔓延的方式是通过热的传播，指在起火的建筑物内，火由起火房间转移到其他房间的过程，主要是靠可燃构件的直接燃烧而产生热的传导、热的辐射和热的对流。

2）火灾蔓延的途径

研究火灾蔓延途径，是设置防火分隔的依据，也是“堵截包围，穿插分割”扑灭火灾的需要。综合火灾实际，可以看出火从起火房间向外蔓延的途径，主要有以下几个方面。

(1) 由外墙窗口向上层蔓延。在现代建筑中，火灾通过外墙窗口喷出烟气和火焰，沿窗间墙及上层窗口窜到上层室内，这样逐层向上蔓延，会使整个建筑物起火。

(2) 火势的横向蔓延。火势在横向主要是通过内墙门及间隔墙进行蔓延。如门为可燃的木质门，被火烧穿；管道孔处未采用非燃材料密封等处理不当导致火势蔓延；当采用木板隔墙时，火容易穿过木板缝隙蹿到墙的另一面，木板极易被燃烧。

(3) 火势通过竖井蔓延。在现代建筑中，有大量的电梯、楼梯、垃圾井、设备管道井等竖井，这些竖井往往贯穿整个建筑，若未做周密完善的防火设计，一旦发生火灾，火势便会通过竖井蔓延到建筑物的任意一层。

此外，建筑物中的一些不引人注意的吊装用或其他用途的孔道，有时也会造成整个大楼的恶性火灾。如吊顶与楼梯之间、幕墙与分隔结构之间的空隙、保温夹层、下水管道等都有可能因施工质量等留下孔洞。

(4) 火势由通风管道蔓延。一般有两种方式：一是通风道内起火，并向连通的空间、房间、吊顶内部、机房等蔓延；二是通风管道可以吸进起火房的烟气蔓延到其他空间，而在远离火场的其他空间再喷吐出来，造成火灾中大批人员因烟气中毒而死亡。因此在通风管道穿通防火分区和穿越楼板之处，一定要设置自动关闭的防火阀门。

10.5.3 防火分区

1. 防火分区的重要意义

所谓防火分区，是指用具有一定耐火能力的墙、楼板等分隔构件，作为一个区域的边界构件，能够在一定的时间内把火灾控制在某一范围内的基本空间。设计民用建筑必须遵循《低规》和《高规》的规定，在设计中要根据使用性质，选定建筑物的耐火等级，设置防火分隔物，分清防火分区，保证合理的防火间距，设有安全通道及疏散通口，保证人员及财产安全，防止或减少火灾发生的可能性。

随着国家建设事业的发展，现代建筑其规模趋向大型化、多功能化发展，如北京饭店新楼标准层面积达 2 800 m^2。有的单层纺织厂房，占地面积 4 万多平方米，有的工业厂房 9 层高达 54 m等。这样大的范围内，若不按面积、楼层控制火灾，一旦某处起火成灾，造成的危害是难以想象的。因此，要在建筑物内设置防火分区。

2. 防火分区的原则

防火分区按其作用，可分为水平防火分区和垂直防火分区。水平防火分区主要是防止火灾在水平方向扩大蔓延，主要由具有一定耐火能力的钢筋混凝土楼板做分隔构件。垂直防火分区主要是防止多层或高层建筑层与层之间的竖向火灾蔓延。

(1) 建筑物防火分区的大小取决于建筑物耐火等级和建筑物的层数。不同使用功能的建筑物，防火分区也不相同。防火分区采用防火墙、防火门、防火卷帘或水幕分隔。

(2) 建筑物面积过大，室内容纳人数和可燃物数量也相应增大，火灾时燃烧面积大，燃烧时间长，辐射热强烈，对建筑结构的破坏严重，火势难以控制，对消防扑救、人员和物资疏散都很不利。为了减少火灾造成的损失，耐火等级高的防火分区面积可以适当大些，耐火等级低的，防火分区面积就要小些。

一、二级耐火等级的民用建筑，耐火性能较高，规定防火分区面积为 2 500 m^2；三级建筑物防火分区面积一般不超过 1 200 m^2；四级耐火等级建筑防火分区面积不宜超过 600 m^2。同理，除了限制防火分区面积外，对建筑物的层数和长度也提出了限制，详见《低规》和《高规》。

(3) 建筑物内如有上、下层相通的走廊、自动扶梯等开口部位时，应按上下连通层作为一个防火分区，其建筑面积的允许值取决于建筑的耐火等级及使用功能。多层大型公共空间的中庭空间连接的开口部位设有防火门窗并装有水幕、封闭屋盖装有自动排烟设施时，可不受此限制。

(4) 中庭空间是贯穿多层的封闭空间，极易造成烟火的四处蔓延，因此各国均对中庭的防火作了细致的规定。我国高层建筑中庭防火分区面积应按上、下层连通的面积叠加计算，当超过一个防火分区面积时，解决办法应遵循“高规”中的有关规定。

(5) 建筑物的地下室、半地下室采用防火墙分隔成面积不超过 500 m^2 的防火分区。

10.5.4 安全疏散

民用建筑中设置安全疏散中心的目的，在于发生火灾时，人员能迅速而有秩序地通过安全地带疏散出去。特别是影剧院、体育馆、大型会堂、歌舞厅、大商场、超市等人流密集的公共建筑中，疏散问题更为重要。

1. 疏散线路

根据火灾事故中疏散人员的心理和行为特征，在进行高层建筑平面设计，尤其是布置疏散楼梯时，原则上应该使疏散的路线简捷，并尽可能使建筑物的每一房间都能向两个方向疏散，避免出现袋形走道。

2. 疏散安全分区

为了阐明疏散路线的安全可靠性，需要把疏散路线上的各个空间划分为不同的区间，称为疏散安全分区，简称安全分区，并依次称为第一安全分区、第二安全分区等。走廊为第一安全分区，前室为第二安全分区，楼梯间为第三安全分区（有时也将前室和楼梯间合称为第二安全分区）。一般来说，当进入第三安全分区，即疏散楼梯间，即可认为达到了相当安全的空间。

为了保障各个安全分区在疏散过程中的防烟、防火性能，一般可采用外走廊，或在走廊的吊顶上和墙壁上设置与感烟器联动的防排烟设施，设防烟前室和防烟楼梯间。同时要考虑各个安全分区的事故照明和疏散指示等，为火灾事故中的人员创造一条求生的安全路线。

3. 疏散设施设计

1）疏散楼梯

几乎每一幢公共建筑均应至少设两个疏散楼梯。对于使用人数少或除托儿所、幼儿园、医院以外的二、三层建筑符合特定的要求时，也可以只设一个疏散楼梯。民用建筑楼梯间按其使用特点及防火要求常采用开敞与封闭式两种。

（1）开敞式楼梯间。对标准不高、层数不多或公共建筑门厅的室内楼梯常采用开敞式。该类楼梯不受烟火的威胁，后者可供人员疏散使用，也不受风向的影响，因此，它的防烟效果和经济性都好。

（2）封闭式楼梯间。按照防火规范的要求，医院、疗养院、病房楼、影剧院、体育馆以及超过五层的其他公共建筑，楼梯应为封闭式。

不带封闭前室的封闭楼梯间，当建筑标准不高且层数不多时宜采用，并需设置防火墙、防火门与走道分开，保证楼梯间有良好的采光和通风。为了丰富门厅的空间艺术效果，并使交通流线清晰明确，也常将底层楼梯间敞开，此时必须对整个门厅作扩大的封闭处理，以防火墙、防火门将门厅与走道或过厅等分开，门厅内装修宜不燃化处理。

封闭楼梯间应靠外墙设置，以便自然采光和通风。带前室的封闭楼梯间、高度超过 32 m 的高层建筑，疏散楼梯应采用能防烟火侵袭的封闭形式。这种形式常设有排烟前室，此时前室就起增强楼梯间的排烟能力和缓冲人流的作用。封闭前室也可以用阳台或凹廊代替。

2）安全出口

在建筑设计中，应根据使用要求，结合防火安全的需要布置门、走道和楼梯，一般要求建筑物有两个或两个以上的安全出口。对于人员密集的大型公共建筑，如影剧院、礼堂、体育馆等，为了确保安全疏散，要控制每个安全出口的人数。影剧院、礼堂的观众厅，每个安全出口的平均疏散人数不应超过 400 人；体育馆每个安全出口的平均疏散人数不宜超过 400～700 人，规模较小的采用下限值，规模较大的采用上限值比较合适。对于层数较低（三层及三层以下），建筑面积较小，使用人数较少且具有独立疏散能力的建筑符合一定要求时也可以只设一个出口。

疏散门应向疏散方向开启，但若房间内人数不超过 60 人，且每樘门的平均通行人数不超过 30 人时，门的开启方向可以不限。疏散门不应采用转门。

3）辅助设施

为了保证建筑物内的人员在火灾时能安全可靠的进行疏散，避免造成重大伤亡事故，除了设置楼梯为主要疏散通道外，还应设置相应的辅助设施。辅助设施的形式很多，有避难层、屋顶直升机场、疏散阳台、避难带等。

4）消防电梯

高层建筑的垂直交通以电梯为主，其他有特殊功能要求的多层建筑，如百货商场、星级宾馆、医院等，除设置楼梯外，也需要设置电梯以解决垂直交通的需要。根据我国的经济技术条件和防火要求，规定一类高层建筑、塔式住宅、12 层以及 12 层以上的住宅以及高度超过 32 m 的二类公共建筑，其高层主体部分最大楼层面积不超过 1 500 m^2 的，应设不少于一台消防电梯，1 500～4 500 m^2的应设两台，超过 4 500 m^2 的应设三台；高度超过 32 m 的设有电梯的厂房，应设消防电梯，同时应注意，消防电梯要分设在各个防火分区内。

10.5.5 建筑的防烟与排烟

在民用建筑设计中，不仅需要考虑防火问题，还需要重视防烟与排烟问题。其目的是为了及时排除火灾中产生的烟气，防止烟气向防烟分区以外扩散，以便使人员能沿着安全通道顺利地疏散到室外。

1. 烟的危害

国内外多次建筑火灾的统计表明，死亡人数中有50%左右是被烟气毒死的。近一二十年来，煤气毒死的比例有显著增加。在某些住宅或旅馆的火灾中，因烟气致死的比例甚至高达60%～70%，烟气的危害性表现在以下三个方面。

1) 对人体的危害

在火灾中除直接烧死或跳楼死亡者外，其他死亡原因大多与烟气有关。据测定分析，烟气中含有一氧化碳、二氧化碳、氟化氢、氢化氰等有毒成分，对人体极为有害。高温缺氧又会对人体造成危害，或被迫吸入高温烟气，以致引起呼吸道阻塞窒息。所有这些因素在火灾时共同影响着人体，对人体造成极大的危害。

2) 对疏散和扑救的危害

在着火区域的房间及疏散道内，充满了含有大量一氧化碳及各种燃烧成分的烟气，会遮光，同时对眼睛、鼻、喉产生刺激，使人能见度下降，引起中毒、窒息等，严重妨碍人的行动，这对疏散和扑救造成很大的障碍。所以防烟、排烟是安全疏散的必要手段。

2. 排烟分区的划分

防烟设计的目的，是要把停留人员空间内的烟浓度控制在允许极限以下。故在进行防烟、排烟设计时，首先要考虑在高层建筑中划分防烟分区，其意义是为了排除烟气或阻止烟的迅速扩散。根据《高规》的规定，高层民用建筑的下列部位应设防烟、排烟设施。

(1) 防烟楼梯间及其前室、消防电梯前室和合用前室。

(2) 一类建筑和建筑高度超过32 m的二类建筑的下列走道和房间；无直接采光和通风，且长度超过20 m的内走道，或虽有直接采光和自然通风，但其长度超过60 m的内走道；面积超过100 m^2，且经常有人停留或可燃物较多的无窗房间，设固定窗扇的房间和地下室的房间；建筑物的中庭。

我国对防烟部位的规定与防火单元划分类似，原则上是照顾重点、兼顾一般、区别对待。如考虑到10～18层的普通高层住宅数量较大，且室内装修较简单，从有利于节约投资和基本保障安全出发，对其走道和房间均不要求设排烟设施，同时，对高层建筑的房间和走道，只要能打开窗户也可以不设排烟设备。

3. 防烟、排烟的方式

(1) 强力加压的机械排烟方式。采用机械送风系统向需要保护的部位(如疏散楼梯间及其封闭前室、消防电梯前室、走道或非火灾层等)输送大量新鲜空气，如有排气和回风系统时则应相应关闭，从而造成正压区域，使烟气不能袭入其间，并在正压区内把烟气排出。这种方式主要用于防烟楼梯间及合用前室等部位。

(2) 强制减压的机械排烟方式。在各排烟区段内设置机械排烟装置，起火后关闭各区相应的开口部分并开动排烟机，将四处蔓延的烟气通过排烟系统排向楼外。当消防电梯前室、封闭电梯厅、疏散楼梯间及前室等部位以此法排烟时，其墙、门等物件应有密封措施，以免因负压而通过缝隙继续引入烟气。这种方式主要用于一些封闭空间、中庭、地下室及疏散走道等。

(3) 自然排烟方式。以自然排烟竖井(排烟塔)或开口部位(含凹部，阳台及外门窗等)向上或向外排烟。竖井是利用火灾时热压差产生的抽力来排烟气的，具有很大的排烟热能力。以开口部位向外排烟时，在某些情况下室外风向风力可能产生不利的影响，所以排烟效果不够稳定。但与其他排烟方式相比，自然排烟最为经济、简便，故仍适宜尽量采用。我国规定公共建筑超过 50 m 或居住建筑超过 100 m 高时便不应采用自然排烟方式。

排烟方式的选择，要考虑我国当前的经济水平，应尽量采用自然排烟方式，即利用可以开启的门窗进行自然排烟。少数建筑或房间由于标准和功能上的需要，无窗或设固定窗扇可采用机械排烟。

10.5.6 防火设计要点及实例分析

1. 高层建筑防火设计要点

第一，总体布局要保证便捷流畅的交通联系，处理好主体与附属部分的关系，保证与其他各类建筑的合理防火间距，合理安排广场、空地和绿化，并提供消防车道。

第二，对建筑的基本构件(如墙、柱、梁、楼板等)做防火构造设计，使其具有足够的耐火极限，以保证耐火支持能力。

第三，尽量做到建筑内部装修、陈设的不燃化或难燃化，以减少火灾的发生及降低蔓延速度。

第四，合理进行防火分区，采取每层做水平分区和垂直分区，力争将火势控制在起火单元内并加以扑灭，防止向上层和防火单元外的扩散。

第五，安全疏散路线要求简明直接，在靠近防火单元的两端布置疏散楼梯，控制最远房间到安全疏散出口的距离，使人员能迅速撤离险区。

第六，每层划分防烟分区，采取必要的防烟排烟措施，合理地安排自然排烟和机械排烟的位置，使安全疏散和消防队灭火能顺利进行。

第七，采用先进可靠的报警设备和灭火设施，并选择好安装的位置。还要求设置消防控制中心，以控制和指挥报警、灭火、排烟系统及特殊防火构造等部位，确保它起到灭火指挥基地的作用。

第八，加强建筑与结构、给排水、暖通、电气等工种的配合，处理好工程技术用房与全楼的关系，以防止起火后对大楼产生威胁。同时，各种管道及线路的设计，要尽力消除起火及蔓延的可能性。

以上要点中的第四、五、六点是核心问题，已分述在前面各节，其余内容可参见防火规范中有关规定。

2. 防火设计实例分析

现以广州中国大酒店为例，将防火设计概况分析如下。

(1) 工程概况：广州中国大酒店由 19 层的酒店大楼(高级旅馆)、15 层的写字楼与 17 层的综合楼共三部分所组成(见图 10.101)。酒店大楼 4 层以下为商店、餐厅、公共服务设施及厨房、设备用房；5～18 层为客房，写字楼供出租作办公用，综合楼包括有高级公寓、职工宿舍、多层车库、锅炉房及水泵房等。

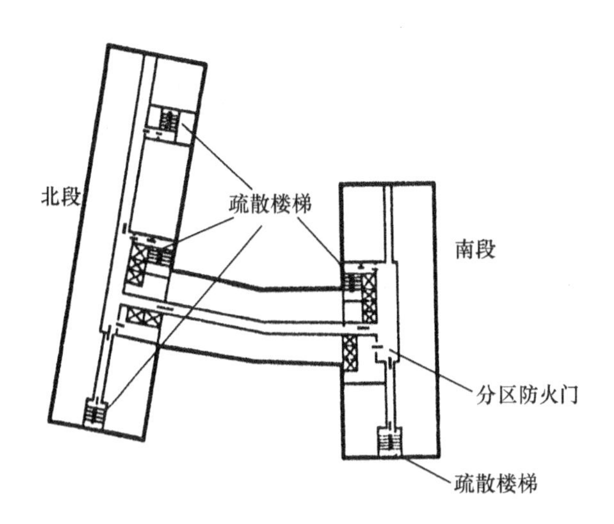

图 10.101　广州中国大酒店标准层平面示意图

(2) 防火分区:酒店大楼客房层以防火墙和防火门(平时贴于走道两边墙上)划分为若干防火区域,烟感器发出火灾信号后,防火门会自行关闭。

(3) 安全疏散:北段设有三座疏散楼梯,南段设有两座,使各客房均有两个方向的疏散路线,写字楼两端及中部,综合楼两端设有疏散楼梯间。以上各楼梯间均带有封闭前室,其入口处为防火门,门旁墙上有手提式紧急照明灯具,击破式报警按钮和警铃等。

(4) 烟控系统:楼梯间以强力加压方式阻烟,前室内设有送风口及排烟口,走道中也有排烟口,当烟感器发出火警讯号后,会启动送风机使楼梯间保持正压,同时开动排烟风机并打开起火层及上下两层的排烟口排除烟气。

(5) 报警系统:主要由探测器、分区信号箱、总服务台重复信号箱及消防中心总控制台组成。烟感器设于客房、走道、公共厅堂、各层配电房、空调机房、水泵房及电梯井等处;热感器设在锅炉房、冷库等部位;各消火栓旁及主要公共部位等处设有击破式报警按钮及警铃;酒店大楼、写字楼及综合楼工作间均设有分区信号箱,其中还有模拟信号板及对讲电话等。消防控制中心设在酒店大楼第三层,与计算机中心、电梯中心及广播电视中心毗邻,首层总服务台附近还设有重复信号箱,可显示消防中心所接收的火警信号等,以便消防队赶到后,能及时了解有关情况。

(6) 消防给水系统:有消火栓及自动喷洒两个系统。室内消火栓间距在 50 m 以内,箱中设有 ϕ19 直流喷枪及小口径胶管喷枪。在酒店大楼、写字楼及综合楼内设有 12 组喷洒总阀,其喷水头共分 3 种,分设于各处天棚上,综合楼车库内和厨房内。喷水系统也设有报警器。

(7) 动力及设备系统:锅炉房内设有泡沫自动灭火装置。发电机房、变配电房、电话、电报及电脑等用房分别设有自动灭火装置,该系统可手动放气灭火。

该楼的防火设计比较细致而全面,有关设备多采用瑞士及英国的先进产品,有较高的可靠性。

(8) 存在的主要问题:消火栓设在楼梯间前室中,使用时会妨碍安全疏散的进行,还因防火门不能关闭而易窜入烟气;楼梯间和前室、消防电梯前室均为木质防火门,不能满足我国规范要求的 0.9 h 耐火极限;楼梯间前室面积甚小,较难起到缓冲和暂时避难等作用。

小结

1. 广义的建筑设计是指设计一个建筑物或建筑群所要做的全部工作，包括建筑设计、结构设计、设备设计。以上几个方面的工作是一个整体，彼此分工而又密切配合。确切地说建筑设计是指建筑工程设计中由建筑师承担的建筑工种的设计工作，它常常是处于主导地位的先行工作。

2. 为使建筑设计顺利进行，少走弯路，少出差错，取得良好的成果，设计工作必须按照一定的程序进行，为此，设计工作的全过程包括收集资料、初步方案、初步设计、施工图等几个阶段，其划分视工程的难易而定。

3. 两阶段设计是指初步设计（或扩大初步设计）和施工图设计，三阶段设计是指初步设计、技术设计和施工图设计。

4. 建筑设计是一项综合性工作，是建筑功能、工程技术和建筑艺术相结合的产物。因此，从实际出发，有科学的依据是做好建筑设计的关键，这些依据通常包括：人体尺度和人体活动所需要的空间尺度；家具、设备的尺寸和使用它们的必要空间；气象条件、地形、地质、地震烈度及水文；建筑模数协调统一标准及国家制定的其他规范及标准等。

5. 民用建筑平面设计包括房间平面设计和平面组合设计。各种类型的民用建筑，其平面组成，均可归纳为使用部分和交通联系部分两个基本组成部分。

6. 使用房间是供人们生活、工作、学习、娱乐等的必要房间。为满足使用要求，必须有适合的房间面积、尺寸、形状、良好的朝向、采光、通风及疏散条件，同时，还应符合建筑模数协调统一的要求，并保证经济合理的结构布置等。

7. 辅助房间的设计原理和方法与使用房间设计基本上相同。但是由于这一类房间设备管线较多，设计中要特别注意房间的布置和其他房间的位置关系，否则会造成使用、维修管理不便和造价增加等缺点。

8. 建筑物各房间之间以及室内外之间均要通过交通联系部分组合成有机整体。交通联系部分应具有足够的尺寸，流线简捷、明确、不迂回、有明显的导向性，有足够的亮度和舒适感，保证安全防火等。

9. 平面组合设计应遵循以下原则：功能分区合理，流线组织明确，平面布局紧凑，结构经济合理，设备管线布置集中，体型简洁。

10. 民用建筑平面组合的方式有走道式、套间式、大厅式及单元式等。

11. 任何建筑都处在一个特定的建筑地段上，单体建筑必然要受到基地环境大小、形状、起伏变化、气象、道路及城市规划等的制约。因此，建筑组合设计必须密切结合环境，做到因地制宜。

12. 建筑物之间的距离要根据建筑物的日照通风条件、防火安全要求来确定。除此以外，还应综合考虑防止声音和视线的干扰，兼顾绿化、室外工程、地形利用及建筑空间环境等的要求，对于一般建筑，只着重考虑日照间距问题。

13. 剖面设计包括剖面造型、层数、层高及各部分高度的确定、建筑空间的组合与利用等。

14. 建筑物层数的确定应考虑使用功能的要求，结构、材料和施工的影响，城市规划及基地环境的影响，建筑防火经济的要求等因素。

15. 层高与净高的确定应考虑使用功能、采光通风、结构类型、设备布置、空间比例、经济等主要因素的影响。

16. 建筑物起火原因有多种，燃烧条件有三个：存在燃烧的物质、有助燃的氧气、有使可燃物燃烧的着火源。火灾发展的过程可分为火灾起初阶段、猛烈燃烧阶段和衰弱阶段。

17. 建筑火灾蔓延的方式和途径是多方面的。主要途径有四方面：由外墙窗口向上蔓延，横向蔓延，由竖井蔓延和由通风管道蔓延。

18. 人流密集的公共建筑安全疏散更显得重要，应了解安全疏散的路线、安全出口及辅助设施；掌握开敞式楼梯间与封闭式楼梯间的区别。

1. 建筑工程设计包括哪几个方面的设计内容？

2. 民用建筑平面由哪些部分房间组成？各部分房间的主要作用和要求有哪些？

3. 确定房间的面积应考虑哪些因素？试举例说明。

4. 影响房间形状的因素有哪些？为什么矩形平面被广泛采用？

5. 房间尺寸指的是什么？确定房间尺寸应考虑哪些因素？

6. 如何确定房间的门窗数量、面积、尺寸、开启方向及具体位置？

7. 什么是层高、净高？确定层高与净高应考虑哪些因素？试举例说明。

8. 如何确定房间的剖面形状？试举例说明。

9. 建筑构图中的统一与变化、均衡、韵律、对比、比例、尺度等的含义是什么？并以图例加以说明。

10. 建筑体型组合有哪几种方式？并以图例加以说明。

11. 绘制一间普通教室的平面布置图，标注其开间、进深和课桌椅的布置尺寸，以及门窗的宽度和位置尺寸。

12. 为什么要进行防火分区？什么是防火分区？

13. 我国的《低规》与《高规》中，是如何规定防火、防烟分区的面积？

14. 防火分区的原则有哪些？可结合当地工程实例具体说明。

15. 建筑防火设计的要点有哪些？

16. 结合当地建筑工程实例进行防火设计分析，并绘制建筑平面防火分析图。

下篇

工业建筑部分

第11章 工业建筑概述

学习目标与要求

1. 了解工业建筑的特点、类型及设计要求。

2. 了解厂房内部的起重运输设备。

3. 熟悉单层工业厂房的结构组成与类型。

工业建筑是指从事各类工业生产及直接为生产服务的房屋，是工业建设必不可少的物质基础。从事工业生产的房屋主要包括生产厂房、辅助生产用房以及为生产提供动力的房屋，这些房屋往往称为“厂房”或“车间”。直接为生产服务的房屋是指为工业生产存储原料、半成品和成品的仓库，还有存储与修理车辆的用房，这些房屋均属工业建筑的范畴。

工业建筑既为生产服务，也要满足广大工人的生活要求。随着科学技术及生产力的发展，工业建筑的类型越来越多，生产工艺对工业建筑提出的一些技术要求更加复杂。因此，工业厂房首先必须满足生产要求，能够布置和保护生产设备，同时必须创造良好的生产环境和劳动保护条件，以保证产品质量、保护工人的身体健康、提高劳动效率。

11.1 工业建筑的特点、类型与设计要求

11.1.1 工业建筑的特点

工业建筑与民用建筑一样，也要体现适用、安全、经济、美观的方针，在设计原则、建筑用料和建筑技术等方面，两者也有许多共同之处。但由于生产工艺复杂多样，在设计配合、使用要求、室内采光、屋面排水及建筑构造等方面，工业建筑又具有如下特点。

(1) 厂房应满足生产工艺的要求。厂房的建筑设计是在工艺设计人员提出的工艺设计图的基础上进行的，建筑设计在适应生产工艺要求的前提下，应为工人创造良好的生产环境，并使厂房满足适用、安全、经济和美观的要求。

(2) 厂房内部有较大的面积和空间。由于厂房内生产设备多而且尺寸较大，并有多种起重运输设备通行，致使厂房内部要求具有较大的敞通空间。例如，有桥式吊车的厂房，室内净高在 8 m 以上，有 6 000 t 以上水压机的车间，室内净高可超过 20 m，有些厂房高度可达 40 m 以上。

(3) 厂房的结构、构造复杂，技术要求高。大多数单层厂房采用多跨的平面组合形式，为满足室内采光、通风的需要，屋顶上往往设有天窗；为了屋面防水、排水的需要，还应设置屋面排水系统(天沟及水落管)。这些设施均使屋面构造复杂，技术要求比较高。

(4) 厂房的骨架承载力较大。在单层厂房中，由于跨度大、屋顶及吊车荷载较重，多采用钢

筋混凝土排架结构承重；对于特别高大的厂房，或有重型吊车的厂房，或高温厂房，或地震烈度较高地区的厂房，则采用钢骨架承重。

11.1.2 工业建筑的类型

1. 按厂房的用途分类

(1) 主要生产厂房，在这类厂房中进行生产工艺流程的全部生产活动。所谓生产工艺流程是指产品从原材料、材料、半成品至成品的全过程，如拖拉机制造厂中的铸造车间、锻造车间、铆焊车间、机械加工及装配等车间。

(2) 辅助生产厂房，为主要生产厂房服务的厂房。如机械修理车间、工具车间等。

(3) 动力用厂房，为生产提供能源和动力的厂房。如发电站、锅炉房、煤气站等。

(4) 储藏用房屋，为生产提供存储原料、半成品、成品的仓库。如炉料库、砂料库、金属材料库、木材库、油料库、半成品库、成品库等。

(5) 运输用房屋，指管理、停放、检修交通运输工具的房屋。如汽车库、消防车库、电瓶车库等。

2. 按车间内部生产状况分类

(1) 热加工车间，在高温和熔化状态进行生产，可能散发大量余热、烟雾、灰尘和有害气体。如铸工车间、锻工车间、热处理车间等。

(2) 冷加工车间，生产操作在常温下进行。如机械加工车间、机械装配车间、金工车间等。

(3) 恒温恒湿车间，为保证产品质量，车间内部要求稳定的温、湿度条件，一般恒温指 20 ℃左右，恒湿指相对湿度在 50%～60%。如精密仪器车间、纺织车间等。

(4) 洁净车间，为保证产品质量，防止大气中灰尘及细菌的污染，要求保持车间内部高度洁净。如集成电路车间、精密仪表加工及装配车间等。

3. 按厂房层数分类

(1) 单层厂房(见图 11.1)，指层数为 1 层的厂房，它主要用于重型机械制造工业、冶金工业等重工业。单层厂房便于沿地面水平方向组织生产工艺流程，布置生产设备，但占地面积大。

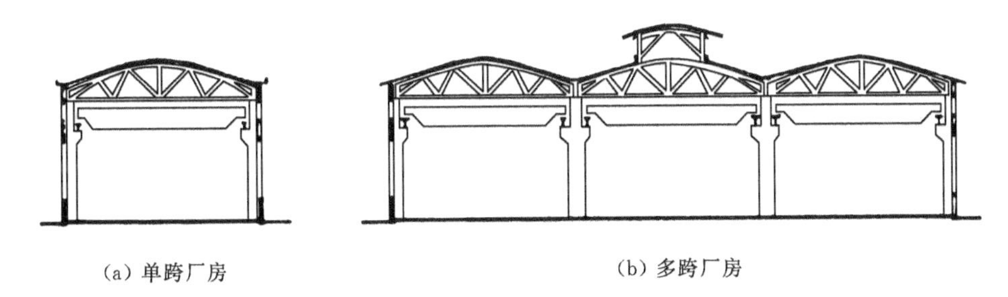

(a) 单跨厂房　　(b) 多跨厂房

图 11.1 单层厂房

(2) 多层厂房(见图 11.2)，指层数为 2 层以上的厂房，常见的层数为 2～6 层，多用于电子、食品、仪表等轻工业。多层厂房对于垂直方向组织生产及工艺流程的生产企业和设备及产品较轻的企业具有较大的适应性，它占地面积少，且易于适应城市规划和建筑布局的要求。

(3) 混合层次厂房(见图 11.3)，指既有单层跨又有多层跨的厂房。

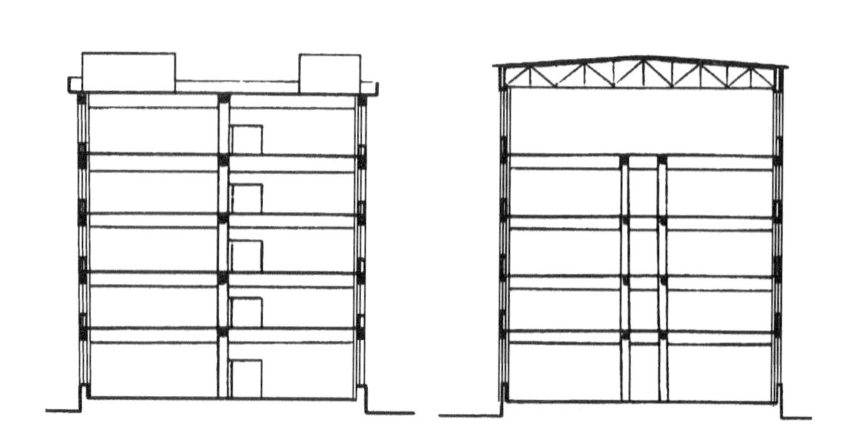

图 11.2　多层厂房

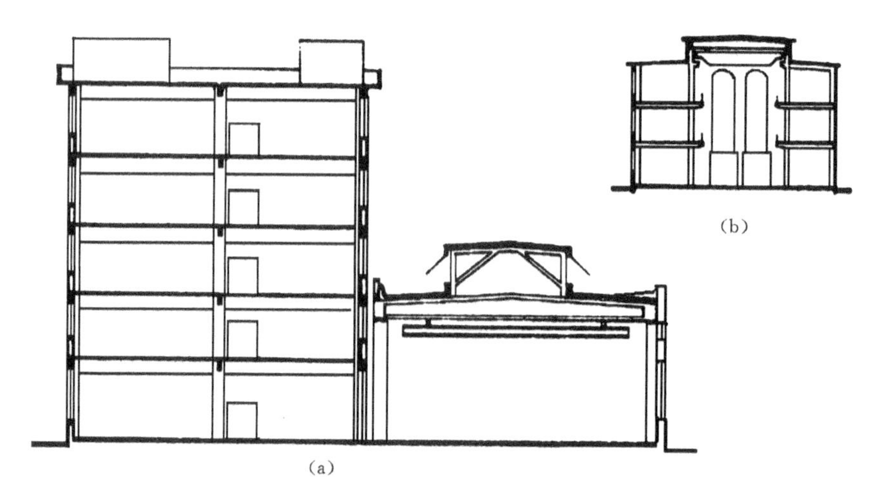

(a)

(b)

图 11.3　混合层次厂房

11.1.3　工业建筑的设计要求

1. 满足生产工艺的要求

生产工艺是工业建筑设计的主要依据，生产工艺对建筑提出的要求就是对该建筑使用功能上的要求。因此，建筑设计在厂房的面积、柱距、跨度、高度、平剖面形式等方面，必须满足生产工艺的要求。同时，建筑设计还要满足厂房所需的机器设备的安装、操作、运转、检修等方面的要求。

2. 满足建筑技术的要求

(1) 首先要对安全问题予以足够的重视，即厂房应具有必要的坚固耐久性能，其坚固耐久性能应符合建筑的使用年限，使其能在外力、温湿度变化、化学侵蚀等各种不利因素作用下确保安全。

(2) 厂房建筑应具有一定的灵活应变能力，在满足当前使用的基础上，适当考虑到今后设备更新和工艺改革的需要，使厂房具有较大的通用性和改建扩建的可能性。

(3) 厂房设计应遵守《厂房建筑模数协调标准》及《建筑模数协调统一标准》的规定，合理选择厂房的建筑参数(如柱距、跨度、柱顶标高等)，以便采用通用的建筑构配件，便于预制和机械化施工，从而提高建筑工业化的水平。

3. 满足建筑经济的要求

(1) 在满足厂房要求的前提下，可将若干个车间合并成联合厂房，对现代化连续生产极为有利。因为联合厂房占地较少，相应减小外墙面积，缩短了管网线路，使用灵活，能满足工艺更新的要求。

(2) 应根据工艺要求、技术条件等，确定采用单层或多层厂房。因为建筑的层数是影响建筑经济的重要因素。

(3) 在满足生产要求的前提下，设法缩小建筑体积，充分利用建筑空间，合理减少结构面积，提高使用面积。

(4) 在不影响厂房的坚固耐久性、使用要求和施工速度的前提下，应尽量降低材料的消耗，从而减轻构件的自重和降低建筑造价。

(5) 设计方案应便于采用先进的结构体系及工业化的施工方法。但是，必须结合当地的材料供应情况、施工机具的规格和类型，以及施工人员的技能来选择施工方案。

4. 满足卫生防火等要求

(1) 应保证厂房内部工作面上的照度及空气流通，设计时应有与厂房采光等级相适应的采光条件，应有与室内生产状况及气候条件相适应的通风措施。

(2) 要综合治理废渣、废气、废水，控制生产噪声，注意保持生态平衡。

(3) 美化室内外环境，注意厂房内部的水平绿化、垂直绿化、色彩处理。

11.2 单层厂房的结构组成与类型

单层厂房的结构支撑方式基本上可分为承重墙结构和骨架结构两类。仅当厂房的跨度、高度、吊车荷载较小及地震烈度较低时才用承重墙结构；当厂房的跨度、高度、吊车荷载较大及地震烈度较高时，则广泛采用骨架结构。单层厂房的骨架结构，是由支撑各种竖向的和水平的荷载作用的构件所组成。厂房依靠各种结构构件合理地连接为一体，组成一个完整的结构空间以保证厂房的坚固耐久。我国广泛采用钢筋混凝土排架结构，其结构构件组成如图 11.4 所示。

11.2.1 单层厂房的结构组成

1. 承重结构

(1) 横向排架，由基础、柱、屋架组成，主要承受厂房的各种荷载。

(2) 纵向连系构件，由屋面板、吊车梁、连系梁、基础梁等组成，与横向排架构成骨架，保证厂房的整体性和稳定性；纵向构件主要承受作用在山墙上的风荷载及吊车纵向制动力，并将这些力传递给柱子。

(3) 为了保证厂房的刚度，还应设置屋架支撑、柱间支撑等支撑系统。支撑构件主要传递水平风荷载及吊车产生的水平荷载，起到保证厂房空间刚度和稳定性的作用。

2. 围护结构

单层厂房的外围护结构包括外墙、屋顶、地面、门窗、天窗、地沟、散水、坡道、消防梯、吊车

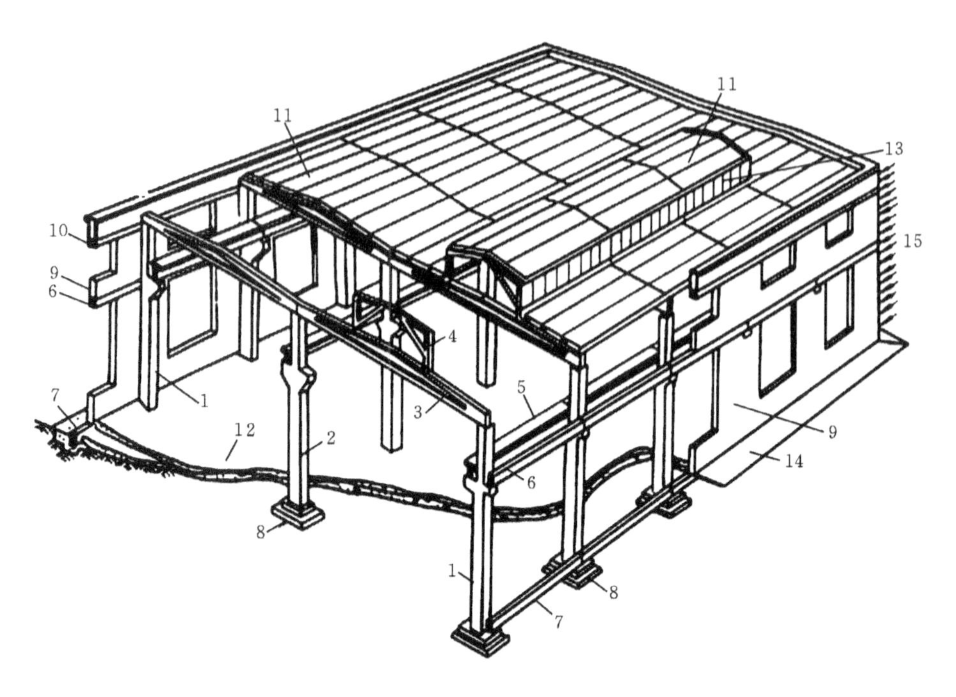

图 11.4　单层厂房装配式钢筋混凝土骨架及主要构件

1—边列柱；2—中列柱；3—屋面大梁；4—天窗架；5—吊车梁；6—连系梁；7—基础梁；8—基础；9—外墙；10—圈梁；11—屋面板；12—地面；13—天窗扇；14—散水；15—风力

梯等。

11.2.2　单层厂房的结构类型

1. 按其承重结构的材料分类

(1) 砖石混合结构(见图 11.5)，由砖柱和钢筋混凝土屋架或屋面大梁组成，也有由砖柱和木屋架或轻钢组合屋架组成的。混合结构构造简单，但承载力及抗地震和抗振动性能较差，故仅用于吊车起重量不超过 5 t、跨度不大于 15 m 的小厂房。

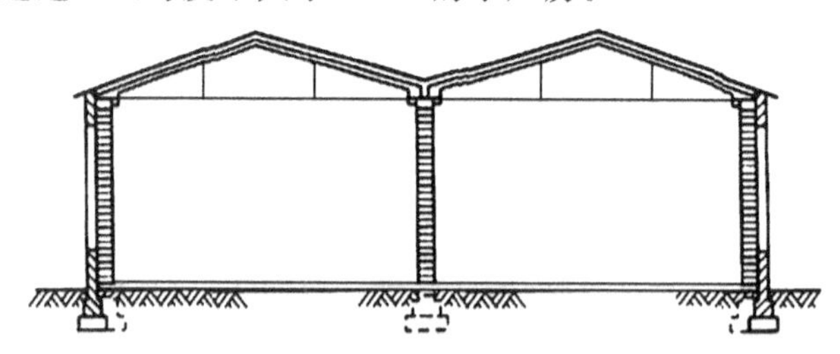

图 11.5　单层砖混结构厂房

(2) 钢筋混凝土结构(见图 11.4)，此类的承重柱可选用钢筋混凝土的矩形截面柱、工字形截面柱、双肢形截面柱、圆管形截面柱，还可采用钢与钢筋混凝土组合的混合型柱等，屋面结构视情况可选用钢筋混凝土屋架或屋面梁、预应力混凝土屋架或屋面梁及钢屋架。这种结构坚固耐久，可预制、装配，与钢结构相比可节约钢材，造价较低，故在国内外的单层厂房中得到了广泛的应用。但其自重大，抗震性能不如钢结构。

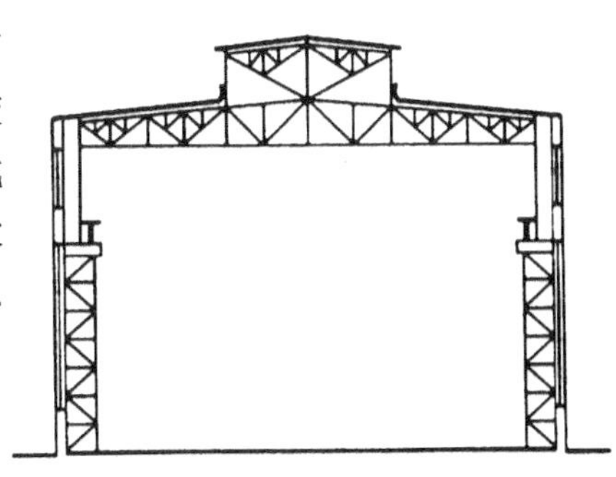

图 11.6 钢结构厂房

(3) 钢结构厂房(见图 11.6),采用钢柱、钢屋架作为厂房的承重结构。这种结构抗地震和抗振动性能好、构件较轻(与钢筋混凝土结构比)、施工速度快,除用于吊车荷载大、高温或振动大的车间以外,对于要求建设速度快、早投产早受益的工业厂房,也可采用钢结构。但钢结构易锈蚀、耐火性能差,使用时应采取相应的防护措施。

2. 按其施工方法分类

(1) 装配式结构,一般为排架结构型(见图 11.4)。

(2) 现浇式钢筋混凝土结构,一般为刚架结构型(见图 11.7)和空间结构型(见图 11.8)。

3. 按其主要承重结构的类型分类

(1) 排架结构(见图 11.4),将厂房承重柱的柱顶与屋架或屋面梁作铰接连接,而柱下端则嵌固于基础中,构成平面排架,各平面排架再经纵向结构构件连接组成为一个空间结构。它是目前单层厂房中最基本、应用最普遍的结构。

(2) 刚架结构(见图 11.7),此结构的基本特点是柱和屋架合并为一个刚性构件,柱与基础的连接通常为铰接(也有作固接的)。钢筋混凝土刚架与钢筋混凝土排架相比,可节约钢材约10%,节约混凝土约 20%。一般重型单层厂房多采用刚架结构。

图 11.7 门式刚架厂房

(3) 空间结构(见图 11.8),这种结构体系充分发挥了建筑材料的强度,提高了结构的稳定性,使结构由单向受力的平面结构,转变为能多向受力的空间结构体系。但施工复杂,现场作业量大、工期长。一般常见的有折板结构、网格结构、薄壳结构、悬索结构等。

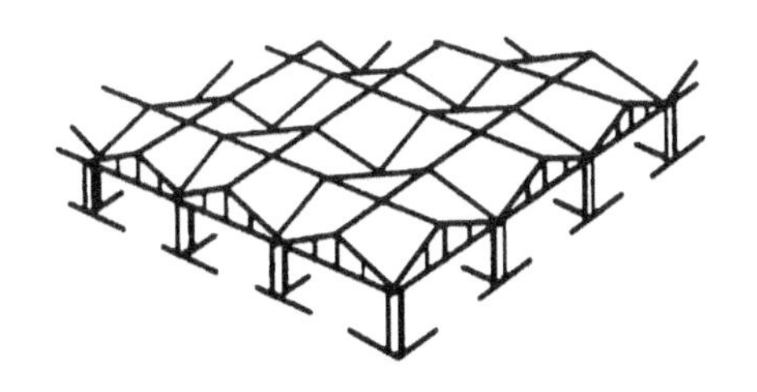

图 11.8 空间结构厂房形式

11.3 厂房内部的起重运输设备

为了运输原材料、半成品、成品及安装、检修、操作和改装设备,厂房内需设置起重运输设备。

11.3.1 单轨悬挂吊车

单轨悬挂吊车(见图 11.9)是在屋顶承重结构下部悬挂梁式工字形钢轨,轨梁布置为直线或可转弯的曲线,在轨梁上设有可移动的滑轮组(或称神仙葫芦),沿轨梁水平移动,利用滑轮组升降起重。起重量一般在 3 t 以下,最多不超过 5 t,有手动和电动两种类型。

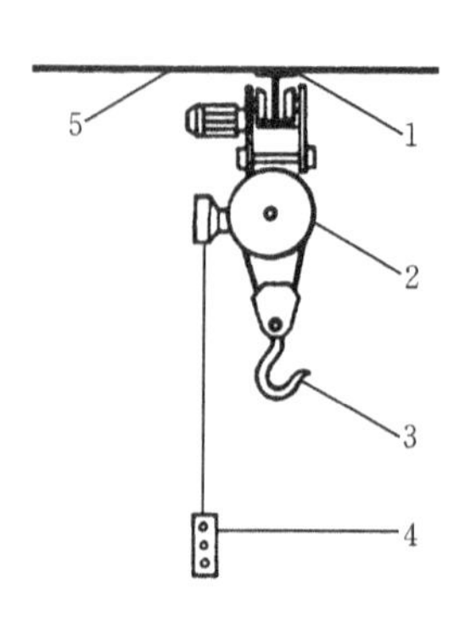

图 11.9 单轨悬挂式吊车

1—钢轨;2—电动葫芦;3—吊钩;4—操作开关;5—屋架或屋面大梁下表面

11.3.2 梁式吊车

梁式吊车包括悬挂式和支撑式两种类型。悬挂式(见图 11.10(a))是在屋顶承重结构下悬挂钢轨,钢轨布置为两行直线,在两行轨梁上设有可滑行的单梁。支撑式(见图 11.10(b))是在排架柱上设有牛腿,牛腿上设有吊车梁,吊车梁上安装钢轨,钢轨上设有可滑行的单梁,在滑行的单梁上装有可滑行的滑轮组。在单梁与滑轮组行走范围内均可起吊重物。梁式吊车起重量一般不超过 5 t,有电动和手动两种。

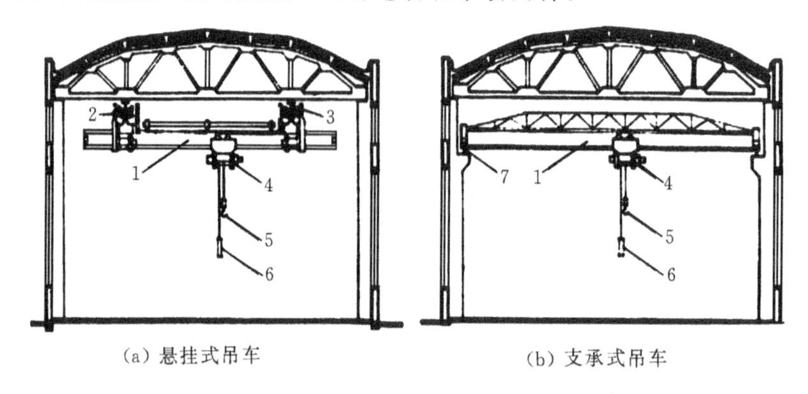

(a) 悬挂式吊车　　(b) 支承式吊车

图 11.10 梁式吊车

1—钢梁;2—运行装置;3—轨道;4—提升装置;5—吊钩;6—操作开关;7—吊车梁

11.3.3 桥式吊车

桥式吊车(见图 11.11)由起重行车及桥架组成。通常是在厂房排架柱上设有牛腿,牛腿上搁置吊车梁,吊车梁上安装钢轨,钢轨上放置能滑行的双榀钢桥架,桥架上支撑小车;小车能沿桥架滑移,并有供起重的滑轮组。在桥架和小车行走范围内均可起吊重物。

根据工作班时间内的工作时间,桥式吊车的工作制分重级工作制(工作时间大于 40%)、中级工作制(工作时间为 25%~40%)、轻级工作制(工作时间为 15%~25%)这三种情况。起重量从 5 t 至数百吨不等,它在工业建筑中应用很广,起重时为电动。吊车上设有驾驶室,常设在桥架一端或根据要求确定其位置。但由于所需净空高度大,本身又很重,故对厂房结构是不利的。因此,有的研究单位建议采用落地龙门吊车代替桥式吊车,这种吊车的荷载可直接传到地基上,因而大大减轻了承重结构的负担,便于扩大柱距以适应工艺流程的改革。但龙门吊车行驶速度缓慢,且多占厂房使用面积,所以目前还不能有效地替代桥式吊车。

厂房内、外还应根据生产和需要的不同而采用火车、汽车、电瓶车、手推车、普通输送带、输

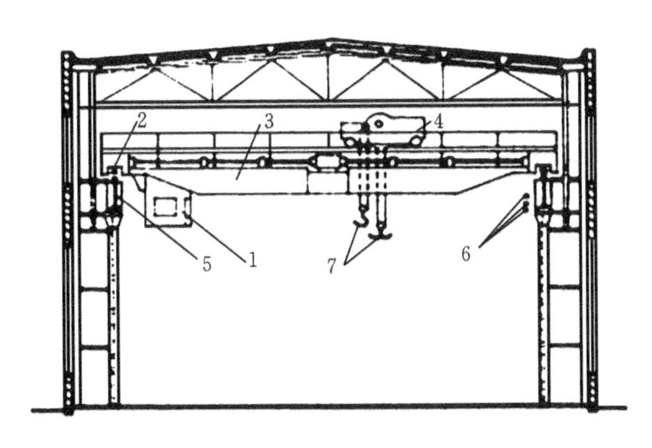

图 11.11　桥式吊车

1—吊车司机室；2—吊车轮；3—桥架；4—起重小车；5—吊车梁；6—电线；7—吊钩

送轨道、管道、输送器、进料机、升降机、提升机等运输设备。

小结

1. 工业建筑是建筑的重要部分，主要满足工业生产的需要，工业建筑的设计应满足生产工艺、建筑技术、建筑经济、卫生安全等方面的要求。生产工艺是建筑设计的依据，因此在建筑空间、建筑结构、建筑设备等方面具有自身的特点。单层工业厂房是工业建筑的主体。

2. 排架结构单层工业厂房的构成比较复杂，各种构件之间关系密切，需要相互配合才能有效发挥作用。

1. 什么是工业建筑？工业建筑的特点是什么？工业建筑的类型有哪些？
2. 对工业建筑设计的要求是什么？
3. 排架结构单层工业厂房主要由哪些结构构件组成？其作用是什么？
4. 厂房内部起重运输设备主要有哪些？其特点和范围是什么？

第12章 单层厂房定位轴线

学习目标与要求

掌握单层工业厂房的柱网尺寸的选择和定位轴线的划分及标定方法。

12.1 柱网尺寸

在厂房中，承重结构柱子在平面上排列时所形成的网格称为柱网(见图12.1)。柱网尺寸是由跨度和柱距组成的，柱子纵向定位轴线间的距离称为跨度，横向定位轴线间的距离称为柱距。柱网的选择实际上就是选择厂房的跨度和柱距。柱距和跨度尺寸必须符合国家规范《厂房建筑模数协调标准》的有关规定。

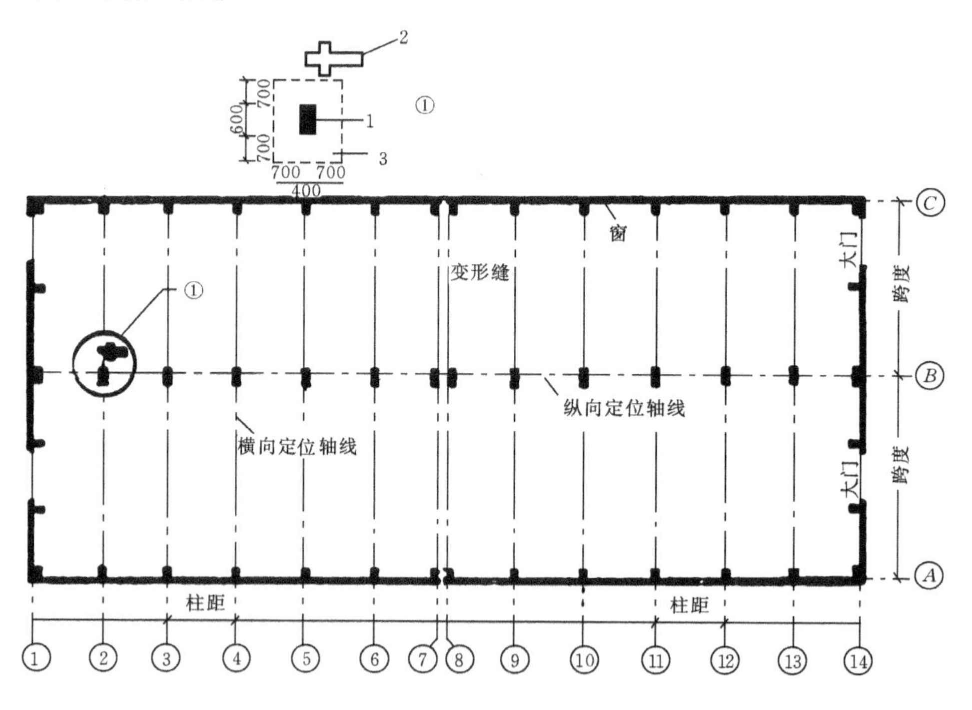

图12.1 柱网示意图

1—柱子；2—机床；3—柱基础轮廓

12.1.1 柱网尺寸的确定

柱网尺寸是根据生产工艺的特征，综合建筑材料、结构形式、施工技术水平、基地状况、经济性以及有利于建筑工业化等因素来确定的。

1. 跨度尺寸的确定

跨度尺寸与工艺布置如图12.2所示。

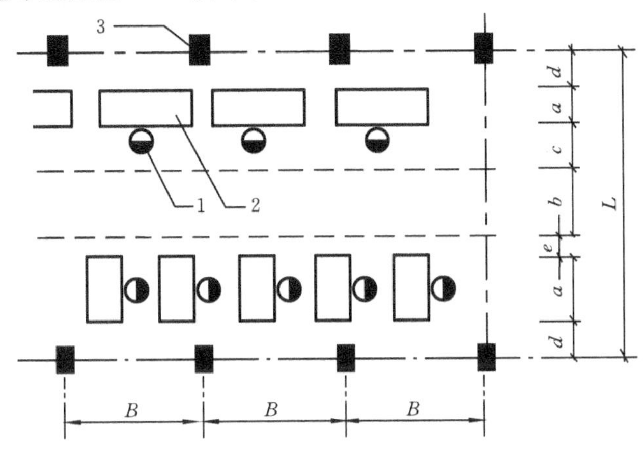

图12.2 跨度尺寸与工艺布置的关系

1—操作位置;2—生产设备;3—柱子;L—跨度;B—柱距;a—设备宽度或长度;b—通道宽度;c—操作宽度;d—生产设备边缘支柱轴线的距离;e—生产设备边缘至通道边缘的安全距离

(1) 生产工艺中生产设备的大小及布置方式。设备面积大,所占面积也大,设备布置成横向或纵向,布置成单排或多排,都直接影响跨度的尺寸。

(2) 车间内部生产流程中运输通道,生产操作及检修所需的空间。不同类型的水平运输设备,所需通道的宽度也不同,也影响跨度的尺寸。

(3) 根据上述两项所得的尺寸,调整为符合《厂房建筑模数协调标准》的要求。当屋架跨度不大于18 m时,采用扩大模数30M的数列,即跨度尺寸是18 m、15 m、12 m、9 m、6 m;当屋架跨度大于18 m时,采用扩大模数60M的数列,即跨度尺寸是18 m、24 m、30 m、36 m、42 m等。当工艺布置有明显优越性时,跨度尺寸也可采用21 m、27 m、33 m。

2. 柱距尺寸的确定

我国单层厂房主要采用装配式钢筋混凝土结构体系,其基本柱距是6 m,而相应的结构构件如基础梁、吊车梁、连系梁、屋面板、横向墙板等,均已成形配套,并有供设计者选用的工业建筑全国通用构件标准图集,设计、制作、运输、安装都积累了丰富的经验。

柱距尺寸还受到材料的影响,当采用砖混结构的砖柱时,其柱距宜小于4 m,可采用3.9 m、3.6 m、3.3 m等。

厂房山墙处抗风柱柱距宜采用扩大模数15M的数列。

12.1.2 扩大柱网

随着科学技术的发展,厂房内部的生产工艺、生产设备、运输设备等也在不断地变化、更新。为了使厂房能适应这种变化,厂房应有相应的灵活性和通用性。所以,宜采用扩大柱网,也就是扩大厂房的跨度和柱距(见图12.3)。常用扩大柱网的“跨度×柱距”为12 m×12 m、15 m×12 m、18 m×12 m、24 m×12 m、18 m×18 m、24 m×24 m等。

扩大柱网的优越性有以下几个方面。

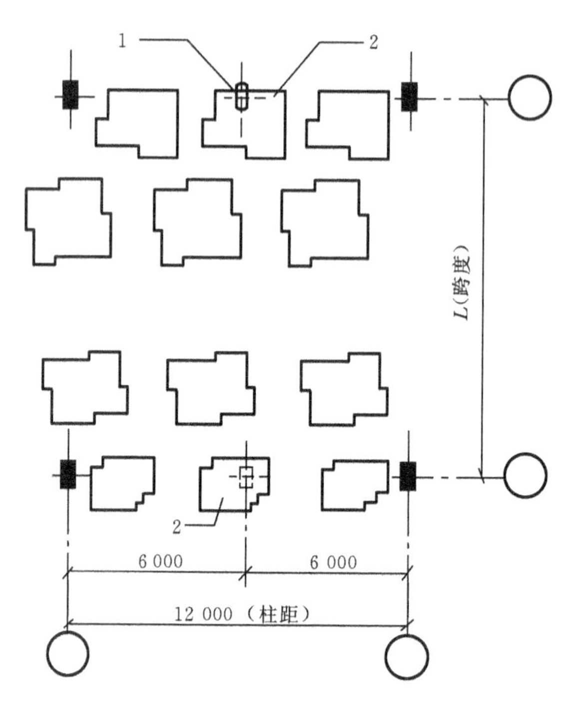

图 12.3　扩大柱距后设备布置情况

1—扩大柱距后省去的柱子；2—增加的设备

(1) 扩大柱网能提高厂房使用的灵活性和通用性，方便生产工艺调整和改造(见图 12.4)。

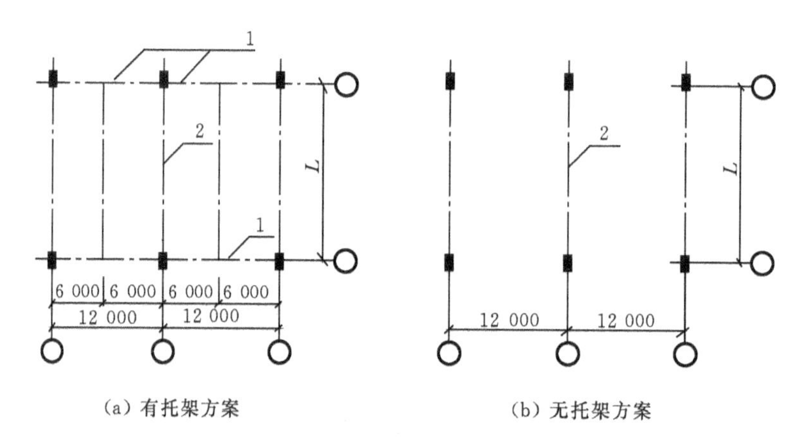

图 12.4　扩大柱网屋顶承重方案

1—托架；2—屋架

(2) 扩大柱网能扩大厂房的生产面积，有利于节约用地。

(3) 扩大柱网能扩大吊车的服务范围，提高吊车的利用率。

(4) 扩大柱网有利于大型设备的布置和产品的运输。现代工业企业中，如重型机械厂、飞机制造厂等，其产品具有高、大、重的特点。柱网越大，则越能满足生产设备的布置以及产品的装配和运输要求。

(5) 扩大柱网能减少构件数量，但增加了构件重量。

(6) 扩大柱网能减少柱基础土石方工程量。

一般来说，当布置有悬挂式单轨吊车或梁式吊车时，跨度在 18～24 m 时比较经济；当布置有桥式吊车时，跨度在 24～36 m 时比较经济，柱距尺寸可由 6 m 放大到 12 m 甚至 18 m。由于单层厂房一般跨度较大而柱距较小，因此扩大柱距就更有意义。

12.2 单层厂房定位轴线

单层厂房定位轴线是确定厂房主要承重构件位置及其相互间标志尺寸的基准线，也是厂房施工放线和设备安装定位的依据。通常，平行于厂房长度方向的定位轴线称为纵向定位轴线，在厂房建筑平面图中，由下向上顺次按 *A*、*B*、*C* 等进行编号，相邻两条纵向定位轴线间的距离标志着厂房的跨度，即屋架的标志长度(跨度)。垂直于厂房长度方向的定位轴线称为横向定位轴线，在厂房建筑平面图中，由左向右顺次按 1、2、3 等进行编号，相邻两条横向定位轴线间的距离标志着厂房的柱距，即吊车梁、连系梁、基础梁、屋面板及外墙板等一系列纵向构件的标志长度(见图 12.5)。

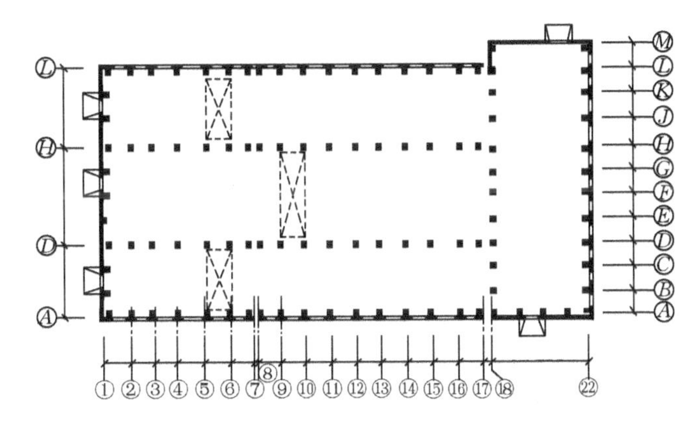

图 12.5 单层厂房平面柱网布置及定位轴线的划分

标志定位轴线时，应满足生产工艺的要求，并注意减少构件的类型和规格，扩大构件预制装配化程度及其通用互换性，提高厂房建筑的工业化水平。

12.2.1 横向定位轴线

横向定位轴线通过处是吊车梁、屋面板、连系梁、基础梁及墙板标志尺寸端部的位置。

1. 中间柱与横向定位轴线的联系

除横向变形缝处及山墙端部柱外，中间柱的中心线应与柱的横向定位轴线相重合，在一般情况下，横向定位轴线之间的距离也就是屋面板、吊车梁长度方向的标志尺寸(见图 12.6)。

2. 变形缝处柱与横向定位轴线的联系

在单层厂房中，横向伸缩缝、防震缝处一般采用双柱双轴线的定位方法，柱的中心线从定位轴线向缝的两侧各移 600 mm，双轴线间插入距 *A* 等于伸缩缝或防震缝的宽度 *C*，这种方法可使该处两条横向定位轴线之间的距离与其他轴线间柱距保持一致，不增加构件类型，有利于建筑工业化(见图 12.7)。

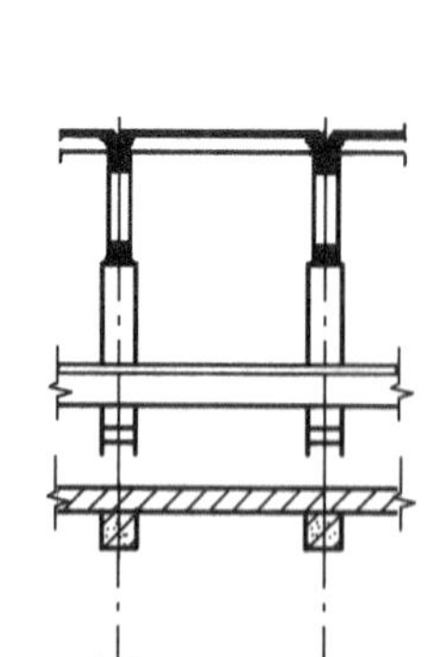

图 12.6　中间柱与横向定位轴线的联系

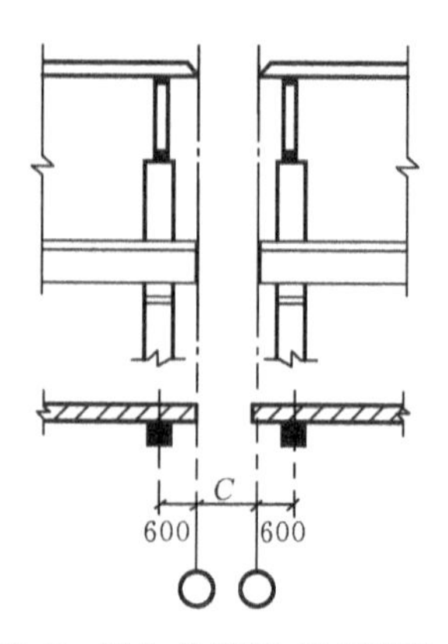

图 12.7　横向伸缩缝、防震缝处柱与横向定位轴线的联系

3. 山墙与横向定位轴线的联系

(1) 山墙为非承重墙时，墙内缘和抗风柱外缘应与横向定位轴线重合，端部排架柱的中心线应从横向定位轴线向内移 600 mm，端部实际柱距减少 600 mm(见图 12.8)。

(2) 山墙为承重墙时，墙内缘与横向定位轴线的距离 λ 应按砌体的块料类别算，分别为半块或半块的倍数或墙厚的一半(见图 12.9)，λ 值可取 120 mm。

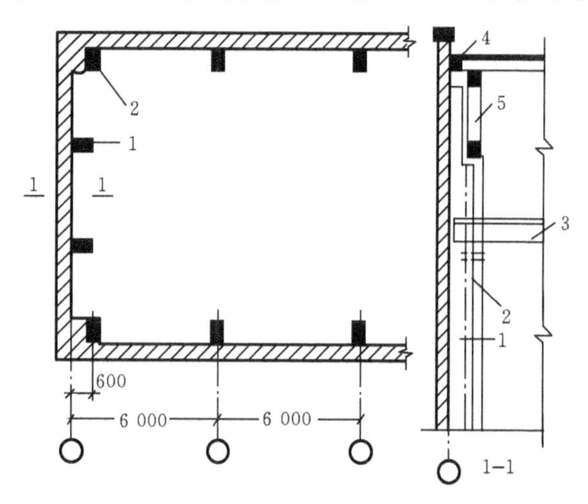

图 12.8　非承重山墙与横向定位轴线的联系

1—山墙抗风柱；2—厂房排架柱(端柱)

3—吊车梁；4—屋面板；5—屋架

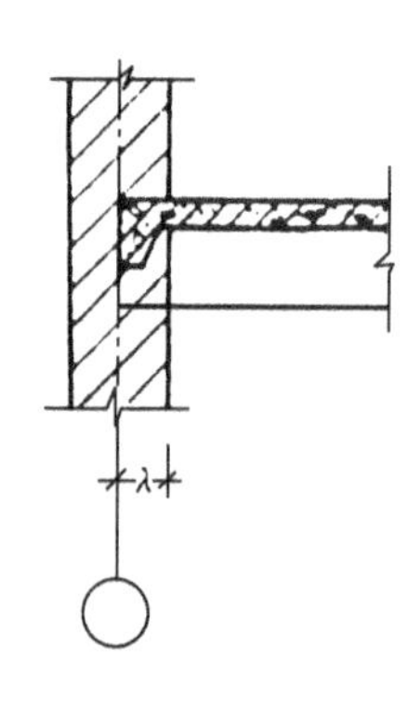

图 12.9　承重山墙与横向定位轴线的联系

12.2.2　纵向定位轴线

纵向定位轴线在柱身通过处是屋架或屋面大梁标志尺寸端部的位置，也是大型屋面板边缘的位置。

1. 外墙、边柱与纵向定位轴线的联系

纵向定位轴线的标定与吊车桥架端头长度、桥架端头与上柱内缘的安全缝隙宽度以及上柱宽度有关(见图 12.10)。

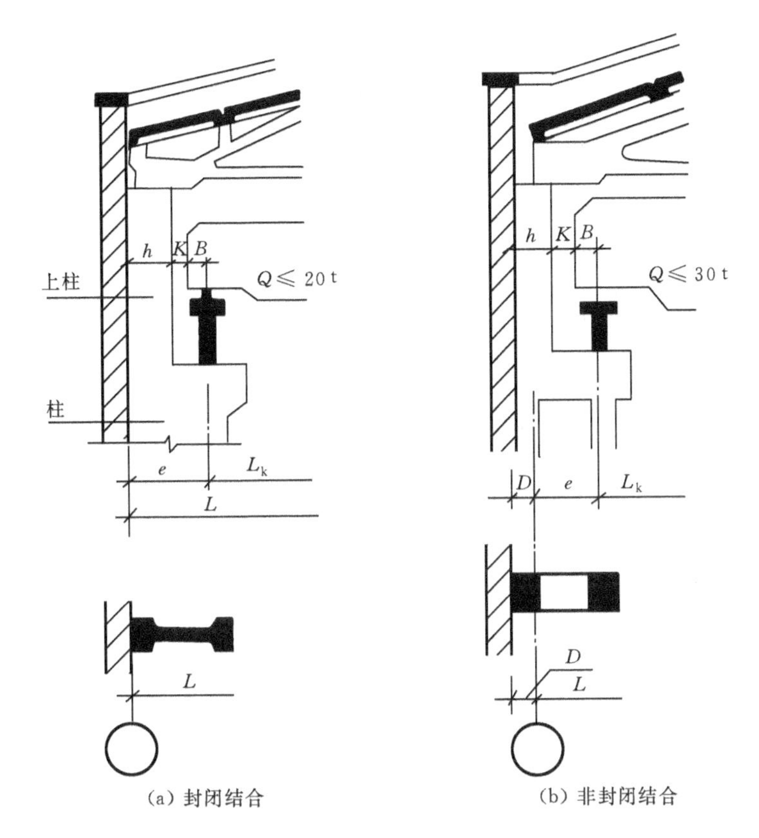

图 12.10　轴线与上柱宽度、吊车桥架端头长度及安全缝隙之间的关系

在有吊车的厂房设计中，由于屋架和吊车都是标准件，为使两者规格协调，建筑设计应满足下述关系式

$$L = L_k + 2e$$

式中，L——厂房跨度(屋架跨度)，即纵向定位轴线间的距离；

L_k——吊车跨度，即吊车的轮距，可查吊车规格资料得知；

e——纵向定位轴线至吊车轨道中心线的距离，其值一般为 750 mm，当吊车为重级工作制而需要设安全走道板，或者吊车起重量大于 50 t 时，可采用 1 000 mm。由图 12.10(a)可知

$$e = h + K + B$$

则
$$K = e - h + B$$

式中，K——吊车端部外缘至上柱内缘的安全距离；

h——上柱截面高度；

B——轨道中心线至吊车端部外缘的距离，可查吊车规格资料得知。

由于吊车起重量、柱距、跨度、有无安全走道板等因素的影响，边柱外缘与纵向定位轴线的联系有以下两种情况。

1) 封闭式结合的纵向定位轴线

当边柱外缘、墙内缘与定位轴线三者相重合时，这时屋架上的屋面板与外墙内缘紧紧相靠，称为封闭式结合的纵向定位轴线。采用封闭式结合的屋面板可以全部采用标准板，不需设非标准的补充构件。

如图12.10(a)所示，当吊车起重量不大于20 t时，查现行吊车规格，得$B\leqslant 260$ mm，$K\geqslant$ 80 mm，在一般情况下，上柱截面高度$h=400$ mm，纵向定位轴线采用封闭式结合，轴线与柱外缘重合，此时，$e=750$ mm，则$K=e-(h+B)=90$ mm，能满足吊车运行所需安全距不小于80 mm的要求。

采用封闭式结合的纵向定位轴线，具有构造简单、施工方便、造价经济等优点。

2）非封闭式结合的定位轴线

当边柱外缘与纵向定位轴线之间有一定的距离，此时屋架上的屋面板与墙内缘之间有一段空隙时称为非封闭结合。

如图12.10(b)所示，吊车起重量$Q=(30/5)$ t时得知：$B=300$ mm，$K\geqslant 100$ mm。上柱截面高度h仍为400 mm，若仍采用封闭式结合的纵向定位轴线($e=750$ mm)，则$K=e-(B+h)=[750-(300+400)]$ mm$=50$ mm，不能满足要求，所以需将边柱从纵向定位轴线向外移一定距离，这个值称为联系尺寸，用D表示，采用300 mm或其倍数。在设计中，应根据吊车起重量及其相应的h、K、B三个数值来确定联系尺寸的数值。当因构造需要或吊车起重量较大时（大于50 t），e值宜采用1 000 mm，厂房跨度$L=L_k+2e=L_k+2\ 000$ mm。

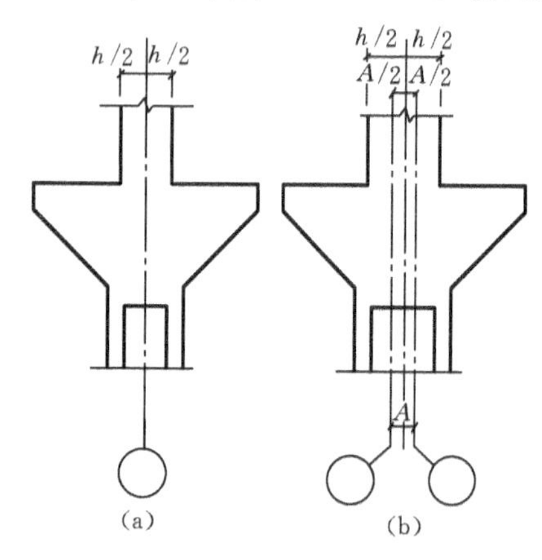

图12.11　平行等高跨中柱与纵向定位轴线的联系

2. 中柱与纵向定位轴线的联系

1）平行等高跨中柱

当厂房为平行等高跨时，通常设置单柱和一条定位轴线，上柱的中心线一般与纵向定位轴线相重合（见图12.11(a)），上柱的截面高度h一般取600 mm，以保证两侧屋架应有的支撑长度。上柱头不带牛腿，制作简便。

等高跨厂房的中柱，由于相邻跨内的桥式吊车起重量、厂房柱距或构造要求等原因，纵向定位轴线需采用非封闭结合式才能满足吊车安全运行的要求，中柱仍可采用单柱，但需设两条定位轴线。两条定位轴线之间的距离称为插入距，用A表示，插入距A应符合3M的数列，上柱中心线宜与插入距中心线相重合（见图12.11(b)）。

如果因设插入距而使上柱不能满足屋架支撑长度要求时，上柱应设小牛腿。

2）平行不等高跨中柱

高低跨处采用单柱时，如高跨吊车起重量$Q\leqslant(20/5)$ t，则高跨上柱外缘与封墙内缘宜与纵向定位轴线重合，纵向定位轴线按封闭结合设计，不需设联系尺寸（见图12.12(a)）。

当高跨吊车起重量较大，如$Q\geqslant(30/5)$ t时，则高跨采用非封闭结合，且高跨上柱外缘与低跨屋架端部之间不设封闭墙时，其上柱外缘与纵向定位轴线间宜设联系尺寸D，这时应采用两条纵向定位轴线，两线间的距离为插入距A，此时A在数值上等于联系尺寸D（见图12.12(b)）。当高低跨都采用封闭结合，而两条纵向定位轴线之间设有封墙时，此时需增设插入距A，其大小为封墙厚度B（见图12.12(c)）。当高跨为非封闭结合，且高跨柱外缘与低跨屋架端部之间设封墙时，则两轴线之间的插入距A等于墙厚B与联系尺寸D之和（见图12.12(d)）。

3）纵向伸缩缝处中柱

当厂房宽度较大，沿厂房宽度方向需设纵向伸缩缝，以解决横向变形。

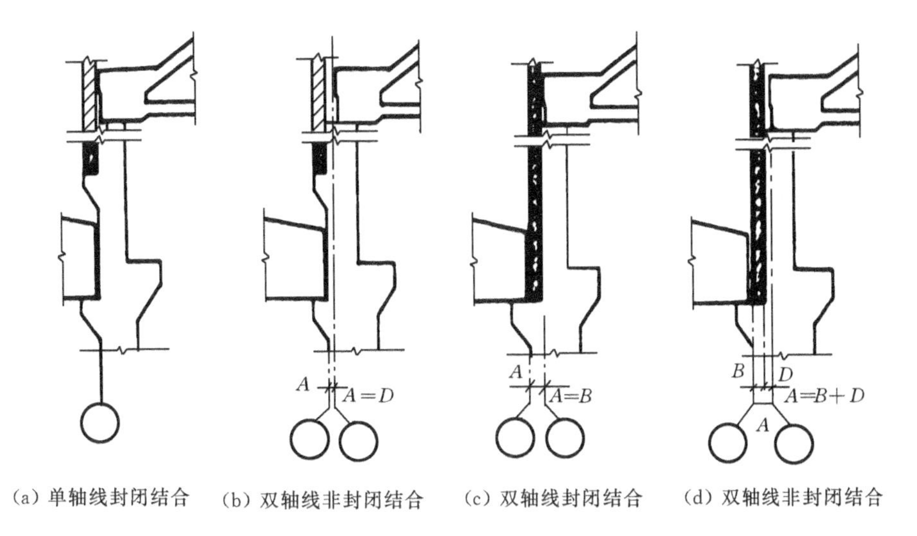

(a) 单轴线封闭结合　(b) 双轴线非封闭结合　(c) 双轴线封闭结合　(d) 双轴线非封闭结合

图 12.12　无变形缝平行不等高跨中柱纵向定位轴线

(1) 等高跨中柱：当等高厂房须设纵向伸缩缝时，可采用单柱单轴线处理，缝一侧的屋架支撑在柱头上，另一侧的屋架搁置在活动支座上，采用一根纵向定位轴线，上柱中心线仍与纵向定位轴线重合(见图 12.13(a))。

若伸缩缝兼作防震缝时，原伸缩缝按防震缝尺寸加宽，此时应设两条纵向定位轴线，其间的插入距 A 等于缝宽 C(见图 12.13(b))。

(2) 不等高跨中柱：不等高跨的纵向伸缩缝一般设在高低跨处，若采用单柱，应设两条定位轴线，两轴线间设插入距 A。当高低跨都为封闭结合时，插入距 A 等于伸缩缝宽 C(见图 12.14(a))；当高跨为非封闭结合时，插入距 $A=C+D$(见图 12.14(b))，C 为伸缩缝宽，D 为联系尺寸。

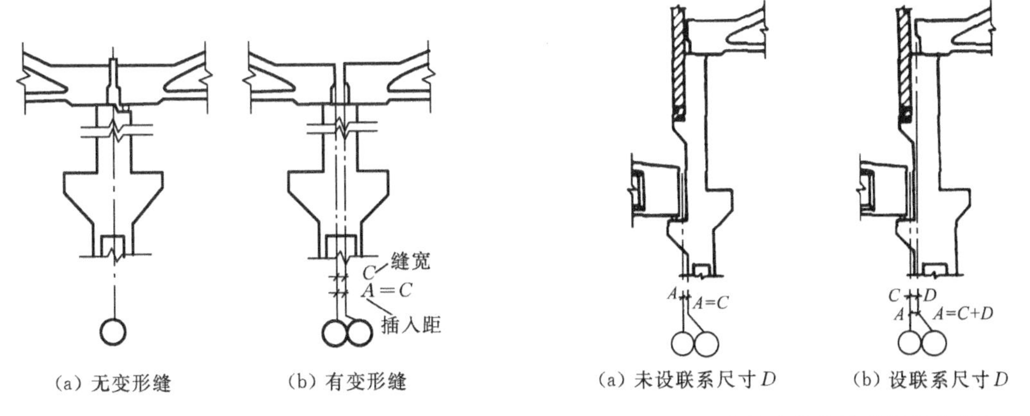

(a) 无变形缝　(b) 有变形缝

图 12.13　等高跨中柱与纵向定位轴线的联系

(a) 未设联系尺寸 D　(b) 设联系尺寸 D

图 12.14　高低跨纵向伸缩缝处单柱与纵向定位轴线的联系

当不等高跨高差悬殊或者吊车起重量差异较大时，或须设防震缝时，常在不等高跨处采用双柱双轴处理，两轴线间设插入距 A。当高低跨都为封闭结合时，$A=B+C$(见图 12.15(a))；当高跨为非封闭结合时，$A=B+C+D$(见图 12.15(b))，B 为封墙厚度。

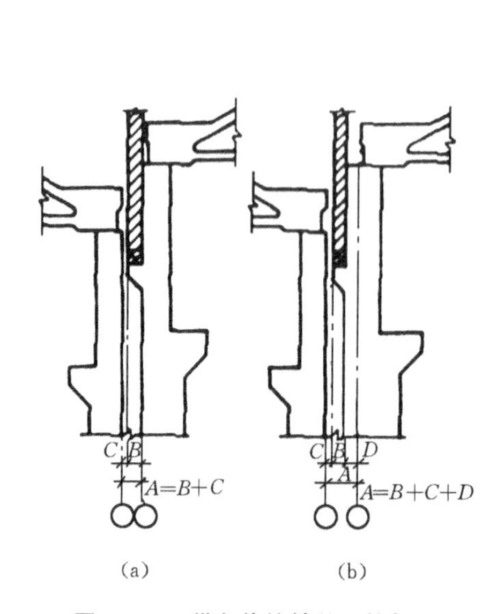

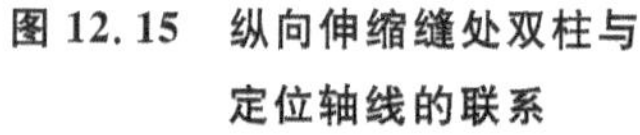
图 12.15　纵向伸缩缝处双柱与定位轴线的联系

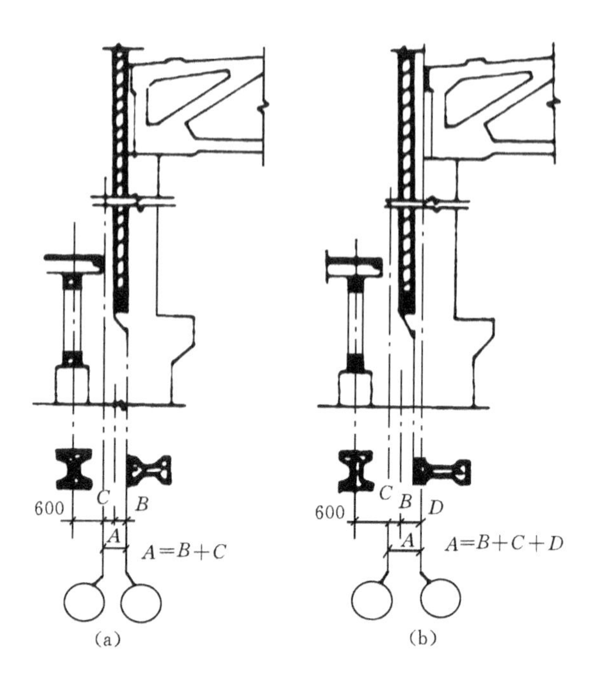

图 12.16　纵横跨相交处柱与定位轴线的联系

3. 纵横跨相交处柱与定位轴线的联系

在厂房的纵横跨相交时，常在纵横跨相交处设有变形缝，使纵横跨在结构上各自独立。纵横跨应有各自的柱列和定位轴线，两轴线间设插入距 A。当横跨为封闭结合时，$A=B+C$（见图12.16(a)）；当横跨为非封闭结合时，$A=B+C+D$（见图 12.16(b)）。

小结

本章主要介绍如何进行单层厂房的柱网的选择以及定位轴线的定义和作用，横向定位轴线、纵向定位轴线和纵横跨相交处定位轴线划分的原则和方法。要求明确定位轴线的定义和作用，掌握定位轴线划分的原则和方法。

1. 什么是柱网？确定柱网的原则是什么？常用的柱距、跨度尺寸有哪些？
2. 扩大柱网的优越性有哪些？
3. 定位轴线的定义是什么？横向定位轴线与纵向定位轴线有什么区别？
4. 如何标定单层排架结构各种位置的柱的定位轴线？
5. 封闭结合定位轴线和非封闭结合定位轴线的定义和区别是什么？
6. 单层厂房纵向定位轴线标定时为什么会有联系尺寸和插入距？

第13章 单层厂房的主要结构构件

学习目标与要求

熟悉单层工业厂房的主要结构构件。

13.1 屋盖结构

13.1.1 屋盖的结构类型

屋盖结构根据构造不同分为以下两类。

(1) 有檩体系屋盖:设檩条,它放在屋架上,檩条上铺各种类型板瓦。这种屋面的刚度小,配件和搭缝多,在频繁振动下易松动,但屋盖重量较轻,适合小机具吊装,适用于中小型厂房。

(2) 无檩体系屋盖:大型屋面板直接搁置在屋架或屋面大梁上,这种屋面整体性好,刚度大,大中型厂房多采用这种屋面结构形式。

13.1.2 屋盖的承重构件

屋架(屋面大梁)是屋盖结构的主要承重构件,直接承受屋面荷载;有的还要承受悬挂吊车、天窗架、管道或生产设备等荷载,选择是否得当,对厂房的安全、刚度、耐久性、经济性和施工进度等都会有很大的影响。

1. 屋面大梁

屋面大梁(见表 13.1 中的序号 1～3)可用于单坡或双坡屋面,用于单坡屋面的跨度有 6 m、9 m 和 12 m 三种,用于双坡屋面的跨度有 9 m、12 m、15 m 和 18 m 四种。屋面坡度较平缓,一般为 1/10,适用于卷材防水屋面和非卷材防水屋面。屋面大梁可悬挂 50 kN 以下的吊车。

2. 屋架

(1) 桁架式屋架(见表 13.1 中的序号 4～12):当厂房跨度较大时,采用桁架式屋架较经济。桁架式屋架外形通常有三角形、梯形、拱形、折线形等几种形式。

(2) 两铰拱及三铰拱屋架(见表 13.1 中的序号 13～15):两铰拱屋架支座节点为铰接,顶部节点为刚接;三铰拱屋架的支座节点和顶部节点均为铰接。这类屋架减少了构件,构造简单,上弦可采用钢筋混凝土或预应力混凝土构件,下弦则多采用角钢或钢筋。但这种屋架刚度较小,不宜用于振动较大和重型的厂房。

钢筋混凝土两铰拱屋架适用于屋架间距为 6 m,跨度为 12 m、15 m,屋面坡度为 1/4 的非卷材防水屋面的工业厂房。屋架上可铺设预应力大型屋面板或预应力 F 形屋面板。这种屋架一般用于不大于 100 kN 的中轻级桥式吊车的车间。

钢筋混凝土三角拱屋架的适用条件基本与两铰拱屋架的相同，仅其顶部节点为铰接。

表 13.1　钢筋混凝土屋架类型表

<table>
<tr><th>序号</th><th>构件名称
（标准图号）</th><th>形　式</th><th>跨度/m</th><th>特点及适用条件</th></tr>
<tr><td>1</td><td>预应力混凝土单坡屋面梁</td><td> </td><td>6
9</td><td rowspan="3">1. 自重较大；
2. 适用于跨度不大、有较大振动或有腐蚀性介质的厂房；
3. 屋面坡度为 1/8～1/12</td></tr>
<tr><td>2</td><td>预应力混凝土双坡屋面梁</td><td> </td><td>12
15
18</td></tr>
<tr><td>3</td><td>预应力混凝土空腹屋架</td><td> </td><td>12
15
18</td></tr>
<tr><td>4</td><td>钢筋混凝土组合式屋架</td><td> 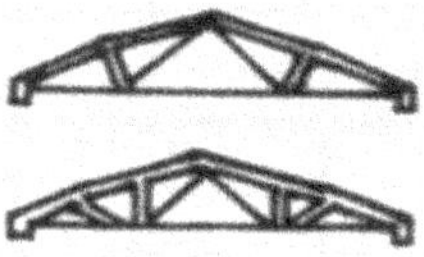</td><td>12
15
18</td><td>1. 上弦及受压腹杆为钢筋混凝土构件，下弦及受拉腹杆为角钢，自重较轻，刚度较差；
2. 适用于中、轻型厂房；
3. 屋面坡度为 1/4</td></tr>
<tr><td>5</td><td>钢筋混凝土下撑式五角形屋架</td><td> 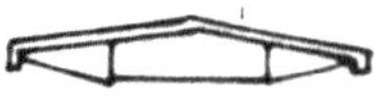</td><td>12
15</td><td>1. 构造简单，自重较轻，但对房屋净空有影响；
2. 适用于仓库和中、轻型厂房；
3. 屋面坡度为 1/7.5～1/10</td></tr>
<tr><td>6</td><td>钢筋混凝土三角形屋架</td><td> 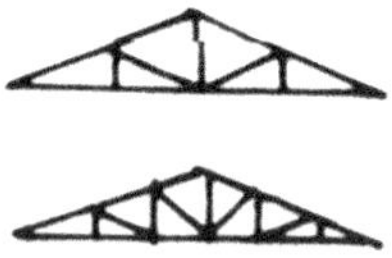</td><td>9
12
15</td><td>1. 自重较大，屋架上设有檩条或挂瓦条；
2. 适用于跨度不大的中、轻型厂房；
3. 屋面坡度为 1/2～1/3</td></tr>
<tr><td>7</td><td>钢筋混凝土折线形屋架（卷材防水屋面）</td><td> 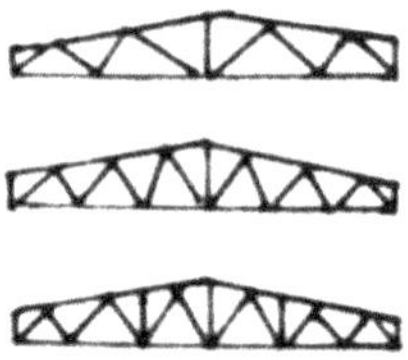</td><td>15
18
21
24</td><td>1. 外形合理，屋面坡度合适；
2. 适用于卷材防水屋面的中型厂房；
3. 屋面坡度为 1/2～1/3</td></tr>
<tr><td>8</td><td>预应力混凝土折线形屋架（卷材防水屋面）</td><td> 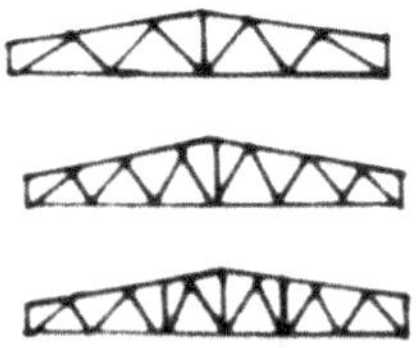</td><td>15
18
21
24
27
30</td><td>1. 外形合理，屋面坡度合适，自重较轻；
2. 适用于卷材防水屋面的中、重型厂房；
3. 屋面坡度为 1/5～1/15</td></tr>
<tr><td>9</td><td>预应力混凝土折线形屋架（非卷材防水屋面）</td><td> 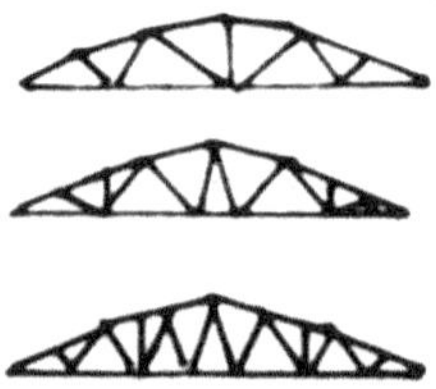</td><td>18
21
24</td><td>1. 外形合理，屋面坡度合适，自重较轻；
2. 适用于非卷材防水屋面的中型厂房；
3. 屋面坡度为 1/4</td></tr>
</table>

续表

序号	构件名称（标准图号）	形　式	跨度/m	特点及适用条件
10	预应力混凝土拱形屋架		18～36	1. 外形合理，自重轻，但屋架端部屋面坡度太陡； 2. 适用于卷材防水屋面的中、重型厂房； 3. 屋面坡度为1/3～1/30
11	预应力混凝土梯形屋架		18～30	1. 自重较大，刚度好； 2. 适用于卷材防水的重型、高温及采用井式或横向天窗的厂房； 3. 屋面坡度为1/10～1/12
12	预应力混凝土空腹屋架		15～36	1. 无腹杆，构造简单； 2. 适用于采用井式或横向天窗的厂房
13	钢筋混凝土两铰拱屋架		9 12 15	1. 上弦为钢筋混凝土构件，下弦为角钢，顶节点刚接，自重较轻，构造简单，应防止下弦受压； 2. 适用于跨度不大的中、轻型厂房； 3. 屋面坡度：卷材防水为1/5，非卷材防水为1/4
14	钢筋混凝土三铰拱屋架		9 12 15	顶节点铰接，其他同上
15	预应力混凝土三铰拱屋架		9 12 15	上弦为预应力混凝土构件，下弦为角钢，其他同上

3. 屋架端部形式

按檐口及中间天沟的排水方式，可将屋架上弦端部设计成自由落水、外天沟及内天沟等三种节点形式。

(1) 自由落水端部节点，其挑出的小梁坡度与上弦一致，常用在单跨或多跨时的边跨外檐口处，当厂房不高及跨度不大于18 m时，可采用这种形式。

(2) 外天沟端部节点主要用于檐口采取有组织的外天沟落水方式，挑出的小梁面为水平，以便放置天沟板，一般厂房均可采用这种方式。

(3) 内天沟端部节点主要适用于单跨及多跨沿墙内天沟、中间内天沟落水方式，其上弦端部做成局部水平面，以便放置槽形排水天沟板。

4. 屋架与柱的连接

屋架与柱的连接多采用柱顶和屋架端部的预埋件相互焊接在一起的方式。螺栓连接这种方式主要考虑到安装后不能及时进行校正和电焊工作，故柱顶的预埋螺栓可作为屋架就位的临时固定措施，经过校正后用电焊将垫板与柱顶预埋钢板焊牢，同时也将螺母焊牢以防松动。采用螺栓连接方式时其螺栓的预埋件加工较麻烦，在屋架就位时应注意防止把螺栓撞坏。

13.1.3 覆盖构件

1. 屋面板

预应力混凝土屋面板的外形尺寸常用1.5 m×6.0 m规格。当柱距为9 m、12 m时，也可采用1.5 m×9.0 m、3.0 m×12.0 m规格的屋面板。

为配合屋架外形尺寸和檐口的做法，还有0.9 m×6.0 m规格的嵌板、檐口板（挑檐长200 mm或400 mm）、槽形天沟板。

2. F形屋面板

它是一种构件自防水覆盖构件，屋面板三个周边设有挡水反口（挡水条），纵向板缝间采用挑檐搭接方法，横向板缝用盖瓦盖缝，屋脊处用脊瓦盖缝。这种屋面板一般用于无保温要求的厂房和辅助建筑，北方地区较少采用。

3. 檩条

檩条用于有檩体系的屋盖结构中。它起支撑槽瓦或小型屋面板的作用，并将屋面荷载传给屋架。檩条应与屋架上弦连接牢固，以保证厂房纵向刚度。

13.2 柱、基础及基础梁

13.2.1 柱的截面形式

1. 矩形柱

矩形柱（见图13.1(a)）仅用于柱截面尺寸为400 mm×600 mm以内的柱，此外柱牛腿以上部分、轴心受压柱以及现浇柱常采用矩形截面柱。矩形柱的特点是受弯性能好、施工方便、容易保证质量要求，但柱截面中间部分受力较小，不能充分发挥混凝土的承受能力，混凝土用量多，自重也重，仅适用于中小型厂房。

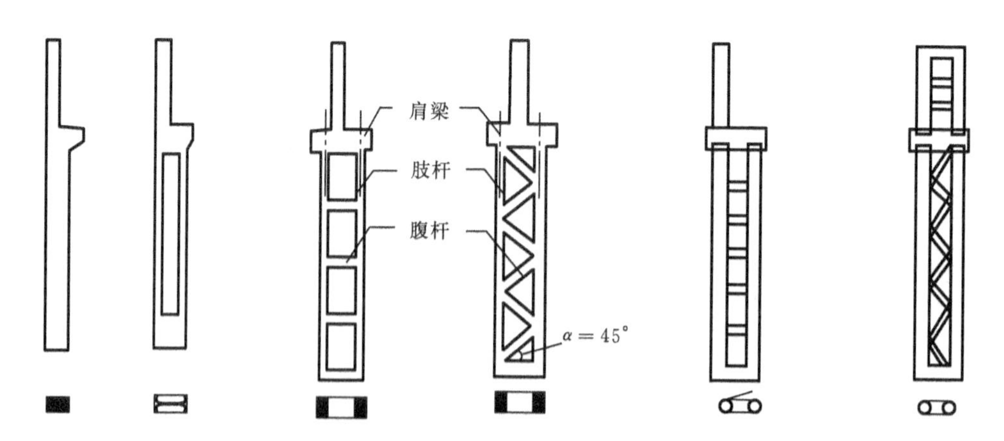

(a) 矩形柱　(b) 工字形柱　(c) 平腹杆双肢柱　(d) 斜腹杆双肢柱　(e) 平腹杆双肢管柱　(f) 斜腹杆双肢管柱

图13.1　常用的钢筋混凝土柱

2. 工字形柱

工字形柱(见图 13.1(b))截面尺寸一般为 400 mm×600 mm、400 mm×800 mm、500 mm×1 500 mm 等,与截面尺寸相同的矩形柱相比,承受力几乎相等,因为工字形柱就是将矩形柱横截面受力较小的中间部分的混凝土省去做成腹板,可节约混凝土 30%～50%。工字形柱的制作要比矩形柱的复杂,在大、中型厂房内采用较为广泛。

3. 双肢柱

当厂房高度很高或吊车起重量较大时,采用双肢柱较为经济合理。双肢柱由两根肢柱用腹杆连接组成,可分为平腹杆双肢柱(见图 13.1(c)、图 13.1(e))和斜腹杆双肢柱(见图 13.1(d)、图 13.1(f)),双肢柱的每个单肢主要承受轴向压力。

13.2.2 柱的预埋件

柱子除了按结构计算需要配筋外,还要根据柱的位置以及柱与其他构件连接的需要,在柱上预先埋设铁件。在进行柱子设计和施工时,必须将铁件准确地设置在柱上,不能遗漏。在柱子模板图中表示出了柱子各部分尺寸、预埋件位置及预埋件规格尺寸,如图 13.2 所示。

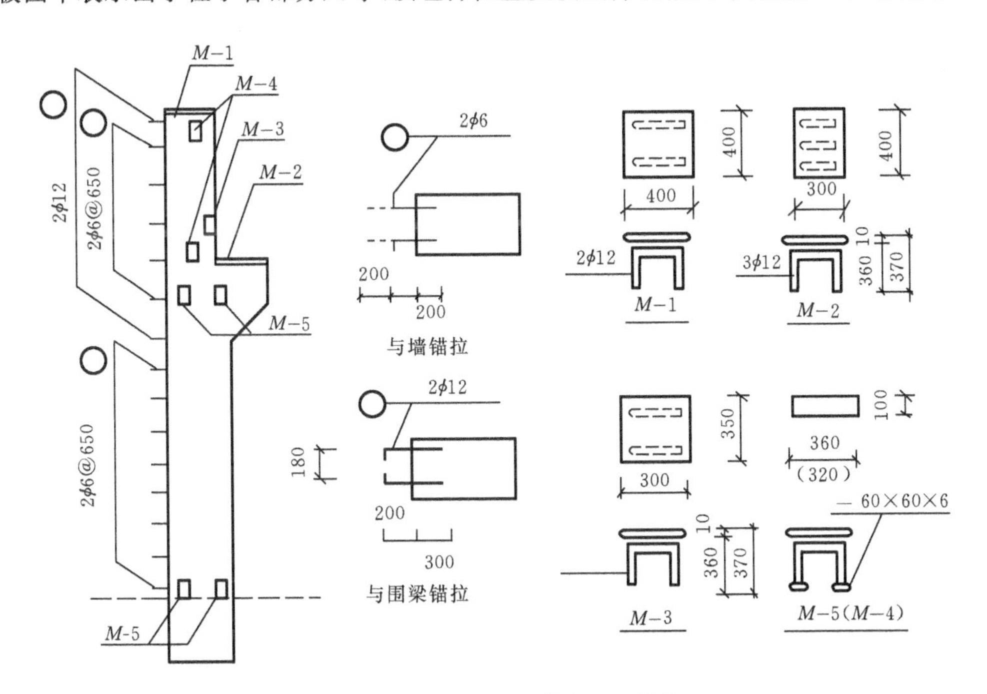

图 13.2 钢筋混凝土柱上预埋铁件

13.2.3 基础与基础梁

1. 基础

基础是厂房的重要构件之一,基础承担着厂房上部结构的全部重量,并传送到地基,故基础起着承上传下的重要作用。

1) 基础类型

基础类型(见表 13.2)的选择主要取决于建筑物上部结构的荷载的性质和大小、工程地质条件等。单层厂房一般常采用钢筋混凝土基础。当上部荷载不大、地基土质较均匀、承载力较大时，柱下多采用独立的杯形基础。当轴向荷载大而弯矩较小，且施工技术好，其他条件同上时，也可采用独立的壳体基础。当上部结构荷载较大，而地基承载力较小，柱下若用杯形基础，会由于底面积过大而使相邻基础之间的距离较近，因此可采用条形基础。这种基础的刚度大，能调整纵向柱列的不均匀，主要有独立基础和条形基础两类，前者应用较多。当地基的持力层离地表较深、地基表层土松软或为冻土地基、上部荷载较大、对地基的变形限制较严时，可考虑采用桩基础等。

表 13.2　基础类型表

序号	名　称	形　　式	特　　点	适用条件
1	杯形基础		施工简便	适用于地基土质较均匀、地基承载力较大，荷载不大的一般厂房
2	壳体基础		壁薄，受力性能较好，省料，但施工复杂	适用于轴向荷载大而弯矩小的柱下基础或烟囱、水塔等独立构筑物基础
3	条形基础		刚度大，能调整纵向柱列的不均匀沉降，但材料耗用量比独立基础大	地基承载力小而柱荷载较大时，或为了减小地基不均匀变形时可采用
4	爆扩短桩基础		荷载通过端部扩大的短桩传递到好的土层上，能节约土方和混凝土	适用于冻土地基或地基表层土松软、合适持力层较深而柱荷载又较大的情况
5	桩基础		通过打入地基的钢筋混凝土长桩，将上部荷载传到桩尖和桩侧土中，可得到较高的承载力，而且地基变形将减小；但需打桩设备，耗材料多、造价高、施工周期长	适用于上部荷载大、地基土软弱而坚实土层较深，或对厂房地基变形值限制较严的情况

2）独立基础构造

单层厂房一般采用预制装配式钢筋混凝土排架结构，厂房的柱距与跨度较大，故厂房的基础多采用独立式基础。独立式基础与柱的连接构造因柱采用现浇式或预制式的不同而不同。

(1) 现浇式基础。当基础上的柱现浇时，基础一般也采用现浇。如果柱与基础不在同一时间内施工时，须在基础顶面留出插筋，以便与柱子连接。插筋的数量与柱的纵向受力钢筋相同，插筋伸出长度按柱的受力情况、钢筋规格及接头方式(如焊接或绑扎接头)的不同而确定(见图13.3)。

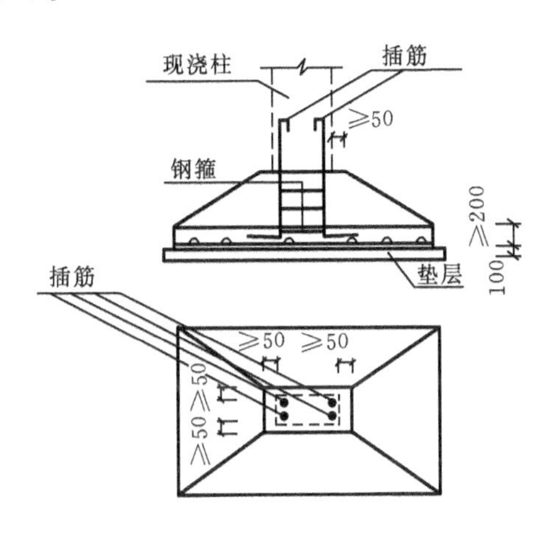

图13.3 现浇柱下基础

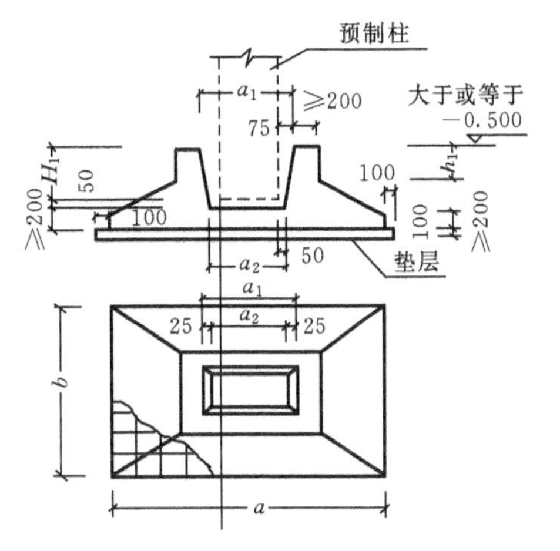

图13.4 预制柱下杯形基础

(2) 预制式杯形基础。杯形基础是在天然地基上浅埋的预制钢筋混凝土柱下的独立基础，也是工业厂房中应用较为广泛的基础形式(见图13.4)。基础杯口底板厚度一般应不小于200 mm，基础杯壁厚度应不小于200 mm，基础杯口顶面标高至少应低于室内地坪500 mm。杯形基础节省模板、施工方便，适用于地质均匀、地基承载力较好的各类工业厂房。如果因为厂房地形起伏大、局部地质条件变化大或相邻的设备大、基础埋置较深等原因，要求部分基础埋置深些，为使预制柱的长度统一，便于施工，可在局部地方采用高杯口基础(见图13.5)。

3) 柱基础与相邻设备基础、地坑埋深的关系

有些车间内靠柱边有设备基础或地坑，当基槽在柱基础施工完成后才开挖时，为防止因施工滑坡而扰动柱基础的地基土层致使沉降过大，应使设备基础或地坑移动保持一定距离(见图13.6)。如设备基础或地坑的位置不能移动时，则可将柱基础做成高杯口基础。柱基础埋置深度一般应不大于相邻原有建筑物基础(或设备基础)的深度。

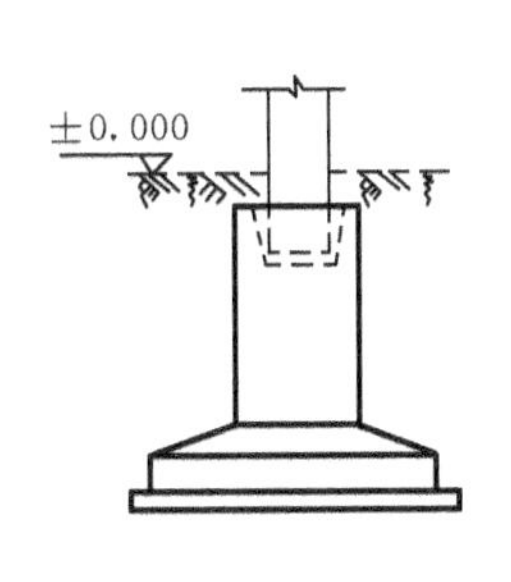

图13.5 高杯口基础

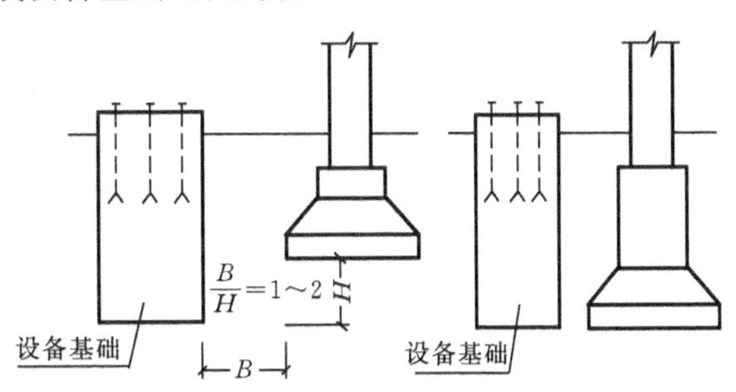

图13.6 设备基础与柱基础接近时的处理

2. 基础梁

单层厂房排架结构的外墙通常为自承重墙，其墙下一般不做条形基础，而是支撑于基础梁上。做基础梁式基础的优点是构造简单、施工方便、可以避免墙柱间的不均匀沉降。基础梁可以预制安装，也可以现场浇筑，一般搁置于杯口基础上。基础梁的截面形状有梯形、矩形和T形三种，梯形基础梁为常用的形式。国家有统一编制的基础梁标准图集，可供选用和参考。选用时，应注意基础梁的适用条件及有关要求。

13.3 吊车梁、连系梁和圈梁

13.3.1 吊车梁

吊车梁是有吊车的单层厂房的重要构件之一。当厂房设有桥式或梁式吊车时，需要在柱牛腿上设置吊车梁，吊车梁直接承受吊车起重、运行和制动时产生的各种往返移动荷载，同时，吊车梁还要承担传递厂房纵向荷载，保证厂房纵向刚度和稳定性的作用。

1. T形、工字形等截面吊车梁

T形吊车梁（见图13.7）和工字形吊车梁（见图13.8）是较常见的吊车梁形式。梁顶翼缘较宽，多为400～500 mm，可以增加梁的受压面积，也便于固定吊车轨道。梁腹板较薄，常为120～180 mm，支座处加厚以利抗剪，梁高有600 mm、900 mm、1 200 mm等几种规格。这种梁施工简单、制作方便，但自重较大、材料用量多。

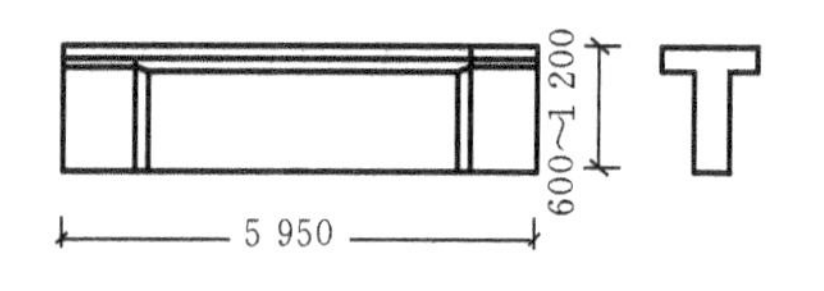

图13.7 等截面T形吊车梁

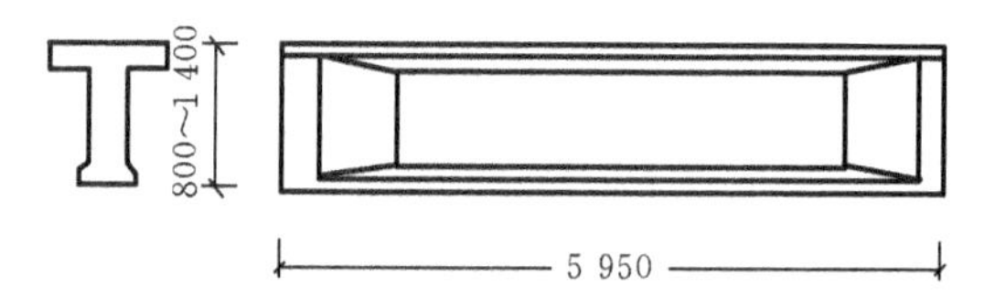

图13.8 等截面工字形吊车梁

2. 鱼腹式吊车梁

鱼腹式吊车梁（见图13.9）的外形与梁的弯矩影响线包括图基本相似，受力合理，腹板较薄，节省材料，能充分发挥材料强度、可承受较大荷载。

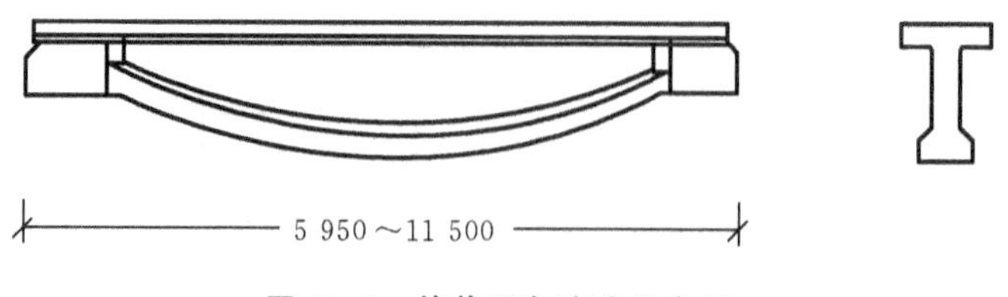

图13.9 等截面鱼腹式吊车梁

3. 吊车梁的连接构造

吊车梁与柱的连接多采用焊接连接的方法。为承受吊车横向水平刹车力，在吊车梁上翼缘与柱间用钢板或角钢焊接；在端部支撑处，吊车梁底部预埋一块垫板称为支撑钢板，将梁安装在柱的牛腿上，并与牛腿顶面的预埋钢板焊牢。吊车梁的对头空隙、吊车梁与柱之间的空隙均需用 C20 混凝土填实(见图 13.10)。

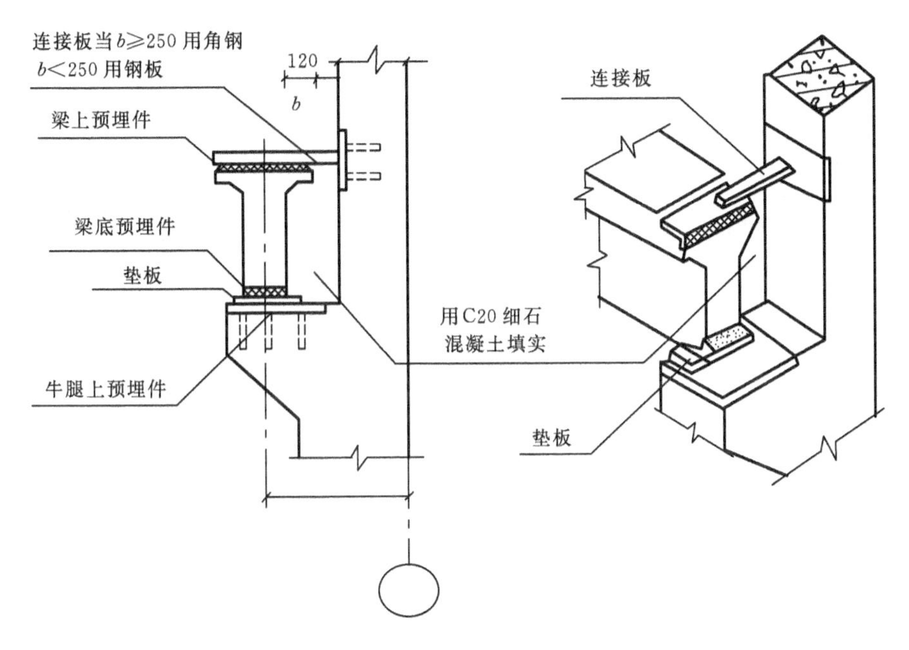

图 13.10 吊车梁与柱的连接

13.3.2 连系梁和圈梁

连系梁主要有两方面作用：一是作为水平构件起水平连系及支撑作用，以增加结构的空间整体刚度；二是当墙体较高时(大于 15 m)，连系梁需承受墙重，以减少基础梁的荷载。小型厂房一般在吊车梁附近设一道连系梁，当厂房较高时，沿墙高每隔 4～6 m 设一道。

连系梁的断面形式有矩形(用于一砖厚墙)及 L 形(用于一砖半厚墙)两种。它支撑在牛腿上，与柱的连接采用螺栓连接或焊接的方式。

圈梁的作用是将墙体同厂房排架柱、抗风柱等箍在一起，以加强厂房的整体刚度、墙体的刚度和稳定性。圈梁的布置原则是在震动较大或抗震要求较高的厂房中，沿墙高每隔4 m左右设一道；其他厂房中在吊车梁附近和柱顶设置。但当厂房较高大时，需适当增加圈梁，一般沿墙高每隔4～6 m设置一道圈梁。

13.4 支撑

13.4.1 单层厂房支撑构件

支撑的作用：使厂房形成整体的空间骨架，保证厂房的空间刚度；施工和正常使用时保证构件的稳定和安全；承受和传递吊车纵向制动力、山墙风荷载、纵向地震力等水平荷载。排架结构单层厂房的支撑分为屋盖支撑和柱间支撑两类。

1. 屋盖支撑

屋盖支撑包括：上、下弦横向水平支撑，上、下弦纵向水平支撑，垂直支撑和纵向水平系杆（或称加劲杆）等（见图13.11）。横向水平支撑和垂直支撑一般布置在厂房端部和伸缩缝两侧的第一或第二柱间。屋盖上弦横向支撑、下弦横向水平支撑和纵向支撑，一般采用十字交叉的形式，交叉角一般为25°～65°，多用45°。

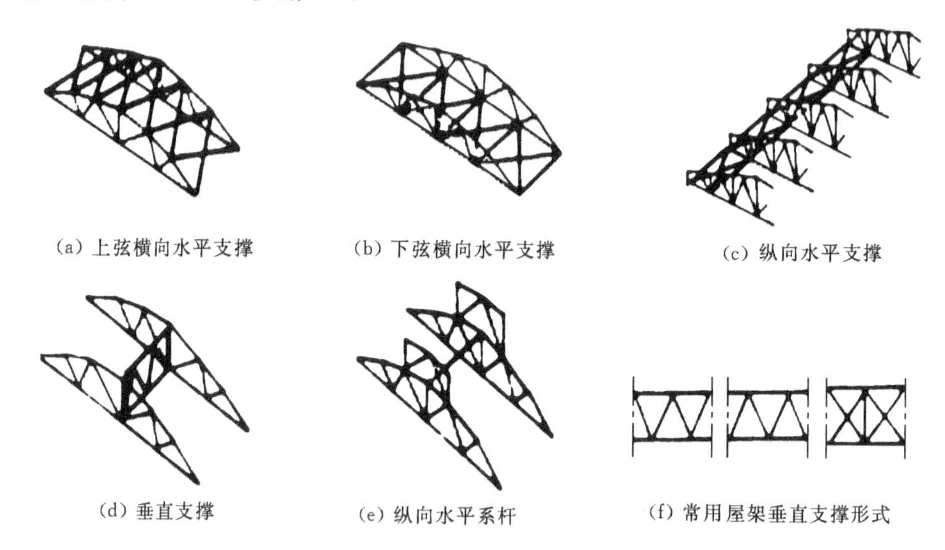

(a) 上弦横向水平支撑　(b) 下弦横向水平支撑　(c) 纵向水平支撑

(d) 垂直支撑　(e) 纵向水平系杆　(f) 常用屋架垂直支撑形式

图13.11　屋盖支撑的类型

2. 柱间支撑

柱间支撑的主要作用是加强厂房的纵向刚度和稳定性，它分上部和下部两种。前者位于上柱间，用于承受作用在山墙上的风荷载，并保证厂房上部的纵向刚度；后者位于下柱间，承受上部支撑传来的力和吊车梁传来的吊车纵向刹车力，并传至基础。当柱间需要通行、放置设备或柱距较大而不宜或不能采用交叉式支撑时，可采用门架式支撑。柱间支撑一般用钢材制作，其交叉角通常为35°～55°，以45°为宜。支撑斜杆安装时与柱上预埋铁件焊接（见图13.12）。

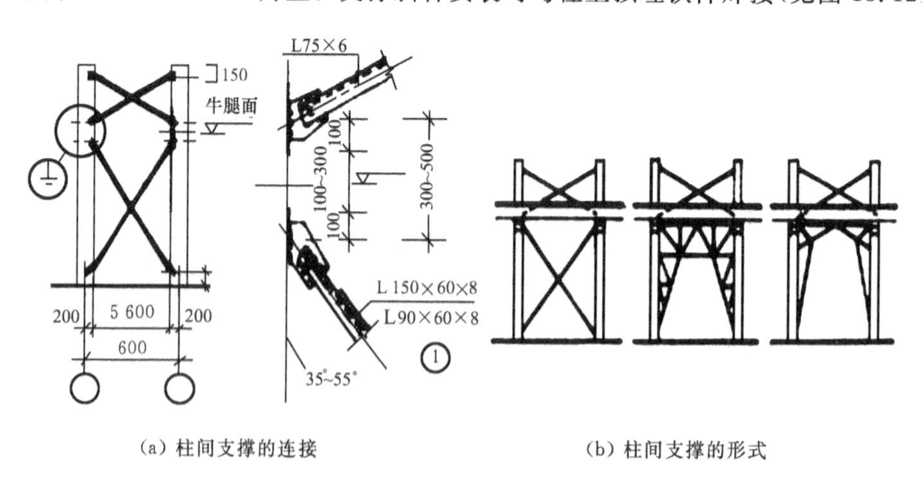

(a) 柱间支撑的连接　(b) 柱间支撑的形式

图13.12　柱间支撑形式及与柱的连接

13.4.2　抗风柱

单层厂房山墙比较高大，需承受较大的水平风荷载，因此，单层排架结构中的自承重山墙处需设置抗风柱以增加墙体的刚度和稳定性。抗风柱的布置原则有两点：一是在柱的选型上一般与排架柱同型；二是沿山墙每隔6 m或4.5 m设置。抗风柱应达到屋架上弦高度，以方便柱与山墙及屋架间的连接。

小结

排架结构单层工业厂房的构成比较复杂，各种构件之间关系密切，需要相互配合才能有效发挥作用。

1. 排架结构单层工业厂房主要由哪些结构构件组成？其作用是什么？
2. 屋盖体系可分为哪两类？有什么区别？
3. 屋架的类型及其特点是什么？
4. 柱的类型及构造特点如何？
5. 单层工业厂房的基础常选择什么类型？其构造如何？
6. 简述基础梁的种类及其放置位置。
7. 吊车梁的种类及连接方法如何？
8. 圈梁、连系梁和抗风柱的作用各是什么？
9. 单层厂房的支撑系统有哪几种？

第14章 单层厂房外墙

学习目标与要求

1. 掌握单层厂房砖砌外墙构造。

2. 掌握大型板材墙板种类、规格、布置方式及连接构造。

3. 了解轻质板材墙和开敞式外墙构造。

根据使用要求、材料和构造形式等的不同，单层厂房的外墙可采用砖砌外墙、砌块墙、板材墙、挂板墙、波形瓦(含压型钢板)墙以及开敞式外墙等；根据其承重形式不同，可分为承重墙、自承重墙等。

14.1 砖墙及砌块墙

14.1.1 砖墙

1. 承重砖墙

承重砖墙由墙体承受屋顶及吊车起重荷载，在地震区还要承受地震荷载。为了增加其刚度、稳定性和承载能力，通常平面每隔4～6 m间距应设置壁柱，墙下设条形基础(见图14.1)。当地基较弱或有较大振动荷载等不利因素时，还要根据结构需要在墙体中设置钢筋混凝土圈梁或钢筋砖圈梁。

承重砖墙的壁柱、转角墙及窗间墙均应经结构计算确定，并应不小于图14.2所示的构造尺寸。墙身防潮层应设置在相对标高为－0.06 m处。

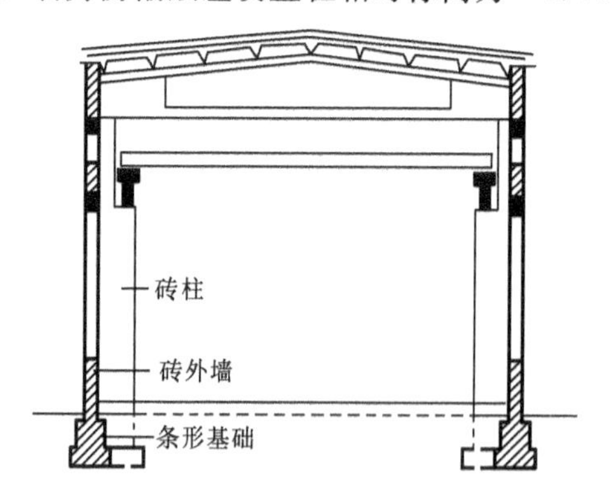

图14.1 承重砖墙单层厂房

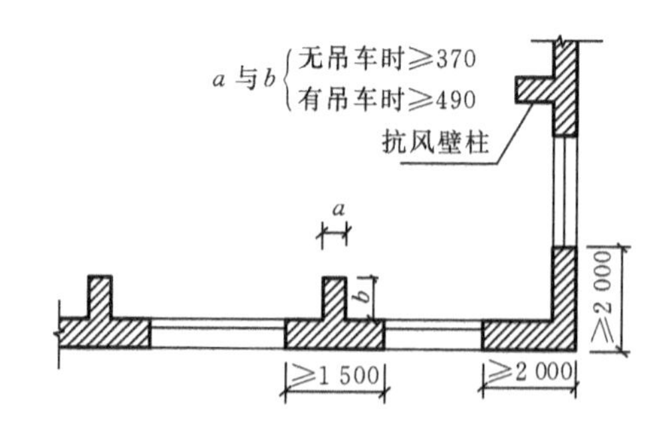

图14.2 砖墙承重厂房平面局部

承重砖墙经济实用，但整体性差、抗震能力弱，它的使用范围受到很大限制。根据《建筑抗震设计规范》的规定，它只适用于以下范围。

(1) 单跨和等高多跨且无桥式吊车的车间、仓库等。

(2) 6～8 度设防时，跨度不大于 15 m 且柱顶标高不大于 6.6 m。

(3) 9 度设防时，跨度不大于 12 m 且柱顶标高不大于 4.5 m。

2. 自承重砖墙

自承重砖墙是单层厂房常用的外墙形式之一。在吊车吨位重、厂房较高大、风荷载和振动荷载较大的情况下，再用带壁柱的承重砖墙，墙体结构面积就会增大，使用面积将相应减少，工程量也将增加，而且砖墙对重型吊车等引起的振动抵抗能力也差。此时，一般均采用强度较高的材料(钢筋混凝土或钢)做骨架来承重，使承重与围护的功能分开，外墙只起围护和承受自身重量及风荷载的作用。

1) 自承重砖墙下部构造

单层厂房自承重墙通常不做墙身基础，自承重墙墙身直接支撑在基础梁上。根据基础埋深不同，基础梁有不同的搁置方式(见图 14.3)。

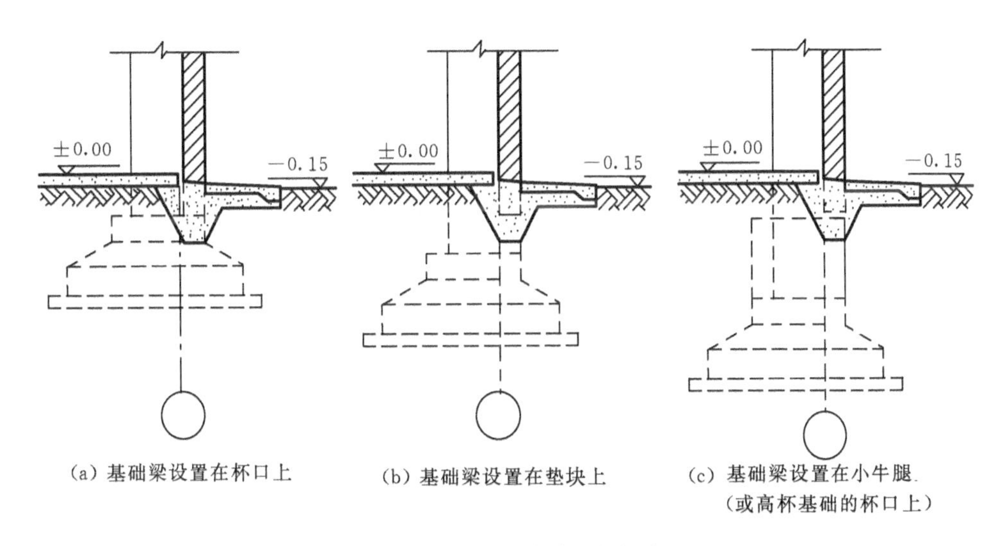

图 14.3 自承重砖墙下部构造

通常基础梁顶面的标高低于室内地面 50 mm，并高于室外地面 100 mm，以便在该处设置墙身防潮层。车间室内外高差为 150 mm，可以防止雨水倒流，也便于设置坡道，并保护基础梁。

2) 墙和柱的相对位置

单层厂房外墙和排架柱的相对位置通常有四种构造方案(见图 14.4)。图 14.4(a)所示方案有着构造简单、施工方便、热性能好、便于基础梁与连系梁等构配件的定型化和统一化等优点，采用最多；图 14.4(b)所示方案把排架柱部分嵌入墙内，比前者稍节省建筑占地面积，并能增强柱列的刚度，但施工较麻烦，同时基础梁与连系梁等构配件随之复杂化；图 14.4(c)、图 14.4(d)所示方案基本相似，虽可节约建筑用地，增强柱列的刚度，但构造复杂、施工不便。

3) 墙和柱的连接构造

墙与柱(包括抗风柱)、屋架端部采用钢筋连接。目的是加强自承重墙与排架柱的整体性与

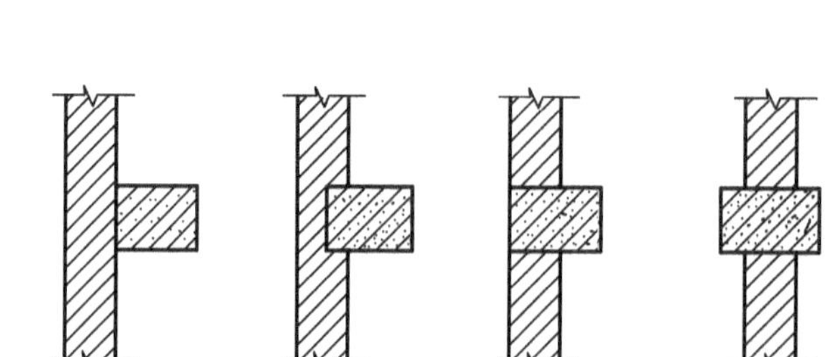

图 14.4　厂房外墙与柱的相对位置

稳定性，具体构造是在柱子、屋架上沿高度每隔 500～600 mm 伸出 2ϕ6 钢筋砌入砖墙水平缝内以达到锚柱作用(见图 14.5)。

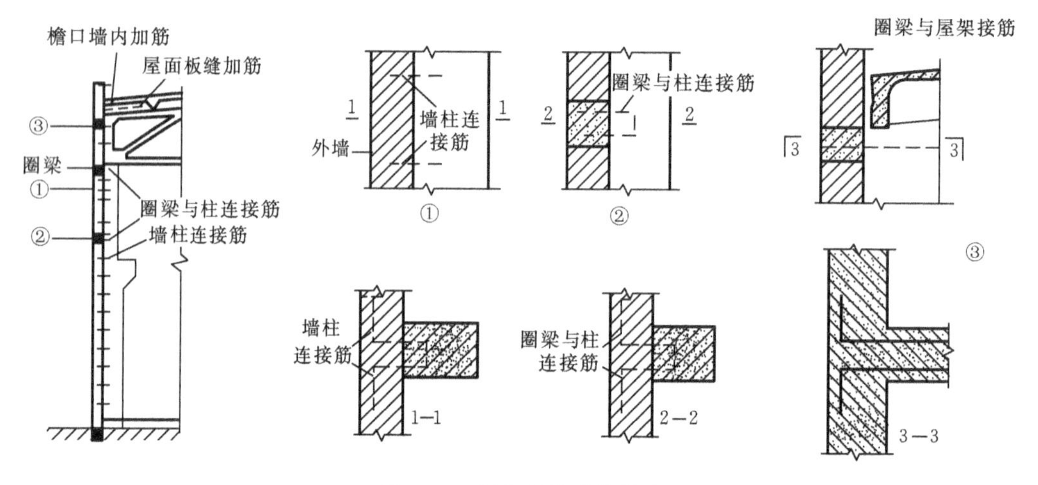

图 14.5　墙和柱的连接构造

3. 砖墙的震动及抗震措施

引起单层厂房(包括外墙)振动的原因有：吊车的启停、锻锤的冲击、风力或地震等。这些振源对厂房承重骨架所产生的振动影响，可分别以吊车制动力、风力、地震荷载等外力作用在结构计算中加以考虑。对于砖外墙来说，由生产操作和风力产生的振动影响，除按前述从柱子、屋架端部伸出钢筋砌入砖缝锚拉外，应布置圈梁增加墙与骨架的整体性以保证砖墙的稳定。圈梁布置的原则是：振动较大的厂房如锻工车间、压缩机房等，沿墙高每隔 4 m 左右设一道，其他厂房在柱顶及吊车梁附近设置，特别高大的厂房则应适当增设。圈梁与柱子应锚拉稳妥。

砖墙抗震的主要措施是：减轻墙体重量，降低其重心加强墙与骨架的整体性，保证墙身的抗剪强度等，具体方法应按现行有关规范执行。

14.1.2　砌块墙

为改革砖墙存在的缺点，砌块墙在国内外均得到较快的发展。与民用建筑一样，厂房多利用轻质材料制成砌块或用普通混凝土制成空心砌块砌墙。

砌块墙的连接与砖墙的基本相同，即砌块之间应横平竖直、灰浆饱满、错缝搭接，砌块与柱子之间由柱子伸出钢筋砌入水平缝内实现锚拉。砌块墙的整体性与抗震性比砖墙的要好。

14.2 板材墙

14.2.1 大型板材墙

发展大型板材墙是改革墙体促进建筑工业化的重要措施之一，不仅能加快厂房建筑工业化，减轻大量繁重体力劳动，而且可充分利用工业废料，减轻自重，节省大量黏土，保护和利用自然资源。此外，经震害调查证明板材墙的抗震性能也远比砖墙优越。

1. 板材规格与分类

1) 板材规格

单层厂房基本板的长度应符合《厂房建筑模数协调标准》的规定，板材规格有4 500 mm、6 000 mm、7 500 mm(用于山墙)和 12 000 mm 四种，可适用于 6 m 或 12 m 柱距以及 3 m 整倍数的跨距。基本板高应符合 3M 模数，规定为板高有900 mm、1 200 mm、1 500 mm和1 800 mm四种。板厚以20 mm为模数进级，常用厚度为 160～240 mm。

2) 板材分类

墙板分类根据不同需要有不同的划分：按保温要求分为保温墙板和非保温墙板；按墙板所在墙面位置分为檐下板、窗上板、窗框板、窗下板、一般板、山尖板、勒脚板、女儿墙板；按受力状况分为承重墙板和非承重墙板；按所用材料分为单一材料墙板和复合材料墙板；按规格分为基本板、异形板和各种辅助构件。

2. 墙板布置

墙板在墙面上的布置方式，最广泛采用的是横向布置，其次是混合布置，竖向布置采用较少。横向布置时板型少，以柱距为板长，板柱相连，可省去窗过梁和连系梁，板缝处理也较易；混合布置时板型较多，优点是立面处理灵活；竖向布置构造复杂，须设墙梁固定墙板，优点是不受柱距限制，布置灵活(见图 14.6)。

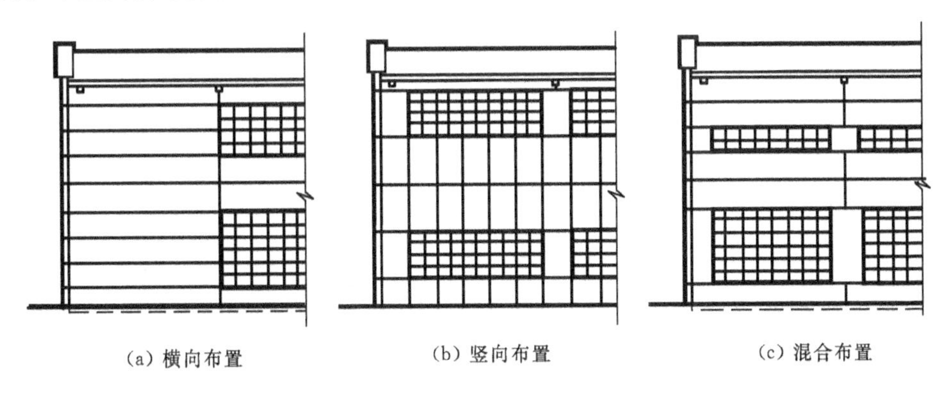

(a) 横向布置　(b) 竖向布置　(c) 混合布置

图 14.6　墙板布置方式

山墙墙身部位布置墙板方式与侧墙的相同，山尖部位则随屋顶外形可布置成台阶形、人字形、折线形等的相(见图 14.7)。台阶形山尖异形墙板少，但连接用钢较多，人字形则相反，折线形介于两者之间。

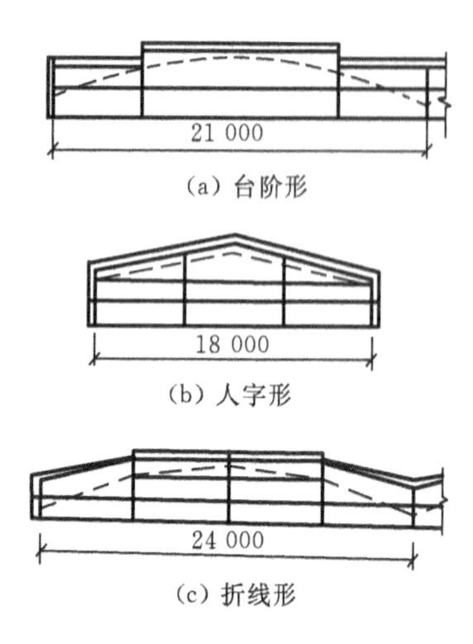

(a) 台阶形

(b) 人字形

(c) 折线形

图 14.7　山墙山尖墙板布置

3. 墙板与柱的连接

板柱连接应安全可靠，便于制作、安装和检修，板柱连接分为柔性连接和刚性连接。

(1) 柔性连接是通过墙板与柱的预埋件和柔性连接件将板柱二者连接在一起。柔性连接能使板与柱以及板与板之间在一定范围内相对移动，能较好地适应振动（包括地震）所引起的变形。常用的柔性连接有螺栓挂钩连接、角钢挂钩连接（见图14.8）。螺栓挂钩连接方案构造简单，连接可靠，焊接工作量少，维修较方便，但金属零件用量多，易受腐蚀；角钢挂钩连接用钢量较少，施工速度快，但金属件的位置要求精确。

(2) 刚性连接就是将每块板材与柱子用短型钢焊接在一起，使板柱固定。其优点是用钢量少，厂房纵向刚度好。但由于刚性连接失去了能相对位移的条件，对不均匀沉降和振动较敏感，故刚性连接主要用在地基条件较好、没有较大振动的设备的厂房或非地震区及地震烈度小于7度地区的厂房。

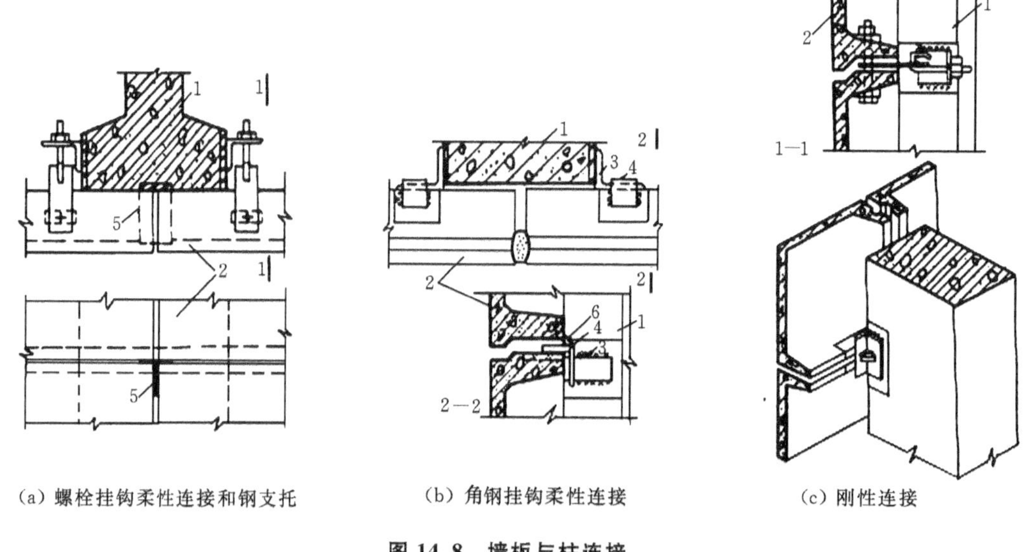

(a) 螺栓挂钩柔性连接和钢支托　　(b) 角钢挂钩柔性连接　　(c) 刚性连接

图 14.8　墙板与柱连接

4. 板缝处理

对板缝的处理首先要求是防水，并应考虑制作及安装方便，保温、防风、美观和耐久等性能。板缝防水构造与民用建筑的类似，分为材料防水和构造防水。

14.2.2　轻质板材墙

轻质板材墙按材料不同，有石棉水泥波瓦、镀锌铁皮波瓦、压型钢（铝）板、塑料或玻璃钢波瓦等，它们的连接构造基本相同，现以压型钢板墙与石棉水泥波瓦墙为例，简要叙述如下。

1. 压型钢板墙

压型钢板一般由施工单位在建房现场将成卷的薄钢板通过成形冷轧机压制而成，具有轻质高强、施工方便、防火抗震等优点。压型钢板墙是通过金属墙梁固定在柱子上的(见图 14.9)。

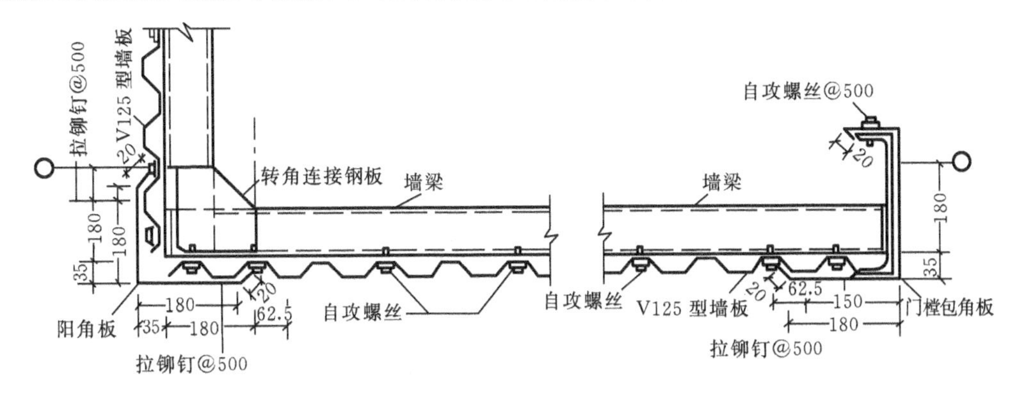

图 14.9　压型钢板外墙示例

2. 石棉水泥波瓦墙

石棉水泥波瓦有大波、中波、小波之分,工业建筑多采用大波瓦。石棉水泥波瓦与厂房骨架的连接通常是通过连接件悬挂在连系梁上的(见图 14.10)。瓦缝上下搭接不小于 100 mm,左右搭接为一个瓦垅。勒脚处可能用砖砌或用钢筋混凝土板材,以免碰撞损坏。

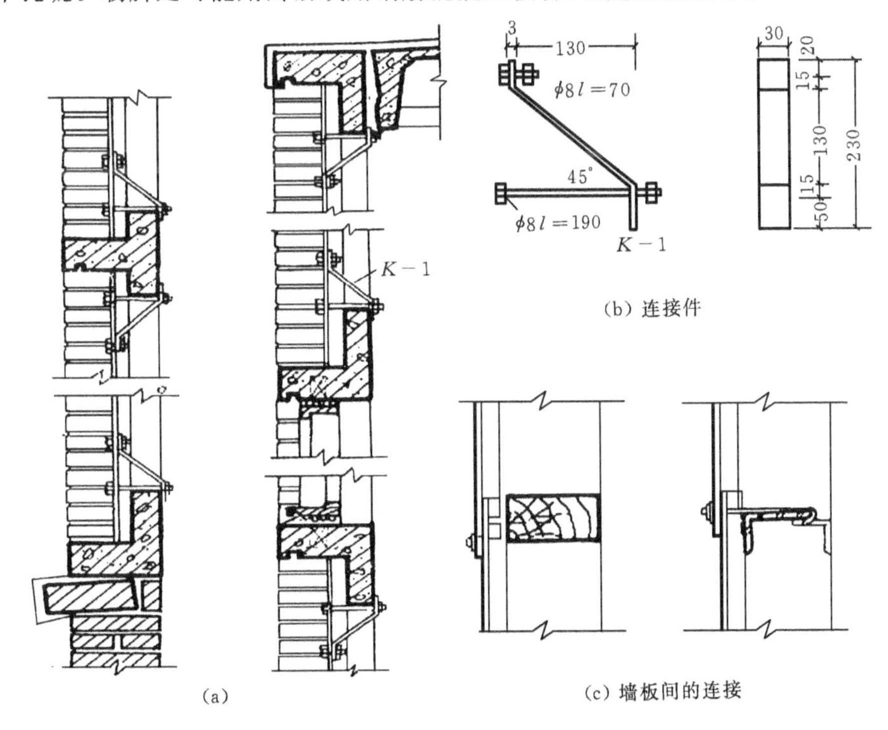

图 14.10　石棉水泥波瓦墙板连接构造

14.3　开敞式外墙

炎热地区的一些热加工车间(如炼钢等)和某些化工车间常采用开敞或半开敞式外墙,这种墙既便于通风又能防雨，故其外墙构造主要就是挡雨板的构造(见图 14.11)。

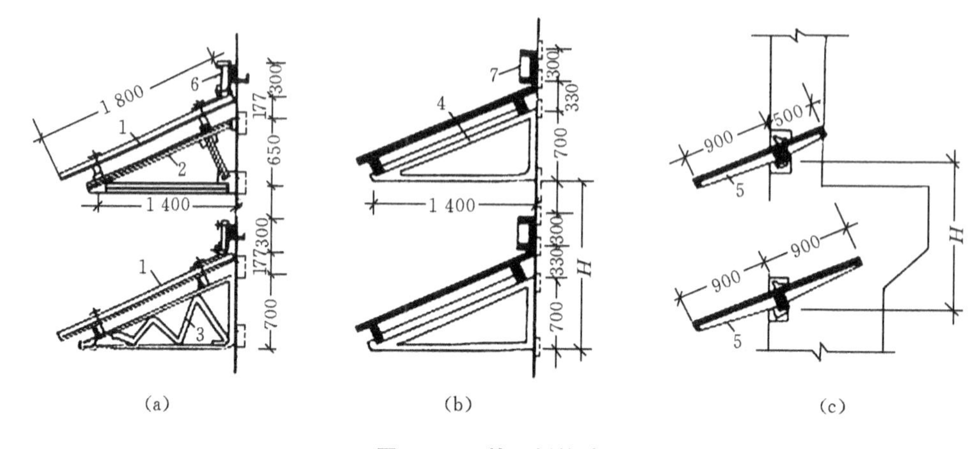

图 14.11　挡雨板构造

小结

1. 单层厂房外墙构造按其材料类别可分为砖墙、砌块墙、板材墙等，按其承重形式则可分为承重墙、自承重墙和框架等。

2. 承重墙构造与民用建筑构造类似，只是更加重视其刚度和稳定性，自承重墙应注意墙与柱子的连接构造。

3. 在大型板材墙中，墙板布置以横向布置为主。板柱连接有刚性和柔性两类，板缝处理首要任务是防水。

4. 轻质板材墙有压型钢板墙和石棉水泥波瓦墙两种。

5. 开敞式外墙主要用在南方炎热地区的一些热加工车间。

1. 何时采用自承重外墙？
2. 砖砌厂房外墙与柱子的相对位置有几种？各有什么特点？
3. 引起单层厂房振动的原因是什么？
4. 板材外墙的墙板布置有几种方式？各有什么特点？
5. 板材外墙的墙板与柱子有几种连接方式？各有什么特点？
6. 厂房的轻质板材外墙有哪几类？
7. 开敞式外墙的特点是什么？适用于什么情况？

第15章 单层厂房门窗

学习目标与要求

1. 掌握单层厂房侧窗的类型与特点。
2. 掌握单层厂房大门的类型与特点。
3. 掌握各种天窗的类型与特点。
4. 掌握矩形天窗的构造做法，了解井式天窗、平天窗的构造。

15.1 厂房侧窗

1. 侧窗的特点

(1) 单层厂房侧窗不仅要满足采光和通风的要求，还要根据生产工艺的特点，满足一些特殊要求。例如，有爆炸危险的车间，侧窗应利于泄压；要求恒温恒湿的车间，侧窗应有足够的保湿隔热性能；洁净车间，要求侧窗防尘和密闭等。

(2) 工业建筑侧窗面积大，构造设计时除满足生产要求外，还应考虑坚固耐久、开关方便、构造简单、节省材料、降低造价等要求。

(3) 大面积侧窗多采用组合式，由基本窗扇、基本窗框、组合窗三部分组成。

(4) 侧窗除接近工作面的部分采用平开式外，其余均采用中悬式。

2. 侧窗尺寸

单层厂房的尺寸应符合模数。洞口的宽度一般是900～6 000 mm，当洞口宽度不大于2 400 mm时，取300 mm的模数进级；洞口宽度大于2 400 mm时，取600 mm的模数进级。洞口的高度一般是900～4 800 mm，当洞口高度是1 200～4 800 mm时，用600 mm的模数进级。

3. 侧窗的类型

1) 木侧窗

木侧窗自重小，易于加工，造价略低于钢窗，但耗木材量大，容易变形，防火及耐久性较差。常用于中小型工厂，或在金属易腐蚀的车间(如电镀车间)采用。

在单层厂房中，木侧窗的组成及构造与民用建筑木窗的基本相同。但由于侧窗面积较大，一个侧窗常由几个基本窗拼接而成。宽度方向上有拼框时称为横向拼框，高度方向上有拼框时称为竖向拼框，为简化节点构造，应避免同一窗洞出现横竖两个方向的拼接。

2) 钢侧窗

钢侧窗具有坚固耐久、防火、耐潮、关闭紧密、透光率高等优点，广泛应用于大中型厂房。

钢窗按框料截面形式，分为实腹钢窗和空腹钢窗两种。实腹钢窗窗料用的是热轧型钢，截面肋厚大，抗锈蚀性强，实腹窗料有32 mm和40 mm两种规格。工业建筑一般用32 mm规格，当窗面积较大时用 40 mm 规格。空腹钢窗料是由低碳钢经冷轧、焊接形成的薄壁管状型材。空腹钢窗料壁较薄易锈蚀，一般需做内外表面的防锈处理。

大面积钢侧窗由若干个基本窗拼接而成，称为组合窗。基本窗的尺寸一般不大于 1 800 mm ×2 400 mm(宽×度)。宽度方向组合时，两个基本窗扇之间加竖梃。高度方向组合时，两个基本窗之间加横档。横档和竖梃均需与四周墙体连接。钢窗窗框四边均安装有连接铁件，铁脚为 4 mm×18 mm，长度为 100 mm 左右的钢板冲压成形，并用 C20 混凝土灌牢。组合实腹钢侧窗如图 15.1 所示。

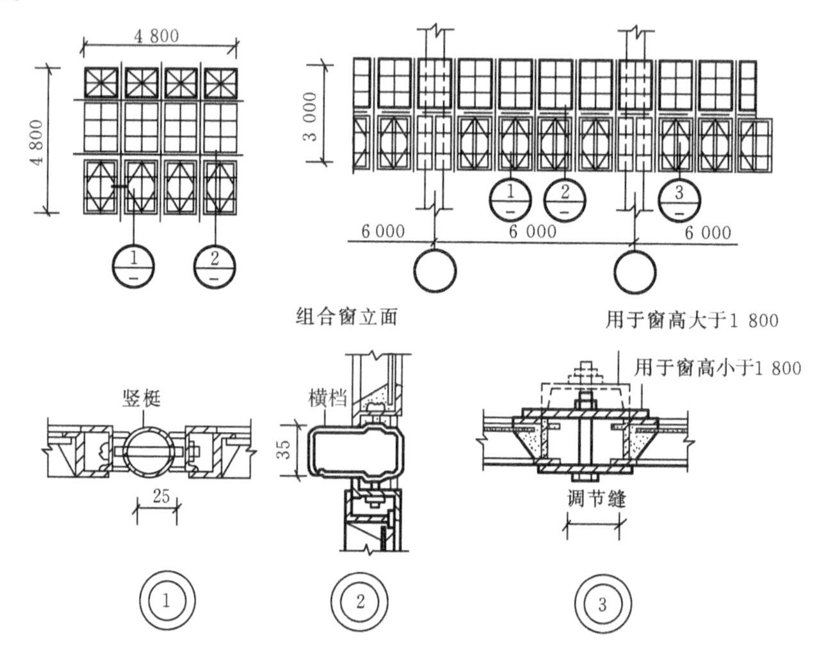

图 15.1　组合实腹钢侧窗

3）钢筋混凝土侧窗

钢筋混凝土侧窗一般采用 C30 半干硬性细石混凝土、内配低碳冷拔钢丝点焊骨架捣制而成，它适用于一般厂房。窗洞口宽度尺寸有 1 800 mm、2 400 mm、3 000 mm 三种，高度尺寸有 1 200 mm、1 800 mm两种。窗框四角及上下横框间预埋件焊上角钢，并在窗洞口周边相应的位置上预留孔洞，将螺栓一端插入孔洞，用 1∶2 水泥砂浆灌孔，另一端与角钢螺栓连接。

15.2　厂房大门

1. 大门的特点

单层厂房的大门，具有以下几个明显的特点。

(1) 厂房的门扇大于门框，门框一般由钢筋混凝土制成。

(2) 厂房大门供货物出入，大门上附设小门供行人出入。

(3) 门扇与门框的连接不用合页，而用特制的铰链。

(4) 一组门框与门扇，一般由骨架和面板组成，很少有单一材料的门。

2. 大门洞口的尺寸

工业厂房大门由于经常搬运原材料、成品、生产设备及进出车辆等原因,需要能通行各种车辆。大门洞口的尺寸一般比满装货物的车辆宽 700 mm、高 500 mm,常用单层厂房大门的规格尺寸如图 15.2 所示(单位:mm)。

洞口宽 运输工具	2 100	2 100	3 000	3 300	3 600	3 900	4 200 4 500	洞口高
3t 矿车								2 100
电瓶车								2 400
轻型卡车								2 700
中型卡车								3 000
重型卡车					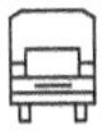			3 900
汽车起重机								4 200
火车								5 100 5 400

图 15.2 厂房大门尺寸

3. 大门的材料

单层厂房大门的材料有木材、钢木组合、普通型钢和空腹薄壁钢等几种。门宽 1.8 m 以内采用木制,若洞口尺寸较大,则常采用型钢做骨架的钢木大门或钢板门。

4. 大门的类型

1) 平开门

平开门构造简单,开启方便,但门扇易变形。当门的面积大于 3 600 mm×3 600 mm 时,宜采用钢木组合门,门框一般采用钢筋混凝土制成。

2) 推拉门

推拉门由门扇、门轨、地槽、滑轮和门框组成。门扇受力合理,不易变形。推拉门密闭性差,不宜用于密封要求高的车间,一般设在墙体外侧,门上部应设雨篷,雨篷沿墙的宽度是门宽的两倍。

3) 折叠门

折叠门由几个窄门扇以铰链连接组合而成。开启时利用门扇上下滑轮沿着导轨左右移动并使门扇折叠在一起。折叠门占用的空间较少、开启方便,适用于较大的门洞。

4) 上翻门

上翻门的门扇侧面装滑轮,门上方有导轨,开启时门扇滑轮沿门框导轨向上翻起,到门顶府梁下边。上翻门开启时不占用空间,且可避免门扇被碰损,常用于车库大门。

5) 升降门

升降门开启时门扇沿导轨向上平移升起,门洞上部需留有足够的上升高度,常用于大型厂房。升降门不占使用空间,开启的方式有手动和电动两种。

6）卷帘门

卷帘门的门扇由很多冲压成形的金属页片连接而成，开启时门洞上部的转动轴将页片卷起。卷帘门适用于4 000～7 000 mm宽的门洞，高度不受限制，卷帘门不适用于频繁开启的高大门洞。

15.3 天窗

15.3.1 天窗的类型和特点

单层厂房天窗是设置在厂房屋面上各种形式的窗，主要作用是采光和通风。但采光兼通风的天窗，一般很难保证排气效果，故这种做法一般用于冷加工车间；而通风天窗排气稳定，一般用于热加工车间。

天窗的类型很多，一般就其在屋面的位置常分为上凸式天窗、下沉式天窗及平天窗。

15.3.2 上凸式天窗

上凸式天窗是我国单层厂房采用最多的一种，它沿厂房纵向布置，采光、通风效果均较好。上凸式天窗常见的有矩形天窗、三角形天窗、M形天窗等。下面以矩形天窗为例，介绍上凸式天窗的构造。

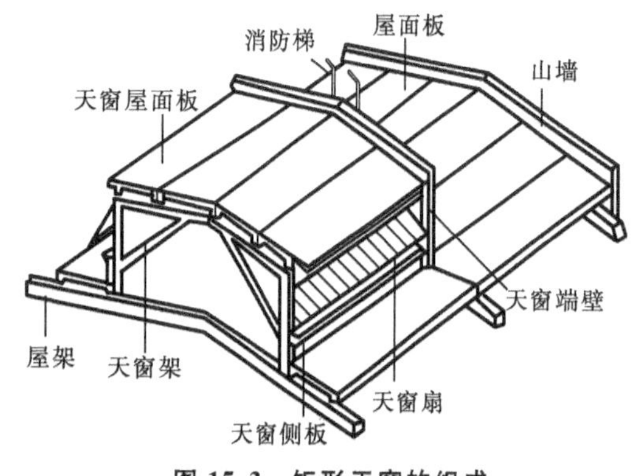

图15.3 矩形天窗的组成

1. 矩形天窗的特点

矩形天窗具有中等的照度，光线均匀，防雨较好，窗扇可开启兼作通风，广泛应用于冷加工车间，但构件类型多、自重大、造价高。

2. 矩形天窗的组成

矩形天窗由天窗架、天窗屋面板、天窗端壁、天窗侧板和天窗扇等组成(见图15.3)。

1）天窗架

天窗架是天窗的承重构件，它直接支撑在屋架上弦上。天窗架的材料一般与屋架、屋面梁的材料一致。通常用2～3个三角形支架拼装而成(见图15.4)。

2）天窗端壁

天窗端壁又称天窗山墙，它是天窗两端的承重围护构件。通常采用预制钢筋混凝土端壁板或钢天窗架石棉水泥瓦端壁板。

预制钢筋混凝土端壁板多为肋形板，一般用于钢筋混凝土尾架。天窗架跨度为6 m时，用两个端壁板拼接而成；天窗架跨度为9 m时，用三个端壁板拼接而成。端壁板及天窗架与屋架上弦的连接均通过预埋铁件焊接(见图15.5)。

钢天窗架石棉水泥瓦端壁板一般用于钢屋架。

3）天窗扇

天窗扇可采用钢、木、塑料及铝合金等材料制作，其中钢天窗扇应用最广。天窗扇有上悬式

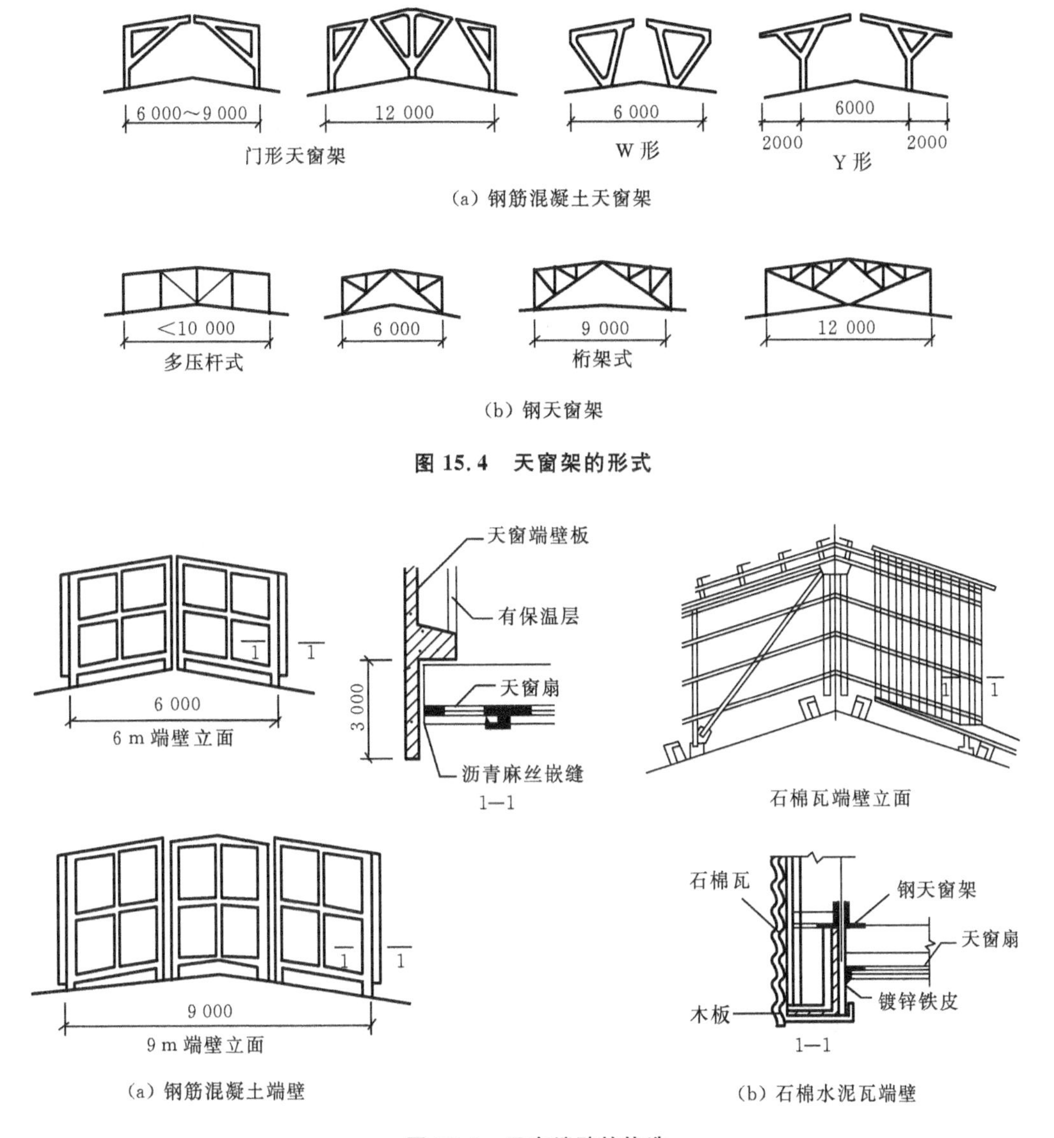

(a) 钢筋混凝土天窗架

(b) 钢天窗架

图 15.4　天窗架的形式

(a) 钢筋混凝土端壁

(b) 石棉水泥瓦端壁

图 15.5　天窗端壁的构造

和中悬式两种开户方式。

(1) 上悬式钢天窗扇。这种窗扇防飘雨效果较好，最大开启角度为 45°，窗扇高度有 900 mm、1 200 mm及 1 500 mm 三种。上悬钢天窗扇可采用通长布置和分段布置两种形式，如图 15.6 所示。

(2) 中悬式钢天窗扇。中悬式钢天窗扇由于受天窗架和转动轴的影响，只能按柱距分段设置，一个柱距内仅设一樘窗扇。

4) 天窗屋面

天窗屋面构造一般与厂房屋面构造相同，檐口部分采用无组织排水，把雨水直接排在厂房屋面上。檐口挑出尺寸一般为 500 mm。在多雨地区可以采用在山墙部位做檐沟，形成有组织的内排水。

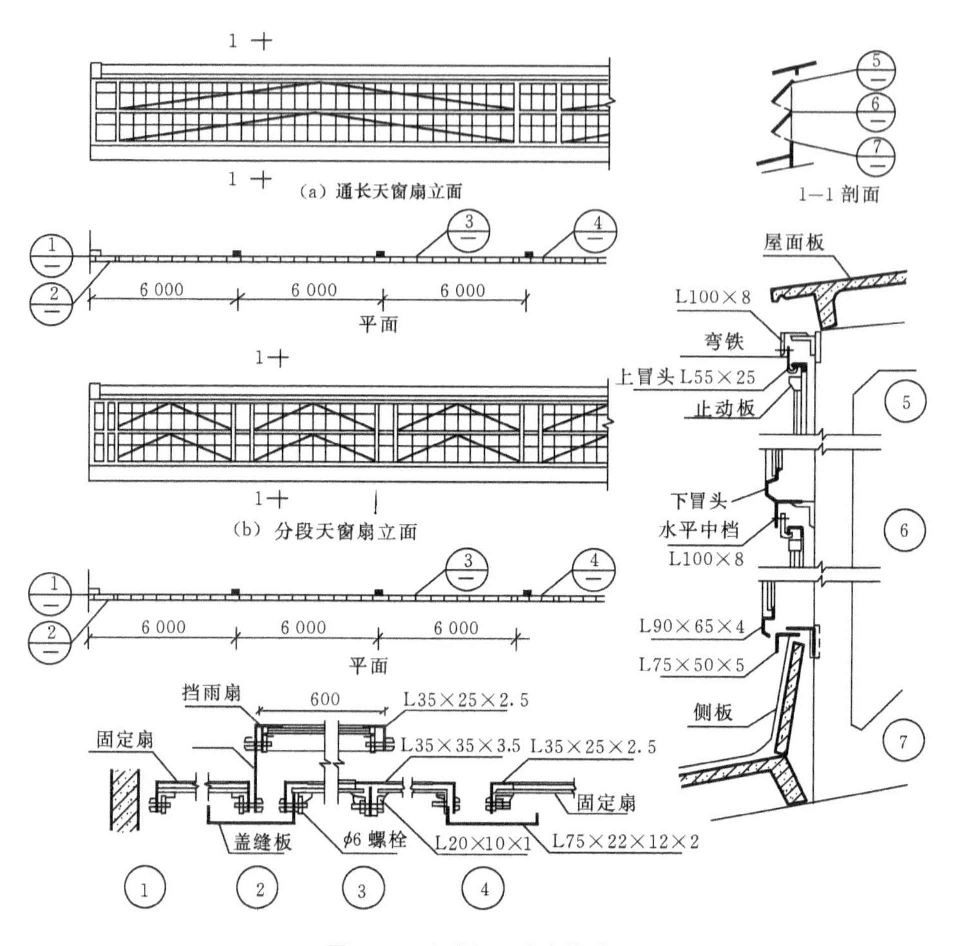

图 15.6　上悬钢天窗扇构造

5）天窗侧板

天窗侧板位于天窗扇下部，是天窗窗扇下的围护结构，相当于侧窗的窗台，其作用是防止雨水溅入车间及防止因屋面积雪挡住天窗扇。天窗侧板高度由天窗架尺寸确定，一般为 400～600 mm，但侧板上缘应高出屋面300 mm，积雪较深地区，可高出屋面 500 mm。

15.3.3　下沉式天窗

下沉式天窗将厂房局部屋面板下移铺在屋架下弦上，利用屋架上下弦之间的空间做采光和通风口，不再另设天窗架和挡风板。常见的下沉式天窗有横向下沉式、纵向下沉式及井式下沉等，下面着重介绍井式天窗的构造和做法。

1. 井式天窗的特点

井式天窗具有布置灵活、通风好、采光均匀等优点，但积雪、积灰现象比较严重。

2. 井式天窗的布置形式

井式天窗布置比较灵活，可以一侧布置、两侧对称布置、两侧错开布置和跨中布置等几种。热加工车间可以采用两侧布置，这种做法易解决排水问题。在冷加工车间对上述几种布置方式均可采用(见图 15.7)。

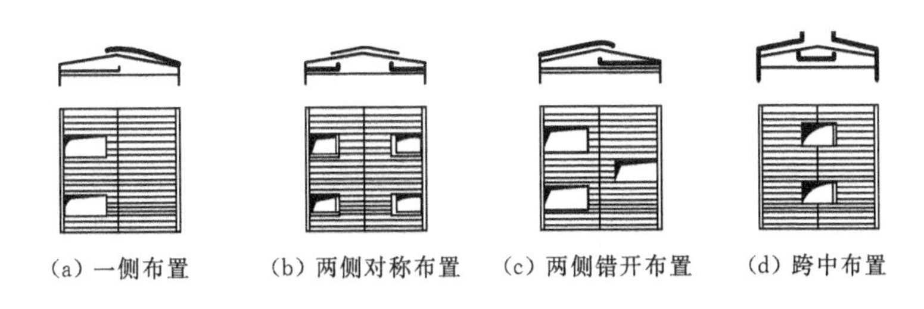

图 15.7　井式天窗基本布置形式

3. 井式天窗井底板的铺设

井底板位于屋架下弦，搁置方法有横向铺板和纵向铺板两种。

1) 横向铺板

横向铺板是井底板平行于屋架布置(见图 15.8)。铺板前应先在屋架下弦上搁置檩条，并有一定的排水坡度，再在檩条上铺设井底板。为防止雨水溅入车间，井底板边缘应做不低于300 mm高的泛水。

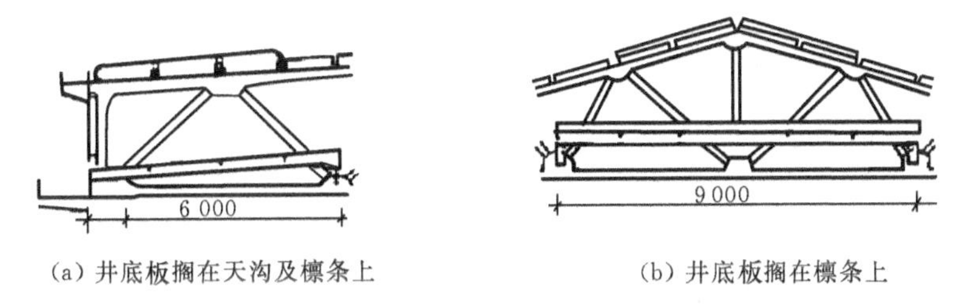

图 15.8　井底板横向布置

2) 纵向铺板

纵向铺板是井底板垂直于屋架布置(见图 15.9)。铺板时井底板直接放在屋架下弦上，既省去檩条，又增加了天窗的垂直口净空高度，井底板有时会与屋架腹杆相碰，井底板须做成异形的卡口板或出肋板(见图 15.10)。

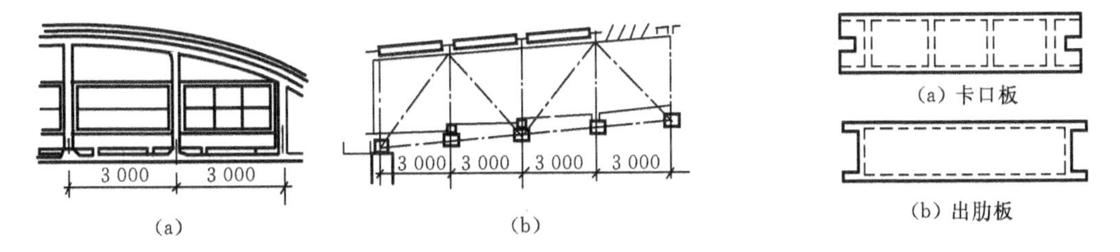

图 15.9　井底板纵向布置　　**图15.10　井底板纵向布置的两种形式**

4. 井式天窗的挡雨措施

井式天窗通风口常不设窗扇而做成开敞式，但应做挡雨设施。井口板是挡雨设施的组成部分，其构造形成有以下三种。

(1) 井口做挑檐(见图 15.11)。

(2) 井口设挡雨片(见图 15.12)。

(3) 垂直口设挡雨片(见图 15.13)。

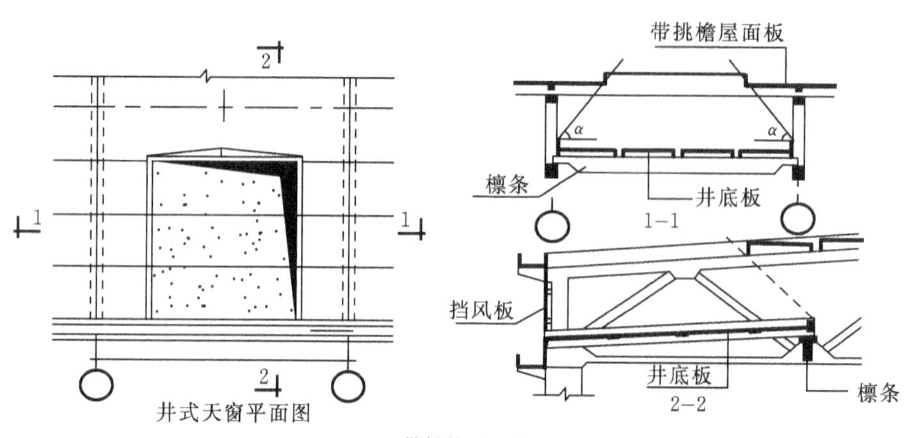

（a）带挑檐屋面板

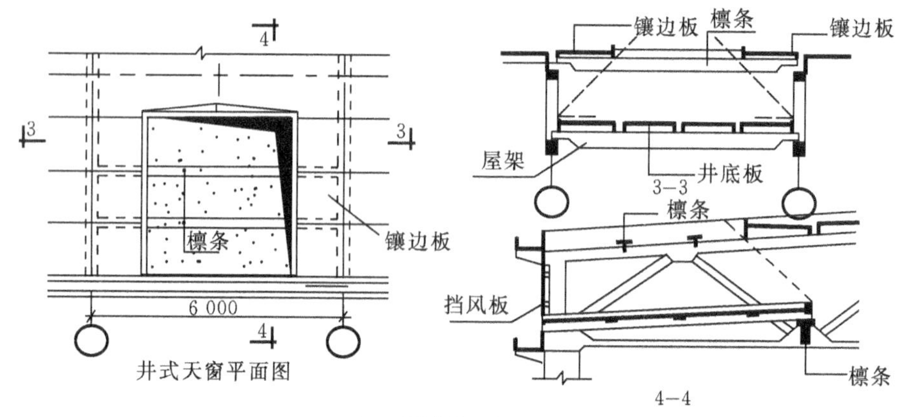

（b）增设镶边板

图 15.11　井口挑檐构造

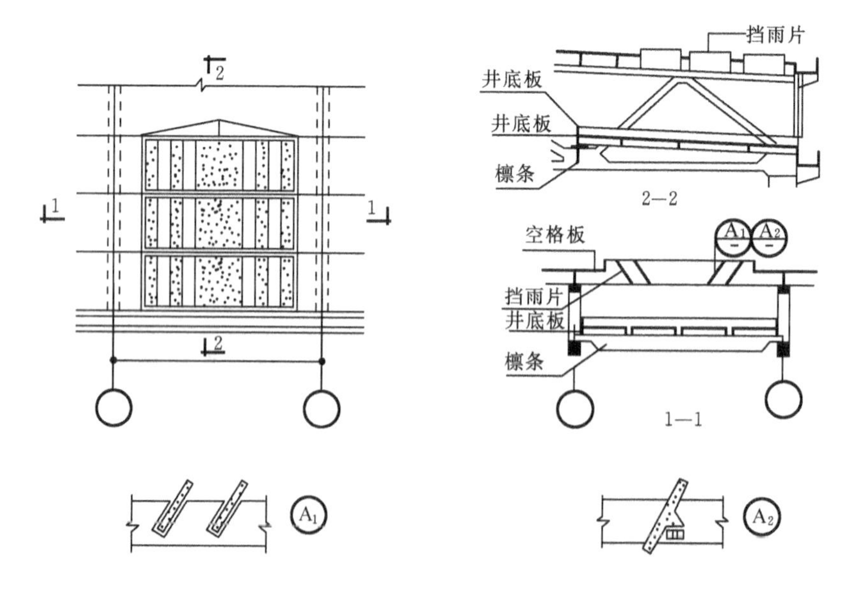

图 15.12　水平口设挡雨片构造

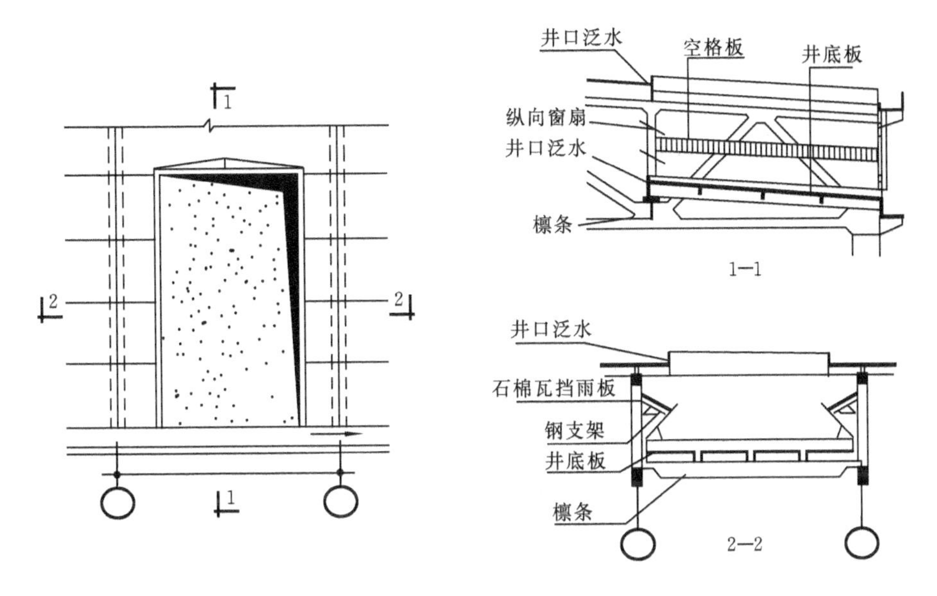

图 15.13　垂直口设挡雨片构造

5. 井式天窗的窗扇设置

有保温要求的厂房，需在井口处设窗扇，也可在垂直口或水平口设窗扇。窗扇多为钢窗扇。

6. 井式天窗的排水设施

井式天窗有上、下两层屋面，排水比较复杂，排水方式有边井外排水（见图 15.14）和连跨内排水（见图 15.15）两大类。

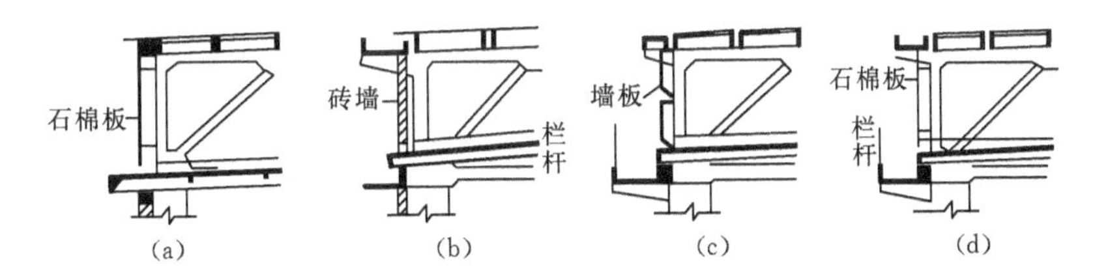

图 15.14　边井外排水

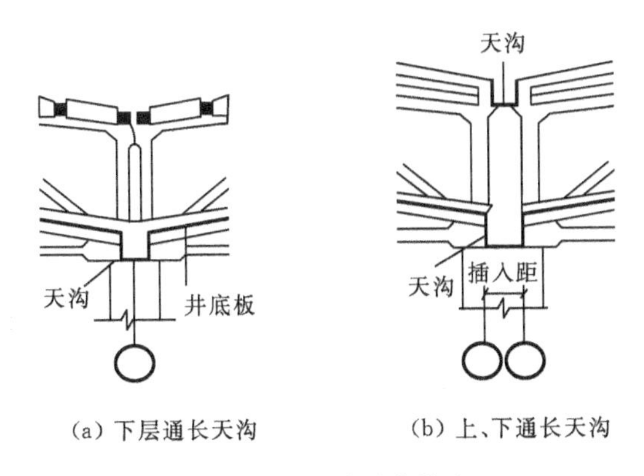

图 15.15　连跨内排水

15.3.4 平天窗

平天窗是与屋面基本相平，在厂房屋面上直接开设采光孔洞，采光孔洞上安装平板玻璃或玻璃钢罩等透光材料形成的天窗。

1. 平天窗的特点

平天窗采光效率高，且布置灵活、构造简单、适应性强，在采光面积相同的情况下其照度比矩形天窗高2～3倍，但应注意避免眩光，做好玻璃的安全防护，选用合适的通风措施，它适用于一般的加工车间。

2. 平天窗的类型

平天窗的类型有采光板、采光罩和采光带三种。下面介绍一种采光板的构造实例。采光板的长度为6 m，宽度为1.5 m，它可以取代一块屋面板。采光板应比屋面稍高，通常采用高度450 mm，上面用5 mm的玻璃，固定在支撑角钢上，下面铺有铅丝网作保护措施，以防玻璃破碎坠落伤人。在支撑角钢的接缝处应该用铁皮泛水遮挡。

小结

1. 单层厂房侧窗面积大，多采用组合式，由基本窗扇、基本窗框、组合窗三部分组成。
2. 单层厂房大门洞口的尺寸决定于各种车辆的外形尺寸及所运输物品的大小。
3. 单层厂房天窗一般具有采光和通风的双重功能，其构造复杂、造价较高。
4. 上凸式天窗是我国单层厂房采用最多的一种，它沿厂房纵向布置，采光、通风效果均较好。矩形天窗是上凸式天窗的一种，矩形天窗由天窗架、天窗屋面板、天窗端壁、天窗侧板和天窗扇等组成。
5. 井式天窗是下沉式天窗的一种，其构造最为复杂、最具有代表性。
6. 平天窗是与屋面基本相平的一种天窗，有良好的采光性能。其防水、防晒、防辐射及安全防护是构造重点。

1. 简述单层厂房侧窗的种类及构造特点。
2. 厂房大门按门扇开启方式有哪几种？各适用于什么情况？
3. 天窗作用是什么？
4. 天窗的类型有几种？各有什么特征？
5. 矩形天窗的构件组成有哪些？
6. 哪一种下沉式天窗构造最复杂？
7. 平天窗有几种类型？
8. 平天窗有何特点？

第16章　单层厂房屋面

学习目标与要求

1. 掌握单层厂房屋面的组成与类型。
2. 熟悉单层厂房屋面的排水方式。
3. 掌握屋面防水构造做法。
4. 了解单层厂房屋面保温与隔热构造。
5. 熟悉屋面的细部构造。

单层厂房屋面的作用、要求和构造与民用建筑基本相同，只在某些方面存在着差异：首先，屋面面积较大、构造复杂，还可能受到吊车的冲击荷载和生产机械振动的影响；其次，保温、隔热要求与民用建筑相比也有所不同，它随柱顶标高、生产中是否散发热量及车间功能要求的不同而不同。

16.1　屋面的组成与类型

1. 屋面组成

厂房屋面的基本组成与民用建筑的相同，只是屋面基层差别明显。屋面基层是指屋面的结构部分，它包括有檩体系与无檩体系两种（见图16.1）。

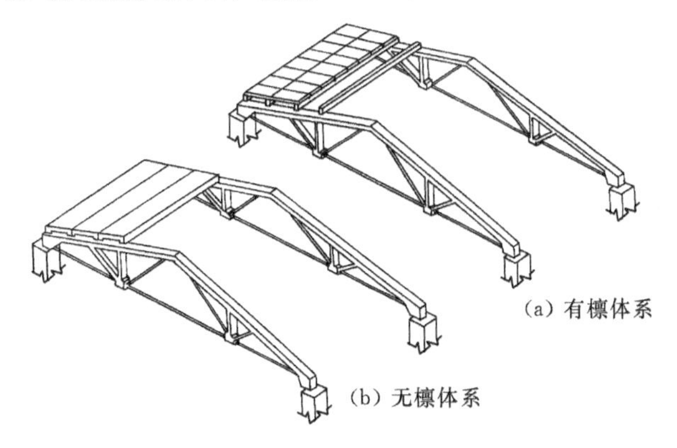

图16.1　屋面基层结构类型

有檩体系是在屋架上弦搁置檩条，在檩条上铺放小型屋面板。这种体系构件小、重量轻、吊装容易，但构件数量多、施工周期长。多用于施工机械起吊能力小的施工现场。

无檩体系是指在屋架上弦直接铺设大型屋面板，无檩体系所用构件大、类型少，便于工业化施工。

2. 屋面类型

按保温要求，屋面可分为保温屋面和非保温屋面；按防水材料和构造、屋面可分为卷材防水屋面和非卷材防水屋面，常用的非卷材防水屋面有各种波形瓦防水屋面及钢筋混凝土自防水屋面。

16.2 屋面排水及防水

1. 屋面排水

厂房屋面的排水方式与民用建筑的一样，分有组织排水和无组织排水两种。

1）有组织排水

多跨车间一般采用有组织排水方式，有组织排水又分为以下几种。

(1) 多脊双坡屋顶长天沟内排水（见图16.2）。

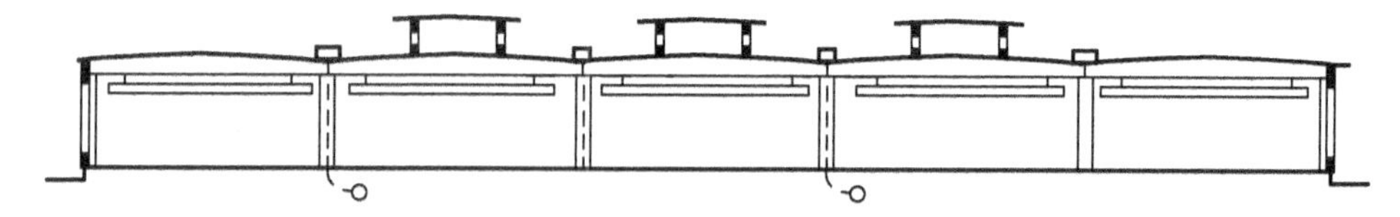

图16.2 多脊双坡屋顶长天沟内排水

(2) 多脊双坡屋顶长天沟端部外排水（见图16.3）。

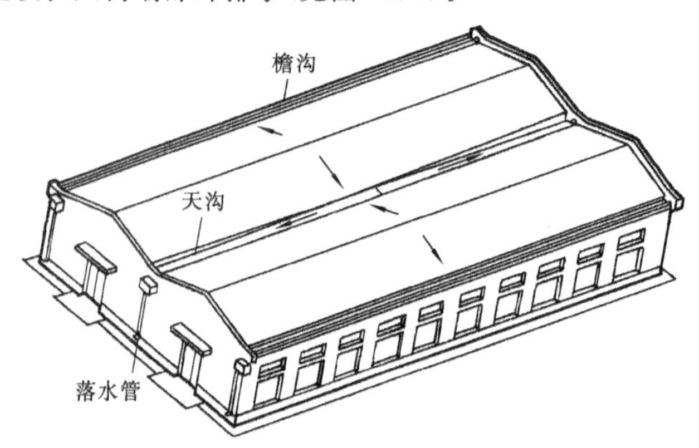

图16.3 多脊双坡屋顶长天沟端部外排水

前面两种有组织排水立管多，屋面易渗漏，施工较困难，造价偏高。

(3) 单脊缓长坡屋顶有组织外排水（见图16.4）。这种排水方式管网短、构造简单，较前两种可以减少维修和投资费用。

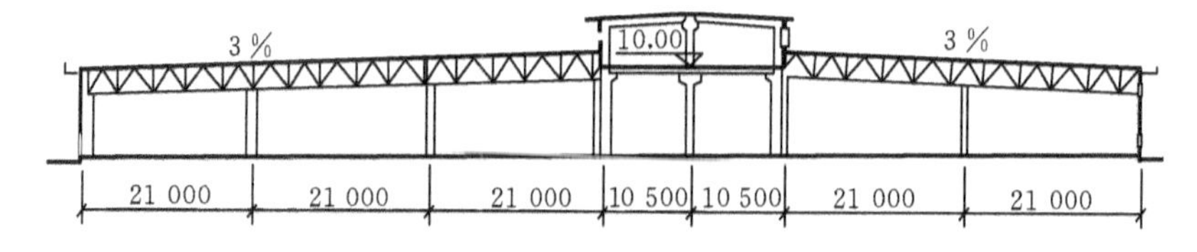

图16.4 单脊缓长坡屋顶有组织外排水

(4) 平屋顶有组织内排水(见图 16.5)。这是 20 世纪中后期发展起来的一种屋顶排水方式,利用屋顶种植蔬菜和花草,丰富了蔬菜供应,美化了环境,又净化了空气,同时具有隔热作用。

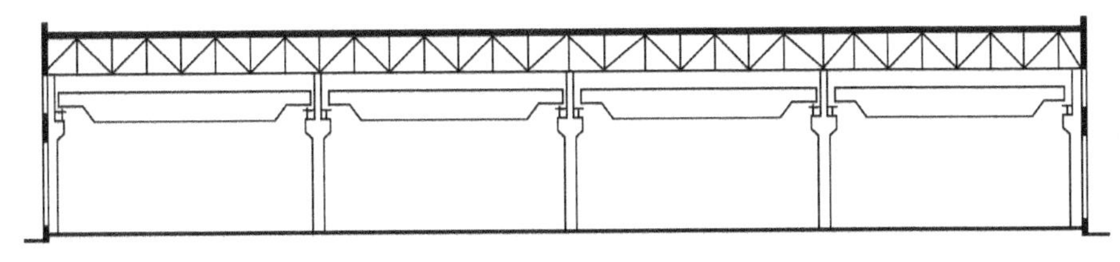

图 16.5 平屋顶有组织内排水

2) 无组织排水

无组织排水不设檐沟和雨水管,雨水由檐口自由落下,其构造简单、经济,对屋面大量堆积粉尘或散发腐蚀性介质的车间,宜采用无组织排水方式,以防止雨水管的堵塞或锈蚀。无组织排水也常用于雨水较少地区的单层厂房。无组织排水方式的构造简单、经济。

2. 屋面防水

按防水材料不同,单层厂房屋面防水分为卷材防水屋面、各种波形瓦(板)防水屋面和钢筋混凝土构件自防水屋面。

1) 卷材防水屋面

单层厂房卷材防水屋面在构造层次上基本与民用建筑平屋顶的相同。但大型预制钢筋混凝土板做基层的卷材防水屋面板缝,特别是横缝(屋架上弦屋面板端部相接处),不管屋面上有无保温层,开裂均相当严重。

为防止横缝处的油毡开裂,除采取减少基层变形的措施外,还要改进接缝处的油毡做法,使油毡适于基层变形。如图 16.6 所示,即在大型屋面板或保温层上做找平层时,最好先将找平层沿横缝处做出分格缝,缝中用油膏填充,缝上先干铺 300 mm 宽油毡一条作为缓冲层,然后再铺油毡防水层,使屋面油毡在基层变形时有一定缓冲余地,对防止横缝开裂起到一定作用。纵缝一般开裂较少,可不做分格缝和干铺的缓冲层。

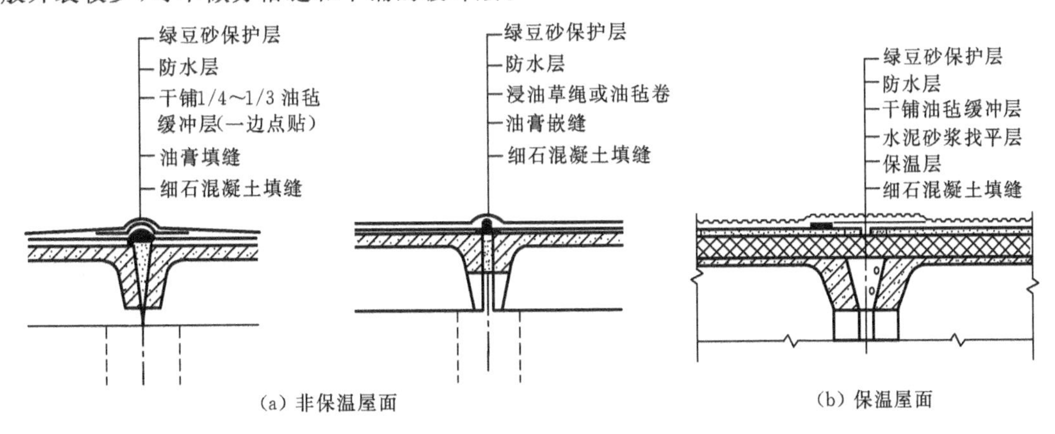

图 16.6 卷材防水屋面横缝处理

2) 波形瓦(板)防水屋

波形瓦(板)防水屋面常用的瓦材有石棉水泥波瓦、压型钢板瓦、镀锌铁皮波瓦及玻璃钢瓦等。

(1) 石棉水泥波瓦。石棉水泥波瓦厚度薄、重量轻、施工方便，其缺点是易脆裂、耐久性及保温隔热性差。它主要用于一些仓库及对室内温度状况要求不高的厂房。

(2) 压型钢板瓦。压型钢板瓦具有重量轻、施工速度快、耐锈蚀、美观等优点，但造价较高、维修复杂。这种屋面适用性较强。

(3) 镀锌铁皮瓦。镀锌铁皮瓦是较好的轻型屋面材料，其抗震性能好，在高烈度地震区应用比大型屋面板优越。这种瓦材数量少、造价高、维修费用大。

3）钢筋混凝土构件自防水屋面

钢筋混凝土构件自防水屋面是利用钢筋混凝土板本身的密实性，对板缝进行局部防水处理而形成防水的屋面。其优点：较卷材防水屋面轻，一般每平方米可减少 35 kg 静荷载，相应地也减轻了结构构件的自重，从而节省了钢材和混凝土的用量，可降低屋顶造价，施工方便，维修也容易。其缺点：板面容易出现后期裂缝而引起渗漏，混凝土暴露在大气中容易引起风化和碳化等。克服这些缺点的措施是：提高施工质量，控制混凝土的水灰比，增强混凝土的密实性，从而增加混凝土的抗裂性和抗渗性。在构件表面涂涂料，减少干湿交替的作用，也是提高防水性能和减缓混凝土碳化的一个十分重要的措施。

钢筋混凝土构件自防水屋面根据板缝防水方式的不同，可分为嵌缝式、脊带式和搭盖式三种构造。

(1) 嵌缝式。嵌缝式防水构造屋面是利用大型屋面板做防水构件，板缝嵌油膏防水(见图 16.7)。

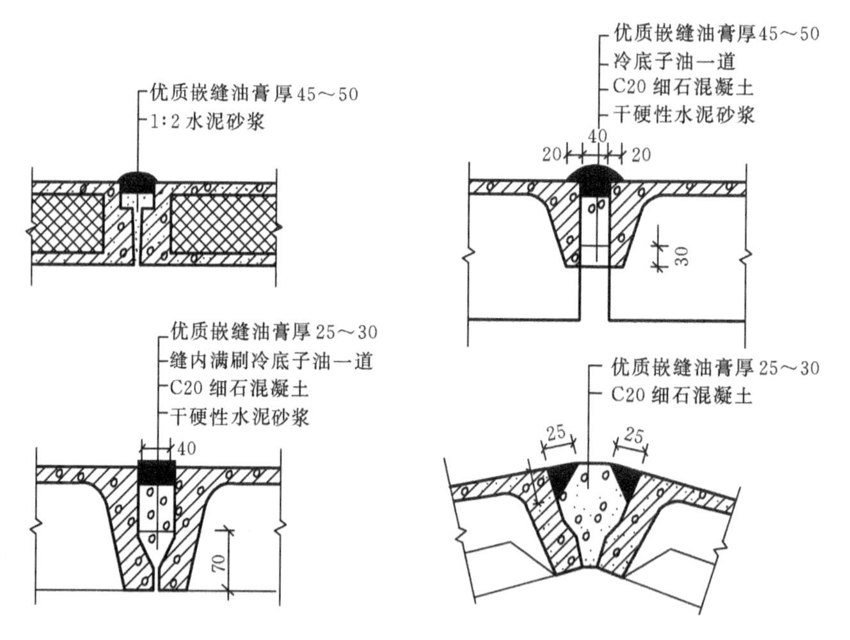

图 16.7　嵌缝式防水构造

(2) 脊带式。脊带式构件自防水屋面是在嵌缝上面再粘贴一层卷材做防水层，其防水效果较嵌缝式好(见图 16.8)。

(3) 搭盖式。搭盖式构件自防水屋面是用 F 形屋面板做防水构件(见图 16.9)，板的纵缝上下搭接，横缝和脊缝是用盖瓦覆盖，这种盖瓦受振动易滑脱，屋面易渗漏。接缝处需进行防水处

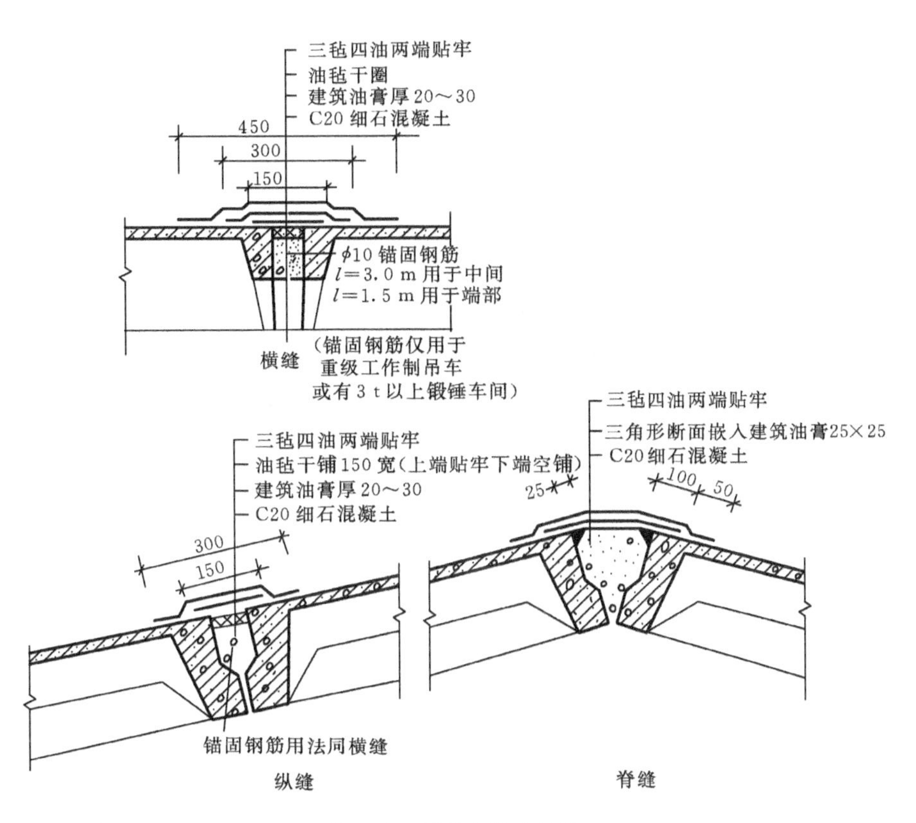

图 16.8　脊带式防水构造

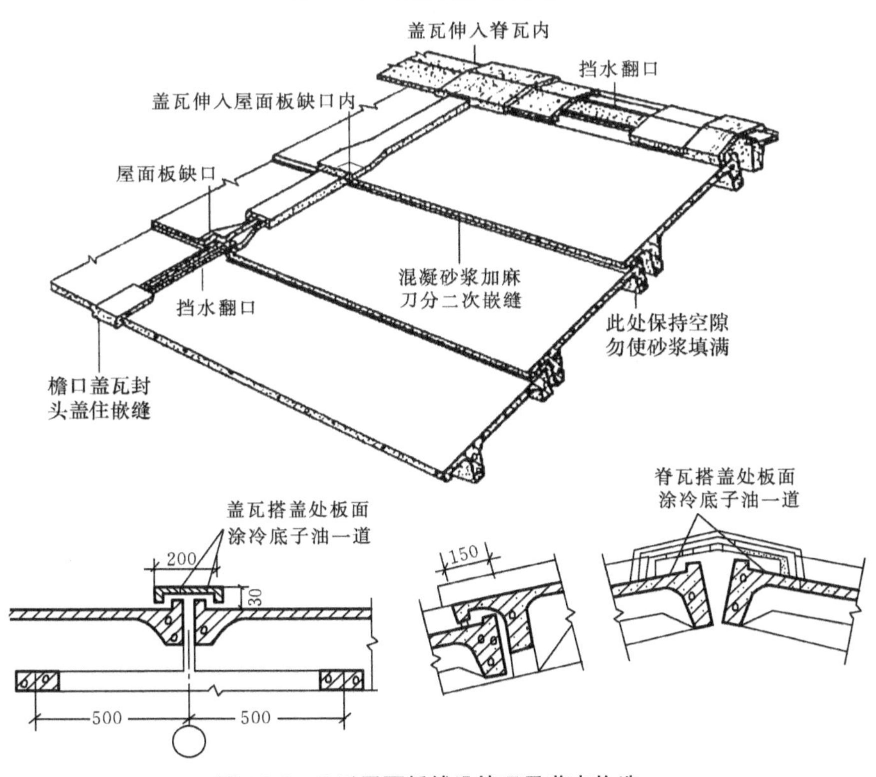

图 16.9　F形屋面板铺设情况及节点构造

理，其作法是用水泥砂浆嵌缝，注意不能在缝内填满砂浆。

16.3 屋面的保温与隔热

1. 屋面的保温

在冬季需采暖的厂房中，屋面应采取保温措施，其做法是在屋面基层上按热工计算增设一定厚度的保温层。保温层可铺在屋面板上、屋面板下或夹在屋面板中(见图 16.10)。

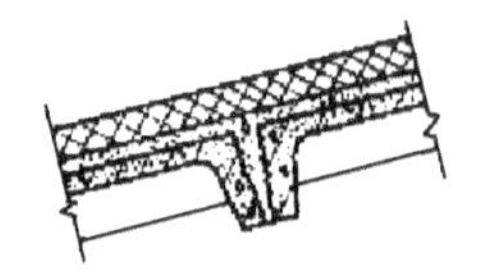
(a) 在屋面板上部

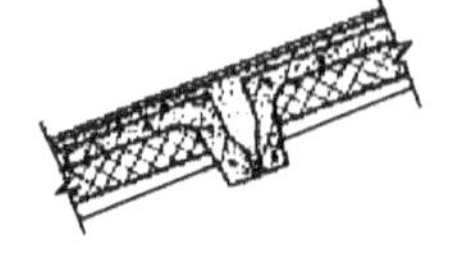
(b) 在屋面板下部

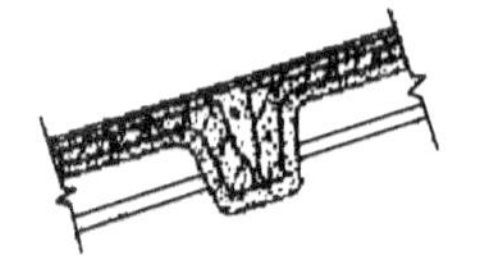
(c) 喷涂在屋面板下部

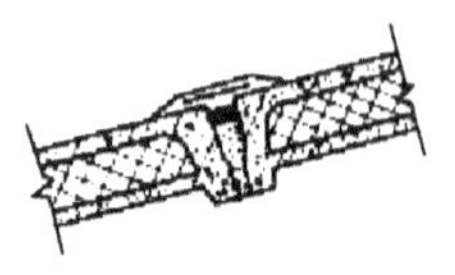
(d) 夹心保温屋面板

图 16.10 保温层设置的不同位置

(1) 保温层在屋面板上。在屋面板上铺设保温层的构造做法与民用建筑平屋顶相同，在厂房屋面中广为采用。

(2) 保温层在屋面板下。在屋面板下设保温层主要用于构件自防水屋面。其做法可分为直接喷涂和吊挂两种。前者是将水泥拌和的散状保温材料直接涂敷在屋面板下面，后者是将预制的块状保温材料固定在屋面板下方。

(3) 保温层夹在屋面板中。保温层设在屋面板中部一般采用夹芯保温屋面板。夹芯保温屋面板具有承重、保温、防水三种功能，优点是能叠层生产、减少高空作业、施工速度快，缺点是不同程度地存在着板面、板底裂缝，板较重和易因温度变化引起板的起伏变形，以及有热桥等问题。

2. 屋面隔热

厂房的屋面隔热措施同民用建筑。当厂房高度低于 8 m，且采用钢筋混凝土结构屋盖时，需考虑屋面辐射热对工作区的影响，屋面应采取隔热措施。

16.4 屋面细部构造

单层厂房屋面的细部构造有檐口、天沟、雨水管、泛水、变形缝等，其构造与民用建筑相应的细部构造基本相同。下面以卷材防水屋面为例，介绍单层厂房屋面的细部构造做法。

1. 挑檐

当檐口采用无组织排水时，檐口需外挑一定长度，挑出长度小于 600 mm 时，可由屋面板直接挑出。目前在厂房中常用的为特制檐口板，檐口板支撑在屋架端部伸出的钢筋混凝土挑梁上(见图 16.11)。

为防止檐口处油毡起翘和开裂，油毡端头用钉与檐口板内预埋木砖上的木条钉牢。钉头用油膏或沥青胶保护。檐口端头用砂浆粉刷保护。为防止檐口产生爬水现象，可将粉刷层做成滴

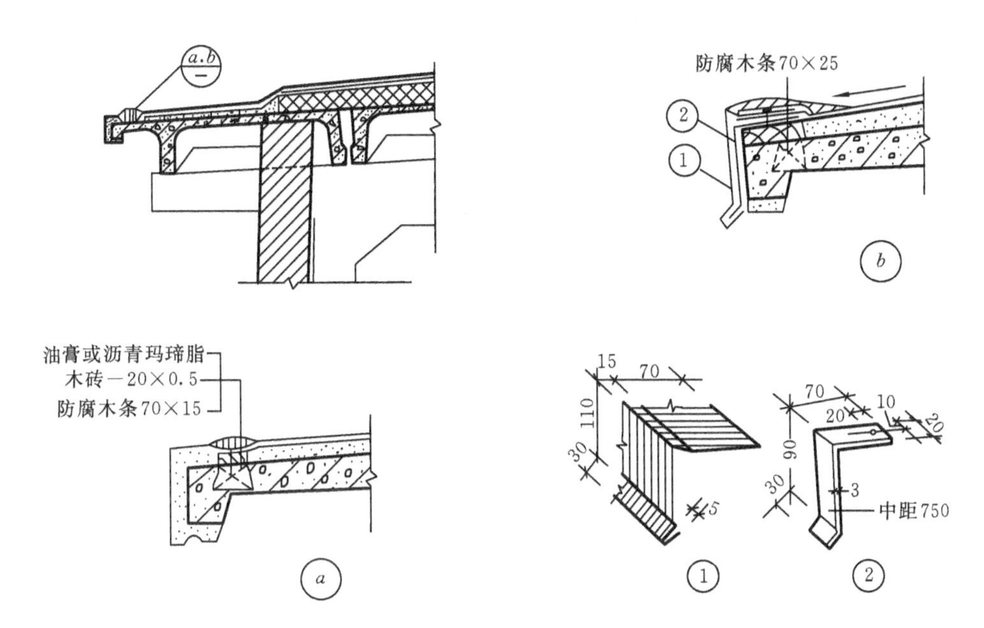

图 16.11　檐口板挑檐细部构造

水槽或直接用镀锌铁皮做成滴水槽。

2. 天沟

单层厂房屋面的天沟按位置分为边天沟和内天沟两种(见图 16.12 和图 16.13)。边天沟做女儿墙而采用有组织外排水时,女儿墙根部要设出水口,其构造处理同民用建筑。

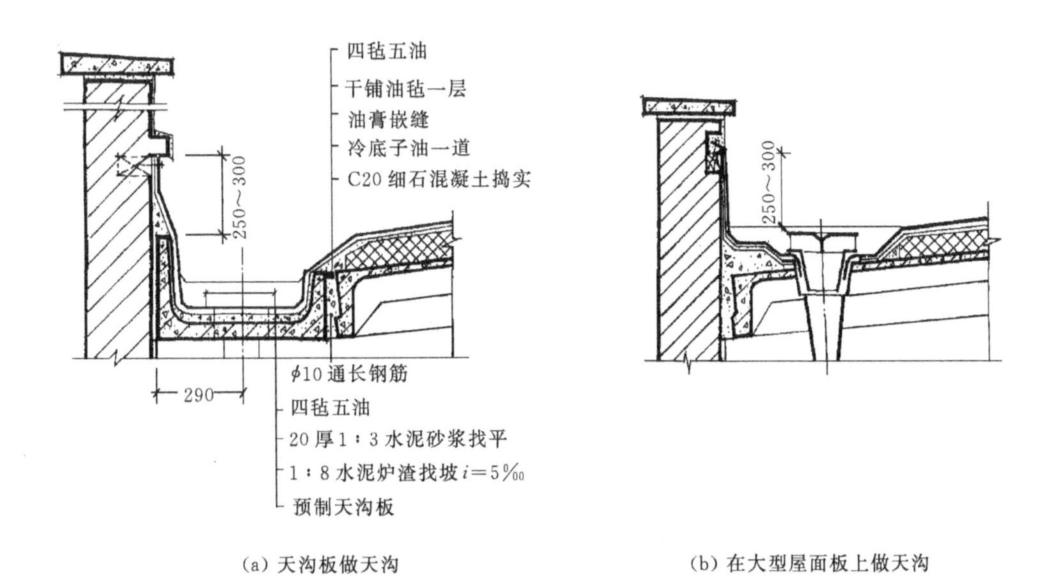

(a) 天沟板做天沟　　(b) 在大型屋面板上做天沟

图 16.12　边天沟构造

3. 雨水斗

雨水斗适用于天沟、檐沟排水,雨水斗要泄水率高、渗气量小。目前采用较多的是 65 型铸铁雨水斗,它由雨水斗和短插管组成(见图 16.14)。

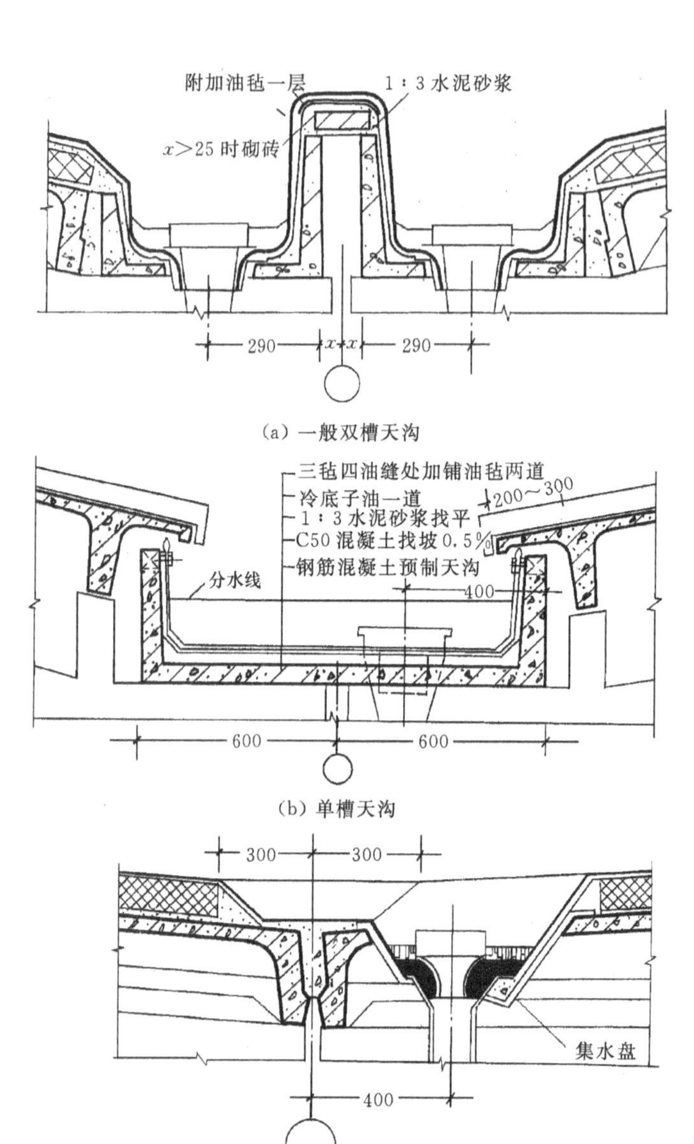

（a）一般双槽天沟

（b）单槽天沟

（c）在大型屋面板上做内天沟

图16.13　内天沟构造

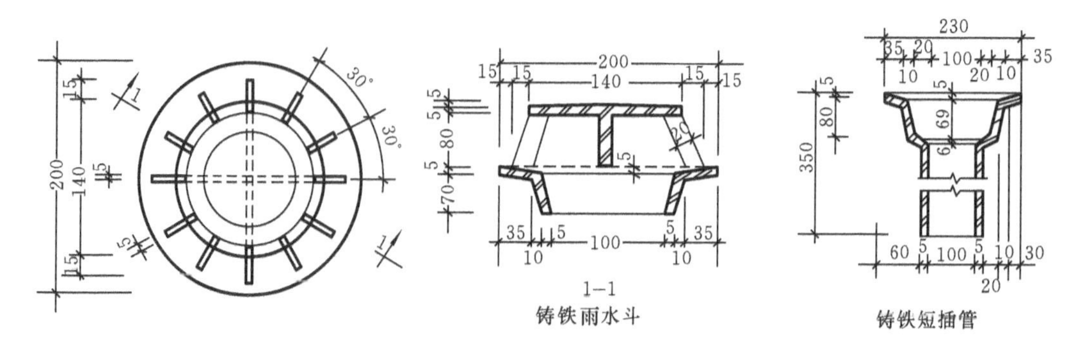

图16.14　雨水斗的组成

当直接在大型屋面板上做天沟时，为便于排水，可在屋面板开口处安装集水盘、插管，雨水斗安装在集水盘上（见图 16.15）。若不用集水盘也可在屋面板上留孔，再安装雨水斗（见图16.16）。

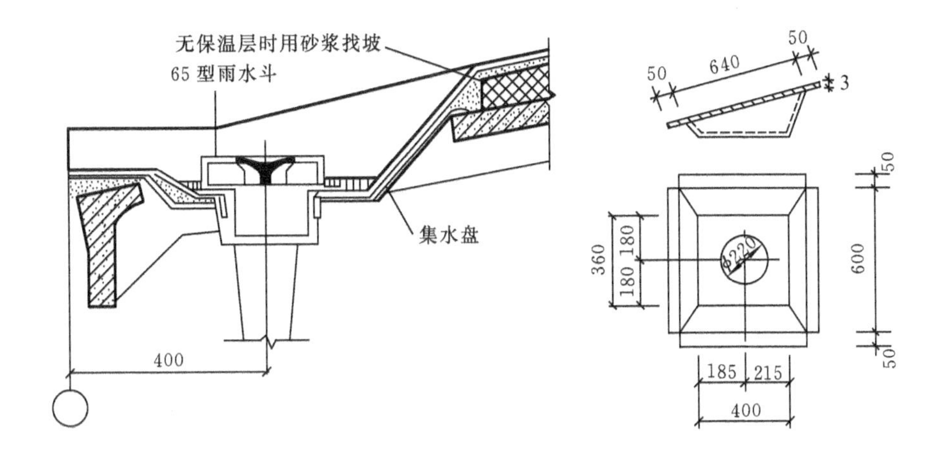

图 16.15　屋面板安装雨水斗及集水盘

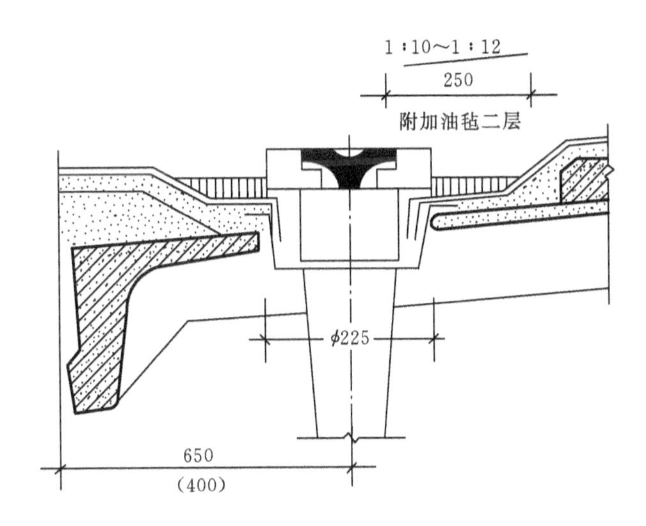

图 16.16　雨水斗安装构造

4. 屋面泛水

屋面泛水是指屋面与高出屋面的墙、烟囱及伸出屋面的设备管道的交缝处的防水构造处理。

1) 女儿墙泛水

纵墙女儿墙泛水位于屋面边天沟处，通常都采用比普通屋面增加一层卷材做泛水。卷材转折处要求垫层用混凝土或水泥砂浆做成圆弧形或 45°斜角，以免卷材转折破裂。卷材卷起的高度不小于 300 mm，卷材端头用沥青胶贴牢，然后用油毡片或水泥砂浆保护（见图 16.17）。

2) 管道出屋面泛水

在单层厂房中常有生产设备管道、通风管道等伸出屋面，管道与屋面相交缝的处理倘若不当，极易造成漏水。管道出屋面的泛水做法如图 16.18 所示。

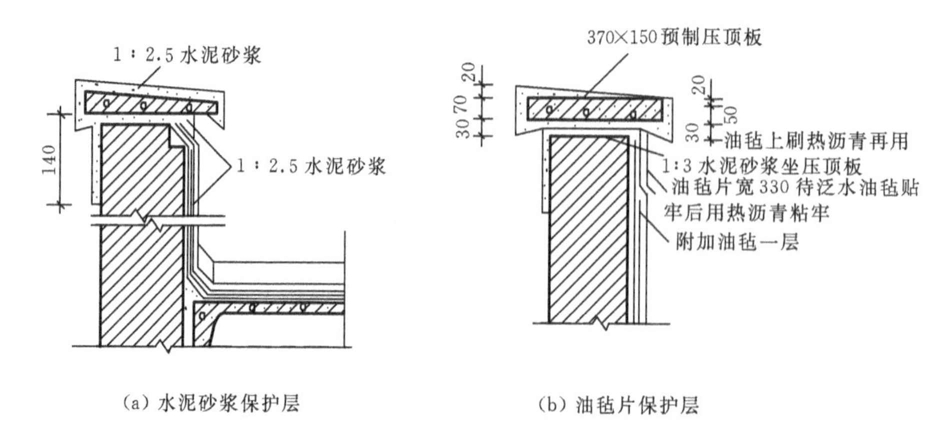

(a) 水泥砂浆保护层　　(b) 油毡片保护层

图 16.17　女儿墙泛水构造

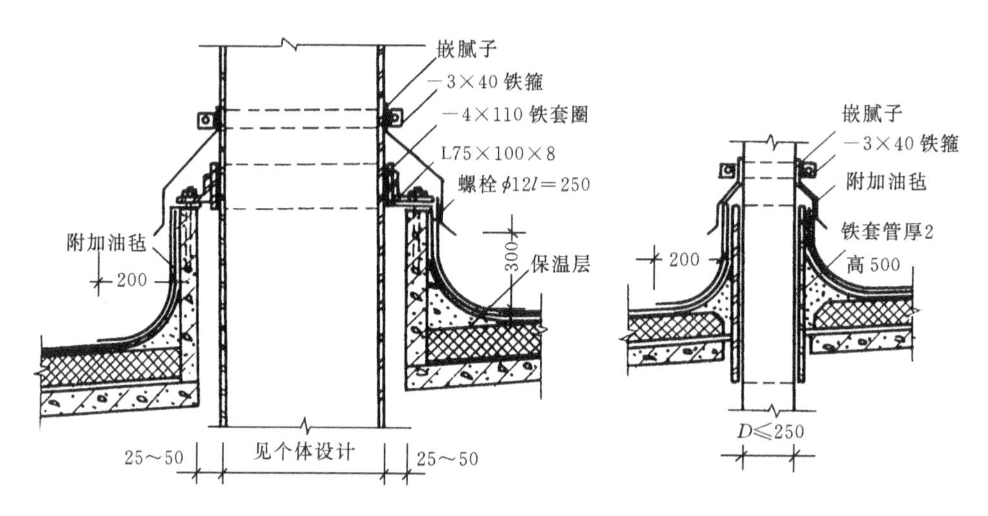

图 16.18　管道出屋面泛水

3）高低跨处泛水

当厂房出现平行高低跨时，高跨砖或砌块外墙由柱子伸出的牛腿上搁置的墙梁支撑，牛腿有一定高度，因此，高跨墙梁与低跨屋面之间形成一段空隙，平行高低跨处泛水就是指这段空隙的防水构件处理。其构造做法如图 16.19 所示。

5. 变形缝

单层厂房屋面变形缝主要有等高跨处变形缝和高低跨处变形缝。等高跨处设变形缝包括横向变形缝和纵向变形缝。前者须在变形缝两侧、屋面板端肋处设置120 mm厚矮墙（见图16.20(a)）。后者则是有两种做法：一种是变形缝两侧设有槽形天沟板，另一种是直接在变形缝两侧的屋面上做天沟（见图16.20(b)）。这时需在屋面板边肋上砌120 mm厚的矮墙。无论是砌矮墙还是设槽形天沟，在矮墙上或沟壁上均需进行盖缝防水处理。

高低跨处设变形缝包括平行高低跨处和纵横跨相交处，其构造做法如图 16.21 所示，采用附加油毡和镀锌铁皮或用钢筋混凝土板盖缝，并保证变形的要求。

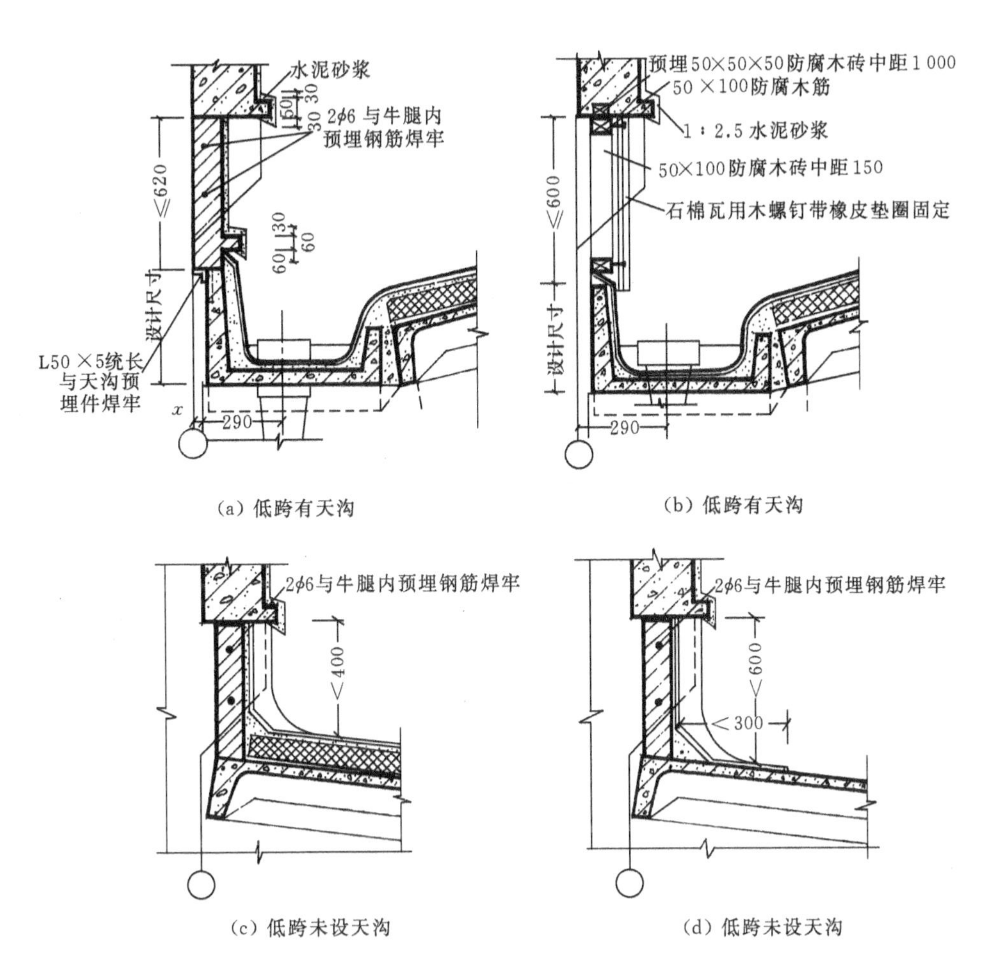

(a) 低跨有天沟　(b) 低跨有天沟

(c) 低跨未设天沟　(d) 低跨未设天沟

图 16.19　高、低跨处泛水

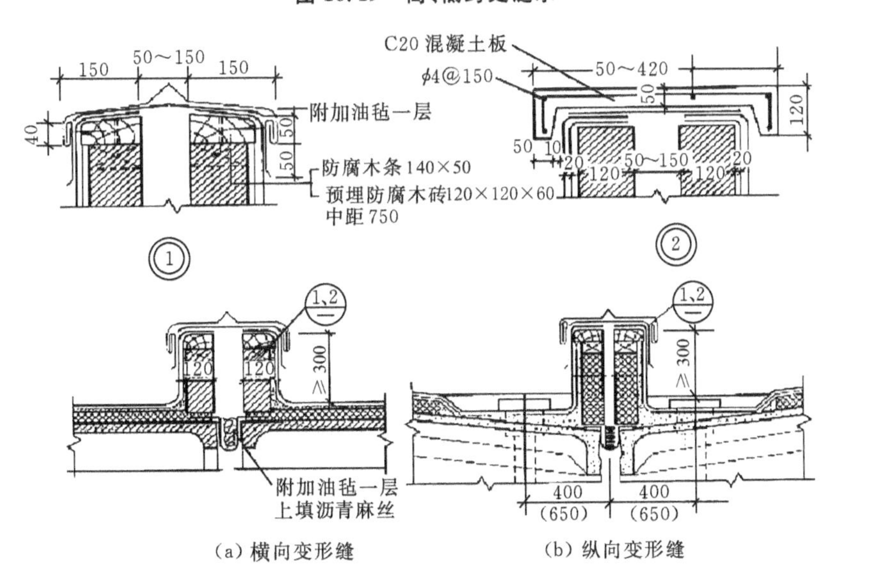

(a) 横向变形缝　(b) 纵向变形缝

图 16.20　等高跨设变形缝的构造

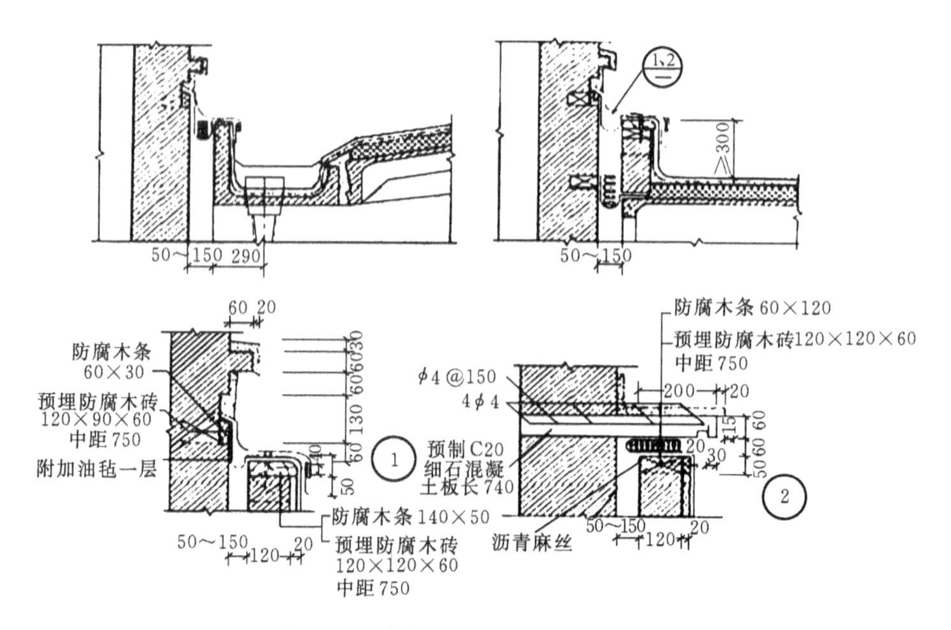

图16.21 高低跨处设变形缝的构造

小结

1. 单层厂房屋面基层包括有檩体系和无檩体系两类。

2. 屋面按保温要求可分为保温屋面和非保温屋面，按防水材料和构造分为卷材水屋面和非卷材防水屋面。

3. 单层厂房屋面排水分有组织排水和无组织排水两种。

4. 单层厂房屋面保温与隔热设置，需根据屋盖结构形式、厂房高度、生产工艺要求等因素确定。

5. 单层厂房屋面细部构造做法与民用建筑相似。

1. 单层厂房屋面的特点是什么？

2. 屋面基层有几种形式？

3. 有组织排水有哪几种？各有什么特点？

4. 卷材防水屋面易在什么位置开裂？怎样防止开裂？

5. 波形瓦防水屋面分为哪几种？各有什么特点？

6. 简述钢筋混凝土构件自防水屋面的构造要点。

7. 厂房屋面保温措施是怎样的？

8. 在什么情况下考虑设置屋面隔热层？

9. 简述单层厂房屋面细部的构造做法。

第17章 单层厂房地面及其他设施

学习目标与要求

1. 熟悉单层厂房常用地面构造做法。
2. 熟悉坡道、散水、明沟及地沟构造做法。
3. 了解钢梯、吊车梁走道板。
4. 了解隔断的构造。

17.1 地面

厂房地面与民用建筑地面构造基本相同，一般由面层、垫层和基层组成。但厂房的地面往往面积大、荷载重，还要满足各种生产使用要求。

1. 面层

面层是地面最上的表面层，面层直接承受作用于地面上各种外来因素的影响，应根据生产特征、使用要求和影响地面的各种因素来选择地面。

2. 垫层

垫层是处于面层下部的结合层，它的作用是承受面层传来的荷载，并将这些荷载分布到基层上去。垫层可分为刚性（如混凝土、碎砖三合土等）和柔性（如砂、碎石、炉渣等）两类，垫层的最小厚度应满足表17.1的规定。

表17.1 垫层最小厚度

垫层名称	材料强度等级或配合比	厚度/mm
混凝土	≥C10	60
三合土	1∶3∶6（熟化石灰∶砂∶碎砖）	100
灰土	3∶7或2∶8（熟化石灰∶黏性土）	100
砂、炉渣、碎（卵）石	—	60

3. 基层

基层是地面的最下层，是经过处理的地基土，通常是素土夯实。地面垫层下的填土应选用砂土、粉土、黏性土及其他有效填料。

17.2 其他设施

1. 坡道、散水、明沟、地沟

1）坡道

坡道的宽度应大于所连通的门洞口宽度，一般每边至少不小于 500 mm，坡道的坡度与单层厂房的室内外高差及坡道的面层处理方法有关。光滑材料的坡度不大于 1/12，粗糙材料坡道不大于 1/6。坡道与墙体交接处应留出10 mm的缝隙。

2）散水

散水的宽度一般为 600～1 000 mm，当屋面采用无组织排水时，散水宽度应比檐口线宽 150～200 mm。散水的坡度为 3%～5%，当散水采用混凝土时，宜每隔 6～12 m 设置一道伸缩缝。散水与勒脚交接处宜留有缝隙，缝内填粗砂或碎石、上嵌沥青胶盖缝，以防渗水。

3）明沟

明沟将水有组织地导向集水井，然后流入排水系统，一般有混凝土明沟和砖砌明沟两类，宽度应不小于 200 mm，沟底坡度应不小于 1%，保证排水通畅。在我国南方多雨地区宜采用明沟做法。

4）地沟

地沟主要用于铺设各种生产管线，有电缆地沟，通风、采暖、压缩空气管道地沟等。一般有砖砌地沟和现浇钢筋混凝土地沟两类，地沟上面一般都加有盖板，地沟断面尺寸应根据生产工艺所需的管道数量、大小、类型等来确定。

2. 钢梯

单层厂房中常采用各种钢梯，如作业台钢梯、吊车钢梯、消防及屋面检修用钢梯等。它们的宽度一般为 600～800 mm，梯级每步高为 300 mm，其形式有直梯和斜梯两种。直梯的梯梁常采用角钢，踏步用 $\phi18$ 螺纹钢；斜梯的梯梁多用 6 mm 厚钢板，踏步用 3 mm 厚花纹钢板，也可用不少于 $2\phi18$ 螺纹钢做成。钢梯一端支撑在地面上，另一端则支撑在墙或柱或工作平台上，与墙结合时，应在墙内预留孔洞，钢材伸入墙后用 C15 混凝土嵌固；与钢筋混凝土构件结合时，或在构件内预埋铁件进行焊接，或采用螺栓连接。钢梯还须设圆钢栏杆。钢梯易锈蚀，应先涂防锈漆，再刷油漆。

1）作业平台梯

作业平台梯的各种形式如图 17.1 所示。其坡度有 45°、59°、73°及 90°四种，前三种均为斜梯，后一种为直梯。45°坡度较小，宽度采用 800 mm，其休息平台高度不大于 4 800 mm。59°坡度居中，宽度有 600 mm 和 800 mm 两种，休息平台高度不超过 5 400 mm。73°休息平台高度不超过 5 400 mm，当工作平台高于斜梯第一个休息平台时，可做成双跑或单跑梯。90°梯的休息平台高度不超过 4 800 mm。

2）吊车梯

吊车梯是为吊车司机上下吊车而设，每台吊车应设有自己的专用梯。吊车梯一般为斜梯，梯段有单跑和双跑两种。为避免平台处与吊车梁碰头，梯平台一般略低于桥式吊车操作室约 1 000 mm，再从梯平台设直梯去吊车操作室。当梯平台的高度为 5～6 m 时，梯中间还需设休息

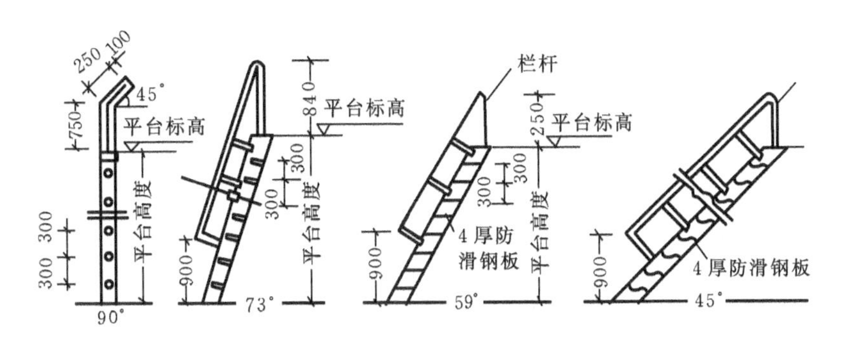

图 17.1　作业梯的几种形式

平台。当梯平台的高度在 7 m 以上时，则应采用双跑梯。吊车梯梯段的坡度为 63°，宽度为 600 mm。

吊车梯的位置有三种(见图 17.2)：靠近边柱；在中柱处，柱的一侧有平台；在中柱处，柱的两侧有平台。

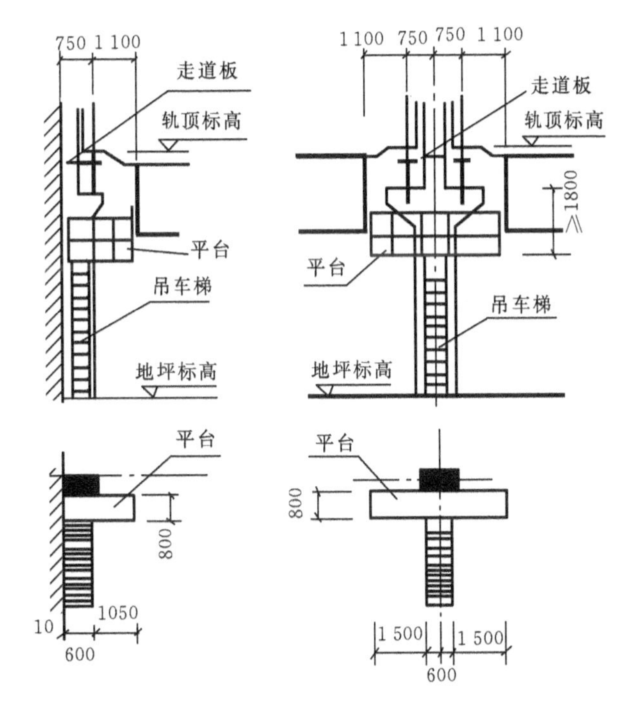

图 17.2　吊车梯

3）消防检修梯

为了消防及屋面检修需要，单层厂房相邻屋面高差在 2 m 以上时，也应设置消防检修梯。消防检修梯一般均沿外墙设置，且多设在端部山墙处。

消防检修梯有直钢梯和斜钢梯两种：厂房檐口高度小于 15 m 时选用直钢梯(见图17.3)；大于 15 m 时宜选用斜钢梯。

直钢梯的宽度一般为 600 mm；斜钢梯的宽度为 800 mm。为了便于管理、防止无关人员攀登，梯的下端宜高出室外地面 2 m 以上，梯与外墙的表面距离不小于 250 mm。梯梁用焊接角钢

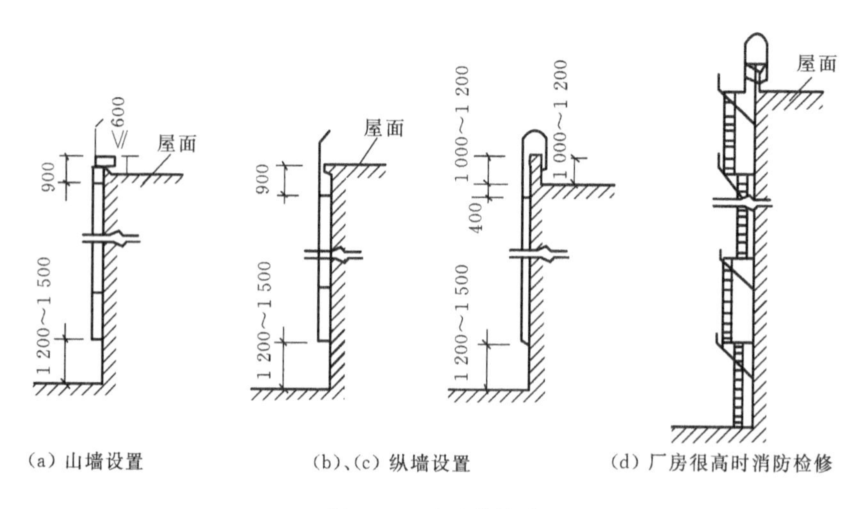

图 17.3　消防检修梯

埋入墙内，墙预留 260 mm×260 mm 孔，最小深度为 240 mm，然后用 C15 混凝土嵌固或做成带角钢的预制块随墙砌筑。

3．走道板

走道板又称安全走道板，是为维修吊车轨道和检修吊车而设，走道板均沿吊车梁顶面铺设（见图 17.4）。当吊车为中级工作制，轨顶高度在 8 m 以下时，宜在吊车操作室一侧设走道板。走道板在厂房中的位置有以下几种：① 在边柱位置，利用吊在梁与外墙间的空隙设走道板；②在中柱位置，当中列柱上只有一列吊车梁时，设一列走道板，并在上柱内侧考虑通行宽度；当有两列吊车梁，且标高相同时，可设一列走道板并考虑两侧通行的宽度；当其标高相差很大或为双层吊车，则根据需要设两层走道板。

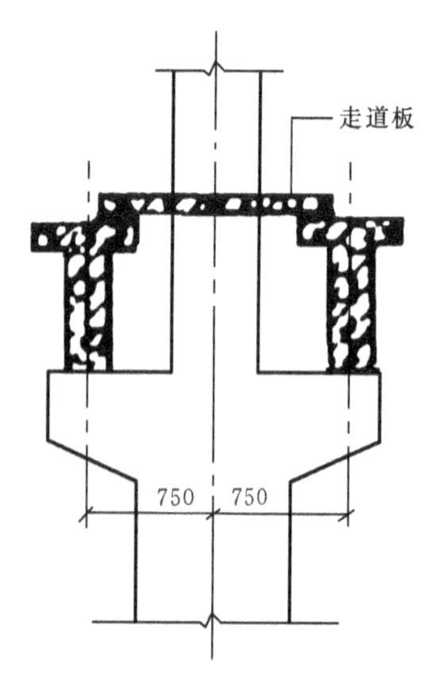

图 17.4　走道板

走道板的构造一般由支架、走道板及栏杆三部分组成。支架及栏杆均采用钢材；走道板所用材料通常是采用钢筋混凝土板或防滑钢板；走道板上栏杆立柱采用 $\phi22$ 钢筋或 $\phi25$ 钢管，栏杆扶手则采用 $\phi25$ 钢管为宜，栏杆高度为 900 mm。走道板的支架采用 75 mm 角钢制作，当走道板在中柱，而中柱两侧吊车梁轨顶同高时，走道板直接放在两个吊车梁上，可不用支架。

4．隔断

单层厂房根据不同需要用隔断在车间内设办公室、工具库、临时仓库等，常用的隔断有木板隔断、金属网隔断、钢筋混凝土板隔断、铝合金隔断和混合隔断，其高度一般为 2 100 mm。

（1）木隔断。木隔断多用于车间内办公室、工具室，由于构造不同，又分为全木隔断和组合木隔断。木隔断的价格较高。

（2）砖隔断。砖隔断常采用 240 mm 厚砖墙，或带有壁柱的 120 mm 厚的砖墙。砖隔断防火、防腐蚀性能好，砖隔断的价格低。

（3）金属网隔断。金属网隔断是由金属网和金属框架组成。金属网可用钢板网或镀锌铁丝网，金属网隔断透光性好，灵活性大。

(4) 钢筋混凝土隔断。钢筋混凝土隔断多为预制装配，施工方便，适用于火灾危险性大和湿度大的车间。

(5) 混合隔断。混合隔断的下部用 1 m 左右的 120 mm 厚砖墙，上部为玻璃木隔断、玻璃铝合金隔断或金属网隔断。隔断每 3 000 mm 间距设 240 mm×240 mm 砖柱以提高隔断的稳定性。

小结

1. 单层厂房地面面积大，受较大荷载作用，不仅要满足强度、刚度要求，还要满足各种生产使用的要求。

2. 单层厂房坡道、散水、明沟构造及其作用与民用建筑相似，而地沟主要用于工业厂房铺设各种生产管线。

3. 单层厂房的钢梯、走道板是必不可少的辅助设施。

4. 隔断主要用于单层厂房内的分隔。

1. 单层厂房地面与民用建筑地面有何不同？

2. 单层厂房何时宜使用明沟，何时宜使用散水？

3. 单层厂房内的钢梯有几种？

4. 为什么消防梯的底端宜高出室外地面 2 m 以上？

5. 怎样设置走道板？其作用是什么？

6. 单层厂房内的隔断有几种？每种隔断特点是什么？

参 考 文 献

[1] 同济大学,西安建筑科技大学,东南大学,重庆建筑大学. 房屋建筑学[M]. 3 版. 北京:中国建筑工业出版社,1997.

[2] 武六元,杜高潮. 房屋建筑学[M]. 北京:中国建筑工业出版社,2001.

[3] 李必瑜. 房屋建筑学[M]. 武汉:武汉理工大学出版社,2002.

[4] 赵研. 房屋建筑学[M]. 北京:高等教育出版社,2002.

[5] 杨金铎,杨洪波. 房屋构造[M]. 北京:清华大学出版社,2001.

[6] 王万江,金少蓉,周振伦. 房屋建筑学[M]. 重庆:重庆大学出版社,2003.

[7] 姜丽荣,崔艳秋,柳锋. 建筑概论[M]. 北京:中国建筑工业出版社,1995.

[8] 舒秋华. 房屋建筑学[M]. 武汉:武汉工业大学出版社,1996.

[9] 刘建荣,龙世潜. 房屋建筑学[M]. 北京:中央广播电视大学出版社,1985.

[10] 刘建荣,龙世潜. 房屋建筑学课程设计任务书及设计基础知识[M]. 北京:中央广播电视大学出版社,1985.

[11] 崔艳秋,姜丽荣. 房屋建筑学课程设计指导[M]. 北京:中国建筑工业出版社,1999.

[12] 张文忠. 公共建筑设计原理[M]. 3 版. 北京:中国建筑工业出版社,2005.

[13] 骆宗岳. 建筑设计原理与建筑设计[M]. 北京:中国建筑工业出版社,1999.

[14] 沈福熙. 建筑方案设计[M]. 上海:同济大学出版社,1999.